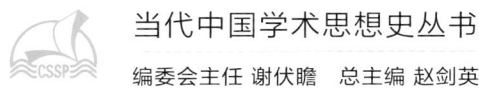

当代中国学术思想史丛书

编委会主任 谢伏瞻　总主编 赵剑英

当代中国美学研究

Contemporary Studies of
Chinese Aesthetics

(1949-2019)

刘悦笛 李修建 著

中国社会科学出版社

图书在版编目(CIP)数据

当代中国美学研究：1949—2019 / 刘悦笛，李修建著．—北京：中国社会科学出版社，2019.12

（当代中国学术思想史丛书）

ISBN 978 – 7 – 5203 – 5086 – 0

Ⅰ.①当… Ⅱ.①刘…②李… Ⅲ.①美学—思想史—研究—中国—1949 - 2019 Ⅳ.①B83 – 092

中国版本图书馆 CIP 数据核字（2019）第 204011 号

出 版 人	赵剑英
责任编辑	冯春凤
责任校对	韩天炜
责任印制	戴 宽

出　　版	中国社会科学出版社
社　　址	北京鼓楼西大街甲 158 号
邮　　编	100720
网　　址	http://www.csspw.cn
发 行 部	010 - 84083685
门 市 部	010 - 84029450
经　　销	新华书店及其他书店

印刷装订	北京君升印刷有限公司
版　　次	2019 年 12 月第 1 版
印　　次	2019 年 12 月第 1 次印刷

开　　本	710×1000　1/16
印　　张	42.25
字　　数	649 千字
定　　价	238.00 元

凡购买中国社会科学出版社图书，如有质量问题请与本社营销中心联系调换

电话：010 – 84083683

版权所有　侵权必究

当代中国学术思想史丛书
编辑委员会

主　任　谢伏瞻

副主任　蔡　昉　高　翔　高培勇　姜　辉　赵　奇

编　委　（按姓氏笔画为序）

卜宪群　马　援　王延中　王建朗　王　巍
邢广程　刘丹青　刘跃进　李　扬　李国强
李培林　李景源　汪朝光　张宇燕　张海鹏
陈众议　陈星灿　陈　甦　卓新平　周　弘
房　宁　赵　奇　赵剑英　郝时远　姜　辉
夏春涛　高培勇　高　翔　黄群慧　彭　卫
朝戈金　景天魁　谢伏瞻　蔡　昉　魏长宝

总主编　赵剑英

书写当代中国学术史,加快构建中国特色哲学社会科学

谢伏瞻[*]

在中华人民共和国成立70周年之际,中国社会科学出版社修订出版《当代中国学术思想史丛书》(以下简称《丛书》),对于推动我国当代学术史研究,加快构建中国特色哲学社会科学学科体系、学术体系、话语体系具有重要的意义。

党的十八大以来,以习近平同志为核心的党中央高度重视哲学社会科学。2016年5月17日,习近平总书记主持召开哲学社会科学工作座谈会并发表重要讲话,明确提出加快构建中国特色哲学社会科学学科体系、学术体系、话语体系的重大论断和战略任务。这是一个极为重要的战略考量,关系我国哲学社会科学的长远发展,关系中国特色社会主义事业发展全局,是重大的学术任务,更是重大的政治任务。广大哲学社会科学工作者要以高度的政治自觉和学术自觉,以强烈的责任感、紧迫感和担当精神,在加快构建中国特色哲学社会科学"三大体系"上有过硬的举

---

[*] 谢伏瞻:中国社会科学院院长、党组书记。

措、实质性进展和更大作为。《丛书》即为加快构建中国特色哲学社会科学"三大体系"的具体措施之一。

研究学术思想史是我国的优良传统之一。学术思想历来被视为探寻思想变革、社会走向的风向标。正如梁启超在《论中国学术思想变迁之大势》中所言,"学术思想与历史上之大势,其关系常密切。""学术思想之在一国,犹人之有精神也;而政事、法律、风俗,及历史上种种之现象,则其形质也。故欲觇其国文野强弱之程度如何,必于学术思想焉求之。"我国古代研究学术思想史注重"融合""会通",对学术辨识与提炼能力有特殊要求,是专家之学,在这方面有大成就者如刘向、刘歆、朱熹、黄宗羲等皆为硕学通儒。近代以来,随着"西学东渐",我国哲学社会科学各学科逐渐发展起来,学术思想史研究亦以梁启超的《中国近三百年学术史》为发轫,以章炳麟、钱穆等为代表的一批学者用现代学术视角"辨章学术、考镜源流",开始将学术思想史研究与近现代哲学社会科学发展结合起来,形成了不少有影响的名品佳作。新中国成立以后,在马克思主义指导下,我国哲学社会科学不断发展,特别是改革开放以来,哲学社会科学的地位更加凸显,在研究工作的广度和深度上不断取得新突破。但是,我国当代学术思想史研究没有跟上哲学社会科学发展的步伐,呈现出"有数量缺质量、有专家缺大师"的状况,有分量的研究成果寥若晨星,公认的学术思想史大家屈指可数。新时代,我国哲学社会科学地位更加重要、任务更加繁重,有组织、有计划地开展学术思想史研究和出版工作，系统梳理我国当代哲学社会科学各学科学术思想的发展脉络，总结各学科积累的优秀成果，既是对学术研究传统的继承和发扬，弥补当代学术思想史研究的不足，也将在中国特色哲学社会科学"三大体系"建设中发挥独特而重要的作用。

中国社会科学院是党中央直接领导的哲学社会科学研究机构，在加快构建哲学社会科学"三大体系"建设中发挥着主力军作用。早在建院之初的1978年，胡乔木同志主持的《1978—1985年全国哲学社会科学发展规划纲要（初稿）》就提出了研究"中国经济思想史""中国政治思想史""中国教育思想史""中国伦理思想史"等近10种"学术思想史"的规划。"当代中国学术思想史"丛书初版于2009年，在新中国成立70周年之际，予以修订再版，充分体现出我院作为"国家队"的担当。《丛书》以新中国成立以来学术思想史演进中的脉络梳理与关键问题分析为主要内容，集中展现在中国共产党坚强领导下，创建、发展和繁荣哲学社会科学各学科学术思想史的历程，突出反映70年来哲学社会科学各领域的成就与经验，资辅当代、存鉴后人，具有较强的学术示范意义。

学术思想史研究为哲学社会科学学科体系建设提供了有力的支撑。学科体系是加快构建中国特色哲学社会科学的根本依托。经过几十年的发展，我国哲学社会科学已拥有20多个一级学科、400多个二级学科，学科体系已基本确立，但还不健全、不系统、不完善，离习近平总书记提出的基础学科健全扎实、重点学科优势突出、新兴学科和交叉学科创新发展、冷门学科代有传承的要求还有相当大的差距。学科体系建设的前提是对各学科做出科学准确的评估，翔实的学术思想史研究天然具备这一功能。《丛书》以"反映学科最新动态，准确把握学科前沿，引领学科发展方向"为宗旨，系统总结文学、历史学、语言学、美学、宗教学、法学等学科70年的学术发展历程。其中既有对基础学科、重点学科学术思想史的系统梳理，如《当代中国美学研究》《当代中国文艺学研究》等；又有对新兴学科、交叉学科和冷门学科学术思想史的开拓性研究，如《当代中国近代思想史研究》《当代中国边疆研究》《当代中国简帛学研究》等。从学术思想史的角度，系统评价各学科的发展，对于健全学科体系、优化学科布局，加快构建中国特色哲学社会科学学科体系无疑是大有裨益的。

学术思想史研究为哲学社会科学学术创新提供了坚实的基础。学术体系是加快构建中国特色哲学社会科学的核心。主要包括两个方面：一是思想、理念、原理、观点、理论、学说、知识、学术等；二是研究方法、材料和工具等。习近平总书记指出，理论的生命力在于创新。只有不断推进知识创新、理论创新、方法创新，才能着力打造"原版""新版"的哲学社会科学。学术创新是有前提的，正如总书记所深刻指出的，理论思维的起点决定着理论创新的结果，理论创新只能从问题开始。从某种意义上说，学术创新离不开学术思想史研究，只有通过坚实的学术思想史研究，把握学术演进的脉络、传统、流变，才能够提出新问题、新思想，形成新的学术方向，这是《丛书》为哲学社会科学学术创新作出的贡献之一。学术思想史的研究内容、研究方法、材料与工具自成体系，具有构建学术体系的各项特征。《丛书》通过对学术思想史研究的创新，为哲学社会科学学术创新提供了有益的尝试。

一是观点创新。中华人民共和国成立以来，随着马克思主义在哲学社会科学领域指导地位的确立，我国思想界发生了大规模、深层次的学术变革，70年间中国学术已经形成了崭新格局。《丛书》紧扣"当代中国"这一主题，突破"当代人不写当代史"的思想束缚，独辟蹊径、勇于探索，聚焦中国特色哲学社会科学的发展道路、马克思主义指导下的中国学术发展、中国传统学术继承和外来学术思想借鉴，民族复兴在学术思想史上的反映等问题，从而产生一系列的观点创新。

二是研究范式创新。一个时代的主流思想和历史叙事，是由反映那个时代的精神的一系列概念和逻辑构成的。当代中国学术的源流、变化与当代中国政治、经济、文化、社会的变革密切相关。《丛书》把研究中国特色学术道路的起点、进程与方向作为自觉意识，贯穿于全丛书，注重学术思想史与中国学术道路的密切联系、学理化研究与中国现实问题的密切联系、个别问题研究与学术整体格局的密切联系、研究当代中国与启示中国未来的密切联系，开拓了学术诠释中国道路的新范式。

三是体例创新。《丛书》将专题形式和编年形式相互补充与融合，充分体现了学术创新的开放性，为开创学术思想史书写新范式探路。对于当代学术思想史研究，创新之路刚刚开始，随着《丛书》种类的增多，创新学术思想史研究的思路还会更多，更深入。

学术思想史研究为构建哲学社会科学话语体系提供了广阔的平台。话语体系是学术体系的反映、表达和传播方式，是有特定思想指向和价值取向的语言系统，是构成学科体系之网的纽结。习近平总书记指出，在解读中国实践、构建中国理论上，我们应该最有发言权。这就要求我们在构建话语体系时，要坚持中国立场、注重中国特色，用中国理论阐释中国实践，用中国实践升华中国理论，更加鲜明地展现中国思想，更加响亮地提出中国主张。要主动设置议题，勇于参与世界范围的"百家争鸣"。《丛书》定位于对当代中国学术思想的独家诠释，内容是原汁原味的中国学术，具有学术"走出去"、参与国际学术对话、扩大我国学术思想影响力、增强中华文化软实力的条件。《丛书》通过生动的叙述风格传播中国学术、中国文化，全面、集中、系统地反映我国当代学术的建构过程，让世界认识"学术中的中国""理论中的中国""哲学社会科学中的中国"。习近平总书记强调，把中国实践总结好，就有更强的能力为解决世界性问题提供思路和办法。《丛书》通过对当代中国学术思想史的描绘，让世界了解中国特色的学术发展之路，进而了解中国特色社会主义文化和中国特色社会主义道路。《丛书》中的《当代中国法学研究》《当代中国宗教学研究》《当代中国近代史研究》《当代中国近代社会史研究》等已经翻译成英文、德文等多种语言,分别在有关国家出版发行,为当代中国学术思想的国际化传播开拓了新路。

目前,《丛书》完成了出版计划的一部分,未来要继续作好《丛书》出版工作。关键是要坚持正确的政治方向、学术导向和价值取向。要提高政治站位,增强"四个意识",坚定"四个自信",做到"两个维护",在思想上政治上行动上同以习近平同志为核心的党中央保持高度一致。要坚持马克思主义的指导地位,特别是用习近平新时代中国特色社会主义思想指导学术思想史研究和出版工作。要落实意识形态工作责任制,做到守土有责、守土负责、守土尽责。作好《丛书》出版工作必须坚持以质量为生命线。在任何时候都要坚持质量第一的方针,坚持"宁缺毋滥"的原则,多出精品力作。要把社会效益放在首位,实现社会效益和经济效益相统一。要严格遵守学术规范,秉承认真负责的治学态度,严肃对待学术研究,潜心研究,讲究学术诚信,拿出高质量的学术成果。

当今世界处于百年未有之大变局,中国特色社会主义进入新时代,这都对哲学社会科学提出了更高的要求,广大哲学社会科学工作者要积极响应习近平总书记和党中央号召,以习近平新时代中国特色社会主义思想为指导,努力提高政治站位,增强思想自觉,敢于担当,奋发有为,繁荣中国学术,发展中国理论,传播中国思想，加快构建中国特色哲学社会科学"三大体系"，为实现"两个一百年"奋斗目标，实现中华民族伟大复兴的中国梦作出应有的贡献。

是为序。

2019 年 10 月

目　　录

序言 …………………………………………………… 汝　信（ 1 ）

导言　美学"中国化"：当代"学术史" ……………………………（ 1 ）
　一　何谓美学的"当代" ……………………………………（ 1 ）
　二　何谓美学"中国化" ……………………………………（ 7 ）
　三　何谓美学"学术史" ……………………………………（ 11 ）

第一章　作为"中国学科"的美学建制 ……………………………（ 18 ）
　第一节　"美"与"美学"的汉语词源 ……………………（ 19 ）
　第二节　美学的学科定位与教育基础 ……………………（ 23 ）
　第三节　"美—美感—艺术"的研究构架 …………………（ 29 ）
　第四节　从自律走向他律的"跨学科"研究 ………………（ 38 ）

第二章　美的本质观：从"唯物观""社会观"
　　　　"实践观"到"本质观"争论 …………………………（ 45 ）
　第一节　"美是生活"作为历史起点 ………………………（ 46 ）
　第二节　50年代的"主观—客观"之辩 ……………………（ 55 ）
　第三节　60年代的"自然性—社会性"之辩 ………………（ 65 ）
　第四节　80年代的"实践论—生命化"之辩 ………………（ 73 ）
　第五节　90年代的"本质主义—反本质主义"之辩 ………（ 81 ）

第三章 美学本体论：从"实践论""生存论"到"生活论"转向 ……（89）
第一节 "实践美学"盛极渐衰 …………………………（91）
第二节 "旧实践美学"的分化 ……………………………（103）
第三节 "后实践美学"的转化 ……………………………（113）
第四节 "新实践美学"的变化 ……………………………（122）
第五节 趋向"生存论"的历程 ……………………………（128）
第六节 回归"生活论"的转向 ……………………………（139）

第四章 "美学原理"写作的基本模式 ……………………（155）
第一节 唯物主义反映论美学 ……………………………（158）
第二节 实践美学的初始形态 ……………………………（168）
第三节 实践美学的成熟形态 ……………………………（182）
第四节 实践美学的演进与革新 …………………………（191）
第五节 实践美学之后的理论探索 ………………………（207）

第五章 "西方美学史"研究的整体图景（上） ……………（229）
第一节 历史撰写中国化的"朱光潜模式" ………………（229）
第二节 两部"大通史"与其他"小通史" …………………（237）
第三节 从古希腊到近代的欧洲美学研究 ………………（255）
第四节 以西方美学史为对照的"东方美学史" …………（270）

第六章 "西方美学史"研究的整体图景（下） ……………（275）
第一节 从经典到现当代的"马克思主义" ………………（275）
第二节 大陆思辨与"现象学传统"美学 …………………（291）
第三节 英美经验论与"分析美学"传统 …………………（313）
第四节 "比较美学"与海外的中国美学 …………………（329）

第七章 "中国美学史"撰写的多种模式 …………………（338）
第一节 中国美学思想、范畴与文化通史 …………………（341）

第二节　中国断代美学史研究（上） …………………（367）
　　第三节　中国断代美学史研究（下） …………………（388）
　　第四节　中国审美范畴的多元研究 ……………………（399）
　　第五节　人物、文本与流派美学研究 …………………（414）
　　第六节　中国美学史的资料整理 ………………………（424）

第八章　审美心理学的多元方法研究 …………………………（428）
　　第一节　审美心理要素与过程研究 ……………………（433）
　　第二节　科学主义的审美心理研究 ……………………（438）
　　第三节　中国传统审美心理研究 ………………………（443）

第九章　艺术哲学、文艺美学与门类美学研究 ………………（448）
　　第一节　艺术哲学的宏观研究 …………………………（448）
　　第二节　文艺美学的深入研究 …………………………（461）
　　第三节　门类美学的全面研究 …………………………（478）

第十章　审美文化、审美教育与应用美学研究 ………………（498）
　　第一节　审美文化的领域开拓 …………………………（498）
　　第二节　审美教育的系统概观 …………………………（519）
　　第三节　应用美学的产生和发展 ………………………（535）

第十一章　从"自然美""生态美学"到"环境美学" ……（551）
　　第一节　"自然美"作为本质钥匙 ……………………（551）
　　第二节　"自然的人化"成为主流 ……………………（557）
　　第三节　本土化的"生态美学" ………………………（567）
　　第四节　"环境美学"的本土化 ………………………（577）

第十二章　"生活审美化""审美现代性"与"艺术的
　　　　　　终结"难题 ……………………………………（585）
　　第一节　"日常生活审美化"的结构 …………………（585）

第二节 "审美日常生活化"的转变 …………………………（592）
　　第三节 "审美现代性"的不同路向 …………………………（599）
　　第四节 "艺术的终结"之后的美学 …………………………（605）

结语　从"文化间性转向"到"全球对话主义" ………………（613）

参考文献 ………………………………………………………（624）

附录　中国美学大事记（1875—2018） ………………………（639）

后　记 …………………………………………………………（652）

序　言

汝　信

中华人民共和国成立以来，我国的美学事业蓬勃发展，取得了令人瞩目的成就。回顾这七十年来，中国美学的整体发展历程，当然也有曲折起伏，但相比较而言，美学作为哲学社会科学的学科之一，它在学科建设方面的发展还算是相当顺利的。现如今，富有中国特色的当代中国美学理论正在茁壮成长并逐步走向成熟。应该说，目前是我国美学发展面临最佳的机遇时期，与此同时，恰恰也是需要对历史进行梳理的时期。对这七十年来中国美学的学术发展，进行系统化的总结与反思，无疑具有非常重要的理论价值和现实意义，这也是前人尚未做过的美学学术史的基础性的整理工作。

刘悦笛与李修建的这本《当代中国美学研究》恰恰致力于这方面的工作。该书不仅将中国美学七十年的整个发展历程的原貌呈现了出来，将往往被割裂的"前三十年"（1949—1978）与"后四十多年"（1979年至今）美学史融贯起来，而且对于这七十多年中国美学发展的历史经验与教训加以了客观的陈述与解析，并试图由此为中国美学的未来发展奠定坚实的学术史的基础。

对历史的重现与对经验的总结，在这本厚重的著作当中得到了有机的结合。著述者的主要创见就体现在这种结合之中，依据这种基本撰写原则，《当代中国美学研究》对于当代中国美学学术史有了许多崭新的理解与阐释，主要体现在如下几个方面。

首先，将当代中国美学关于"美本身"的研究，区分为"美的本质观"与"美学本体论"两个层面，并研究了两者之间的延续关联。众所周知，对美本质的追问，早已成为20世纪五六十年代那场"美学大讨论"的焦点。该书则将这场论争具体区分出50年代的"主观与客观之辩"与60年代的"自然性与社会性之辩"两部分，后者是对前者的深入推进，发展到80年代的"实践派与生命论之辩"后，随着90年代的"本质主义与反本质主义之辩"的出现，对美本质问题的追问就转换为对美学本体论的探求。当代中国美学本体论，历史性地形成了三次本体论转换，80年代逐渐成为中国美学主导的"实践论"转向，90年代逐步出现了所谓的"生存论"转向，它内在地包括了"生命论"与"存在论"两种取向，到了21世纪则是"生活论转向"的时代了。这种学术史的梳理既着眼于微观的思想呈现又具有宏阔的历史视野。

其次，在美学原理研究方面，该书在对中华人民共和国成立以来的众多美学原理著作纵观博览、整体把握的基础上，以"唯物主义反映论美学""实践美学的初始形态""实践美学的成熟形态""实践美学的发展与革新""实践美学之后的理论探索"为发展线索，选取了十余本最具代表性的美学原理著作为研究对象，对每本书的理论基础与整体架构，以及它们对美的本质、审美活动、审美心理、艺术的相关论述进行了细致的剖析，并对其理论贡献与不足之处进行了较为客观的评价。该书最终提出，"中国传统美学""文化美学"与"生活美学"是未来美学原理研究的主体资源与致思方向。

再次，在"西方美学史"研究方面，本书对于"在中国"的西方美学史研究的整体图景进行了整体深描。西方美学史研究也是当代中国美学研究当中相对成熟的部分，非常值得分门别类地加以学术梳理。这个领域所取得的成就也是众所周知的。本书从西方美学史研究的"朱光潜模式"谈起，将西方美学史的研究区分为"大通史"（以蒋孔阳主编的七卷本《西方美学通史》与笔者主编的四卷本《西方美学史》为代表）与"小通史"两种研究传统。在具体历史研究方面，从古希腊到近代的欧洲美学研究，以"马克思美学"为代表的经典马克思主义到西方马克思主义研究，以"现象学传统"为代表的现代大陆思辨美学传统研究，以"分析美学"传统为代表的英美经验论美学传统研究，都在本书当中得到了非常细致与深入的考察。

最后，在中国美学研究方面，该书在详尽占有资料的基础上，对中华人民共和国成立以来的中国美学研究进行了较为全面的展示与论述。该书将中国美学研究分成"通史研究""断代史研究""人物作品及思想流派研究""审美范畴研究"四大类。对每一专题的研究，都以一种历史的视野，力图呈现中国美学史演进的轨迹，并选取最具代表性的理论成果，对其理论基础、书写思路、理论得失进行探究。如将通史类研究分为"思想史""范畴史"和"文化史"三种类型，其中，每一类型都选取了若干代表性的著作进行分析。可以说，本书对中国美学研究的整体图景进行了全面而清晰的描述。

总之，只要把握住了《当代中国美学研究》如上四个重点的方面，即美的本质观与美学本体论研究、美学原理研究、西方美学史研究、中国美学史研究，就可以把握该书的精华部分与精髓所在。

当然，当代中国美学历经几代学人勉力拓展，研究领域已甚为广泛，该书以容纳万有的胸怀，力图对其进行全面呈现。因此，除上述四大主体部分之外，该书对于"审美心理学""艺术哲学""文艺美学""门类美学""审美文化""审美教育""应用美学"等领域都做了相对深入的研究，特别是对于21世纪以来中国美学的发展的热点，诸如"生态美学""环境美学""生活审美化""审美现代性"与"艺术终结"问题皆进行了详尽的考察。这些方面都是值得关注的，当代中国美学也正是由那些活跃在不同领域的学者们所共同成就的。

我们期待当代中国美学在未来获得更大的发展，这也是所有当代中国美学工作者的共同愿望！

导 言

美学"中国化":当代"学术史"

何谓"当代中国美学"？顾名思义，所谓当代中国美学，就是"当代的""中国的"美学。美学在中国语境里，既是感性学意义上的"感学"，也是觉悟学意义上的"觉学"。这意味着，美学不仅是 Aesthetica 意义上的"感性认识论"，而且也是 Aisthetik 意义上的"一般知觉论"，所以美学即"感觉学"，[①] 这是从"中国性"角度对于美学学科的重新勘定。从时间段上来看，当代中国美学就是发生在"当代时期"内的"中国美学"，或者说，本书所研究的对象，就是当代时期内的"中国美学史"。那么，"当代"又究竟意指哪一本土历史时段呢？要回答这个问题，就要回到中国史学界关于"近代史""现代史"与"当代史"之界分的重大问题研究。

一 何谓美学的"当代"

近十几年来，在大陆学界关于"近代史"的界定产生了某种微妙的变化。现在普遍形成的共识是，从1840年鸦片战争始到1949年中华人民共和国成立之间的历史为"中国近代史"。[②] 这种重新界定历史的思路，来自历史学家胡绳在《近代史研究》创刊100期上的祝词里面的一个非常重要的建议："把1919年以前的八十年和这以后的三十年，视为一个整体，总称之为'中国近代史'，是比较合适的……1949年中华人民共和国

[①] Liu Yuedi, "From 'Practice' to 'Living': Main Trends of Chinese Aesthetics in the Past 40 Years", *Frontiers of Philosophy in China*, 2018 (1), p.139.

[②] 张海鹏：《关于中国近代史的分期及其"沉沦"与"上升"诸问题》，《近代史研究》1998年第2期。

成立以后的历史可以称为'中国现代史'。"① 然而，此前的史学界共识则是，中国近代史的上限基本没有异议，但将断代的下限定为1919年的五四运动，此前上溯到鸦片战争的历史为近代史，下推到后来的历史则为现代史。② 由此可见，根据当今的历史视界，近代史被后延到了中华人民共和国成立，如果接受目前的公认看法，将1949年作为"近代史"断代的下限，那么，1949年之后的历史无疑就是"现代史"了。

显然，由于"历史的界限"总是不断变动与后移的，生活在1949年之前的人们，根本不可能将1949年定位为近代史的下限（尽管那时梳理"近代史"的著作已经纷纷出现）。这是因为，从历史叙事哲学的角度来看，任何一类"历史叙事句"都是根据未来去描述过去的，正如彼特拉克（Petrach）及其同时代人当中没有人能去宣称"彼特拉克开启了文艺复兴"一样。③ 如今，"近代史"被整整推后了30年，而这种区分也是基本符合以政治变迁为主导的史实的。如此观之，从"古代史""近代史"再到"现代史"的逻辑演进也是非常明晰的。然而，在此又有问题出现了：如何区分"现代史"和"当代史"？笔者曾向现任中国历史学会会长张海鹏先生当面请教这个问题，他认为所谓"当代史"无非就是近十几年发生的历史而已。按照这种看法，"当代史"就是包括在"现代史"当中的而且形成了其最前沿的那一段。照此而论，"当代史"的历史边界的两端（起点与终端）始终都是变化的，随着历史的移动而逐渐后移，而"现代史"由于其起点是被确定的从而不断得以延展自身。

与此同时，力主"近代史"后移的历史界学者特别反对在历史分期当中不同学科之间所产生的"不通约"现象，他们特别指出，哲学界和文学界都没有按照历史学的分期来加以定位。的确，最典型的现象就出现在文学史领域，按照传统的划分观点，1919年之前为近代文学史，1919年之后为现代文学史，1949年之后即为当代文学史。面对这种相互难以

---

① 胡绳：《〈近代史研究〉创刊100期祝辞》，《近代史研究》1997年第4期。
② 《历史研究》编辑部编：《中国近代史分期问题讨论集》，生活·读书·新知三联书店1957年版。
③ ［美］阿瑟·丹托、刘悦笛：《从分析哲学、历史叙事到分析美学——关于哲学、美学前沿问题的对话》，《学术月刊》2008年第40卷第11期。

统一的现象，可能给出的解释就是，哲学、文化和艺术的发展或许会同历史发展产生某种"不匹配"现象："当艺术生产一旦作为艺术生产出现，它们就再不能以那种在世界史上划时代的、古典的形式创造出来；因此，在艺术本身的领域内，某些有重大意义的艺术形式只有在艺术发展的不发达阶段上才是可能的"，[①] 所以，哲学史、文化史和艺术史就会与历史发展之间形成某种历史的错位，这也就是所谓历史发展"不平衡"现象的某种特殊显现吧。

具体到美学"在中国"的历史而言，究竟哪种历史分期对于美学这门学科史而言更具有"合理性"与更拥有"合法性"呢？或者说，何种历史分期方法更适合于"中国的"美学史这门特殊的历史的研究呢？中国美学史研究者这样的论断无疑是重要的："从美学思想自身的发展过程看，也不应该机械地套用一般历史学的分期法，即使是较正确的历史分期法也不应完全套用……因此美学思想发展史的具体分期，不能机械地套用社会史、政治史的分期，而应根据美学思想发展的实际而定。"[②] 如果依据美学自身的发展规律来勘测，那么，美学史的确应该有其自身的"历史属性"。尽管可能数百年之后，各个学科的历史分期最终都会归于一统，但是起码在当前的这个时代，还是要凸显出"美学史"自身发展的轨迹和段落——从美学"来到中国"到形成"中国化"的美学——无疑具有其独特的发展逻辑。

然而，令人感到困惑的是，在近30年的美学史研究当中，"现代""近代"与"当代"这三个范畴往往是被混淆使用的，对于历史分期的看法似乎显得更为混乱，可谓莫衷一是。

（一）按照胡经之所编《中国现代美学丛编（1919—1949）》（1987）这部经典文选的意见，"中国现代美学史"就是从五四运动到中华人民共和国成立。作为"中国现代文化"的有机组成部分，"中国现代美学诞生在这样一个历史焦点上，即近代（1848—1911）旧民主主义革命的终结和现代新民主主义革命的开端。对旧生活模式的批判性反思和对新的生活

[①] 《马克思恩格斯全集》第46卷（上），人民出版社1979年版，第48页。
[②] 聂振斌：《中国近代美学思想史》，中国社会科学出版社1991年版，第11—12页。

图景的热烈向往,带来了人们审美思维的普遍兴趣,美学遂成为'五四'时期的热门学科",而王国维、梁启超依其活动的性质而被列入"近代美学"之列。① 如此看来,按照这部20世纪80年代出版的美学文选的历史分期,从1848年到1911年中华民国成立为近代,此后则为"现代时期"并截止到中华人民共和国成立的1949年,这就基本遵循了传统的近现代史的分期方式。同样,同一年出版的《中国现代美学论著译著提要》也将五四运动以来的整个历史当做"现代美学史"。② 从其所列第一部美学著作1922年黄忏华的《近代美术思潮》开始,③ 直到该提要所选择的1983年这个截止年份,都被编者视为现代美学的范围,这就跨越到了中华人民共和国成立之后的将近35年。

（二）按照聂振斌的《中国近代美学思想史》（1991）这部典范著作的看法,从20世纪初到1911年"中国近代美学"才真正得以发生,这恰恰在于美学思想的发展曾经是延后于中国历史进程的。进而,这部20世纪90年代初的著作将近代美学的下限基本定位在中华人民共和国成立之前,这与当前近现代史的主流划分方法是接近的。这意味着,《中国近代美学思想史》按照美学发展的逻辑,一方面将传统近代史的上限推后了60年,另一方面又把传统近代史的下限推后了30年。作为梳理从1840年到1949年这一百多年中国美学史的著作,该书的重要贡献在于,精细地划分了由古至近的转型阶段到近代充分展开阶段的美学发展的历程:（1）从19世纪40年代至19世纪末的改良运动兴起之前,这是"前近代美学阶段";（2）从19世纪末至20世纪初即1898年戊戌政变前后10年间,这是"古代美学向近代美学过渡的阶段";（3）从20世纪初年至民国元年,这是"近代美学正式发端阶段",代表人物为王国维;（4）从民国元年至20世纪20年代末,这是"中国近代美学形成与发展阶段",以蔡元培为代表人物;（5）从20世纪20年代末到40年代末,这

---

① 胡经之编:《中国现代美学丛编（1919—1949）》,北京大学出版社1987年版,前言,第2、1、4页。
② 蒋红、张唤民、王又如编著:《中国现代美学论著译著提要》,复旦大学出版社1987年版,编辑说明。
③ 黄忏华:《近代美术思潮》,商务印书馆1922年版。

是"中国近代美学的分化阶段",所谓"中国马克思主义美学"就诞生在这个时期。①

(三)按照卢善庆的《中国近代美学思想史》(1991)的历史定位,这部作为断代史的近代美学思想史,则与传统近代史上限与下限的划分完全趋同。这是由于该书的研究对象"跨越了1840年至1919年八十年间;按照断代的统称,也可以叫做'中国近代美学思想'。它上承中国古代美学思想,下启中国现代、当代美学思想,是在整个中国美学思想发展史上占有不可缺少的、极其重要的地位"。② 对于这80年的近代美学史,作者着墨比较多的是"启蒙意义的美学思想""改良主义美学思想"和"民主主义美学思想"部分,从而明确划分出了近代美学的思想格局。尽管这本同样出版于1991年的同名专著关于美学史的历史分期与史学界的传统分期高度一致,但作者还是主张,在"现代美学"与"当代美学"还是要进一步加以划分,从而才能更完善地凸显出中国美学的发展轨迹。

(四)陈伟的《中国现代美学思想史纲》(1993)则将"中国现代美学"定位于1915年至1949年。但为何以1915年为起点,尽管作者并未给出详尽说明,但理由大概在于"除了蔡元培之外,全面介绍美学性质、内容、分类以及与艺术关系的,当推徐大纯。徐大纯的《述美学》发表于1915年1月1日出版的《东方杂志》上,这是我国比较全面介绍美学学科的第一篇文章"。③ 这种历史划分确定了美学自身发展的逻辑起点,进而将"现代"的时间上限向前进行了推展,其内在的潜台词是说,在1915年之前的美学就是"近代美学",而处于1949年之后的美学则是"当代美学"了。

无论是《中国现代美学丛编》与《中国现代美学思想史纲》将1919年至1949年抑或1915年至1949年——这31年抑或35年定为"现代美学"时段,还是两本同名的《中国近代美学思想史》分别以1840年至1949年抑或1840年至1919年——这110年抑或80年定位为"近代美

---

① 聂振斌:《中国近代美学思想史》,中国社会科学出版社1991年版,第13—16页。
② 卢善庆:《中国近代美学思想史》,华东师范大学出版社1991年版,前言,第1页。
③ 陈伟:《中国现代美学思想史纲》,上海人民出版社1993年版,第8、415页。

学"时段，其中三部著作都将下限定为 1949 年。而我们这本书就是要"接着写"，从 1949 年写到正在行进中的 2009 年，也就是写中华人民共和国成立后 60 多年的中国美学史。如果近现代美学的区分与当今史学界的主流看法保持一致的话，也就是以中华人民共和国成立为界限，此前上溯到鸦片战争时期都为近代史，此后则为现代史，那么，1840 年至 1949 年形成的历史为"中国近代美学史"，从 1949 年之后形成的历史则为"中国现代美学史"。然而，美学史的发展却有其自身的"历史逻辑"，不能仅仅依凭史学界的主流定论来加以确定。

本书将这 60 年的美学史笼统地称为"当代中国美学史"，这是基于对历史的如下分期基础之上的，因为，第一阶段的美学是从古典转向近代，第二阶段的美学则是由近代转向现代，第三阶段则是从现代转向当代。

1840—1918 年："中国近代美学"
1919—1948 年："中国现代美学"
1949—2009 年："中国当代美学"

那么，中国美学史还有没有另外的分期方法呢？实际上，以"30 年"为一段来梳理美学史是一种比较新颖的看法。由此可以确定，以 2008 年为下限，上溯前 30 年为一段，前 60 年为一段，前 90 年再为一段，这样区分的结果就是：

1919—1948 年："前 30 年美学"
1949—1978 年："中 30 年美学"
1979—2008 年："后 30 年美学"
2009—2018 年："新 10 年美学"

所谓"三十年河东，三十年河西"，这种"30 年"的区分法或许是"最本土化"的分期法。中国美学界在新旧世纪交替的时候曾有"百年中国美学"的回眸看法,^① 但是"世纪"的划分法最终还是欧洲式的,或许"60 年乃为甲子""30 年为一轮"的看法,更符合中国人的本有观念。以 30 年为一个轮回来看,"中 30 年美学"恰恰是低潮,在它的两端都形成了美学研究的高潮,整个 90 年的美学发展形成了"高—低—高"的演进逻辑,这就形成了 90 年、60 年和 30 年中国美学发展的三个"时间环"。

更为重要的是,其中的历史转折点都是明确的,1919 年正是新文化运动的一年,1949 年正是中华人民共和国成立的一年,1979 年正是"思想解放"的一年,以这三个点来"界分"当代中国美学史,也是非常有道理的,而从 2008 年以后美学发展,则是处于新一轮的"30 年美学"发展的起始阶段。以 30 年为时间段来分期,更符合当代中国美学的历史逻辑,对前 60 年的回顾是处于前 90 年和前 30 年的两个"时间环"之间的。所以,本书所研究的对象,就是 1949 年以来的美学史,亦即"中 30 年美学""后 30 年美学"与刚刚展开的"新 10 年美学"。

二 何谓美学"中国化"

美学在欧洲是"自发"的。它随着西学的东渐而舶来,刺激了"中国的"美学的后发。这意味着,只有在西方"他者"镜像的比照下,美学"在中国"方能获得自身的内在定性,他者对本土美学的影响是决定性的,否则美学这门学科就不会在本土登陆与出场。

既然美学随着西学东渐而来,进入中国已有 100 多年的历史,那么,从美学学科在中国落地、生根、发芽开始,美学就已经开始了所谓"中国化"的历程。[②] 所谓"中国化"主要就是指——从美学"在中国"到"中国的"的美学——的发展进程,[③] 这个历史过程目前还在不断地继续

---

① 关于"百年中国美学"演变的基本矛盾的说法主要有:(1)"政治说",(2)"启蒙说",(3)"现代化说",(4)"内在动力说";对"百年中国美学"历史分期,较有学术价值的看法有:(1)"美学高潮/文化转型分期法",(2)"美学家群体/立足点转变分期法",(3)"中西美学交流分期法"。参见刘悦笛《百年中国美学反思的"再反思"两题》,《美与时代》2005 年第 1 期。

② 刘悦笛:《走上美学研究的"中国化"之路》,《人民日报》2010 年 4 月 9 日。

③ Gao Jianping, "Chinese Aesthetics in the Context of Globalization", *International Yearbook of Aesthetics: Aesthetics and/as Globalization*, Vol. 8, 2004, pp. 59–75.

发生。这意味着，美学"在中国"就是依据西方的学科规范建构而成的，而要成为"中国化"的美学又要必然具有本土的规定性。

在美学东渐之前，美学在中国文化原生态中只是一种"潜存"形态。一方面，华夏深邃精致的古典美学智慧是缺乏系统理论表述而又不自觉牵涉审美和艺术的潜在美学；另一方面，由于泛化式的审美与文化物态、生活经验的互渗融通，华夏古典美学文本或附属于宗教、哲学、伦理等论著，或依附于文论、画论、乐论等论述，而成为混整入其他思想的潜层非自主存在。这就说明，中国古典美学智慧必定是从西学舶来美学视角之后"返身自观"的产物，同时也证明了中西文化与学术之间本然存在的异质性质。

同时，中国学术重实用和混沌的本质与明晰知性的美学学问相抵牾；相应地，华夏艺术的"泛律性和综合性"与西方美学理论的自律和分化相对峙。在学理上，以艺术美、自然美为对象的知性类分和特性寻求，成为框定东方潜存美学的理论模式，"何为美""何为艺术"的本质追问也强迫重实践理性的东方思维做出回答；而且，西方美学范畴具有相对整一和贯通的内涵规定，而华夏古典美学范畴却在不同时代、不同应用中发生着变异和游移，但它总是自成一种前后承续的审美范畴演变体系。在艺术上，审美创造与体验鉴赏的混糅未分构成中国美学基本特色，艺术陶冶性情、寓教于乐的外在功用往往被强化了。特别是华夏古典艺术还是带有伦理、宗教成分的综合的文化价值领域，正如中国社会本身就具有伦理、艺术与宗教的会通的典型特质一样。而在西方文化中，美的艺术在近代以后则被推举为趣味精英化的意指物，艺术哲学与其相映成趣；相反，东方的泛艺术却无须精密的美的形而上学理论知识来统摄它。

西方强势美学的东渐，则对近代中国美学产生着"形成性"与"构成性"的影响。它要求中国美学学术范式实现现代转换。美学在欧洲有着自身的形成机制。海德格尔曾提出西方美学的"二次发生"论，认为美学在古希腊相伴于形而上学而共同发生，具体来说是与柏拉图从感性效果研究艺术同时出现的，美学从此被纳入了质料—形式的概念框架。而近代形而上学史开端之际，西方美学则"再次发生"。此时，不再是世界，而是主体（个体 ego）的自我意识成为哲学认识的核心乃至唯一对象。①海德格尔用亲和东方的、融合物我的视角，洞见出西方话语对中国美学的权力支配，亦即"主客二分"的框定和"主体性"的入侵。

一方面，欧洲美学是建构在"主客两待"基础上的。古希腊时代始，美学就被置嵌于感性与超感性（本质与现象）分立的理性思辨模式中，由此造成了一系列的二元对立，从古希腊时代就已经区分出主观与客观，中世纪则致力于此岸与彼岸的分立，近代以后感性与理性之间又形成割裂。随着西方古典、近代和现代美学共时性的东渐，中国近代美学也被置于西方物我分立的框架内。中国美学迄今为止的建构，也基本归依了这种两分思维，这表现在人与自然、心灵与外物、主体与客体、感性与理性、必然与自由、理想与现实、理论与实践的诸多分殊里面，然而中国本土传统却向来注重"知行合体"，并以"一个世界"为世界观的主宰。

另一方面，西方美学自近代始便凸显出"主体性"的伟力。如海德格尔所见，主体性霸据着欧洲美学的轴心和至上地位，趣味的"纯化"与艺术的"自律"得以同步进化。在日本明治时代初期，这种主体性对东方的冲击具有普遍性，"那时主体的艺术精神的思索和支撑那个主体艺术精神的艺术实践的土壤构成还未成立。在那里经历的是克服理论和实践、传统自身等各种矛盾的苦恼与斗争的过程"。② 进而，主体性精神在近代以来中国美学的内部则表现为"主体生命意识"的崛起。众所周知，在华夏古典天人合一的文化心理结构中，物我交流互贯使主体性无法彰显。因而，近代中国的"生命感"主要得益于西方主体观念，本土美学家由此十分强调生命的张扬、向上和流动，生命化也成为中国审美主义思潮的本质规定。

由此可见，所谓美学的"中国化"，其实始终是处于一种"张力结构"当中的，一方面是西方美学的框定作用，在此意义上，广义的"中国化"就会包孕"西方化"；另一方面本土思想的积淀则要求美学获得

---

① Martin Heidegger, *Nietzsche*, Vol. 1: *The Will to Power as Art*, translated by David Farrell Krell, London and Henley: Routledge and Kegan Paul, 1979, p.83.
② 山本正男：《东西方艺术精神的传统和交流》，牛枝惠译，中国人民大学出版社1992年版，第7页。

"中国化"的真实基础,在此意义上,狭义的"中国化"更是"本土化"。美学"中国化"的过程,一直延续到当下的历史进程,始终是"西方化"与"本土化"的统一,或者说,当代中国美学研究始终是中西方"视界融合"的产物:不仅"在中国"的西方美学研究如此,它是从本土视角出发、使用现代汉语加以思考的对外研究,而且"中国的"美学思想的历史与原理的研究也是如此,"中国美学史"研究是有了美学视野之后"返观自身"而形成的,美学原理的探索往往也是将属于西学的美学普遍原理加以本土化。

当然,美学原理"在中国"的建构中有一个"深度的阐释"和"浅度的阐释"的差异问题。这里的"阐释"是针对本土传统而言的。"深度的阐释"就是指一种"内部因袭式"的理论创造,这种建构范式对于本土传统的借鉴是极为彰显的。相形之下,"浅度的阐释"则主要出现在那种"模仿外来式"的哲学与美学理论构架当中,它对待舶来的学术成果采取了"深度的转换"的态度,而吸纳本土文化的因素却并不彰显。这种模式就是将中国传统的思维方式"化"到了哲学与美学运思当中,但是并不是直接对古典智慧进行阐发。从一定意义上来说,这种"浅度的阐释"其实更是一种"深度的融合"。目前,随着本土意识的觉醒,"深度的阐释"较之"浅度的阐释"作为方法更为当前的学界所乐于接受与使用。

如果说,从哲学的角度来看,"哲学中国化"起码包括三个层级:"从外语到中文""从语言到思想""从思想到实际",[①] 那么,作为哲学分支学科的美学也是如此。

首先,"中国化"从语言的根基上说,就是"汉语化"。就像笛卡儿让哲学用法语说话那样,哲学与美学如何用"中国话"加以言说,即"让哲学与美学说中文",也是重要的语言问题。这里所谓的"中国化"就意味着"汉语化",更确切地说,就是"现代汉语化"。因为在20世纪初的"白话文运动"之后,在当时中国的学术界已经形成了"现代汉语的学术共同体",哲学界和美学界也在这个共同体之内。

---

① 刘悦笛:《艾思奇与"哲学中国化"》,《哲学动态》2010年第8期。

其次,"哲学与美学中国化"的第二步就是从语言转到思想。在具有"中国现代性"的哲学与美学的建构过程中,从外来语到现代汉语的转化,有如经过了转换器的转换,这是"由外而内"的转换;从古代汉语到现代汉语的转化,有如经过了过滤器的过滤,这是"由古而今"的过滤。中国古典美学向来讲究"得意忘言""得鱼而忘筌",那么,究竟应用什么样的"筌"去逮美学理论这条"鱼",始终是中国美学言说所探求的方法。

最后,第三个层级,当然就是思想与现实结合的问题。从20世纪二三十年代的美学研究热潮直到80年代著名的"美学热",美学都成了中国社会变革和思想启蒙的急先锋。然而,这种中西互动却造成这样的悖论:中国美学虽主要以康德的"审美非功利"为基本理论预设,但又都强调审美之"无用之用"的实用性功能,这种功用具体表现在,美学在中国总是与(外在的)理想社会和(内在的)理想生命境界相互关联起来。

总而言之,"美学中国化"所探寻的就是——从美学"在中国"到"中国的"美学——的历史进程。换言之,"美学中国化"所追问的问题就是:美学是如何"本土化"的?其中,哪些是来自欧洲文化的移植要素?哪些是本土的承继因子?哪些又是融合后创新或"创造性转化"而成的?

三 何谓美学"学术史"

本书所研究的,乃是当代中国美学的"学术史"。"学术史"(Academic History)这个来自西学的概念,所意指的就是学术的历史,而历史本身就是一种叙述,所以说,"美学学术史"所要叙述的就是美学这门专门的系统知识的发展,并在叙述的过程当中,梳理出不同时期的学术发展的历史征候,从而对美学这门学科的"认知过程"进行总结与整理。

首先,学术史既不等于"思想史"(the History of Thought),也不等于"理论史"(the History of Theory),但一般会使用思想史抑或理论史的方法。然而,对于当代中国美学的历史所进行的研究,大多数都是按照本土化的"思想史格局"而写成的。按照这样的撰写模式,往往将美学史首先简化为思想史，然后又将思想史简化为"人物（思想）史"，由此整个20世纪美学史最后就成为几位美学家——朱光潜、蔡仪、宗白华和李泽厚——的思想串联，而从学术史来看，宗白华的美学家的地位却是在80年代才最初得以确立的。与之不同，学术史的研究所面对的是"学者群落"，而非专门学科内部的几位思想家或者理论家，因为美学学术史是一代又一代的"学者群体"共同完成的，不能仅仅关注学者金字塔的"塔尖"，学术史要将视野向下进行调整，从而由此得见整个美学的历史进程。

其次，学术史更不能被降低为"资料史"，但是它非常强调以"整理基本文献"作为学术史的扎实基础。然而，大量掌握并排列组合了翔实的资料，还只是学术史研究的初步，更重要的，还有如何对于学术史实与史事进行取舍与判断。如此说来，"思想史"的高度与"理论史"的深度，也就都成为学术史研究的高级标准。正如有论者所形容的那样，"学术史"更应像一张中国本土地图，可以让这门专门科学内外的读者按图索骥，当然其中的学者群落、学术活动、著作译作、文章译文都分别占据着不同的省、市、县和区的不同位置。这种地图对于后来者而言是相当有价值的，因为即使你没有到过所有地方，也可以根据地图来掌握整个学术格局。

最后，学术史的最高层次的工作，既不在于最低层次的资料梳理，也不在于中级层次的思潮把握，而在于最终呈现出该门学问的"研究范式"的转变。所谓的"研究范式"（research paradigm）表面上来自库恩（Thoms Samual Kuhn）的科学理论的"范式"概念，但简单地说就是为一定数量的学者群体所共同使用的并形成了基本模式的思想取向、研究方法及形式风格，"主题史"或"范畴史"研究就是能够折射出这种范式格局的结晶。这种"研究范式"既可能是被大规模使用的"量性研究"，也可能是有定性趋同的"质性研究"，当然更多的还是"混合型研究"。只有形成了一定的"研究范式"，才能自然形成一定的学者共同体的"圈子"，进而才能趋于形成共通与趋同的"学说"，从而最初在思想与理论上成就所谓的"学派"。与此同时，学术史研究的目的，并不是仅仅在于"共时性"地进行范式研究，更在于"历时性"地呈现出范式的整个历史流变。

下面就将1949年至今的"中国美学学术史"从美学的"学术史"的角度加以最概括的总结。中华人民共和国成立后，美学作为一门正式学科得以真正建立和发展，并受到广泛关注，引发了数次美学研究热潮。特别是改革开放以来，中国美学取得长足发展，对经济社会文化发展产生了重要影响。总结这一时期的美学研究，具有重要的现实意义和学术价值。

（一）**基础研究成就显著**

基础研究是美学研究的核心和支撑。改革开放以来，中国美学的基础研究取得重大成就，主要体现在西方美学史与中国美学史两个领域。

1. **西方美学史研究范围不断扩展**。在中国，西方美学史常常被看做进入美学的基本路径，也是改革开放以来最早取得成就的美学领域。西方美学史研究在20世纪80年代初就打开了局面，确立了"通史"与"断代史"同时研究的格局，而且研究内容不再局限于西方古典美学，20世纪的西方美学也被纳入研究范围。随着研究的深入，不少学者开始编撰具有阶段性意义的"西方美学通史"。有学者根据西方哲学和美学发展基本同步的情况，将西方美学的历史演进划分为"本体论""认识论"和"语言学"三个阶段，力图揭示其发展规律。还有学者将美学历史作为一个整体发展着的"美学思想史"，把由哲学理念、艺术元理论和审美风尚三者结合而建构的"美学思想"置于历史的框架中，形成了完整的美学思想发展史。

2. **中国美学史研究多角度深入**。随着西方美学史研究的深入，中国美学史的研究也陆续展开。其研究范式主要有两种：一种是狭义上的美学研究范式，基本原则是参照中国传统哲学史，研究中国古典美学史。具体而言，有两种类型：一类是以"思想史"为依照，认为中国古典美学以儒家美学、道家美学、禅宗美学思想为三大主干；另一类则以"范畴史"为依照，抓住各个时代最有代表性的美学思想和美学著作，把握美学范畴和美学命题的演变，呈现中国古典美学范畴的发展。另一种则是广义上的"大美学"或"泛文化"研究范式。它以审美哲学为基础，结合文化史、艺术史、审美意识史，关注中国历史上各个时代审美趣味、艺术风貌的流变。这种研究范式既区别于逻辑思辨类型的审美思想史，也不同于现象描述类型的审美物态史，是一种介于归纳、演绎之间的描述形态和介于理论、实践之间的解释形态。

（二）学术热点不断变更

中华人民共和国成立60多年来，美学热点的嬗变不仅受美学自身"冷热"的影响，而且随着经济社会文化的转型发生了历史性变化。下面可以从历史发展的角度，对这些年的美学热点问题进行重点梳理。

1. "美学大讨论"与学派的分化。中华人民共和国成立伊始，马克思主义独踞意识形态中心位置，并最终确定了在美学界的理论和方法论指导地位。20世纪五六十年代的美学大讨论最初集中在美本质的"主观与客观"之争，后来聚焦于"自然性与社会性"之辩。无论是纯然的主观派（吕荧、高尔泰）、客观派（蔡仪），还是主客观统一派（朱光潜）、客观性与社会性统一派（李泽厚），皆围绕"美的本质"问题而展开。进入80年代，各派继续推动自身观点的积极延续，从而完成了各自的思想的整体化建构，但是这种"本质化"的追问，从90年代始既受到了"反本质主义"的质疑，又受到了"生命力"思潮的冲击。

2. "手稿热"与四派思想的拓展。从20世纪80年代初开始，美学界兴起了一股对马克思青年时代的著作《1844年经济学—哲学手稿》的解读热潮。不同研究者对这部手稿有着不同的理解和认识。就阐释方式而言，主要分为两种：一种注重将手稿的观点思想吸纳到个人的美学主张中，"美学大讨论"中所形成的四派思想都由此得以发展与完善；另一种则注重对马克思思想本身的研究。这股热潮引出许多重要的美学命题，对美学的发展产生了重要影响。如用"自然人化"来界定美的本质的思想成为后来研究实践美学的重要维度；美是"人的本质力量的对象化"的观点则在80年代前期的美学基本原理中占据了主导地位。

3. "主体性"与"自由"问题凸显。李泽厚从马克思哲学的视角阐发康德的"三大批判"而得出人类学历史本体论的总体思想，率先提出了"主体性"问题。随后引发的"主体性问题讨论"，在整个20世纪80年代思潮中占据了重要地位，"自由"也成为美学思潮的核心概念。由于"实践主体性"的观点契合了当时解放思想的进程，从而影响了这一时期的美学研究。从实质上说，这种"实践主体性"既包含了连通主客体物质实践活动的主体基本规定性，又吸纳了受康德思想影响的自由主体性，是从"审美自由"出发对二者调和的产物。这种主体性思想还在文学领域转化为"文学主体性"思想，引起强烈反响。

4. "实践美学"成为绝对主流。实践美学发端于20世纪五六十年代的"美学大讨论"，主要表现为强调"美在客观事物本身"的客观派与强调"美是客观性与社会性统一"的社会派之间的争论，这与苏联自然派与社会派之分殊是类似的，但中国却独立地发展出了"实践美学"的主潮思想。进入80年代，美学界基本接受了朱光潜的主客观统一的主张，并以此作为美学理论的立足点，但在哲学基础上却基本倒向李泽厚所创建的"实践派美学"。随着越来越多的论者倾向于主客观统一于实践，还有教育系统的大力普及与积极播撒，实践美学成为80年代美学的主流理论，中国美学界至今仍没有摆脱实践论的深刻影响，无论是作为实践美学的反力的"后实践美学"还是作为其变体的"新实践美学"，都是如此。

5. "后实践美学"的激进反拨。进入20世纪90年代，美学研究的重点问题和中心问题出现多元化趋势。后实践美学试图超越实践美学，提出了与实践美学不同的研究重点、不同的研究方法。有学者认为，实践美学强调了美和审美对实践的依赖而忽视了它们自身的本质特征及与实践的内在区别。还有学者针对实践美学的理性主义倾向，强调要对个人的存在与活动的丰富性给予足够重视。这种思潮拓展了美学的研究视野，使美学的学科体系框架研究呈现开放态势，从一元结构向多元结构转换，理论方法也更加多元开放。但从宏观上看，后实践美学仍未真正超越实践美学，它更重要的理论价值在于，为中国美学提供了"本体论"转化的视角。

6. "审美文化"研究的兴起。20世纪90年代初，审美与文化之合的"审美文化"研究逐渐为学者们所关注。在内在层面上，审美主义的"生命艺术化"成为生命美学的价值取向；在外在层面上，审美主义的"艺术化生存方式"成为审美文化的主体核心，审美文化成为艺术与生活融为一体的文化。审美文化研究反对将美学看作一门玄学，提倡美学要"走下去""沉下去"，关注现实的文化现象。同时，一些中国学者开始关注西方马克思主义理论，并以此对大众文化进行批判。随着社会主义市场经济的发展，这种立场又逐渐淡化，"大众文化批判"为更广义的"文化研究"所取替。

7. "生态美学"的本土建构。生态美学研究是近几年美学界的热点之一。生态美学将生态学与美学有机结合，从生态学的角度研究美学问题，将生态学的观点吸收到美学之中，从而形成一种崭新的美学理论形态。从广义上说，它包括人与自然、社会及人自身的生态审美关系，是一种符合生态规律的当代存在论美学。这种新的美学思路是20世纪80年代以后生态学取得长足发展并渗透到其他学科的结果。

8. "生活美学"的本体论转向。21世纪以来，美学界论争的一个焦点就是"日常生活审美化"问题，即直接将审美的态度引进现实生活，使大众的日常生活充满越来越多的艺术品质。由此出发，逐渐形成了一种趋向于"生活美学"的新的发展方向，引发了"新世纪中国文艺学美学的生活论转向"的重要议题。目前，所谓的"生活论转向"已被视为中国美学界经历了——"实践论"与"生存论"两次转向之后——又一次重要的"本体论转向"。

（三）应对新趋势和新挑战

进入21世纪，经济全球化的浪潮冲击着社会的各个方面，产生了一系列新的现实问题。这对美学提出了新课题和新挑战，探讨中国美学的走向成为美学界普遍关注的话题。具体说来，中国美学主要面临以下几个趋势和挑战。

1. 突破传统研究范式。对于当代中国美学思想最重要的挑战是，如何超越原有的"实践美学—后实践美学"格局，走出一条"中国化"的美学新路。目前，实践美学面临多方面挑战，但是还没有新的美学思想模式出现。实践美学仍在美学研究中发挥重要作用。除了实践美学与后实践美学，当代中国美学还在三个新的领域取得了突破："审美文化""生态美学"和"生活美学"研究。这些新领域的研究都试图突破传统的美学研究范式，在研究对象和研究方法上推进了中国美学发展。

2. 开拓新的研究领域。随着40年的改革开放，中国美学界对于西方美学思想的借鉴和研究逐步走上正轨，但是对西方美学的整体研究还存在一定的偏差。一些学者注重借鉴具有人文主义传统的美学，但对具有科学精神的西方美学传统、对在英美等国占据主导地位的"分析美学"传统鲜有研究。其中，语言学问题最为关键，当代中国美学还没有经历所谓"语言学转向"。如何在语言哲学的基础上研究中国美学，将成为新的美学生长点。

3. **推动美学史研究**。对于中国美学史的研究,无论是通史研究还是微观研究,都得到了大力推动和发展。但也有一些问题值得注意,特别是如何突破传统中国美学的"写作范式"。不少学者意识到仅仅通过思想和范畴来把握中国美学是难以体悟到"真精神"的,所以,从审美文化、审美风尚等新的角度来重写美学史的诉求越来越强。也有学者从跨学科的角度来看待这个问题,认为艺术史、人类学、考古学、心理学等各个学科都能为美学史提供养料,各种新旧方法论亦可提供新的视角。

总而言之,"前30年美学"(1919—1948年)是中国美学生根发芽的时期,形成了美学发展的第一次高潮;"中30年美学"(1949—1978年)则是中国美学相对沉寂的时期;但是"后30年美学"(1979—2008年)则将中国美学研究推向了新的高潮(但其内部亦有起承转合);目前我们正走在"新10年美学"(2009年至今)发展的起点上。美学在20世纪中期开始重新起步之后,随着五六十年代"美学大讨论"的争鸣与探索,70年代的封闭与衰颓,80年代的"美学热"的突奔和激进,90年代回归"学科本位"的保守与深化,直到21世纪"全球化的20年"逐步与世界美学前沿接轨,当代中国美学的变化可谓翻天覆地。对这段"当代""中国""美学""学术史"的历程与经验进行深描和评述,具有非常重要的现实意义和学术价值,其中获得的历史教训,对于未来的中国美学建设是不可或缺的。在刚成为历史的中国美学发展的基础上,当代中国美学必然会迎来更美好的明天!

第一章

作为"中国学科"的美学建制

美学这门学科，是19世纪末20世纪初西学东渐的产物，又是中西文化和学术会通与交融的成果。所以，这门学科的本土建构，必然要经历从美学"在中国"到"中国的"美学的历史进程。美学的舶来，对非欧洲文化而言皆为共同的现象，即使对美国文化更不用说东亚文化来说都是如此，这就好似从日本的"美学"转化为"日本"的美学，日本美学家神林恒道最早用引号的变化，首度提出了这个东亚历史转换的深刻问题。

应该说，"美学"这个用语在中国的确是个误译，美学的本义应该翻译为"感性学"。徐大纯发表于1915年的《述美学》当中，就指明了汉语翻译上这种"转译"的缘由："所论感觉之学，一以美为旨归；于是Aesthetica一语，在昔为感觉学之意者，至是遂转为美学之解。"① 如果按照字面的意思再将"美学"转译回英文，德国汉学家卜松山曾使用"Beautology"作为"美学"的现代汉语译名。事实上美学界都非常明了：美学≠美+学，但是对于美学的研究常常需要从"美"这个字开始。

---

① 徐大纯：《述美学》，见东方杂志社编纂《美与人生》，商务印书馆1923年版，第2页。收入"东方文库"第67种作为东方杂志二十周年纪念刊物的《美与人生》这部文集，可以被看作在中国引入美学以来的第一部美学文集，这说明中国人在美学建构之初就将美与人生紧密地联系了起来。

第一节 "美"与"美学"的汉语词源

从20世纪50年代始,中国美学界关于"美"字的古代汉语词源的解释,主要依据《说文解字》"言必遵修旧文而不穿凿"的传统语义。80年代初期,在美学界就已经形成了——"羊大则美"与"羊人为美"——两种主流说法,到目前为止这仍成为某种共识。甲骨文中"美"的字形就像带有两角的羊头,本身就具有一种对称的形式美感,但关键在于:如何拆解"美"这个独特的汉字?

第一种说法将"美"拆为"美—大","羊大则美"说侧重在"实用观"。这种说法直接将美的词源追溯到东汉许慎的《说文解字》:"美,甘也。从羊,从大。羊在六畜主给膳也。美与善同意",宋徐铉注道"羊大则美,故从大"。按照此解,"美"源于远古时代以羊的肥大与味美,这种最古老的说法揭示了美的"味觉"的原初语用含义。吕荧较早论述到这种说法并加以引申:"(一)我们的祖先造出这个'美'字,是在养驯了羊以后,它的年代当在商代以前。(二)'美'字最初表述美食,即好吃的事物。(三)最初'美与善同意',即'好'的意思。"①

第二种说法却将"美"拆为"美—人","羊人为美"说则聚焦于"巫术观"。如果说,古文字学家康殷更倾向于就形式而论"美"字"像头上戴羽毛装饰物(如雉为尾之类)的舞人之形……饰羽有美观意",②那么,致力于人类学研究的肖兵的论述更为明确地认为,"美"字的上部为祭祀时的面具或头饰,下部为作为天人媒介的祭司的人,整个字形为头戴羊角的巫人形象。羊人为"美",美人即"君",君就是酋长而非后世

---

① 吕荧:《美学书怀》,作家出版社1957年版,第46页。吕荧在《美是什么》(原载《人民日报》1967年12月3日)这篇文章当中继续追溯了《尔雅》及其释诂当中的"美"和"善"的语义。

② 康殷:《文字源流浅说》,荣宝斋1979年版,第131页。

的"王""帝"。① 这种更为新颖的说法视觉化地阐发了美的"巫术"内涵,它既具有由"目观"而生的形式化的意味,又具有从事巫术活动的社会化的意蕴,并强调了美的活动同劳动、繁殖相关联。

第三种较新的说法则打破了上下拆字的格局,可以称之为"两性(交感)成美"说,它关注的乃是"性学观"。语言文字学家马叙伦早就认定羊大则美只是附会,美实际上来自"女色之好"。② 但是,这种"色好为美"的说法尚未进入深度心理层面,陈良运进而认为"美"字最初产生于阴阳相交的观念与男女性意识中:"羊"为女性之征,"大"为男性之征,男女交合,"美始于性"。③ "羊"因柔顺被归于阴性之属,雄张之"大"为阳性之属,阳气上升、阴气下降,阳而刚、阴而柔,阳刚与阴柔相交相合才有天地人间之美。

而今,按照"六书"的类型,对"美"字本义的传统解释的梳理更为全面。作为"会意"字的理解包括:(1)"羊大为美"乃味觉之美,(2)"羊大为美"乃道德精神之美的"大羊为美";作为"象形"字的理解包括:(3)"羊大为美"乃视觉听觉的装饰之美,(4)"羊大为美"乃视觉听觉的乐舞之美,(5)"羊大为美"乃怀胎孕妇之美,(6)"羊大为美"是生育顺产之美;作为"形声"字的理解包括:(7)"羊大为美"乃视觉女色之美;没有"六书"解释的"美"之本义探讨包括:(8)"羊大为美"乃味觉之美、生命繁殖之美;(9)"羊大为美"乃功利与形体姿态之美。④ 可见,随着历史的发展,对"美"的汉语词源逐渐变得更为深化、更加细致。

在对"美"的古代汉语词源进行考量之后,我们要再对"美学"的现代汉语词源和近代术语流变进行考辨。这关系到"美学"学科的外来

---

① 肖兵:《从羊人为美到羊大为美》,《北方论丛》1980 年第 2 期;肖兵:《美·美人·美神》,《美的研究与欣赏》第 1 辑,重庆出版社 1982 年版。
② 马叙伦:《说文解字六书疏证》卷七,科学出版社 1957 年版,第 119 页。
③ 陈良运:《"美"起源于"味觉"辩证》,《文艺研究》2002 年第 4 期;陈良运:《美的考察》,百花洲文艺出版社 2005 年版。
④ 马正平:《近百年来"美"字本义研究透视》,《哲学动态》2009 年第 12 期。

传入与本土重建的重要问题。①

  早在1925年，佛学家吕澂就已表明，美学"这个名词是日人中江笃介在一八八二年翻译法人维隆（Véron）的著作"时提出的。② 这恐怕是中国学界关于"美学"汉语词源的最早介绍，吕澂所说的中江笃介今译为中江肇民（1847—1901年），一般认为这位日本启蒙思想家用汉语译创了"美学"这个词。比吕澂还早将近30年，在1897年，康有为编辑出版的《日本书目志》里，在"美术"类所列第一本专著即中江肇民所译的这本《维氏美学》（两册）。当代日本美学家今道有信的观点被广为接受：中江肇民所翻译的《维氏美学》是"汉字文化圈"中使用"美学"一词的最早记录。③

  汉语文化圈"美学"一词，在创生之前一定有个酝酿的过程，但中江肇民用他的译作名来特指这一门学科，就其使"美学"之名得以"固定化"的影响而言的确功不可没。不过，中国学者吕澂所记的中江肇民翻译《维氏美学》的时间却是值得商榷的。实际上，在"美学"一词被固定化之前，汉语文化圈的知识分子试图用各种译名来翻译Aesthetica。在中江肇民之前的日本，著名启蒙思想家兼翻译家西周，就曾尝试以"善美学""佳趣论""美妙学"来翻译。④ 根据今道有信的考证，西周"善美学"的译法出现在庆应三年（1867）的《百一新论》中；"佳趣论"的译法则出现在明治三年（1870）；而"美妙学"的译法则出现在明治五年（1872），《美妙学》一文是后来被发现的，它是给日本皇室搞讲座的手稿。⑤

  "善美学"的译法根植于中国古典文化，《论语·八佾》中说，子"谓《武》：'尽美矣，未尽善也。'"西周自己也强调"善就是美""和就

---

① 刘悦笛：《美学的传入与本土创建的历史》，《文艺研究》2006年第2期。
② 吕澂：《晚近的美学说和〈美学原理〉》，教育杂志社1925年版，第3页。
③ 神林恒道：《东亚美学前史：重寻日本近代审美意识》，龚诗文译，典藏艺术家庭股份有限公司2007年版。
④ 今道有信：《东方の美学》，1980年版，序文，第1页，中译本见《东方的美学》，蒋寅等译，生活·读书·新知三联书店1991年版。
⑤ 今道有信：《讲座美学》第1卷《美学の历史》，东京大学出版会1984年版，第7页。

是美""节度与中庸就是美"。这种译法就来自美善合一的谐和观，而这里的善却少了道德内涵，而比较接近于"完美"的意思，由此这种译法易造成歧义。"佳趣论"则是比较欧化的译法，因为美学在欧洲古典文化那里也是"趣味之学"的意思，"佳趣"强调的正是趣味的纯化和高雅，近似于 fine art（美的艺术）中"fine"的意味。"美妙学"显然也是受到汉文化的影响，因为在中国古典美学体系中，"妙"字较之"美"字是很重要的美学范畴。其实，"美妙学"这个译法倒还是可取的，尤其对中国古典美学而言似乎更为贴切。看来，西周在考虑用哪个译名时表现出游移不定，但是，无论是"善美学""佳趣论"抑或"美妙学"，似乎都没有"美学"这个译法更为简易、更易于被接受。

无论怎样，被普遍接受的观点是，中国对"美学"这个译名的接受，经由了日本这座"由西入中"的桥梁，正如现代许多哲学语汇都是日本人用汉语首创的一样。然而，我们怀疑，"美学"一词可能并非日本人所首创，而是花之安率先创用了"美学"一词，这里先转引一段细致的考证工作："花之安（Ernst Faber）为德国来华著名传教士。1873年，他以中文著《大德国学校论略》（重版又称《泰西学校论略》或《西国学校》）一书……他称西方美学课讲求的是'如何入妙之法'或'课论美形'，'即释美之所在：一论山海之美，乃统飞潜动物而言；二论各国宫室之美，何法鼎建；三论雕琢之美；四论绘事之美；五论乐奏之美；六论辞赋之美；七论曲文之美，此非俗院本也，乃指文韵和悠、令人心惬神怡之谓'……1875年，花之安复著《教化议》一书。书中认为：'救时之用者，在于六端，一、经学，二、文字，三、格物，四、历算，五、地舆，六、丹青音乐。'在'丹青音乐'四字之后，他特以括弧作注写道：'二者皆美学，故相属。'"[①]

如果在此之前再没有更新材料被发现的话，那么可以肯定：这位深谙中文的德国人花之安，在1875年首度译创了"美学"一词，比中江肇民

---

① 黄兴涛：《"美学"一词及西方美学在中国的最早传播》，《文史知识》2000年第1期。但是近来又有论者认为，黄文所依据乃花之安《泰西学校·教化议合刻》1897年的商务印书馆活字版重印本，但是这个版本尚未得见，所见只是1880年10月东京明经堂出版的大井镰吉训点本（中村正直校阅并作序言），这个版本并无黄文所谓的括弧注释，"二者皆美学，故相属"一句应为1897年合刻时所增加的，参见聂长顺《近代 Aesthetics 一词的汉译历程》，《武汉大学学报》（人文科学版）2009年第6期。

还要早8年。但很可能，中江肇民并没有受到花之安的任何影响，两人是彼此独立地造出了"美学"一词。但必须承认，从美学学科的东渐角度来讲，中国对美学这门学问的接受更多受到了同时代日本的横向影响，"日本桥"在西方美学与中国之间充当了一种中介转换的作用。

在中国知识分子那里，在"美学"一词成为共识之前，也提出了许多关于译名的方案，"审美学"就是其中之一。与日本一样，"审美学"作为备选方案也曾同"美学"并用了一段时间。在1902年，王国维在一篇题为《哲学小辞典》的译文中，就翻译英文的Aesthetics为并用的"美学"和"审美学"，但他还是更倾向于用"美学"，因为据他的介绍："美学者，论事物之美之原理也。"甚至更早一些，在他1901年翻译的《教育学》一书中，还出现过"审美哲学"这种学科性的崭新译法。当然，在王国维之前，颜永京于1889年翻译《心灵学》中还曾用了"艳丽之学"这种译法，但似乎译得过于形式化而并未引起人们的关注。

总之，考察"美"与"美学"的汉语词源，留下了许多值得思考的"知识考古学"的问题。但不可否认的是，美学术语是以欧洲美学为参照系而生发出来的，经历了一个外源式的、后发的、转译的酝酿过程，并不像欧洲古典美学术语那样是内源式的、自然而然地、自发地生成的，但是美学这门学科在中国的"历史定位"却经历了独特的命运。目前，关于归还美学以"感性学"之名的呼吁也开始出现，从日本到中国的学者都有类似的主张。[1]

第二节 美学的学科定位与教育基础

美学"在中国"，普遍的观点认为，应当以王国维作为历史起点。

---

[1] 日本学者要求直接为"感性学"正名，增成隆士：《建立感性学的意向》，见今道有信编《美学的将来》，樊锦鑫等译，广西教育出版社1997年版，第166—176页；岩城见建一：《感性论：为了被开放的经验的理论》，王琢译，商务印书馆2005年版。中国学者则以美丑之辨来论述感性学的成立，参见刘东《西方的丑学——感性的多元取向》，四川人民出版社1986年版；栾栋：《感性学发微——美学与丑学的合题》，商务印书馆1999年版。

聂振斌在《中国近代美学思想史》中得出这样的权威性的论断："王国维的美学思想是中国美学理论从自发状态走向自觉的标志，从此中国人开始自觉地建设美学学科的独立体系。而这一点是从'美学'新概念引进时开始的。"① 的确，这是对王国维在美学本土化中的历史地位的定论，但是，"自觉地建设美学学科的独立体系"又是从何时开始的呢？

真正形成"中国的"美学体系的是，自20世纪20年代起，在立普斯（Lipps）著名的移情说的影响下，中国出现的首批"美学原理"。吕澂的《美学概论》（1923），陈望道和范寿康同年同名出版的《美学概论》（1927），吕澂的《美学浅说》（1931）还接受了德国心理学家梅伊曼（Ernt Meumann，1862—1915）的"美的态度"说，为本土化的美学基本理论建设提供了模本和范例，从而创建了真正意义上的"中国的"美学。

表1

	美学学科定位	审美态度的性质	对"移情"的理解	审美与生命的关联	美的各种分类
吕澂	学的知识精神的学价值的学规范的学	知的方面：观照性、合律性、假象性 情意方面：静观性、快感性、紧张性	感情移入是"纯粹的同情"	美感是"生命最自然又最流畅的展开"	庄严、优美、悲壮、诙谐②
陈望道	美的学问	客观方面：具象性、直接性 主观方面：静观性、愉悦性	感情移入是"投入感情于对象中"	美源自人类的本性，即"人底心"	崇高、优美、悲壮、滑稽（六种划分法之一）③
范寿康	研究美的法则的学问	非功利的态度、分离与孤立、感情移入、艺术观照的态度	感情移入是"自我生命的投入"	美的价值是"赋予生命的一种活动"	崇高、优美、悲壮、滑稽、诙谐④

---

① 聂振斌：《中国近代美学思想史》，中国社会科学出版社1991年版，第56页。
② 吕澂：《美学概论》，商务印书馆1923年版；吕澂：《美学浅说》，商务印书馆1931年版；吕澂：《现代美学思潮》，商务印书馆1931年版。
③ 陈望道：《美学概论》，上海民智书局1927年版；陈望道：《陈望道文集》第2卷，上海人民出版社1980年版。
④ 范寿康：《美学概论》，商务印书馆1927年版。

由表1可知,三者建构自己体系的美学构架表现出惊人的相似性。他们都将美学纳入欧洲式的知识学的框架,都以审美非功利论为根基、以移情说为核心构建出一套完整的美学体系。同时,吕澂的无关"意欲",陈望道的"无关心性"和范寿康的"非功利的态度",都注重审美"无用"的功能性内涵。在此基础上,他们又全执着在"静观"这种无所为而为的凝视和观照,视之为非实用的人生态度。

质言之,如果从"体系构建"的角度来讲,吕澂、陈望道和范寿康都构建起了自己的美学原理体系,可以被视为美学"在中国"的学科创建的最终完成,同时也标志着"中国的"美学原理开始出场,从美学"在中国"到"中国的"美学的转换得以初步实现。

从教育体系的现实方面看,被纳入当时的教育体系当中,对美学学科的建设具有重要意义。在日本,明治二十六年(1893)在帝国大学文科大学开设美学讲座以后,甚至被认为是美学的名称被正式固定下来的时候。[①] 可作比照的是,1904年1月13日晚清政府颁行的《奏定学堂章程》首次将美学列入大学工科建筑学门,这部《癸卯学制》是中国近代第一个学制系统,由张之洞等人依日本学制拟订的,有论者就将中国最早的美学课程定于此。王国维在《奏定经学科大学文学科大学章程书后》(1906)中,于经学科、理学科、史学科、中国文学科、外国文学科这五类基本科目下,除了史学科之外,都列出了美学科目,足见美学在当时教育体系之中的位置。[②]

更有历史贡献的是,蔡元培民国元年就任民国临时政府教育总长,1922年他将新式教育方针归纳为体、智、德、美四个方面:"我国初办新式教育的时候,只提出体育智育德育三条件,称为三育。十年来渐渐地提出美育;现在美育界已经公认了。"[③] 这既与蔡元培1917年首倡的"以美

[①] 李心峰:《Äesthetik 与美学》,《百科知识》1987年第1期。
[②] 举具体的例证说明,王国维在《论小学校唱歌科之材料》当中,从微观的角度论述了唱歌科的意义就在于:"(一)调和其感情,(二)陶冶其意志,(三)联系其聪明官及发生器是也",所以要确保唱歌科的"独立之位置"而不致成为"修身科之奴隶"。见王国维《海宁王静安先生遗书》第15册,商务印书馆1940年版,第63页。
[③] 蔡元培:《美育实施的方法》,《教育杂志》第14卷第6号,1922年6月。

育代宗教"说一脉相承,从而摆脱了"美育附丽于宗教论"并提出了"纯粹之美育"论(在实践中蔡元培也不允许宗教参与教育),也是"有史以来第一次把美育提高到国家教育方针的地位",[①] 美学也在20世纪20年代开始成为高等学校的重要课程,这些都对美学学科在中国获得稳固的地位起到了积极作用。经历了同时代的经历者不仅将美育的"主倡"甚至将美学的"首倡"都归功于蔡元培(尽管后者并不符合实际):"美学底历史很短,不过才产生了一百多年;中国之有美学,实以蔡元培先生提倡为最早。中国人素讲智、德、体三育;近人更倡群育、美育,而并称五育。美育即蔡元培先生所主倡。"[②] 如此看来,智育、德育、体育、群育、美育的所谓"五育"当中,美育已经扮演了重要的角色。

在中华人民共和国成立以后,在教育方针上的提法更多的是"德智体"三项并立,体育与德育较之蔡元培时代交换了位置(新文化运动时代倡导强身健体而反对旧道德),在当时的注重社会经济建设的历史条件下,美育的地位却明显下降了。在生产资料的社会主义改造基本完成后的1956年,毛泽东在《关于正确处理人民内部矛盾的问题》中提出,教育方针应该使受教育者在"德育、智育、体育"各方面都得到发展。1980年,中华全国美学学会成立,并在云南昆明召开第一届中国美学大会期间,邀请朱光潜、伍蠡甫、洪毅然、李范四位专家向国务院和教育部门撰写了一封恳切的信:呼吁将"美育"列入教育方针。几年后相关教育部门才将教育方针增加为"德、智、体、美、劳",而后来又继续缩减为"德育、智育、体育、美育"四项。

1995年3月18日,第八届全国人民代表大会第三次会议所通过的《中华人民共和国教育法》,经过立法的形式第一次完整地规定了中国的教育方针,然而,根据其中的第五条的规定:"教育必须为社会主义现代化建设服务,必须与生产劳动相结合,培养德、智、体等方面全面发展的社会主义事业的建设者和接班人","美育"再度被相对忽略了。直到1999年6月13日国务院颁

---

① 聂振斌:《近代美学刍议》,见《中国审美意识的探讨》,宝文堂书店1989年版,第195页。
② 陈望道:《美学纲要》,《民国日报》副刊《觉悟》1924年7月15、16日;《陈望道文集》第1卷,上海人民出版社1979年版,第455页。

布的《关于深化教育改革全面推进素质教育的决定》，提出"素质教育"的实施必须将"德育、智育、体育、美育"有机统一在教育活动的各个环节当中，从而正式恢复了美育在教育方针当中应有的地位。

从学科建设的角度来讲，美学"在中国"的学科初建是从两个方面展开的：一方面是对西方美学进行学科性的翻译和介绍，另一方面则是从本土视角阐发美学学科的观点。但是，自20世纪80年代教育体制逐步完善后美学的学科建设更多的是同中国整个的学科建设密切相关，我们要从总体的格局当中来勘定美学的地位。在20世纪中叶之前的大学课堂当中，美学已经在哲学系作为专业课讲授。在民国时期，吕澂、俞寄凡都是最早的美学教育者，作为北京大学校长的蔡元培的美学课程更提升了美学科学的地位。当时的国立中央大学、中山大学、武汉大学也开设了初步的美学课程，清华大学和北京大学开设的美学课程则更为成熟，此后从师范院校开始到综合性大学及美术院校都有美学课程开设。[①] 1938年6月，北京大学、清华大学和南开大学由长沙转至昆明联合办学，改称西南联合大学，当时的美学课程就由1930年从中央大学转到南开在哲学系任教的冯文潜讲授。冯文潜（1896—1963年）先生留学德美，美学教育主要以德国思想为主，当时学界有"南朱（光潜）北冯（文潜）"的说法，还有一种对研究中国古典美学学者的说法即"南宗（白华）北邓（以蛰）"。

20世纪50年代，随着学科合并与重组，国内并没有美学课程可以讲授，也没有人撰写美学方面的专著。直到1957年才翻译出版了两本美学著作：一本来自法国列斐伏尔的《美学概论》，该书是这位法国思想家的早期著述；另一本则是苏联的瓦·斯卡尔仁斯卡娅在中国人民大学哲学系讲了三个月的讲稿《马克思列宁主义美学》。"五十年代以来，我国学术界对美学若干基本问题展开过讨论，对推动我国的美学研究工作产生了一定的积极作用。60年代初期，一些文科院校开办了美学专题课，北京大学、中国人民大学建起了美学教研室，高等院校文科教材编选机构也开始

[①] 王丽、王确：《20世纪初中国"美学"课程发展略论》，《社会科学战线》2008年第12期；王丽、王确：《美学课——民初"美学"教师肖像扫描》，《文艺争鸣》2009年第5期。在东北师范大学导师王确的指导下，这个团队对20世纪上半叶的中国美学史进行了系统性的研究，成果斐然。

组织编写并出版美学方面的教科书。"① 中国大学的哲学系从60年代开始正式讲授美学，1960年教育部批准成立的中国人民大学和北京大学哲学系美学教研室被认为是成立最早的美学教研机构，前者由马奇主持并开授美学课程，后者最初由王庆淑主持，后由杨辛负责并始授美学课。1977年5月，中国社会科学院由中国科学院哲学社会科学学部的前身独立出来，1978年在哲学所原有的六个研究室之外成立了美学研究室，由齐一主持恢复并任主任，李泽厚、郭拓任副主任。此后，从综合性大学到专业性大学都纷纷开设了美学课，主要在哲学系、中文系和艺术系开设，在七八十年代的"美学热"当中美学课可谓盛况空前，美学硕士和博士研究生陆续在科研机构和大学开始招收，中国社会科学院和各个高校所开设的美学培训班亦为美学界培养了骨干力量。

按照1997年颁布的国务院学位委员会学科评议组审核授予学位的学科、专业范围划分的标准，与美学相关的一级学科主要是哲学和文学。首先，美学作为二级学科，隶属于作为一级学科的哲学，哲学同时还包括马克思主义哲学、中国哲学、外国哲学、逻辑学、伦理学、宗教学和科学技术哲学。在文学的一级学科之下，与美学相关的是"中国语言文学"与"艺术学"，前者主要包括的学科为文艺学、语言学及应用语言学、汉语言文字学、中国古典文献学、中国古代文学、中国现当代文学、中国少数民族语言文学（分语族）和比较文学与世界文学，美学与文艺学直接相关；后者主要包括的学科为艺术学、音乐学、美术学、设计艺术学、戏剧戏曲学、电影学、广播电视艺术学和舞蹈学，美学主要与艺术学直接相关。此后，美学首先作为哲学的二级学科，在文学领域往往当做三级学科，文艺美学隶属于作为二级学科的文学理论之下，并与艺术学一级学科当中的艺术学原理内在相关。

按照《中华人民共和国学科分类与代码国家标准》这部学科分类的国家标准来看，情况略有变化。这部标准是由国家技术监督局于1992年11月1日正式在北京发布的，1993年7月1日正式实施，特别重要的是

---

① 周扬：《关于美学研究工作的谈话》，中国社会科学院哲学研究所美学研究室、上海文艺出版社文艺理论编辑室合编《美学》第3卷，上海文艺出版社1981年版，第2页。

于 2006 年开始对现行的国家标准进行了重要的修订。按照修订后的标准，美学仍属于哲学的二级学科，其他学科分别为自然辩证法、中国哲学史、东方哲学史、西方哲学史、现代外国哲学、逻辑学、伦理学和哲学其他学科。在文学的一级学科之下，出现了"文艺美学"的二级学科，它与文学理论、文学批评、比较文学等二级学科并列。在"艺术学"上升为一级学科之后，又出现了"艺术美学"的二级学科。如此看来，美学在中国的独特学科建制当中，既成为哲学的二级学科，也以"文艺美学"和"艺术美学"的独特身份成为文学与艺术学的二级学科，从而迥异于欧美的独属哲学的学科建制。

第三节 "美—美感—艺术"的研究构架

从研究对象和范围来看，当代中国美学研究已经形成了"美—美感—艺术"的基础构架。追本溯源，按照"美学之父"德国哲学家鲍姆加敦（又译作鲍姆加登、鲍姆嘉通、鲍姆加通）的本义，"美学（作为自由艺术的理论、低级认识论、美的思维的艺术和与理性类似的思维的艺术）是感性认识的科学"。[①] 按照这种逻辑来推导，就必然历史性地形成了三种思路：（一）美学＝"低级认识论"→"美的哲学"；（二）美学＝"美的艺术理论"→"艺术哲学"；（三）美学＝"美的思维的科学"→"审美经验科学"。[②]

实际上，这就是当代中国美学研究对象的三个基本取向："美论"—"美感论"—"艺术论"。但是这种观点早就出现了，比如陈望道在《美学概论》当中就曾提出了更为全面的意见："关于美的学问——即美学——底对象，共有（一）美，（二）自然，人体，艺术，（三）美感，美意识等三方面。……古代大抵偏于哲学的研究，近世盛行的，是科学的

[①] 鲍姆嘉通：《美学》，李醒尘译，见刘小枫主编《人类困境中的审美精神：哲人、诗人论美文选》，东方出版社 1994 年版，第 1 页。

[②] 刘悦笛：《生活美学与艺术经验：审美即生活，艺术即经验》，南京出版社 2007 年版，第 30—32 页。

研究，尤其是心理学的研究。哲学研究底对象偏于'美'，心理学的研究，则以美感美意识及艺术为对象。"① 按照这种观点，艺术并未取得显赫的地位，与美学最关联密切的两个学科也分别为心理学与社会学。② 但是经过了20世纪中叶的美学讨论，美、美感和艺术作为美学研究的主要对象已经基本形成了共识——"美学基本上应该包括研究客观现实的美、人类的审美感和艺术美的一般规律"。③

谈到美、美感与艺术的关系，就会涉及美学这门独特的哲学科学与心理学、艺术学的关系。蔡仪曾在《新美学》当中，用"两个圆"的精妙比喻进行了说明。美学与心理学的关系，就是两个相交的圆，美感是美学与心理学的交集；美学与艺术学的关系则是两个内切的圆，艺术学内切于美学并以美学为基础。

具体而言，一方面，心理学与美学的关联就在于"美感"，"总之心理学和美学的关系则在于美感。美学虽在美感上和心理学相关，但美学尚是美学，心理学尚是心理学，美学和心理学是同等并列的，好像两个圆在美感上相交"。④ 另一方面，"艺术学虽然是研究艺术美，而美学也研究艺术美，这是艺术学和美学相同的，然而美学尚研究现实的美和美感，这现实的美和美感则是艺术的美的根源，所以美学是不同于艺术学，而且是艺术学的基础……艺术学和美学的关系，好像内切的两个圆，艺术学是内切于美学的"。⑤

按照这种逻辑，从历史的顺序来看，当代中国美学认定美学的研究对象就分别为（一）美、（二）艺术和（三）审美。第一种观点认为美学只

---

① 陈望道：《美学概论》，上海民智书局1927年版，第13页。
② 日本美学家大塚保治在《美学新研究的问题及其研究法》当中，认为"审美的事实"首先是"心理事实"和"社会事实"，但最终都与人生的价值有密切关系，所以要成为"哲学的研究的对境"，参见东方杂志社编纂《美与人生》，商务印书馆1923年版，第49—54页。大塚保治1900年从欧洲学成回到日本讲授德国美学家哈特曼的《美学》，从此以后，日本东京大学才开始有了专门的美学教授和《美学讲义》。
③ 李泽厚：《论美感、美和艺术（研究提纲）——兼论朱光潜的唯心主义的美学观》，《哲学研究》1956年第5期。
④ 蔡仪：《新美学》，群益出版社1946年版，第33页。
⑤ 同上书，第31页。

研究美，所以说，美学＝"关于美的科学"或者"研究美的规律的科学"。

关于"美的科学"的观点，更多限于20世纪50年代，① 最主要代表是洪毅然，姚文元认为美学应研究"生活中的各种美和丑的事物"的观点②、庞安福批评艺术美并力主现实美的观点，③ 也可以被归于此类，这类观点尽管在80年代仍被坚持但是追随者甚少。洪毅然认为："美学既要研究自然界与艺术中一切客观现实事物本身——美的存在诸规律，又要研究作为那种美的存在反映于人脑中的一切审美意识——美感经验和美的观念的形式及发展规律。"④ 洪毅然强调其看待美学的方式是直接来自车尔尼雪夫斯基的观点，然而，正如马奇在60年代早就道明的那样，"美的科学"的观点恰恰是车氏所引用而加以反对的。⑤ 然而，洪毅然却间接接受了车氏的"美是生活"的观点，进而认定对"现实美"的研究先于对"艺术美"的研究，就像了解艺术本来就要先了解生活一样。但这种观点所谓的"现实美"其实所指的就是"生活美"，后来的观点更倾向于要求将美学研究扩大到生活中美的各个领域。⑥

实际上，洪毅然追随的是鲍姆加敦的原意，他认为，美学最初就是作为研究人类的感性认识而出现的一门科学，因此，美学始终是作为"关于美的科学"而存在，美学的目的就是研究美的概念的各个方面及其是如何体现的。而且，美学不能与艺术学相互替代，因为人类的"审美活动实践"决不仅限于艺术，而"社会审美意识"也不仅仅是通过艺术的形式来加以表现的。按照这种观点，洪毅然认为美学研究的范围包括：美的性质；美感的性质；美的社会内容与自然条件；美感的心理及生理基

---

① 洪毅然：《美学论辩》，上海人民出版社1958年版，第1页。
② 姚文元：《论生活中的美与丑》，《文汇报》1961年3月13日。
③ 庞安福：《艺术美的实质及其他》，《新建设》1960年12月号；庞安福：《略论美学研究的对象》，《河北师范大学学报》1981年第1期。
④ 洪毅然：《论美学的研究对象——美学与艺术学的区别》，《新建设》1958年9月号。
⑤ 马奇：《关于美学的对象问题——兼与洪毅然等同志商榷》，《新建设》编辑部编《美学问题讨论集》第6集，作家出版社1964年版，第6页。
⑥ 齐一：《美·美学·美学研究——关于美学的对象和方法的探讨》，《美学与艺术评论》第3辑，复旦大学出版社1986年版。

础；美与美感的类别；美的功用；审美标准；形象思维的特殊规律，如此等等。

第二种观点认为，美学研究的主要对象就是艺术，所以说，美学 = "关于文艺的哲学理论"或者"艺术的一般理论"。

从 20 世纪 60 年代开始这种观点就被认为是朱光潜和马奇的基本观点。按照当时的归纳，美学研究主要以文艺为对象，美学就是"关于文艺的哲学理论"，这是由于：（一）从"美学史"来看，美的本质只有在弄清艺术的本质之后才能弄清；（二）从"社会功用"来看，文学艺术是用艺术方式掌握现实的最高发达的方式；（三）从"方法论"来看，把较高级、较完备的东西认识清楚后才能对较低级的形式有更周全、更准确的认识。[①] 这基本上是朱光潜的意见，马奇后来的表述更为明确："我认为美学就是艺术观，是关于艺术的一般理论"，它"全面地研究艺术各方面的理论，它不只研究部门艺术的理论，而是概括各个部门艺术的一般的理论。它的基本问题是艺术与现实的关系问题"。[②]

马奇进而规定了美学的基本研究范围："艺术的起源，本质，艺术创作的一般规律，艺术在阶级社会中的发展规律，艺术与社会主义、共产主义，艺术的社会作用，艺术批评，艺术欣赏，艺术教育，艺术的范畴，艺术的种类、形式、风格，等等。"[③] 尽管马奇后来放弃了这种观点，但蒋孔阳却仍坚持："艺术应当是美学研究的中心对象或者主要对象，通过对于艺术的美学特征的研究，不仅可以掌握人对艺术的审美关系，而且可以掌握人对自然、对社会的全部审美关系。"[④] 但这种曾被普遍接受的观点，其实走向了一种"审美关系"论。

[①] 杉思：《几年来（1956—1961）关于美学问题的讨论》，《新建设》编辑部编《美学问题讨论集》第 6 集，作家出版社 1964 年版，第 426—427 页。

[②] 马奇：《艺术哲学论稿》，山西人民出版社 1985 年版，第 17 页。

[③] 马奇：《艺术哲学论稿》，山西人民出版社 1985 年版，第 17 页。但是在 80 年代初，在河北省美学成立会上的讲话当中，马奇就明确放弃了他的观点转而认定艺术哲学只是美学的组成部分。参见马奇《什么是美学？怎样学美学？》，《河北大学学报》1981 年第 1 期。

[④] 蒋孔阳：《美学研究的对象、范围和任务》，《安徽大学学报》1979 年第 3 期；蒋孔阳：《美和美的创造》，江苏人民出版社 1981 年版，第 8 页。随后的商榷文章见高尔泰《美学研究的中心是什么？——与蒋孔阳同志商榷》，《哲学研究》1981 年第 4 期。

这种观点被普遍接受的实例，就是《辞海》"美学"词条的论述："美学：研究人对现实的审美关系的一门科学。由于人对现实的审美关系主要表现在艺术当中，所以美学研究的主要对象是艺术。但它并不研究艺术中的一般问题，而是研究艺术中的哲学问题，因此有人又把美学叫做艺术哲学，属于哲学的一个部门。"① 当美学被当做艺术哲学的时候，可以看到，黑格尔压抑自然美而只推重艺术美的美学思路在中国的深入影响。但有趣的是，无论是认为美学应聚焦于美还是艺术，都没有在20世纪80年代的美学界占据主导，中国学者们的选择是从"美感"的角度入手来勘定美学的研究对象和范围。

第三种观点认为，美学研究主要应该从审美的角度入手，这种观点形成了不同的层级：（一）"美感层级"、（二）"审美关系层级"和（三）"审美活动层级"。② 所以说，由此形成了三类观点。

（一）美学 = "美感学"或者"以美感为中心的研究美和艺术的科学"。

（二）美学 = "审美关系学" = "研究人与现实的审美关系的科学"或者"研究审美主客体之间的关系的科学"。

（三）美学 = "审美活动学" = "研究人类审美活动规律的科学"或者"审美感兴、审美意象与审美体验三位一体的科学"。

从"美感"的层级来看，高尔泰由于提倡"美感的绝对性"，③ 所以他认定美学就以审美经验为对象，因为其内在的逻辑就是"美 = 美感"，脱离了美感无法理解美与艺术，甚至美与艺术根本就不存在。然而，这种绝对化的观点难以被接受，但是李泽厚的观点却容易被广为接

---

① 《辞海》，上海辞书出版社1979年版，第4395页。
② 美学研究以"审美关系"作为研究对象，这种想法从形式上可以追溯到狄德罗的"美在关系"论。而美学以审美活动为研究对象的看法，最明确的提出者是苏联的鲍列夫，参见鲍列夫《美学》，常谢枫译，中国文联出版公司1986年版，另一个译本见鲍列夫《美学》，冯申、高叔眉译，上海译文出版社1988年版，更早的译介参见鲍列夫《列宁的反映论与形象思维的本质》，中国社会科学院哲学研究所美学室编《美学译文》（一），中国社会科学出版社1980年版。
③ 高尔泰：《论美感的绝对性》，《新建设》1957年7月号；高尔泰：《论美》，甘肃人民出版社1982年版，第25页。

受:"美学——是以美感经验为中心研究美和艺术的学科。"① 具体来解析,美学包括"美的哲学、审美的心理学和艺术社会学,前者是对美和审美对象作哲学的本质探讨,后二者是以艺术为主要对象作心理的或者社会历史的分析考察",② 但这些方面都必须"与审美经验(美感)的分析研究有关"。在李泽厚看来,无论是"美的科学"还是"审美关系"的看法,在中文当中都有同语反复之嫌,而美学理应以美感为研究中心,进而去对美与艺术进行研究,这无疑是一种更为全面的又不失侧重的观点。

李泽厚在为《中国大百科全书·哲学卷》所撰写的"美学"条目初稿当中继续为这种观点找出历史的依据:"如果甩开美学的定义,具体观察美学的对象、范围和问题,则可以看到,自古至今大体不外下列三个方面:关于美和艺术的哲学探讨、关于艺术批评艺术理论一般原则的社会学探讨和关于审美与艺术经验的心理学探讨。"③ 在随后的词条撰写当中,李泽厚所列的题目展现出美学研究的领域:(一)"美的哲学"(从历史和逻辑上经常构成美学的基础部分),(二)"艺术科学"(有关艺术原理的一般研究),(三)"审美心理学"(研究艺术的审美特征而日渐成为独立的学科,也称为"文艺心理学"),(四)"美学趋向"(一方面是越来越走向各种实证的科学研究,另一方面作为哲学的美学将继续保留下来),(五)"美学史"(既包括西方美学史,也包括中国美学史)。

从"审美关系"的层级来看,最初的美学研究对象的观点更侧重于艺术,但却将艺术置于审美关系来看待,后来的观点则直接以审美关系作为美学研究对象。前者可以被视为一种折中式的观点,以蒋孔阳为代表,"虽然把艺术当成是美学研究的主要对象,但是,却有两个前提:

---

① 李泽厚:《美学的对象与范围》,中国社会科学院哲学研究所美学研究室、上海文艺出版社文艺理论编辑室合编《美学》第3卷,上海文艺出版社1981年版,第30页。但是早期的李泽厚也曾认为"艺术更应该是研究的主要对象和目的",见李泽厚《论美感、美和艺术(研究提纲)——兼论朱光潜的唯心主义的美学观》,《哲学研究》1956年第5期。

② 李泽厚:《美学论集》,台北三民书局1996年版,第3页。

③ 李泽厚:《李泽厚哲学美学文选》,湖南人民出版社1985年版,第224页。

一个美学研究的根本问题，是人对现实的审美关系；二是美学研究的基本范畴，是美"，所以美学是"通过艺术来研究人对现实的审美关系，通过艺术来研究现实的美学特征"。[1] 与这种通过艺术来研究审美关系不同，周来祥的观点更具有辩证综合的意味，按照黑格尔式的三段论的思路，他认为古代美学将客体作为对象，近代美学则把主体作为对象，而现代辩证思维则要求在对象与主体、对象与对象、对象与系统的关系当中来加以研究，美学研究主要就在于审美主体与审美客体之间的"审美关系"。这种思维模式被周来祥后来称为"关系思维与系统思维"。从哲学的角度来看，作为美学研究对象的这种"审美关系既是认识关系，又不是认识关系；既是伦理实践关系，又不是伦理实践关系，而是介于实践关系和认识关系的第三种关系"，[2] 这显然是受到了康德判断力思想影响的观点。

按照这种"审美关系"的观点，美学研究的范围已经被大体确定了下来，这从20世纪80年代以来基本形成了共识。这些范围大致包括如下方面。

1. 美学的一般理论

（1）美的本质。

（2）美感的产生及其发展的历史过程。

（3）美学范畴。

①基本范畴——美。

②美的对立面——丑。

③从美的性质的差异所产生的不同美学范畴——乖巧、秀丽、美、壮丽、崇高。

④从美的效果的差异所产生的不同美学范畴：

A. 悲（哭）——悲剧性、感伤、哀婉；

B. 喜（笑）——喜剧性、滑稽、幽默。

---

[1] 蒋孔阳：《美和美的创造》，江苏人民出版社1981年版，第10页。
[2] 周来祥：《美学是研究审美关系的科学——再论美学的研究对象》，《文史哲》1986年第1期。

（4）自然美与艺术美的关系。
（5）艺术的审美教育作用。
2. 美学史
（1）中国美学史。
（2）西方美学史。
（3）断代美学史。
（4）美学流派和专家、专著的研究。
3. 各门艺术的哲学基础和理论体系
（1）文学美学思想研究。
（2）音乐美学思想研究。
（3）绘画美学思想研究。
（4）建筑美学思想研究。
（5）金石书法美学思想研究。
（6）工艺美学思想研究。
4. 关于艺术创作和欣赏的美学理论
（1）创作心理学或艺术心理学。
（2）艺术构思和形象典型化。
（3）逻辑思维与形象思维。
（4）审美欣赏与艺术欣赏
……①

从"审美活动"的层级来看，出现了主客分立的两种主张，蒋培坤客观化地理解"审美活动"，而叶朗则主观化地理解"审美活动"。蒋培坤直接将美学定位为"研究人类审美活动的科学"，他认为并没有一种现成的"审美关系"先于审美活动而存在，应该把人类审美活动作为"美学探讨和学科体系的逻辑起点"。所以，蒋培坤特别反对从先验的角度探究美的传统形而上学思路，而要"从人类审美的动态系统出发，全面地考察、探究这个系统结构的各个要素、各个层次、它们之间的相互关系及运动规律。一句话，使美学学科成为考察、研究人类审美

---

① 蒋孔阳：《美和美的创造》，江苏人民出版社1981年版，第12—13页。

各个方面及其普遍规律的科学学科"。① 叶朗主编的《现代美学体系》的导论也认为,只有将"审美活动"的整体作为美学研究对象,才能进行现代知识体系的综合性研究,从而力求打造出"审美感兴""审美意象"与"审美体验"三位一体的体系。其中,"审美哲学"就是对审美活动进行哲学探讨的一门美学分支学科,而审美哲学的核心范畴乃是"审美体验"。② 显然,这种观点更多地将审美活动视为人类的一种精神活动,与蒋培坤将审美主体理解为自由的生命活动的主体并不相同,叶朗在其《美学原理》当中最终回到了早期朱光潜的"美在意象"的观点,并明确规定"审美活动是人类的一种精神活动","是人的一种以意象世界为对象的人生体验活动"。③

从当代中国美学史来看,对于美学的对象和范围进行了两轮的集中讨论。第一轮是在20世纪五六十年代"美学大讨论"时期,在探讨"美的本质"的同时对于美学的对象也进行探讨,其中,出现三种基本观点:一是认为美学以研究美为中心,二是认为美学以研究艺术为中心,三是认为美以美感为研究中心,从而形成"美—美感—艺术"研究的基本构架。到了20世纪80年代前期至中期,在美学学科得以重建的时期,对于美学的对象和范围又再度进行了探讨,当然这种探讨是以五六十年代的学术成果为历史基础的,美学只是作为"美的科学"的说法逐渐衰落,"艺术→美学"与"审美经验→美和艺术"的两种美学的内在逻辑,逐渐占据了上风。随着"实践美学"逐渐位居主流,无论是"审美关系"论还是"审美活动"论,都形成了具有中国特色的观点,其中具有客观取向的审美活动论要求从"一般认识论走向实践本体论",并在实践基础上把历史上各主要美学学科形态集合与统一起来。④

从整体来看,美学是"美的科学"的观点,优点是关注于现实美而区分于艺术学,缺点在于忽视了现实美之外的其他美的类型;美学是"艺术哲学"的观点,优点是通过人来解剖猴子的方法,抓住了审美的最

---

① 蒋培坤:《审美活动论纲》,中国人民大学出版社1988年版,第6页。
② 叶朗主编:《现代美学体系》,北京大学出版社1988年版,第33页。
③ 叶朗:《美学原理》,北京大学出版社2009年版,第14页。
④ 蒋培坤:《审美活动论纲》,中国人民大学出版社1988年版,第6页。

核心的对象，缺点在于仅囿于艺术而忽视了美学的广阔领域；美学就是"美感学"的观点，优点是高度关注于审美主体的经验，缺点在于用美的主观性强行替代了其客观性。比较值得关注的是从美感出发的三种新的观点。第一种认为美感只是中心，要围绕着中心研究美与艺术，优点在于关注从"形上追求""历史考察"和"心理流程"等方面考察到了美学研究的不同层次，缺点是过于宏观而强调了涵盖力。第二种观点是审美关系论，优点在于关注到了审美活动当中主客体双方之间的互动与关联，缺点是变动不居的关系难以得到固定的把握。第三种观点则是审美活动论，优点是突破关系论而回到活动论来看待审美，缺点是难以区分出审美活动与非审美活动之间的差异。

在20世纪90年代之后，当代中国美学对于美学研究对象有了更新的理解。最先出现的理解，反对实践美学忽视个体的趋向，从而认定生命即审美，审美即生命。这种观点承继的是审美活动论的余脉，只不过将审美活动定位于生命，于是，美学＝"审美生命学"，但"生命美学"在审美与生命的关联上却始终难以谈清楚。其次出现的观点，似乎回到了人与现实的审美关系上面，强调了在市场社会条件下审美向文化挺进，在这种审美化生存的观点看来，美学＝"审美文化学"，但是"审美文化"的泛化观点却往往流于空泛。最新出场的观点，表面上回到了现实生活美的广博领域，将美学定位为生活之学，从而以"生活美学"的姿态认定：美学＝"审美生活学"，但是这种回到生活世界的理论尚有待深入发展。

第四节 从自律走向他律的"跨学科"研究

美学属于哲学，这在美学最初来到中国就被确定了下来。就翻译而言，1902年和1903年是具有标志性的两个年头。这是因为，1902年王国维翻译出版了桑木严翼著的《哲学概论》，1903年蔡元培翻译出版了科培尔著的《哲学要领》。桑木严翼的《哲学概论》"美学"部分指出，"抑哲学者承认美学为独立之科，此实近代之事也"，拔姆额尔（即鲍姆加敦的旧译）认为："以下等知性之理想为美。对之而定美学之一科。其中，一、如何之感觉的认识为美乎？二、如何排列此感觉的认识，则为美乎？三、如何表现此美之感觉的认识，则为美乎？美学论此三件者也。自此以后，此学之研究勃兴，且多以美为与其属于感觉，宁属于感情者。"科培尔《哲学要领》认为，"美学者，英语为欧绥德斯 Aesthetics，源于希腊语之奥斯妥奥，其义为觉为见。故欧绥德斯之本义，属于知识哲学之感觉界。康德氏常据此本义而用之，而博通哲学家，则恒以此语为一种特别之哲学。要之美学者，固取资于感觉界"。在这两本哲学专著中，本属哲学门的"美学"学科在中国被定位了下来，更重要的意义在于：这是从哲学的角度（而非从教育学、心理学的角度）来定位美学学科的。[①]

就阐发来说，从王国维的《哲学辨惑》（1903）到蔡元培的《哲学大纲》（1916）都具有重要的学科建构意义。王国维的《哲学辨惑》认为，"若论伦理学与美学，则尚俨然为哲学中之二大部。今夫人之心意，有智力、有意志、有感情。此三者之理想，曰真，曰善，曰美。哲学实综合此三者而论其原理者也"。[②] 王国维的观点代表了当时哲学的普遍观念，欧洲的启蒙时代开始的知、情、意的三分，分别对应的是逻辑学、美学、伦理学。当然，王国维的基本哲学观念，直接来自康德及其哲学传统的影响，美学由此成为一种"论感情之理想"的原理、同时与真和善并列的哲学学科。蔡元培的《哲学大纲》虽是综合多书编译的一本哲学导论著作，但对美学的学科定位十分明确。在哲学体系上，将美学列入"价值论"方面，同时，又将"别美丑"的美学同"别真假"的科学、"别善恶"的伦理学并列而出，这同王国维如出一辙，但无疑美学作为哲学学科已经基本被确定了下来。

在20世纪80年代之后，美学尽管被认定为哲学的分支，但是形成的

[①] 王国维在1901年翻译的《教育学》和1902年翻译的《教育学教科书》《心理学》，其中也有关于美学的部分，但显然不具有上两部译作那种学科定位的意义，尽管1902年王国维译《心理学》还曾单列出"美之学理"一章。

[②] 王国维：《哲学辨惑》，见刘刚强编《王国维美论文选》，湖南人民出版社1987年版，第127页。

共识就是，哲学属于人文科学，所以美学也应当属于人文科学，进而美学的人文学科的性质就被凸显了出来。这样的观点得到了人们的普遍接受，"只有对广阔的人类实践中的审美关系进行研究，美学才能成为美学。也只有在树立起美的人文本体之后，美学才能以美学的姿态面向艺术（同时也面向整个人类实践领域）"。① 将美学归属于人文科学，这种学科分类受到了苏联将人文科学与社会科学统归为哲学社会科学的影响。实际上，正如"人文科学"作为 Humanities 的汉译增加了"科学"的含义，诸如汝信这样的许多美学家都认为它应译成"人文学科"更为合适。在中国，将美学定位于"人文学科"，这的确符合了中国学术和社会的语境，但是也相对忽视了科学主义的传统、阻碍了实用类美学的研究，生物学、进化论、实验化的美学研究始终在中国居于边缘的地位。

有趣的是，引领了 80 年代主体性思潮的李泽厚本人，却对于美学有着更开放性的理解。按照李泽厚的理解，"美学的发展将是一方面哲学与审美心理学、艺术社会学，另一方面是基础美学与实用美学不断分化而又不断综合的双向进展的进程"。② 的确，依据以美感为中心研究美和艺术的基本理解，在中国内地比较通行的美学体系一般也是分为"美—美感—艺术"三块，或者把美学看作包括"美—美感—艺术—审美教育"四块。③ 这种做法与苏联的美学系统有着不少近似之处。早在 20 世纪 50 年代，苏联也在究竟是把美的问题还是艺术问题置于美学体系首位的问题上，相互争论不休。而且，从整体上看，中国本土的美学体系建构，仍是一种对西方美学要素的综合和拼接，而往往将中国美学资源"置之度外"。

但是，李泽厚更为广阔地描述了美学研究的领域。④

如果从学科的角度来看，《现代美学体系》如此规定了美学的研究学

---

① 尤西林：《关于美学的对象》，《学术月刊》1982 年第 10 期。
② 李泽厚：《李泽厚哲学美学文选》，湖南人民出版社 1985 年版，第 234 页。
③ 按照归纳，中国美学基础理论的早期模式为：1. 美感经验—美学—艺术，2. 美论—美感论＝美的种类论—美感的种类论—艺术的种类论；后来的模式为：1. 美论—美感论—艺术论—美育论；2. 美的哲学—审美心理学—艺术社会学—审美教育学。参见杨恩寰主编《美学引论》，人民出版社 2005 年版，第 26—27 页。
④ 李泽厚：《美学四讲》，生活·读书·新知三联书店 1989 年版，第 12、14 页。

```
                    ┌→ 哲学美学
                    │
                    │              ┌→ 审美意识史或趣味流变史
                    ├→ 历史美学 ──┼→ 艺术风格史
美学 ──┤              └→ 美学史
                    │
                    │                        ┌→ 心理学美学
                    │              ┌→ 基础美学 ┼→ 艺术学（史）美学
                    └→ 科学美学 ──┤        └→ 分析美学（元批评学）
                                   │
                                   └→ 实用美学
```
→ 文艺批评和欣赏的一般美学
→ 各文艺部门美学，如音乐美学、电影美学、戏剧美学、书法美学、舞蹈美学、建筑美学
→ 装饰美学，包括园林、环境、服饰、美容
→ 科技—生产美学，涉及时空、运动、声光、机体结构、产生设计、生产流程……
→ 社会美学，涉及社会生活、组织、文化、风俗、环境保护、生态平衡
→ 教育美学，包括德、智、体三育中的美育问题，艺术教育问题两大方面

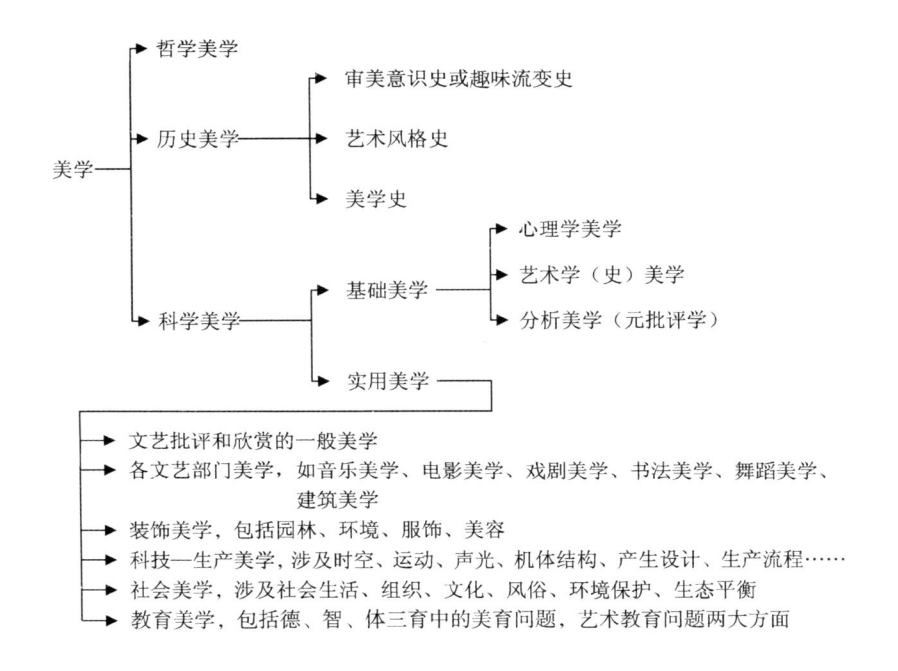

图 1

科（见图1）。①

实际上，美学研究的范围几乎涵盖了"人—自身系统""人—自然系统""人—文化系统""人—社会系统"的各个领域。这种以人与系统为轴心来划分美学体系的方式，可以称为一种"大美学"的划分，它显然更具有本土文化的色彩。这样，在中国本土的视野中，"大美学"研究的全息图景就理应包括如下的层面（见图2）。②

这样看来，"美的哲学"是整个美学的枢纽，在它的统摄之下，美学的领域大致包括属于"人—自身"系统的"心理美学"和"身体美学"等；属于"人—自然"系统的"自然美学"（包括自然环境美学、动物美学、植物美学等）；属于"人—文化"系统的"审美形态学"和

---

① 叶朗主编：《现代美学体系》，北京大学出版社1988年版，第34页。
② 刘悦笛：《生活美学与艺术经验：审美即生活，艺术即经验》，南京出版社2007年版，第34页。

哲学美学

理论美学

（科学美学）

各种实用美学

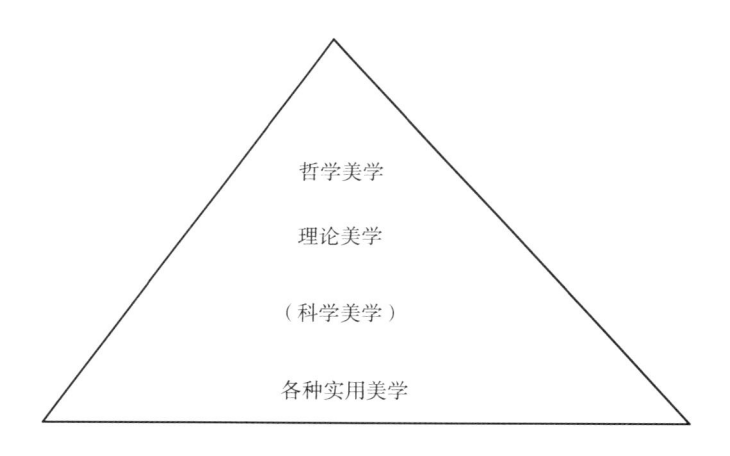

图 2

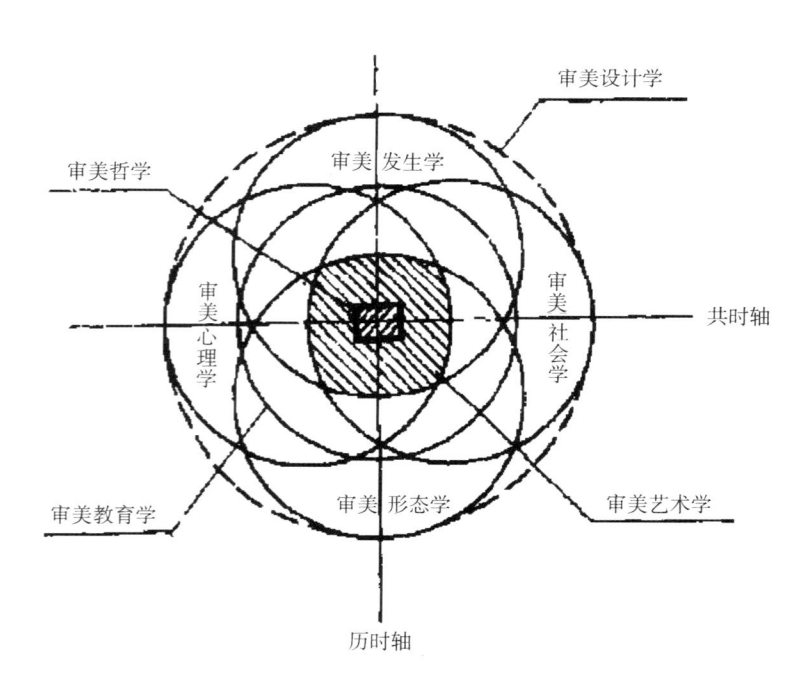

图 3

"审美文化学"等，其中的"人—艺术"系统主要包括"艺术哲学"及"艺术形态学""门类美学"等；还有属于"人—社会"系统中的"社

图中文字：

外在系统（环境之维）
文化环境之维
自然环境之维
社会环境之维
审美形态学　审美文化学　艺术哲学
人—文化（包括艺术）系统
美育学
自然美学
人—自然系统　哲学美学　人—社会系统
社会美学
人—自身系统
心理美学　身体美学
内在系统（自我之维）

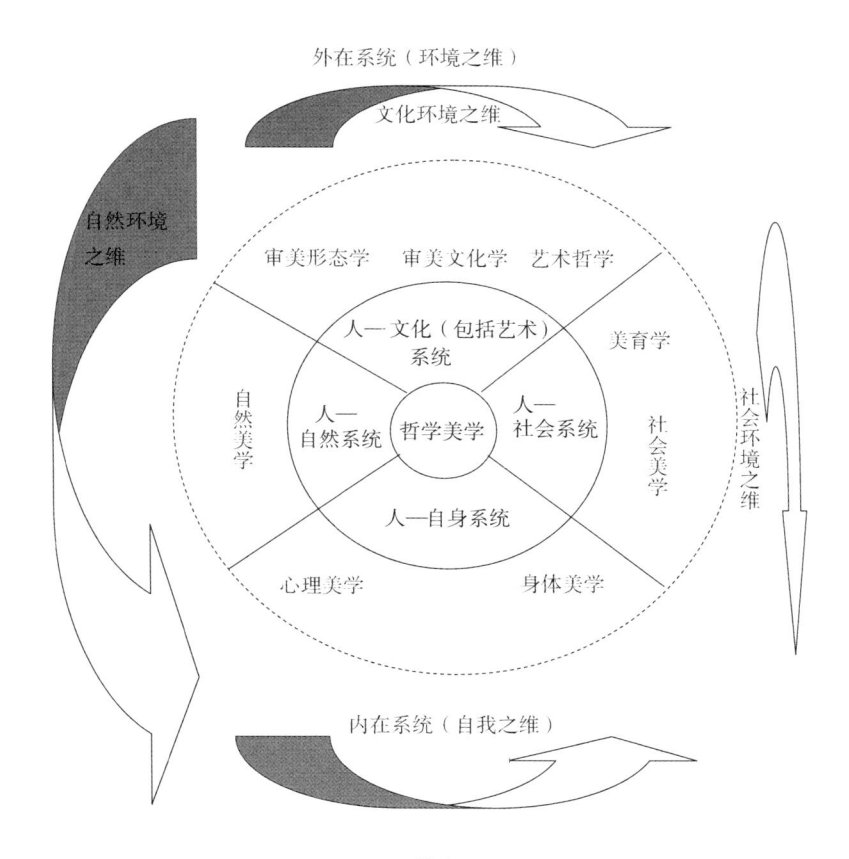

图 4

会美学"（包括伦理美学、政治美学等）、"美育学"等。当然，这里所列的学科只是在美学领域相对成熟的"亚学科"，其实在各个系统之内，还有各式各样的门类。而今随着"跨学科"研究的逐渐兴起，许多美学研究也相应具有了这种"跨"的性质，比如新近兴起的狭义上的"环境美学"其实就跨越了"人—自然"系统和"人—文化"系统。具体如图3所示。

从总体上看，"人—自然"系统、"人—文化"系统和"人—社会"系统的美学属于"外在系统"，"人—自身"系统的美学则属于"内在系统"，前者构成了广义的"环境之维"（分别由自然环境之维、文化环境之维和社会环境之维组成），后者构成了"自我之维"，二者形成了相应的张力。

美学作为一门"中国学科",它的研究领域随着"跨学科"的积极发展而不断得以拓展。具体如图4所示。①

---

① 资料来源:见刘悦笛《生活美学与艺术经验》,南京出版社2007年版,第34页。

第 二 章

美的本质观：从"唯物观""社会观""实践观"到"本质观"争论

"美的本质"问题，始终是欧洲古典美学的核心问题，从柏拉图对"美本身"的探究开始，这种"本质主义"的思维模式就统治了欧洲美学近2500年之久。在这种思维模式的影响下，陈望道在1927年的《美学概论》当中就指出："世界之中，既有这么多种类的美及其美的事物，所以'美是甚么'，或'美底本质是甚么'，自然是一个须得研究的问题。而且自然固然是美的，人体固然是美的，艺术亦是美的；但总不能说那自然人体艺术就是'美'。……自然人体艺术究竟不是美底本身。"显然，这就揭示出了——"什么是美"的归纳与"美是什么"的演绎——两种思路，遵循欧洲哲学寻求本质的理路，中国的美学也开始探寻美的本质。

按照从20世纪20年代延伸到80年代的基本看法，"美的本质"问题的解决是建构美学理论的基石，只有"美的本质"才能成为建构美学体系的逻辑起点，甚至可以说，"这所谓'美是什么'和'美的事物怎样才美'的两个问题便是关于美的两个大问题。因为有这样两个问题须得解决，所以就有了称为'美学'的一种学问"。[①] 这种寻求美的本质的探索，在五六十年代的中国和苏联所独有的两场"美学大讨论"当中被推上了历史的巅峰。苏联的美学论争开始于布罗夫（А. И. Вуров）的专著《艺术的本质》，而中国的美学论争一般认为是始于朱光潜自我批判的文章。这场围绕着美的本质问题的争论影响深远，甚至"在中国"本土的西方美学研究也受其

[①] 陈望道：《美学概论》，上海民智书局1927年版，第11页。

影响。① 然而，当代中国美学研究的真正历史起点，却并非这场"美学大讨论"，反而是尼古拉·加夫里洛维奇·车尔尼雪夫斯基（Н. Г. Чернышевский，1828—1889）的"美是生活"的主流理论。

第一节 "美是生活"作为历史起点

由中国文化艺术界曾经的领袖式人物周扬所翻译的《生活与美学》，这本专著在中国实际上已成为从事马克思主义美学研究的"入门书"。作为俄国革命民主主义者、哲学家、作家和批评家，车尔尼雪夫斯基在1855年初版的这本书的原名为《艺术与现实的审美关系》抑或《艺术与现实的美学关系》，这是他在1853年所写的硕士学位论文。经由周扬通过柯甘的英译本之妙笔转译，《生活与美学》的书名恰恰提炼出了车尔尼雪夫斯基的核心美学思想——"美是生活"——这个著名定义的两个关键词："生活"与"美学"。这种古典化的"生活美学"的思想内核，被翻译成如此这般的经典文本："任何事物，凡是我们在那里面看得见依照我们的理解应当如此的生活，那就是美的；任何东西，凡是显示出生活或使我们想起生活的，那就是美的。"②

从历史的角度来看，周扬翻译这本《生活与美学》最早在1942年由延安的新华书店出版，与此同时，周扬选编的《马克思主义与文艺》的部分内容从1942年始也陆续刊载，1945年由延安解放社正式出版。《生活与美学》的影响在20世纪40年代就已经开始，当时车尔尼雪夫斯基旧译为"车尔尼舍夫斯基"，香港的海洋书店1947年再版此书，上海的群

---

① 思羽（朱狄）:《现代西方美学界关于美的本质问题的讨论》，凌继尧:《苏联美学界关于美的本质问题的讨论》，中国社会科学院哲学研究所美学研究室、上海文艺出版社文艺理论编辑室合编《美学》第3卷，上海文艺出版社1981年版。
② 车尔尼雪夫斯基:《生活与美学》，周扬译，人民文学出版社1957年版，第6—7页；车尔尼雪夫斯基:《艺术与现实的审美关系》，周扬译，人民文学出版社1979年版，第6页。

益出版社1949年又版。① 在中华人民共和国成立后，人民文学出版社再度出版了这部广为流行的著作，仍沿用《生活与美学》的书名，其中1957年的版本影响最大。② 当1979年人民文学出版社出第二版的时候，又将书名改回《艺术与现实的审美关系》，但此时，这本由蒋路据俄文本重校一遍的专著的影响力却逐渐减小了。

从20世纪50年代开始，《生活与美学》当中所提出的"美是生活"的观念广为播撒，对于中国美学界和文艺界产生的广泛和重要的影响远远超过40年代，这既是主流意识形态（马克思主义美学成为主导话语）使然，又是当时中国知识分子的集体性的选择（接受马克思主义乃是与时俱进的历史主潮）。"有意思的现象是，在西方美学史上排不上位置的车尔尼雪夫斯基的理论却成了中国现代美学的重要经典。原因是由于对它作了革命的改造和理解，舍弃了原来命题的人文主义和生物学的'美是生命'的含义，突出了'美在社会生活'等具有社会革命意义的方面。而这也就与马克思关于'社会生活在本质上是实践的'（马克思《关于费尔巴哈的提纲》）的基本论断联系了起来，而使现代中国美学迈上了创造性的新行程。正是在这行程中，严肃地提出了如何批判地继承和发扬本民族的光辉传统，以创建和发展具有时代特色的中国的马克思主义美学的任务。"③

这说明，其一，车尔尼雪夫斯基在中国美学界占据了核心的地位，

---

① 在《生活与美学》翻译出版之前，周扬已在1937年3月出版的《希望》杂志创刊号上发表了《艺术与人生——车尔尼雪夫斯基的〈艺术与现实之美学关系〉》一文，具体介绍了车氏的美学思想。同时，普列汉诺夫（1856—1918）的重要美学著作《艺术论》（由鲁迅译出，光华书店1930年版）和《艺术与社会生活》（由冯雪峰译出，水沫书店1929年版）均已出版，1934年瞿秋白翻译发表了列宁论托尔斯泰的两篇重要论文《列夫·托尔斯泰是俄国革命的镜子》和《列·尼·托尔斯泰和他的时代》。

② 在中华人民共和国成立后的20世纪50年代，出版的车尔尼雪夫斯基的相关专著还有：《车尔尼雪夫斯基论文学》上卷，辛未艾译，新文艺出版社1956年版；《美学论文选》，缪灵珠译，人民文学出版社1957年版；《车尔尼雪夫斯基选集》上卷，周扬等译，三联书店1958年版；《哲学中的人本主义原理》，周新译，三联书店1958年版；《资本和劳动》，季谦译，三联书店1958年版，该书是根据苏联国家政治书籍出版局1950年版三卷集的《车尔尼雪夫斯基哲学选集》的第2卷译出的。

③ 李泽厚：《李泽厚哲学美学文选》，湖南人民出版社1985年版，第236页。

《生活与美学》成为20世纪五六十年代乃至70年代当中美学"经典中的经典",甚至占据了西方美学史的重要位置,许多"西方美学史"的中文专著就以车尔尼雪夫斯基的思想作为终结。其二,车尔尼雪夫斯基的思想成为当代中国美学的"历史起点",中国美学家致力于对其进行改造,一方面抛弃了其身上的费尔巴哈的"自然性"倾向,另一方面凸显了其与马克思主义的"社会性"关联。其三,从车尔尼雪夫斯基美学出发,根本目标是建设"中国化"的马克思主义美学体系,这种思想体系的建设要既立足于本土又与时偕行地发展。

具有标志性的事件是,在1958年的"大跃进"期间,周扬在北京大学中文系作了题为《建设中国马克思主义美学》的演讲,这是第一次提出"中国化"的马克思主义美学的口号。这也证明,当时的中国美学界对同时代流行的苏联教科书模式并不满意,中国人要建构属于自己的、具有中国特色的、适合中国国情的美学体系。但是,任何建设都不是空创,都需要某种模本作为建设的前提,"美是生活"的确是当代中国美学家广为接受的"前提性"的美学理论,下面就从当时的美学论述当中来看这种影响的主要取向。

首先,"美是生活"关系到"美的本质"问题的解决,这在当时被视为"符合唯物论"的正确的解决方式,同时也是马克思主义美学建设的出发点。

在当时的学者当中,叶秀山的看法带有普遍性:"提到什么是美,我们当然不能忽略车尔尼雪夫斯基的著名的定义:'美是生活'。车尔尼雪夫斯基批判了德国古典美学,结合了俄国艺术历史和当时的艺术实践,并且坚持唯物主义观点,提出了这样的定义。这个定义影响非常深远,可以说,它几乎是以后一切马克思主义文艺批判家、艺术理论家的出发点。"[①]叶秀山也部分赞同朱光潜的"美是主客观的统一"论,并认为如果这一定义与"美是生活"论建筑在同一的基础上,那么二者之间也是不矛盾的。尽管列宁在《唯物论与经验批判论》当中认定,由于"俄国生活的

---

① 叶秀山:《什么是美?》,《文艺报》编辑部编《美学问题讨论集》第2集,作家出版社1957年版,第99—100页。

落后",使得车尔尼雪夫斯基不能发展到"马克思和恩格斯的辩证唯物论",尽管这种情形也体现在其美学理论上面,但是他关于美的原则性的定义"美是生活",在 20 世纪中叶的中国仍具有鲜活的生命力,并且成为中国美学向前进的踏脚石。

然而,尽管大多数论者接受了"美是生活"的观点,但蔡仪这样的持"静观的唯物主义"的美学家却并非如此,自他 1947 年读到《生活与美学》时就将该书的思想作为《新美学》曾经批判的对象,① 因为他并不能认同"美不能脱离人类社会生活"的基本观点,当然后来的蔡仪受到大势所趋的影响也部分承认了车尔尼雪夫斯基理论的合理性。尽管蔡仪早在中华人民共和国成立前就看到车尔尼雪夫斯基的观点与自己的差异,但在中华人民共和国成立后的 1956 年发表的文章当中,蔡仪又试图用车氏的观点来作为自己观点的佐证,这也是一种悄然的转变。回到"形式美"论上更能看清这种思想差异,车尔尼雪夫斯基认定"喜欢和厌恶一种颜色",关乎它是"健康的、旺盛的"还是"病态的和心情紊乱"的"生活的颜色",② 而蔡仪则将颜色的美丑关系到"振动状态和放射微粒"的属性条件,所以,前者将颜色美丑关乎生活的内容,而后者则只将之关联于自然属性的形式规定性。多数的论者认为,离开了"美是生活"的认识,专从事物的形式的特征去寻找美的本质只能陷入混乱,因为形式的特征并不能说明事物的美,它们只是美的形式的因素而已,所以还是要结合生活来理解形式美,因为"形式美的秘密就在于:这些形式的特征与生活发展的基调的内在的谐和,从形式本身是无法理解形式美的,只有把形式的特征与生活的特征联系起来时,才能深刻的理解它"。③

其次,既然"美是生活"被大多数论者作为建构中国马克思主义美学的起点,那么,不同的论者就从不同的角度来发展车尔尼雪夫斯基的唯物论美学,发展出来的观点却既可能是彼此接近的,又可能是相互对峙的,但他们基本上都认同车尔尼雪夫斯基所论的生活就是"社会生活",

---

① 蔡仪:《唯心主义美学批判集》,人民文学出版社 1958 年版,第 2 页。
② 车尔尼雪夫斯基:《美学论文选》,缪灵珠译,人民文学出版社 1957 年版,第 121 页。
③ 曹景元:《美感与美——批判朱光潜的美学思想》,《文艺报》1956 年第 17 号。

而相对忽视了车尔尼雪夫斯基原本所说的生活还包括"生命"的底蕴。最近，也有论者如钱中文在与笔者交流中认为，车尔尼雪夫斯基所用的"生活"的俄文原文，按照其本义其实可以翻译成"生命"，尽管车尔尼雪夫斯基所用的"生活"包括此意，但是如果单单翻译成"生命"，那么，"依照我们的理解应当如此的生命"这句话就变得难以理解了。如此说来，当代中国美学思想究竟是如何从车尔尼雪夫斯基的"美是生活"的思想当中发展出不同的路数来的呢？

第一种发展的观点最切近车尔尼雪夫斯基本人，这种观点认为"生活就是美的真正本质，也是美的唯一标准"。① 车尔尼雪夫斯基也曾说过"生活就是美的本质"的原话，② 但是他自己更倾向于认定美就是生活本身。

这种观点直接从"生活"的界定出发，并接受了进化论式的人与环境互动的观点，认定生活首先就是人与人的相互关系，其次也指人与自然的相互关系（因为人不与自然进行物质变换就不能生活），"生活就是人类生存与发展的过程，就是人与环境交互作用的过程，就是人与自然、人与人的关系的过程的总和。人的生活总是社会的生活"。③ 既然生活本身是具有社会性的，那么，按照当时中国马克思主义的理解，"无限丰富多彩生动具体的生活"是劳动创造出来的，劳动才是生活的基础，在劳动基础上的"社会进步"才是生活的保证，可见，这种视野当中的生活乃是一种健康的生活（其特征包括新生、青春和朝气，创造和智慧，勤劳、勇敢和人道主义，等等）。按照这种具有积极价值取向的观点，人们既认识了"现实中的美"，又同时按照"美的法则"改造着现实。

依据这种基本思路，蒋孔阳认为，"美这种社会现象……它是从生活的本身当中产生出来的。……因此，和生活联系在一起的美，就必须像生活本身一样，是具体的、感性的……因此，美不仅以人们客观的社会生活作为它的内容，而且也以生活本身那种具体的感性形式，作为它的形

---

① 曹景元：《美感与美——批判朱光潜的美学思想》，《文艺报》1956年第17号。
② 车尔尼雪夫斯基：《美学论文选》，缪灵珠译，人民文学出版社1957年版，第64页。
③ 曹景元：《美感与美——批判朱光潜的美学思想》，《文艺报》1956年第17号。

式"。① 所以，人类的带有目的性的、创造性的、能够引起美感和满足审美需要的活动就构成了美的活动，这种美的活动便构成了美的客观社会内容。洪毅然认为，"美是事物处于人类生活实践关系中，首先基于它对人类生活实践所具有的意义和所起的作用，决定它是好或坏的事物"，② 即使是色、线、性、音等形式要素也是充满着丰富的社会性内容的。曹景元同样认为"事物的一定特性本身并不是美，只是由于它与生活发生了特定的关系，由于它表现了生活才成为美。……因此，事物由于它具备有一定的自然特性，而由于这种特性使它对人生有着积极的意义或表现了生活，所以才是美的"，③ 这些以生活作为美的本质的观点之间都是非常接近的。

第二种观点尽管也来源于车尔尼雪夫斯基，但居然走向了车尔尼雪夫斯基唯物论的反面，从而认定美就是一种观念，这种观点以"主观派"的吕荧为代表。

吕荧这样评价"美是生活"的理论："彻底的唯物论者车尔尼雪夫斯基，他不是从抽象的一般的美的标准或事物的属性条件来谈美的，他从现实生活出发，两只脚坚实地站在生活的基础之上。"④ 这种理解与多数的论者保持了高度一致，但是吕荧归依这种理论是为了与蔡仪的《新美学》的客观化取向划清界限，因为美不是物的属性，也不是超然的独立存在，它随着历史和社会生活的变化和发展而变化发展，并且反作用于人的生活和意识。吕荧称车尔尼雪夫斯基为"战斗唯物论者"，认为他在 1853 年的《现代美学观念评论》里面完全否定了当时流行的德国唯心论美学的"观念（或典型）完全实现在特殊的事物上"就是"美"的理论，而把美安置在生活的基础上，创立了唯物论的美学理论。

吕荧进而认为，"美是生活本身的产物，美的决定者，美的标准，就是生活。凡是合于人的生活概念的东西，能够丰富提高人的生活，增进人

---

① 蒋孔阳：《简论美》，《学术月刊》1957 年 4 月号。
② 洪毅然：《美是什么和美在哪里？》，《新建设》1957 年 5 月号。
③ 曹景元：《美感与美——批判朱光潜的美学思想》，《文艺报》1956 年第 17 号。
④ 吕荧：《美学问题——兼评蔡仪教授的〈新美学〉》，《文艺报》1953 年第 16 期。

的幸福的东西，就是美的东西"。① 然而，在行文的最后，吕荧将生活与意识"互文"使用的时候，已经开始走向了观念的另一面，直至最终将美定位为"社会观念"，但有趣的是，他强调的始终是"社会的"观念，而非个人的观念。这种观点来自车尔尼雪夫斯基"依照我们的理解应当如此的生活"来解释生活的思路，吕荧最终认定，美是人的社会意识，是社会存在的反映，它是第二性的现象，尽管他也赞成必须从社会科学观点和历史唯物论的观点来说明美。但具有悖谬性的是，美被吕荧视为社会化的"观念"，但是又被认定绝非超现实、超功利、无所为而为的，这无疑是一种思想的内在矛盾。

第三种观点更直接来自车尔尼雪夫斯基，可以说，早期已初具实践论萌芽的李泽厚的美学，也是脱胎于"美是生活"的理论的，李泽厚本人也亲口说过"实践美学"其实就来自当时的"生活美学"。

按照李泽厚1959年7月24日完成的《〈新美学〉的根本问题在哪里》的理解，该文在收入《美学论集》之前并未公开发表，"美是生活"说不但是反对"唯心论"的有力武器，而且也是反对"机械唯物论"和"形式主义"美学的有力武器。② 一方面，李泽厚并不满意吕荧借助车尔尼雪夫斯基美学的"漏洞"而走向了观念论；另一方面，更不满意蔡仪回到直观的唯物主义的趋向。"马克思主义美学的任务就在于：努力贯彻车尔尼雪夫斯基的这条唯物主义美学路线，用历史唯物主义的关于社会生活的理论，把'美是生活'这一定义具体化、科学化"，③ 李泽厚就是从这一逻辑起点出发来建构他的美学的。按照当时这种新构的美学思想来加以反观，车尔尼雪夫斯基的美学正如其哲学一样，没能完全摆脱费尔巴哈的人本主义的影响，所以，生活在他那里仍是抽象和空洞的"人本学的自然人"的概念，关键是要在其中充实进唯物主义所推重的那种丰富和具体的"社会历史存在"

---

① 吕荧：《美学问题——兼评蔡仪教授的〈新美学〉》，《文艺报》1953年第17期。
② 李泽厚：《〈新美学〉的根本问题在哪里》，李泽厚：《美学论集》，上海人民出版社1980年版，第120—125页。
③ 李泽厚：《论美感、美和艺术（研究提纲）——兼论朱光潜的唯心主义的美学观》，《哲学研究》1956年第5期。

的客观内容。但车尔尼雪夫斯基这种说法却是一切所谓"旧美学"中最接近马克思主义美学的观点,它基本符合李泽厚的"客观性和社会性相统一"的早期观念,因为它肯定了——美只存在人类社会生活之中,美就是人类社会生活本身。

这样,美学的改造,在李泽厚那里就从"社会生活"直接入手,他依据马克思的理解,将这种社会生活理解为"生产斗争和阶级斗争的社会实践","人类社会在这样一种革命的实践斗争中不断地蓬蓬勃勃地向前发展着、丰富着,这也就是社会生活的本质、规律和理想(即客观的发展前途)"。① 李泽厚还引用了康士坦诺夫主编的《历史唯物主义》的相关论述,证明社会生活是一条长河,它滔滔不绝地流向更深更大的远方,它是变动的;但是,追本溯源,生活又有着它的继承性,在"变"中逐渐累积着"不变"的规范和准规。在早期李泽厚那里,生活与实践两个词往往可以相互替换并常结合为"生活实践"这个新词,因为只有"从生活的、实践的观点"出发才能根本解决问题:"如果说美感愉悦是人从精神上对自己生活实践的一种肯定、一种明朗的喜欢的话;那么美本身就是感性的现实事物表现出来的对人们生活实践的一种良好有益的肯定性质","当现实肯定着人类实践(生活)的时候,现实对人就是美的"。②

由此出发,李泽厚在《论美是生活及其他——兼答蔡仪先生》这篇文章当中,直接对"生活论"加以发展并区分了自身的观点与蔡仪、朱光潜的差异。针对客观派,他认为车尔尼雪夫斯基对黑格尔的批判基本适用于批判蔡仪,因为美被视为观念(一般性)在具体形象(个别)当中的显现,而蔡仪的典型论也是要在个别具体物象当中显现"种类一般性"(车尔尼雪夫斯基也曾批驳蛙能表现蛙的理念但到底是丑陋的,这个观点被通俗化地用来批驳典型论:最美的癞蛤蟆对人而言也是丑的)。针对朱光潜的主观取向,李泽厚明言:"否认美的客观性,否认美是生活,把美

---

① 李泽厚:《论美感、美和艺术(研究提纲)——兼论朱光潜的唯心主义的美学观》,《哲学研究》1956 年第 5 期。

② 李泽厚:《〈新美学〉的根本问题在哪里》,李泽厚:《美学论集》,上海人民出版社 1980 年版,第 143、146 页。

仅看做艺术的属性,这一方面就会把艺术性、文艺特性与美等同起来,另一方面就会把艺术(艺术美)归结为主观意识的产物,从而就会否认深入生活中去的根本意义。"① 由此可见,李泽厚利用车尔尼雪夫斯基的生活观两面出击,分别批驳了对手的两种思想倾向。

总而言之,车尔尼雪夫斯基著名的"美是生活"论,直接将生活与美相互同一,而未对"生活"的本身复杂的内在结构加以区分,按照当时的眼光来看,"生活本身自有其复杂性,有属于物质的,有属于精神的;有属于基础的,有属于上层建筑的",② 从而容易模糊了生活本身的意义。③ 实际上,将"美是生活"解析为本身、本质和本源的三种理解是更为适宜的。第一种理解为:美就是生活"本身",反之亦然,美的本身也就是生活;第二种理解是:美以生活为"本质",或者说,生活构成了美的本质性规定;第三种理解则为:生活是美的"本源",反之则不必然,美并不能成为生活的本源。由此出发,才能对从古典到当代的"生活美学"的不同形态给予更为细致与深入的辨析。但无论怎样说,李泽厚本人在 21 世纪与笔者的对话当中,也曾明确表示,实践美学最早就来自生活美学,但是究竟"什么是生活",关键还是要引入《关于费尔巴哈的提纲》当中的实践观点,这是实践美学的真正缘起的地方。

与此同时,"美是生活"论的内在缺陷,从理论上看不仅仅在于对"生活"的模糊理解,而且还在于如下方面:其一,"人本学"的倾向:车尔尼雪夫斯基的整个哲学及美学并未摆脱费尔巴哈人本学的深入影响,特别是对"生活"的理解仍未摆脱生物学的意义,时常将生活解释为低级意义上的"生命"状态(不曾想从 20 世纪 80 年代开始生命化的美学在中国又开始回潮)。其二,"反映论模式"及其自身矛盾:"美是生活"的理论最终被归结为机械直观的模仿论,要求艺术去再现和模仿生活

---

① 李泽厚:《论美是生活及其他——兼答蔡仪先生》,《新建设》1958 年 5 月号。
② 孙潜:《美是意识形态》,《文艺报》编辑部编《美学问题讨论集》第 2 集,作家出版社 1957 年版,第 117 页。
③ 刘悦笛:《生活美学——现代性批判与重构审美精神》,安徽教育出版社 2005 年版,第 176—179 页。

(这与 50 年代开始中国艺术所渐成的"社会主义的现实主义"主潮是相互匹配的)。车尔尼雪夫斯基强调"艺术不过是现实的苍白的复制",但又要求艺术"说明生活"而成为"人的生活的教科书"。问题在于,艺术既然是如此的苍白和贫弱,又如何能"对现实生活下判断"呢?其三,"自然美"难题:车尔尼雪夫斯基试图否定艺术美(因为按照他的观点,"真正的最高的美正是人在现实世界中所遇到的美,而不是艺术所创造的美"①),也无法解释自然美的难题,但自然美并非只令人想到生活才是美的(而自然美难题在五六十年代的中国仍被视为解决"美的本质"问题的钥匙)。其四,"认识论"视角:车尔尼雪夫斯基所心仪的"生活"具有一种理想主义的乐观意味,他"所说的美主要是指对生活的一种认识,指生活的理想或理想的生活",②仍囿于认识论的框架来理解生活,从而不可能走出古典而展现出本体论的维度。由此可见,车尔尼雪夫斯基的生活美学仍是不彻底的,在本质观上试图采取回到现实生活的主张,却在具体问题上仍然滞留在传统思想里,这样就既没有也不可能一以贯之地解决生活的问题和美学的难题,这与 21 世纪初叶方兴的"生活美学本体论"是迥然不同的。

第二节 50 年代的"主观—客观"之辩

确切地说,从 1954 年开始,中国美学界启动了著名的"美学大讨论"。这场论争的最初焦点就在于唯心主义与唯物主义之争,大部分的论争者,无论归属于哪一派别,都争当唯物论者。这种思路主要还是来自"哲学基本问题"的论争,"对马克思主义理论家来说,评论某一美学观点的主要标准,要看它如何回答美学中的哲学基本问题,以及看它如何对待反映论。马克思列宁主义美学根据这一特征,来区分唯物主义美学和辩

---

① 车尔尼雪夫斯基:《生活与美学》,周扬译,人民文学出版社 1957 年版,第 11 页。
② 孙潜:《美是意识形态》,《文艺报》编辑部编《美学问题讨论集》第 2 集,作家出版社 1957 年版,第 116 页。

证唯物主义美学，主观唯心主义美学和客观唯心主义美学"，[1] 这个判断基本上是符合历史事实的。

一般认为，美学大讨论是来自朱光潜刊登在《文艺报》1956年第12号上的自我批判文章《我的文艺思想的反动性》，[2] 当时的"编者按"指出："我们在这里发表了朱光潜先生的《我的文艺思想的反动性》一文，这是作者对他过去的美学观点的一个自我批判。大家知道，朱光潜先生的美学思想是唯心主义的。他在全国解放以前，曾多年致力于美学的研究，先后出版了他的《文艺心理学》《谈美》《诗论》等著作，系统地宣传了唯心主义的美学思想，在知识青年中曾有过相当的影响。近几年来，特别是去年全国知识界展开对胡适、胡风思想批判以来，朱先生对于自己过去的文艺思想已开始有所批判，现在的这篇文章，进一步表示了他抛弃旧观点，获取新观点的努力。我们觉得，作者的态度是诚恳的，他的这种努力是应当欢迎的"，这就已经展示出美学论争发端的历史背景与社会语境。

但是，在此之前，美学论争就已经开始了。实际上，美学大讨论并不完全来自对朱光潜的批判，而最早来自对蔡仪这个坚定的马克思主义美学家的批判。吕荧连载于《文艺报》1953年第16、17期上的《美学问题——兼评蔡仪教授的〈新美学〉》才理应是论争的起点，也就是说，批判公认的唯物论美学而非唯心论美学才是真正的起点，蔡仪较之朱光潜更早被批判（被批的根本理由在于蔡仪只是表面的唯物论者，实乃唯心主义者），只不过，对朱光潜的批判形成了"以一对多"的攻势，论争由此引发了广泛的参与。在此之前，更早的美学文章则都是关于现实主义的，并没有上升到"美的本质"的高度，这些文章诸如郑为的《现实主义的美学基础》（《新建设》1951年第6期）、蓝野的《关于现实主义与美学》（《新建设》1952年第1期）和蔡仪的《略论现实主义与主观》（《新建设》1952年第11期），等等。

---

[1] 亚·伊·布罗夫：《美学：问题和争论——美学论争的方法论原则》，张捷译，文化艺术出版社1988年版，第11页。

[2] 朱光潜：《我的文艺思想的反动性》，《文艺报》1956年第12号。

第二章　美的本质观：从"唯物观""社会观""实践观"到"本质观"争论　　57

　　以唯物主义抑或唯心主义为评判的准绳，"美学大讨论"必然被分为若干的派别。按照通常的理解，中国美学论争可以分为四派，无论是"客观派"（蔡仪）与"主观派"（吕荧、高尔泰），还是"主客观统一派"（朱光潜）与"客观性与社会性统一派"（李泽厚），其实全都是围绕"美的本质"问题而展开的。这种准确的概括最初来自李泽厚，他在1957年的《关于当前美学问题的争论——试再论美的客观性和社会性》当中为了自我辩护，首度将美学论争分为四派（但是后来他又倾向于朱光潜的观点，认定主观派并不足以独立成派），[①] 后来最主要的重申者则是蒋孔阳，[②] 但是论争的当事人如李泽厚本人，后来却更倾向于承认当时形成了"三派"而非"四派"，主要是把在时序上被认定最后才出现的"主观派"排除掉了，这也接近朱光潜的看法。但实际上，尽管高尔泰是后期参与论争的，但是挑起论争的吕荧却是最早的参与者，尽管吕荧自认为本人的思想应是客观的，但无疑他仍是主观派的第一个代表。朱光潜后来曾借用苏轼的名诗《琴诗》来通俗地解读主客之分与统一，该诗说——"若言琴上有琴声，放在匣中何不鸣？若言声在指头上，何不于君指上听？"——说琴声在指头上就是"主观唯心主义"，说琴声在琴上就是"机械唯物主义"，而既要有琴（客观条件）又要有琴指（主观条件）这就是主客观的统一，[③] 这种说法广为人知。

　　在此，首先列举广为转引的四派观点："主观派"认为"美是人的观念"或"美是人的社会意识"（吕荧）[④]；"美，只要人感受到它，它就存

[①] 李泽厚：《关于当前美学问题的争论——试再论美的客观性和社会性》，《学术月刊》1957年1月号。

[②] 蒋孔阳：《建国以来我国关于美学问题的讨论》，《复旦学报》1979年第5期，但是获得更广泛影响的是蒋孔阳的《建国以来我国美学问题的讨论》，见中国社会科学院哲学研究所美学研究室、上海文艺出版社文艺理论编辑室合编《美学》第2卷，上海文艺出版社1980年版。

[③] 朱光潜：《"见物不见人"的美学——再答洪毅然先生》，《新建设》1958年4月号。

[④] 吕荧：《美学书怀》，作家出版社1959年版，第117页；吕荧：《美是什么》，《人民日报》1957年12月3日，《文艺报》编辑部编《美学问题讨论集》第4集，作家出版社1959年版，第3页。

在，不被人感受到，它就不存在"（高尔泰）①。"客观派"认为："客观事物的美的形象关系于客观事物本身的实质……而不决定于观赏者的看法。"（蔡仪）②"主客观统一派"认为："美是客观方面的某些事物、性质和形状适合主观方面意识形态，可以交融在一起而成为一个完整形象的那种特质。"（朱光潜）③"客观性与社会性统一派"（后来发展为"实践派"）认为"美就是包含着社会发展的本质、规律和理想而有着具体可感形态的现实生活现象，简言之，美是蕴藏着真正的社会深度和人生真理的生活形象（包括社会形象和自然形象）"，④ 后来又直接指出"美是社会实践的产物"（李泽厚），从而开启了后来成为中国美学主流的"实践美学"的门扉。

从论争的最初焦点来看，唯物与唯心之所以成为美学思想立论的划界标杆，目标就设定在建树中国化的马克思主义美学基本理论上面。《文艺报》1956 年发表朱光潜的《我的文艺思想的反动性》的按语，就揭示出当时建设马克思主义美学的必要性和紧迫性："为了展开学术思想的自由讨论，我们将在本刊继续发表关于美学问题的文章，其中包括批评朱光潜先生的美学观点及其他讨论美学问题的文章。我们认为，只有充分地、自由地、认真地互相探讨和批判，真正科学的、根据马克思列宁主义原则的美学才能逐步地建设起来！"

---

① 高尔泰：《论美》，见《文艺报》编辑部编《美学问题讨论集》第 2 集，作家出版社 1957 年版，第 134 页。对于这篇发表于《新建设》1957 年第 2 期的文章，温和的批评来自宗白华的《读〈论美〉后一些疑问》（《新建设》1957 年 3 月号），尖锐的批判来自敏泽的《主观唯心论的美学思想——评〈论美〉》（《新建设》1957 年 3 月号）。

② 蔡仪：《唯心主义美学批判集》，人民文学出版社 1958 年版，第 56 页。

③ 朱光潜：《论美是客观与主观的统一》，《哲学研究》1957 年第 4 期。对于这篇文章，洪毅然的批判文章是《美是不是意识形态？——评朱光潜的〈论美是客观与主观的统一〉》，《学术月刊》1958 年 1 月号。进而，朱光潜针对李泽厚的《关于当前美学问题的争论——试再论美的客观性和社会性》与洪毅然的《美是不是意识形态？——评朱光潜的〈论美是客观与主观的统一〉》两文，又写出了《美必然是意识形态的——答李泽厚、洪毅然两同志》（《学术月刊》1958 年 1 月号）的反批评文章。此后，洪毅然又写了《美是客观存在的性质，还是意识形态的性质？——与朱光潜先生再商榷》（《新建设》1958 年 4 月号），朱光潜遂又撰《"见物不见人"的美学——再答洪毅然先生》（《新建设》1958 年 4 月号）发表在同一期上，从而形成了最集中火力的讨论，论争的各方都由此深化了各自的观点。

④ 李泽厚：《论美感、美和艺术》，《哲学研究》1956 年第 5 期。

第二章　美的本质观：从"唯物观""社会观""实践观"到"本质观"争论

由此出发，关键就是要看出"美学上的两条完全相反的道路：一条是唯物主义的；一条是唯心主义的。它们的根本分歧，就在于承认或是否认客观事物本身的美，就在于承认或是否认美的观念是客观事物的美的反映，一句话，在于认为美是客观的还是主观的"。[①] 如此一来，正如哲学的划定阵营一样，按照唯心主义的道路——美在于主观意识，按照唯物主义的道路——美在于客观现实。或者说，"总体来看，在美的范畴中进行着两条对立路线的斗争：一条是唯心主义路线，认为美是主观的东西，事物的美是由于主观情趣的外射，客观上不存在美，并没有美的客观标准，从美是主观的出发也就无法理解美的本质……另一条是唯物主义路线，承认美的客观性，认为事物的美是不以人的感觉为转移的，客观上存在着美，美的本质是生活"。[②] 艺术当中的两种基本创作方法也与上述观点相联系，"从第一种观点出发：现实中无美，艺术的产生是源于人们填补现实中无美的缺陷的需要。因此，就导致主观主义的创作方法……从第二种观点出发：艺术中的美是现实中的美的反映，艺术是现实的艺术再现。由此导演出现实主义的创作方法"，[③] 由此可见，艺术创造的方法分殊是从美的主客分立当中推导出来的。

那么，美学论争的"主客之辩"究竟是如何展开的呢？让我们集中关注于几个关键的文本。吕荧在1953年最早批判蔡仪，聚焦的对象就是大家集中批判的蔡仪的《新美学》，就像此后对朱光潜的批判大多集中于其《文艺心理学》一样，这种批判都集中在中华人民共和国成立之前的代表性的美学著作。历史证明，《文艺心理学》与《新美学》作为批判的靶子，它们恰恰成为最能代表朱光潜和蔡仪的核心美学思想的著作，同时也成为被论述最多的两本美学著作，许多重要的美学论辩都围绕着这两本专著而展开。

有趣的是，美学论争真正的起点，就是吕荧这位"主观派"对于蔡仪这位坚定的"客观派"的批判，但是，吕荧批判的是蔡仪思想的唯心

[①] 蔡仪：《论美学上的唯物主义与唯心主义——批判吕荧的美学是观念之说的反动性》，《北京大学学报》1956年第4期。
[②] 曹景元：《美感与美——批判朱光潜的美学思想》，《文艺报》1956年第17号。
[③] 同上。

本质，而他本人则认为自己仍立足于唯物立场。吕荧承认，美就是人的一种"观念"，但是任何精神生活的观念，都是以现实生活为基础而形成的，所以，他的美学的唯物之处就在于认定美都是"社会的产物""社会的观念"。吕荧所立足的是这样的思想基础，首先，马克思主义的美学必须在"社会生活的基础上"进行研究，这是当时被广为承认的；其次，美学必须在"历史的关联"上进行研究，这是马克思主义美学的又一个"基本的原则"。相形之下，历来的唯心论的美学都是从抽象的"艺术原则"或"美的规范"出发，以"艺术""普遍的美"等要求为基础的，在吕荧看来，《新美学》也隶属于这样的阵营。

按此而论，"《新美学》不仅从超社会、超现实的观点来看美，把美看做超越人的生活和人的意识的客观存在；而且也从超社会、超现实的观点来看人，把人看做不属于任何历史时代、任何社会、任何阶级的客观存在，一种生物学上的种类"。[①] 所以说，《新美学》就是一种唯心论的以"种类观念"作基础的美学。蔡仪被批为唯心论的这种思路，与吕荧对于德国唯心论（也就是德国古典哲学及其美学）的批判是保持一致的。在吕荧看来，《新美学》超越了一切的社会关系和历史进程，用抽象的生物学上的"人类"来代替现实生活中的人类，并且在这一观点上来观察自然、社会以至美，从而构成了"事物的种类""美的本质""美的认识""美的种类"的整个的理论体系。可见，吕荧的确把握住了蔡仪通过"类本质"的方式来研究美学的策略，但蔡仪的思想的确仍是一种机械论的唯物主义。

蔡仪的反批判文章《论美学上的唯物主义与唯心主义——批判吕荧的美学是观念之说的反动性》，就更上升到哲学的高度来对吕荧美学的唯心实质进行批驳。主观论美学思想的"相对主义"，最容易被人批判，蔡仪就是从这一点开始的。主观论者往往以这种相对性作为论据，那就是认为虽然人人都知道美，但是对"美的看法"人人不同：一则即使面对同一对象有人认为美也有人认为不美；二则即使同一个人对"美的看法"也有变化，原来认为美的后来则认为不美，反之亦然。所以吕荧这种

[①] 吕荧：《美学问题——兼评蔡仪教授的〈新美学〉》，《文艺报》1953年第16、17期。

"美是物在人的主观中的反映,是一种观念"的主观论,最先为蔡仪所诟病。尽管这种观点先承认有"物"、有"反映",然后有"观念",似乎所谓的"美"这种观念还是物的反映,但是事实刚好相反,吕荧的美学就是从主观出发的。蔡仪继续反驳说,吕荧还认定他的"美是客观的"说法作为唯心论,是和"德国唯心论各派美学"直接相关的,这个帽子恰恰扣反了,吕荧的"美是观念"之说倒是反对唯物论美学的唯心美学。这是由于,吕荧的美学理论是同现实生活的实际绝对相反的,从政治性上来讲它在本质上是"反马克思主义的"。

蔡仪与吕荧一样,也拿现实生活来作为验证,但目的却是来反驳吕荧的美是观念说。因为蔡仪试图证明,吕荧的观点并不是他自己标榜的"从现实生活出发""在社会生活的基础上进行研究"所得出的结论。这是由于,从表面上看,吕荧的观点似乎来自车尔尼雪夫斯基,标举自己也是彻底的唯物论者,但是吕荧的美学理论却走向了相反的方向。再看后来的蔡仪是如何"贴近"车尔尼雪夫斯基的,蔡仪认定:"在'美是生活'这个定义里,既明显地规定了美就是客观现实的生活,也就是说美是在于客观现实。"[①]蔡仪由此便认为,真实的最高的美是人在现实世界中找到的,"吕荧所谓的美是观念之说,既不符合于现实生活的实际,也不符合于马克思列宁主义反映论的原则,难道这还不是道地的唯心主义的美学理论,还有什么唯物主义的气息吗?"[②] 如此看来,蔡仪的确把握住了吕荧美学的唯心论实质,但这仍是他以自身的反映论美学思想做衡量而得出的结论。

朱光潜的《我的文艺思想的反动性》在1956年才得以发表,他随后所引发的争议是有目共睹的,所以,这篇文章才被《文艺报》1957年5月编辑出版的《美学问题讨论集》作为第一篇的靶子文章。在这篇长文当中,朱光潜从自身接受教育的过程娓娓道来,认为自身的反动性主要体现在美与艺术两个方面:一方面,他承认了中华人民共和国成立前自己美

[①] 蔡仪:《论美学上的唯物主义与唯心主义——批判吕荧的美学是观念之说的反动性》,《北京大学学报》1956年第4期。

[②] 同上。

学思想的唯心本质，特别是接受了克罗齐"艺术即直觉"说的唯心影响；另一方面，还承认其"文艺思想是极端反现实主义的。主观唯心论根本否定了客观现实世界，谈到艺术，当然不会把它看做反映现实……我对现实主义（我把它叫做'写实主义'）一再加以弯曲和诬蔑，把它和自然主义等同起来……不分自然美与艺术美……原来我强调艺术与现实人生的距离，目的之一就在反对现实主义"。① 所以，此后的批判也主要集中于探究"美究竟是什么"的唯心本质与"反现实主义"这两个方面。

批判朱光潜的美学，态度相对温和的黄药眠居然首当其冲，在《论食利者的美学——朱光潜美学思想批判》这篇文章当中，他先是集中批判朱光潜的直觉就是"形相"或"意像"论："在朱先生看来，客观事物只是主观地存在着，'形相'完全是主观的东西；但在我们看来，客观存在是第一义的，艺术的美，主要的是在于它能够通过生活现象的描写，真实地表现出或者暗示出客观事物的本质和规律或这些规律和本质的若干方面。"② 再者，不仅朱光潜常说的"超脱""观照"都是从唯我的观点出发的，而且他的艺术观也是"唯我主义"的艺术观。可见，黄药眠主要批驳的就是朱光潜的"唯我主义"，因为朱光潜列举出古人的"为道德而艺术"，近代人的"为艺术而艺术"，英国小说家劳伦斯的"为我自己而艺术"的观点后提出赞同最后的观点。从思想的内在逻辑来看，"朱先生由感觉论到唯我论，由唯我论到超越主义，由超越主义到神秘主义，这是朱先生思想的逻辑系统，同时也是朱先生的思想发展的必然的结果"，③这种批判还试图找到朱光潜思想背后的世界观取向。此外，王子野在批判朱光潜艺术"非实用论"的两点理论根据（即"直觉说"和"移情论"）的基础上，最终落在了对于"形式主义"美学观的批判上，因为"朱光潜不仅鼓吹内容与形式分家从而降低和否定内容的意义，而且为反现实主义的艺术论吹嘘"，④ 这也是另一种批判朱光潜的思路。

---

① 朱光潜：《我的文艺思想的反动性》，《文艺报》1956 年第 12 号。
② 黄药眠：《论食利者的美学——朱光潜美学思想批判》，《文艺报》1956 年第 14、15 号。
③ 同上。
④ 王子野：《战斗的艺术——对朱光潜的艺术"非实用论"的初步批判》，《文艺报》编辑部编《美学问题讨论集》，作家出版社 1957 年版，第 237 页。

更有深度的批判,来自贺麟的《朱光潜文艺思想的哲学根源》。① 他通过直接批判克罗齐来间接批判朱光潜,因为朱光潜自己承认他"跟着克罗齐走"。按照贺麟的具有递进层次的批判,克罗齐的"反辩证法思想""艺术即直觉说""直觉即创造说""直觉即表现说"逐一得到批判,这是朱光潜继承克罗奇的方面。最终的结论是克罗齐、朱光潜发展了康德、黑格尔的"唯心论",但抛弃了黑格尔的"辩证法",而朱光潜对克罗齐的批判表现了他的尼采式的"反理性主义"思想,贺麟深刻地看到了朱光潜宁愿抛弃克罗奇却始终舍不得尼采。的确,在具体美学观上朱光潜可以扬弃"康德—克罗齐"的理论依托,但是,他却始终接受尼采对人生的审美化理解。耄耋之年的朱光潜自己承认,"更重要的是我从此比较清楚地认识到我本来的思想面貌,不仅在美学方面,尤其在整个人生观方面。一般读者都认为我是克罗齐式的唯心主义信徒,现在我自己才认识到我实在是尼采式的唯心主义信徒。在我心灵里植根的倒不是克罗齐的《美学原理》中的直觉说,而是尼采的《悲剧的诞生》中的酒神精神和日神精神",② 而实际上更多的是其中的"日神精神"对朱光潜产生了终生的深刻影响。

然而,蔡仪在《评〈食利者的美学〉》当中,认为黄药眠的批判并不到位,因为,对于朱光潜美学的基本论点,也就是美学中的基本问题只是模糊地触到,并没有着重地分析,更没有恰好地批判。当然,美学中的基本问题,如美学史的事实所证明,首先就是"美在于心抑在于物的问题",也就是"美感决定美呢还是美引起美感"的问题。③ 显然,蔡仪反对的就是朱光潜"美生于美感经验""凡是美都要经过心灵的创造"的观点。进而,蔡仪又反戈一击,认定黄药眠表面上在批判主观唯心主义,但实际上却是宣称主观唯心主义的美学思想。朱光潜的自我批判文章只是表示他想离开原来的立脚点,那么,黄药眠的这篇文章的基

---

① 贺麟:《朱光潜文艺思想的哲学根源》,《人民日报》1956年7月9、10日。类似批判文章还有敏泽的《朱光潜反动美学的源与流》,《哲学研究》1956年第4期。
② 朱光潜:《悲剧心理学》(中英文合本),张隆溪译,安徽教育出版社1989年版(1933年英文原版),中译本自序,第4页。
③ 蔡仪:《评〈食利者的美学〉》,《人民日报》1956年12月1日。

本论点，却表明他恰好站在与朱光潜相同的立脚点上。在蔡仪看来，这恰恰说明，主观唯心主义在美学思想上特别顽强，美学依然陷在主观唯心主义的"迷魂阵"里。

朱光潜在《美学是怎样才能既是唯物的又是辩证的——评蔡仪同志的美学思想》一文进行了适度的澄清工作，他基本上同意蔡仪对于黄药眠的批判，指出了黄药眠要用唯物主义的原则来解决美学问题的主观意图和他的主观唯心主义的基本论点之间是有矛盾的。蔡仪的这篇文章使得朱光潜进一步认识到美学的困难：在美学上划清唯心与唯物的界限已经不是一件容易事，即使唯心与唯物的界限果然划清了，也还不等于说就已解决了美学问题。朱光潜的进一步的意图在于阐明，蔡仪的美学观点无疑企图走向唯物方向的，但他的说法却无法解决美学的基本问题。[①] 由此可见，在美学论争当中，唯物与唯心的争论是针锋相对的，论争的不同派别都觉得自己占有了真理。

李泽厚作为当时新生的美学力量，参与了这场"美学大讨论"，他的《美的客观性和社会性——评朱光潜、蔡仪的美学观》既正面提出了自己的独特观点，又侧面反证了朱光潜与蔡仪思想的缺陷。无论是否认美的"存在的客观性"（黄药眠和朱光潜），还是否认美的"存在的社会性"（蔡仪），在李泽厚看来，美本有的客观性与社会性在他们那里都是非此即彼的、互相排斥的、不可统一的对立面，但是他恰恰要将这两个方面综合起来。这是由于他们割裂了两种属性的必然关联，以为如果承认了美的"社会性"，就必须否认美的不依存于人类主观条件（意识、情趣等）的"客观性"，与此同时，以为承认了美的这种"客观性"，就必须否认美的依存于人类社会生活的"社会性"，但客观性与

[①] 朱光潜：《美学是怎样才能既是唯物的又是辩证的——评蔡仪同志的美学思想》，《人民日报》1956年12月25日。蔡仪直接反驳朱光潜该文的连载文章为《朱光潜的美学思想为什么是主观唯心主义的?》，《学术月刊》1957年12月号和1958年3月号，前篇为《朱光潜思想的本来面目》，后篇为《朱光潜美学思想旧货的新装》。李泽厚后来又以《美的客观性和社会性——评朱光潜、蔡仪的美学观》（《人民日报》1957年1月9日）继续参加论辩并深化自己的观点。

社会性恰恰是可以结合的。① 这种观点可以被视为一种美学上的辩证综合，李泽厚从他自身的立论出发，恰恰看到了客观派与主客合一派的理论缺憾。

从"自然美"的角度，李泽厚的批判更为有力，因为社会生活中的美具有"社会性"没问题，但是自然美却最麻烦，因为美的客观性与社会性被诘难为难以统一。所以说，由此就产生了各持一端的片面观点：不是认为自然本身无美，美只是人类主观意识加上去的（朱光潜），便是认为自然美在其本身的自然条件，它与人类无关（蔡仪）。"事实却是，自然美既不在自然本身，又不是人类主观意识加上去的，而与社会现象的美一样，也是一种客观社会性的存在。"② 这就导向了对于"美的本质"论争的更深层的辩论，究竟该如何看待美的基础，它究竟在于"自然性"，还是在于"社会性"，抑或"自然性与社会性"的统一？

第三节 60年代的"自然性—社会性"之辩

在20世纪50年代中期的"主客之争"之后，"美学大讨论"逐步进入到更为深入的层面，③ 也就是进入"自然性—社会性"论争的层面，尽管"主客之争"仍在继续，但是该问题已并不凸显并基本让位于新的论争的焦点，部分原因也在于，"主观派"业已彻底败下阵来，美学论争需要被引导到更高的层级上去。与苏联的美学论争类似的是，他们论争的最终结局是形成了相对成熟的"自然派"与"社会派"两大派别。④ 但是，中国美学

---

① 李泽厚：《美的客观性和社会性——评朱光潜、蔡仪的美学观》，《人民日报》1957年1月9日。蔡仪直接反驳的文章为《批评不要歪曲》，《人民日报》1957年12月12日。

② 李泽厚：《美的客观性和社会性——评朱光潜、蔡仪的美学观》，《人民日报》1957年1月9日。

③ 朱光潜：《美学中唯物主义与唯心主义之争——交美学的底》，《哲学研究》1961年第2期。洪毅然与之商榷的文章是《论美学的几个根本问题——试解朱光潜的美学思想的疙瘩》，《甘肃师范大学学报》1963年第4期。

④ 亚·伊·布罗夫：《美学：问题和争论——美学论争的方法论原则》，张捷译，文化艺术出版社1988年版。

更值得肯定的是，在中国的社会派兴起之后的60年代，逐渐形成了"实践派"的思想萌芽，而苏联在"自然派与社会派之争"后并没有发展出实践的观点，这可能与中国注重实践的传统思维方式有关，这也是当代中国美学对于世界美学所做出的独特贡献。

实际上，与苏联的美学论争比照，我们的"客观派""社会性与客观性统一派""主客统一派"，分别与他们相互对应，因为他们在"自然派"（认定美的本质在于事物的"自然属性"）与"社会派"（认定事物的社会性使得自然事物获得"美的属性"）之外，也有一派主张美的本质就在于"自然属性与社会属性的统一"，大致对应于我们的"主客统一派"。但是，苏联美学论争中却并不存在"主观派"，或者说，主观思想在当时的苏联并没有存在的空间，而且后来"社会派"也逐渐获得更多的肯定，这个派别也被称为所谓的"新审美派"。在该流派当中，尽管后来出现了"活动论"的取向，但是始终没有发展为实践的观点，而"实践派"的观点在20世纪80年代开始就成为中国美学界的主流思想。

然而，无论是苏联还是当时的中国美学界，他们所论争的焦点仍是类似的，美学的根本问题不外乎是："一、美在哪里？二、美是什么？三、美从何来？四、美和美感以及美的观念、概念的关系等。"[①] 更具体来看，这些问题与苏联近似之处在于都去追问：（1）存在不存在客观的审美对象问题；（2）审美对象的性质及其客观性的程度和审美的局部性（特殊的范围）问题；（3）审美对象所包含的主客因素的相互关系问题；（4）审美对象的自然起源和社会起源问题。中国美学界由此特别关注到了"自然美"与"形式美"两个独特的问题，因为正是在这两个问题上，各派的观点的差异最能集中地凸显出来。

李泽厚尽管声称："美是主观的，还是客观的，还是主客观的统一？是怎样的主观、客观或主客观的统一？这是今天争论的核心"，[②] 但是从他后

---

① 洪毅然：《论美学的几个根本问题——试解朱光潜的美学思想的疙瘩》，《甘肃师范大学学报》1963年第4期。
② 李泽厚：《关于当前美学问题的争论——试再论美的客观性和社会性》，《学术月刊》1957年1月号。

来的具体论述来看,却在承认了客观性的基础上,开始着力于"自然性"与"社会性"之间的论辩,因为他的基本观点,就是认定——美是客观存在于现实生活中的、事物本身所具有的"社会性与自然性的统一"。

洪毅然在《略论美的自然性和社会性——与李泽厚同志商榷》一文中,明确提出了这个问题。他基本接受李泽厚的观点,也认为"社会性"是决定因素,"凡是不处于人类生活关系中的自在的自然物,因为还不具有社会性(尚不具有事物处于人的一定生活关系中的一定社会意义),也就没有美(或丑)"。① 洪毅然也认为,事物仅凭其自然性因素,是不可能成其美或丑的,但是,他却批判李泽厚对于"美的自然性因素"并未予以足够重视,问题在于:"构成事物之美(或丑)的自然性因素,是不是只限于与自然物的'形式'条件有关,而无关乎其'形式'条件所体现的事物本身自然性一方面的'内容'(即事物本身作为物质存在的一定自然物质'内容')呢?"② 洪毅然由此推论,李泽厚的真正想法是"自然美是社会美的一种特殊反映形式",这种做法与朱光潜将自然美及社会美融解于"艺术美"是一样的,他将自然美融解在了"社会美"当中。由此出发,洪毅然走向了一种"社会功利论"的美学观:"美是一切事物处于人类生活实践关系中所自己具有的、体现其好的内在品质的、外在可感知的形象。"③

李泽厚对于"社会性"所持的观点,亦即把一切作为美的事物来看待的、存在于人的社会生活关系中的自然事物,都当成自然存在与社会存在"相叠合"的东西的观点,必定遭到其他各派的反对。蔡仪批判李泽厚的客观性并没有回到真正的自然的纯客观层面,朱光潜则批判李泽厚所强调的只是由自然事物"已经转化"为社会事物那一方面的意义,而多多少少倾向于否认"叠合"之意,当然,主观派在本根立场上就与李泽厚绝缘了。而洪毅然却认为李泽厚这种在自然性与社会性之间所做的"迭合"工作,还是符合实际的,不但处于人的社会生活关系中的自然事

---

① 洪毅然:《略论美的自然性和社会性——与李泽厚同志商榷》,《新建设》1958年3月号。
② 同上。
③ 洪毅然:《略论美的自然性和社会性——与李泽厚同志商榷》,《新建设》1958年3月号。洪毅然仍在某种程度上坚持这种观点,"凡美,就是事物之一切好的内在的品质之有诸内形诸外的外部表征",见洪毅然《关于〈新美学〉》,《西北师范学院学报》1953年总第24期。

物如此，而且一切社会事物也都是如此。照此而论，洪毅然也试图在自然性与社会性之间走一条折中的路线，这是由于，"凡处于人的社会生活关系中的自然事物，是的确已转化为社会事物了，这一点应当肯定"，这是赞同李泽厚的观点；但是同样需要肯定的是，"那种已转化为社会事物的自然事物，毕竟不能不仍然还同时是自然事物。事物的社会性，仍然是通过事物的自然性而体现的。同理：一切社会事物虽然是社会事物，不是自然事物，但就其物质存在的那个侧面来看，却也仍然同时还是自然事物，并且事物的社会性，也还是通过事物的自然性而体现的"，① 这种观点无疑带有折中的性质。

如此看来，在主观与客观的争论之后，应该说，当时的中国美学界已经取得了基本的共识，那就是美是客观的，尽管并不是每一派都"在客观上"能成为客观论，但是"在主观上"却都在试图向这种主导取向靠拢，即使朱光潜的"主客合一论"也被其本人认定是统一于客观。在这里，"自然性与社会性"之间的争辩更加凸显了出来。如果按照这种区分标准，再来勘查"美学大讨论"当中所形成的派别，可以说，主观派并没有进入到这种论争的立论层面，事实上，也由于主观派论者的自身的政治原因及其立论的难以继续深化，这一派基本上在20世纪五六十年代交接的阶段便偃旗息鼓了。按照《文艺报》编辑部编的《美学问题讨论集》第3集的出版说明："这一集共收集了美学讨论文章十三篇，其中十一篇是从1957年5月到12月报刊上发表的文章中选出的……附录中的三篇是资产阶级右派分子许杰、鲍昌和高尔太写的，收在集内以便参考"，此时高尔泰（即高尔太）的文章已由于政治压力而单列出来，此后他们的文章就更没有机会发表了。② 但无疑，"自然性与社会性之争"，正是建基在"主观与客观之辩"基础上的，它应该属于第二层级的论争，可以说，前者将后者的论辩继续加以深化了。

基于这种视角，"美学大讨论"所形成的派别可以这样来看，在20世纪50年代晚期，蔡仪无疑是"自然派"的代表，李泽厚的确是"社会

---

① 洪毅然：《略论美的自然性和社会性——与李泽厚同志商榷》，《新建设》1958年3月号。
② 《文艺报》编辑部编：《美学问题讨论集》第3集，作家出版社1959年版，"出版说明"。

派"的代表,而"自然与社会统一派"的代表则是朱光潜和洪毅然。"美在心物相接"这种观点的明确提出,其实最早是洪毅然,他在1949年公开出版的《新美学评论》当中就认定:"由于客观对象事物的形式条件,具备某种恰足引起主观感受之于吾人过去生活实践历程所曾有过的实用经验之有利的联想,伴生积极的意欲于情绪,并经'交替反应'而仍复返于当下的形象直觉上之一种评价也。"[①] 但是,这种"交替反应"的主客合一论并未引起足够的重视,更鲜为人知的是,当时的洪毅然还将美的本质问题置于价值观的视野内来加以审视:"美的本质实亦正如善的本质一样,是一种价值(Value),而不是一种实体(Reality)。"[②]然而,从60年代开始,"实践论"的观点在中国美学内部得以滋生出来,不仅年轻的李泽厚从"社会派"当中走出来,继续标举出来实践的观点,而且朱光潜也采取了实践的观点来看待美学问题,在这个意义上,"走向实践"成为李泽厚与朱光潜后来的共同选择。

朱光潜在中华人民共和国成立之后所发生的思想转折,正是20世纪中叶美学主潮移心的缩影。众所周知,在主流意识形态的影响下,朱光潜反思了其早期美学的唯心实质,以及康德—克罗齐传统对他的深刻影响,并将其美学基石由心物合一的"形象直觉论"转换为主客统一的"唯物反映论"。但他又把蔡仪唯物之"物"等同自然形态的物(美的条件),而将自己美学立足点转移到社会意识形态的"物的形象"(美),从而提出了在当时颇为知名的"物甲物乙论"。然而,在混淆了美与美感、"作为美感对象的美"与美感的基础上,朱光潜作为产生美的"某些条件"的客观的"物甲",实际上就是一种类似于康德"物自体"式的自在存在,而"物乙"则是给"物甲"赋予了人的主观意识之后才形成的,美感从而成为第一性的,朱光潜始终内在地将美感的主观性看做美的"主观性"。但是,这种观点毕竟抛弃了中华人民共和国成立前那种个人直觉化的思想取向,因为他开始承认美的社会性质,但是他所谓的"美"仍成为意识形态、情趣等"美感"的代名词。

[①] 洪毅然:《新美学评论》,新人文学术研究社1949年版,第22—23页。
[②] 同上书,第20页。

在这个意义上再来观之,朱光潜的主客观的"统一说",中华人民共和国成立前的心物关系之间的"主观"还是超社会性的"心",而中华人民共和国成立后的"主观"则成为作为社会的人的"主观"。关于"统一"的性质,吕荧在《美是什么》一文当中,认为主客观统一当中的统一就意谓"一致",可是,人的认识就是主观与客观的一致,所以朱光潜的理论只说到"美的认识",没有说到美的本质,因而不能说明美是什么。① 针对于此,朱光潜也做出了相应的反驳,② 但是这种统一论背后的"符合论"的哲学背景并没有改变。在《论美是客观与主观的统一》这篇重要的文章当中,朱光潜不仅仅认定美就在于主客观的统一,而且亦在于自然性与社会性的统一,结合他自己提出的独特的"物甲物乙论",朱光潜对于美感经验过程的描述如表 2 所示。③

表 2

Ⅰ	Ⅱ	Ⅲ
物本身(物甲)	美感经验过程	物的形象(物乙)
(感觉素材) 原料 自然形态的 美的条件 自然性(自然包括社会) 客观(认识和实践的对象)	感觉阶段　(乙)欣赏或者创造阶段 应用感觉　应用 { 意识形态原则 　　　　　　　　　生产原则 反映原则 劳动生产 反映自然与改造自然 美的条件 社会性(意识形态的反映) 主观(客观决定的)	(艺术品) 成品 意识形态的(上层建筑的) 美(产品的质) 自然性与社会性的统一 客观与主观的统一

应该说,与"社会派"思想的靠近,在美学论争过程当中逐渐被接受。蒋孔阳在 1959 年的《论美是一种社会现象》一文中认为"美是一种客观存在的社会现象。这一种现象,它既不是物本身的自然属性,也不是

---

① 吕荧:《美是什么》,《人民日报》1957 年 12 月 3 日,《文艺报》编辑部编:《美学问题讨论集》第 4 集,作家出版社 1959 年版。
② 朱光潜:《美就是美的观念吗?——评吕荧先生的美学观点》,《人民日报》1958 年 1 月 16 日。
③ 朱光潜:《论美是客观与主观的统一》,《哲学研究》1957 年第 4 期。

个人意识的产物,而是人类社会生活的属性,它和人类社会生活一道产生",[1] 这种观点无疑在当时占据了主流。还有论者则倾向于接受"自然性"与"社会性"双方的有益成分,而采取了折中的方法加以考察,程至的在完成于1957年的《谈美》一文中,就认为"美是有活生生具体的形象,美是以有形的自然属性表现了无形的社会属性——人的关系、人的生活",因而,"美感中所蕴含的知性正是依据美的内容而产生,因为美的内容就是一种人的关系、社会关系"。[2] 以"继先"为笔名的作者在1963年的《美感试论》一文中也认为"事物不仅有自然属性,还有社会属性",[3] 而且他在另文《应该如何来解释美的客观性和社会性》当中,又从美与真的区分来看待这种"社会性":"美之不能脱离人类社会而独立存在,不仅因为人类是社会的动物,还因为人类是有意识的动物。美是一种价值。真却不只是一个价值。当真理是指客观存在和它的法则性的时候,真理就完全与有没有人类社会无关。"[4] 由此可见,当时对于社会性的考察已深入到"价值论"的层面。

当然,李泽厚的观点更能代表"社会性"的主要取向,他既反对到"自然性"当中去寻美,反对美与人无关的"见物不见人"的观点,也反对那种将美等同于美感的论点,反对美只与人的心理活动、社会意识相关的论点,而直接建构了一种"客观性与社会性"相统一的观点。但这只是李泽厚美的本质观建构的第二步,更重要的第三步的建构则在于"实践观"的引入,第一步则是承认美在于客观的。这也恰恰构成了李泽厚美学原论的核心观点得以成熟的"三步曲",也就是从"客观论"出发,再将"社会性"与"客观性"结合起来,从而走向了"实践观"。

李泽厚认为,无论再去如何争辩美在于主观还是客观的,都不如去追问这样的问题:美究竟能脱离人类社会而存在吗?答案显然是否定的,这

---

[1] 蒋孔阳:《论美是一种社会现象》,《学术月刊》1959年9月号。
[2] 程至的:《谈美》,《文艺报》编辑部编《美学问题讨论集》第3集,作家出版社1959年版,第265—266页。
[3] 继先:《美感试论》,《新建设》1963年10月号。
[4] 继先:《应该如何来解释美的客观性和社会性》,《文艺报》编辑部编《美学问题讨论集》第3集,作家出版社1959年版,第272页。

是由于，一方面，美不能脱离人类社会而独立存在；另一方面，美却又是能够独立于人类主观意识之外的客观存在。在此，李泽厚与其他诸派的观点之间的分歧就昭然若揭了：从朱光潜到黄药眠都否认"美的存在客观性"，蔡仪则否认"美的存在的社会性"，但是，这两种与李泽厚相对的观点具有共同的理论缺陷，那就是它们都将美的客观性与社会性视为无法合一的对立面。进而言之，李泽厚的更为独立的观点可以从正面表述为：承认美的"社会性"，那就必须承认美的不依存于人的主观的"客观性"；承认美的"客观性"，就必须承认美依存于社会生活的"社会性"，而他的工作恰恰在于在"客观性—社会性"的嫁接，从而将他的美学思想最终诉诸"客观的社会性"或"社会的客观性"。

由此出发，李泽厚开始在"社会生活"这个关键词当中，从关注"社会"进而转向"生活"，因为美就是生活，这是接受车尔尼雪夫斯基的观点，但李泽厚却从历史发展的高度给予了"美"以崭新的界定——"美是人类的社会生活，美是现实生活中那些包含着社会发展的本质、规律和理想而用感官可以直接感知的具体社会形象和自然形象。我们所说的社会的本质规律和理想……只是生活本身，它是包括生产斗争和阶级斗争在内的人类蓬蓬勃勃不断发展的革命实践"。[①] 更准确地说，美就是包含社会发展的本质、规律和理想而有具体可感形态的"现实生活现象"，简言之，美是蕴藏着真正的"社会深度"和"人生真理"的生活形象，这种现象既包括"社会形象"又包括"自然形象"。[②] 如果从真、善、美的关系来看，李泽厚认为，在现实生活中真、善、美是统一的，当时李泽厚还将艺术视为现实生活的反映，所以，生活的这种三位一体就必然地决定了艺术中的真、善、美的高度的统一。因而，"艺术的这一性质又规定了艺术批评的美（形象的美感）→真（社会的真实）→善（社会的价值）

---

① 李泽厚：《美的客观性和社会性——评朱光潜、蔡仪的美学观》，《人民日报》1957年1月9日。
② 李泽厚：《论美感、美和艺术（研究提纲）——兼论朱光潜的唯心主义的美学观》，《哲学研究》1956年第5期。

的分析原则"。①从这种基本的美学观念出发，李泽厚进而认定，艺术是一个"社会性和形象性"统一的"生活的真实""形象的真实"，艺术美感是"真理形象"的直观，这就再度确定了美与真的内在关联。如此看来，李泽厚的早期美学也是一种崇尚真、善、美统一的古典理论形态。

总之，经过了20世纪60年代更为深入的美学论辩，当代中国美学已经不再仅仅纠结于"美的本质"到底是主观还是客观层面的讨论，而是进一步进入到了与苏联美学争论类似的"自然性"与"社会性"的论辩。在这种更高层面的探讨当中，可以如此总结60年代所形成的美学流派之分殊，蔡仪坚决坚持的是从"自然性"去拷问美的本质，而朱光潜和李泽厚则力主要从"社会性"去加以追问，然而，他们所理解的"社会性"却大异其趣。朱光潜曾批判李泽厚所用的"社会性"一词的极其不明确，更不能把社会性看做单纯的客观属性，因为"首先他们把'自然性'和'社会性'绝对对立起来，排除了自然性而单取社会性，这就足见他们对人与自然的关系的看法还是形而上学的"。②但实际上，朱光潜所谓的意识形态、心理情感方面的诉求，在后来恰恰转变为一种"主观的社会性"，但这又与吕荧表面上的社会性而本质上的主观性不同，毕竟还是接纳了"社会性"的重要内涵在其思想当中。与这种"主观的社会性"相反，李泽厚所主张的则是一种"客观的社会性"，但是，较之苏联美学而言，中国美学的独特发展，乃是强调了人类实践本身就是以"客观的社会性"或"社会的客观性"为基本属性，由此哲学根基出发，才开拓出中国化的"实践美学"之独立发展之路。

第四节 80年代的"实践论—生命化"之辩

从20世纪中国百年美学发展的视角来看，中国"审美主义"的发展

---

① 李泽厚：《美的客观性和社会性——评朱光潜、蔡仪的美学观》，《人民日报》1957年1月9日。

② 朱光潜：《美学中唯物主义与唯心主义之争——交美学的底》，《哲学研究》1961年第2期，《新建设》编辑部编《美学问题讨论集》第6集，作家出版社1964年版，第231页。

有两次高潮期：20世纪二三十年代审美主义思潮和80年代后期兴起的生命化的美学思潮，而后一种思潮就是以反对80年代位居主流的实践美学传统。我们可以从审美主义的角度来重新审视"实践论"与"生命化"之间的矛盾与冲突。

所谓"审美主义"是一种以审美活动取代其他生命活动的价值取向，是种泛感性论的生命哲学。具体而言，生发于西方的审美主义主要包括三个基本诉求："一、为感性正名，重设感性的生存论和价值论地位，夺取超感性过去所占据的本体论位置；二、艺术代替传统的宗教形式，以至成为一种新的宗教和伦理，予艺术以解救的宗教功能；三、游戏式的人生心态，即对世界的所谓审美态度。"① 归根结底，"生命的艺术化"就是审美主义的核心，它要借审美之途来安顿此岸的生存。而中国审美主义，具有自身的形成机制和变异形态，它的系统化提出是在20世纪二三十年代，无论是朱光潜所谓的"人生的艺术化"还是宗白华所谓的"艺术的人生观"，都是其中典型化的形上境界。

实际上，要考量20世纪末生命化美学思潮的出现，就要沿着中国美学的发展轨迹来加以溯源式的探究。首先是在40年代，蔡仪系统化马克思主义美学的出场，悖反着二三十年代"生命论美学"的唯心取向，从而预示着中华人民共和国成立后中国美学演进的新方向。蔡仪结合"唯物为本"与古典的"典型观"，建构起以"客观的美"为核心——美的存在、美感（美的认识）和艺术（美的创造）——的三段式。② 这样，生命这类关涉"主观"的话题就为反映论美学所拒斥，在50年代后涉及"生命"的话语因而几乎销声匿迹。此时，苏联式机械反映论已开始独据意识形态中心位置，并最终确立了在中国美学界内部理论和方法论的指导地位。然而，在这"人"学招致普遍质疑的年代，高尔泰的"主观论美学"却独树一帜。他在1957年的《论美》一文当中仍由生命入手推及审美活动，进而导出美感的主观性。但他所谓的生命却被消融在人类活动

---

① 刘小枫：《现代性社会理论绪论》，上海三联书店1998年版，第307页。
② 蔡仪：《新美学》，上海群益出版社1946年版。

内，无疑已退居到了历史的后台。①但大多数学者仍遵循着"唯物论"的转轨，朱光潜美学转变就是这个时代的缩影，他部分扬弃心物交融的"形象直觉说"而转投主客统一的"唯物反映论"，顺应了中国美学发展的时代大趋势。

直至20世纪80年代初期，中国美学才逐渐出现替代"反映论"的主流趋向——"实践论"美学的转向。由李泽厚肇始于五六十年代的实践美学，既是中华人民共和国成立伊始那场"美学大讨论"的学术累积的结果，又深层契合着"文化大革命"荒原后的人性解放和思想开放。可以说，是"第二次启蒙"的80年代选择了美学，同时，实践美学也把握住了时代的脉搏。在学理上，李泽厚明确地将美学建基在"实践本体论"基础上，并以此为基点来界定"人的本质"，将美视作"自然的人化"的实践产物。但那时的李泽厚并未从生命论来看待"人"，而即使在实践美学流派的内部也存在亲和于生命论的因素，如蒋孔阳的实践论美学就认为"因为人是一个生命的有机整体"，所以"人的本质力量不是抽象的概念，而是生生不已活泼泼的生命力量"。②但无可否认，李泽厚的思想底蕴实质上也是审美主义的：当他的"人化自然说"被认为是从审美之维上升到哲学高度时，其实也正显露出其"泛审美化"的视角。尤其是他后来的思想有所转变，认为自然人化是"人性的社会建立"，人的自然化是"人性的宇宙扩展"，并强调"生活即是艺术，无往而非艺术"。这种走向"感性的生命本体"的倾向，更凸显出同生命化美学思潮的某种趋同化倾向。③

从历史转化的角度来看，实践美学更多地可以看成是导向20世纪90年代"生命化美学"思潮的中介环节：首先，实践美学为90年代之后的美学发展提供了"本体论"的参照立场，而生命化美学思潮的主旨正在于以"生命"取替"实践"的本体基础。其次，实践美学对"主体性"的充分关注，特别是对（与"工艺—社会结构"相对的）"文化—心理结

---

① 高尔泰：《论美》，《新建设》1957年第2期。
② 蒋孔阳：《美学新论》，人民出版社1993年版，第171—172页。
③ 李泽厚：《主体性的哲学提纲之三》，《走向未来》1987年第3期。

构"、(与"人类群体性质"相对的)"个体身心性质"、"超越的自由"的强调,为内在的、个体的、超越的"生命"之提出铺平了道路。最后,实践美学作为建构生命化美学思潮的对立面,其整体上强调的理性主义、物质性和社会性、非个体非本己性、主客的两分等,成为后者"反向"建构其体系的靶子。

步入20世纪90年代,实践美学话语悄然丧失了80年代独有的政治和文化批判功用,遍布社会各个角落的"美学热"也由喧嚣浮躁而日渐疲惫沉寂。特别是随着市场经济转轨,以都市为根基的大众审美文化自下而上侵蚀蔓延,而实践美学话语却因蜗居而失去言说新生文化的功能。这样,曾经以显学自居的美学最终退归到学术场,而同政治和社会"场域"相对疏离。正是在这种时代语境内,生命化美学思潮由边缘逐渐向中心移动,并在90年代中后期成为令人瞩目的思潮。其实,这种生命化取向在80年代中期起便已萌芽。早在1986年,刘晓波就疾呼"超越理性主义"、回归"感性个体无限的生命",从而奏响了生命化美学思潮的激进前奏。作者高举感性的旗帜,从批判李泽厚的"积淀说"出发,深层批驳了其理性主义,因为"审美是感性动力对理性法则、精神欲求对功利欲求的突破和超越……是主体选择与客体规律、个体自由对社会束缚的突破和超越……也就是人的最高层次的本能欲望——自由超越——的充分实现",所以,"审美不是'积淀',而是对积淀的突破,是感性生命突破理性积淀的人性之辉煌……审美是感性的个体生命之光"![1] 这些观点都总结在刘晓波1988年更具学术意味的博士论文《审美与人的自由》当中。

根据这本博士论文的基本观点,审美活动的"超越性"就在于:第一,主观情趣对客观法则的超越,主体在选择与创造审美世界时是自由的;第二,感性动力对理性教条的超越,审美使人的生命力的自由迸发,是人性的全面展开;第三,精神享受对功利欲求的超越,审美超越狭隘的功利、实用目的;第四,个体生命对社会压力的超越,人类通过审美超越社会法则,达至自由;第五,人可以超越自身的有限性,在审美领域,人的造物不是束缚人,而是解放人。总而言之,审美活动就是一种自由的人

---

[1] 刘晓波:《批判的选择:与李泽厚对话》,上海人民出版社1988年版,第27、41页。

第二章　美的本质观：从"唯物观""社会观""实践观"到"本质观"争论　77

类活动，因而具有超越性正是审美活动的最重要特质。不仅在审美的超越本质上，在审美心理机制等一系列问题上，作者也提出不少见解：在审美直觉中，审美对象的形式即内容，内容即形式，而没有主体与对象的分离，二者互相进入，对象即主体，主体即对象，"审美直觉既是指迅速、准确、深邃的透视力，也是指高度强烈的、敏锐的情感浸透力"，"只有充满情感的直觉才能深入充满生命的世界"；审美也是一个创造幻象的过程，审美非但不摒弃幻觉，而且需要幻觉。由此得出的美学公式就是：审美意义＝审美对象（恒量）＋审美主体（变量），由于欣赏者这一变量的历史性与运动性，所以，审美意义才是指向无限的。

　　刘小枫的《诗化哲学》在当时影响更为深远。这本书来自他的1985年的硕士学位论文《从诗的本体论到本体论的诗：德国现代浪漫派美学批判》。全书共分六章，分别是"诗的本体论"，"走向本体论的诗"，"对人生之谜的诗的解答"，"新浪漫诗群的崛起、冥思和呼唤"，"从诗化的思到诗意的栖居"和"人和现实社会的审美解放"。作者以"诗化哲学"的视角将德国浪漫气质的哲思"奇异地"连缀在一起，似乎汉语学界对待这一德国审美传统具有更"恢宏"的视野。该书就将从早期浪漫派（耶拿浪漫派）的施莱格尔兄弟、诺瓦利斯，到德国古典主义美学的谢林，再到诗哲荷尔德林，都归之为"诗的本体论"思想；从叔本华和尼采得以开启的"本体论的诗"的思想，不仅包括新浪漫诗群的作家们，而且也包括狄尔泰的生命哲学、海德格尔的存在哲学，乃至阿多诺、马尔库塞这样的早期法兰克福学派的代表人物都被一网打尽。最终，作者试图从中提升出一种宗教般的"体验本体论"："体验是一种意指向意义的生活"，而"审美体验是一种精神的、总体的情感体验"；由此出发，"艺术总是从一个更高的存在出发来发出呼唤，召唤人们进入审美的境界，规范现实向纯存在转变"。[①] 作者后来却皈依了在另一本专著《拯救与逍遥》里就初见端倪的基督神学，从而最终走向了所谓"十字架的真"，这也是中国式的审美主义的另一种必然归宿。因为，不论是走向审美的逍遥还是通往宗教的拯救，诗化哲学所包含的审美主义可能蕴含着某种神秘主义，

[①]　刘小枫：《诗化哲学》，山东文艺出版社1986年版，第268页。

进而易于导向对彼岸的宗教化的寻求，而这与"以出世的精神做入世事业"的中国主流美学传统却是从根基上异质的。

实际上，20世纪80年代末90年代初，关于生命化美学思潮的论著是非常多的，其中，原理性的美学专著主要有宋耀良的《艺术家生命向力》（上海社会科学院出版社1988年版）、彭富春的《生命之诗：人类学美学或自由美学》（花山文艺出版社1989年版）、潘知常的《生命美学》（河南人民出版社1991年版）；介绍西方的美学专著主要有周国平主编的《诗人哲学家》（上海人民出版社1987年版）、余虹的《思与诗的对话——海德格尔诗学引论》（中国社会科学出版社1991年版）、王一川的《审美体验论》（百花文艺出版社1992年版）；阐释本土的美学专著主要有潘知常的《众妙之门》（黄河出版社1989年版）；等等。以彭富春更具"哲学人类学"意味的《生命之诗：人类学美学或自由美学》为例，他得出的结论就是：（1）"艺术是人类的生活本身"；（2）"艺术作为生存的活动乃是生存的创造。它是生存的创造，或者说生存对于自身艺术的创造"；（3）"艺术是人类审美的创造活动"；（4）"但艺术不是人的现实的审美创造，而是人的精神的审美创造。因而艺术作为人类的审美创造是人类的审美的符号创造"，[1] 这显然是从生命论出发看待"艺术本体观"所得出的必然结论。

总之，方兴在20世纪90年代的"生命论美学"思潮，可以被视为继四五十年代确定马克思主义基础地位的"唯物论转向"，80年代颠覆反映论美学的"实践论转向"之后，中国美学的第三次重要的精神移心——"生存论转向"。与此同时，这种生命取向也可以被看作20世纪20年代开始的中国审美主义螺旋发展的结果。这种生命化美学思潮呈现出不同的姿态：杨春时的"超越美学"、潘知常的"生命美学"、张弘的"存在美学"、王一川的"体验美学"等。[2] 他们都在明确建构一种"生存论本体"，这也构成了生命化的美学的主潮。他们反对把审美活动等同

---

[1] 彭富春：《生命之诗：人类学美学或自由美学》，花山文艺出版社1989年版，第136—146页。

[2] 阎国忠：《走出古典：中国当代美学论争述评》，安徽教育出版社1996年版，第497—499页。

于实践活动,而代之以如下的生存本体:"人的存在—生存"(杨春时)、"审美活动"(潘知常)和"以现象学为出发点的基础存在"(张弘)。不过,他们内部的细微分殊也亟待厘清,杨春时认为生存还是以实践(物质生存活动)作为基础的,但是又强调了它超出了实践的水平而更加全面丰富;潘知常其实并未取消实践基石,而是视审美为"以实践活动为基础同时又超越于实践活动的超越性生命活动"。[1] 但无疑,他们都以生存作为美学的真正逻辑起点,都在总体上以生命代实践,这种趋向是不能否认的,进而推导出了审美的本质规定和美学范畴体系,难怪被一同命名为"后实践美学"。

其实,这种"存在主义化"的生存论美学更是中国审美主义在20世纪末的凝聚体现。这是因为,在海德格尔思想启发下,"后实践美学"将生命设置为美学的基石,并把生命提升到"本体论"的高度。由此出发,他们依据"存在论差异"原则探讨美的本质,区分美的事物与美的存在(而非形而上的本体)。在20世纪90年代后,潘知常才明确赋予审美活动以本体论地位,从而视"存在"本体为一种人类自由的象征和理想的境界;而张弘对本体论则有较高的自觉意识,他毫不含混地从海德格尔的"存在论"来理解本体,并与对中国影响较深的黑格尔的本体划清界限,从而以"基础存在论"作为美学基础,但是并未真正达到海德格尔意义上的"存在论"高境。[2]

与此同时,"后实践美学"都针砭实践论仍未彻底克服主客二分的分裂结构,而要把物我统一在生存状态中。杨春时指出,在自由的生存方式亦即审美中,主客对立才能消失,主体充分对象化,客体充分主体化。张弘则看出心物二元论的"认识论根基",他要求以"存在一元论"来取消主体与客体、感性与知性、感觉与理智等的两分,从而把审美活动看成综合融汇起作用的认知和体验。由此可见,对"后实践美学"而言,生命存在本身就意味着人与世界的根本同一。进一步说,"后实践美学"的具体诉求,就是回归"个体的感性的生命"。这也就是杨春时反复重申的审

---

[1] 潘知常:《美学的重建》,《学术月刊》1995年第8期。
[2] 张弘:《作为美学基础的本体论的若干问题》,《学术月刊》1998年第1期。

美的超越性本质、自由生存方式、个体性和精神性,它们都是要把审美作为自我生存活动、把美当作自我创造的对象。① 随后刘恒健认为,"生存"是对实践的本源性、本己性、个体性的三重超越。② 而且,不同于传统审美向非现实的精神王国的超越,"后实践美学"往往强调审美主义的"此岸性"。它们声称实践活动仍然是个"抽象的原则",只有人类的生命活动才会"展开为一个具体的原则";美只属于"现实的此岸王国",不仅超越物性而且密切关涉"此在",由此审美才激活了"艺术与生活存在的联系"。除此之外,"后实践美学"的倡导者们还注重审美的理想特质。"后实践美学"强调审美活动是种超越的理想境界,具有同一性、超绝性、终极性和永恒性;个体通过审美来趋向更理想的存在,审美理想通过审美活动的"节日"而变成"生活的理想"。质言之,所谓"后实践美学"其实就是推崇"生存论本体"的中国审美主义思想,但它确实是深受了西方存在主义思潮的启迪而生发与创生出来的,具有浓厚的西学东渐的外来思想背景。

将20世纪中国末期的审美主义梳理到此,有个问题便凸显出来:早在二三十年代,关注生命化的中国的审美主义思潮就已经形成,这对90年代生命化美学的意义何在?而且,二者之间到底有什么必然的历史关联?简略地说,一方面,前者为后者提供了审美主义建构的"基本范式"。审美主义的形上思辨的建构程式、概念推演的运思构成、现代汉语的言说方式等,都在二三十年代得以初步完形;而90年代的"后实践美学"基本承袭了中国化的审美主义的话语范式。另一方面,前者为后者提供了近代生命论的基础。自从20年代始,吕澂、陈望道、范寿康就最早把审美同生命相互连通:陈望道认为"移感"关乎人的生命;吕澂认定"情感发动的根柢"就在"生命",移情也就是生命的扩充和丰富;范寿康则将美的态度归根于感情移入,认为移情实质即"以赋与对象生命以及与对象的生命共同生命"。由此可见,"生命—移情—审美化"的模式在当时的主流美学思想那里皆为共通的,而生命与审美之沟通在20世

---

① 杨春时:《超越实践美学 建立超越美学》,《社会科学战线》1994年第1期。
② 刘恒健:《生存美学的三重超越》,《社会科学研究》1997年第1期。

纪末叶的再次出现，则体现出百年美学的螺旋上升的发展。

如此一来，通过两个时代审美主义的比较，就可以发现20世纪二三十年代审美主义的学理特质和缺失。首先，它尚未将生命提升到"美学本体论"高度。自吕澂开始凸显"生"的理论整合作用后，无论是朱光潜把生命情趣化、艺术化，还是宗白华直接把动感生命与审美融合，都没有提升生命到"美学本体"的制高点。直至20世纪末期，"后实践美学"才真正实现了"生命论本体"的转换。其次，它依然是以主客二分为基础的审美主义。这一方面是由于对华夏古典话语方式的内在阻断，另一方面又是西方话语外来移植的结果，从而使得这种分裂思维成为审美主义的主宰。而到了90年代，契合于海德格尔对形而上学的清算，中国审美主义又重新找到了"天人合一"的生命本质。最后，它对生命的理解还是近代意义上的，并未达到现代"存在论"的高度。随着时代的发展，那种推崇个性、上升和绵延的"主体性生命"，最终为注重此在、本己和时间性的"生命化的存在"所替代。还需要补明的是，"后实践美学"对实践的反动更倾向于一种"学术建构策略"，但表面的对峙并不能掩盖两者的血脉联系，而这联系的中介环节主要就是中国化的"审美主义"思想。

第五节　90年代的"本质主义—反本质主义"之辩

从20世纪90年代开始，"反本质主义"（anti-essentialism）开始甚嚣尘上，对于"美的本质"的探讨格局出现了根本性的逆转。关于"美的本质"在中国的探讨，一般认为从五六十年代随着"美学大讨论"而积极展开，这也与马克思主义确立在中国美学界的统治地位是相关的，一方面，我们要确立马克思主义作为"中国的"美学研究的基本原则，所以马克思主义哲学的"客观唯物论"就要指导美学的定位方向；另一方面，"在中国"的美学论争与苏联的美学论争，尽管后者对前者有着某些横向影响，但是，这两场基本上是颉颃发展的美学讨论却展现出惊人的类似性，也就是都从初期"主客之争"迅速转换到"自然性与社会性"之辩，但是，中国美学的独特贡献就在于，从本土思想出发进而发展出来一套不同于苏联的"实践美学"的历史谱系。

有趣的是,从历史上看,最早提出美学的主客之辩的,并不是由20世纪中期的皈依于马克思主义的美学家们,这种思想早在20世纪的初期就已经出现。徐大纯1915年所发表的《述美学》,作为一篇描述美学学科的重要论文,它首先列举了从柏拉图到桑塔耶那(或译桑塔亚纳、桑塔耶纳)跨越2000多年的西方美学代表人物,进而在简要陈述了"美之性质"等重要问题的历史演变之后,从美学史的角度提出了——"美在主观还是客观"——难题。徐大纯如此论述道:"所谓美者,果在于客观之物耶?抑在于主观之心耶?……简举之,则属于客观的美学者,为理想说(Idealism),现实说(Realism),形式说(Formalism);属于主观的美学者,为情绪说(Emotionalism),知力说(Intellectualism);快乐说(Hedonism)又有从内容或形式分之者。"[①] 谁曾料想,关于美本质的"主客之争"在20世纪中叶后曾主宰了中国美学界相当长一段历史时期,而且,在20世纪的上半叶,由于中国美学界与国际美学界最初还是可以相互交通的(朱光潜、宗白华、邓以蛰、滕固都是留学欧美而来的),但对"美的本质"的追问已经与国际学界形成了某种"历史性的错位"。

但毕竟,在20世纪前半叶,中国美学家们已经关注并接受了国际美学界的最新转向,也就是从古典化的"美的本质"的追问转向对于"艺术"近代化研究。其中,德国美学家德索阿尔(Max Dessoir)就是这种转向当中的重要角色,他在1906年出版的《美学与一般艺术科学》可以作为界碑,1906年以后美学与"艺术学"在学科意义上终于被界分开来,而此前的二者在历史上却始终是相互交叉和混糅的关系。宗白华写于1925—1928年的讲稿《美学》,还有讲于1926—1928年的讲稿《艺术学》,都是按照德索阿尔的分界思路构建的。滕固在《艺术与科学》等文中都曾直接引用过德索阿尔的思想,并极为赞同艺术学从美学中独立出来。滕固曾盛赞过"艺术科学(Kunstwissenschaft)热忱发达的今日",他的《诗书画三种艺术的联带关系》原文是用德语写成,并于1932年7月

---

① 徐大纯:《述美学》(原文发表于1915年),参见《美与人生》,商务印书馆1923年版,第10页。

20 日在柏林大学哲学研究所德索阿尔的美学班上宣读过。由此可见，从 20 世纪的二三十年代开始，关于"美的根源及原质"的美学研究与追问"艺术品之本质"艺术学的研究，二者在中国学者那里还是大体上并重的。

然而，从 20 世纪中期开始，关于"美的本质"问题的研究，却成为了中国美学界的"核心中的核心"问题，将本来丰富的中国美学研究压缩到主客之辩的哲学高度。在这种"美学大讨论"所形成的表面繁荣的局面当中，尽管各家各派的观点不同，你主张反映论的客观我就主张绝对的主观，你主张主客合体我就主张社会性融入客观性，但是，所有参与论争者面对争论的"逻辑前提"都毫无疑义，那就是要去首先追问"美的本质"问题。这样做的原因主要有两个：其一，"美的问题"解决了，所有其他美学问题都会迎刃而解，美的本质构成了所有其他美学问题的哲学基础；其二，所有论者都不怀疑"美是有本质"的，只有从这种"本质主义"观点出发，才能建构起一套马克思主义美学的思想体系。这显然是一种典型的西方"本质主义"的哲学思路，对"美的本质"问题的解答就被视为某种美学思想的"指南星"，也是区分于其他美学思想的根本差异所在。

这种"本质主义"的追问思路，从 20 世纪中叶开始一直延续到了 80 年代，在这 40 年的前后两端，都没有得到任何质疑。在此前的中国美学界，尽管也追问"美的根源及原质"与"艺术品之本质"的问题，但是重要还是在于描述美感的性质与艺术的品质之类，所以，根据宗白华 1925—1928 年在中央大学的讲稿所见，当时的"美学之趋势"分为形式的与内容的两个支派，形式主义的美学说"谓内容绝无关系，内容完全在艺术方面"，"形式主义盖主张无表现的美，无内容的美"，而内容主义的美学说"谓一切美不外表现其内容，高等的美术，皆为美术人格之表现"。[①] 但是，这种更趋于平衡化的研究，在从 50 年代到 80 年代的中国美学界都被忽视了，所以，目前"艺术学"研究在中国内地之所以方兴

---

① 宗白华：《美学》（讲稿），《宗白华全集》第 1 卷，安徽教育出版社 1994 年版，第 451 页。

未艾,这里面恰恰有着历史发展不均衡的缘由。

那么,为何从20世纪90年代开始,"美的本质"问题不被重视了呢?这个问题要被分解为三个方面来看,一方面就是坚持"本质主义"论者的意见,另一方面则是"反本质主义"论者的意见,还有就是居于二者之间的论者的意见。首先,根据"本质主义"论者的看法,经过了30多年的美学论争,"美的本质"问题仍各执一词,尽管实践派在80年代成为了主流思想,但是"美的本质"仍被作为悬而未决的难题而存留了下来。其次,"反本质主义"论者的基本观点,其实也是来自欧美学界的思想,正如追问主客之辩的论争是绝对地来自西方的。然而,"反本质主义"论者的思想来源却是不同的,有直接援引法国式的后现代主义的"反总体性"的思潮的,更有间接接受自英美"分析美学"或"语言学转向"后的美学思潮的,还有直接从西方的"科学主义"思潮的诸种原则当中汲取资源的。居于"本质主义"与"反本质主义"之间的观点,在目前的中国美学界更加占据了主导,那就是不去追问"美的本质"问题,而是转向了其他美学问题的思考,这种逃避本质的态度实质上是认定:美学无须追问本质问题,这其实是一种更深层的"非本质主义"思路。所以,按照这三种基本的思维线路,可以分别梳理出从20世纪90年代之后与"美的问题"直接相关的发展线索。

第一条线索就是"本质主义"的路线。在西方的所谓"语言学转向"之后,许多用现代汉语研究美学的研究者不再遵循传统的德国思辨哲学的理路来探寻,而是通过"语言分析"来探寻美的本质,这是一种语言学意义上对于美的本质的解析,在中文语境当中目前尚没有取得更为成功的果实。还有一条为少数论者所关注的理路,就是通过"价值论"的方法来重新加以探求,这种方法早在爱沙尼亚美学家列·斯托洛维奇的《审美价值的本质》当中得以充分展开。有趣的是,这一思路尽管在译介之初被广为关注,但是真正依据价值论来建构美学的思路,恰恰是在国内马克思主义哲学界价值论成熟之后,李连科的《世界的意义——价值论》(人民出版社1985年版)和李德顺的《价值论》(中国人民大学出版社1987年版)都是其中的代表作。

在"价值论哲学"建构之后,黄凯锋的《价值论视野中的美学》(学林出版社 2001 年版)、舒也的《美的批判——以价值为基础的美学研究》(上海人民出版社 2007 年版)、杜书瀛的《价值美学》(中国社会科学出版社 2008 年版)、李咏吟的《价值论美学》(浙江大学出版社 2008 年版)、吴家跃和吴虹的《审美的价值属性》(四川大学出版社 2009 年版)等都致力于相关的建构。此种美学基本上可以被视为价值论与美学的独特结合,试图通过价值的中介来连通主客体,比如《价值美学》一书便认为,审美的秘密隐藏于主客体互动关系所生发的意义之中,表现于可感受、可体味的意义、意蕴、意味之中,同时,审美作为"可感受、可体味的意义、意蕴、意味"乃是一种特殊的价值形态,由此得出的结论就是:把审美现象视为一种"价值现象"才能最终解决美学的根本问题,这也是其他"价值论美学"的基本思想取向。

第二条线索就是"反本质主义"的路线。从总体上看,由于 20 世纪 80 年代中国美学界与国际美学界接触还相对较少,国际上流行的"分析美学"(Analytic Aesthetics)思潮及其方法还没有被介绍进来,但是国际美学发展不再追问"美的本质"而关注"艺术问题"的潮流却被洞见到了。然而,从整体的语境上,美学的"反本质主义"最初是来自后现代思潮的冲击,后现代主义本身所具有的对"本质主义"的偏见,对哈桑意义上的"不确定的内在性"或者"内在的不确定性"的寻求,对德里达意义上的"逻各斯中心主义"的反击,都间接地被推导到美的问题的研究方面。当然,更深层、更直接的"反本质主义"还是来自在欧美学界始终占据主流的"分析美学"思潮,但是必须指出,"分析美学"的反本质主义并不仅仅是针对美的,更主要是针对艺术的本质追问,从而通过对语言的解析来追求一种美学理论的明晰性。中国学者如徐岱也追随这种思路,将"功能性的认识论"转化为"实体性的本体论对象"作为本质主义的最大缺失,将"对意义的先验实体性的注销"和"对事物本质的瓦解"推导到对美学问题的解答上面(《反本质主义与美学的现代形态》,《文艺研究》2000 年第 3 期),从而得出了与早期分析美学类似的结论。这种思想取向的代表著作主要是曹俊峰的《元美学导论》(上海人民出版社 2001 年版),作者使用了早期分析美学的"澄清语言迷雾"的分析手法,解析了诸如"人的本质力量的对象化"之类的中国美学命题,并试图得出结论说,此类的美学命题从语言分析来看是趋向于无意义的。

但是必须指明,"反本质主义"只是在20世纪中期占据上风的早期分析美学的中心任务,越往后发展分析美学就越倾向于"建构主义",这是由于,早期分析美学主要是在接受了早期维特根斯坦"逻辑澄清"的语言分析的方法论基础上进行的,而后期的分析美学则更多受到了晚期维特根斯坦的影响。"分析美学"从早期的驱除语言迷雾、厘清基本概念的"解构"逐渐走向了晚期富有创造力的、各式各样的"建构",从而更注重在"重建主义"(reconstructionist)和"日常语言"形式的基础上来加以发展。然而,反本质的方法却仍在中国赢得青睐,吴炫的《否定主义美学》(吉林教育出版社1998年版、北京大学出版社2004年版)试图打造出一套"否定主义"思想体系并将美学纳入其中,从而认定"美是本体性否定的未完成";颜翔林的《怀疑论美学》(上海人民出版社2004年版)和《后形而上学美学》(中国社会科学出版社2010年版)则走向了"美即虚无"的观点,他们都采取了近似的思路来看待美学根本问题。但是更早的怀疑论美学的建构,则是思想上接近中国的德国学者赫伯特·曼纽什的《怀疑论美学》(辽宁人民出版社1990年版)建构起来的,译者古城里实际上就是滕守尧,在作者与译者的交流当中,这位德国作者从中国思想上也发现了美学上的"怀疑主义"的另一种思想根源。

第三条线索就是"非本质主义"。实际上,所谓的"放逐抽象本质,回归实际存在",已经成为20世纪90年代之后中国美学研究的某种共同取向,这也可能是前40多年对"本质主义"的追问过于执着所致,前面的美学基本模式的发展恰恰为后来的发展提供了"反作用力"。在这种"非本质主义"的思路内部,还可以继续区分出"科学主义"与"人文主义"的两条路数。按照人文主义的路数,在实践美学之后的诸多美学形态,可以说都按照一种"弱化的本质主义"方法来建构美学,它们并不十分明确地追问"美的本质"究竟何在,却在追问"本源性"问题,比如"后实践美学"深受现象学传统的影响,从而将"生命""生存"和"存在"作为美的本源所在,再如在最新一轮的"生活论转向"思潮当中,"生活美学"认定生活才是美的本源所在，美是作为"本真生活"的活生生的状态而存在的。但无疑，这些更新的美学思潮都已经不再直接给出"美的本质"的答案，却都在追问"美的本源"到底在哪里。

众所周知，"科学主义美学"作为"赛先生"在中国始终难以站稳脚跟，尽管在1980年云南昆明举办的第一届中国美学大会上就有论者持"科学主义"的主张，特别是滕守尧有如此倾向的发言还得到了朱光潜先生的赞许。随着1985年的"方法论年"的热潮出现，从所谓的"旧三论"到"新三论"的自然科学的方法向人文科学领域挺进，用"科学主义"来改造美学的热情达到了高潮，随后却由于方法论本身的不适用性而很快落潮了。此后，"科学主义美学"只在"技术美学"等门类美学研究当中开花结果，而今却因技术美学本身的问题又出现衰微之势，但是"设计美学"与"工艺美学"却仍在发展。

然而，随着美学在中国多元化的展开，在中国的"科学主义美学"却改变了以往的颓势而得以逐渐复兴，并形成了多元发展的格局：汪济生的"进化论美学"主张美在于进化（《系统进化论美学观》，北京大学出版社1987年版；《美感概论：关于美感的结构与功能》，上海科技文献出版社2008年版），鲁晨光的"生物学美学"力主动物也有美感（《美感奥妙与需求进化》，中国科学技术大学出版社2003年版），李健夫所建构的"科学主体论美学"的别具一格的理论架构（《美学的反思与辨正》，云南人民出版社1994年版；《现代美学原理：科学主体论美学体系》，中国社会科学出版社2002年版），李志宏的"认知科学美学"研究的是人类智能与审美发生的问题（《认知美学原理》，光明日报出版社2010年版），赵伶俐的"实证派美学"利用实验心理学的方法来进行美学方面的科学实验（《审美概念认知：科学阐释与实证》，新华出版社2004年版；《中国公民审美心理实证研究》，北京大学出版社2010年版），这些"科学主义"的美学建构都与人文主义形成了一种"必要的张力"。然而，在中国美学界的体系当中，科学派美学思潮却始终难以成为主流，这种在整体上研究被边缘化的趋势，与西方学界形成了鲜明对照。因为众所周知，在当代欧美的美学界，美学与"进化心理学"（Evolutionary Psychology）的关联研究、美学与"认知科学"（Cognitive Science）的关联研究，仍形成了被普遍关注的当代美学研究热点问题。

总而言之，当代中国美学关于"美的本质"的探讨，随着20世纪50年代的"主观—客观"之辩的展开，50年代末期到60年代前期的"自然性—社会性"之辩随即就出现了。在"文化大革命"所形成的历史阻断之后，"实践美学"就成为了唯一的主导潮流，在80年代后期终于又产生了"实践论—生命化"之辩，90年代的"本质主义—反本质主义"之辩使得"美的本质"问题的追问最终得以落潮。但可喜的是，当代中国美学的发展已经呈现出多种不同的发展趋势，这种多元化的走向不同于实践美学的单一主导趋势，从而展现出了中国美学研究的"共生而多极"的健康走势。而毋庸置疑的是，在90年代之后，随着"反本质主义"形成了中国美学界的思想主流，对于"美的本质"之类的本质主义的追问方式，得到了大多数美学研究者的扬弃，他们更多从"本体论"的角度来解答美学最为核心的问题，中国美学"本体论"的时代终于开始了。

第 三 章

美学本体论：从"实践论""生存论"到"生活论"转向

中国的美学原理从20世纪80年代后期开始，逐渐开始实现了从"本质论"到"本体论"的悄然转切。"本体论"（ontology）的西方词源，源自希腊文的logos（理论/学问）和ont（是/在/有）及其合体。欧洲学者在17世纪的时候首创了拉丁词"ontologia"，用以指称形而上学当中一般性的高层部分，甚至作为本体论的关于"是""在""有"的普遍理论就被视为形而上学本身。由哲学的本义观之，本体论关注的是"存在"本身的问题，诸如"什么存在""什么样的事物在第一意义上存在"及其"不同种类的存在如何关联"，等等。[1] 换而言之，本体论所要面对的就是对存在的可能性的一般条件的解析。

毫无疑问，"美学本体论"是"哲学本体论"的逻辑延伸。由此进行推论，就"美学本体论"而言，其所聚焦的也就是"美是何种存在""美如何存在"及其"美的存在与他种存在之间的关系"等这些"元美学"的基础性问题。美学本体论的追问，并不等同于单纯探究"美是什么"的"美的本质论"，尽管它包孕这种本质性的追问，但进而更要追问到本体论的至高层面。在中国本土，早在1936年洪毅然就在《艺术家修养论》里面明确指出："艺术本体论所探求的是'艺术是什么'一问题的究极的解释"，[2] 根据目前所掌握的史料，这是在中国美学领域最早所使用

---

[1] Nicholas Bunnin and Jiyuan Yu, *The Blackwell dictionary of Western philosophy*, Blackwell Publishing, 2004, p. 491.

[2] 洪毅然：《艺术家修养论》，罗苑座谈会1936年版，第57页。

"本体"的概念。由此可见,"美学本体论"不再仅仅追问美的本质难题,而且,更是对该类问题的"究极的解释",这才是本体论层面的诠释和阐发。

从宏观层面上来看,当代中国本体论经历了三次重要的转向,那就是"实践论转向""生存论转向"与"生活论转向"。有趣的是,李泽厚在20世纪80年代早期的论述就暗示出这三种转向,他说:"中国现代美学则直接来自西方。有意思的现象是,在西方美学史上排不上位置的车尔尼雪夫斯基的理论却成了中国现代美学的重要经典。原因是由于对它作了革命的改造和理解,舍弃了原来命题的人文主义和生物学的'美是生命'的含义,突出了'美在社会生活'等具有社会革命意义的方面。而这也就与马克思关于'社会生活在本质上是实践的'(马克思《关于费尔巴哈的提纲》)的基本论断联系了起来,而使现代中国美学迈上了创造性的新行程。"[①]

由此可见,在这段论述当中——"生活""生命""实践"——当代中国"美学本体论"的三个关键词都出现了。然而,历史性的展开的逻辑却是这样的:首先,实践美学由"美是生活"理论出发得以独创出来,进而获得了广泛的认同,并成为中国美学真正的主流流派;其次,生存论美学批判实践美学的缺失,试图转换美学本体论的方向,亦即从"实践本体"移心到"存在本体";最后,才是目前出现的21世纪美学的"生活论"转向,它则力图突破"实践—后实践"的理论范式,从而为美学开拓出新的视界。总而言之,当代中国美学出现了三次本体论的转化,即从"实践论美学"到"生存论美学"再到"生活论美学"的本体论转化。[②]

---

① 李泽厚:《李泽厚哲学美学文选》,湖南人民出版社1985年版,第236页。

② 必须指明,本书所使用的"本体论"具有西化与本土的双重内涵,早期李泽厚与后实践美学、实践存在论美学论者都是在西化视角当中使用"本体"的含义,这个本体就是逻辑在先与绝对普遍的 ontology;而提出了"情本体"及"心理本体"之后的晚期李泽厚与"生活美学"论者,他们所关注的"生活本体"更多是从中国古典思想着眼的:"本""体"的合并词"本体",并不是作为"存在"(being)的本体,而是作为"生成"(becoming)的本体。在这个意义上的本体,意指本根之"本"与体用之"体"的合一,而且是"体用不二""体在用中"的,尽管如此,本书还是将从实践论到生存论再到生活论的转化都称为"本体论转向"。

第一节 "实践美学"盛极渐衰

"实践美学",用更准确的说法来说,应该是"实践论美学",这是因为,"实践的美学"并不等于"美学的实践",实践论美学是将实践哲学发展到美学领域所形成的美学思想。实践美学问题,在当代中国美学研究中始终是作为核心问题,至今仍带有"常谈常新"的性质,这恰恰说明了这一"中国美学学派"的长久生命力至今未衰。然而,关于"实践美学"这个约定俗成的说法,美学界的同人却很少去寻求它的最早出处。根据目前的文献所见,以及与美学界前辈老学者们的交往所知,可以初步肯定,"实践美学"的最早用法,其实是李丕显在《为建立实践观点美学体系而努力——初读李泽厚的〈美学论集〉》一文当中提出的。

这篇率先使用"实践美学"术语的文章,发表在由中国社会科学院哲学研究所美学研究室、上海文艺出版社文艺理论编辑室主编的《美学》杂志(俗称"大美学")1981年第3期上。当时,这个曾经最重要的美学杂志聚集了以李泽厚为首的一批实践美学的坚定拥护者,包括赵宋光、杨恩寰、朱狄、梅宝树等。李泽厚的同学赵宋光作为与前者的最重要对话者,二者对于实践美学思想的早期形成做出了重大的贡献。当然,尽管李泽厚与赵宋光的思想是趋于同向的,但是二者对于实践观的看法也并不是一致的,比如李泽厚所创造的术语"积淀",在赵宋光看来应该是"淀积"才更为合适。但无论怎么说,"实践美学"这个范畴首度被使用就是在 1981 年,而此前李泽厚本人从未使用过这个后来成为中国美学界必谈的关键词。直到 2004 年 9 月在北京召开的"实践美学的反思与展望"国际学术研讨会上,这位实践美学的创始者才第一次公开表示接受"实践美学"这个用法,而此前的李泽厚无论是"实践"还是"美学"都讲过许多,但从未将二者合在一起叫作"实践美学"。

就在 2004 年的这次"实践美学的反思与展望"研讨会上,许多论者对"实践"这个词的英文翻译,究竟是 practice 还是 praxis,抑或是更为狭义的 work 或者 labor,进行了讨论。赵宋光认为,如果翻译成 practical aesthetics，那只能将实践美学等同于"实用美学"了，可以说这也就成了aesthetics in practice，更好的译法理应是 aesthetics on the concept of practice（"实践"观念的美学），这非常接近于我们上面所说的"实践论美学"。德国汉学家卜松山更早地认定，如果将中文意义上的"美学"翻译成英文，那应该是 beautology，但是这就将感性学更窄化为只与"美"相关了。有趣的是，李泽厚基本上认同中国的"美学"并不是西学意义上的"感性学"，但倾向于更宽泛地理解之，而他本人既然接受了美学的这个用语，那么，practical aesthetics 这个译法就是可以被接受的。从对"实践"的翻译来看，李泽厚认为，如果采用 work 或者 labor 所意指的狭义的劳动实践的话，那么，势必会忽视在制造—使用工具中同时产生出了伦理规范和意识，这其实更接近于中国儒家思想的理念。从对于理性的理解来看，康德用伦理意义上的 practical reason 区分于 speculative reason，这种理性当然不是认识理性，在李泽厚看来它是与他人打交道、规范人们行为的关乎伦理的理性。由此可见，李泽厚接受 practical aesthetics 这种在西文当中容易产生误解的译法，恰恰有着他的独特的理性考量，就像实践美学在外行看来就是"美学的实践"一样，关键是赋予"实践"或 practice 以独特的哲学内涵和思想意蕴。

在"实践美学"的用语被首度使用之后，这个术语逐渐成为中国美学界最重要的关键词。但是，"文化大革命"之后最初的美学论争，并不是关于"美的本质"的，而是关于"共同美"的争论。众所周知，当时最开始的美学论争都是同主流意识形态的变化相关的，具体而言就是同阶级论相关的。在 1977 年《人民文学》第 9 期上刊发了何其芳的散文《毛泽东之歌》，同时记录下作者在 1961 年 1 月 23 日与毛泽东的谈话，毛泽东说"各阶级有各阶级的美，不同阶级之间也有共同美"。此后，从 1978 年到 1982 年，对于"共同美"的探讨逐步深入，还专门为这个问题进行了多次的笔谈和座谈会。论争的焦点最先出现在"共同美"是否存在的问题上面，但后来论争的焦点则聚焦在是否能够超越绝对的客观论和狭隘的阶级论的问题，曾有论者力图从审美主客体的相互关联当中来阐释美的"共同性"的问题。在某种意义上，这种论争本身似乎又回到了美的本质问题的论争上面，但又衍生出来许多新的问题，这已经为后 30 余年间的美学学术论争开了个好头。①

之后出现的美学热点——解读"手稿热"——就直接关系到了美的核心问题。所谓"手稿热",指的是从 1980 年开始对于马克思青年时代的著作《1844 年经济学—哲学手稿》(又名"巴黎手稿",可简称《手稿》)的解读热潮,不同的论者对于这部手稿有着不同的理解。从那时开始,对于马克思主义美学的基本理解(这同时也是对于美学基本原理的基本理解)几乎都绕不开这部《手稿》的理论启示。这个问题的争论,还可以追溯到 1979 年蔡仪发表在《美学丛刊》创刊号上的《马克思究竟怎样论美?》的长文,这篇针砭主观唯心主义、重申客观论美学立场的论文,遭到了来自已获取"实践论"意识的论者们的批判。到了 1980 年,《美学》第 2 期上专门刊发了朱光潜重译的《1844 年经济学—哲学手稿》(节选),并同期发表了朱光潜的《马克思的〈经济学—哲学手稿〉中的美学问题》、郑涌的《历史唯物主义与马克思的美学思想》和张志扬的《〈经济学—哲学手稿〉中的美学思想》三篇重头文章,开启了对于手稿研究的热潮。

早在 1956 年,何思敬的《手稿》译本的中文第 1 版就发表出来,如今比较常用的还是 1979 年的刘丕坤译本,中共中央马克思恩格斯列宁斯大林著作编译局译出的《马克思恩格斯全集》第 42 卷译本也基本上与刘丕坤译本相同,中央编译局 2000 年新译本则刚刚出现。如果再往前追溯,中国学界对于《手稿》的翻译还是很早的,贺麟所译的《手稿》的最后一章《黑格尔辩证法和哲学一般的批判》的单行本 1955 年就得以出版(人民出版社 1955 年版),李泽厚承认曾看过这个译本,熊伟也对同一部分进行了翻译但是并未发表出来。当然,这些译本包括

---

① 如果更精细地划分,30 年来中国美学的学术热点分别为:(1)"共同美"论争,(2)解读"手稿热",(3)"主体性"问题及其大讨论,(4)"方法论年",(5)对"实践美学"的广泛认同,(6)"审美心理学"与"审美社会学"研究,(7)"诗化哲学"及感性化思潮,(8)"实践与后实践"美学之争,(9)"审美文化"研究与"大众文化"批判,(10)"比较美学"与"跨文化美学",(11)"20 世纪美学回顾",(12)"生态美学"与"环境美学"新思路,(13)"审美现代性"研究,(14)"日常生活审美化"问题,(15)"艺术终结"难题。参见刘悦笛《美学》,李景源主编:《中国哲学 30 年》,中国社会科学出版社 2008 年版。

朱光潜出于美学研究目的之译本，它们大多是按"逻辑改编版"而非"原始顺序版"译出的。何思敬与贺麟的译本是从德文版《马克思恩格斯全集》（即所谓的"MEGA1"）译出的，刘丕坤和中共中央马克思恩格斯列宁斯大林著作编译局译出的《马克思恩格斯全集》第42卷译本，都是根据俄文1956年版本作基础译出的，中共中央编译局2000年新译本则完全是按照《马克思恩格斯全集》的新的历史考证版，即MEGA2本的逻辑改编版翻译而来的。

必须看到，在中国美学界，对马克思的《1844年经济学—哲学手稿》的研究有两种阐释方式，一种是"六经注我"式的，另一种则是"我注六经"式的，李泽厚、朱光潜、蔡仪在对手稿的阐发当中比较注重将之吸纳到自我的美学主张当中，并在相互之间继续形成了论争关系，而诸如蒋孔阳、刘纲纪、程代熙、郑涌这样的马克思主义研究者则更注重对于马克思思想本身的研究。但无论怎样，许多重要的美学命题都被阐发了出来，并对当时的美学界产生了重要而广泛的影响。如果从对青年马克思本人思想的阐释来说，"美的规律""劳动创造了美""异化劳动"的思想被广为引用和接受，其中主要聚焦在"美的规律"的基本含义、"劳动创造了美"该如何理解和"异化劳动"究竟能否创造出美这类问题上面；如果从对马克思美学思想的整体阐发而论，"自然人化"和"人的本质力量的对象化"的思想，对于创造中国化的马克思主义美学来说似乎更为重要，"自然人化"的思想已经成为后来位居主流的"实践美学"的重要维度，而"人的本质力量的对象化"在20世纪80年代前期到中期的美学基本原理当中，可能是最占据主导的美学中心思想。这些都显露出《1844年经济学—哲学手稿》对于20世纪80年代中国美学建设的重大意义，这种影响也延续到了90年代，但其后的影响就逐渐弱化了。

在所谓的"手稿热"之后，出现的对于美学巨大推动作用的热点问题，则是"主体性"问题及其大讨论，或者反过来说，美学研究对于"主体性"的关注，率先推动了从哲学界到文学界的"主体性"的研究。在"人性论"和"人道主义"的哲学论争之后，关于人性与异化的思想继续得以深入讨论，于是，唯物主义的机械反映论与青年马克思的人本主义之间的立场分歧便昭然若揭了。由此出发,在整个20世纪80年代思潮当中占据思想领军者的"主体性"思想也得以出场。这还要回到李泽厚发表在1979年《美学》创刊号上的《康德的美学思想》一文和《批判哲学的批判》一书的重要启示上面,① 李泽厚通过马克思主义哲学的视角阐发了康德的"三大批判"的总体思想,从而将"主体性"问题提了出来。这种"实践主体性"由于有力配合了思想解放进程而上升为正统主流。实质上,"实践主体性"既包含连通主客体物质实践活动的主体基本规定性,又吸纳了受康德思想浸渍的自由主体性,它是从审美化的"自由"出发调和二者的产物。在文学领域,这种主体性思想在刘再复那里转化为"文学主体性"的思想,② 这一思想也引发了巨大的反响和争议。在当时的历史语境中,文学究竟是"反映论"还是具有"主体性"的,于是就成为划分文学理论阵营的一条思想红线,在传统的马克思主义者与激进的马克思主义发展派之间也形成了根本的观点分歧。

在这一系列的思想准备之后,"实践美学"才开始获得广泛的认同。从20世纪80年代至今,无论是赞同者还是反对者都会认为,占据美学思想主流的美学流派唯有"实践论美学派"。"实践美学"公认的提出者是李泽厚,它发端于五六十年代的"美学大讨论",那时,善学好思的朱光潜主张"主客统一"、朴实无华的蔡仪力主"客观唯一"、年轻激进的李泽厚则倡导"客(观性)社(会性)统一",而吕荧和高尔泰主张的"主观派"更独树一帜。如果上升到哲学高度,这场论争可以简化为客观派与社会派的对峙,这与苏联的"自然派"与"社会派"的类分是近似的。南斯拉夫哲学界也有与中国类似的"实践派",但是它却将实践的领域无限拓展了,而并未强调生产实践的根基地位。早期的李泽厚所限定的实践的"三大项",就是生产斗争、阶级斗争和科学实验,其实这是来自马克思主义"大众哲学家"艾思奇的基本观点,后者是从认识与实践的关系进行论述的,他认为一切"知"的根本来源乃是生产劳动、阶级斗

---

① 李泽厚:《康德的美学思想》,载中国社会科学院哲学研究所美学研究室、上海文艺出版社文艺理论编辑室合编《美学》创刊号,上海文艺出版社1979年版;李泽厚:《批判哲学的批判》,人民出版社1979年版。

② 刘再复:《论文学的主体性》,《文学评论》1985年第6期、1986年第1期。

争和科学实验这三项"变革世界的实践"。进入80年代，美学界的同人实际上大部分接受了朱光潜的"主客统一"的基本主张，并将之作为美学原论的立足点，但是这种统一究竟在哪里？更多的论者则为李泽厚的"统一于实践"的说法所折服，于是，到80年代后期就形成了"实践派"独霸中国美学界的主宰趋势。

自从20世纪80年代中期以后，当代中国美学权力话语由不明朗而变得凸显，"主体性的实践"作为内在相关的权力话语位居主流，而且，无论是主体还是实践，在终极上都被归结于"自由"问题，这恰恰是思想界转变的历史结果。李泽厚所倡导的"实践美学"的确得到了越来越多的人的赞同，并由此成为美学界的唯一的主流思想。这部分是由于，"实践主体性"有力配合了思想解放的进程，所以社会情境的推动也使得"实践美学"最终上升为主潮。李泽厚立足于中国传统思想的基础之上，用康德思想来阐释马克思主义的实践观，由此提出了"人类学本体论哲学"的基本模式。李泽厚晚年曾说过，他的《批判哲学的批判》一书的思想线索表面上是从康德、黑格尔到马克思，但是实际上则是"从马克思到康德"，也就是从"人类如何可能"来论"认识如此可能"。[1] 他首先界定"主体性"有两个双重内涵：一方面是（外在的）"工艺—社会结构"面，另一方面则是（内在的）"文化—心理结构"面；一方面是人类群体的性质，另一方面则是个体身心的性质。在这种哲学建构的基础上，李泽厚明确地将美及其相关问题皆归之于人类的实践活动本身，这种美学思想无疑是"实践论哲学"的某种理论延伸。

这种实践美学的主流趋势，当然还与整个的美学教育状况是直接相关的。王朝闻主编的《美学概论》再版过29次之多，"这本书，原是1961年计划要编写的全国高等学校文科教材之一。大约从1961年冬开始，教材办公室先后从一些高等学校和研究单位抽调了二十几位同志，分别参加编选资料、研究、讨论提纲和起草初稿的工作"[2]，这些参编人员在后来都成了实践美学的坚定支持者，这本概论也崭露出了美学实践观的萌芽，

---

[1] 李泽厚：《哲学纲要》，北京大学出版社2011年版，第197页。
[2] 王朝闻主编：《美学概论》，人民出版社1981年版，后记。

它对于后来美学概念的写作者而言具有"基础范本"的意义。对于这本《美学概论》的撰写,作为参与者的李泽厚本人曾有这样的回忆:主编王朝闻在本书的思想定位上,开始依靠周来祥,后来依靠李泽厚,再后来就是依靠刘纲纪,或者更准确地说是通过与他们之间的先后交流,来确定《美学概论》的基本思想和整体架构的。但无论怎么说,实践美学的基本思想通过这本从 20 世纪 80 年代初期开始就产生深远影响的美学教材而被广为接受。

按照主编王朝闻自己的美学观,他以一种接近于狄德罗的"美在关系"说的理论,提出了自己的审美关系学说:"审美主体与审美客体的关系,是审美对象的客观性与审美感受的主观性相互依赖的关系。对于美学来说,这种关系自身也就是它的对象。"① 所以,王朝闻主张,所有的美学问题都要在这种关系的互动中来加以考察,不仅审美对象的客观性与审美感受的主观性之间是这种相互依赖的关系,而且,诸如感性与理性、分析与综合、一般性与特殊性等一系列的矛盾,也都是由矛盾双方统一体的关系所构成的。这就不禁令人想起狄德罗的妙论:美随着关系而产生、而增长、而变化、而衰退、而消失。如果再从哲学角度来看,王朝闻所主张的审美关系理论,究其实质更接近于某种审美活动论,这是由于,"没有审美体验活动",那么就"既没有艺术创作,也没有艺术欣赏"。② 再者,创作与欣赏的关系,也被比喻为类似于生产与消费的互为对象的关系,亦即相互创造着的,欣赏主体的特殊性的发挥离不开作品的客观性的特殊性,反过来也是如此。创造与欣赏这种相互促进、相互包容的关系,在王朝闻直面艺术的批评当中得以广泛的应用,他的这种批评也就成为一种"流动的美学"。

与此同时,王朝闻的美学可以说是一种从实践中来、到实践中去的"面向生活"的美学。这种从艺术创作、鉴赏和艺术批评来"做"美学的方式,生活见识与艺术之思的融合,浸渍着中国传统"原生态"的美学智慧。作为曾从事雕塑创作的艺术家,王朝闻的艺术感觉在所有美学家中

---

① 王朝闻:《审美谈》,人民出版社 1984 年版,第 35 页。
② 王朝闻:《再再探索》,知识出版社 1983 年版,第 165 页。

应该是最好的；与此相应，他更是一位"与众不同"的艺术家，因为他有着其他艺术家鲜有的哲学思辨头脑，从而形成了自己独特的美学思想。他的美学思想之所以有这样的特质，是源自他研究美学所运用的独特方法，这种方法来自中国传统的实践智慧，从艺术创作和欣赏而来的体验成为检验美学理论的唯一标准。在王朝闻独具的中国化美学思维当中，美学与艺术、艺术与生活、审美与生活、创造与欣赏、欣赏与批评都是内在融通的，从而构成了一种没有隔膜的亲密关系，所以说，王朝闻的美学更多地被当做"艺术家的美学"。① 无疑，王朝闻的美学研究是以艺术为对象的，他是最贴近于艺术的美学家，而且，更重要的是，各种艺术门类在他那里都是综合的、融会的、贯通的。自从1941年发表第一篇艺术短论《再艺术些》之后，王朝闻在历时半个多世纪的研究中，一直以艺术作为"圜中"，随着历史的展开，他的兴趣不仅在雕塑方面，而且在戏曲、绘画、诗歌、舞蹈、小说、相声等门类艺术中处处开花，从而形成了一种"综合的艺术感受"，并能"超以象外"地从中抽象出道与器之间"不即不离"的美学理论。

按照通常的观点，李泽厚在20世纪60年代所主张的"客观性与社会性统一说"已经初具实践论的萌芽，直到70年代末完成的《批判哲学的批判》这本通过阐释康德而"抒发"自己哲学观点的著作，实践观才被最终全面确立了下来，其中一个至今根本未改变的核心观点，就是认定要"以使用和制造工具来界定实践的基本含义"②。然而，这种观点其实早在60年代就已经形成了，一个最重要的证据，就是2010年李泽厚从美国回国之后交给笔者的一篇手稿。经过文字比对与思想考证，这篇手稿的确是60年代完成的，笔者称之为《60年代手稿》。在这篇未刊的手稿里面，李泽厚首先指出"历史具体地分析'实践'这一基本范畴，正是揭开这个秘密从而理解人的本质的关键"，他常常使用"劳动—实践"这种并举的语言形式。这种观点直到李泽厚晚期思想那里也未改变。尽管李泽厚早在五六十年代也曾使用过受到黑格尔化影

---

① 翟墨：《艺术家的美学》，人民文学出版社1989年版。
② 李泽厚：《批判哲学的批判》，人民出版社1979年版，第362页。

响的"人的本质对象化"的说法，但是他所指的仍是（以劳动生产为主的）物质性的现实实践活动，后来到了80年代，李泽厚继续从"自然的人化"推出"人化的自然"的观点，并视其为人类历史发展的整个成果，他一方面强调了实践在其中的直接现实性，另一方面又强调了实践的人类普遍性，从而最终认定人类总体的社会历史实践的本质力量创造了美。

按照《60年代手稿》的观点，李泽厚当时更多依据的是《德意志意识形态》《资本论》和《自然辩证法导言》的相关思想：从历史源头上看，"原始的、动物性'本能状态'似的使用天然工具的劳动活动，是实践的最早形态，是产生社会存在的基础"；从社会发展上看，"作为人类特征的制造工具，并不是指个体的某种偶然发现，而是指作为社会要求和集体意识而组织整体进行的有意识的、有目的的社会生产活动，这才是真正的人类的劳动实践"；从哲学内涵上看，"通由实践，客观构成了主体，主体又用客体自身的规律去认识和把握客体。人是万物的尺度乃由于实践是认识的基础，这才是唯物主义的一元论，而不是唯心主义或二元论"。所以，在20世纪60年代的李泽厚，就大胆地得出这样的结论——"实践论是人类学的唯物主义"！[①] 这显然与他在80年代所标举的"人类学历史本体论"有着血脉关联，其后，他在《康德哲学与建立主体性论纲》（《论康德黑格尔哲学》，上海人民出版社1981年版）、《关于主体性的补充说明》（《中国社会科学院研究生院学报》1985年第1期）诸文当中，又初步展现出了这种新的哲学和美学本体论的基本形态。

在这种实践论哲学的坚实基础上，早期的李泽厚继续从英文版接受了青年马克思《1844年经济学—哲学手稿》观点的同时，继续推导出自己的美学观："自然人化说正是马克思主义实践哲学在美学上（实际上也不只是在美学上）的一种具体的表现或落实。就是说，美的本质、根源来于实践，因此才使得一些客观事物的性能、形式具有审美性质，而最终成

[①] 李泽厚：《60年代手稿》（未刊稿），该手稿经过刘悦笛整理而成。

为审美对象。"① 由此可见，李泽厚的思想历程，并非是许多论者所见只是"从美学到哲学"，而始终是"从哲学出发"推导出其一系列的美学观、伦理观、认识论和存在论的。② 在这个意义上说，李泽厚的哲学和美学始终都是"为人类而思考"也不过分，所以，他的《美学四讲》被译成英文的时候加上了个副标题"通向人类的观点"，同时也可见其思想内部的哲学人类学的某种底蕴。李泽厚从"自然的人化"的基点出发，进而提出了"人化的自然"的观点，到了晚年则提出了"人的自然化"的崭新命题："人自然化是建立在自然人化的基础之上，否则，人本是动物，无所谓'自然化'。正是由于自然人化，人才可能自然化"，③ 这就从反向的角度对早期思想进行了纠偏。从本体论的角度来看，李泽厚一方面强调了所谓的"工具"本体，也被称为"工具—社会"本体；另一方面不同于早期仅仅强调工具操作的维度，晚期的李泽厚还增加了"情感—心理"本体作为补充，这就是引发了诸多争议的所谓"双本体论"的难题。从早期对"社会性"的关注，到后来走向"实践观"，李泽厚本人通过列表来看待主客之间的互动与互化，并展现出"双本体论"的内在结构。④

表3

人的社会化	工具、语言、工具本体
社会的人化	主体性、偶然性
自然的人化	积淀、心理本体
人的自然化	新的天人合一、自由

在实践美学的这位缔造者那里，对于"美"也有着自己的明确界定——"美是自由的形式"。这就关系到李泽厚对于真、善、美及其关系

---

① 李泽厚：《李泽厚哲学美学文选》，湖南人民出版社1985年版，第463页。
② 李泽厚：《哲学纲要》，北京大学出版社2011年版，这部总结性的最新著作由《伦理学纲要》《认识论纲要》《存在论纲要》三部分组成，分别对应善、真、美，而狭义的美学思想则被归属于"存在论"部分。
③ 李泽厚：《李泽厚近年答问录》，天津社会科学院出版社2006年版，第57页。
④ 李泽厚：《我的哲学提纲》，台北，三民书局1996年版，第190页。

的基本看法。从表面上看,美似乎成为连通真与善的中介,这显然是来自康德"第三批判"作为前两大批判的桥梁的思想,但是李泽厚却给出了实践论的解答:美的本质作为真与善的统一,实际上就是自然规律与社会实践、客观必然与主观自由的统一,因为李泽厚已将传统认识论意义上的"真"视为自然界本身的客观规律,亦即"合规律性",而把人类实践的符合人性的根本性质视为"善",亦即"合目的性"。所以,正如他在《批判哲学的批判》当中所明确倡导的那样,感性与理性、规律与目的、必然与自由,只有在"自然的人化"与"人化的自然"的意义上,才能获得真正的矛盾统一,而通过这种真正的渗透与交融,理性积淀于感性,内容积淀于形式,"自然的形式"才能成为"自由的形式","美"才能由此出场。总归为一句话:"真、善的统一表现为客体自然的感性自由形式是美!"[①] 这就从马克思主义实践哲学的高度阐发了"美"的根本问题,也无疑代表了当代中国美学对世界思想的一种独特贡献。

从 20 世纪 80 年代开始,明确转向了"实践论"的已不只是李泽厚一家,还有持"主客观统一"说的朱光潜,他也从实践的语义上来重新阐发其基本美学思想。然而,他的思想真正缘起,应该是 60 年代初所写的《美学研究些什么?怎样研究美学?》(《新建设》1960 年第 3 期)和《生产劳动与人对世界的艺术掌握——马克思主义美学的实践观点》(《新建设》1960 年第 4 期)两文,他通过阐发马克思《政治经济学批判·导言》的"掌握世界"方式的论述,认定艺术掌握世界当中理应包含人的创造性劳动。所以,与李泽厚将实践狭义地归之于"生产劳动"不同,也就是将艺术与生产实践区隔开来不同,朱光潜则"要求把艺术摆在人类文化发展史的大轮廓里去看,要求把艺术看做人改造自然,也改造自己的这种生产活动实践中的一个必然的组成部分"[②]。由此可见,在朱光潜思想深层形成了一种内在的张力:"一个是艺术是生产劳动,一个是生产劳动也是艺术,再一个是人与环境(自然)的对立与相互转化,也就是

[①] 李泽厚:《批判哲学的批判》,人民出版社 1979 年版,第 415 页。
[②] 朱光潜:《生产劳动与人对世界的艺术掌握——马克思主义美学的实践观点》,《新建设》1960 年第 4 期。

人的本质力量的对象化和自然人化,再加上关于意识形态的理论,这几个基本观点在朱光潜的脑子里相互碰撞并融合起来形成了一个相当严整的理论网络",[①] 朱光潜就将这种观点的融合称为马克思主义的"实践观点"。

朱光潜对这种"实践论转向"是非常自觉的,他抛弃了早期思想的那种"情趣的意象化"与"意象的情趣化"的思路,试图为他的"主客统一"观重新寻求马克思主义的理论基石。这里面非常关键的,还在于朱光潜对于《1844年经济学—哲学手稿》的独特理解。首先,朱光潜与大家相同的是,都认为人是通过实践来创造对象世界的,也就是首先对于无机自然界进行加工和改造。其次,与大多数阐释《1844年经济学—哲学手稿》的论者不同,朱光潜并没有摆脱对艺术美与他的意识形态论的执着,所以他认定,无论是艺术生产还是物质生产,都证实了人是一种"有自我意识的物种存在"。最后,就关系到了对青年马克思的"美的规律"思想的阐释,这种思想在朱光潜看来:"说明了人的作品,无论是物质生产还是精神生产都与美有联系,而美也有'美的规律'。"[②] 由此从思想形成的角度看,朱光潜的实践论美学同他的从"艺术掌握"到"艺术生产"的思想,它们都是内在相关的,他最终坚持的还是艺术生产与生产劳动保持内在一致性的这种稍显极端的观点。

但是,朱光潜的这种得以更新的美学观点,需要澄清它与传统认识论美学的关系,实际上,这也就关系到实践与认识的关系。按照朱光潜在20世纪80年代的基本理解,在"实践成为检验真理的唯一标准"的思想浪潮当中,这位老美学家认定,马克思主义美学的真正创见之处,就在于辩证地处理好了实践与认识的基本关系,认定实践才是认识的基础与衡量真伪的标准。而恰恰由于艺术生产与物质生产的内在一致与紧密关联,所以,朱光潜既不否认实践首先就是生产劳动,又自我肯定艺术就是精神方面的生产,这在很大的意义上同蒋孔阳强调"创造性的劳动实践"的思想是内在接近的。有趣的是,后来的许多实践论者都不赞同抑或反对

[①] 阎国忠:《朱光潜美学思想及其理论体系》,安徽教育出版社1994年版,第218页。
[②] 朱光潜:《马克思的经济学—哲学手稿中的美学问题》,朱光潜:《朱光潜美学文集》第3卷,上海文艺出版社1983年版,第469页。

"反映论"的美学，特别是反对蔡仪的那种以"典型"为反映特征的思想体系，但是在朱光潜那里，他却采取了一种折中的视角，认为实践论与反映论恰恰是应该统一的，这也是 80 年代早期多数美学研究者所赞同的观点。所以在朱光潜看来，无论是美还是艺术问题，都不仅仅是实践的而且也是认识的，不仅是"存在决定意识"的而且"意识反过来影响存在"，由此可见，晚期的朱光潜在不断自我批判的同时，仍未最终抛弃他那独树一帜的"艺术是一种意识形态"的美学思想。

第二节 "旧实践美学"的分化

在李泽厚创建实践美学流派与朱光潜转向实践美学主潮的同时，还有起源于 20 世纪中期的"美学大讨论"中的其他两派美学家的思想需要关注。首先就是持"美在客观"说的蔡仪，他的基本美学思想在 70 年代末以来被持续加以阐释，特别是在其主编的《美学原理》（湖南人民出版社 1985 年版）中得到更全面的阐发，而且，与 20 年前的美学论争一样，蔡仪的思想是在与李泽厚、朱光潜后来的实践思想的争鸣当中继续展开的。在原载于《美学论丛》的《马克思究竟怎样论美》的著名长文的上篇当中，蔡仪首先就批驳了"所谓实践美学的观点"，但是，他是通过对苏联美学家涅多希文、特罗菲莫夫关于"对世界的艺术的掌握方式"思想的批驳开始的，这实际上是在批判朱光潜的晚期思想，进而又通过对万斯洛夫、斯特洛维夫的"自然界的人化"和"人的对象化"思想的批驳，实际上又主要是在批判李泽厚的实践美学观念。蔡仪并不否定劳动实践对于人的审美能力的影响，认为劳动使人不仅具有了一般的认识能力而且具有了审美能力，但是实践观的唯心化的本质仍使得它背离了唯物主义，这是蔡仪得出的最终结论。

蔡仪根据马克思关于金银拥有"美学属性"的论述，继续拓展自己对于马克思主义美学观的基本理解：首先，"客观事物的美就在于客观事物本身"；其次，"客观事物的美的性质是它本身所固有的客观性质，是具有作为美的性质的特点"；最后，"作为欣赏对象的客观事物的美，不是由欣赏者的主观意识所外加的"。① 进而,在《马克思究竟怎样论美?》的下篇里面,蔡仪对于"美的规律"的思想进行了再探,他实际上是认为,凡是符合"美的规律"的事物就是美的事物。与早期蔡仪思想连通起来,那么也可以肯定,"美的规律"就是"典型的规律",反过来看,"单是种类的普遍性只是抽象的本质,是不能成为美的规律的。作为美的规律必然要求规定它是形象的……事物的现象显著地表现它的本质或事物的个别性能充分体现它的种类的一般性,就是我们所谓事物的典型性或限定的规律",② 所以"典型的规律"也就是"美的规律"。

蔡仪从早期到晚期的思想都是"内在贯通"的,这是由于,直到晚年蔡仪仍在坚持美学理论的基础仍是"认识论",而且首先就是"反映论"。早在20世纪60年代,蔡仪就在《论朱光潜美学的"实践观点"》当中对于实践美学观加以批判,该文也是批判实践论的最早文章。在这篇文本里面,非常重要的是对"人的本质对象化"的独特阐释,蔡仪认为,人的本质只能是劳动,那么,"人的本质对象化"就是劳动的对象化或者物化,"从人来说是劳动的物化,而从物来说也就是'自然的人化'",③ 这就在客观反映论的意义上理解了"自然人化"的思想,从而在根本上与其他各派美学思想区分开来。在作于1978年的《经济学—哲学手稿》初探与完成于1982年的再探的上、下两篇当中(上篇为《马克思思想的发展及其成熟的主要标志》,而下篇则是《论人文主义、人道主义和"自然人化"说》),蔡仪的观点倾向于认定《1844年经济学—哲学手稿》仅仅属于马克思不成熟与未完善的手稿,它自然无法与《哲学的贫困》和《共产党宣言》那类成熟的著作比肩,"自然人化"说由于其内在的人本主义而转落到了唯心主义的美学观。这也与大多数美学论者根据手稿思想发展自身的美学思想,形成了非常鲜明的对照。

---

① 蔡仪:《马克思究竟怎样论美?》,蔡仪:《蔡仪美学论文选》,湖南人民出版社1982年版,第247页。
② 蔡仪:《美的本质与美的规律问题》,蔡仪:《蔡仪美学演讲集》,长江文艺出版社1985年版,第108页。
③ 蔡仪:《论朱光潜美学的"实践观点"》,蔡仪:《蔡仪美学论文选》,湖南人民出版社1982年版,第143页。

还有一位别树一帜、特立独行的美学家高尔太，他后来更常用"高尔泰"这一名字，但是"美在主观"的观点却始终未变。他与其他多数的美学家一样，也根据《1844年经济学—哲学手稿》的"人的本质力量的对象化"的观点，对于自己的"人学"与"美学"思想进行了进一步的阐发。按照高尔泰的理解，《1844年经济学—哲学手稿》带来的启示有两个：美是直接关于"人"的，研究美就是研究人；与此同时，美是深层关乎"自由"的，这是由于，人的本质乃为"自由"。高尔泰明确表示，"美的哲学"就是"人的哲学的深层结构"，"正因为美是人的本质的对象化，所以离开了，就没有美"，还是依据同样的前提，恰恰由于"美是人的本质的对象化：人的本质是自由，所以美是自由的象征"。① 实际上，就像当年主张"美即美感"或者"美感就是美"那样直接与简明，"美是自由的象征"成为他新的美学宣言，作者使用了诗意的语言来反复论述，在当时也赢得了许多的拥趸。其实，这种浸渍了人道主义关怀的"美的追求"与"人性解放"是内在相通的，因为在高尔泰看来，"现代美学以'人'为研究对象，以美感经验为研究中心，通过美感经验来研究人，探究人的一切表现和创造物，提出了'自我超越'这一既是人道主义的又是美学的任务"。② 可见，高尔泰的主观派美学，随着历史语境的转化，在新时期转变为一种"人道主义的美学"，作为自由的"象征"的美，依旧被归属于人的主观本性，"象征"本身就是一种主观化的投射，这与当时崇尚自由的社会启蒙思潮亦是相关的。

众所周知，实践美学之所以获得如此的生命力，恰恰在于它体系内部的丰富性和开放性，所以，对于当代中国美学学术史进行研究，就需要对实践美学思潮内部的整个"思想谱系"进行深入的解析。正如许多关于20世纪中国美学的著述所高度描述的那样，李泽厚成为实践美学的"中国学派"的核心代表人物，但是，如果就学术史而言，在该思潮之内许多重要代表人物都需要逐层得以呈现出来，由此才能窥见整个"中国实

---

① 高尔泰：《美是自由的象征》，高尔泰：《论美》，甘肃人民出版社1982年版，第34页。
② 高尔泰：《美的追求与人的解放》，高尔泰：《美是自由的象征》，人民文学出版社1986年版，第100页。

践美学学派"的大致面貌。

与李泽厚本人思想最为接近,并共同孕育了实践美学思想的,是李泽厚的同学赵宋光,因为这位学者后来投身于音乐及美育事业当中,所以他早期对美学的贡献而今被忽视了,他对实践美学的"简化版本"的论述可能更易于为人们所接受。赵宋光的实践美学的关键词可以被看做"立美",实践既然创造了全部的社会存在,同时也反过来创造人自身的内在意识,这种无所不创的合目的又合规律而实现的任何形式结果,都被他视为是一种"立美"的实现。这是由于,在赵宋光看来,所谓"美是自由运用客观规律(真)以实现社会目的(善)的中介结构形式",或者说,"使客观规律服从社会目的,使任何物种的尺度服从人类固有的尺度,简言之,它掌握真以实现善,这形式就是美"。[①] 如此看来,这种实践美学观就是在真与善、合目的性与合规律性之间直接展开的,美由此成为了运用规律性(真)内容与目的性活动(善)的中介结构与形式,这与李泽厚的观点无疑是非常接近的。更有影响的是,赵宋光对于美的分类的哲学化的表述,依据美的定义,"自然美"是包含着合目的性内容的合规律性的形式,"社会美"则是运用规律性内容的目的性的活动形式。实际上,赵宋光是较早将他的实践观建立在"人类学本体论"基础上的论者,他原计划刊载于《美学述林》第 2 辑上的《美学原理受人类学本体论影响之后》的专文就是对此加以论证的重要文章,但是他与李泽厚不同的是,后者更为强调"人类学历史本体论"当中的"历史建构"的理性化功能。

在实践美学的"群英谱"当中,较早成熟并形成了更广泛影响的美学家是蒋孔阳。早在 20 世纪 50 年代,他就确定"美是一种社会现象",由此出发,他不同意高尔泰的主观论和朱光潜的主客统一论,但是其最重要的特点,还是将"创造"的要素注入实践美学当中:"美是一种客观存在的社会现象,它是人类通过创造性的劳动实践,把具有真和善的品质的本质力量,在对象中实现出来,从而使对象成为一种能够引起爱慕和喜悦

[①] 赵宋光:《论美育的社会功能》,中国社会科学院哲学研究所美学研究室、上海文艺出版社文艺理论编辑室合编《美学》第 3 卷,上海文艺出版社 1981 年版。

的感情的观赏对象。这一形象，就是美。"① 如果说，蒋孔阳这一具有个性的定义尚属于一家之言的话，那么，他对"人的本质力量的对象化"阐释则得到了普遍的认同，因为他认定，美就是人的本质力量的对象化，这就意味着，美是人按照"美的规律"所创造的形象，特别是晚期其所强调的"多层累的突创"将更多新的内涵注入其中。由此，蒋孔阳的后学也将他的美学思想称为当代中国美学的"第五派"，也就是不同于美学论争当中兴起的"美学四大家"之外新的流派。② 无论怎么说，在早期实践美学的实践者那里，他们都将美之为美视为对于人的本质力量的确证，而在这种本质力量当中，"社会实践"无疑扮演了最为本质的角色。

毫无疑问，"人的本质力量的对象化"的说法在20世纪80年代"讲坛美学"当中获得了最为普遍的认同。在王朝闻主编的具有奠基性的《美学概论》（人民出版社1981年版）当中，"对象化"的说法并没有像"审美关系"的说法那样被彰显出来，但是，随着实践美学成为中国美学的主流话语形态，刘叔成、夏之放、楼昔勇等人编写的《美学基本原理》（上海人民出版社1984年版）则将之表述为"人的本质力量的感性显现"，杨辛、甘霖合著的《美学原理》（北京大学出版社1983年版）认定美作为"自然的人化"的结果还不够，美应被视为"肯定着人的自由创造的活动"，李丕显的《审美小札》（青海人民出版社1984年版）强调人的"审美能力"使得人对对象的关系要成为"属人的关系"，如此等等，这些都使"人的本质力量的对象化"的说法成为80年代中期的实践美学最为普泛的表述，这种影响一直延续到90年代的"美学讲坛"里面。当然，并不是所有论者都同意此类的"对象化"理论，马奇在他对《1844年经济学—哲学手稿》的阐释里面指出，实践应该指主体运用物质手段改造客观对象的客观物质过程，一切有目的的感性活动都属于实践的范围，不能把人的本质力量的对象化理解为"对象的主观化"，也不能把自然的人化阐释为"自然的意识化"。但最终，马奇仍是从认识论出发来看

---

① 蒋孔阳：《美和美的创造》，蒋孔阳：《美和美的创造》，江苏人民出版社1981年版，第48页。

② 朱立元编：《当代中国美学新学派——蒋孔阳美学思想研究》，复旦大学出版社1992年版，第1页。

待美的问题：只要由于实践的需要进入认识领域成为认识对象的事物，就有可能成为"审美对象"，① 也就是说，成为认识对象被当做了成为审美对象的前提。应该说，对于"人的本质力量的对象化"的看法在美学界始终还是有歧异的。

按照蒋孔阳本人对于《1844年经济学—哲学手稿》的理论解释，一方面，人通过"劳动实践"来改造客观世界的过程，就是形成"人化的自然"的过程，从而形成了审美对象；另一方面，这种外在改造的过程，同时也是"人的本质力量对象化的过程"，由此通过对"人的改造"进而形成了审美主体，而审美对象与审美主体由于处于"人对现实的审美关系"当中，才产生出作为"新的世界"的美与作为"精神享受"的美感。如此看来，蒋孔阳不仅仅强调了"审美关系"作为连通审美主客体的重要价值，这与王朝闻及其他重关系论的美学论者的观点是一致的，而且更加强调了实践当中的"创造性"的内涵和意蕴，这就相当接近于朱光潜的观点了。正是由于这种实践派中的"创造美学"的本性使然，蒋孔阳更为强调"美的创造"的丰富性和差异性："客观现实的美，不仅因人因时而异，而且个人都在根据自己的本质力量，创造和欣赏自己的本质力量所能达到的美"，② "本质力量"被蒋孔阳看作个人身上最能反映出自身的那些品质、性格、思想、感情和才能等，由此方能创造出瑰丽多彩的美的世界。这些思想在蒋孔阳的《美学新论》（人民文学出版社1993年版）中得以更为系统的总结，在书中他提出了"人是'世界的美'"与"美是自由的形象"的成熟观点，前者意指作为"世界的美"的人就是处于一定社会历史关系中的人，美既不是自然现象也不是个人现象，而是"在人与人的关系中所产生和创造出来的社会现象"；后者意味着"美的理想就是自由的理想，美的规律就是自由的规律"，而"美的形象就是自由的形象"。③

周来祥本属于实践美学派，但是他却提出了自己的"和谐美学"的

---

① 马奇：《艺术哲学论稿》，山西人民出版社1985年版，第179页。
② 蒋孔阳：《蒋孔阳美学艺术论集》，江西人民出版社1988年版，第111页。
③ 蒋孔阳：《美学新论》，人民文学出版社2006年版，第174、215页。

独特观点，其实这一美学观所表述的是一种更为广义的"审美关系"说，将之命名为"和谐自由关系美学"似乎更为贴切一些，但在总体上，它仍是实践美学的一种特殊发展。这是由于，尽管周来祥标举出了"美是和谐"的基本主张，但是，必须分析这一观念的本来含义和推导过程，这样才能不至于误解"和谐"这个美学标语。依据周来祥原本的思想逻辑：首先，美的本源要到主客体之间的"关系"那里去寻；其次，这种关系就是一种"客观关系"，这种主客体的关系形成了一种"中介"；最后，这种客观关系的本质特征就在于"关系的和谐自由"，美的本质就在这种关系里面才能找到。经过这样的步步推导，最终结论才是"美是和谐，是人和自然、主体和客体、感性和理性、实践活动的合目的性和客观世界的规律性的和谐统一"，"美是和谐的自由"，乃是"美的范畴发展的必然理论结构"。[①] 所以，周来祥实践美学的侧重点就在于，美是在审美关系当中生成的，美就是审美关系的载体，审美关系的属性在美身上得以呈现，只不过这种关系是"和谐自由的关系"，其中的主客体形成了同步的"互反的同化"，也就是"客体的内化"与"主体的外化"的对立统一。

周来祥美学思想的基本特色，并不仅仅在于从逻辑的角度凸显了"美是和谐"的观点，而且在于他从历史的角度推导出了这一观点，或者反过来说，他又从这一基本美学观点当中去把握美学发展的整体历史。如此一来，沿着黑格尔《小逻辑》所创造的理论方法，周来祥依据"历史与逻辑相统一"的方法论，将西方美学史区分为古代的美、近代的美与现代的美三个历史阶段，并使用"和谐美"作为"历史规定"来看待整个历史。一方面，从逻辑上看，周来祥认为"人化自然"只是美的本质的"最一般规定"，而和谐自由才是"审美关系的特殊的质的规定性"，[②] 这种和谐具体包括形式的和谐、内容的和谐、形式与内容和谐统一，还有由此而来的主客与客体、人与自然、个性与社会的和谐自由关系。另一方面，从历史上

---

① 周来祥：《论美是和谐——由美的范畴发展所得出的一个结论》，周来祥：《美学问题论稿——古代的美、近代的美、现代的美》，陕西人民出版社1984年版，第30页。

② 周来祥：《论美是和谐》，贵州人民出版社1984年版，第127页。

看，古代的人基本上遵循"和谐美"的原则进行审美创造和观照（由壮美、优美到崇高的萌芽），近代社会打破和谐而以崇高为其美学理论（由崇高、丑到荒诞），而发展到现代社会则走向了对立统一的更高的"和谐美"，由此就形成了一种理论与历史的互证关系。

刘纲纪可以被视为实践美学的最坚定的支持者与代表人物，他始终不断地推进自己的美学思想，终于形成了他自己所归纳出来的"实践—创造—自由—自由的感性表现—广义的美—艺术"的完整美学体系。然而，这种成熟的美学形态并不是一蹴而就的，而是经历了逐步发展的过程。最初，刘纲纪倾向于从马克思的"自由观"直接入手来解决美的问题，更多地将美看作"从必然到自由的飞跃"："所谓美，就是在超出了'必然王国'的'自由王国'的领域中，人的个性、才能自由发展的种种感性具体的表现。"① 刘纲纪区分了三种美学意义上的自由，这些"自由属性"都是为"美"所本然拥有的。第一种是对物质生活的超出，第二种则表现为人的一种创造性的活动，第三种则是和与人类生活相依存的社会性相连，只有具备了这些"自由属性"才能成就美本身。刘纲纪进而认定，美的根源实际上来自"实践创造"，而"实践创造"的最高境界乃是自由，而真正的自由无疑就是对必然性的掌握。由此出发，更具体的规定就在于"美是人的自由表现（也就是人与自然、个体与社会的统一的表现）"，② 这是人在实践中掌握了必然、实际改造和支配外部世界的结果。

由此可见，刘纲纪的关注点并不只在于实践产生了美，而在于实践如何产生了美，他使用了"自由"和"创造"作为"美"的最基本的规定。但越到晚期他越倾向于认定，当自由表现为"感性活动"时才成为美，广义的美应该是"自由的感性的表现"，在自由的前面刘纲纪又附加上了"感性"的进一步规定。按照这种观点，"美是人在他的生活的实践、创造中取得的自由的感性具体表现"，更具体观之，"美作为人的自由的表现是感性具体的，因此美不能脱离感性物质的形式，这是分析美的

---

① 刘纲纪：《艺术哲学》，湖北人民出版社1986年版，第40页。
② 刘纲纪：《关于美的本质问题》，刘纲纪：《美学与哲学》，湖北人民出版社1986年版，第77页。

本质的又一个不可忽视的重要方面","由于美的形式是人的自由的感性表现,因此美的形式是一种能够体现人的情感、愿望、理想的形式……一切美的形式,既是感性物质的形式,同时也是渗透着和人的自由的现实相关的某种精神的意义或情调。所以,美的形式既是直接诉之于感觉的,同时又是超感觉的"。[1] 与此同时,从中国古典美学基础出发,刘纲纪又将这种"自由的境界"视为"从心所欲,不逾矩"的境界,也就是广义的"道"之境界,从而赋予了他的美学观以中西合璧式的理解和阐发。

更坚定地坚持马克思主义原则,对马克思主义美学原典进行阐发的,在20世纪80年代的美学界大有人在。程代熙认定,马克思关于美的概念的理解,具有"客观性""实践性"和"主体(人)的创造性"三个方面,客观性就是指美存在于现实的客观世界,创造性是指人在"按照美的规律"变革世界的同时也在变革自身,实践性则是指"人和世界都是人的劳动实践的产物,把人和世界直接联系起来的人的社会生活,就集中地表现为人的社会实践活动"。[2] 而且,程代熙从原文阐释的角度对"自然的人化"思想进行了深入研究,并比照了黑格尔、费尔巴哈、马克思对于这个问题的不同解答:马克思本人的人化自然理论,不同于黑格尔的"客观存在意识化",也不同于费尔巴哈直观式的"感觉的产物",而是指"人化了的对象世界,人正是凭借这个社会的产物而认识到自身和自然界的一致",[3] 这也澄清了国内学界将马克思"黑格尔化"与"费尔巴哈化"的两种误读倾向。

杨恩寰及其实践美学思想的同道们,开创了发展实践美学的另一条新路。在《美学教程》(中国社会科学出版社1987年版)所组成的团队里面,包括樊莘森、李范、杨恩寰、童坦、梅宝树和郑开湘这些实践美学的拥护者,他们试图以教材的形式将实践美学全面系统化,这些来自北京师范大学、复旦大学、南开大学、辽宁大学、河北大学和山西大学的美学教师的参与,恰恰证明了实践美学已成为讲坛美学的主流。他们将实践视为

---

[1] 刘纲纪:《美学纲要》,刘纲纪:《美学与哲学》(增订版),武汉大学出版社2006年版,第334页。
[2] 程代熙:《马克思主义与美学中的现实主义》,上海文艺出版社1983年版,第346页。
[3] 同上书,第333页。

"由目的活动和工具活动这两个系统交织而成的动力（力量）结构"，进而，从改造自然的主体实践结构的两个层次说明了美诞生于实践，"第一个层次说明实践实现了主体'内在尺度'与自然形式的统一，第二个层次说明实践实现了主体需要、目的与自然规律的统一"，① 这两个层次的结合成为"美的规律"的全部内容。在后来杨恩寰主编的《美学引论》（辽宁大学出版社 2002 年版），又有岳介先、柳正昌和梅宝树的集体参与，作为实践美学之美的本质观的"自由的形式"理论在其中得以继续阐发。所谓"自由的形式"，首先是指主体的主动"造形力量"，其次才表现在对象外观的形式规律，由此美才能实现在实践活动与实践产品当中。在《美学引论》的新版（人民出版社 2005 年版）序言当中，杨恩寰指出该书"以历史唯物主义实践论作为立论基础，就是说，美学研究的对象，即审美现象"，而"审美现象"被直接定位为"在一定审美关系中的审美活动"，"无论是审美活动还是审美关系，从审美发生学和审美创造论去理解、追寻，都必定涉及深层基础和根源，即物质生产实践——劳动。物质生产实践（劳动），是审美实践、活动、经验的根"，② 这就再度回到了李泽厚美学的逻辑起点。

总而言之，根据"旧实践美学"的话语结构与整体谱系，如果按照与实践美学创始人李泽厚的远近关联来看，可以列出这样的理论代表序列：李泽厚—赵宋光—杨恩寰—刘纲纪—周来祥—王朝闻—朱光潜—蒋孔阳。在李泽厚与赵宋光之间，连通的中介就是"人类学本体论"；在赵宋光与杨恩寰之间，连通的中介就是"合目的性与合规律性的统一"；在杨恩寰与刘纲纪之间，连通的中介就是掌握必然的"社会性"；在刘纲纪与周来祥之间，连通的中介就是"自由"；在周来祥与王朝闻之间，连通的中介就是"审美关系"；在王朝闻与朱光潜之间，连通的中介就是"主客合一"；在朱光潜与蒋孔阳之间，连通的中介就是"创造"性的活动。由此就可以相对完备地深描出"中国实践美学"的总体学派的图景。

---

① 《美学教程》编写组：《美学教程》，中国社会科学出版社 1987 年版，第 73 页。
② 杨恩寰主编：《美学引论》（修订版），人民出版社 2005 年版，新版（第 2 版）序言。

第三节 "后实践美学"的转化

实践美学经过十多年的发展，在20世纪80年代中期之后进入鼎盛时期，完全主导了中国美学界的整个发展局面。然而，任何一种美学思潮作为历史的产物，都会在一定历史阶段发挥其应有的"历史的"功能，但随着时间的推移，质疑的声音总会出现。实践美学的整体缺憾，也随着新的视角的出现而更多地被折射了出来，这种新的视角实际上主要就是"存在论"的视角。于是，新的美学思潮就是从批判实践美学的理论缺陷出发，从而试图找到新的方向的，这种美学新潮一般被统称为"后实践美学"。

"后实践美学"之为"后"——旧的尚未离去而新的也尚未建成——就直接表明了某种尴尬的理论格局：一方面，后实践美学试图要摆脱实践美学的整体影响，从而力求将自身与实践美学区分开来，"后"就意味着不同，更标志着要转向；另一方面，恰恰由于实践美学在中国美学界几十年来根深蒂固，所以即使要摆脱旧有的影响，也仍在实践上做文章和打转转，这里的"后"便指明了某种历史的延承性关联。所以，迄今为止的"后实践美学"内部的各家各派，始终难逃这样的指摘：既然你宣称要建构一套更新的美学话语，那么，你所建构的"一以贯之"的美学系统究竟在哪里？但无论怎样说，后实践美学之所以得到了人们的关注，恰恰是新兴的美学研究者要"走出实践美学"的整体心态使然。

实践美学第一次出现理论的破绽，就是以批判"积淀说"作为突破口的。众所周知，"积淀说"是李泽厚的实践美学思想当中最具原创性的"理论"，这个理论在逻辑上是要解决所谓"美感二重性"的矛盾。既然审美被李泽厚视为自然的人化，那么，美感就必然具有双重属性：一方面是感性的、直观的和非功利的，另一方面则是超感性的、理性的和社会功利的。那么，理性的、社会的、历史的东西，究竟如何出现在感性、个体与心理当中呢？这种历史化的中介形式，就是所谓的"积淀"。在李泽厚的成名作《美的历程》里面，李泽厚从审美的历史发展的角度，纯熟地运用了"积淀说",对于华夏古典审美的早期形成史进行了新的解说,这在当时的确令人耳目一新,如今"积淀"这个由李泽厚新造的词汇居然成为大众的用语,并被收录到《现代汉语词典》当中。

2010年,当今西方世界最权威的文艺理论选集《诺顿理论与批评选集》(*Norton Anthology of Theory and Criticism*,这是一部从柏拉图选到当代2500年间的文论选),包括理论与批评这两个文论类型的作者共148人入选,李泽厚的《美学四讲》的选文作为唯一的中国人的文论被纳入其中。最终选定的部分,正是《美学四讲》英文版 *Four Essays on Aesthetics: Toward a Global Perspective* 的第八章——"形式层与原始积淀"——这的确是慧眼独具。正如推荐人顾明栋深入辨析李泽厚与西方学者的差异所表明的那样:布尔迪厄"主要用的是社会学、经济学的方法,强调审美的阶级性、社会性和意识形态的作用,得出的结论是审美趣味不可避免地受意识形态左右的结论";而李泽厚"主要用的是人类学和历史心理学的方法,探讨的是'人类如何可能'和'人的审美意识如何可能'等问题,得出的是文化积淀的理论,强调以制造工具为核心的历史实践创造了人类自身,美的本质和审美意识是文化积淀的产物"。[①] 选择"积淀说"代表中国美学思想,的确是有一定道理的,因为,它恰恰代表了"中国化"的当代美学理论主流即实践美学的精髓所在。

按照笔者整理的李泽厚的《60年代手稿》所见,"积淀"这个词第一次出现在20世纪60年代李泽厚的手稿当中,并且是在宏观地论述人的实践的历史过程,而非仅仅囿于美学问题的陈述里面出现:"主体所以能够认识世界,是以长期的历史实践为基础,从上述原始人类的社会意识活动开始,逐渐将自然客观规律移入而化为即积淀(积累沉淀)为主体自身的逻辑—心理结构。主体凭这套结构去认识外物掌握外物,就是纯粹理性。"[②] 由此可见,所谓"积淀"就是"积累沉淀"的缩写语,不过当时的李泽厚更为理性地使用了"纯粹理性"这样的术语,这要是被刘晓波

---

① 顾明栋:《原创性是学术最高成就的体现——从〈美学四讲〉入选〈诺顿理论与批评选〉看中国文论的世界意义》,《文汇报》2010年7月7日。
② 李泽厚:《60年代手稿》(未刊稿),"积淀"是作为"积累沉淀"的缩写语而第一次在这篇手稿中被提出来。

看到的话势必会引起更强烈的抨击,因为后者所高举的"审美绝对自由"的生命力冲动,恰恰站在了绝对理性的对峙面上。历史是最无情的审判官,尽管刘晓波当年在中国社会科学院研究生院所举办的"学术擂台"上,用感性的力量击败了李泽厚当年的几位在言辞上甘拜下风的弟子,但是,刘晓波的历史地位更多的是作为李泽厚实践美学的"解构者"来加以定位的,他在美学建树上并无更多的理论贡献。

如果说,刘晓波只是以一种激情的力量,对"积淀说"的理性主义倾向给了了打击的话,那么,陈炎在《试论"积淀说"与"突破说"》一文中对李泽厚的"积淀说"和刘晓波的"突破说"的双重批驳,无疑是极具理性力量的:"刘晓波的'突破说'只具有否定性价值而没有肯定性价值,也就是说,它在突破了李泽厚的'积淀说'之后,并没有为自己的'突破'指定出合理的方向","他只看到了理性法则对感性自由的约束和限制,而没有看到理性法则对感性自由的规范和引导;他只看到了感性自由冲破理性法则的必然性与合理性,而没有看到,这种必然与合理的感性自由只有在特定的历史条件下、针对特定的理性法则才有意义"。[①]当然,更有论者如夏中义在《"积淀说"论纲》里面归纳了该原创思想的真义,他将李泽厚美学意义上的积淀分为内、外两条展开的线索:一是"外在形式的积淀",即意味、情趣、心绪凝冻为官能可感的艺术形式;二是"内在的心理积淀",即观念沉淀于生理机能,化为人独有的情感、想象和态度。尽管如此,以"积淀说"为理论的实践美学的弊病还是显露了出来,李泽厚的本意还是以实践论来消解先验论,但是,他的实践观当中所具有的强化的理性主义及其对于人性历史复杂生成过程的哲学简化,都成为实践美学逐渐衰落的历史起点,或者叫作历史契机。

但还要指出,刘晓波的批判的影响,并不仅仅限于对"积淀说"的学理批驳,他的想法之所以在当时被广为关注,还在于那种生命论思想的极端呈现,所谓"艺术作品决不是别的什么,它仅仅是不可重复的个体生命的不可重复的纯粹形式,是作家独特生命的形式化"之类的说法曾

[①] 陈炎:《试论"积淀说"与"突破说"》,《学术月刊》1993年第5期。

广受赞同。① 而实际上，后实践美学所具有的"生存论"的思想底蕴，并不是新的东西，这可以选取两个时代来看：一个就是20世纪的二三十年代，最早的那代尚未完全成熟的中国美学研究者如陈望道、吕澂和范寿康，就都通过"移情"的中介，试图将审美与生命贯通起来。特别是吕澂提出，面对貌似对立的西方美学纷繁学说，以自然的"生"的概念来统一，就可得到较为全面的"美的原理"。他说，凡随顺人们最自然的"生"——观照的，表现的，有最广的社会性的，有普遍的要求的人生——的事实、价值一概都是美的。② 这样，中国审美主义的生命基础在这里就开始建构了，这也是中国最早的"生命论美学"形态。

另一个时代更接近当前的时代，就是20世纪80年代早期，高尔泰作为主观派的代表，早已对"生命美学"作出了更早的表述："感性动力作为一种人的生命力，不仅经历过自然进化，也经历过历史的进化。这种进化常常采取'积淀'的形式，但不能仅仅用'积淀'来解释"，"审美活动作为一种无私的和非实用的活动，是个人自我超越的一种形式"，"美感是人的一种本质能力，是一种历史地发展了人的自然生命力"。③ 在此可以看到，高尔泰更早批判了李泽厚的积淀只是静态的"量的递增"，而且，作为其累积的形成物也不会产生出"结构和功能"，而美是作为"未来创造的动力"动态地存在的，这已经接近于刘晓波面向未来冲创的"突破说"。与此同时，高尔泰更为强调在审美经验当中，主体和客体、个体和整体、刹那和永恒、有限与无限等之间的界限都消失了，这种"自由解放的感觉"就是人类创造世界和选择进步方向的一种"感性动力"。由此可见，在"后实践美学"那里所出现的关键词——"超越"和"生命"——早已成为"主观派美学"的常用语，二者其实也有一种内在相通的关联。

杨春时从1993年的《超越实践美学》(《学术交流》1993年第2期)一文开始，就试图提出一种"生存——超越美学"，从而以超越实践美学

---

① 刘晓波：《选择的批判：与李泽厚对话》，上海人民出版社1988年版，第143页。
② 吕澂：《晚近的美学说和〈美学原理〉》，教育杂志社1925年版，转引自蒋红、张唤民、王又如编著《中国现代美学论著译著提要》，复旦大学出版社1987年版，第9页。
③ 高尔泰：《美是自由的象征》，人民文学出版社1986年版，第109、95、103页。

的"超越美学"成为"后实践美学"诸家理论当中最为突显的一位。首先,杨春时判定了"实践美学"的十大历史局限和理论不足:把审美化入理性活动领域,把审美化入现实活动领域,强调实践的物质性,强调实践的社会性,未克服主客二分的结构,混淆了审美与社会意识,本体被客观化和实体化,忽视了审美的消费和接受性,缺乏解释学的基础,存在以一般取代特殊性的倾向。① 在极力批判实践美学的缺失之后,作者又提出超越是"生存的本质"规定、审美是"生存的最高形式"的基本观点,因而,审美成为超越现实的"自由生存方式"与超越理性的"阐释方式",所以"自由"并非对于必然的认识或对自然的改造,而被界定为对现实的超越。进而,作者为自己的后实践美学给出了这样的规定性:(1) 生存有理性基础但又有超理性本质,审美是突破理智的超理性活动;(2) 生存与审美本质上是超现实的;(3) 生存本质上是精神的,美是精神性的对象和意义;(4) 生存本质上是个体的,美的本质也是个性的;(5) 生存范畴克服主客二分模式,审美也将主客统一于生存;(6) 生存范畴肯定超越性和自由性,审美即为自由的生存方式;(7) 生存乃自我生存,审美即自我生存活动;(8) 生产既是生产也是消费,审美既是创造也是接受;(9) 生存既是本体论又是解释学范畴,审美也要有本体论与解释学统一的基础。② 所以,审美的本质就是超越,而超越就是自由,超越的基础在于生存,这就是"超越美学"的简化的内在逻辑。

在提出了自己的基本思路之后,杨春时面对众多的批评者进行了一一反驳,且一次又一次重申自己的观点,并试图在《美学》(高等教育出版社 2004 年版) 当中将他的美学思想做一次教材性的总结。作者本人也充分意识到了,从实践美学走向后实践美学,实际上就是以"生存本体论"取代"实践本体论"。然而,实践本体论的缺陷在于:带有传统理想主义的印记、以物质实践反对精神实践、注重社会实践而忽视存在个体性,甚至实践也并未上升为哲学范畴而只能归属于历史科学的概念。由此出发,"生存本体论"的一系列主张在大多数的后实践美学论者那里都得到了普

---

① 杨春时:《走向后实践美学》,《学术月刊》1994 年第 5 期。
② 同上。

遍的响应和回应，因为生存本体论才能克服理想主义而"立足于完整的人的存在"、克服忽视个体的倾向而"立足于自我生存"、克服偏重物质存在的弊病而"肯定人的存在的非物质超生物的本质"、克服传统哲学的二元结构而"从最本真的生存状态"出发来建构新的美学。① 近期，作者又将"主体间性"作为后实践美学的特征而对立于实践美学的主体性，用超越的美学取向对立于世俗的美学，以"超越意识的美学"对立于"日常生活美学"的感性化倾向，从而不断寻求新的敌手以确立自身的角色。

如果说，杨春时美学建构本身，尽管诉诸超越化的生存本体，但仍采取了一种理性化的表述方式的话，那么，张弘的"存在美学"似乎与他更为接近一些，而潘知常的"生命美学"、王一川的"体验美学"则显得更为感性化一些。但有趣的是，各种形态的后实践美学对"实践"的反动，所依傍的思想源泉却依旧是西方的。但毕竟，此时学术界并没有止步在自20世纪初期就开始接纳的从尼采到柏格森意义上的生命，这是由于，存在主义式的生存论思潮从80年代末期开始就得以广泛播撒进中国美学的深层建设当中。

实质上，从海德格尔的"此在"论到生命美学的"本体"论，其间的发展轨迹是显而易见的。海德格尔认定，整个形而上学史是"在的遗忘史"，它执着于"存在者"而忽视了"存在"，物与知的"符合论"占据了传统的真理观。他追溯古希腊词 Aletheia（真理）"隐—显"的同体发生的"去蔽"原意，并发现艺术的"世界—大地"或"澄明—遮蔽"的原始争执与"真理"具有同构性，从而最终认定，艺术就是"存在者"在其存在中的"开启"，亦即"真理之发生"（Geschehnis）。② 如此一来，正如伊格尔顿所客观述评的那样，海德格尔实际上"将美学泛化了"，他"泯灭了艺术与存在的界限"，美学由此最终成为存在的"最基本的结

---

① 杨春时：《从实践本体论到生存本体论》，杨春时：《走向后实践美学》，安徽教育出版社2008年版，第250—251页。
② 海德格尔：《海德格尔选集》上卷，孙周兴选编，上海三联书店1991年版，第258页。

构"。① 因而，毫不夸张地说，海德格尔的哲学思想，成为中国化的后实践美学的最重要的理论援引资源，但是，用海德格尔思想来改造实践美学，在某种意义上看似贴近本土的同时却又是对本土根基的某种偏离。

与杨春时的"宏大叙事"风格不同，张弘在精细地研读海德格尔与语言哲学的思想基础上，提出了建构"存在美学"的更为精微的构想："首先，存在论美学对美的本质的探讨，将依据'存在论差异'的原则，区分美的事物与美的存在"，并从存在入手把握美学问题；"其次，存在论美学明确地拒斥二元论"，因为存在本身就意味着人与世界的同一；"再次，存在论美学认为现象在实质上是语符化的"，美学的使命就在于探讨艺术作品的语符构成特点；"复次，存在论美学也在一元论的基础上取消了感性与知性、感觉与理智等二分法"；"最后，存在论美学也坚决反对传统美学的形而上学化，主张美只能存在于审美的现实领域，只属于现实的此岸王国"。② 正是源自海德格尔的启迪，张弘试图以基础存在论对"以知识论或认识论为特征、以形而上学为归宿的二元论"加以取代，所以，他所构建的带有语言学意味的美学，实际上呈现出这样的重要哲学转向：从"二元论"转到了"一元论"、从"形而上学"转向了"现象学"、从"认识论"转到了"存在论"，从而走出了传统美学包括实践美学所面临的困境。最终，作者这样总结说："存在美学，因严格地奠基在存在论上，从来不把给予的东西当成存在的东西，也不相信美属于那种'所见即所得'的事物。相反，美需要开启，需要敞亮，才能在场和显现。这就确保了美能够成为自为和自在的存在。"③ 由此可见，海德格尔的美学的直接影响（开启、敞亮、在场和显现的话语皆是），但是德国古典哲学的传统犹在（以自为、自在的用语为证），这种美学就是一种自觉使用了现象学美学方法的存在理论。

潘知常更明确地使用了"生命美学"的说法，这种说法在此前的台湾地区已经被大量使用，方东美与徐复观这些思想家的美学也被称之为生

---

① 特里·伊格尔顿：《美学意识形态》，王杰、傅德根、麦永雄译，广西师范大学出版社1997年版，第312页。
② 张弘：《存在论美学：走向后实践美学的新视界》，《学术月刊》1995年第8期。
③ 张弘：《存在美学的构筑》，人民出版社2010年版，第321页。

命美学。但是，与张弘让存在对实践实施绝对的替代不同，潘知常的主张体现了更多的杂糅性，表面上看他的这种主张更应是拒绝实践，但是他却明确主张，审美活动仍是以实践活动为基础的，但更应强调它是超越实践活动的"超越性"的生命活动。按照这种美学构建的逻辑，应该"追问的是审美活动与人类生存方式关系即生命存在与超越如何可能这一根本问题。换言之，所谓'生命美学'，意味着一种以探索生命的存在与超越为旨归的美学"，① 可惜的是，作者在建构该美学的时候却大量使用的是诗意言说的方式而没有逻辑架构的建设。但无论怎么说，生命美学的思想还是明确的，它的核心命题就是两个——"生命即审美"与"审美即生命"，"一旦我们既在人类生命活动与审美活动的同一性的基础上深刻揭示出它们之间的相异性，又在人类生命活动与审美活动相异性的基础上揭示出它们之间同一性，我们也就最终揭示出审美活动与人类生命活动的关系，揭示出审美活动的本体意义、存在意义、生命意义，从而完成马克思主义美学大厦的建构"。② 由此可见，"存在"与"生命"在作者那里是在同一含义上使用的，存在就被视为一种生存化的"人的存在"，而且，他更为注重的乃是审美与生命的"同一性"，进而将二者的本质等同起来，所以，审美活动就被他看作"人的自由的生命活动"的"理想实现"。

如果说，潘知常的"生命美学"主张始终被明确坚守的话，那么，王一川的美学建构则被他赋予了更多的不同名称，早期"体验美学"和"修辞论美学"的意指还是相当明确的，后来的"形象诗学""汉语形象美学"和"兴辞诗学"更多转向了文学批评的实践，近期他又以"兴辞美学"的说法，来试图重新融入21世纪中国美学和文艺学的"生活论转向"的最新浪潮当中。③ 从更高的哲学视角来看，王一川的美学主要就是两个关键词：一个是"体验"，这与西方的体验美学和中国的"感兴"传统直接相连；另一个则是"修辞"，这同西方的语言论美学间接相通。作

---

① 潘知常：《生命美学》，河南人民出版社1991年版，第13页。
② 潘知常：《建构现代形态的马克思主义美学体系》，《学术月刊》1992年第11期。
③ 王一川：《物化年代的兴辞美学——生活论与中国现代美学Ⅱ》，《文艺争鸣》2011年第1期。

者曾试图归纳出西方体验美学的宗旨并赞同之："通过瞬间的体验去追求人生的终极意义。体验……归根到底，就是人生终极意义的瞬间生成。……体验，就是人超越此在的有限性、无意义而飞升到彼在的绝对、无限、永恒之境的绝对中介，作为这种绝对中介，它被视为人生问题的艺术解决方式。"[1] 此类绝对化的说法，已同刘小枫的《诗化哲学》一书所作的"体验是一种意指向意义的生活"的判断非常接近了。这种生命审美化的确也有走向宗教化的趋势，但王一川关注的还是语言修辞问题，这就使得他的美学更接近于文学化的探索，而美学本身被王一川视为一种"诗意冥思的方式"，从学科上看它是以"审美体验"为中介来研究"审美沟通"的学科，所谓的"审美体验"，无疑成为以"体验美学"为本而表达出来的这种多样态化美学的本源所在。

从这些"后实践美学"思想的"生存论转向"来看，他们都毫无例外地受到了海德格尔美学的深刻影响，试图用"生存论本体"来全部或者部分取代"实践论本体"。当然，在这个意义上，在当代中国美学的"生存论转向"的内部，主要还是倾向于"生命论"取向的，也包括某些趋近于"存在论"的要素：关注"生"而非追问"在"，的确才是中国生存论美学的主流。由外而内地看，后实践美学可以被视为一种致力于"海德格尔中国化"的美学形态，多位论者试图用海德格尔的存在论来改造在中国占据主流的"实践本体"的美学思想；由内而外地看，这种激进的改造更像是用西方理论来改造"西化理论"，用存在主义资源来重新阐释中国美学基本原理，但从深层来说，这种原本来自西方的美学资源之所以在中国得到重视，恰恰在于，本土思想当中本然地孕育着生命论的意蕴。与之类似的是，实践美学之所以成为一种本土化的思想，并由此高出了南斯拉夫的实践派，就在于这种思想与中国本土的"实用理性"的思路是内在相通的，与后实践美学的诸形态相比较，实践美学才更是一种"中国本土化"的美学理论形态。

然而，非常有趣的是，尽管后实践美学论者表面上皆为"海德格尔

---

[1] 王一川：《意义的瞬间生成——西方体验美学的超越性结构》，山东文艺出版社 1988 年版，第 365、367 页。

主义者"或者海德格尔思想的信奉者,但是,他们内在的思想底蕴无疑都是来自康德美学的,或者说,这些后实践美学论者都内在的是"新康德主义者",特别都是康德意义上的"审美主义者"。更值得深入思考的是,在中国的"后实践美学"虽凭借海德格尔的存在论来反对"实践美学",但后实践与实践这两种美学思想,它们的基本理论预设都仍是"康德式"或"康德化"的,二者其实是如出一辙的:实践美学从创建开始就凭借了康德美学的内在构成力量,后实践美学尽管打着海德格尔的旗号却继承了康德美学的两个基本观念——"审美非功利"(Aesthetic Disinterestness)和"艺术自律"(the Autonomy of Art)——而这两个美学基本观念恰恰都是来自西方的,而与中国本土的生活化美学传统格格不入。因而,如果要超越"实践—后实践"的理论模式,就要首先破除康德美学的迷雾,从而转到中国原始儒道禅思想、晚期胡塞尔的"生活世界"思想、维特根斯坦的"生活形式"思想、杜威的"生活经验"思想那里,去寻求更新的理论资源。[①]

第四节 "新实践美学"的变化

非常有趣的是,顺应了当代中国美学的"生存论"转向的大潮,当代中国美学的弄潮儿在21世纪到来之后,不再是后实践美学的诸多人物,反倒是"新实践美学"的代表人物。本书所谓的"新实践美学"指的是,实践美学在新旧世纪交替时代开始出现的一种新的形态。这种形态的出现不同于主要形成于20世纪80年代的"旧实践美学"流派,它是在90年代兴起的"后实践美学"之后出现的得以"更新"了的实践美学。在此种意义上,"新实践美学"似乎是实践美学在21世纪的回潮,但绝不是"旧实践美学"的重复,其中有些形态如"实践存在论美学"反倒是吸纳了与"后实践美学"同样的思想资源,也就是海德格尔意义上的存在论的哲学思想。

---

① 刘悦笛:《"生活美学"建构的中西源泉》,《学术月刊》2009年第5期。

第三章　美学本体论：从"实践论""生存论"到"生活论"转向　123

更具有悖谬意义的是，后实践美学与实践存在论美学这两种"生存论"转向的产物，看似是迥然有异的，甚至在后实践美学开始出场的时候还曾"剑拔弩张"，但是，在不同的理论的标签下它们居然具有了非常近似的思想实质。在某种意义上，这意味着"后实践美学"是表面上走出实践论而内在却始终离不开它，"新实践美学"则在表面上坚持实践论但却内在地开始消解之。在许多时候，极端的"后实践美学"反倒走的是更为纯粹的道路，也就是以"生存本体"来彻底取替"实践本体"，但大部分的后实践美学论者反倒是承认生存或生存的实践基础的，相应之下，在许多"新实践美学"论者那里则出现了力图拼合"实践本体"与"生存本体"的二元论的问题。更有趣的是，"新实践美学"论者转而批判晚年的李泽厚所提出的"情本体"思想与他早年的工具本体思想的并置，也是一种充满矛盾的"二元论"。但是，李泽厚却明确标举出自己的"双本体"论并自我辩护说，他所意指的本体并非西学 Being 意义上的 ontology；相反，新实践美学论者在西方意义上使用本体概念的同时，却没有一位宣称自己是二元论者。

无论如何，这种"旧实践美学""后实践美学""新实践美学"及其新近的"生活美学"并存的共生局面，恰恰呈现出当下的中国美学格局的复杂性与丰富性。旧实践美学在 20 世纪 80 年代初期的时候，最初并没有呈现出"本体论"的视野，该派论者更多追问的仅仅是"美的本质"的问题。在李泽厚的"人类学历史本体论"与赵宋光的"人类学本体论"相继提出之后，有个替代性的趋势出现了，也就是将"美的本质"与"美的本源"问题区分开来加以追问，进而逐渐进入到了本体论的疆域。而后实践美学从 90 年代初期一开始质疑实践美学的时候，它的基本提问方式就是本体论的，这显然是深受欧洲存在论思想巨大影响的产物。同样，新实践美学在"实践复兴"的旗帜下，更多采取了本体论的视角来阐发实践思想。新近出场的"生活美学"，无疑就是在这种"本体论转换"视野中出现的最新思潮，它试图超出"实践—后实践"论争的既有模式，而力求在"生活本体"上来重构一种"中国化"的美学思想。当然，生活本体论所谓的"本体"（既指本根之"本"也指体用之"体"）是建基在本土化思想的基础上的，它已经摆脱了早期实践论与"后实践之后"的诸多思想对西方意义上的本体论亦即 ontology 的迷恋。

狭义的"新实践美学"的用法，应该说，首先出于邓晓芒的美学见解，最早的系统化的阐释见于邓晓芒与易中天合著的《走出美学的迷惘——中西美学思想的嬗变和美学方法论的变革》（百花文艺出版社1989年版），后改名为《黄与蓝的交响——中西美学比较论》（人民文学出版社1999年版），其中的最后一章就是"美学之谜的历史解答（新实践美学论大纲）"。这种新实践美学仍在追问"美的本质"的定义："定义1：审美活动是人借助于人化对象而与别人交流情感的活动，它在其现实性上就是美感。定义2：人的情感的对象化就是艺术。定义3：对象化的情感就是美"，[①] 这三个定义分别对应的是美的特殊性、个别性和一般性。显然，这种新实践美学的定位，更接近于旧实践美学的"对象化"的观点，但它更强调美对应于人的本质力量的部分主要是情感。同时，这种美学思想主要还是从《1844年经济学—哲学手稿》内人"在他所创造的世界中直观自身"之类的结论中推导出来的，审美本质上起源于这种直观，"因此审美不是审物，而是审人，即在一个'拟人化'的对象上体验到自身的情感和一般人类的情感"。[②] 最终，这种以艺术发生学作为思想起点、将审美活动作为考察中心，并最终从实践活动出发回答"美的本质"的美学，所得出的只能是"新实践美学的人学结论"，亦即真、善、美的统一，这种"人学"观念更多的还是一种青年马克思实践观加上晚期康德人类学的思想结合。

当然，21世纪以来的"新实践美学"更占主流的思想主要是所谓"实践存在论"，这套美学思想是朱立元及其弟子团队独创出来的。然而，朱立元在最初的时候对"后实践美学"进行了全面批判，认为这种思想虽然承认了实践美学的本体论基础，但否认了同时有实践认识论基础，这

[①] 邓晓芒、易中天：《黄与蓝的交响——中西美学比较论》，人民文学出版社1999年版，第471页。

[②] 同上书，第472页。

是由于,"实践美学的哲学基础,是实践本体论与实践认识论的统一"。① 但事实证明,随着 1997 年朱立元将本体论直接理解为存在论,②"实践存在论"本身最终还是归并到本体论,并接受了与"后实践美学"同样的西方思想根源,从而试图将实践本体加以弥补和拓展。与"后实践美学"最初所做的一样,"实践存在论"美学之所以出现,就是要突破"主客二元对立的认识论美学的思维方式",这种新的实践论美学首先要"从实践着眼审视存在",进而"将实践论与存在论有机结合",从而一方面使实践立足于"存在论根基"上,另一方面存在论也具有"实践的品德"。由此可见,"实践存在论"坚持了两个本体论,那就是将实践本体与存在本体加以嫁接起来。从更深层的思想根基来看,这到底是将实践本体吸纳到了存在本体之上,还是将生存归属于实践的根基上面,"实践存在论"始终未给出明确的回答。但与直接标举出的"存在美学"不同的是,实践存在论美学始终强调生存是一种"实践化"的生存,与强调"生产实践"的旧实践美学不同的是,它同时强调实践是一种"生存化"的实践,这也使得这种观点成为一种折中化的理论。

恰恰由于这种理论的折中性质,使得"实践存在论"起码在教育体系当中成为主流的观念,因为它既继承了实践美学的传统优势,又吸收了后实践美学的有益要素,而这种思想也来源于蒋孔阳晚年的美学探索。在朱立元看来,从逻辑上说,审美主体(审美的人)与审美客体(美)都是在审美关系和活动中现实地生成的;从时间上看,美、审美主体、审美活动三者同时进行和产生而无法分辨出来,这就是所谓"关系在先"或者"活动在先"的原则,亦即审美关系、审美活动先于美而存在。③ 在朱立元主编的教材《美学》(高等教育出版社 2001 年版)当中,作者试图将这种"实践存在论"美学得以贯彻下去,并确立了这种新实践美学的逻辑构架:"审美活动论"—"审美形态论"—"审美经验论"—"艺术审美论"—"审美教育论",这也是在继承 20 世

---

① 朱立元:《"实践美学"的历史地位与现实命运——与杨春时同志商榷》,《学术月刊》1995 年第 5 期。
② 朱立元:《当代文学、美学研究中对"本体论"的误释》,《文学评论》1996 年第 6 期。
③ 朱立元:《简论实践生存论美学》,《人文杂志》2006 年第 3 期。

纪80年代中国美学原理的基础上的创新。① 当然,"实践存在论"美学的新意更在于它与旧实践美学的差异:(1)关于实践概念的界说,是否根基于存在乃是区别的关键,实践存在论回答为"是";(2)实践存在论美学从存在本体论的角度将实践理解为"人最基本的存在方式"抑或"广义的人生实践"(所谓"广义的美是一种人生境界");(3)关于"审美现象的生成性"的理解不同(所谓"美是生成的而不是现成的");(4)关于"审美关系"和"审美活动"的阐释不同;(5)关于"美学理论的逻辑建构"不同。这些都使得"实践存在论"成为"新实践美学"内部最重要的代表形态之一。

既然"新实践美学"既是对已有的实践美学传统的某种"回潮",也是在新的意义上对于实践美学的内在转化,那么,在这种新潮当中出现的思想主流,实际上与"后实践美学"的基本理论取向是一致的,也都是试图利用西方的"生存论"的思想来改造实践美学。或者更为准确地说,无论是"后实践美学"还是"新实践美学",都可以被看作当代中国美学"生存论"转向的两种产物。然而,另一种新实践美学的主流代表形态则是由张玉能及其团队所代表的,他们的基本观点仍是坚守"实践本体"。这是由于,张玉能首先承认"生存"乃是"人的条件",历史活动的首要前提就是"人的生命存在",但是,从人与动物的"自然存在"的区分来看,"人的生存的本体"只能是实践。在这个意义上,实践本体乃是高于生存本体的,而且,实践也不是后实践美学所批判的"理想主义"的概念,实践"所指称的恰恰是理性与感性统一客观物质活动,它是形成人对现实的审美关系,由此而生成美、美感和艺术的根基、动力,人类的其他生存活动……离开了人类的社会实践,都还停留在动物的水平上",② 通过这样的理论推论,张玉能更坚定了自己的实践本体的观点。

当然,张玉能由于更多地继承了蒋孔阳的观点而与蒋孔阳的思想更为接近,并由此认定,实践就是个"多层累积性"的概念,美也是"多层累的创造"。在集中了张弓、梁艳萍、岳友熙、王天保、李显杰、郭玉生

---

① 朱立元主编:《美学》,高等教育出版社2001年版。
② 张玉能:《坚持实践观点,发展中国美学》,《社会科学战线》1994年第4期。

和王庆卫等新实践派力量,由张玉能主编的《新实践美学论》(人民出版社2007年版)中,作者直接标举出了"新实践美学"的旗号,并由此展现出这样的新的核心观点:恰恰是"实践结构的多层累、开放的构成,造就了美,决定了美的外观的形象性、情感超越性、自由显现性,具体地决定了美的外观形式性、感性可感性、理性象征性,美的精神内涵性、超越功利性、情感中介性,美的合规律性、合目的性、形象自由性"。[①] 由此出发,这种新实践美学的观点强调:由实践走向"创造",由创造走向"自由",并最终走向全面自由发展的人。但是,在该书强调超越性、非功利性的同时,却又与后实践美学的理论预设是近似的。由此可见,在21世纪逐渐成熟的"新实践美学"诸流派,既是在积极发展作为"中国学派"的实践美学的思想,也是在积极回应"后实践美学"思潮的批判,尽管采取"实践本体"一元论抑或"实践—生存本体"二元论的基本取向还是有差异的,这也使得前者更强调对"旧实践美学"本体的继承,而后者则趋近于"后实践美学"当中更接近实践派的思想。

必须承认,在美学的基本原理方面,实践美学所取得的成就在20世纪后半期的中国是最大的,它可以被认为是20世纪中国美学当中影响最大的美学学说,并对当代中国的思想启蒙起到过重要的推动作用。然而,最近30多年来,中国学者仍然囿于"实践美学的基本范式"在做工作,即使有所推进也是在"实践与生存的张力"领域内实施的,目前尚没有更新的美学思想模式出现。实践美学也确实正面临着两方面的挑战:一方面,的确如许多学者指出的那样,实践美学是建基在"主体性哲学"思想基础上的,而这种主体性思想基本属于"现代性"的范畴,因而实践美学需要用存在哲学抑或后现代思想的武器来加以超越,从而拯救其思想中的理性与感性、个体与群体之分裂;另一方面,实践美学难以对市场经济社会建立以来的社会和文化现实给出理论的阐释,特别是丧失了对当代审美文化的分析能力,前者是理论的缺失,而后者则是面对现实的无力。

实践美学所面临的深层问题,从分化后的"旧实践美学"的不同取向那里就已经得以反思了,否则就不会形成如此多样的对于实践美学的理

[①] 张玉能主编:《新实践美学论》,人民出版社2007年版,第18页。

解,"后实践美学"更是从最主要的缺陷方面质疑了实践美学的基本定位,而"新实践美学"的新的发展也可以看做对传统实践美学的某种继承中的批判与批判中的继承。

正如2004年李泽厚本人参与对话的"实践美学的反思与展望"探讨会上,对于实践美学设计的五个专题的谈论所安排的那样,这种独特的分议题的设定,也可以被视为"反思实践美学的缺失"的五个基本问题,在此将它们一并列出来:

(1) 实践美学中的理性是否压倒了感性?
(2) 实践美学中的哲学是否代替了美学?
(3) 实践与生存是何关系?(总体是否压倒了个体?)
(4) 实践美学是否与当代审美文化脱节?
(5) 实践美学的问题与前景(工具与符号的关系)。

无论怎样,对于当代中国美学思想的最重要挑战就是,如何超越原有的"实践—后实践美学"格局,同时继承中国传统美学的丰富遗产,从而走出一条"中国化"的美学思想的新路。换言之,"实践美学之后"中国的美学思想走向何方,这是尚待美学界的学者们研究的最核心的问题之一。尽管"实践美学"终结论在每个历史时期都被常谈常新,但是,"中国化"的实践美学所展现出来的开放性还是惊人的,无论在实践美学"之内"还是"之外",当代中国美学都需要更新的拓展,这一点是毫无疑问的。

第五节 趋向"生存论"的历程

自20世纪初叶以来,面临美学从海外的舶来,中国本土美学逐渐步入"现代性"的发展轨道。回溯整个世纪百年中西美学的交流历程,贯穿始终的外来美学思潮非广义的"存在主义"莫属,这也促使了中国美学始终存在一种趋向"生存论"的内在冲动。这一"他者"的出场,对中国本土美学的发展产生了双重的影响：一方面，存在主义与其他美学思潮一道随着"西学东渐"阻断着华夏古典美学的延续；另一方面，它又深层融会进20世纪中国"生存论美学"的深层建设之中，这就要追溯历史来整体看待20世纪以来的"生存论转向"的美学学术史问题。

按照历史的线索，依据"影响研究"的比较方法，可以首先来梳理存在主义对中国美学的"影响史"。作为百年美学起始的王国维，是最早触摸存在主义美学的先行者。王国维犀利地洞见出尼采与叔本华的差异，叔本华于"彼岸"求人生慰藉，尼采则并无此"形而上学之信仰"，而欲移之"此岸"，肆其叛逆于道德而颠覆一切价值。因而，尼采认为，美和艺术不在审美静观，而在灼热的创造；不在"无欲"，而在"以我的全意志去意欲"；不在意象之为"意象"，而在通过"爱和死"使此意象变为现实界的东西。[①] 但在生命论美学维度上，王国维恰恰站在尼采的反面，而退归到了叔本华的伦理立场。他改造叔本华的"意志"为"欲望"，融会华夏佛道生命意识，而直接诉诸苦痛于慰藉，形成独特的"欲望—苦痛—慰藉"的人生观。相应地，"艺术之务"则在于"描写人生之苦痛与其解脱之道……而得暂时之平和"。[②] 由此可见，王国维美学视艺术为人生的慰藉之途，但却与尼采的生命紧张冲创相疏离。

真正吸纳尼采美学的生命精髓的是朱光潜，但他对尼采美学的阐释却是一种"误读"。他首先盛赞尼采"对人生的审美解释"，而拒绝道德人生观。[③] 进而，特别拈出"靠形象得解脱"的格言，作为其审美人生论的内核，并赋予它以"人生情趣化"的具体内涵。但是，同尼采倚重酒神相反，朱光潜认为在酒神、日神的调和里，占有决定性的是日神，"是达奥尼苏斯沉没到阿波罗里面"而不是相反。[④] 他把酒神视为"行动的象征"，而把日神看做"观照的象征"——酒神艺术沉浸在变动的旋涡中以逃避存在的痛苦，日神艺术则凝视存在的形象以逃避变动的痛苦。[⑤] 而人

---

① 佛雏：《王国维与尼采美学》，《扬州师院学报》1986年第1期。
② 王国维：《新订人间词话 广人间词话》，华东师范大学出版社1990年版，第139页。
③ 朱光潜：《悲剧心理学》，安徽教育出版社1989年版，第201页。
④ 朱光潜：《朱光潜美学文集》第2卷，上海文艺出版社1982年版，第558页。
⑤ 朱光潜：《悲剧心理学》，安徽教育出版社1989年版，第195页。

生的苦恼起于演，人生的解脱在于看，朱光潜因此提出"演戏的"和"看戏的"人生理想之分殊。他认为，只有靠日神的奇迹，酒神的苦难才能转变成幸福，这就要求把"行动投影于观照"。所以，酒神、日神融会仍以"看"为归宿，要凭静穆的观照来拯救生存，故而看戏的人生高于演戏的人生。同时，朱光潜还将这种日神静照，与儒家的静观自然、道家的抱朴守一、佛家的大圆镜智对照与融通起来，赋予了"靠形象得解脱"以华夏古典文化的内蕴。

从20世纪80年代初开始，伴随着思想解放的语境，存在主义的非理性因素得以广泛播撒，尼采酒神冲动这一脉的地位也随之提升。而这些非理性因素正是通过所谓"积淀"的途径——"把社会的、理性的、历史的东西累积沉淀为一种个体的、感性的、直观的东西"[①]——而包容进实践美学"主体性"的理性框架内的。实际上，这种"主体性"与萨特的绝对"自由"观不无关联。萨特认为存在先于本质，主体是绝对自由的，他不断地以自我选择来填充可能性的括弧，而艺术则是对这种自由发出的召唤。实践美学基于康德的审美自律论，改造萨特式的艺术自由，也强调艺术和审美"自由"的自为性、能动性和创造性。进而，又把这种自由观由"艺术本体论"化为"人性情感作为本体的生成扩展的哲学"[②]。如此这般，其文化哲学的"主体性"就被归结为"自由直观"（以美启真）、"自由意志"（以美储善）和"自由感受"（审美快乐），[③]这显然融合了康德判断力理论和萨特式自由观念。同时，萨特自为存在的超越性也为各种形态的实践主体性所吸纳，强调个体生命在有限时空追求无限，寻求那所谓"永恒的本体或本体的永恒"，从而使审美化的文化主体得以升华。

跨入20世纪90年代，实践美学却日益呈现出疲态和弱势，它受到不同类型的"后实践美学"或广义的"生命论美学"的质疑和反动。它们诘问"实践"作为美学基础的缺失，海德格尔由此建构的"基本存在论

[①] 李泽厚：《李泽厚哲学美学论文选》，湖南人民出版社1985年版，第386页。
[②] 李泽厚：《美学四讲》，生活·读书·新知三联书店1989年版，第47页。
[③] 李泽厚：《走我自己的路》，生活·读书·新知三联书店1986年版，第285—286页。

本体论"对生命论美学的影响最为直接,其渗透作用在于:首先,"此在"的本体论。这启示生命论美学以"存在本身"或"生命本体"来取替实践基石,从而实现美学根基的根本转换。同时,又把艺术和审美置于该存在"本体论"基础上,并以此为生命论美学的逻辑起点。其次,美与真的同一。实践美学是以康德哲思为据,强调自律融入审美,美与真是彼此分立的。而在海德格尔影响下,生命论美学则拓展了真理的内涵,将艺术与存在真理相互贯通起来。再次,对艺术活动的重视。海德格尔反对主观论美学,追溯"物"的规定,而视艺术活动为存在的实现。艺术活动与生命存在的这种贯通,也为生命论美学所接受,并试图以审美活动来融通主、客双方。最后,反主客两分。海德格尔建立的是主客原始同一的艺术观,生命美学也具有这种倾向,力图逃逸出主客分立的先在构架。

由此观之,整个20世纪中国美学对存在主义的接受,经历了"尼采—萨特—海德格尔"的顺序,其发展的核心问题也经历着"审美(艺术)与解脱"—"审美(艺术)与自由"—"审美(艺术)与存在"三个阶段,从而步步融会进中国生命论美学的建设。具体而言,是融会进了前半世纪"启蒙美学人生论",80年代"实践美学主体性"和90年代"生命美学本体论"的建构,分别解决了"人生的审美化解脱""文化主体的自由本质"和"生命美学的存在论基石"的问题。

毋庸置疑,存在主义与中国生命论美学这种巨大的亲和力,源于这两种美学形态的类通和互补。而最根本的共通,就在于对待生命的审美态度,它们都要在"人生艺术化"里安顿个体生存。华夏美学源自对现实的"忧患",在艺术实践和审美体悟里寻求生命的意义和情趣,强调生命艺术化和艺术人生化。而存在主义则逃避现实的"异化",以艺术为人的本真生存方式,尼采的"日神精神"、海德格尔的"诗意的栖居"和萨特的"自由的召唤"都是从艺术内部生发出生存意义,赋予艺术以变革存在的历史使命的。由此出发,它们都从本体意义来看待艺术和审美。如海德格尔所见,本体论就是存在之"在"及对在的阐释,存在与本体是同一的。这样,艺术和审美也都被给予了生存本体的根基。而且,这两种美学形态都强调艺术的超越功能,从而使主体不断超越现存状态,借审美为生存提供意义。此外,它们还注重审美的内省体验,把审美视作诗意的悟性。总之，存在主义与中国生命论美学有诸多的相通处。但是，它们毕竟是发生并发展在异质的文化体系内，仍有诸多本然性的差异。不过，中西两种美学形态的契合点，已成为它们融会贯通的基础，这种融通一度成为中国美学的生长点。

非常有趣的是，目前的"新实践美学""后实践美学"的基本样态，还有"实践美学"的创始人李泽厚本人晚年的思想变化，出现了一种"趋于同流"的趋势，也就是皆回到"生存本体论"来解决美学本体论的问题。在20世纪90年代中后期，持实践美学观的学者为了反驳"后实践美学"对"实践美学"的反动，积极推动实践本体自身向"生存论"靠近，他们的策略是构建一种"实践存在论"美学。实际上，在理论来源上，海德格尔建构的"基本存在论本体论"成为"后实践美学"与"实践存在论美学"的共同思想来源，其最基本的启示作用就在于"此在"的本体论建构。这既启发了"后实践美学"以生存论本体来取替实践基石，从而实现美学根基的转换，又启发了"新实践美学"理应将实践与存在于本体论上相互结合起来。还有一点是共同的，无论是"实践存在论"还是"后实践美学"，都力图逃逸出"实践美学"的那种主客分立或者主体性哲学的先在构架，而走向一种主客融合的美学形态。

李泽厚晚年思想发生了重要的变化，尽管他本人仍是坚持"实践"（特别是制造和使用工具）在美学建构当中的基础地位，但是，这种"工具本体"的思想在深层已经转向了一种"心理本体"。当这位"实践美学"的创始人将"情"作为心理本体的内核的时候，他便会趋向这样的看法："不是'性（理）本体'，而是'情本体'……才是今日改弦更张的方向。"[①] 如此看来，在李泽厚的思想流变当中，他已从早期的"人类学本体论"中对实践活动的信任转向了对个体生存本身的信赖，因为"情本体"说到底还是"生存本体"。不过李泽厚始终强调其中的"历史性"的存在，这也是他构建"人类学历史本体论"思想后所始终坚持的东西，也崭露出他用历史论来改造存在论思想的意图。然而，在思想源流上，李泽厚实践美学的"主体性"其实也是包孕着生命美学"个体性"

---

① 李泽厚：《实用理性与乐感文化》，生活·读书·新知三联书店2005年版，第187页。

因素的，或者说，这两者之间有着间接的血缘关联，难怪李泽厚在第三和第四《哲学答问录》里又提出了"感性的生命本体"这样的概念，他晚期的"情本体"思想只是对"感性的生命本体"的逻辑延展而已。

质言之，无论是更新的"实践存在论"、如"生命美学"之类的后实践模式，还是李泽厚晚年的"情本体论"，无非都是"生存本体论"的三种不同形态而已。更有趣的是，这三种美学形态都试图去嫁接马克思本人的思想与来自欧洲的存在论的思想。差异在于，与李泽厚立足于本土来化育思想不同，"实践美学"与"后实践美学"的支持者都是以一种"西式话语"来言说美学，从而使得传统美学话语在其中丧失了言说空间。然而，这种"西方"与"西方"的嫁接是否合理仍是要追问的问题。整体观之，"实践—后实践美学"范式的主要哲学矛盾在于以下方面。

首先，"实践—后实践美学"范式内的美学，只是"存在者"的美学而非"存在论"的美学，而且它们都是在西化语境当中的理论探求。

这就要回到早期海德格尔的《存在与时间》当中的"存在者与存在论"（ontico‐ontological）之分，按照这本名著的思想结构，对"存在论"的解析是以对"存在者"的解析作为思想先导的。或者说，从"存在者"到"存在论"，这是海德格尔对 Dasein（此在/缘在/达在）的两个层面的解析，前者是位于对 Dasein（此在/缘在/达在）的具体的、特定的和地缘性解析的表层领域，海德格尔称之为生存者（existenziell）的层面，而中国的生存论的哲学和美学思想（尽管也会自称为"存在论"）大都还是囿于人生论的"生存者"的这个层面。但海德格尔所真正关注的乃是"存在"的更深层面，这个深层结构具有"存在论"（existentiale）的本根性质，它是位于生存者表面之下的深层结构，这个层级恰恰是中国化的思想尚未达到的。这还是由于中西思想的差异所致，恰恰因为"先天性"的存在匮乏，中国的生存论转向之后的思想建构，仍然基本上是沉沦于存在的"沉沦性"（fallingness）层面当中的，只是试图将海德格尔本人所说的"实存性"（existentiality）与"事实性"（facticity）与中国化的马克思之类的思想加以一定程度的内在连通而已。

当代中国美学的"生存论转向"，本应包括"生命论"与"存在论"两个层面，前者是存在者的层级，后者则是海德格尔意义上的存在论的层级，但是中国的思想转向主要与前者相关，当然也有部分涉及后者的成分。按照海德格尔的理解，他所谓"基础存在论"（fundamental ontology）具有"生存论—存在论"的双重意味，这意味着它既是存在者的，也是存在论的，前者是对此在的实际生存的解析，后者则是对生存可能性的普遍化的解析。中国化的以生命为主导的思想，无论是人生论、生命论还是（被宣称为）生存论，都只是对于实际生存的深入探讨，大都尚未深入到存在论的深层。或许可以这样说，西方的传统形而上学将存在当作实体（entity）式的存在者，而中国化的生存化的哲学与美学则是反了过来——将存在者当成了存在。然而，即使海德格尔的存在论的高境是为了追问存在（being）问题的唯一存在者，"存在"总是存在者的存在，但是，这还是与中国注重生成（becoming）的思想传统是异质的。由此可以推论说，不能仅囿于生存论的维度来推动中国的哲学与美学，因为海德格尔本人就是通过此在的"生存"来追问"存在"问题，要将"存在"问题还原到此在的"生存"境域当中去，这背后的思想探索轨迹与境界结构类分，却并没有为"实践—后实践美学"范式内的哲学与美学所深入的习得，这也使它们最终得以停留在"存在者"的层级。

其次，"实践—后实践美学"范式内的美学，尽管宣称要摆脱"主客两分"模式，但实际上难以突破这种"二元论"的基本格局。

这是由于，只要使用了"主体""客体""对象"诸如此类的语言，就不能超出主客二分的窠臼，即使已经意识到主客分立的根本缺憾，二元论已成为中国思想界接受西化传统之后难以摒弃的思维模式。按照维特根斯坦的意见，我们不能超出语言的樊篱，或者说，我们超不出我们语言的边界与界限。"后实践美学"与"实践存在论美学"对"实践美学"之割裂主客的批判，仍是主客两分美学对于主客两分美学的批判，即使前者意图用生命化的存在来弥合主、客双方，但依然是在先行断裂主客基础上的再次融合，这与"旧实践美学"内部希望用"活动论"和"关系论"来沟通主客体基本如出一辙。事实证明，对于旧有哲学思维方式的摆脱，不能采取"得鱼忘筌"的方式，攀上了新的阶梯未必就能蹬开语言的梯子，而这里的"筌"恰恰还是语言的枷锁。要根本逃脱主客两分这种"主体性哲学"的根本影响，唯一的途径就是尽量不去使用在旧哲学系统当中所使用的语言,而无论是"实践存在论"以实践嫁接生存,还是"后实践美学"以存在排挤实践,都尚未摆脱实践论哲学的基本范式,或许只有回到"作为生活"的经验与"作为经验"的生活才能最终摆脱之。

再次,"实践—后实践美学"范式内的美学,越到后期就越呈现出"折中主义"的色彩,都试图在实践与生存的思想之间做各种的嫁接,但却充满着内在无法解决的矛盾。

从"后实践美学"到"实践存在"论者都宣称要嫁接马克思与存在论的思想,如果追溯其思想的源泉,准确地说,他们要嫁接的实际上就是早期马克思与海德格尔的思想。但是,这里问题又出现了。一个问题是关于马克思的,为何不去嫁接中期和晚期的马克思的思想呢?更具体来说,为何只嫁接《1844年经济学—哲学手稿》而不去嫁接《1857—1858年经济学手稿》中的思想呢?为何不去嫁接《德意志意识形态》之后成熟期的马克思思想呢?回答或许是,只有早期马克思思想当中才存在着"存在论"的因素,晚期海德格尔在1969年他的讨论班上也曾论证过"生产之实践概念只能立足于一种源于形而上学的存在概念上",[①] 但是关键还在于马克思对传统形而上学的倒转,据称早期海德格尔书架上也曾摆着早期马克思的著作。而且,目前也有中国论者指出,作为海德格尔早期思想核心的 Dasein 一词,早在1844年马克思的"手稿"那里就已经得以运用了,[②] 马克思也可以被视为存在论的创始者之一。然而,某一哲学范畴的出现与其思想内涵的赋予是两码事,起码到了海德格尔那里才赋予了 Dasein 那种"生存论—存在论"的哲学内涵,而马克思只是在一般意义上使用它。再者说,为何在20世纪80年代早期开始探讨"手稿热"的时候,大家都关注并接受了早期马克思的思想尚未成熟这个共识,但而今却将早期马克思思想扩大为他思想的全部呢?进一步来说,早期马克思并未根本摆脱费尔巴哈的影响,他对 Dasein 的理解似乎仍带有费尔巴哈人本哲学的影子,李泽厚也曾当面批判"生活美学",说它在一定意义上是回

---

① 费迪耶等辑录:《晚期海德格尔的三天讨论班纪要》,丁耘译,《哲学译丛》2001年第3期。

② 邓晓芒:《马克思论存在与时间》,邓晓芒:《实践唯物论新解——开出现象学之维》,武汉大学出版社2007年版。

到了费尔巴哈而完全不同于车尔尼雪夫斯基的旧论,但后面的判断准确而前面的判断未必如此。

从海德格尔的那一方思想源泉来说,也存在着许多的问题。最重要的问题仍在于忽视了早期海德格尔与晚期海德格尔的思想差异。由此可以看到,中国学者在借鉴海德格尔的时候往往是"两层皮"的,在本体论上接受的是"基础存在论"的导引部分的"存在者"的思想,这是早期海德格尔的想法,但晚期海德格尔却扬弃了他的早期基本思想而转到了另一个方向上去,其中比较重要的转向就是对艺术思想的关注,并将艺术作为"真理的自行置入"从而开启了新的思想维度。然而,中国学者却将早期与晚期海德格尔的思想基本混为一谈:一方面让实践论与生存论相互融合,这来源于早期海德格尔《存在与时间》的最前面部分的思想;另一方面让存在与艺术、审美相互沟通起来,这来自晚期海德格尔以《艺术作品的本源》为核心文本的思想。"实践—后实践"范式内的美学的确都是采取了"折中主义"的态度来对待思想的结合的,既将早期马克思与早期海德格尔结合起来,又将早期海德格尔与晚期海德格尔融合起来,从而形成了"实践—生存—艺术或审美"的内在架构,但是这种思想的融合本身就充满着矛盾。

最后,"实践—后实践美学"范式内的美学,尽管试图走出"主体性"的理论框定,但是"主体间性"并不能成为新的突破点,更不能由此来突破传统的两分模式。

在此,所要谈的就是以"主体间性"思想来反驳"主体性"哲学,并进而来拓展"后实践美学"的这种新想法,如认定"本体论的主体间性导致哲学的根本变革……它解决了认识何以可能、自由何以可能也就是审美何以可能的问题"。[①] 但就实质而言,可以给出这样的判断——"主体间性"仍是"主体性"的,也就是说,"主体间性"仍未摆脱主体性思维的樊篱。"主体间性"所关注的不过是主体与主体之间的关系,主体在其中不仅在场而且是基本的存在。更要害的是,当"后

[①] 杨春时:《本体论的主体间性与美学建构》,《厦门大学学报》(社会科学版)2006年第2期。

实践美学"为了将中国古典美学思想纳入其中，把"主体间性"的思想加以更加泛化，甚至用它去阐释人与自然之间的关系的时候，这种思想的缺陷就已明显地暴露出来。在传统欧洲的主体性哲学思想当中，物当然不能被当做主体，人与物的关系显然不能以"主体间性"来加以定夺。然而，在中国传统美学当中，却非常关注人与自然之间的那种亲密的关联与沟通，即所谓"我看青山多妩媚，料青山看我应如是"。但是，这种紧密的关联在中国传统思想当中只是一种隐喻（metaphor）而已，并不是真的发生了将万物都当做主体的情况。尽管"主体间性"的着眼点在于一种交互与互动的关系，但这种关系论仍是有其界限的。更深层的问题在于，"主体间性"思想最初来自晚期胡塞尔，当我们使用这样的典型的欧洲思想来阐释中国古典美学的时候，到底有多大的阐释力？当我们把握住了"交互关系"这种思想精髓的时候，是否已经曲解了中国传统的智慧？这也是以"西式话语"来阐释中国思想所带来的根本问题，反过来，以"本土话语"来解读西方思想也会面临类似的问题。

从"旧实践美学""后实践美学"到"新实践美学"都是以西方美学为思想来源的原理建构，在这些处于"实践—后实践美学"范式内的美学建树之外，还有许多论者致力于从中国古典美学的角度进行美学原理的建构。胡经之的《文艺美学》（北京大学出版社1989年版）受到了宗白华的美学思想的内在影响，倡导一种"意境本体论"。胡经之认为，"意境是一个标志艺术本体的审美范畴"，他结合王夫之和宗白华对意境的理解，确定"审美意境"构成的三个层面分别是"境（象内之象）"、"境中之意（象外之象）"和"境外之意（无形之象）"。因而，艺术意境的审美特征就在于：虚实相生的"取境美"、意与境浑的"情性美"和深邃悠远的"韵味美"。同时，他还将艺术意境与人生感悟结合起来，因为人的生命意绪和精神情态从根本上是"律动的""抒情的""充满勃勃生气的生命节律"，因而也是"充盈着氤氲的意境的"，[①] 这种思路显然又与强调生命和体验的艺术思想息息相"通"。在

---

① 胡经之：《文艺美学》，北京大学出版社1989年版。

胡经之提出"意境本体论"之后，陈望衡也提出了"境界本体论"的问题，他认为美就在于境界，境界有两个独有的特征就是"体验性"（由此决定了境界具有一定的形象性和情感性）与"超越性"（因为境界所具有的一定的抽象性使之通向无限）①。但是，陈望衡却认为"美在意象"论只是强调了"意"与"象"的统一，难以达到境界的更高层次，而叶朗在更早的时期就已经明确提出"美在意象"的基本美学观念了。

　　叶朗的"美在意象"理论，主要继承的是早期朱光潜诗论当中的思想——"美感的世界纯粹是意象世界"——并在新的哲学高度加以阐发：从本土思想观之，"中国传统美学认为，意象世界是一个真实的世界。王夫之一再强调，意识世界是'现量'，'现量'是'显现真实'、'如所存而显之'——在意象世界中，世界如它本来存在的那个样子呈现出来了"。②从现象学的角度看，"审美对象（意象世界）的产生离不开人的意识活动的意向性行为，离不开意向性构成的生发机制：人的意识不断激活各种感觉材料和情感要素，从而构成（显现）一个充满意蕴的审美意象"。③这种"美在意象"的理论，被叶朗认为不仅是超越了主客二元论的观点，而且走向了意象的更高层面。所以，叶朗在《美学原理》（北京大学出版社2009年版）的扉页引言当中，引用"美不自美，因人而彰"（柳宗元）与"心不自心，因色故有"（马祖道一）的观点来作为两端的观点，而联结审美主、客双方的观点，则主要来自王夫之的理论启示——"两间之固有者，自然之华，因流动生变而成其绮丽。心目之所及，文情赴之，貌其本荣，如所存而显之，即以华奕照耀，动人无际矣"，并利用宗白华的"象如日，创化万物，明朗万物"的话语，来推举作为朱光潜早期美学思想核心的"意象"理论，这的确是一种自觉将中国美学原理"本土化"的理论建构的积极努力。

---

　　① 陈望衡：《20世纪中国美学本体论问题》，湖南教育出版社2001年版，第488—489页。
　　② 叶朗：《美学原理》，北京大学出版社2009年版，第73页。
　　③ 同上书，第72页。

第六节 回归"生活论"的转向

进入21世纪的头十年间,随着与国际美学前沿的发展越来越同步,当代中国美学又开始了新的征程,"美学本体论"的发展正在酝酿着一场新的创新。当前中国学界的新兴学者们,试图要超出"实践—后实践美学"的思维范式,所以,他们力求回归到现实的"生活世界"来重构"生活美学",并以之作为未来中国美学的一条可行之路。所以说,"生活美学"在中国本土的建构,一方面力图摆脱"实践美学"的基本范式,另一方面又不同于"后实践美学"的旧模式,当然更不同于介于"生产美学"与"存在美学"之间的各种旧有的美学形态,从而试图为21世纪的中国美学找到新的拓展之途。这是由于,忘记生活世界,终将被生活世界所遗忘。与其他学科相比,美学更需回归于生活世界来加以重构,这是由美学作为"感性学"的学科本性所决定的。"生活美学"在中国建构的基本任务,并不仅在于超出实践与后实践的基本范式,同时,作为与国际美学得以同步发展的新的美学思想,它另外的重要任务还在于要将美学原论建基在中国传统的思想根基之上,所以,如何建构一种"中国化"的"生活美学"问题被提了出来。[①]

就在2010年,"生活美学"研究在中国全面兴起,其重要的"标志"主要有两个:一个就是由国际美学学会(IAA)主办、第一次在中国召开的第18届世界美学大会(International Congress for Aesthetics)上开设了"传统与当代:生活美学复兴"与"日常生活美学"的两个专题会场,得到了国内外学者的广泛和高度关注。[②] 国际上最重要的美学杂志《美学与艺术批评》(*Journal of Aesthetics and Art Criticism*)的主编苏珊·费金(Susan Feagin),在第18届世界美学大会期间接受采访时便前瞻说:"今

---

① 刘悦笛:《重建中国化的"生活美学"》,《光明日报》2009年8月11日。
② 李修建:《"美学的多样性"——第18届世界美学大会综述》,《世界哲学》2010年第6期;孙焘:《中国美学向世界打开了大门》,《中华读书报》2010年8月18日。

天美学与艺术领域的一个主要发展趋势是美学与生活的重新结合。在我看来，这个发展趋势似乎更接近于东方传统，因为中国文化里面人们的审美趣味是与人生理解、日常生活结合一体的。"（第18届国际美学大会组委会编《第18届国际美学大会通讯》）这是欧美主流学者所感受到的国际美学的最新动向。在东亚文化内部更是对于"生活美学"关注有加，2010年11月"亚洲艺术学会"（ASA）所举办的京都年会上，设立的主题就是"日常生活的艺术"，在会议主题里面提到2010年日本的"美术教育学会大会"上就有论者提出"日常生活中的美术教育"的问题，"刚好就在日本的美术教育学会结束不久，中国的北京也举办了国际美学大会，而'日常生活的艺术'这个相同的主题"又得到关注（《亚洲艺术学会京都年会会议文集》前言），所以，亚洲艺术学会也以这个主题作为研究对象，这也恰恰展现出中日文化的共同优长之处。

另一个重要标志，则是中国本土的杂志纷纷推出"生活美学"专题。其中，以《文艺争鸣》连续推出的"新世纪中国文艺学美学范式的生活论转向"的8期系列专辑最为引人注目，在2010年度分别提出的是"新世纪中国文艺学美学范式的生活论转向"专辑（第3期）、"外国文艺学美学的生活论转向讨论专辑"（第5期）、"中国文艺学美学的生活论转向讨论专辑"（第7期）、"文化研究与生活论转向讨论专辑"（第9期）和"生态理论视野与生活论转向讨论专辑"（第11期）。张未民的《想起一些与"生活"有关的短语和诗句》一文吹响了"生活论转向"的号角。[①]就在同一年，《艺术评论》的第10期与第12期，分别推出了"艺术与美学"专辑集中探讨了"生活美学"的问题，共推出了8篇文章进行了深入探讨。这种趋势一直延续到了2011年，《文艺争鸣》（学术版）第1期将生活论转向视野推展到了更深层的疆域，而第3期则聚焦于"李泽厚与生活论美学传统"的专题，《文艺争鸣》艺术版的首期也以"生活美学"为专题，将这种新的美学视角纳入了视觉艺术与造型设计的领域。这10多个专题集中推出的近百篇学术论文在本土的纷纷登场，充分说明了"生活美学"所具有的方兴未艾的新生命力。

---

① 张未民：《想起一些与"生活"有关的短语和诗句》，《文艺争鸣》2010年第3期。

然而,"生活美学"这一本土化传统,实际上早已被中国学者不自觉地意识到了。早在 20 世纪中期,车尔尼雪夫斯基的"生活美学"就已经成为了当时中国美学研究的逻辑前提,也就是一个被公认而接受的历史前提,同时也是中国化的马克思主义美学建构的逻辑起点,所以当时几乎每个派别(除了蔡仪保持审慎态度之外)大多是同意这种"美是生活"的理论的,早期的实践派美学也是直接从这种"生活美学"当中生发出来的。当然,就像实践美学,更准确地说是"实践论美学"一样,与此同理,"生活美学"实际上也应该就是"生活论美学",它也可以被看做生活哲学的一个重要的分支,而"生活美学"也决不能等同于审美化的生活抑或生活本身的审美化。有趣的是,在台湾地区所出现的"生活美学"的走势,主要就是指"美学的生活化"的趋势,代表人物和著作是蒋勋的《天地有大美》(台湾远流出版公司 2005 年版)与汉宝德的《美,从茶杯开始》(台湾联经出版事业公司 2006 年版)。当然,也有其他论者如龚鹏程敏锐地感受到了一种转变,亦即"美学在台湾正要由生命美学发展出生活美学","人文之美,即体现在人们的衣食住行各方面。生活的艺术化,才可以使人脱离粗俗朴鄙的状态,而体现其文化涵养"。[1] 但无论是从儒家的本土思想出发还是从艺术的具体感悟出发,台湾地区甚为流行的所谓"生活美学",其实关注的仍是在日常生活当中如何运用美学智慧的实用性问题。

与之不同,在大陆学界,叶秀山所撰写的申明自己美学主张的《美的哲学》(人民出版社 1991 年版)一书当中,试图利用现象学创始人胡塞尔晚期的"生活世界"理论,来建构另一种新的美学理论。按照叶秀山的意解,尽管胡塞尔并没有说他的"生活世界"是"艺术的世界",但是这个世界却是直接地将"本质"和"意义"呈现出来,因而也就是"本质的直观",[2] 而这已为海德格尔将"诗意"引入生活世界提供了条件。由此可见,与绝大多数中国美学界论者直接从海德格尔那里获取资源

---

[1] 龚鹏程:《从生命的学问到生活的学问》,台北,立绪文化事业有限公司 1998 年版,第 9—10 页。

[2] 叶秀山:《美的哲学》,人民出版社 1991 年版,第 22 页。

不同，叶秀山早已意识到了：美的活动可以直接把握到生活现象自身，也就是把握到生活的那种活生生的质感，这是由于，美学研究对象就是"基本的经验世界"，而这个"世界就是一个充满了诗意的世界，一个活的世界，但这个世界却总是被'掩盖'着的，而且随着人类文明的进步，它的覆盖层也越来越厚，人们要作出很大的努力才能把这个基本的、生活的世界体会并揭示出来"。① 所以，在当下，回归到这种现象学意义的生活世界来重构美学的方式，已逐渐成为一种大势所趋，即使在持其他观念的论者那里也可以得到赞同，诸如认定这个"生活世界"就是"有生命的世界，是人生活于其中的世界，是人与万物一体的世界，是充满了意味和情趣的世界"之类的观点，② 从中都可以看到生活世界理论与本土传统思想之间的契合。

"生活美学"之所以在东西方同时出场，尽管有着异曲同工之妙，但是各自生发的语境确实不同。对于欧美的美学而言，在整个20世纪的后半叶，秉承了盎格鲁-撒克逊传统、以英语为主要语种"分析美学"逐渐在世界范围内占据了绝对的主导地位之后，艺术成为美学研究的几乎唯一的对象，甚至分析美学原理本身往往就被等同于"艺术哲学"。然而，超出（按照分析及非分析的方法进行研究的）"艺术"之外——"自然对象"与"生活对象"③——恰恰就成为超出传统研究对象的两个崭新的研究领域。在20世纪的美学主流以艺术为主要研究对象之后，从世纪末期开始，美学研究的领域又重新丰满了起来，"艺术界"、（从"自然界"发展而来的）"环境界"与"生活界"，终于成为国际美学研究的三大领域，美学从而可以在最为广阔的范围内出场。"艺术哲学"的研究仍在继续发展，早期的"自然美学"研究逐渐扩大为"环境美学"研究，"生活美学"则作为最新的思潮而出场，这正是由于所谓"人类生活美学"（the aesthetics of human life）的确成为在当代美学中拓展范围的时候所集中探

---

① 叶秀山：《美的哲学》，人民出版社1991年版，第61页。
② 叶朗：《美学原理》，北京大学出版社2009年版，第76页。
③ Andrew Light and Jonathan M. Smith, *The Aesthetics of Everyday Life*, New York: Columbia University Press, 2005, p.39.

讨的热点之一。[①]

与西方"后分析美学"（post–analytical aesthetics）的生成语境不同，中国的"生活美学"所面对的则是新旧"实践美学"的强大传统，还面对有从质疑实践美学而生发出来的"后实践美学"诸多形态。欧美美学所面临的是"艺术终结"与"后历史"的语境，而当代中国美学似乎对于艺术的研究并不那么热衷，美学往往成为一种"纯思辨化"的自说自话的产物。如此说来，当代中国美学一方面既没有直接面对艺术加以言说，另一方面又脱离了其自身本来就具有的生活论传统，因而，回归生活世界来重构美学便成为对于上述美学方向的一种纠偏。如果说，欧美的美学提出"生活美学"是为了超越分析美学传统的话，那么，在中国所提出的"生活美学"则是为了直接超越实践美学所形成的主流传统。

从目前国内外所出版的专著来看，从2005年开始，关于生活美学的专著就不断得以出版。第一本"生活美学"文集是由安德鲁·莱特（Andrew Light）与乔纳森·史密斯（Jonathan M. Smith）共同主编的《日常生活美学》（*The Aesthetics of Everyday Life*, New York: Columbia University Press, 2005），该书集中了当代国际美学家们对"生活美学"这个最新热点进行探讨的多篇文章。同年，中国学者刘悦笛出版了《生活美学：现代性批判与重构审美精神》。2007年，日裔美籍学者齐藤百合子（Yuriko Saito），从环境美学研究范式出发，并结合日本文化传统出版了《日常美学》（*Everyday Aesthetics*, New York: Oxford University Press, 2007）；卡地亚·曼多奇（Katya Mandoki）的《日常美学：平凡性，文化游戏与社会身份》（*Everyday Aesthetics: Prosaics, the Play of Culture and Social Identities*, Aldershot, England: Ashgate, 2007）从文化与社会研究的角度探讨了"生活美学"；同年还出版了刘悦笛的《生活美学与艺术经验：审美即生活，艺术即经验》（南京出版社2007年版），该书也入选了中国国家新闻出版总署主办的第二届"三个一百原创出版工程"。

刘悦笛的《生活美学：现代性批判与重构审美精神》是国内第一部

[①] Andrew Light and Jonathan M. Smith, *The Aesthetics of Everyday Life*, New York: Columbia University Press, 2005, p.39.

专论"生活美学"的专著,它在阐释当代美学的"最新转向"的基础上试图重建起一套"生活美学"体系。在"日常生活审美化"(当代文化的"超美学"走向)与"审美日常生活化"(前卫艺术的"反美学"取向)的历史背景下,刘悦笛试图从现象学视角出发,分别考察了美与"日常生活""非日常生活""本真生活"之间的现象学关联。美与"日常生活"的本然关联体现在:(1)从直观性到"本质直观性";(2)从非课题性到"自身明见性";(3)从历时性到"同时生成性"。[①]作为"本质直观",作为一种"回到事物本身的生活方式",美的活动其实就是本真生活的"原发状态"。只不过,这种"本真生活"为"日常生活"的平日绵延所逐渐遮蔽,被"非日常生活"的制度化所日渐异化,从而表现为介于"日常生活"与"非日常生活"之间的居间者形态。实际上,这种建构是同中国古典美学内在相通的,特别是与原始道家美学的"去蔽"思路息息相关。同时,该书重新阐发了审美与真理、审美与伦理之间的本然联系:传统"真理符合论"将真拒绝在美之外,而审美与真理的相互拓展却使美学观与真理论得到双赢,"美的真理"构成了"共识观"与"解释学"的统一,美遂成为"生活真理的直观显现"。美与善在近代的"伦理自由观"里就有一种亲和关系,在审美与伦理的相通之处实现的是一种"具体的自由",美学终将是一种"未来的生活伦理学"。总之,本书最终要建构的是一套本土化的"生活美学"思想观念,这种生活美学的基本思想在其后来的专著《生活美学与艺术经验:审美即生活,艺术即经验》当中获得系统化的建构,从而形成了一个相对严整的美学体系。

从西方美学的"生活论转向"来看,中国学者的研究主要聚焦于新旧实用主义美学的两种视角,而这种美学的对立面主要就是康德的美学。因而,告别康德美学、超越审美非功利,就成为当代欧美美学的某种共识。为了实现"生活论转向",杜威的"旧实用主义"成为中西学者获得

[①] 刘悦笛:《生活美学:现代性批判与重构审美精神》,安徽教育出版社2005年版。

灵感来源的思想根据地。① 在欧美学界，杜威也成为向分析美学挑战的武器，因为杜威的美学从"整一的经验"理论出发，试图恢复艺术与日常经验之间的本然关联，给予了当代美学以新的启示。而且，也有中国学者意识到，儒家思想与杜威的思想有着共同的基础，特别是对于"人的生活"关注方面更是如此。美国的"新实用主义美学"在中国也产生了积极影响，阿诺德·伯林特根据杜威回归经验的理路，提出的独特的"审美介入"的观点，理查德·舒斯特曼则直接继承了杜威思想，试图取消高级艺术与低级艺术的差别从而积极为通俗艺术辩护，阐发出一套"生活艺术"的新观念，这都得到了中国学者的广泛关注，后者的基本思想取向就被中国学者直接称为"生活美学"。

从中国美学的"生活论转向"观之，从古典到当代形态的中国美学都被置于"生活美学"的视角内得以重新审视。中国学者首先试图回到传统思想里面，来为"生活美学"寻找本土化的资源，认定生活美学构成了中国古典美学的"根本生成范式"，"儒家生活美学"与"道家生活美学"便形成了两种基本原色，并与后兴的"禅宗生活美学"共构成中国美学的"三原色"。而且就历史而言，从孔子和老子这两位古典美学的奠基者那里开始，中国美学就已经走上了生活美学的道路，真正地将中国古典美学的儒、道、骚、释的传统熔为一炉的思想大家非王夫之莫属，船山可以被视为中国古典美学思想的集大成者。② 从"生活美学"的角度来看，中国古典生活美学形成了三次高潮，分别是"先秦生活美学""魏晋生活美学"和"明清生活美学"。

刘悦笛与赵强合著的《无边风月：中国古典生活美学》专著，共分为上、下两篇，上篇为"生活成美：据于儒·依于道·逃于禅"，其中包括三章：从"孔颜乐处"到"儒行之美"，从"鱼乐之辩"到"道化之美"，从"日用禅悦"到"禅悟之美"，主要阐释儒、道、禅三家的"生活美学思想"；下篇为"美化生活：悦身心·会心意·畅形神"，其

---

① 张宝贵：《走向生活的美学——20 世纪西方美学的主体走向》，《江海学刊》2000 年第 6 期。

② 刘悦笛：《儒道生活美学——中国古典美学的原色与底色》，《文艺争鸣》2010 年第 7 期。

中包括七章：从"花道茶艺"到"居家之美"，从"琴棋书石"到"赏玩之美"，从"雅集之乐"到"交游之美"，从"笔砚纸墨"到"文房之美"，从"造景天然"到"园圃之美"，从"诗情画意"到"文人之美"，从"山水泉林"到"优游之美"，从而力求将"生活美学"的古典样貌初步呈现出来。① 刘悦笛的《中国人的生活美学》也即将由中华书局出版，其中将中国"生活美学"更完整的结构图呈现出来，具体分殊为天气时移的"天之美"、鉴人貌态的"人之美"、地缘万物的"地之美"、饮馔品味的"食之美"、长物闲赏的"物之美"、幽居雅集的"居之美"、山水悠游的"游之美"、文人雅趣的"文之美"、修身养气的"德之美"、天命修道的"性之美"。中国生活美学的十个基本面向。②

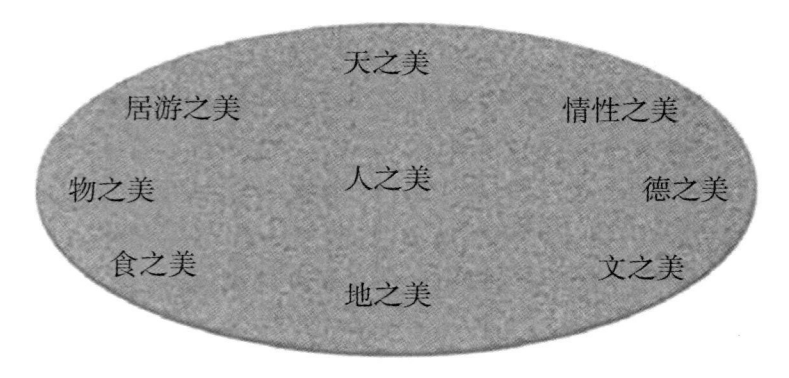

```
            天之美
居游之美              情性之美
物之美      人之美    德之美
食之美              文之美
            地之美
```

李修建出版的新著《风尚：魏晋名士的生活美学》，通过对以《世说新语》为中心的魏晋相关史料的细密爬梳，以形神、服饰、清谈、饮酒、服药、游艺、诗文、书画为不同的侧面，整体地深描出魏晋名士的"生活美学"的方方面面，这是关于中国古典生活美学研究的第一本著作，开启了中国古典生活美学的深入研究。③ 该书将魏晋名士的审美风尚置于文化史的大背景及日常生活的语境之中进行考察，得出了一些新的结论，如提出魏晋名士的"褒衣博带"乃是源于儒家的服饰传统；陶渊明的采

---

① 刘悦笛、赵强：《无边风月：中国古典生活美学》，四川人民出版社 2015 年版。
② 刘悦笛：《"生活美学"的学与道》，《中国社会科学报》2017 年 9 月 1 日。
③ 李修建：《风尚：魏晋名士的生活美学》，人民出版社 2010 年版。

菊有着养生的目的，晋人的好鹤也有现实的功用等。该书还对魏晋时期的主要世族及主要名士、清谈名士、服药名士的相关史料进行了分类整理。其最重要的特色就在于，以历史的宏观视野，对士与名士的内涵，对所涉每项生活风尚，都能考其缘起流变，探究其蕴含的审美意趣与文化精神，使该书呈现了一种历史的深度和厚度。

赵强的专著《"物"的崛起：前现代晚期中国审美风尚的变迁》直截了当地回答了这样一个问题——明末的"生活美学"究竟该如何书写？这本专著可谓在当今的中国古典"生活美学"研究方面具有某种示范意义的最新力作，它以晚明时代的突出社会症候亦即"'物'的崛起"为切入点，采用学科交叉的研究方法，从整体性视野展示了前现代晚期中国社会生活、文艺活动和审美风尚的基本历史特征，深入探讨了前现代晚期中国社会审美文化的嬗变过程，并对当前社会生活、文化艺术领域凸显的重要问题做出了理论回应。该书提出，"物的崛起"与"生活美学"的兴起，对前近代晚期中国社会的结构性变迁起到了不可忽视的推动作用；审美、精神生活的世俗化、日常化是前现代中国文明发展进程的必然，也是文化、艺术所无法逾越的历史阶段。[1]

近些年来，中国古典生活美学研究开始向各个方向拓展：有的著作较为综合，涉及古代"生活美学"从物质到精神的方方面面，但更多的成果偏重于某一朝代，而魏晋与明清的生活美学是学界研究重点，姚文放主编的《泰州学派美学思想史》（社会科学文献出版社 2008 年版）也聚焦于泰州学派所倡导生活化美学问题，张维昭的《悖离与回归：晚明士人美学态度的现代观照》（凤凰出版社 2009 年版）也采取了丰富了明代生活美学的研究，曾婷婷的《晚明文人日常生活美学观念研究》（暨南大学出版社 2017 年版）同样聚焦于文人生活美学，刘玉梅的《李渔生活审美思想研究》（中国社会科学出版社 2017 年版）则准确地把李渔定位为生活美学家。还有一些论著对文震亨《长物志》、袁宏道《瓶史》等文本或酒、茶等元素进行了研究。这些著作或集中于对生活美学诸实践层面的梳理和展现，或偏重于对生活美学观念或范畴的阐发，资料较为丰盈，亦能

---

[1] 赵强：《"物"的崛起：前现代晚期中国审美风尚的变迁》，商务印书馆 2016 年版。

进入历史深处，显示出颇强的理论性。

通过对史料的系统整理和深入研究，近现代的"生活美学"研究也逐渐被纳入学者的视野当中，而以"日常生活审美化"为主题的当代生活美学更是被广为关注，并将之与文化研究、视觉研究和文化批评结合了起来。有论者辨析了在中国三种生活美学传统，第一种就是基于前宗法社会、残留于当代的，作为人们追忆与利用传统生活与文化的美学；第二种则是基于百年现代中国民众革命斗争的革命生活美学；第三种才是基于当代世界资产主义整体语境而在中国迅速发育的、基于生产和消费的"经验的生活"及其生活的美学。① 这三种生活美学传统都力图贴近现实，都落脚于生活，也都各有其现实性，因而也共存叠合于当今时代。还有论者更为直接地将中华人民共和国成立之后的三种生活美学，分别称为"政治生活美学""精英生活美学"和"日常生活美学"。由此可见，"日常生活美学"只是当代中国"生活美学"研究的一个方面，也就是归属于当代文化的那个部分，"生活美学"本应拥有更广阔的领域和对象，它的研究范围从古代传统一直延伸到了当代文化。

对"日常生活美学"的价值取向问题，目前已经成为论争的焦点。王德胜提出，作为"日常生活美学"的理论核心，"新感性价值本体"并不是认识论意义上的认识范畴，而是一个当代生存现实中反抗理性一元主导论的美学范畴，是一个在指向现实的阐释中不断获得自身确立的当代生活存在范畴。日常生活的审美缺位决定于发生和满足于人的实际生活的感性意义，这说明，日常生活现实中的人的感性的生活情感、生活利益与生活满足具有内在的自然合法性，并揭示了当代日常生活与感性之间的同质化的关系，突出了人的生活行动的感性实在性。② 这种观点遭到了许多论者的反对和批评，他们认为，感性价值也不能作为本体而存在，本身更为丰富的日常生活也不可以化约为感性一元论。正如王确所指明的那样：重提"生活美学"不是要颠覆掉经典美学的所有努力，而是要使美学返回到原来的广阔视野；讨论"生活美学"不是要

---

① 陈雪虎：《生活美学：三种传统及其当代会通》，《艺术评论》2010 年第 10 期。
② 王德胜：《回归感性意义——日常生活美学论纲之一》，《文艺争鸣》2010 年第 3 期。

把被现代文化史命名为艺术的那些东西清除美学的地盘,而是要打破自律艺术对美学的独自占有和一统天下,把艺术与生活的情感经验同时纳入美学的世界;确认"生活美学"就是为了亲近和尊重生活,承认生活原有的审美品质。①

在"生活美学"当中,得以转变的不仅是传统"审美观",而且还有旧有的"生活观"。有一种重要误解在于:生活美学直接等同于"日常生活美学"。日常生活美学的确是最新兴起的一种思潮,它是直面当代"日常生活审美化"而产生的,将重点放在大众文化转向的"视觉图像"与回归感性愉悦的"本能释放"方面,从而引发了很大的争议。然而,"生活美学"尽管与生活美化是直接相关的,但是当代文化的"日常审美化"与当代艺术的"日常生活化"对生活美学而言仅仅是背景而已。"生活美学"更是一种作为哲学理论的美学新构,而非仅仅是文化研究与文化社会学意义上的话语构建。这意味着,生活美学尽管是"民生"的美学,但却并非只是属于大众文化的通俗美学,而日常生活美学却成为只为大众生活审美化的"合法性"做论证的美学。在理论上,它往往将美感等同于快感,从而流于粗鄙的"日常经验主义"。所以说,"生活美学"是包含"日常生活美学"的,或者说,"日常生活美学"只是"生活美学"的有机构成部分或者当代文化形态而已。

"生活美学"在中国出现之后,首先就面对了"生存论转向"之后的后实践美学的挑战。在目前的中国美学界,"日常生活美学"与"超越性美学"之间的确形成了某种内在的张力与冲突,这特别凸显在后实践美学论者所持的"超越论"立场与日常生活美学论者所持的"感性论"立场之间的直接对峙。按照《光明日报》2009年7月14日所做"美学与日常生活"笔谈之"编者按"的说法:"日常生活的现代化带来了大众文化的繁荣。在如何看待这一社会文化现象的问题上,学者们形成了不同的美学立场,产生了'超越性美学'与'日常生活美学'两种美学体系。'日

---

① 王确:《茶馆、劝业会和公园——中国近现代生活美学之一》,《文艺争鸣》2010年第7期。

常生活美学'主张美学要回归感性学,服务人的世俗幸福;'超越性美学'认为美学要批判消费主义文化,保持审美的超越性品格,服务人的精神自由。两种美学体系,植根于现代日常生活,又吸收了国外现代主义、后现代主义的思想资源,从而标志着中国现代美学建设的新进展。"[1]这种描述还是相对客观的。

但与此同时,"实践存在论"美学却完全赞同美学的"生活论转向",因为这种美学提出的初衷,也是想使美学跳出纯理论的圈子从而回到现实生活,而这也被认定是以与马克思的实践观结合为一体的存在论思想为直接依据的。朱立元回过头来对马克思的"现实生活"的概念进行阐释,认为这个概念更多地表示与观念、意识相对立的"人的全部社会生活活动"——物质实践和其他生活实践,它既包括作为实践基础的物质生产活动,也包括人们的社会交往和各种社会活动、各种精神生产活动(艺术和审美活动就在其中)以及其他的日常生活活动。[2]"实践存在论"美学就是希望美学回归人们的现实生活,回归无限丰富多彩的人生实践,而不是脱离现实生活的高头讲章与抽象体系。由此可见,如果将美学拉回到生活世界来加以考量,"实践存在论"也是对此采取了赞同的态度的,这也就好似实践美学在萌芽状态时期的思想同样赞同"美是生活"的观念一样。但无论怎样说,这都已经形成了"实践论美学""生存论美学"与"生活论美学"之间共生的错杂关系,从而构成了当代中国美学健康发展的多元格局。

是将生活美学当作"环境美学"的分支,还是把环境美学作为"生活美学"的分支,这也关系到对"生活美学"的理解。当代欧美环境美学家更多地把生活美学当作环境美学的当代发展环节。这里面引发出来的问题就是:生活是从环境里面延伸而出的,还是环境是围绕生活而生成的?按照环境主义论者的观点,他们认为,如果认定环境就是围绕着主体生成的,那么,这种思想本身就蕴含了"人类中心主义"的意味。但是,环境毕竟还是针对人类而言的,没有人类也许就无所谓环境的存在与否。

---

[1] 《"美学与日常生活"笔谈·编者按》,《光明日报》2009年7月14日。
[2] 朱立元:《关注常青的生活之树》,《文艺争鸣》2010年第7期。

可以说，环境总是"属人"的环境，环境与生活本身就是密不可分与交互规定的，环境更应被视为"生活化"的环境。活生生的"人"及其生活的环境的互动关联，恰恰是"环境美学"融入"生活美学"的必然通途。曾繁仁认为，"美学走向生活"的重要方向如果纳入本土化的生态美学的系统当中，那么城市美学就会首当其冲，中国特色的城市美学的核心概念就在于"有机生成论"。这种具有东方特色的"有机生成论"的城市美学，属于生态美学的必然组成部分，也是生态美学的重要实践领域之一。[①]

从国际美学的整体走势来看，"当代艺术哲学""当代环境美学"与"当代生活美学"依然成为国内外美学家们所集中关注的美学新生长点。这意味着，对于当代的艺术、环境与生活的美学研究，已经成为国际美学发展的最新主潮。正如刘悦笛在专著《分析美学史》的结语部分所说，"回到经验""回复自然"与"回归生活"业已成为当代国际美学发展的三个新的发展方向。在中国本土，其中的"生活美学"的建构，恰恰是与国际美学颉颃发展起来的一种中国美学新形态。或者说，生活美学的建构在中国是深深植根于本土传统之上的一种美学新构，它所代表的"新世纪中国文艺学美学的生活论转向"，恰恰是当代中国美学 20 世纪 80 年代经过"实践论转向"、90 年代经历了"生存论转向"之后的又一次重要的思想转向。中国美学思想曾经集中追问过"美的本质"问题，这从 50 年代就已经正式开始，而转换到所谓的"本体论时代"，则主要是从 90 年代才开始的，只有到了新的世纪，"生活论转向"的新视角才真正得以被广泛接纳了下来。

从 2017 年开始，《人民日报》特设了"美在生活"专栏，如今已发表了将近三十篇文章，涉及从茶、酒、扇、花道、食物、工匠、清玩、书房、藏书、家具、绿植、春游、避暑、沐浴、梦象、半耕半读等各方面。2019 年其中 25 篇文章结集出版。[②] 2017 年 10 月，由复旦大学中文系为庆祝建系百年特举办的"'生活美学'学术研讨会"，国内外美学界 40 余位

---

① 曾繁仁：《美学走向生活："有机生成论"城市美学》，《文艺争鸣》2010 年第 11 期。
② 刘悦笛主编：《东方生活美学》，人民出版社 2019 年版。

学者出席研讨会并参与讨论，会议既探讨了对"生活美学"这一概念本身的理解，分析了生活中众多具体审美现象，也详细讨论了"生活美学"需要批判继承的古今中西的思想资源，并试图指出"生活美学"的诸多未来实践方向。

如今，"生活美学"已经开始走出亚洲，走向了世界美学舞台。2012年，在中国举办了一次国际美学会议"生活美学：东方与西方的对话"，邀请了国际上的重要美学家史蒂芬·戴维斯（Stephen Davis）、阿伦·卡尔松（Allen Carlson）、阿诺德·伯林特（Arnold Berleant）、苏姗·费根（Susan Feagin）、玛丽·魏斯曼（Mary B. Wiseman）等，共同来商讨"生活美学"这个全球美学的最新前沿问题。这个会议的成果，就是刘悦笛邀请国际美学协会前主席柯提斯·卡特（Curtis L. Carter）共同主编的英文文集《生活美学：东方与西方》（*Aesthetics of Everyday Life*: *East and West*）。①这本书历经近四年的编撰 2014 年由剑桥大学出版社出版，后被列入斯坦福哲学百科的"生活美学"（Aesthetics of Everyday Life）与"环境美学"（Environmental Aesthetics）两个词条当中。② 而且，这两个词条恰恰是美学类新增的两个词条，因为"生活美学"是最前沿的国际美学新生点。当今，"生活美学"之所以已成为"走向全球美学新构"的一条重要的路径，就是因为，它既可以用来反击"艺术自律化"（antonomy of art）与"审美无功利"（aesthetic disinterestedness）的传统观念，也可以将中国美学奠基在本土的深厚根基之上。

作为东西方美学在 21 世纪以后的最新发展趋势，美学走向生活，已指明了追求美学存在方法论的多元化发展的方向，从而来反对以艺术作为基础的欧美主流美学。这种全球美学的文化多样性，为东西方美学之间的协力合作提供了根基。当代全球美学正在走出所谓"后分析美学"的传统，"分析美学"曾经以艺术作为研究核心已出现衰微，由此出现了所谓

---

① Liu Yuedi and Curtis L. Carter eds., *Aesthetics of Everyday Life*: *East and West*, Newcastle upon Tyne: Cambridge Scholars Publishing, 2014.
② Yuriko Saito, "Aesthetics of the Everyday", https：//plato.stanford.edu/entries/aesthetics-of-everyday/; Allen Carlson, "Environmental Aesthetics", https：//plato.stanford.edu/entries/environmental-aesthetics/.

第三章　美学本体论：从"实践论""生存论"到"生活论"转向　　153

Aesthetics of Everyday Life 新潮，而"回归生活世界"的美学，在中国也引发了相应的兴趣，笔者则直接称之为——Aesthetics of Living——以区别于当今西方的美学形态，这在《生活美学：东方与西方》英文文集当中得以充分体现：中国学者言说生活美学的时候，统一使用的术语就是 Aesthetics of Living，这三篇文章分别是刘悦笛的《文化间性转向视界中的"生活美学"》（"Living Aesthetics" from the Perspective of the Intercultural Turn）、台湾地区学者潘幡的《传统中国文人生活美学的现代问题》（The Modern Issue of the Living Aesthetics of Traditional Chinese Scholars）和王确的《美学在中国的转变和生活美学的新范式》（The Transition of Aesthetics in China and a New Paradigm of Living Aesthetics）。[①]在这本文集里面，九位西方学者与四位东方学者在生活美学基本问题上进行了理论的阐发、探讨与交锋，其中的东方学者指出，不论是中国还是日本的传统美学都可被视为生活美学的"原生态"。正如刘悦笛在为该书所撰导言部分所指出，该书聚焦于当今全球美学的核心之处，即在东西方文化中的日常生活这个全新关注点，这涉及东西方学术的合作以及当代西方和中国美学的重新界定的问题。[②] 该书不同于以往西方生活美学专著的重要特点，就在于将生活美学置于东西方的文化对话当中加以重新建构，从而试图熔铸出一种具有"全球性"的生活美学新形态。

所谓"生活美学"或"生活论转向"，被大多数的学者理解为一种探讨将"生活世界"与"审美活动"沟通甚或同一起来的努力。生活美学主张美学向生活回归，着力发掘生活世界当中的"审美价值"，提升现实生活经验的"审美品格"，旨在增进当代人的"人生幸福"，这被认为是非常重要的美学新突破。可以说，"新世纪以来，生活论转向开始成为文艺学美学的重要话题，以'日常生活审美化'启其端，而'生活美学'承其绪"，[③] 并开始得到全面的发展。与此同时，质疑的声音也开始出现，

[①]　Liu Yuedi and Curtis L. Carter eds., *Aesthetics of Everyday Life: East and West*, Newcastle upon Tyne: Cambridge Scholars Publishing, 2014, pp. 14 – 26, 165 – 172, 173 – 180.
[②]　Ibid., pp. vii – viii.
[③]　见北京师范大学文艺学研究中心编《文艺学新周刊第89期·美学研究的生活论转向》导言部分。

因为"即使是一种生活本体论意义上的'生活美学',要取得实效,需要对现实生活世界中的审美现象、活动展开系统、深入的专题研究"。① 但无论怎么说,在中国"美学本体论"的历史逻辑的转换逐渐展开的时候,可以看到,从"实践论""生存论"到"生活论"的哲学基础之根本性的转换。如果说,李泽厚所奠定的是实践美学的"人类学历史本体",而大多数论者则直接持"实践本体论"的话,那么,后实践美学论者所执着建构的就是一种"生存论本体",而最新出现的"生活美学"实际上走向了一种"生活本体论"。

总而言之,从"实践论美学""生存论美学"走向"生活论美学",恰恰构成了当代中国美学的"本体之变"。②

---

① 薛富兴:《"生活美学"所面临的问题与挑战》,《艺术评论》2010年第10期。
② 根据2019年所做的统计,百度搜索"实践美学"相关结果为2170000个,"生命美学"和"生存美学"相关结果分别为2610000个和65000个,"生活美学"相关结果则为11800000个。

第 四 章

"美学原理"写作的基本模式

当代中国美学原理的研究，大体可以分为三个阶段：20 世纪五六十年代的美学大讨论为第一阶段，第一次美学热潮涌出。这次美学热潮是以"知识分子改造"为背景和前提的，政治目的昭然，意识形态气息浓重。从认识论的角度探讨美的本质是此次美学热的重点，兼及美感、自然美等领域。20 世纪 70 年代末至 80 年代中后期为第二阶段，兴起了第二次美学热潮，以李泽厚为代表的实践美学成为美学原理的主导理论。20 世纪 90 年代至今为第三阶段，美学研究趋于冷寂，[①] 实践美学受到质疑，有的学者在实践美学基础上进行了理论的发展，提出"和谐美学""新实践美学"等理论；有的学者开始建构新的美学理论，提出诸如"生命美学""超越美学"等后实践美学。

体系性的美学原理著作在第一阶段就已酝酿形成，但却是"文化大革命"之后方得出版的。如王朝闻主编的《美学概论》，该书早在 1961 年就成立了写作组。蔡仪主编的《美学原理》出版于 1985 年。20 世纪 80 年代以后，美学原理的著作一下子多了起来，如果稍作统计，就会发现数量庞大，简直惊人。初步统计表明，20 世纪 20 年代至 40 年代，社会上流行的概论类美学著作就有 20 多部。[②] 而 1980 年至 2002 年，我国出版的

[①] 关于美学研究在 20 世纪 90 年代的冷却，此处举一例为证。蔡仪先生主编的《美学论丛》，自 1979 年 9 月创刊至 1992 年 5 月停刊，共出版 11 辑。第 1 辑的销量为 45000 册，第 2 辑的销量也近 3 万册，而第 10 辑和第 11 辑却只印行了 1100 册，终因经费不足而停刊。

[②] 汝信、王德胜：《美学的历史：20 世纪中国美学学术进程》，安徽教育出版社 2000 年版，第 123 页。

美学原理著作高达 241 部。① 平均每年十余本。2003 年至今，一直保持着这个生产率，有的年份甚至高达 20 本。我们先来看一下国内几大重点出版社出版的美学原理类著作。

人民出版社：

王朝闻主编：《美学概论》，1981 年版，2005 年版。

王朝闻：《审美谈》，1984 年版。

叶秀山：《美的哲学》，1991 年版。

陈望衡：《当代美学原理》，2003 年版。

杨恩寰主编：《美学引论》，2005 年修订版。

彭富春：《哲学美学导论》，2005 年版。

张玉能等：《新实践美学论》，2007 年版。

彭富春：《美学原理》，2011 年版。

潘知常：《没有美万万不能——美学导论》，2012 年版。

高等教育出版社：

仇春霖主编：《简明美学原理》，1987 年版。

胡连元：《美学概念》，1988 年版。

曹廷华主编：《美学与美育》，1997 年版。

朱立元：《美学》，2001 年第 1 版，2006 年第 2 版。

王杰主编：《美学》，2001 年第 1 版，2008 年第 2 版。

肖鹰：《美学与艺术欣赏》，2004 年版。

杨春时：《美学》，2004 年版。

王一川主编：《大学美学》，2007 年版。

颜翔林：《当代美学教程》，2008 年版。

美学原理编写组：《美学原理》，2015 年第 1 版，2018 年第 2 版。

---

① 刘三平：《美学的惆怅——中国美学原理的回顾与展望》，中国社会科学出版社 2007 年版，第 13 页。

北京大学出版社：

文艺美学丛书编辑委员会编：《美学向导》，1982 年版。
杨辛、甘霖：《美学原理》，1983 年版，2001 年、2003 年新版。
杨辛、甘霖：《美学原理新编》，1996 年版。
叶朗主编：《现代美学体系》，1988 年版，1999 年新版。
杨辛、甘霖：《美学原理纲要》，1989 年版。
胡家祥：《审美学》，2001 年版，2010 年新版。
董学文主编：《美学概论》，2003 年版。
凌继尧：《美学十五讲》，2003 年版。
朱志荣：《中国审美理论》，2005 年版。
迟明珠等编：《美学与艺术欣赏》，2007 年版。
周宪：《美学是什么》，2002 年版，2008 年新版。
叶朗：《美学原理》，2009 年版。
叶朗：《美学原理》，2009 年版，2018 年新版。
骆锦芳、李健夫编：《美学原理教程》，2012 年版。

中国人民大学出版社：

蒋培坤：《审美活动论纲》，1988 年版。
仲国霞主编：《美学实用教程》，1989 年版。
司有仑主编：《新编美学教程》，1993 年版。
张法：《美学导论》，1999 年第 1 版，2005 年第 2 版，2011 年第 3 版，2015 年第 4 版。
牛宏宝：《美学概论》，2003 年版，2005 年、2007 年新版。
张法、王旭晓主编：《美学原理》，2005 年版。
李建盛：《美学：为什么与是什么》，2008 年版。
王一川编：《美学原理》，2015 年版。

上海人民出版社：

刘叔成等：《美学基本原理》，1984 年第 1 版，1987 年第 2 版，2001 年第 3 版，2010 年第 4 版。
王旭晓：《美学原理》，2000 年版。
凌继尧、张燕主编：《美学与艺术鉴赏》，2001 年版。
曹俊峰：《元美学导论》，2001 年版。
颜翔林：《怀疑论美学》，2004 年版。

何以美学原理著作会层出不穷，即使在美学研究早趋冷寂的今天？或许有这样几个原因：第一，群众基础。在经历了两次热潮之后，美学具有了广泛的群众基础，培养了一大批美学爱好者。第二，行政力量。尽管"美"在教育方针的地位常常显得晦暗不明，不能与"德""智""体"并驾齐驱。不过，高等院校一般还是将美育或美学作为一门选修课或通识教育课，美学更是某些文科专业（如中文、艺术、哲学）以及与身体有关的专业（如旅游、医学、体育）的必修课。第三，市场导向。由于美学在高等院校中作为一门必修或选修课程，美学教材也就具有了一定的市场，基于经济方面的考量，出版社乐意出版美学原理类教材。第四，学科特点。美学作为一门感性学，与艺术、审美、身体、日常生活可谓息息相关，更能引起人们的关注。

不过，一个毫无争议却又有点令人无奈的事实是，出版数量并不与研究水平成正比，大量粗制滥造的低水平重复性著作充斥其间。因此，我们对当代中国美学原理研究的概观，只能优中择优，选取有代表性的著作进行论述，以能体现 60 余年来中国美学原理的发展状况。

第一节　唯物主义反映论美学

蔡仪（1906—1992 年）堪称最为活跃的美学家之一。早年留学日本，在此期间接受了马克思主义，并以马克思主义文艺观为指导，写出了

《新艺术论》（1942）、《新美学》（1947）等著作。在20世纪五六十年代的美学大讨论中，他坚持美是客观之说，自成一派，与朱光潜为代表的主客观统一派、李泽厚为代表的客观派与社会派、吕荧及高尔泰为代表的主观派往复辩难，虽面临来自四面八方的批评，他却坚持如一，体现出了对学术的持守。1978年以后，他仍以旺盛的精力从事学术活动，如编写《美学原理》《文学概论》，改写《新美学》，主编《美学论丛》（中国社会科学出版社，共出版11辑）、《美学评林》（山东人民出版社，共出版7辑）、《美学讲坛》（广西人民出版社，共出版2辑），"美学知识丛书"（一套10本，漓江出版社1984年版）等论著。

纵观蔡仪的学术著作，他的美学观可以说是一以贯之坚持到底的，我们此处选取由蔡仪主编，涂武生、杨汉池、杜书瀛和王善忠共同参写的《美学原理》（1985），该书在1983年被列为全国哲学社会科学"六五"计划重点科研项目。该书的提纲于1980年下半年写出，收入《美学论丛》第4辑发表，并于1982年由广西人民出版社和漓江出版社分别出版。《美学原理》的几位作者均就职于中国社会科学院文学所。涂武生和王善忠二人毕业于莫斯科大学哲学系美学专业，受过正统的马克思主义美学训练。这本书虽为集体成果，不过基本贯彻了蔡仪的美学思想。

一 理论基础与整体框架

蔡仪早在日本留学期间就接受了马克思主义及其文艺理论，他在《自序》中提道："一九三三年第一次出版日译的马克思、恩格斯关于文学艺术的文献，其中提倡的现实主义与典型的理论原则，使我在文艺理论的迷离摸索中看到了一线光明，也就是这一线光明指引我长期奔向前进的道路。"[①]

现实主义与典型都关乎文艺创作的方法论，也关乎认识论问题。认识论被视为马克思主义哲学的主要问题，列宁更是将这个问题总结为辩证唯物主义认识论。基于这种理解，以马克思主义为指导，也就是以马克思主义认识论为理论基础。纵观蔡仪的著述，他的美学理论基础一以贯之着唯物主义反映论，正如"《美学原理》编写说明"中所声明的："我们力求

[①] 蔡仪：《新美学》，见《美学论著初编》（上），上海文艺出版社1982年版，第4页。

遵循唯物主义认识论原则"；他的一篇演讲题目，开宗明义地命名为《美学的理论基础是认识论，首先是反映论问题》。[①]

　　唯物主义反映论的基本思想是，存在是第一位的，意识是第二位的，存在决定意识，意识又会反作用于存在。《美学原理》一书在体系性上很好地贯彻了唯物主义反映论的逻辑框架。该书认为美学的研究范围包含三大部分：美的存在——现实美、美的认识——美感、美的创造——艺术美。值得注意的是，在《新美学》第四章"美的种类论"中，蔡仪将美分成自然美、社会美和艺术美，这也是被后世众多美学原理著作接受的一种分类方式。而《美学原理》一书将自然美和社会美合为现实美置于首章，而将艺术美作为美的创造进行分析，更为突显了该书唯物主义反映论的理论基础。也就是说，首先需要现实中存在美，其次才能认识美，最后方可创造美。这三大部分层层递进、逻辑鲜明："现实美是美感的基础，又是艺术美的源泉。美的认识只能是美的存在的反映，是客观现实的美作用于人的感官和意识的心理或精神的活动。艺术美则是现实美的反映和表现，来源于现实中存在的美。因此，只有首先了解现实美的本质和规律，才能明确它与美感和艺术的关系，才能弄清美的认识和美的创造的根源。"[②] 全书共九章，第一、二两章研究现实美，第三、四两章探讨美的认识即美感，第五至第八章分析美的创造即艺术美。前八章构成全书的重头，第九章对美育进行了分析。

二　现实美

　　在探讨当代中国的美学原理研究史时，自然不能忽略苏联美学的影响。比较两个国家在20世纪五六十年代的美学研究情形，我们会发现两者有着惊人的相似。苏联同样在这一时期针对美的本质兴起了美学大讨论，讨论的结果，是形成了"自然派"和"社会派"两个派别。"自然派"的观点与蔡仪所持客观说类似，"社会派"的观点与李泽厚提出的客观性与社会性统一雷同。何以会如此相似？究其原因，固然不可忽视苏联

---

① 蔡仪：《蔡仪美学讲演集》，长江文艺出版社1985年版，第65页。
② 蔡仪主编：《美学原理》，湖南人民出版社1985年版，第5页。

对中国的影响，同时，更可以说，这是以马克思主义哲学为基础前提所得到的必然结果。

马克思主义认识论主张存在对意识的决定地位，蔡仪的美学观就彻底地贯彻了这一观点。在他看来，美是客观的，不依赖人的主观意识而存在：

> 美是客观的也就是指自然界和社会中一切事物的美是不依赖于主体、不依赖于人、不依赖于人类的客观存在的性质，是美的感受和美的创造的根源。自然美在于客观存在的自然事物自身，社会美在于客观存在的社会事物自身，艺术美同样在于作为客观现实存在的艺术作品本身。作为不依赖于人的意识、不依赖于鉴赏者而独立的客观实在，它们只能是客观的。只有这样来理解美是客观的，才是正确的、符合实际的，才能和一切唯心主义的美学划清界限。[①]

为了论证美是客观的观点是"正确的、符合实际的"，蔡仪对西方美学史上有关美的本质的观点分成的唯心主义和唯物主义两大阵营进行了分析。这一度是马克思主义史学的典型书写方式。其基本模式为，将学术史划分成两个时期：马克思主义之前的学术史和马克思主义的学术史。马克思主义之前的学术史划为两大阵营：唯心主义阵营和唯物主义阵营。唯心主义阵营又可分为主观唯心主义和客观唯心主义两类，而唯物主义阵营可分为古代的朴素唯物主义，17、18世纪的形而上学唯物主义和革命民主主义者的唯物主义。唯心主义的某些观点虽然具有启发性，但基本是反动的、错误的，马克思主义产生之前的唯物主义在方向上是正确的，不过由于时代的或阶级的限制，或多或少都存在片面性和局限性。只有马克思主义出现之后，才真正地给出了科学而正确的答案。

具体到《美学原理》一书，毕达哥拉斯、苏格拉底、普罗提诺、奥古斯丁、托马斯·阿奎那、莱布尼茨、沃尔夫、鲍姆加登被划为唯心主义阵营，隶属唯物主义阵营的有狄德罗、雷诺兹和车尔尼雪夫斯基。作者对

---

① 蔡仪主编：《美学原理》，湖南人民出版社1985年版，第30页。

他们的美学观进行了简要介绍，值得一提的是，作者并没有彻底否定前者，而是部分肯定了它们在美学史中的学术价值。不过同样需要指出的是，作者对两派人物的择取略显简率，可以作为唯心主义代表的柏拉图、康德、黑格尔，可以作为唯物主义代表的亚里士多德等重要人物，都没在此处提及。

对于美的本质，既然马克思之前的美学家都没有给出完全正确的解答，那么答案只有在马克思的相关言论中寻找了。由于马克思没有专论美学的著作，对于美的本质这一问题更没有给出明确的界定，而是只言片语地散见于他的若干论著中，尤其是《1844年经济学—哲学手稿》（下文简称《手稿》）中。这就给后人留下了巨大的阐释空间，同时也因着各人的不同理解而出现了分歧甚至对立。朱光潜看到了"劳动创造了美"，李泽厚提出了"人的本质力量的对象化"，而蔡仪则认定为"美的规律"。

> 动物只是按照它所属的那个种的尺度和需要来建造，而人却懂得按照任何一个种的尺度来进行生产，并且懂得怎样处处都把内在的尺度运用到对象上去；因此，人也按照美的规律来建造。①

在蔡仪看来，所谓美的规律，"不过是指美的事物所固有的这种特殊的内在本质关系，也就是以外表非常鲜明、生动而突出的现象或个别性，显著而充分地表现出内部的本质或普遍性的关系"。② 这种美的事物，即典型的事物。蔡仪在此坚持了他在《新艺术论》和《新美学》中就提出的观点，即美在典型。这样，可以得到如下一个公式：

美的本质 = 美的规律 = 典型

现实美包括自然美和社会美。

基于美的客观性，蔡仪指出，自然美即自然事物的美，它不假外求，

---

① 《马克思恩格斯全集》第42卷，人民出版社1979年版，第97页。
② 蔡仪主编：《美学原理》，湖南人民出版社1985年版，第48页。

既不是人的主观意识的产物，也不是"自然的人化"或"人的本质对象化"，从而对高尔泰和吕荧为代表的美的主观说，尤其是对以李泽厚为代表的"实践美学"提出了批判。"实践美学"认为自然美是"自然的人化"或"人的本质对象化"。这一观点来自对《手稿》的解读。因此，他的批判是通过否定《手稿》的重要地位而达成的。他认为《手稿》是马克思青年时代的作品，还受到费尔巴哈人本主义的严重影响，"青年马克思把共产主义简单地看做是'人向自身、向社会（即人的）复归'，这还是一种抽象的、不科学的、非历史唯物主义的观点"①。既然《手稿》体现的是"一种抽象的、不科学的、非历史唯物主义的观点"，那么以此为基础提出的"自然的人化"，也就"不但在理论上是根本错误的，而且在实践上也是非常荒唐的"②。因此，自然美就是它们本身的客观存在，它们的美或不美，与"人化"或"社会性"无关。

根据"美的本质 = 美的规律 = 典型"这一公式，自然美的本质就在于自然美遵循着共同的美的规律，都是以突出的个别性充分地体现出了种类性，是一种典型。蔡仪深受生物学进化论的影响，将自然分成无机物、有机物（植物和动物）和人三个类别，与此对应的三种自然美分别是现象美、种类美和个体美（人体美），体现出了由低到高的美的等级序列。③ 这一观点尽管显得逻辑性强，实际上却很容易遭到来自常识的质疑。早在1953年，吕荧就对蔡仪的美在典型说提出了批评，他给出的一个反例是："典型的跳蚤是美的吗？"蔡仪对此的回应是，"许多事物虽有种类却不能有典型"④。这就将常识中认为不美的事物去典型化，这一回应显得有些缺乏说服力。

社会美是当代中国美学原理中出现的一个特有范畴，为西方美学原理

---

① 蔡仪主编：《美学原理》，湖南人民出版社1985年版，第65页。
② 同上书，第67页。
③ 苏联"自然学派"美学家波斯彼洛夫观点与此类似，他同样从生物进化的立场出发，认为无机界的美是最低级的美，而植物、动物和人的美则由低到高逐步提升。见格·尼·波斯彼洛夫《论美和艺术》，上海译文出版社1981年版，第79—102页。
④ 蔡仪：《吕荧对"新美学"美是典型之说是怎样批评的？》，见《文艺报》编辑部编《美学问题讨论集》，作家出版社1959年版，第127页。

中所无，在苏联美学中也没有这一概念。早在《新美学》一书中，蔡仪就率先提出了社会美的概念，"我们在这里提出的社会美这个东西，是过去的美学家及艺术理论家都没有明白地论过的"。① 在20世纪80年代以来的美学原理著作中，社会美被广为接受。在蔡仪的美学体系中，社会美具有重要地位。在他看来，社会美就是社会事物的美，它们合于美的规律，是社会事物中的典型，"这些由社会的各类普遍性所规定的、合乎美的规律的社会事物，便是美的社会事物。这类社会事物的美，我们称之为社会美"。② 蔡仪在《新美学》中认为社会美主要是性格美，在《美学原理》中又将其分成了行为美、性格美和环境美。他认为社会美是一种综合美，它是通过人表现出来的社会关系的美。从书中列举的大量事例来看，符合社会美的性格和行为主体是代表阶级利益、为意识形态所颂扬的古今中外的英雄人物。因此社会美这一范畴具有强烈的意识形态性，也因为此，晚出的美学原理越来越淡化这一概念，社会美被提及的频率也越来越少了。

三 美感论

美感是除美、艺术之外，美学原理所要研究的又一重要内容。19世纪的心理学诸流派对美感问题进行了比较深入的研究，如克罗齐的直觉说、立普斯的移情说、谷鲁斯和浮龙·李的内模仿说、布洛的距离说、梅伊曼的审美态度说等。朱光潜、吕澂、陈望道、范寿康等学者在民国期间写出的美学原理类著作，大多接受了心理学派的观点。其中以朱光潜的影响最大，他在20世纪30年代写成的《文艺心理学》和《谈美》两书中，接受了克罗齐的直觉说，将美与美感等同起来，并参以心理学派的其他观点，形成了独具特色的美学理论。他的美学观在20世纪五六十年代的美学大讨论中被视为主观唯心主义的、资产阶级的和反动的，而备遭批判。

蔡仪早在《新美学》中就对心理学派的各种观点——展开了批判，同时也是对朱光潜的美学观的批判。蔡仪将这些美学流派称作"旧美

---

① 蔡仪：《新美学》，见《美学论著初编》（上），上海文艺出版社1982年版，第347页。
② 蔡仪主编：《美学原理》，湖南人民出版社1985年版，第84页。

学",认为它们对美感的理解都是错误的。因为"美感原是由美的刺激而生"。① 亦即美感是对美的认识,美是第一性的,美感是第二性的。

依据唯物主义反映论的原则,《美学原理》认为美感是一种认识现象,不过同时坦承美感是一种复杂的心理现象,不同于一般的心理现象,不能用唯物主义认识论取而代之,因此,美感是美学和心理学共同的研究对象。

英国美学家舍夫茨别利及其学生赫奇生曾提出"内在的感官"之说,认为美感依赖于人的天生的审美感官。该书(指《美学原理》,下同)明确反对这种观点,提出:

> 认识美的特殊心理活动究竟是一种什么心理活动呢?基本上是一种形象思维。更准确地说,这是指能够正确掌握美的规律的一种形象思维。②

形象思维问题是两次美学热潮中共同讨论的问题,尤其是在第二次美学热潮中,形象思维问题更是成为美学界甚至文化界讨论的最大热点,与"真理标准问题"的讨论同步齐驱,成为新时期思想解放的先声。③ 形象思维问题讨论的焦点,集中在形象思维是否存在,形象思维与抽象思维的关系等问题。

该书肯定形象思维的存在,并认为形象思维与抽象思维是同时并存的。形象思维并不是"从形象到形象"的单纯感性活动,既是感性的,又是理性的。对于形象思维的产物,该书认为是"意象"。

> 形象思维作为一种特殊心理活动,要对感性材料进行加工改造,

---

① 蔡仪:《新美学》,见《美学论著初编》(上),上海文艺出版社1982年版,第286页。
② 蔡仪主编:《美学原理》,湖南人民出版社1985年版,第121页。
③ 1977年12月31日,《人民日报》以整版的篇幅刊登了毛泽东在1965年7月21日写给陈毅谈诗的信的手迹,文章标题为《毛主席给陈毅同志谈诗的一封信》。信中,毛泽东三次提及写诗要用形象思维。这封信的发表,开启了学术界有关形象思维的大讨论。关于两次美学热中"形象思维"探讨的情况,可参见两篇回顾性文章:刘欣大《"形象思维"的两次大论争》,《文学评论》1996年第6期;高建平《"形象思维"的发展、终结与变容》,《社会科学战线》2010年第1期。

形成意象。这加工改造的过程就是意象创造的过程。①

该书认为形象思维的结果是"意象",并征引中国历代文论中有关"意象"的表述,对意象的内涵进行了分析。依据美在典型的观点,该书又认为形象思维的能动性在于创造典型的意象。意象是中国古典美学中最重要的概念之一,在中国古典美学研究仍处于起步阶段的20世纪80年代初期,该书以富有中国古典美学特色的"意象"来释形象思维,无疑是值得称举的。

"美的观念"是该书的一个重要概念。作者认为美的观念是认识美的中介:"美感反映客观的美并不像镜子照物般地简单直接,而是要通过美的观念的中介的。唯有承认这个中介的作用,才能真正理解美感的奥秘。"② 作者对于美的观念的理解仍然是以认识论为基础,认为它是客观的美的现象和规律在人类头脑中的反映。

与众多美学原理著作不同的是,该书将美、悲、喜等审美类型或审美范畴纳入到美感中进行论述,列出了四种美感:雄伟的美感和秀丽的美感、悲剧的美感和喜剧的美感。这里直接采用了《新美学》中的分类,不过名称稍异,《新美学》中的四种为:雄伟的美感和秀婉的美感、悲剧的美感和笑剧的美感。需要指出的是,该书不用美学原理中通用的"崇高"和"优美",而以"雄伟"和"秀丽"代替,并将"雄伟"等同于"崇高"和"壮美",将"秀丽"等同于"优美"或"秀婉"。之所以如此,作者是想在逻辑上进行正名,因为"雄伟和秀丽不可能由客观对象的属性条件来规定,而是由于客观的美和主观的美的观念相结合而产生的美感形态的种类"。③ 也就是说,雄伟和秀丽是主客合一的产物,属于美感论,而非美论。这里,就与蔡仪一贯坚持的美在客观说不免发生矛盾。虽欲正名,实则造成了更大的混淆。此外,雄伟、崇高、壮美这三个概念也是不能完全等同的,很多美学原理著作中都对崇高与壮美的区别进行了

---

① 蔡仪主编:《美学原理》,湖南人民出版社1985年版,第127页。
② 同上书,第138页。
③ 同上书,第173页。

分析。

四　艺术论

艺术论是《美学原理》着墨最多的部分，共有四章，涉及艺术的性质、艺术的认识与表现（艺术的创造）、艺术创造的本质、艺术的种类。限于篇幅，本书不拟多论，只举其大端。

根据苏联美学家的观点，马克思列宁主义美学对艺术有这样的理解：第一，艺术是一种产生于存在的特殊的社会意识形态，是一种思想活动。第二，艺术按照社会运动的一般规律发展。第三，艺术是认识和反映客观现实的一种特殊方法。第四，艺术有巨大的社会改造意义。它在阶级斗争和社会发展中起着积极的作用。[①]

以上四点可以进一步归结为：从性质上说，艺术是一种社会意识形态；从艺术与现实的关系说，艺术反映客观现实；从艺术的功能来说，艺术具有社会改造意义。

《美学原理》一书中的艺术观基本与此相类，其基本观点有：第一，艺术是一种社会意识形态，强调艺术与政治的关系。第二，将艺术创造分为艺术的认识和艺术的表现两个阶段。在坚持唯物主义反映论的原则的同时，承认艺术具有特殊性，提出艺术的认识是对现实生活的形象反映，并注重对艺术技巧的分析。第三，艺术创造的根本在于创造典型，包括典型人物、典型环境和典型情节。第四，按照艺术所反映的客观事物的美来划分艺术种类。将工艺美术、建筑、音乐、舞蹈划为一类，因为它们在人类历史上出现得最早，以反映现实的现象美为基础；雕塑、绘画是一类，是反映现实的种类美尤其是个体美的艺术；文学、戏剧和电影是一类，主要反映社会的关系美。

《美学原理》的最后一章是"美育"。美育通常被视为美学原理中的四大块之一。该书将美育称为"美感教育"，论述了美育的作用、特点和意义。因为后面还要专章论及，此处不再展开。

[①] 瓦·斯卡尔仁斯卡娅：《马克思列宁主义美学》，中国人民大学出版社1957年版，第247页。

概而言之，蔡仪美学存在着很大的问题，实际上，在20世纪五六十年代的"美学大讨论"中，美在客观说虽然卓然成派，却是腹背受敌，显得"孤掌难鸣"。批判者的普遍看法是蔡仪的美学观是"机械唯物主义"的。蔡仪将美学问题简化为认识论问题，在面对复杂的美与艺术现象时，其理论往往捉襟见肘，缺乏解释的有效性。不过，在对蔡仪的美学观做出评价之时，我们同时要从思想史与美学史的角度进行考量，一方面我们要看到其意识形态性；另一方面正是他以唯物主义的坚定立场，客观上维护了美学讨论的进行。再者，《美学原理》的体系性及其若干观点，亦成为此后美学原理书写的一个范型。如现实美与艺术美的划分，社会美的提出等，这都是需要肯定之处。

第二节 实践美学的初始形态

20世纪80年代初的美学原理著作，其理论资源更多是承自第一次美学大讨论的成果，尤其是当时成为主流的李泽厚的美学观。王朝闻主编的《美学概论》，杨辛、甘霖的《美学原理》，刘叔成等人主编的《美学基本原理》都是如此，它们可以视为实践美学的初始形态。

一 王朝闻主编的《美学概论》

王朝闻主编的《美学概论》(1981)，是中华人民共和国成立之后我国学者编写的第一部美学原理教材，同时也是一部重要的美学原理著作。说它重要，基于三个原因：一是权威性。中华人民共和国成立后，我国进行了高校院系大调整，旧的教材已不能适应新形势的需要，文科教材表现尤甚。1958年开始的"大跃进"更是造成了教学与研究的混乱。在此种情势之下，中央决定整顿教育、文化，其中就涉及教材的革新。1961年，中宣部和高教部联合成立了全国文科教材办公室，直接负责教材的规划与协调，中宣部副部长周扬更是亲自负责大学文科教材的编选工作。具体到美学学科，《西方美学史》由朱光潜主编，《中国美学史》由宗白华主编，《美学概论》的主编是王朝闻，王朝闻是周扬亲自点名的。参与编写的成员，"北大的老师有杨辛、甘霖、于民、李醒尘，人大的老师有马奇、田丁、袁振民、丁子霖、司有仑、李永庆、杨新泉，后来陆续调入的有中国科学院哲学所的李泽厚、叶秀山，武大的刘纲纪，山大的周来祥，《红旗》杂志社的曹景元，北师大的刘宁，中央美院的佟景韩，音乐所的吴毓清，《美术》杂志的王靖宪，中宣部文艺处的朱狄，兰州师院的洪毅然等"。① 共有20余人，其中不乏早已成名的美学家，可谓集一时之盛。二是代表性。《美学概论》虽出版于1981年，不过编写者于1964年就写出了40万字的讨论稿，"文化大革命"之后又经两次修改而成，因此，它足能代表20世纪五六十年代的美学观点与美学叙述方式。此外，主编王朝闻在美的本质观上没有明确的倾向性，这就使他能够吸收各家观点，尤其是主流的观点。三是影响力。该书自1981年出版之后，多次再版，发行量巨大，无疑具有全国性的影响。其理论观点、整体框架，影响了其后大量美学理论著作的写作。

（一）理论基础与整体框架

中华人民共和国成立之后至"文化大革命"期间，人们的日常生活是高度政治化的，思想文化领域更是如此。这点绝类于同为社会主义国家的苏联，"为在人的意识和科学中确立马克思列宁主义的思想体系而进行的斗争，是社会意识形态生活的主导倾向"。② 那是一个政治压倒一切的时代。由于"道不同"，中国坚决地切断了与西方国家的联系，只与少数几个社会主义国家尤其是苏联保持交往。这就使得新中国在思想文化领域呈现出了单一化特点，即只能以马克思主义及其中国化了的毛泽东思想为唯一指导。

作为一部由中央宣传部门组织编写的美学教材，《美学概论》"力图以马克思主义观点为指导"。从其所征引的文献资料来看，全书共引用马克思主义经典作家原文119处，其中马恩的有6处，马克思的有30处，恩格斯的有9处，列宁的有12处，毛泽东的有9处，普列汉诺夫的有24

---

① 李世涛：《中国当代美学史上的"教科书事件"——关于编写〈美学概论〉活动的调查》，《开放时代》2007年第4期，关于《美学概论》的更多编写情况可参看该文。
② M. P. 泽齐娜等：《俄罗斯文化史》，刘文飞、苏玲译，上海译文出版社2005年版，第263页。

处，高尔基的有 14 处，鲁迅的有 15 处。① 这些权威话语构成了该书立论的基础。

就具体观点而言，该书持有的是马克思主义反映论和实践论的观点，也就是说，它综合了以蔡仪为代表的客观派和以李泽厚为代表的客观社会派的观点。其理论基础正是这两个：先是反映论，《美学概论》指出，"美学的研究对象包含客观世界的美和人对客观世界的美的反映的全部领域，它把艺术作为审美意识的集中表现来研究其本质和一般规律"。② 也就是说，它承认美的客观存在，认为美感是对美的反映。再看实践论。《美学概论》肯定美是社会实践的产物，认同美的本质在于客观社会性："就其本质而言，美并不是事物的某种与人无关的自然属性，也不是意识、精神的虚幻投影，而是事物的一种客观的社会价值或社会属性。这也就是美的客观社会性。因为美的所谓客观性，正是指美的客观对象所具有的这种不依存于我们主观意识的社会属性。"③

就此而言，《美学概论》接受了李泽厚的美学观。实际上，美的客观社会说是"美学大讨论"的主流观点。蔡仪的客观说和朱光潜的主客观统一说虽都自成一派，却应者寥寥，显得势单力孤。支持美的客观社会说的却大有人在，参与《美学概论》编写的人员中，除李泽厚外，洪毅然、曹景元、叶秀山等人皆持此说。如曹景元曾指出："美不是事物的个别属性，美是一定对象的一种性质。这种性质是为一定的对象与人、与人的生活发生的特定的关系，内在的联系所规定的。正是一定对象在社会生活中的意义，对人所发生的关系，才使有可能赋予事物以美的性质。"④ 洪毅然提道："关于美的看法，我基本同意李泽厚的所说，美是客观地存在于现实生活中的、事物本身所具有的社会性与自然性的统一。而且也认为社

---

① 参见张法《20 世纪中西美学原理体系比较研究》，安徽教育出版社 2007 年版，第 219 页。
② 王朝闻主编：《美学概论》，人民出版社 1981 年版，第 4 页。
③ 同上书，第 30 页。
④ 曹景元：《美感与美——批判朱光潜的美学思想》，《文艺报》1956 年第 17 号。

会性是决定因素。"① 因为认同美的客观社会性，也就使得《美学概论》成为实践美学的先声。

就整体框架而言，《美学概论》包含三大部分：审美对象、审美意识和艺术，亦即通常所说的三大块：美、美感和艺术。从章节安排来看，第一章讲的是审美对象（美），第二章讲的是审美意识（美感），第三、四、五、六章都是在论艺术，涉及艺术家、艺术创作活动、艺术作品、艺术的欣赏和批评。《美学概论》全书共340页，审美对象部分有56页，审美意识部分有49页，艺术部分占了221页。艺术成为论述的重心，这就使本书呈现出了鲜明的王朝闻特色。

（二） 审美对象

因为承认美的客观性，所以审美对象指的就是客观存在的美。不过本书又引入了"审美关系"这个概念，"凡是客观上与人构成一定的审美关系，能引起人的审美感受的事物，总称为审美对象"。王朝闻在《审美谈》中提到："我这么强调客体与主体的关系，是不是一种唯心主义的玄谈。我以为不是，我以为这顶帽子和我的论点不合适。恰恰相反，我以为这样才能和唯心论或机械唯物论划清界限。唯心论认为美在主观，机械唯物论认为美是纯客观的。我以为应当从审美关系着眼而认识审美对象的客观性与审美感受的主观性。"②

法国美学家狄德罗提出过"美在关系"，俄国美学家车尔尼雪夫斯基曾提出美学是研究"人对现实的审美关系"，"审美关系"即承此二说，在我国美学界亦有多人持此观点。审美关系，关涉着主体与客体两个方面，实际上是将人引进了美之中，表明美并不是绝世独立的，需要人的参与，这就顺理成章地引进了实践说。

此书将审美对象等同为美，先论美的本质，再论美的形态。

1. 美的本质

之所以先论美的本质，是基于这样的思考："美的本质问题的解决，

---

① 洪毅然：《略谈美的自然性与社会性——与李泽厚同志商榷》，《新建设》1958年3月号。

② 王朝闻：《审美谈》，人民出版社1984年版，第35—36页。

是解决美学中其他问题的基础和前提。"① 作者先梳理西方美学史上的有关美的本质的观点，此处与第一节所分析的蔡仪主编的《美学原理》有着同样的写作模式或曰写作范式。亦即将西方美学史化约为关于美的本质的唯物主义与唯心主义两种观念的斗争史。正如一位苏联学者所说："美学的历史，是唯物主义美学理论在与唯心主义美学理论进行斗争中产生和发展的历史。"② 唯心主义的代表人物有柏拉图、普罗丁（又译普罗提诺）、休谟、康德、黑格尔、叔本华、克罗齐等，与此针锋相对的是亚里士多德、狄德罗、伯克、费尔巴哈、车尔尼雪夫斯基等。与马克思所信奉的社会进化论相应，本书对美的本质史的梳理也体现出了一种思想进化论。书中提到：

> 尽管肯定美的客观性的唯物主义的见解在与唯心主义的斗争中，不断地向前发展和深入，例如，由肯定美在事物形式（如亚里士多德）到指出美是关系（如狄德罗），到规定美是生活（如车尔尼雪夫斯基），显示它日益接近真理，它们在局部的范围和片面的形态上也的确暴露了美的本质问题所包含的种种复杂矛盾，提出某些有合理因素的见解。③

思想进化的最高层级就是马克思主义。因此，尽管唯物主义美学家的观点日益接近真理，却只有"马克思主义的哲学——辩证唯物主义与历史唯物主义给美的本质问题的探讨提供了唯一科学的理论基础"④。与蔡仪所持的彻底的唯物主义反映论不同，《美学概论》抓住的是马克思"社会生活在本质上是实践的"这一"真理"，从实践对客观世界的能动改造中探究美的本质。该书认为：

---

① 王朝闻主编：《美学概论》，人民出版社1981年版，第12页。
② 瓦·斯卡尔仁斯卡娅：《马克思列宁主义美学》，中国人民大学出版社1957年版，第1页。
③ 王朝闻主编：《美学概论》，人民出版社1981年版，第24页。着重号为本书作者所加。
④ 同上书，第25页。

美是人们创造生活、改造世界的能动活动及其在现实中的实现或对象化。作为一个客观的对象，美是一个感性具体的存在，它一方面是一个合规律性的存在，体现着自然和社会发展的规律，一方面又是人的能动创造的结果。所以美是包含或体现社会生活的本质、规律，能够引起人们特定情感反映的具体形象（包括社会形象、自然形象和艺术形象）。①

一句话，美的本质在于客观社会性，这种客观社会性来自社会实践。此处的社会实践，主要指的是生产斗争（劳动）。

《美学概论》分析了美和真、善的关系，重点探讨了美和善的关系，认为"美以善为前提，并且归根到底应符合和服从于善"。② 并强调了美的标准必须符合人民群众的根本利益，体现了意识形态性以及审美功利主义。

2. 美的形态

《美学概论》对美的形态的划分有二：一是按照不同性质分为现实美与艺术美，二是按照不同状态、面貌和特征分为优美、崇高、悲剧、喜剧（滑稽）。

《美学概论》采用了蔡仪的观点，将美分成现实美与艺术美，现实美包括社会生活、社会事物的美和自然事物的美，实际上就是社会美和自然美。"社会美"是蔡仪提出来的一个概念，《美学概论》基本接受了这个概念，不过有所保留。比如该书提出，"现实美的主要方面是社会生活的美，现实生活中的社会事物的美，一般常称之为社会美"。③ 对于社会美的范围，该书采用毛泽东在《矛盾论》中的观点，认为社会生活最为基本的是生产劳动、阶级斗争和科学实验，并集中体现于先进人物的身上。这点与蔡仪的《美学原理》中的社会美大体类似。

---

① 王朝闻主编：《美学概论》，人民出版社1981年版，第30页。
② 同上书，第34页。
③ 同上书，第39页。

对自然美的理解典型地表明了客观派与客观社会派的差异。蔡仪认为自然美即在自然事物本身，《美学概论》则从实践的观念出发，认为自然美是社会的产物，是历史的结果，是"自然的人化"，从而使自然美成为人的活动的对象和结果。

与现实美的客观存在相比，艺术美是人的创造。依据唯物主义反映论的原则，艺术美是对现实美的反映，是第二性的，属于社会意识的范畴，是意识形态性的。一方面，现实美是艺术美的源泉；另一方面，艺术美又高于现实美。"艺术源于生活又高于生活"，这一说法几乎可以说成为当代中国人的一种常识。这一方面体现了对人的实践作用的强调，另一方面表明了对艺术创造性的推举。

在第二种分类中，《美学概论》探讨了优美、崇高、悲剧和喜剧（滑稽）四种审美类型。优美和崇高、悲剧和喜剧常常对立并举。这四大审美类型是当代中国所有美学原理著作探讨的重点，大部分著作罗列的也只是这四种类型。苏联美学家写作的美学原理著作中同样是这种情况。[①] 究其原因，主要是西方美学史上对这四种审美类型的研究最多，此外，马克思主义经典作家对它们也多有分析。《美学概论》对这四大审美类型的讲述是以社会冲突和阶级斗争为基础的，比如认为崇高展示的是主体和客体的冲突和对立，以及在对立中达到统一的必然性；悲剧展现的是两种社会阶级力量的尖锐矛盾，这种矛盾无法解决，必然导致一方的失败与灭亡；喜剧同样是两种社会力量的冲突，体现的是即将取得胜利的新事物对旧事物的否定。作者还提到，随着历史进程的推进，会出现崇高向滑稽、悲剧向喜剧的转化。现实生活中这几种类型是彼此联系、相互渗透的。

（三）审美意识

审美意识即美感，有广义和狭义之分，广义上的"美感"包括审美趣味、审美能力、审美观念、审美理想、审美感受等，狭义上的美感指的是审美感受。《美学概论》主要研究的是审美感受。依据反映论的原则，美感是对美的反映，"审美意识是社会意识的一种，它是社会存在的反

---

① 如齐斯的《马克思主义美学基础》（中国文联出版公司1985年版）和鲍列夫的《美学》（中国文联出版公司1985年版）。

映,并通过积极地影响人的精神世界,反作用于人们改造客观世界的活动"。①

《美学概论》对审美意识的分析思路,基本与前面对审美对象的分析一致。先述美学史上关于审美意识问题不同认识路线的研究,再从马克思主义的角度论审美意识的本质,后论审美意识与科学和道德的联系与区别。对于审美意识的起源与本质,作者认为,"它是对客观对象的一种主观反映形式,它是在生产劳动的社会实践的客观基础上产生出来,并随着时代历史的发展而发展和变化的"。② 这就在反映论的基础上结合了实践论的观点。至于审美意识与科学和道德的关联,作者贯彻的还是真、善、美相统一的观点,认为审美感受具有情与理、感性与理性、直观与功利相统一的特点。

与蔡仪的《美学原理》一样,《美学概论》同样承认审美感受是一种复杂的心理活动,不过它同样反对19世纪西方审美心理学的诸种观点,"某些现代资产阶级美学家利用审美感受的复杂心理特征,片面地夸大和歪曲它的某些现象或某些环节,反对唯物主义反映论。它们总的特点是抹杀审美的伦理的功能和认识的作用,宣扬各种反理性主义和主观唯心主义"。③《美学概论》开始借助普通心理学的观点,分析了审美感受中的心理因素,包括感觉、知觉、联想、想象、情感、思维。具体的写作思路,是先陈述各个概念在心理学中的含义,然后将之在审美中的表现、作用、意义等问题进行阐发,同时以反映论和实践观对其进行限定。

（四）艺术论

前面提及,艺术在《美学概论》中所占篇幅最长。这种侧重自然与主编王朝闻的艺术家身份相关。王朝闻不仅是位著名雕塑家,更勤于动笔,早在"文化大革命"之前就出版了六本文艺评论集——《新艺术创作论》（1950）、《新艺术论集》（1952）、《面向生活》（1954）、《论艺术的技巧》（1956）、《一以当十》（1959）、《喜闻乐见》（1963）。据参与过

---

① 王朝闻主编:《美学概论》,人民出版社1981年版,第67页。
② 同上书,第78页。
③ 同上书,第112页。

教材编写工作的刘宁回忆:"朝闻同志有丰富的艺术实践经验,他认为,艺术是一种审美的创造性活动,无论艺术创作中的构思与传达,都有其规律可循。而艺术欣赏则是一种再创造,反过来又影响艺术创作。审美客体与主体之间处处是一种能动的辩证的关系。教材关于艺术创作、艺术欣赏部分吸收了他的许多观点,在修改教材中,我们也尽量体现他的艺术观点。"[①]

《美学概论》第三至第六章分别探讨了艺术家、艺术创作活动、艺术作品以及艺术的欣赏和批评。"艺术家"一章,考察了"社会分工与艺术家""艺术家的生活实践、世界观和艺术修养"以及"艺术家的创作个性"等问题。"艺术创作活动"一章,主要分析了艺术创作中的构思活动和传达活动。"艺术品"一章,探讨了艺术品的内容和形式、艺术种类以及艺术风格和流派。"艺术的欣赏和批评"一章,分析了艺术欣赏的性质和特点,艺术批评的特征和标准等问题。总起来看,一方面,作者对艺术的分析与对美的分析一致,同样是在马克思主义反映论以及革命意识形态的理论框架之下进行言说的。比如,作者认为艺术家是社会分工的产物,在社会主义时期,艺术家本质上属于劳动人民的一部分,其职责是为人民服务。作者指出艺术构思活动本质上是一种认识活动,是在艺术家的头脑中反映、再现客观现实的感受、认识过程。这些观点都运用了反映论的思路。另一方面,还应看到作为艺术家的王朝闻对诸多问题进行了合乎艺术规律的把握与分析。比如,作者强调了艺术家的特殊性,分析了艺术家的才能、技巧、天才以及创作个性等问题。作者以物质手段作为艺术分类的标志,探讨了艺术种类的多样性和统一性,将艺术分成了建筑、实用工艺、绘画、雕塑、舞蹈、语言艺术、戏剧和电影,并对各自的特点进行了论述。

质言之,王朝闻主编的《美学概论》作为中华人民共和国成立以来由官方组织写作的第一部美学原理教材,具有重要的理论意义。它一方面融汇了20世纪五六十年代美学大讨论的理论成果,马克思主义反映论和

[①] 刘宁、李世涛:《参加王朝闻教授〈美学概论〉编写活动(1961—1981)的回忆——刘宁先生访谈录》,《文艺理论研究》2008年第3期。

实践观成为其理论基础，从而使该书体现出了实践美学的初始形态。另一方面该书又突出了主编王朝闻对艺术的理解，并影响了其后的美学原理教材中对艺术部分的写作。

二 杨辛、甘霖的《美学原理》和刘叔成等人的《美学基本原理》

杨辛、甘霖合著的《美学原理》（北京大学出版社 1983 年第 1 版）和刘叔成、夏之放、楼昔勇等人编写的《美学基本原理》（上海人民出版社 1984 年第 1 版）可以相提并论，是由于这两本书有着一些共同点，都出版于 20 世纪 80 年代初，前者首版于 1983 年，后者首版于 1984 年，出版地一京一沪，作为高校美学原理教材，两书都长销不衰，不断重印，发行量巨大。再者，这两本书都进行过修订，尤其是刘叔成等人的《美学基本原理》，至今已修订三次（1987 年第 2 版、2001 年第 3 版、2010 年第 4 版）。这两本书虽然在理论上基本承自李泽厚的美学观，没有太多创见，但在书写上有自己的特色，在普及美学原理方面起着不小的作用。可以说，两书作为 20 世纪 80 年代初出版的美学原理类著作，对于我们考察中国美学理论的演进具有一定的代表性。下面撮其大要，分别进行概述。

（一）杨辛、甘霖的《美学原理》

1. 整体框架

与蔡仪、王朝闻等人的美学原理一样，该书同样认同美学的研究对象是美、美感和艺术。就全书而言，虽然是集中于美学的三大领域，但三块所占比例很不均衡。该书共有十七章，对这十七章内容做一归纳，第一章"什么是美学"算是导论；第二章（"西方美学史上对美的本质的探讨"）、三章（"中国美学史上对美的本质的探讨"）、四章（"美的本质的初步探索"）讨论的是美的本质；第五章"真善美和丑"探讨美与真和善的关系以及美和丑的关系；第六章"美的产生"是从具体的艺术作品中分析美的出现；第七章（"社会美"）、八章（"自然美"）、九章（"形式美"）、十章（"艺术美"）是在研究美的形态；第十一章分析的是"意境与传神"；第十二章"从故宫、人民大会堂看不同时代美的创造"是在探讨美的时代性；第十三章（"优美与崇高"）、十四章（"悲剧"）、十五章（"喜剧"）仍是在探讨美的形态（审美范畴）；第十六章（"美感的社会根源和反映形式的特征")、十七章（"美感的共性与个性和客观标准"）讨论的是美感。可以看出，该书绝大部分篇幅是论美（美的本质、美的形态、美的创造、美的范畴），占据了十四章，美感部分占了最后两章，至于专论艺术的篇章，可以说没有。这与作者的艺术观不无相关，作者认为，"美学不是研究艺术的一般问题，即艺术的所有问题，而是研究艺术美的问题，研究艺术美的创造和欣赏的问题"。① 这就缩小了美学原理对艺术的研究范围，同王朝闻将艺术家、艺术品、艺术批评纳入美学原理之中相区别，也不同于李泽厚所提的艺术社会学。艺术的相关篇幅几近于无，不能不说是该书的一个缺陷。②

2. 理论基础

该书不再以唯物主义反映论作为理论基础，而代之以马克思主义实践观。基于此，该书一方面认同美的客观性，但更强调人的参与。作者对美的本质的探讨，是从分析美的本质和人的本质以及生活的本质的关系开始的。马克思的三句话构成该书的立论之本，一是"自由自觉的活动恰恰就是人类的特性"，③ 二是"人的本质……是一切社会关系的总和"，④ 三是"社会生活在本质上是实践的"。⑤ 作者据此得出："人在一定的社会关系中从事实践活动、自由创造，这既体现了人的本质，也体现了生活的基本内容。"以实践的观点来看待美，作者明确提出了"美的根源在于社会实践"，⑥ 这是实践美学的基本观点。不过，作者对于美的本质又有自己的看法，作者提出，"在实践中的自由创造是人类最珍贵的特性。这一最珍贵特性的形象表象就是美"。⑦ 作者将美视为在劳动中、在实践中自由创造的结果，突出了"自由创造"。可以说，在作者看来，美的本质就是自由创造。那么在自由创造中如何产生美？作者从三个方面进行了说明，

---

① 杨辛、甘霖：《美学原理》，北京大学出版社1983年第1版，第9页。
② 在1993年的修订版中，该书将第十二章替换为"艺术的分类及各类艺术的审美特征"，一定程度上弥补了这种缺陷。
③ 《1844年经济学—哲学手稿》，人民出版社1979年版，第50页。
④ 《马克思恩格斯选集》第1卷，人民出版社1972年版，第18页。
⑤ 同上书，第16页。
⑥ 杨辛、甘霖：《美学原理》，北京大学出版社1983年第1版，第58页。
⑦ 同上书，第59页。

其一，生产劳动是一种自觉的有意识、有目的的活动；其二，在生产物上必然打上人的意志的烙印；其三，在对象世界中直观自身。作者虽未明言，不过可以看出基本上接受的是李泽厚的美学观和实践观，即美在客观性和社会性，对实践的理解偏重于物质生产实践。

不过，作者所提出的美在自由创造的本质观又有着自身的特点。实践的产物并不都是美的，"自然的人化"的结果同样也包含着丑的内容，"自由创造"则将那些不美的东西摒弃在外。"美只是那种肯定着人的自由创造的活动，肯定着人的目的、力量、智慧与才能的实现，人在其中能感到自由创造的喜悦的那种生活形象。所以，只有符合社会发展规律，表现社会实践的前进要求，肯定人的进步理想的生活形象，才是美的。"① 这种对美的界定，体现了一定的理论优势。

3. 书写特色

该书之所以在诸多美学原理著作中占据一席之地，并且行销不衰，与其写作特色自然相关。

第一，结合中国美学史探讨美是该书最大的一个特色。② 前面所论蔡仪和王朝闻的美学理论著作，都鲜有涉及中国美学史方面的内容。而本书则大量地引入了中国美学史和艺术史的材料。如第三章"中国美学史上对美的本质的探讨"，概述了《国语》、墨子、孔子、孟子、荀子有关美的言论，引用了刘勰、张彦远、白居易、柳宗元、王夫之、叶燮等人论美的诗文理论著述；第十一章专门探讨了中国美学中的"意境与传神"这两个概念。同时，亦应看到，尽管作者大量引入了中国美学史的材料，但依然是以唯物史观和革命美学为框架，以唯物/唯心、进步/反动这样的叙述话语进行评析，所征引的材料也只能是作为例证，服务于整个中心，而无法使中国美学资源在理论层面进入美学原理的体系之中。

---

① 杨辛、甘霖：《美学原理》，北京大学出版社1983年第1版，第65页。
② 这本书之所以大量引入中国美学史上的材料，与《中国美学史资料选编》的编成出版直接相关。在写作该书时，作者杨辛、甘霖二人都执教于北京大学哲学系美学教研室，《中国美学史资料选编》正是由该教研室众多人员集体编辑，并于1980年在北京大学出版社出版。杨辛、甘霖二人亦参加了编选工作。实际上，该书所引中国美学史材料大多出自《中国美学史资料选编》一书。

第二，尽管作者在该书几乎没有专门论及艺术，但在全书的具体论述中却引用了大量中西文学艺术的实例，以及日常生活中的事例，就使得该书摆脱了刻板枯涩的理论腔而变得鲜活生动起来，这是该书受到欢迎的重要原因。

（二）刘叔成等人的《美学基本原理》

1. 整体框架

相比杨辛、甘霖《美学原理》的不成体系，刘叔成等人的《美学基本原理》有着较强的体系性。该书提出，"美学就是研究美以及人对美的感受和创造的一般规律的学科"。[①] 其研究内容同样包含三大领域：美、美感、美的创造。与王朝闻等人的三大领域相比，该书以"美的创造"代替了"艺术"。作者认为，美的创造不仅包括艺术美的创造，还包括现实美的创造，诸如环境的美化、社会生活的美化、人的美化都属现实美的创造之列。其中，作者将人的美化等同为美育。这就将美学研究的第四大领域——美育纳入了美的创造之中。

对应着三大领域，该书分成了三编，第一编研究美，共有四章内容，第一章论美的本质，第二章论形式美，第三章论美的形态（自然美、社会美和艺术美），第四章论审美范畴（崇高、滑稽与优美）；第二编研究美感，共含三章内容（第五至第七章），先论美感的本质与特性，再论美的欣赏与判断，后论美感的心理要素；第三编论美的创造，共有五章内容（第八至第十二章），第八章论美的创造的一般规律，第九章论现实美的创造，第十章论艺术美的创造，第十一章论各类艺术的审美特征，第十二章论美育。综合来看，三部分之间比例均衡，结构严整，称得上"四平八稳"。

2. 理论基础

对于美的本质，作者认同李泽厚的观点，从认识论的角度说，美是客观的和社会的。作者更看重美的社会性，将美视为一种社会现象，是历史发展的产物，因此从实践的观点出发，提出"美是人的本质力量的感性显现"。[②] 显然，这一表述是借用了黑格尔的"美是理念的感性显现"之说。作者对人的本质力量进行了三点说明，概括起来就是，第一，从质上

[①] 刘叔成等：《美学基本原理》，上海人民出版社 1984 年第 1 版，第 10 页。

[②] 同上书，第 26 页。

说，人的本质力量是促进人类进步、推动历史前进的积极力量。第二，从量上说，以感性形式呈现出的人的本质力量的美具有某种普遍的共同性。第三，从内涵上说，人的本质力量随着历史的前进而不断丰富和发展。当然，作者强调了人的本质力量的形成和发展是以生产劳动和整个社会实践为基础的，这是实践美学的核心所在。

上述三点说明构成了全书的主线。第一点，刘叔成等人将人的本质力量视为"积极力量"，恰似杨辛和甘霖提出的"自由创造"。"积极力量"和"自由创造"成为检验事物美与不美的"政治标准"，凡是促进人类进步、推动历史前进，就是"积极力量"，也就是美的，否则便是不美的。该书对社会美的论述，对崇高、悲剧、喜剧等审美范畴的分析，都鲜明地体现了这点，如书中指出："人类的日常生活、爱情、友谊等等，只要是能够以恰当的形式显示人的健康向上的本质力量的，就都是美的。"[①] 在第二点中，作者扩大了美的范围，在现实生活中，某些"具有进步倾向的剥削阶级成员"，所创作的东西同样可能是美的，作者作此限定便使其理论具有了解释力与严谨性。第三点，作者以进化论的逻辑，强调了人的本质力量在历史性。如在第三编"美的创造的一般规律"一章中，作者论述了美的创造的历史发展，分成了三个历史时期：原始社会中的美的创造、私有制条件下美的创造和共产主义社会里美的创造。作者对不同历史时期所创造的美的分析，呈现出了逐层进化的特点。

3. 书写特色

纵观全书可以看到，该书一方面在理论资源上承继了20世纪五六十年代的学术成果（美的客观性和社会性，人的本质力量的对象化），另一方面对蔡仪、王朝闻等人的美学原理著作又有所借鉴和吸收，如对社会美的论述、对美感心理要素的分析、艺术与典型的问题等。当然，该书亦有其自身的书写特色，与杨辛、甘霖的《美学原理》相同，该书同样引入了大量中外美学史和文艺史的例证，如在"原始社会中的美的创造"一节中列举了大量考古学和人类学的材料，读来不觉枯涩。

作为一部20世纪80年代初的著作，该书自然有着很强的时代局限

[①] 刘叔成等：《美学基本原理》，上海人民出版社1984年第1版，第125页。

性，即上文所提的以"政治标准"衡量美，一些结论难免肤浅而武断，如对西方形式主义流派的认识，认为未来主义、达达主义、超现实主义派，"否定一切传统，摒弃一切形式美的固有法则，实际上已经从对形式的破坏走向了形式的毁灭，这也是我们所不赞成的"。[①] 值得注意的是，在修订版中，这段内容已被删去，显示出了去意识形态化的过程。

第三节　实践美学的成熟形态

20世纪50、60年代的美学大讨论，唯物主义反映论为其哲学基础，注重美与艺术的社会性，可名之为反映论美学和社会美学。不过，李泽厚和朱光潜分别在其文章中提到了"实践"，[②] 二人同为实践美学的先驱。李泽厚所指的实践主要为物质生产实践，朱光潜则将精神生产（文艺创作）亦视为实践的内容。限于当时的政治与文化氛围，他们引入的实践观点并没有引起足够的探讨。直至20世纪70年代末，李泽厚在《批判哲学的批判》中，以马克思主义对康德哲学进行了改造与阐发，为"实践"赋予了更为深刻的哲学内涵。实践美学遂被广为接受，成为20世纪80年代的主流美学思潮。李泽厚写于1989年的《美学四讲》一书，堪称实践美学的代表之作。

一　《美学四讲》的理论基础

20世纪70年代末的改革开放政策使封闭已久的中国门户大开，经济领域是这样，思想领域亦复如此。形形色色的西方理论忽然之间潮水般地涌入了饥渴已久的中国思想界，"现代西方文库"和"走向未来丛书"是其杰出代表。在美学领域，由李泽厚主编的"美学译文丛书"亦是这股思潮下的产物。而李泽厚本人已出版了一系列哲学、美学、中国思想史方面的论著〔如《批判哲学的批判》（1979）、《美的历程》（1981）、《华夏

---

① 刘叔成等：《美学基本原理》，上海人民出版社1984年第1版，第103页。
② 参见李泽厚《论美感、美和艺术——兼论朱光潜的唯心主义美学思想》，《哲学研究》1956年第5期；朱光潜《生产劳动与人对世界的艺术掌握——马克思主义美学的实践观点》，《新建设》1960年4月号。

美学》（1988）、《中国近代思想史论》（1979）、《中国古代思想史论》（1985）、《中国现代思想史论》（1987）等］，成果斐然，不仅限于美学界，而成为20世纪80年代整个思想界的灵魂人物。

《美学四讲》一书，是根据作者此前的四次演讲记录修改而成，首先，它承接着作者20世纪五六十年代以来的美学观，它的内核仍然是"马克思主义美学"；其次，作者又以宏阔的视野，对西方近现代哲学流派与美学理论广纳博收，康德、黑格尔、维特根斯坦、艾耶尔、海德格尔、弗洛伊德、马尔库塞、门罗、杜威、茵加登、杜夫海纳……作者将这些或老旧或时新的西方人物及其观点尽收麾下，而又加以批判性地吸收与整合，纳入自己的理论体系；最后，该书成书的20世纪80年代，中国社会开始大力发展生产力，书中对科学、对技术表现出了十足的重视，洋溢着一股科学主义的精神。又加之作者融会中西，具有理论的原创性，行文精练洒脱，气势非凡。以上种种，使得该书成为体现80年代文化精神与时代氛围的经典之作。

概而言之，《美学四讲》的理论基础仍是《1844年经济学—哲学手稿》中的"人化的自然"观念，作者由此抽绎出了实践的概念，并构建了实践美学。同时，作者又融摄康德哲学中主体性的概念，并纳入了历史的视野，创造了人类学本体论、历史本体论、主体性实践哲学、积淀等具有原创性的概念，从而使其美学原理具有了一种哲学和历史的深度。

李泽厚在1981年曾提出："美学——是以美感经验为中心，研究美和艺术的学科。"他的《美学四讲》就是沿袭这个思路，先论美学，再讲美、美感和艺术。

二 美学论

《美学四讲》首先涉及的是"美学是什么"这个问题，李泽厚反对当时流行的三种见解，即以蔡仪为代表的美学是研究美的学科；由朱光潜和马奇所主张的美学是艺术哲学；由洪毅然等人所提倡的美学是研究审美关系的科学。[①] 他认为第一种和第三种观点属于同语重复，第二种看法则过

---

① 洪毅然明确提出："美学是关于美的一门独立的科学。"参见洪毅然《新美学纲要》，青海人民出版社1982年版。

于狭窄了。为此,他提出美学应当多元化、美学是个开放的家族的观念,并就美学的研究对象绘制了两个表格。这个表格里面,美学的研究内容从哲学美学到历史美学再到科学美学,科学美学又包括了基础美学和实用美学,实用美学涵盖的范围非常广阔,举凡各文艺门类美学、装饰美学、社会美学、教育美学都囊括在内,而在所谓装饰美学、社会美学和教育美学之下又细分为多个内容,真可谓体系庞大、无所不包。尽管李泽厚承认他的分类有牵强不周之处,但最大的问题却是,无论是放眼于西方美学史还是中国美学史,美学研究从来没有涵盖过如此多的领域,那些领域的大多数都已越出了美学研究的范围,李泽厚本人也无力对此做出更多的论述,因此,他还是要回到哲学美学。

自中华人民共和国成立至20世纪80年代,中国美学的主流是马克思主义美学,前几节所论蔡仪、王朝闻等人皆是马克思主义美学的代表人物。李泽厚自然亦属此列。不过,李泽厚很犀利地指出了此前的马克思主义美学的特点与积弊,他认为马克思主义美学主要是一种艺术理论,"马克思主义的艺术论有个一贯的基本特色,就是以艺术的社会效应作为核心或主题。这社会效应,又经常是与马克思主义提倡的无产阶级的革命事业和批判精神联系在一起加以考虑、衡量、估计和评论的"。[1] 由于强调艺术的社会功能和对革命斗争的实际效用,政治成为最高标准,所以反映论的认识论成为马克思主义美学的基石。蔡仪等人的美学都鲜明地具有这一特点。在80年代,这种反映论美学已经不再适应时代的需要,李泽厚深感马克思主义美学需要发展。"不能仅仅从无产阶级革命事业的角度,而更应该从人类总体的物质文明和精神文明的成长建设的角度,即人类学本体论的哲学角度,来对待和研究美和艺术。"[2] 作为发展的结果,李泽厚提出了他的人类学本体论的美学。

在李泽厚那里,人类学本体论又称主体性实践哲学,这是他融合康德哲学和马克思哲学而提出的一个概念。这个概念包含三层内涵,一是人类学,此人类学并非指的文化人类学意义上的人类学,而是指的人类总体。

---

[1] 李泽厚:《美学三书·美学四讲》,安徽文艺出版社1999年版,第452页。
[2] 同上书,第459页。

二是主体性，这一概念由康德哲学而来，又包含两个方面：一方面是客观方面（社会存在方面），李泽厚称之为工艺—社会结构（又称工具本体）；另一方面是主观方面（社会意识方面），李泽厚称之为文化心理结构（又称心理本体）。三是实践，即人类总体所进行的历史性的社会实践活动，在李泽厚那里主要指的是物质生产实践。人类通过历史性的物质生产实践，既构成了社会存在的本体，又形成了人的心理本体。基于此种观点，李泽厚提出，"寻找、发现由历史所形成的人类文化—心理结构，如何从工具本体到心理本体，自觉地塑造能与异常发达了的外在物质文化相对应的人类内在的心理—精神文明，将教育学、美学推向前沿，这即是今日的哲学和美学的任务"。① 可以看出，李泽厚对美学的任务的表述，与20世纪80年代主流意识形态所提的物质文明与精神文明"两手抓"不无呼应之处。

三　美论

对于美是什么这一问题，李泽厚以分析哲学的思维方式，通过对"美"的字源学分析，批判了美学史上主观派和客观派的美学观。以朱光潜为代表的主观派将美等同于审美对象，以蔡仪为代表的客观派将美视为审美性质，他们的研究或专注于审美心理，或侧重于对象的外在形式。李泽厚认为他们都没能探本穷源，真正应该发问的是美的根源是什么，"只有从美的根源，而不是从审美对象或审美性质来规定或探究美的本质，才是'美是什么'作为哲学问题的真正提出"。② 如此一来，李泽厚将美的本质转化并等同为了美的根源问题。

自1962年写作的《美学三题议》始，李泽厚对美的本质和根源的解答可谓一以贯之，即美的本质和根源来于实践，来于自然的人化。不过，在对实践的理解上，李泽厚和朱光潜、高尔泰等人有着根本性的分歧，朱光潜将精神领域的生产亦涵盖在内，他认为："人通过劳动实践对自然加工改造，创造出一个对象世界。这条原则既适用于工农业的物质生产，也

---

① 李泽厚：《美学三书·美学四讲》，安徽文艺出版社1999年版，第465页。
② 同上书，第476页。

适用于包括文艺在内的精神生产。"① 而李泽厚所称的实践主要指的是物质生产实践。

另外，应该看到，相比20世纪五六十年代，李泽厚的美的本质观亦发生了很大改变。在第一次美学大讨论中，李泽厚以美的客观社会说独树一帜。在1956年发表的《论美感、美和艺术》②一文中，他认为美学的基本问题是认识论问题，美是一种客观存在，美感是对美的反映，同时又强调美是人类社会生活的产物，即美的社会性。李泽厚在20世纪80年代提出主体性实践哲学并建构起新的美学体系之后，实现了从认识论美学到实践美学的转变。这一转变，对于当代中国美学的演进无疑具有重大意义。

在回答了美的本质和根源之后，李泽厚对社会美和自然美进行了探讨。社会美是中国美学原理中独有的一个概念，由蔡仪提出，被后来的美学研究者广泛沿用。西方美学界对自然美这一概念亦持有异议，很多美学家没有将自然美纳入他们的思考范围。中国美学界对社会美和自然美的重视，与其以马克思主义的哲学为理论基础密切相关。社会美和自然美在李泽厚的美学体系中表现得尤为重要。

李泽厚又从真、善、美三者之间的关系论述了美的本质问题。他提出，自然界本身的规律叫作"真"，人类实践主体的根本性质叫做"善"，真与善的统一即是美，"真与善、合规律性和合目的性的这种统一，就是美的本质和根源"。③ 对社会美来说，善是形式，真是内容；对自然美来说，真是形式，善是内容。

由于美的本质在于自然的人化，社会美是人类实践的产物，"社会美正是美的本质的直接展现"。④ 李泽厚将社会美的出现看成一个动态的历史过程，它凝结为静态的成果。同时，由于实践的历史性，社会美的内容也在不断丰富。"社会美包括的范围和对象极为广阔，除了人们的斗争、生活过程、形态、个体人物的行为事业，以及各种物质成果、产品等等

---
① 朱光潜：《谈美书简》，上海文艺出版社1980年版，第51页。
② 原载于《哲学研究》1956年第5期，收入《美学论集》，上海文艺出版社1980年版。
③ 李泽厚：《美学三书·美学四讲》，安徽文艺出版社1999年版，第485页。
④ 同上书，第486页。

外，像历史的废墟、传统的古迹等等也都属此范围。"① 李泽厚对形式美的看法尤能体现他的实践美学观。在 1962 年写作的《美学三题议》中，他将形式美视为自然美，而在《美学四讲》中，他认为形式美应该属于社会美。之所以如此，是因为形式和规律并非精神与观念的产物，乃是在人类历史实践中形成的，体现了目的性与规律性的统一。人类的历史实践在当下社会体现为科技工艺，所以李泽厚盛称技术美学，这种观点仍不免带有功利主义的特点。

自然美的来源亦是自然的人化。李泽厚对"自然的人化"进行了广义和狭义的区分，狭义的"自然的人化"是经过人改造过的自然对象，如栽种的花草树木；广义的"自然的人化"是一个哲学概念，指的是人类征服自然的历史尺度，如暴风骤雨、大海荒漠，虽不是人类改造过的自然，但仍能作为审美的对象。狭义的"自然的人化"是广义的"自然的人化"的基础。可以看到，由于李泽厚强调主体性实践的本质作用，自然美与社会美之间便很难泾渭分明，自然美甚至亦可说成社会美。

四 美感论

李泽厚对美感的认识同样带着浓厚的科学主义情结。他认为美感是审美心理学专门研究的课题，而审美心理学是以数学为基础，进行的是科学的和实证的研究，他甚至提出过运用数学方程式研究审美心理。以此为标准，在李泽厚眼里，距离说、移情说便不够科学，实验美学也失之简单。而至于他本人的研究，仍然要走哲学的道路。他注重阿恩海姆的格式塔心理学和荣格的集体无意识说，因为它们与他所提出的文化心理结构和积淀有关。

积淀、新感性是李泽厚美学体系中的重要概念，他认为美感即建立新感性的问题，积淀和新感性两个概念又必须经由自然的人化加以理解。自然的人化又被分为了外在自然的人化和内在自然的人化两个方面，前者指的是人类通过劳动改造自然的历史成果，后者指人自身的情感、欲望以至器官的人化，亦即人性的塑造。"两个'自然的人化'都是人类社会整体

---

① 李泽厚：《美学三书·美学四讲》，安徽文艺出版社 1999 年版，第 487 页。

历史的成果。从美学讲，前者（外在自然的人化）使客体世界成为美的现实。后者（内在自然的人化）使主体心理获有审美情感。前者就是美的本质，后者就是美感的本质，它们都通过整个社会实践历史来达到。"① 在此，李泽厚不再从反映论的角度提美感是美的反映，而是将美和美感的本质都归结为历史过程中的"自然的人化"，二者一外一内，并行而生，双向发展。新感性就是内在自然的人化的成果。积淀同样是通过社会实践所达成的结果，"指社会的、理性的、历史的东西累积沉淀成了一种个体的、感性的、直观的东西，它是通过'自然的人化'的过程来实现的"。② 由此亦可看出，李泽厚的美学体系是围绕自然的人化，并通过对自然的人化的多层次阐释而达成的。

李泽厚接下来对审美的过程和结构进行了论析，他依照一种逻辑的顺序，将审美过程分成了准备阶段、实现阶段和成果阶段。准备阶段的审美心理主要是审美态度，其中审美注意是关键环节，审美注意主要是对于对象的形式或结构的注意。实现阶段获得了审美愉快（aesthetic pleasure），或称审美感受（aesthetic feeling），李泽厚又将这二者视同为康德所称的审美判断（aesthetic judgement）。康德将愉快在先还是判断在先视为区别美感与快感的关键。李泽厚十分看重此点，认为这体现了审美的主动性，它是一种积极的心理活动过程，包括了感知、想象、理解、情感等因素的交错融合。通过审美感知、审美想象、审美理解等过程，"新感性"得以建立。在成果阶段，产生了审美观念，形成了审美趣味，孕育了审美理想。总体来看，李泽厚对审美心理过程的描述可谓发人之未发，此前，王朝闻主编的《美学概论》只是依据普通心理学的概念，对感知、想象、理解、情感等心理因素在审美中的功能及意义作了解读，此后相当一部分美学原理也是因袭了这一思路。李泽厚对审美过程的论述被滕守尧所发挥，写成了《审美心理描述》一书，同样影响了此后众多美学原理写作。

李泽厚基于他的体系架构，即从自然的人化、积淀等角度探讨新感性

---

① 李泽厚：《美学三书·美学四讲》，安徽文艺出版社1999年版，第510页。
② 同上书，第517页。

的建立,而将人的审美能力分为悦耳悦目、悦心悦意和悦志悦神三个方面,悦耳悦目关乎人的感官的人化,悦心悦意主要体现为情欲的人化,悦志悦神是一种最高级的审美能力,是一种在道德基础上的超道德人生境界。这三种审美能力逐层递进深入,体现了一种历史的积淀与陶冶过程。实际上,这三个过程亦可视作美感的不同阶段。

五 艺术论

李泽厚认为艺术社会学是美学的三大研究对象之一,着眼于此,他对最时新的西方艺术理论进行了取舍,否定了迪基、丹托等人的艺术观,认为接受美学是对审美心理学和艺术社会学的融合而加以肯定。不过,他本人没有对艺术社会学展开论述,所作的仍然是哲学层面的探讨。[1]

李泽厚还是以自然的人化、情感本体、积淀等核心概念来把握艺术,他吸收了苏珊·朗格的符号学观点,认为艺术品是一种符号系统,是对人类心理情感的建构和确认。在他看来,艺术品需要具备两个条件:一是人工制作的物质载体,构成必要条件;二是主体的审美经验,构成充分条件。二者的统一交会,便使艺术品成为审美对象。由此,美的本质与工具本体相连,艺术作品与情感本体相连。美、美感、艺术三者便成为一个统一的整体。

基于一种具有进化论意味与历史性的逻辑,李泽厚将艺术分为三个层面:形式层、形象层和意味层。这三个层面与美感的不同层次相对应。形式层与悦耳悦目相关联,体现了感官的人化;形象层与悦心悦意相关联,体现了情欲的人化;意味层与悦志悦神相关联,体现了超越性的无限感。艺术的这三个层面又对应着三种不同的积淀类型,形式层与原始积淀相关,形象层与艺术积淀相关,意味层与生活积淀相关。

---

[1] 李泽厚关于艺术社会学的观点被滕守尧加以忠实地发挥,写成《艺术社会学描述》一书。该书将艺术社会学视为美学的一个分支,认为艺术社会学应该"研究那些作为审美对象而呈现的艺术,也就是把艺术品、艺术史和艺术批评作为审美对象的存在、历史和鉴赏来对待和研究。其主要的目的是要弄清某一时代的艺术之所以美的道理"。(《艺术社会学描述》,上海人民出版社1987年版,第31页。)应当说,对艺术社会学的这种认知与西方学界将艺术社会学视为运用社会学的方法研究艺术的观念存在一定差距。

在李泽厚看来，从发生学上讲，审美先于艺术，审美起源于劳动，而艺术起源于巫术。人类最早的审美感受不是对艺术作品的感受，而是对形式规律的把握和对自然秩序的感受。诸如节奏、次序、韵律等艺术的形式层，即原始人在漫长的劳动过程中的原始积淀，体现了人的生物性与社会性的统一。艺术的形象层指艺术作品所呈现出来的具体形象，包括古典艺术中的具象世界和现代艺术中的抽象世界。形象层对应着心理的情欲层面，情欲中包含着意识和无意识的复杂纠结，从而生成了丰富的形象，并形成了艺术积淀。艺术作品的意味层与形式层、形象层有所交融，形式、形象中也有意味。但意味层涉及的是纯粹人类性的心理情感本体的建立。生活积淀，"即把社会氛围转化入作品，使作品获有特定的人生意味和审美情调，生活积淀在艺术中了"。[1] 生活积淀对艺术来说具有创新性质，它引入新的社会氛围，变换着原有积淀。

总体来看，李泽厚的实践美学注重人的主体性，注重实践的历史性和动态性，这就构成了对相对静态的社会美学的巨大超越。李泽厚提出了一些具有原创性的概念，如人类学本体论、工具本体、情感本体、积淀等，并为这些概念赋予了相对深刻的哲学内涵，使其美学理论呈现出了相当的理论深度与历史厚度。同时亦应看到，李泽厚的美学理论也不可避免地存在诸多问题。其一，他的理论带有浓郁的科学主义气息和技术崇拜的特点，如提倡美学的分化和科学化，提出用"数学方程式"来研究审美心理，用科学方法研究艺术社会学，如对技术美学的推崇等，这种科学主义的观点难免引起质疑。其二，李泽厚理论体系中的几个具有独创性的重要概念难以在学术界达成共识，如"人类学本体论"中的"人类学"并非文化人类学意义上的人类学，"艺术社会学"也非以社会学的方法研究艺术，这种极具个人性的概念对他人造成了接受上的困难，从而难以形成有效对话。其三，李泽厚过于从人类总体上考察审美而忽略了审美的个体性，他的理论体系似乎也过于注重理性而轻视感性。这也正是后实践美学一再批判李泽厚之处。

---

[1] 李泽厚：《美学三书·美学四讲》，安徽文艺出版社1999年版，第594页。

第四节　实践美学的演进与革新

20世纪80年代末以来，实践美学一方面受到了质疑与挑战，另一方面又不断地得到演进与革新，如周来祥提出的"和谐论美学"，蒋孔阳提出的"美是自由的形象"，刘纲纪提出的创造自由论，杨恩寰提出的美是自由的形式，张玉能提出的新实践美学，朱立元提出的实践存在论美学等，皆丰富了实践美学的内涵，是对实践美学的发展，成为实践美学谱系中的重要环节。本节所论的几部美学原理著作，像蒋培坤的《审美活动论纲》，主张以审美活动为美学研究的起点，代表了美学原理写作的转型。杨恩寰的《美学引论》则是对实践美学的一个发展。蒋孔阳及其弟子张玉能、朱立元等人的美学观点，构成了对实践美学的发展。

一　蒋培坤的《审美活动论纲》

前几节所探讨的几本美学原理著作，无不以美的本质作为美学原理的逻辑起点，继之对美感和艺术进行论述，这构成20世纪80年代初期美学原理的典型写作模式。1988年，蒋培坤的《审美活动论纲》和叶朗主编的《现代美学体系》同时出版，两本书均将"审美活动"作为美学原理研究的起点和重点，从而构成了一种新的美学原理写作范式。当然，除了以审美活动为研究重心，这两本书在内容及观点上又有着巨大的差异，很难并置在一起展开论述。此处专论蒋培坤的《审美活动论纲》，将叶朗的《现代美学体系》放置在第五节进行论述。

（一）理论基础与整体框架

《审美活动论纲》（以下简称《论纲》）的理论基础仍然是马克思主义实践哲学，它坚持这样的方法论原则："美学探讨必须坚持马克思主义的指导，必须把马克思主义的实践观点和历史观点作为自己的总体方法论原则。"[1] 因此，该书仍属实践美学的谱系。

---

[1] 蒋培坤：《审美活动论纲》，中国人民大学出版社1988年版，第8页。

《论纲》又与王朝闻、杨辛与甘霖、刘叔成等人的美学原理有着明显的差异，这种差异表现在逻辑起点上，《论纲》以"审美活动"代替了后者的"美的本质"。作者认为以美的本质为起点的研究存在一个根本的缺陷，那就是脱离了人类审美实践的思辨性，美是在人类的审美活动中产生的，而非在审美活动之外存在预成的美。基于此，《论纲》提出："美学就是探索、研究人类审美活动各个方面及其普遍规律的科学学科。"[①] 首次明确地将审美活动作为美学原理研究的逻辑起点，并以此构建了美学原理体系。该书共五编十四章，第一编（第一至第三章）考察了审美活动的发生和展开；第二编（第四至第六章）分析了审美主体和审美客体及其相互关系，在第六章中，用一小节的内容探讨了美的本质；第三编（第七至第九章）对审美心理过程进行了描述；第四编（第十至第十三章）研究艺术中的审美问题；第五编（第十四章）为审美教育。从内容上看，《论纲》的主体内容仍然是传统美学原理的四大块：美、美感、艺术和美育，不过是以审美活动代替了美的本质。

对该书的引文可以基本查知所使用的理论资源，统计表明，全书共有276则引文，其中，引自马恩经典作家的共94条（马恩全集60条，马恩选集19条，比例最大）；西方理论占138条，20世纪80年代翻译的作品占绝大多数，"美学译文丛书"广受征引；中国古典文献有32则（其中24则出自《中国美学资料选编》）。由此可知，由于以马克思主义为指导，《论纲》的理论资源仍以马克思主义经典著作为主，但加大了对西方理论的引用，广博地吸纳了西方理论尤其是20世纪80年代以来翻译的西方理论著作。另外，中国的文献引用相对较少。可知，《论纲》是以西方理论资源为主干的美学原理著作。

（二）审美发生论

《论纲》第一编，重点探讨审美活动的发生、展开及审美类型的演变等问题。

对于审美活动的发生，《论纲》首先对西方的审美发生理论进行了列举与辨析，涉及古希腊德谟克里特和亚里士多德的模仿说、达尔文和谷鲁

[①] 蒋培坤：《审美活动论纲》，中国人民大学出版社1988年版，第2页。

斯的生物本能说、席勒和斯宾塞的游戏说、泰勒和弗雷泽的巫术说。值得一提的是，作者对这几种理论进行了讨论，充分肯定了它们的合理之处。不过，上述几种理论毋宁说是艺术起源理论，《论纲》将审美和艺术等同了起来，这在逻辑上是需要打上问号的。

《论纲》接下来探讨了人类审美需要的产生、审美感觉力的形成和审美意识的出现等问题。一般说来，审美需要、审美感觉和审美意识属于审美心理学（美感）的范围，《论纲》放置于此探讨审美活动的发生，亦能言之成理。作者依据马克思的需要的三层次（生存需要、享受需要和发展需要）以及马斯洛的需要五层次（生理需要、安全与保障需要、爱与归属需要、尊重需要、自我实现需要）理论，将审美需要归为精神性的享受和发展的需要，实质上是人类生命的一种自然需要。审美需要是如何产生的？作者从人的基本的生命活动——劳动出发，认为马克思所说的自由自觉的活动具有"乐生"性，它意味着人的本质力量的实现，而异化劳动只是"谋生"的手段。"人类的审美需要，本质上是一种'乐生'的需要；而所谓审美活动，实际上就是一种人通过自身的生命活动而获得快乐的活动。"[①] 在此，作者将审美需要视为人的一种本能需要，将审美需要的产生过程视为人的生理性乐生需要被意识、被对象化的过程。至于审美感觉力的形成和审美意识的出现，作者是用马克思的"劳动说"进行解释的，这与王朝闻等人的观点是一脉相承的。

《论纲》第二章，探讨的是人类审美在物质生产领域（涉及工具制造、器物装饰和人体装饰）、社会交往和社会活动领域（主要是巫术活动）以及自然领域的展开，与这三个领域相对应的，形成了三种审美形态，即物化审美文化（形式美）、物态化审美文化（艺术美）和物态审美文化（自然美）。作者对审美在上述三个领域的展开的论述都很简略，个别观点亦显片面。如作者认为原始人的器物装饰纯粹是为了满足人们的审美需要，实际上这种观点很难成立，器物装饰固然有审美之目的，但其社会功利目的可能更为重要。德国艺术史家格罗塞在《艺术的起源》一书中运用了大量人类学材料对该问题进行了探讨，可资参考。

[①] 蒋培坤：《审美活动论纲》，中国人民大学出版社 1988 年版，第 28 页。

(三) 审美类型论

美、悲、喜等审美类型是美学原理研究的重点之一,《论纲》用"历史与逻辑相统一"的方法,分别探讨了审美类型在史前期、古代文明期、近代文明期和现当代时期的演变。在每一时期,作者又兼顾中西方的综合与差异。

史前期,作者主要借鉴黑格尔提出的"象征型"艺术,将这一时期的审美类型称为"神秘的崇高",还有一种并存的审美类型为"稚朴的和谐"。对于后者,作者主要征引中国的文献来加以证明,如新石器时代的彩陶,《尚书·舜典》中的"神人以和""八音克谐"的观点。

古代文明期指奴隶社会和封建社会时期,这一时期的审美类型主要是古典式的崇高(奴隶社会)和古典式的和谐(封建社会)。相比而言,史前期的崇高是感性胜于理性,古典式崇高是理性胜于感性。中国的例子,《论纲》征引了李泽厚在《美的历程》中所述青铜器上的饕餮纹之美;西方则以古希腊悲剧为代表,认为古希腊悲剧体现了一种古典式的崇高,同时又具有悲剧性。在封建社会,审美类型主要为古典式和谐,在中国,古典式和谐表现为"雅",倡导者主要是儒家,先秦道家提倡的是另一种和谐。魏晋以后,《论纲》又引用宗白华的观点,提出"错彩镂金"和"芙蓉出水"两种类型;后又区分了优美和壮美,并认为"先秦至唐,人们所崇尚、所追求的主要是壮美,唐以降,人们的审美崇尚逐渐趋向于优美"。① 西方主要论及了古希腊和中世纪,古希腊部分主要引用文克尔曼的观点,以雕塑为例,体现的是"高贵的单纯"和"静穆的伟大";中世纪部分则征引吉尔伯特和库恩在《中世纪美学》中的观点,认为中世纪的和谐体现了一种神性的和谐。

近代文明期指的是资本主义兴起的时期,这一时期的审美类型主要是悲剧性的崇高。《论纲》强调指出,"崇高,严格地说,是随着近代资产阶级艺术的出现而逐渐成为独立的审美类型的,人类对崇高的自觉意识,也是从近代文明时期开始的"。② 《论纲》对黑格尔所提出的浪漫型艺术进行了分析,认为黑格尔看到了近代资产阶级审美文化的一个重要历史转折,即从外在世界转向内在世界。

---

① 蒋培坤:《审美活动论纲》,中国人民大学出版社1988年版,第64页。
② 同上书,第68页。

《论纲》较早地将荒诞纳入审美类型之中。现当代时期的审美类型，在西方主要是荒诞。"正是西方世界中人在社会、文化、心理等方面的全面异化，产生了一种对人类未来前所未有的极为深广的忧患意识，产生了一种对人类此在的荒谬感。"[1] 其典型代表是西方荒诞派戏剧。在社会主义国家，人将克服异化状态，"社会主义的以及未来社会的审美类型，将如马克思所预言的，体现人与人、人与自然、人与社会的更高一级的'和谐'，人的崇高形象将再一次闪耀其全部光辉"。[2]

　　可以看到，《论纲》以一种历史主义的视野，对审美类型的历史流变进行了概要性的描述，这种思路深受黑格尔的影响。相比其他美学原理著作，体现了一种新的把握方式。这种把握方式即将审美类型纳入到其所由产生的文化语境之中进行理解，体现了一种文化史的视野。不过，其中的问题也是显而易见的。首先，能否将迥乎不同的中西方历史简单地划分成这样几个历史时期是成问题的。其次，每个历史时期同样包含着复杂多样的审美与艺术现象，能否将其化约为一种审美类型同样是值得商榷的。如古希腊时期，《论纲》一方面指出古希腊悲剧中包含有古典式崇高，一方面又提出了悲剧性这一范畴，同时又引古希腊雕塑为例，指出其体现的和谐之美。《论纲》对中国审美类型的论述，更显出这种黑格尔式把握方式的捉襟见肘。作者认为先秦至唐的审美类型以壮美为主，唐以降以优美为主。这种观点显然是不正确的，魏晋时期的主流审美类型无疑是优美。实际上，面对丰富多样的审美现象，是很难用一种化约式的方式加以把握的。在中国的美学研究者中，除了受到黑格尔深刻影响的周来祥运用了这种思路，其他学者很少再以此种方式把握审美类型。

（四）美的本质论

　　《论纲》对美的本质的探讨是从对审美关系的分析切入的。所谓审美关系，"是指人类在审美活动中结成的主客体之间的对象性关系"。[3] 王朝闻在《美学概论》中曾从认识论的角度谈到审美关系，蒋培坤则是从价

---

[1] 蒋培坤：《审美活动论纲》，中国人民大学出版社1988年版，第72页。
[2] 同上。
[3] 同上书，第99页。

值论的角度考察审美关系的。苏联美学家列昂尼德·斯托洛维奇在1972年出版的《审美价值的本质》一书中，就是将审美关系确立为价值关系："人的审美关系历来是价值关系，没有价值论的态度，要认识它原则上是不可能的。审美关系的客体本身具有价值性。"① 蒋培坤的观点与此类似，他从实践的观点出发，认为人类的审美关系是在人类的实践活动之中确立的，又从价值论的角度将审美关系定性为一种价值关系。基于这种认识，他还将美学视为一种人文学科，有着这样的学科秉性："对价值而不是对存在的追求，或者说对人类价值体系的追求和建构，正是人文学科不同于其他学科的地方，因此，我们也可以把人文学科称之为人文价值学科。"② 他指出审美从本质上说就是一种旨在超越人生的有限性以求获得人生终极意义和价值的人类活动。

从价值论的角度以及审美关系来看美的本质问题，蒋培坤认为美的本质是由审美关系的本质所决定的，美的根源就在于审美关系之中。由于审美关系本质上是一种价值关系，所以，"美是一种价值性的存在，它根源于人类的价值活动"。③ 美作为一种价值性的存在，既不是主体性实体，也不是客体性实体，而是一种存在于审美关系之中的"价值事实"。这是怎样的一种价值呢？蒋培坤从马克思提出的人类的劳动是一种"自由的生命活动"的观点，找到的答案就是人性的自由。于是他对美有了这样的定义："所谓美，就是一种合乎人类自由本性的价值事实，或者说，是一种体现了人类自由生命的价值事实。"④ 在他看来，审美愉快的本质和根源同样在于对自由的生命表现以及对这种生命表现的体验与观照。蒋培坤从价值与自由的角度来定义美，应当说具有相当的学术价值。

二 杨恩寰主编的《美学引论》

由杨恩寰主编的《美学引论》（辽宁大学出版社1992年版）一方面

---

① 列昂尼德·斯托洛维奇：《审美价值的本质》，凌继尧译，中国社会科学出版社1984年版，第20页。
② 蒋培坤：《当代美学研究要解决的两个问题》，《文艺研究》1992年第6期。
③ 蒋培坤：《审美活动论纲》，中国人民大学出版社1988年版，第105页。
④ 同上书，第109页。

坚持了实践美学的观点，另一方面又在体系建构与理论观点上有了创新与发展之处，具有一定的代表性。

（一）理论基础与整体框架

作为实践美学谱系中的一部著作，《美学引论》坚持以马克思主义为理论指导："马克思提供的历史唯物主义实践观和人化自然说，构成了美学的科学理论和方法论基础，提出的一系列美学思想和美学命题，奠定了科学理论和方法论基础，具有变革意义。"[①]《美学引论》简单概括了现代西方、苏联和中国的美学研究状况，指出了各自的优点及不足。《美学引论》认为当代西方美学由于缺乏一个科学的历史观和坚实的理论基础与方法论原则，所以对美学基本问题的解答仍是不科学的。相反，当代中国美学坚持了以马克思主义哲学为指导，获得了科学的理论和方法论基础，从而走向了健康发展的道路，在美和艺术的哲学研究方面取得了重大成就和突破性进展。由此可见，在指导原则上，《美学引论》与蔡仪的《美学原理》、王朝闻的《美学概论》可谓一脉相承，都是将马克思主义认定为唯一"科学"的方法论，并以此构架自己的理论框架。

同样是以马克思主义为理论指导，当代中国的美学家们对美学的研究起点的看法并不相同。蔡仪将美的本质作为美学的研究起点，李泽厚则认为美学应以美感为研究起点，王朝闻是以审美关系为研究起点，蒋培坤则以审美活动作为研究起点。杨恩寰综合了审美关系和审美活动，提出"美学应以一定审美关系中的审美活动为研究对象，也就是以审美现象为研究对象。美学，就是揭示审美现象（审美关系中的审美活动）的本质和规律"。[②] 基于此，《美学引论》美学的研究起点为审美经验（审美活动）。

《美学引论》的整体框架是以研究对象的内在逻辑为依据的，它从审美现象入手，以审美经验（活动）为起点，向客体和主体、外在和内在双方逻辑展开。《美学引论》将其理论框架表述为："以审美经验（活动）为起点，向审美（美）客体和审美主体对应延伸、展开、深入，扩及审

[①] 杨恩寰主编：《美学引论》，辽宁大学出版社1992年版，第49页。
[②] 同上书，第29页。

美文化，追溯审美起源，而以非审美的实践为共同的基础，从而揭示审美（美）的自由造型本质和规律；以个体教育为归宿，锻炼和培育个体自由创造形式的能力，陶冶和塑造个体自由超越的态度（境界），从而引导个体树立审美的人生。"① 《美学引论》共十五章，基本是循此思路构架而成。除第一章绪论外，第二至第五章是对审美客体的分析：审美对象、审美属性、审美存在、美本体；第六至第十一章论述审美主体：审美经验、审美机制、审美个性、审美欣赏、审美批评、审美创造；第十二章讲审美形态，仍属审美客体的范围；第十三章论审美教育；第十四章讲审美文化；第十五章探讨审美起源。

可以看到，相比此前的美学原理体系，《美学引论》在坚持马克思主义哲学的方法论原则的同时，贯彻了理论与实践、逻辑与历史相结合的方法论原则，并综合运用多种研究方法，在具体论述中，突出加强了对审美客体和审美主体的分析，相对弱化了对美的本质以及艺术这两大部分的探讨，构建了一个有其自身理论特色的美学体系。

（二）美的本质与审美起源

尽管《美学引论》对美的本质着墨不多（第五章"美本体"和第十五章"审美起源"），但美的本质无疑是美学原理研究无法回避的一个问题，这对实践美学犹然。可以说，对美的本质的解答构成了实践美学之为实践美学的根本所在。

毫无疑问，实践美学即以实践来界定美的本质与根源。实践美学的领袖人物李泽厚将美的本质与美的根源等同起来，认为二者皆来自实践，来于自然的人化，具体说来，这里的实践指的是物质生产实践。杨恩寰观点基本与此一致，他在1983年写作的《马克思主义实践观和美学》一文中提出："美是在物质生产实践中诞生的，实践是美的根源，由实践而达到的合规律性与合目的性的统一是美的本质，达到的尺度与形式的统一乃是美的本质的表现。美的这个秘密，直到马克思建立实践观点、人化自然说，才真正被揭示出来。"② 他此后又重申："我赞成和选择的美学，是历

---

① 杨恩寰主编：《美学引论》，辽宁大学出版社1992年版，第34页。
② 杨恩寰：《马克思主义实践观和美学》，《辽宁大学学报》1983年第4期。

史唯物主义实践论或实践观点美学,并通过自己独立研究认为美学应以审美现象为研究对象,而审美现象作为社会现象、文化现象,其历史和现实的深刻基础,只能是社会实践。社会实践形式有种种,分层次系列,而最基本的形式只能是物质生产实践,其他形式都是派生的,必须严格区分。所以美学问题如审美实践问题,必须在美学领域中解决,也必须在美学领域外解决。美学功夫在美学中又在美学外。所谓在美学外,就是依据历史唯物主义实践论,把物质生产实践看做审美实践的基础和根源。"[1]

《美学引论》贯彻了杨恩寰的实践美学观,不过与李泽厚将美的本质与根源混而为一不同,《美学引论》对这两个问题进行了区分。该书认为美本体包含两层含义,即美的本原和美的本质,并对这两个问题分别做出了回答。书中提出,美即是根源于人类的社会实践活动,"根据马克思提出的'劳动创造了美'这一命题,可以说美就诞生于劳动,或者说美就诞生于人类物质生产实践。劳动、实践就是美的本原"。[2] 关于美的本质,《美学引论》从"美的规律"切入进行探讨,它认为美的本质与美的规律是同等程度的概念,分析美的规律就是对美的本质的揭示。而所谓美的规律,依据的是马克思的"人也按照美的规律来塑造物体"加以理解的,提出"美的规律"就是造型规律,是主体依照"内在尺度"对自然形式的改造。这种改造体现了主体尺度和自然形式的统一,即主体目的和自然规律的统一,真和善的统一。《美学引论》从认识论和价值论两个方面得出,"美就是一种价值形式,肯定实践的形式,或称自由形式"。[3] 美是自由形式,这就是《美学引论》对美的本质的回答。

对于审美起源的问题,《美学引论》列举了本能说、巫术说、游戏说、符号说和劳动说,分析了前四种学说的合理之处与缺陷所在,并指出只有劳动说是正确的、合理的,明确提出审美起源于劳动。这与前面所论美的根源在于实践的观点是相合的。

(三) 审美经验论

审美心理学是美学原理研究的一大问题,《美学引论》第六、七两章

---

[1] 杨恩寰:《实践论美学断想录》,《学术月刊》1997年第6期。
[2] 杨恩寰主编:《美学引论》,辽宁大学出版社1992年版,第206页。
[3] 同上书,第221页。

对审美心理进行了探讨。第六章研究了审美经验的概念、特征和本质，第七章分析了审美经验运作的心理机制。

审美心理，有的原理类著作称为美感，有的称为审美意识，有的称为审美经验，大多可以混同使用。《美学引论》则对审美心理和审美意识这两个概念进行了区分，认为审美心理不同于审美意识，审美意识处在审美心理的表层，审美心理则还包括深层心理；审美心理具有普遍性，审美意识则具有时代性和历史性等。《美学引论》将审美经验分成了三个层面：一是审美（心理）经验层面，该层次又可分为审美经验的产生（审美欲望、审美需要）、实现（感觉、知觉、想象、理解等审美能力）和体验（审美满足、审美愉快、审美欣赏等）三个层次；二是审美（价值）意识层面，指具有稳定性的审美标准和审美趣味；三是审美理论形成层面，指的是对审美经验的理论表述和哲学研究，严格说来已不属于审美经验。也就是说，审美经验主要研究前两个层次的问题。在《美学引论》看来，审美经验是一个动态复合系统，受到两方面的驱动和控制，"一方面是审美需要的驱动，一方面是审美观念、审美理想的调控。这两方面对审美感知、情感、想象、理解等多种心理机能的制动并不总是一致的，往往发生冲突，从而造成审美经验极为复杂的状态和体验。"[1]《美学引论》强调了实际审美活动中个体审美需要与审美观念、审美趣味、审美理想的矛盾和冲突，并指出正是由于这种冲突的存在，才导致了审美经验的丰富多彩。这很好地解释了个体审美经验的丰富性和复杂性。

《美学引论》认为审美的结果是获得审美意象，并将审美意象看做主客体意向性结构的产物。此处可以看到对叶朗主编的《现代美学体系》有关审美心理部分的借鉴。对于审美经验的特征，《美学引论》承袭了康德对美的四个规定的概括，指出审美经验具有无功利的情感愉悦性、无概念的普遍性、无目的的合目的性、无逻辑判断的必然性四个特征，并将其归结为个体直觉与社会功利的矛盾统一。对于审美经验的本质，《美学引论》提出，审美经验本质上是一种自由的情感愉快。《美学引论》进而以实践观对审美自由作了规定，认为审美自由乃是社会实践的产物，是个体

---

[1] 杨恩寰主编：《美学引论》，辽宁大学出版社1992年版，第231页。

感性与社会理性交融渗透而取得的自由。这里和对美的本质的探讨一致，同样从自由的角度界定了审美经验的本质，可谓一以贯之。

综合看来，《美学引论》忠实地秉承了实践美学的基本观点，并在理论体系与观点上有了创新。主要表现在，第一，区分开了美的本质与美的根源，以"自由"来界定美的本质与美感的本质，将美的本质视为自由形式，美感的本质视为自由的情感愉快，丰富了对美的本质的探讨。第二，结合认识论和价值论两个角度，用于研究美的本质、审美形态等问题，得出了较为综合的结论。第三，将审美心理视为一个动力机制，注重对审美经验过程的分析，逻辑鲜明。第四，注重对概念的分析，结构分明，表述清晰，每一章后配一小结加以概括，易于把握，这种写作体例同样值得称道。

三 蒋孔阳等人的新实践美学

蒋孔阳是实践美学的代表人物之一，德国古典美学亦为其主要研究领域。其门下弟子众多，就美学原理而论，张玉能和朱立元堪称其实践美学思想的继承与发展者。此外，朱志荣以中国古典美学中的意象为中心提出的"意象论"美学，亦值得一提。此处专论蒋孔阳、张玉能和朱立元的新实践美学。

（一） 蒋孔阳的《美学新论》

蒋孔阳在20世纪五六十年代的美学大讨论中，即主张从社会生活实践的角度探求美，他指出："美既不是人的心灵或意识，可以随意创造的；但也不是可以离开人类社会的生活，当成一种物质的自然属性而存在。它是人类在自己的物质与精神的劳动过程中，逐渐客观地形成和发展起来的。"① 明确反对高尔太的主观说和蔡仪的客观说，标举美的客观性和社会性。新时期以来，蒋孔阳进一步发展了他的美学观，这比较典型地体现于《美学新论》（1993）一书中。

在《美学新论》中，蒋孔阳提出美学研究的出发点是人对现实的审美关系，他认为美学应当以艺术为主要研究对象，通过艺术研究人对现实

---

① 蒋孔阳：《简论美》，《学术月刊》1957年第4期。

的审美关系,这是他很早就坚持的观点。实际上,他对美的本质的看法则更能显出"新"意。综合看来,蒋孔阳的美的本质观有这样几个要点。

第一,美的创造性。蒋孔阳将美视为一个开放性的系统,认为它处于不断的变化和创造之中。"我们所说的创造,是在物质的基础上,通过各种因素的相互联系、相互矛盾、相互冲突,然后从量变到质变,所产生出来的质的变化。美的创造所遵循的正是马克思主义的这一普遍规律。根据这一普遍规律,我们认为美的创造,是一种多层累的突创(cumulative emergence)。所谓多层累的突创,包括两方面的意思:一是从美的形式来说,它是空间上的积累与时间上的绵延,相互交错,所造成的时空复合结构。二是从美的产生和出现来说,它具有量变到质变的突然变化,我们还来不及分析和推理,它就突然出现在我们的面前,一下子整个抓住我们。"① 这样一来,就将美看成了一个动态的、不断变化的对象,而非静态的、已完成的对象。

第二,美的层次性。美处于不断的变化之中,具有多样性和复杂性,蒋孔阳将美区分为四个层次:自然物质层、知觉表象层、社会历史层和心理意识层。自然物质层决定了美的客观性质和感性形式;知觉表象层决定了美的整体形象和感情色彩;社会历史层决定了美的生活内容和文化深度;心理意识层决定了美的主观性质和丰富复杂的心理特征。"所以美既有内容,又有形式;既是客观的,又是主观的;既是物质的,又是精神的;既是感性的,又是理性的。它是各种因素多层次多侧面的积累,我们既不能把美简单化,也不能固定化。美是一个在不断的创造过程中的复合体。"②

第三,美是人的本质力量的对象化。蒋孔阳认同"美是人的本质力量的对象化"这个实践美学的经典命题,并对其内涵进行了深入的分析。在他看来,人的本质力量是一个多元的多层次的复合结构,既包含了物质属性,即人的自然力和生命力,又包含人的精神属性,即人的自我意识和精神力量。蒋孔阳一方面强调人的本质力量的社会性,指出其是社会历史

---

① 蒋孔阳:《美学新论》,人民文学出版社1993年版,第136—137页。
② 同上书,第145页。

的产物；另一方面又突出了人的本质力量的个体性。"因为人是一个有生命的有机整体，所以人的本质力量不是抽象的概念，而是生生不已的活泼泼的生命力量……人有深浅高低、雅俗美丑，因此，人的本质力量是各不相同的。"① 正是在这一点上，显示了他与其他实践美学家的不同之处。李泽厚的实践美学，其实践指的是物质生产实践，朱光潜则将艺术亦视为一种生产实践，蒋孔阳对实践的理解更接近朱光潜，认为人的本质力量包含了物质属性和精神属性两个方面。同时，蒋孔阳突出了人的本质力量的个体性。这可以说是对李泽厚的实践美学重群体轻个体的一个纠偏。

第四，美是自由的形象。人的本质力量的对象化的结果，即是形象，"我们说，美是人的本质力量的对象化，事实上是在说，美是人按照美的规律所创造的形象"。② 蒋孔阳将美的形象视为自由的形象，并从三个方面进行了论证，首先，美的理想和自由的理想总是结合在一起；其次，黑格尔、马克思、恩格斯都对自由有过言说，自由的规律是对客观必然规律的掌握，因此，作为合目的性与合规律性统一的美的规律，也是自由的规律，"二者的一致，美的形象就都成为自由的形象"③；最后，从艺术创作和人类的审美欣赏来说，美的规律更是自由的形象。

蒋孔阳对美作了多重规定，尤其是将美视为一个开放的、动态的系统，提出了美的创造性和层次性，重视人的本质力量的精神性和个体性，这就对李泽厚的实践美学进行了很大的拓展，并为实践美学的革新提供了可能。由此之故，对实践美学的谱系进行过系统梳理的章辉将蒋孔阳视为"实践美学的总结者"，④ 而另一位研究者张弓则将蒋孔阳看做"新实践美学奠基人"。⑤ 当然，这两种说法并不矛盾。

（二）张玉能主编的《新实践美学论》

20世纪90年代以来，实践美学受到了"后实践美学"的挑战，一时流派纷出，形形色色，意欲取实践美学而代之。不过，实践美学的拥护者

---

① 蒋孔阳：《美学新论》，人民文学出版社1993年版，第171—172页。
② 同上书，第186页。
③ 同上书，第194页。
④ 参见章辉《实践美学：历史谱系与理论终结》，北京大学出版社2006年版。
⑤ 参见张弓《历史视野中的实践美学》，法律出版社2009年版。

还是不乏其人。张玉能就是坚守着实践美学的领地，与实践美学的反对者们往复辩难，高举起了新实践美学的大旗。《新实践美学论》是他在2001年申请的国家社科基金项目《马克思主义实践美学范畴体系》的最终成果，可以代表其美学观。该书分上、下两编。上编阐述实践的理论内涵，下编专论审美范畴，此处重点对上编展开分析。

作为蒋孔阳的弟子，张玉能对实践的分析是沿着蒋孔阳的思路展开的。他借鉴了蒋孔阳对美的层次性的分析，认为实践同样具有多层累性和开放性："所谓实践的多层累性就是，实践本身是一个多层次累积的结构；所谓实践的开放性就是，实践并不是一个一成不变的结构，而是随着时间和空间及具体条件不断调节和变化的、恒新恒异的结构。"① 张玉能将实践分成物质交换层、意识作用层和价值评估层三个层次，三个层次既具有层递累积关系，也具有相互交错作用的关系。每个层次又包含三个系统，并决定了美的不同特征。物质交换层包括工具操作系统、语言符号系统和社会关系系统，相对应的，它们使对象具有了美的外观形象性、感性可感性和理性象征性，体现在某一美的对象上，可以统称为对象美的外观形象性。意识作用层包括无意识系统、潜意识系统和意识系统，无意识系统以需要为主要表现，可以称为需要冲动系统；潜意识系统主要表现为从需要向目的转化，可以称为目的建构系统；意识系统在审美活动和艺术活动中表现为以情感为中介环节的状态，可以称为情感中介系统。这三个系统使美具有了精神内涵性、超越功利性和情感中介性，其总体特征可称为情感超越性。价值评估层包括合规律的评估系统、合目的的评估系统、合规律与合目的相统一的评估系统，即真、善、美的价值，它们使美的对象具有了合规律性、合目的性、合规律与合目的的统一性，可归结为美的自由显现性。

与实践的多层次性相契合的，张玉能将实践区分成了物质生产、精神生产和话语实践三种类型，他指出，"人的现实存在只能是实践，在实践的整体之中，物质生产、话语实践、精神生产是内在地统一的，组成了以物质生产为核心、以话语实践为中介、精神生产为显象的交互作用的立体

---

① 张玉能主编：《新实践美学论》，人民出版社2007年版，第4页。

网络系统,而其最具有显象的敞亮的光辉的,则是审美活动及其价值显现——美"。① 在此,张玉能扩大了实践的领域,不仅像朱光潜一样将物质生产和精神生产视为实践,而且将话语实践纳入其中,将其视为实践的整体。

张玉能又依照一种历时性的逻辑,将实践分成了获取性实践、创造性实践和自由性实践。获取性实践是早期人类与灵长目动物共有的,很难显现人的本质;创造性实践是一种制造出自然界原本没有的事物的实践活动;自由性实践是运用一切物种的尺度来进行的实践。在张玉能看来,正是自由实践创造了美和美感,他又从认识论和价值论等角度指出,美和审美都是在实践创造的自由中生成的。"艺术就是一种审美价值的自由显现或自由创造。"②

可以看出,张玉能对实践的内涵进行了深入的拓展,丰富了实践美学的论域及阐释力。

(三) 朱立元主编的《美学》

蒋孔阳的另一弟子朱立元提出了实践存在论美学。

毫无疑问,实践存在论的提出受到了海德格尔现象学的影响,实际上,当代中国的不少美学原理都受现象学影响甚深,如彭富春的《哲学美学导论》、牛宏宝的《美学概论》等。不过,朱立元在承认受到海德格尔现象学影响的同时,更将存在论的根源追溯到了马克思。马克思在《〈黑格尔法哲学批判〉导言》中曾说过这样一句话:"人不是抽象的蛰居于世界之外的存在物。人就是人的世界。"③ 朱立元据此指出,"马克思则把实践论与存在论有机地结合起来,使实践论立足于存在论根基上,存在论具有实践的品格。在这个意义上,虽然海德格尔给了我重要启示,但真正为实践存在论美学提供了直接依据的,乃是马克思。我们正是以马克思关于实践与存在一体的思想为哲学基础,寻求建构实践存在论美学的基本思路"。④ 他在《我为何走向实践存在论美学》一文中论述了实践存在论

---

① 张玉能主编:《新实践美学论》,人民出版社 2007 年版,第 28 页。
② 同上书,第 76 页。
③ 《马克思恩格斯选集》第 1 卷,人民出版社 1995 年版,第 1 页。
④ 朱立元:《我为何走向实践存在论美学》,《文艺争鸣》2008 年第 11 期。

美学的七个主张：第一，实践存在论美学仍然以实践论作为哲学基础，但将其根基从认识论转移到存在论上。第二，审美活动不仅是人生实践的一个不可缺少的组成部分，而且也是一种人的基本存在方式和基本人生实践。第三，实践存在论美学的研究对象，超越主客二分的思维模式，以人与世界的审美关系及其现实展开即审美活动为研究对象。第四，实践存在论美学的一个基本主张，是用生成论取代现成论。第五，自然美同样是生成而非现成的。第六，审美是一种高级的人生境界。第七，实践存在论美学的逻辑建构，首先以审美活动（作为审美关系的具体展开）作为逻辑起点，探讨审美对象和审美主体如何在审美活动中现实地生成，以及审美活动的性质、特点；接着分别从对象形态和主体经验两个方面论述审美形态和审美经验，然后论艺术和艺术活动，最后落实到审美教育即美育，其逻辑构架是：审美活动论—审美形态论—审美经验论—艺术审美论—审美教育论。

朱立元主编的《美学》[①] 一书即是依照上述逻辑构架写成，全书共六编，第一编为导论，阐述美学史及美学的基本问题。第二编为审美活动论，第三编为审美形态论，第四编为审美经验论，第五编为艺术审美论，第六编为审美教育论。就此框架来看，显然，一方面，朱立元的研究思路受到了业师蒋孔阳的影响，蒋孔阳将人与现实的审美关系视为美学研究的出发点，将艺术视为美学研究的中心，这两点都体现在了《美学》一书中。另一方面，《美学》的几大章节仍然继承了20世纪80年代以来的美学原理的主要内容，如蒋培坤和叶朗的美学原理著作，即以审美活动为研究起点和对象，至于审美范畴、审美经验（美感）、艺术、审美教育，更是传统美学原理研究的内容。当然，《美学》对这几方面的论述自有其独特之处，如在具体论述中很好地融入了中西方美学史的材料。而其最大之创新，自然是其哲学基础——实践存在论的提出。

在《美学》一书中，朱立元又对实践存在论进行了更为详细的界说。先看实践，他认为国内将实践视为物质生产劳动的主流意见有三点不足："其一是忽略了实践的存在论维度；其二是把人类其他的实践形态排除在

[①] 朱立元主编：《美学》，高等教育出版社2001年第1版，2006年第2版。

外;其三是仅仅从人与自然的关系着眼来界说实践,而悬置了人与世界其他层面的关系。"① 在朱立元看来,首先,在马克思的一系列论著中,实践概念既包括最基础的物质生产活动,又包括政治活动、道德活动、审美艺术活动和其他种种精神生产活动,以及广大的日常人生活动。一言以蔽之,实践概念涵盖人的整个社会生活。其次,马克思的实践概念与存在概念是内在融通的。最后,实践概念是生成性的。至于马克思的存在论,朱立元指出马克思的存在论是以实践为根本基础的社会存在论,亦有三个基本特色:第一,与实践论紧密结合;第二,始终紧扣现实生活来理解人的存在;第三,始终从具体的社会关系出发思考人的存在。与众多实践美学家一样,朱立元同样提出了"自由"之于美的意义,"自由是从美学的哲学基础向美学的内在问题过渡的中介概念,也是从人生在世、实践——存在向审美现象、审美活动过渡的中介环节"。②

概而言之,实践存在论同样可以视为实践美学的一个更新,可以纳入新实践美学的谱系。

第五节 实践美学之后的理论探索

在 20 世纪 80 年代后期,实践美学已受到了质疑与挑战,美学本体论出现了由实践美学向存在美学的转向。无论是最早向李泽厚的实践美学发难的刘晓波所提出的"审美绝对自由论",还是此后可以纳入"后实践美学"谱系的诸种新说,如杨春时的"超越美学"、张弘的"存在美学"、潘知常的"生命美学"、王一川的"体验美学"等,皆受到了海德格尔存在主义美学的影响,并对实践美学造成了一定的冲击。不过,尽管新说竞出,令人眼花缭乱,它们却无一能够真正取代实践美学,建立广为认同的新美学体系。第三章对此所论已多,就不再赘述。故此,本节所选取的三本美学原理著作虽并不在后实践美学之列,却同样体现了一种新的建构方式和理论

---

① 朱立元主编:《美学》,高等教育出版社 2006 年第 2 版,第 58 页。
② 同上书,第 62 页。

取向。叶朗主编的《现代美学体系》力图整合中西美学资源,张法的《美学导论》则在一种全球化的理论视野下反思美学体系,刘悦笛的《生活美学与艺术经验》则代表了第三章提出的美学本体向生活论的转向。

一 叶朗主编的《现代美学体系》

与蒋培坤的《审美活动论纲》同年出版的、由叶朗主编的《现代美学体系》(以下简称《体系》),同样将美学的研究对象确定为审美活动,不过与蒋著借重西方理论资源不同,《体系》融合中国古典美学的理论资源,力图建构一种新型的美学体系。

(一) 理论基础与整体框架

《体系》虽然声明以马克思主义为哲学基础,不过相比此前以马克思主义为核心概念和理论体系的反映论美学和实践美学,《体系》的理论视野豁然开阔,强调一种多元性的研究方法,并提出建设一个现代形态的美学体系。《体系》提出,现代美学体系应体现如下四条原则:第一,传统美学和当代美学的贯通,"我们应该对当代美学的各个重要的、影响较大的流派进行系统的分析,把其中合理的、有价值的东西加以适当的改造,吸收到我们自己的体系中来,把它放在恰当的位置,构成我们体系的一个环节"[1];第二,东方美学(主要是中国古典美学)和西方美学的融合,"现代形态的美学必须具有多种文化的视野,必须注重研究东方美学(特别是中国美学)的独特范畴和体系,使西方美学和中国美学融合起来"[2];第三,美学和诸多相邻学科的渗透,"美学的现代形态和美学的各种历史形态的一个重要区别,就在于这种多学科、跨学科、超学科的研究所构成的相邻学科向美学的渗透"[3];第四,理论美学和应用美学的并进,由于应用美学的蓬勃发展,"因此,我们在构筑现代美学体系的时候,必须对应用美学给以足够的重视"[4]。

如前几节所言,经典的美学原理体系包括了美的本质、美感、艺术、

---

[1] 叶朗主编:《现代美学体系》,北京大学出版社1988年版,第22页。
[2] 同上书,第23页。
[3] 同上书,第28页。
[4] 同上书,第29页。

美育这四大块，尤以前三大块为常见。《体系》以审美活动为研究对象，将美学分成了八大分支学科，分别是审美形态学、审美艺术学、审美心理学、审美社会学、审美教育学、审美设计学、审美发生学和审美哲学。

依照该书的论述，审美形态学研究的是审美范畴，它主要考察人类审美活动在不同历史阶段和不同文化圈中的形成和演变等问题。与蒋培坤的《审美活动论纲》一样，《体系》不是孤立地论述美、悲、喜，而是将其放置在相关的文化大背景之中进行研究，这与20世纪80年代末审美文化研究的兴起不无相关。审美艺术学重点研究艺术，以审美意象为中心范畴。审美心理学系统地揭示审美感性的性质、类型和动态构成。审美社会学研究审美活动与社会的相互关系，围绕审美文化进行社会学的研究。审美教育学意在探索如何通过审美活动来塑人，促成审美个体向自由人格理想全面发展。审美设计学属于应用美学，与技术设计关系密切，核心范畴是功能美。审美发生学探讨人类审美活动的起源。审美哲学主要探讨审美活动的本质，核心范畴是审美体验。

将这八大分支与传统美学原理的四大块相对照，可以看出，除审美社会学和审美设计学之外，审美形态学、审美发生学和审美哲学对应美的本质，审美心理学对应美感，审美艺术学对应艺术，审美教育学对应美育。而审美社会学似乎可以纳入美的本质研究之列，如此一来，《体系》的研究对象仍不脱传统的三大块：美、美感、艺术，正如书中所道："从全书的体系来看，最核心的范畴乃是审美感兴、审美意象和审美体验。"而《体系》一书的最大特色，在于用中国古典美学概念（审美体验、审美感兴、审美意象）并以中国古典美学资源来建构美学体系。下面对这三个最核心的概念进行分析。

（二）审美意象论

《体系》将审美艺术学视为美学的一个分支，[1] 其研究对象是艺术，并将其核心课题归结为艺术是什么的问题。对此，该书给出了确定的答

---

[1] 国内有以"审美艺术学"为名（如赵连元《审美艺术学》，首都师范大学出版社2002年版）出版的专著，其内容包含了美、美感和艺术，与美学原理并无区别。

案:"中国古典美学认为,艺术的本体乃是审美意象。"① 叶朗一直鲜明地坚持美在意象之说,他在2010年出版的美学原理著作的"彩色插图本"即直接以"美在意象"为名。②《体系》一书首先对中国古代和西方的艺术研究进行了简单梳理,接下来考察了艺术和艺术品的概念,重点对"意象"进行了分析,并从意象构成关系分析了西方现代派艺术。

对于中国古代的艺术研究,《体系》总结了"四大奇脉":元气论、意象说、意境说、审美心胸论,并指出以老子为源头的道家学说代表了中国艺术的真精神。③ 除了这"四大奇脉",书中还着重论述了"道"和"妙"这两个概念。"道"是中国古典美学的哲学本体,"妙"是中国艺术的一种高层次追求,是对于道的体悟与领会。书中提出"意象"是中国古典美学的主干。书中将西方的艺术研究分成了根源研究(主要论述游戏说、深层心理说)、本质研究(主要论述模仿说、表现说)、条件研究(主要论述丹纳艺术成因的"三要素"说)、本体研究(俄国形式主义)和接受研究五个方面,并重点对新兴的接受研究进行了论述。

《体系》参照海德格尔《艺术作品的本源》中的观点,分析了艺术品与器具的联系与区别,又借用胡塞尔现象学的术语,将艺术的制作和观赏都视为一种"意向性"活动。在这种活动中,形式转化成"意象"。"'意象'就是一个有组织的内在统一的因而是有意蕴的感性世界。"④

《体系》着重对"意象"进行了分析。作者首先将中国古典美学中的"意象"与西方萨特所指的"意象"和胡塞尔哲学中的"意象"以及西方"意象派"诗人所用的"意象"进行了简单的比较,指出了前者的独特性(审美意象)。一般说来,中国古典美学中的意象指的就是情景交融。《体系》还是以现象学中的"意向性结构"来阐释意象:"审美意象正是在审美主客体之间的意向性结构之中产生,而且只能存在于审美主客体之间的意

---

① 叶朗主编:《现代美学体系》,北京大学出版社1988年版,第90页。
② 叶朗:《美在意象》,北京大学出版社2010年版。
③ 徐复观先生所著《中国艺术精神》在学术界有较大影响,该书认为中国文化中的艺术精神是以孔子和庄子为典型,而庄子所显出的典型是纯艺术精神的,集中体现于绘画上。可与此观点相参照。
④ 叶朗主编:《现代美学体系》,北京大学出版社1988年版,第111页。

向性结构之中。"① 《体系》将审美意象分成了三类：兴象、喻象和抽象。显然，"兴象"和"喻象"是中国古典美学概念，而"抽象"则是一个现代概念。兴象的特点是"天然"，以"世界"为体，"自我"沉落到"世界"中；喻象则是以"自我"为体，"世界"成为"灵魂的历险"，喻象又分为比喻喻象、象征喻象和神话喻象；抽象指的是非再现、非概念、非喻体的意象。有关兴象和喻象的艺术事例，书中多举中国古典诗歌为例，而对于抽象的艺术事例，则以中国书法和西方抽象艺术为例。

《体系》将一个完全中国化的概念——审美意象视为艺术的本体以及美学原理的核心概念，可以说，这对于将中国古典美学资源融入美学原理作出了积极的探索与开拓。此前，蔡仪主编的《美学原理》中也谈到了意象，他主要将意象视为形象思维的结果，并认为只有典型的意象才是美的，而《体系》则将意象抬高到了本体的地位。当然，作者的论述也有值得商榷之处。比如，作为艺术本体的审美意象，是否能够进行分类描述？柏拉图以理念作为美的本体，此一"理念"显然无法加以分类了。即便可以，《体系》所分兴象、喻象和抽象三种类型似显牵强，它主要是以中国诗歌、书法和西方抽象绘画等静态艺术为例，在面对音乐、戏剧、电影等动态艺术时，这三种类型似乎缺乏概括力。

（三）审美感兴论

审美感兴一章探讨的是审美心理。《体系》采用了中国古典美学的"感兴"替代了美感、审美心理等概念，书中对于感兴有这样的解释："'感兴'是一种感性的直接性（直觉），是人的精神在总体上所起的一种感发、兴发，是人的生命力和创造力的升腾洋溢，是人的感性的充实和完满，是人的精神的自由和解放。"②

此前对审美心理的研究主要有两种模式，一是参照普通心理学的概念，将审美心理分成感觉、知觉、想象、情感等要素进行论述，以王朝闻主编的《美学概论》为代表，刘叔成等人主编的《美学基本原理》亦是如此；二是依据一种时间性的逻辑，将审美心理视为一个过程，仍以普通

---

① 叶朗主编：《现代美学体系》，北京大学出版社1988年版，第116页。
② 同上书，第171页。

心理学的术语来描述这一过程,以李泽厚的《美学四讲》为代表,该书将审美心理分成了准备阶段、实现阶段和成果阶段,蒋培坤的《审美活动论纲》亦是将审美心理分成了类似的几个阶段。相比第一种模式,第二种模式将审美心理视为一个动态的过程,更能把握审美心理的丰富性。《体系》采取的就是第二种模式,将审美感兴分为三个阶段:准备阶段、兴发阶段和延续阶段。准备阶段的心理活动包括了审美注意和审美期待,兴发阶段包括审美知觉、审美想象、审美领悟和审美情感,延续阶段包括审美回味和审美心境。值得一提的是,《体系》还征引钱钟书的观点及材料,论及了"通感"的问题。

《体系》对审美感兴进行了定性分析,实际上就是美感的特点,书中总结了五个方面:无功利性、直觉性、创造性、超越性和愉悦性。《体系》又区分了审美感兴的六种类型:美感与丑感、崇高感与荒诞感、悲剧感与喜剧感。这两部分内容,除了征引大量古今中外的文献加以印证,相比此前的美学原理并无太多特殊之处。

审美心理研究是美学理论中的难点所在,《体系》虽然使用了审美感兴这个中国化的概念,但相关论述基本上还是沿袭了此前审美心理的研究,似乎难有超越。因此,尽管《体系》认为"感兴"这个概念比起"审美感受""审美经验""美感"等概念更能包容和概括审美心理的多方面的特点,叶朗在新著《美学原理》中,还是使用了"美感"这个为大家普遍接受的概念。

(四) 审美体验论

在以往的绝大部分美学原理著作中,美的本质问题是最为重要的并且被首先讨论的问题。《体系》则将其置于最后一章,并以"审美体验"名之,探讨审美哲学亦即审美的本质,将美的本质问题转移成了审美的本质是什么的问题。

《体系》首先对西方美学史上有关美的本质的解答进行了梳理,并区分成了理性主义和非理性主义两种理路,指出了这两种思路的问题所在:"西方美学史(乃至西方哲学史)在一个漫长的时间里始终是循着一个基本的观察方法或思维方式:把'我'与世界分割开,把主体和客体分成两个东西,然后以客观的态度对对象(这对象也可能是主体)作外在的描述性观测和察看。"① 这里批判的是西方传统哲学二元论的思维模式。20世纪五六十年代对美的本质的探讨所遵循的仍然是这种思路。《体系》否定了这种主客二元论的观念，肯定里普斯的"移情说"，认为它将主客二分转向了主客合一，从"美的哲学"转向了"审美哲学"。《体系》进一步将触角伸到了以狄尔泰为代表的西方体验哲学和以胡塞尔为代表的现象学，吸收了他们的观点，提出了"审美就是自由的体验"，将审美活动的本质认定为"体验"："'体验'这个概念产生于西方的体验哲学。我们认为这个概念对于审美活动的本质是一个很好的说明，而且和中国古典美学（特别是王夫之美学）十分契合。因此我们把这个概念从西方体验哲学中提取出来，作为审美哲学的核心概念。"② 这一观点很好地将西方现代哲学与中国古典美学融合为一。

在把审美活动的本质确立为体验之后，《体系》进而论述了审美体验与审美感兴、审美意象的关系。在作者看来，这三者是同一的。因为审美感兴"即主体在意象中对存在的自由体验"，③ 而审美意象则是审美活动中建构的产物，"既是审美体验的原因，又是审美体验的结果"。④ 基于这种认识，《体系》又界定了美的本质："美（广义的美）就是审美意象（而非客观实在物），而审美意象又是审美活动（体验）的产物，因此，美既不在心又不在物，美在审美活动中，换句话说，美只存在于主体与客体的意向性关系中。"⑤ 此处明确将美的本质确立为审美意象，强调了美与审美活动以及主体与客体的关系。

《体系》接着分析了审美体验的意向性结构，认为其意向性结构就是"有生命力的形式"。《体系》指出，所谓有生命力的形式指的是"内形式"，并追踪了柏拉图以来的哲学家或美学家（包括普罗丁、夏夫兹博里、哈奇生、艾迪生、康德、席勒、胡塞尔、海德格尔）的相关论述。简单说来，有生命力的形式指的就是审美活动中的生命的超验状态，生命

---

① 叶朗主编：《现代美学体系》，北京大学出版社1988年版，第529页。
② 同上书，第540—541页。
③ 同上书，第542页。
④ 同上书，第544页。
⑤ 同上书，第545页。

超越了时空的局限，而体验到永恒、无限与自由的境界。《体系》将海德格尔的"存在""本真"等概念与王夫之的"现量说"（"心目之所及，文情赴之，貌其本荣，如所存而显之"）等观点进行了类比研究，将其视为主体和客体间生命的沟通和交融在形式中的显现。

《体系》在开篇提出的四条原则之一的中国古典美学和西方美学的交融，在对审美体验的研究中表现尤甚。作者借用了现象学中的若干观念，特别是"意向性结构"这一概念来解读审美体验与审美意象，并与中国古典美学中的相关论述相互生发，其对"意向性结构"的理解未必准确，[①]但在中西理论的融合上无疑作出了积极的探索。

总体来看，出版于20世纪80年代末的《现代美学体系》，相比此前以马克思主义美学为理论基础和理论核心的反映论美学和实践美学，是一个很大的突破。它力图融合传统与现代、中国与西方的理论资源，尤其是以中国古典美学资源为主干，建构起了以审美意象为核心的新型的美学原理体系，对于美学原理的中国化作出了积极的开拓和有益的尝试。此后国内出版了数本以中国美学原理为名的原理类著作，如朱志荣《中国美学原理》、祁志祥《中国美学理论》等。

二 张法的《美学导论》

（一）理论基础与整体框架

当代中国的美学原理体系总有一个哲学基础，实践美学是以马克思主义唯物论和实践观为哲学基础，后实践美学以生命或体验等为哲学基础，张法的《美学导论》跳脱出了这种理论框架，从美学学科本身出发，以美学史的视野和全球化的胸怀来思考美学理论。张法认为，要建立美学体系，需要注意这样几个问题："一是，确定美学的基本问题；二是，确定美学的基本语汇；三是，以一种历史性、全球性和宇宙性的眼光来看待美学的基本问题和基本语汇；四是，对自己要有深刻的历史意识，意识到自己的历史局限性，不用'上帝式'的语言来讲述美学，而是用具体时空的受时代局限的人的话

[①] 关于《现代美学体系》一书对"意向性"理论的接受研究，可以参看彭锋《引进与变异：西方美学在中国》（首都师范大学出版社2006年版）第九章"现象学美学与中国美学的契合"。

语来讲述美学。既有总结意识，又有时代意识和开放意识。"①

基于这种认识，作者认为美学主要包括如下几个方面：一是审美现象学，分析人类审美的具体情况，怎么开始、如何进行、结果怎样，实际上对应的是审美心理学；二是审美类型学，探讨美、悲、喜等几种审美类型；三是审美文化学，研究不同文化中的审美观念和表现形式及其深层根源；四是形式美法则；五是美的起源，从人类文化学的角度探讨美是怎样产生的，人是怎样认识到美的；六是美学的学科历史。相比此前那些范式性的美学原理著作，即以美、美感、艺术为三大块为研究对象的美学体系，《美学导论》不再将美的本质、艺术作为重点内容，而是将审美现象学、审美类型学、审美文化学和形式美法则视为最重要的内容。这四部分中，审美现象学可等同于审美心理学，审美类型学和形式美法则也在其他美学原理体系中多有研究，而审美文化学这一部分则是《美学导论》最具特色之处，不唯此也，实际上作者是将一种文化学的视野贯穿全书，这构成《美学导论》的最大理论亮点。当然，作者对另外几部分的分析同样是依据自己的美学观，有其创新与发明。

围绕上述问题，《美学导论》分为七章，第一章"什么是美学"，讲述美学的历史；第二章"什么是美"，讲述美学史上对美本质的探讨；第三章"美怎样获得"，讲述审美心理学；第四章"美的基本审美类型"，讲述审美类型学；第五章"美的文化模式"，讲述审美文化学；第六章"美的人类学起源"，讲述美的起源的问题；第七章"美的宇宙学根据"，讲述形式美法则。②

---

① 张法：《美学导论》，中国人民大学出版社2004年第2版，第23页。
② 《美学导论》2011年出版第3版，2015年出版第4版。第4版相较第2版有较大改动，删掉了"美的人类学起源"一章，全书变为六章：第一章"什么是美学：历史梳理"；第二章"怎样讲美学：理论建构"；第三章"美学的基础：审美现象分析"；第四章"美学的展开：类型结构"；第五章"美学的展开：文化模式"；第六章"形式美的基本法则"。作者对第一章和第二章有较大改动，第一章从世界美学的眼光来看美学原理的演进。一方面彰显了西方美学的特点及其在不同历史阶段的表现，另一方面把中国美学（以及各非西方美学）放到了一个更为重要的位置上。第二章突出了西方、中国、印度对美学的三种不同的思考方式，把美学原理归纳为两种类型，西方的区分型美学和中国与印度在内的关联型美学，将之视为世界美学原理的两种基本类型。

（二）美在文化：文化学的视角

美学原理研究的三大块：美、美感、艺术，是依照西方美学史的路向加以提炼的，西方学者对美的本质的答案，个中体现的是西方文化精神。在面对其他文化类型中的美时，这些答案未必是放之四海而皆准的。以往的美学原理或者没有注意到这个问题，或者注意到了这个问题，却囿于既有美学原理框架的束缚而很难加以突破。《美学导论》清醒地认识到了此点，指出美是一种生理快感，但这种生理快感总是生成为一种文化快感，"只有从文化的高度，何以这种形式而不是其他形式成为一种普遍的形式，成为新快感结构的对应物，才能真正得到说明"。[1] 作者又将文化快感区分成一般文化快感和高峰体验，前者对应的是普遍存在于文化诸方面的形式，而后者则是最具文化本质性的东西，其主要物化形式便是艺术，只有优秀艺术才能唤起高峰体验。因此，不同文化中艺术形式和风格的不同，"源于高峰体验的不同，高峰体验的不同，又因为文化之'道'的不同。……不同的文化模式产生了不同的美"。[2] 由此，作者指出美是文化性的，美的深度建立在文化的深度之上。因此，作者在引入文化视角的同时，还进行了不同文化的比较，在文化比较中把握不同文化中的美。

在"美的基本审美类型"一章中，作者不是从社会论或价值论的立场泛泛而论美、悲、喜这几种审美类型，而是置于具体的文化之中加以探讨。作者分别探究了中国美学、西方美学和印度美学中的审美类型理论。其中，中国的以唐代司空图的《诗品》为重点，西方的选取了弗莱的《批评的解剖》为重点，印度的以婆罗多的《舞论》为代表，对这三种文化中的审美类型理论进行了剖析与总结。作者将中国的审美类型概括为："1. 阳刚阴柔，从宇宙天地部分；2. 神、逸、妙，从主要思想和历史发展总分；3. 四时之景，从宇宙间天地人的互渗和运动分；4. 二十四品，它是二、三、四基本分法的一种展开。中国美学是以宇宙天地自然运动为核心而展开的，宇宙又被定义为美，因此审美类型，基本上是美的类

---

[1] 张法：《美学导论》，中国人民大学出版社2004年第2版，第23页。
[2] 同上书，第24页。

型。"① 弗莱的审美类型理论的基本架构是"由神（天堂）与魔（地狱）的善恶对立构成二元对立的两级，而生三（传奇、高模、低模）而成为五基型（神话、反讽、传奇、高模、低模），又进而凝为四基型（喜剧、传奇、悲剧、反讽），再展开为24相"。② 印度的审美范畴以味和情为主，作者分析了婆罗多《舞论》中的八味和八常情，指出印度美学在具体艺术门类上偏重于从客体方面分类，这种客体分类是以主体心理的八味为基础的。作者对三种文化中的审美类型理论进行了对比研究，"在不同文化分类范式中寻求共约性的逻辑统一"。③ 显然，此类把握方式一方面能体现出审美类型的共通性，另一方面能够彰显出不同文化中审美类型的独特性。

基于美的深度建立在不同文化深度之上的观念，在"美的文化模式"一章中，作者分别探讨了西方、中国、印度和伊斯兰四种文化中的审美理想及其文化内涵，并以各自文化中最具代表性的艺术为例进行了解析。西方文化，以古希腊雕塑为例，将西方美学的理想总结为和谐，此和谐表现为："一是，人在一个存在与虚空的宇宙中的和谐；二是，焦点构成了人在存在与虚空宇宙的审美视点；三是，他所看到的美是具有几何意味和美的比例的形式；决定美以这种比例形成这种形式的在于形式后面的对立面的斗争，对立面的斗争推动着一种形式向另一种形式转化。"④ 作者又以中世纪基督教堂、文艺复兴绘画、近代交响乐、现代西方艺术为例，对西方美学的特点进行了详细解析。对于中国文化，作者从最能体现中国人的宇宙观的太极图入手，指出，"中国宇宙气、阴阳、五行而来的对立互补盛衰循环的和谐思想，是美的中国模式的理论基础"。⑤ 最能代表中国气的宇宙的艺术是中国书法和绘画，作者对这两种艺术中所体现出的线的流动及其美学意蕴进行了探究，又以中国的制度性建筑——紫禁城和律诗为例，分析了中国美学的另一种深层模式。作者将美的中国模式的独特性总

---

① 张法：《美学导论》，中国人民大学出版社2004年第2版，第92页。
② 同上书，第96—97页。
③ 同上书，第101页。
④ 同上书，第141页。
⑤ 同上书，第150页。

结为"一是审美视线是仰观俯察远近往还的游目；二是事物后面的是一个气阴阳五行的意义系统"。① 印度文化具有独特的宗教情怀，作者抓住印度文化的这一特点，分析了印度教的三大主神及其体现出的印度美学的特点（天地空三界的宇宙空间、化身形象、化身视觉空间），并详细分析了印度佛教艺术（涉及佛塔、石窟、壁画、舞蹈）所体现出的印度美学的独特性。对于伊斯兰文化中的美，作者选取了最能体现伊斯兰精神的清真寺进行了分析，指出清真寺是一个契合于真主本身的有无辩证结构。基于对四种文化中美的模式的分析，作者指出，在宗教型文化中，"宗教与审美的合一是美在宗教型文化中的具体表现形式"。② 这种观点对于破除以西方美学为中心所建构出来的具有西方中心主义的美学理论，自然具有积极的意义。正如作者所论："《美学导论》中美的文化模式的提出，最有意义的是呈现了一个以前被美学原理忽略的问题：即在审美经验中所体验到的美的深度问题。"③

（三）中国美学资源的引入与整合

20 世纪 80 年代早期的美学原理著作，如蔡仪主编的《美学原理》和王朝闻主编的《美学概论》，都是以马克思主义哲学为基础建构起来的理论体系，其理论资源以西方传统美学和马克思主义经典作家的经典论著为主，鲜有中国传统美学材料的引用。此后随着对中国美学研究的深入以及建构中国式的美学原理体系的需要，中国传统资源越来越多地进入美学原理之中。如李泽厚的《美学四讲》就融入了不少传统美学的内容，不过整体而言，绝大部分美学原理著作对中国美学的引入还是"词汇"性的，是将之作为某些美学理论或概念的例证。叶朗主编的《现代美学体系》提出了传统美学和当代美学的贯通以及东方美学（以中国美学为主）和西方美学融合的原则，书中提出了审美意象和审美感兴等中国化的概念，对中国美学进入美学原理有了一个很大的推进。相形之下，张法的《美学导论》则更进一步，使中国美学不仅在资源层面，更在理论层面进入

---

① 张法：《美学导论》，中国人民大学出版社 2004 年第 2 版，第 162 页。
② 同上书，第 185 页。
③ 张法：《20 世纪中西美学原理体系比较研究》，安徽教育出版社 2007 年版，第 348 页。

了美学原理的建构，下面略作分析。

首先是中国美学资源的引入。通观《美学导论》全书，在具体论述中，中国美学的引入可谓无处不在。第一章"什么是美学"中，作者简要论述了西方美学的历史之后，紧接着即概述了美学在中国的发展史，从美学传入中国的考证一直写到当代中国美学的概况。第二章"什么是美"探讨美的本质，主要是讲述西方的理论，不过也涉及了中国美学界对美的本质的探讨，其中第五节"美如何在"，分析了在中国美学中，美在语言上是如何被使用的。第三章"美怎样获得"谈论审美心理，所论述的是19世纪审美心理学派的诸种理论，在具体论述中同样使用了大量中国美学的例证。第七章"美的宇宙学根据"分析形式美，同样大量引入了中国美学的资源。

其次是中国美学在理论层面的建构。本书第五章"美的文化模式"将中国美学作为与西方美学平分秋色的文化类型进行了分析，上面已有所论。第四章"美的基本审美类型"中，作者结合中国、西方和印度的审美类型理论，将美、悲、喜作为三个大类进行分析，美之下区分为优美、壮美、典雅，悲之下区分为悲态、悲剧、崇高、荒诞，喜之下区分为怪、丑、滑稽。像壮美、典雅、悲态、怪这几种审美类型，基本是从中国美学中抽绎出的，作者将之变成了具有普适性的审美类型。第六章"美的人类学起源"表现得更为突出，作者完全选取中国远古文化为个案，对美的人类学起源进行了探究。作者以大量考古学材料及先秦典籍为基础，分析了美是如何在仪式（礼）中孕育、从"文"（原始文身、朝廷冕服等）中涌出、在原始彩陶中流动、在青铜饕餮纹饰中凝结，并在先秦破礼而出的一个历史性动态过程。

纵观《美学导论》，中国美学已经进入了美学体系的理论层面，是对中国美学原理体系的很大推动，可以说，真正实现了从中国美学进入美学原理的"词汇"层面到"语法"层面的转变。

《美学导论》的创新之处并不仅在于上述几个方面，第三章"美怎样获得"，是对审美心理学的分析，作者没有沿用自王朝闻的《美学概论》以来以普通心理学概念套用审美心理以及李泽厚的审美心理过程的分析模式，而是回到朱光潜等人在中华人民共和国成立前所推崇的西方19世纪心理学美学诸派别，包括审美距离说、直觉说、内模仿和移情说以及格式塔心理学，同时又将其与中国的美学理论融合在了一起。如在审美距离说中，用了布洛的心理距离、现象学的加括号和中国的虚壹而静加以阐释，将直觉说与中国的意境理论结合了起来。作者又借鉴杜夫海纳的审美现象学，分析了艺术审美的五个逻辑阶段，并提出了美的符号化与解符号化的理论。作者指出，"在具体的民族、文化、时代中，一旦美学符号化完成之后，被美感符号化的客体被认为美就是一种公共的定义性和一种公认的客观性。……在现实中，当我们说什么是美的时候，往往指的就是这些被符号化了的美的事物。这事物为美，是这一民族、文化、时代知识体系中的一个组成部分"[①]。而随着时代的变迁，这种被建构起来的美就有可能被解符号化。这很好地解释了美的文化性本质。此外，该书对于形式美的强调，同样是值得注意的。

当然，作为一部具有原创性的美学原理著作，《美学导论》自然有不够周全之处，如对传统美学所重点关注的艺术问题缺乏足够的探讨，对自然美的问题涉猎不足等。

三 刘悦笛的《生活美学与艺术经验》

刘悦笛的《生活美学与艺术经验》立足于全球化时代和大众文化时代这一新的历史语境，贯穿以丰富的中西方艺术经验，建构了一个力图超越实践美学和后实践美学的理论形态——生活美学，在21世纪中国美学理论中可谓自成一家，特别是在美学领域及其他学术领域出现生活论转向的背景下，生活美学就更为值得关注。

（一）理论基础与整体框架

作为本书最大的理论创建，生活美学是以后期海德格尔、维特根斯坦和杜威等人的当代西方哲学以及中国儒家美学为哲学基础的。该书的理论基础是多元的，它立足于中西方美学史，广泛吸收了当代中国美学界60余年来在美学原理研究中积累的理论成果以及问题视域，又以宏阔的理论视野，一方面将国际美学界的前沿问题纳入体系，另一方面又

---

① 张法：《美学导论》，中国人民大学出版社2004年第2版，第84页。

将丰富的艺术经验以及当代人的日常审美经验融入其中。该书秉持美学的开放性和跨学科性原则，以中国本土为视野，提出了一种"大美学"研究的全息图景。这一图景以"美的哲学"为枢纽，在此统摄下，美学的领域包括了属于"人—自身"系统的心理美学和身体美学等；属于"人—自然"系统的自然美学；属于"人—文化（包括艺术）"系统的审美形态学和审美文化学等，其中的人—艺术系统主要包括艺术哲学和艺术形态学、门类美学等；还有属于"人—社会"系统的社会美学（包括伦理美学、政治美学等）、美育学等，这诚然是一个极为开放而庞大的体系。

全书共有十四章，第一章"'美'的'日常用语'辨析"是谈美；第二章"'美学'：从学科创建到跨学科拓展"是论美学；第三章"'美之为美'的中西两种历史"是概论中西方美学史；第四章"从美学'在中国'到'中国的'美学"是探讨中国的美学学科史；第五章"日常生活审美化与审美日常生活化"和第六章"'生活美学'：美从何处寻"是从当下的美学热点切入研究全书的重点"生活美学"；第七章"'原天地之美'的自然美学"是论述自然美；第八章"'神用象通，情变所孕'的心理美学"是探讨审美心理；第九章"深描'正价值'之审美形态"和第十章"深描'负价值'之审美形态"是研究审美类型；第十一章"审美文化：以'审美间性'为范式"是讨论审美文化；第十二章"'现代性'反思与审美'现代性'"是剖析审美现代性；第十三章"在历史上，艺术为何物"和第十四章"艺术作为经验和经验作为艺术"是探讨艺术。

可以看出，《生活美学与艺术经验》一书基本囊括了传统美学原理所研究的主要内容，如审美心理、审美类型、自然美、艺术，同时又有着重大革新：第一，它不再专章探讨美的本质问题，而是立足于中西方美学史，加大了对美学学科本身的分析，强调了美学学科的跨学科性；第二，它将中西方美学界的热点问题及前沿问题融入了该体系，如日常生活审美化、环境美学、审美现代性、当代艺术理论，等等。下面来看该书对生活美学论、艺术论这两个主要内容的论述。

（二） 生活美学论

进入 21 世纪之后，"日常生活审美化"成为美学文艺学界的一个热点问题，众多学者参与了相关问题的讨论与争鸣。[①] 这是立足于当代文化语境而提出的一个新问题。西方学界以后现代社会、消费社会、第二媒介时代、图像时代等名号来称呼当下社会，审美泛化是这个时代所面对的文化事实，美学研究需要对此作出呼应。《生活美学与艺术经验》一书正是从日常生活审美化的问题切入对生活美学进行分析的。

刘悦笛认为当代审美泛化包含着双重运动的过程："一方面是'日常生活审美化'，另一方面则是'审美日常生活化'，前者是就后现代文化的基本转向而言的，后者则是就后现代艺术的大致取向来说的，但这两方面是并不能如大家所见是一而二、二而一的，而且，后者的发生要明显地早于前者。"[②]

日常生活审美化的话题首先是由西方学者提出的，刘悦笛首先以费瑟斯通、韦尔施、布尔迪厄、阿多诺、福柯、维特根斯坦、罗蒂、波德里亚、拉什等当代西方学者的相关论述为理论资源，对日常生活审美化问题进行了简要的概括。他给出了一个简单的定义：日常生活审美化就是直接将审美的态度引进现实生活，大众的日常生活为越来越多的"艺术的品质"所充满，它强调生活用品的审美性以及高雅趣味向大众趣味的转换。刘悦笛并没有简单地对日常生活审美化现象作价值判断，而是对之做出了区分。他将其分为表层的审美化和深层的审美化。前者是大众身体与日常物性生活的"表面美化"，主要是"物质的审美化"，跨越了精英和大众的边界；后者深入到人的内心生活世界，主要是"非物质的审美化"，又可区分为精英阶层的深度审美化和大众阶层的深度审美化。在作者看来，追求"生存美学"的福柯、主张"审美化的私人完善伦理"的罗蒂以及维特根斯坦都是精英阶层深度审美化的典型。而对于大众文化层面的深度

[①] 查中国期刊网，2004 年至 2010 年的七年间，直接以"日常生活审美化"与"日常生活的审美化"为题名的论文就有 220 余篇，其中包括近 10 篇硕士论文，以之为主题的论文更是接近 800 篇。此外还有相关专著出版，如艾秀梅的《日常生活审美化研究》，南京师范大学出版社 2010 年版。

[②] 刘悦笛：《生活美学与艺术经验》，南京出版社 2007 年版，第 84 页。

审美化的分析，作者主要征引了波德里亚的"拟象"理论："'日常生活审美化'的最突出呈现，就是仿真式'拟象'（simulacrum）在当代文化内部的爆炸。"① 当代影视、摄影、广告等视觉文化呈现出来的是无限复制的影像产物，它们是一种失去了摹本的"拟象"，消解了真实与想象之间的矛盾。作者又引用英国社会学家斯科特·拉什的"分化/去分化"三段论的发展逻辑——前现代是"前分化"时代，现代是不断"分化"的时代，后现代则是"去分化"的时代——指出："显而易见，'日常生活的审美化'在其中就是后现代'去分化'的过程的一种美学表征，生活与审美不必也不再相互'分化'了，这是可以被基本确定的历史走势。"② 通过上述分析，作者对日常生活审美化问题给出了一个清晰的论述。

不只如此，作者接下来对"日常生活审美化"的反向运动过程"审美日常生活化"进行了探讨。作者指出，二者不是对同一过程的描述，而是对当代审美泛化过程的深描，二者之间存在着根本性的差异。审美日常生活化主要体现在艺术领域，作者追溯了自19世纪末20世纪初以来的先锋派艺术中的审美日常生活化取向。从未来主义的"艺术结合生活"，到达达派健将杜尚的"现成艺术品"，再到20世纪60年代之后的波普艺术，在他们的创作中，日常生活进入了艺术领域。不过，在作者看来，它们主要是一种精英艺术试验，不能实现审美生活化的根本转向。只有到了后现代艺术，艺术才真正地回到日常生活。作者谈及了20世纪六七十年代以来的欧美各种前卫艺术思潮（如观念艺术、行为艺术、装置艺术、环境艺术等），将之与现代主义艺术进行了比较："如果说，现代主义艺术还呈现出一种试图'以审美的形式表现日常生活'的倾向，那么，后现代艺术则往往以一种'非审美'的形式，来对艺术与生活加以融合，从而将人们的注意力最大限度地引导到日常生活物品上来。"③ 作者重点分析了观念艺术、行为艺术和环境艺术，并将之与中国古典美学思想进行了对比研究。在作者看来，以语言学为主导的观念艺术与禅宗美学有相通

---

① 刘悦笛：《生活美学与艺术经验》，南京出版社2007年版，第88页。
② 同上书，第89页。
③ 同上书，第93页。

之处，回归身体的行为艺术与儒家美学有相通之处，复归自然的大地艺术与道家美学有相通之处。这种对比研究对于把握西方当代前卫艺术提供了借镜，又彰显了中国传统美学的独特性。

可以说，"日常生活审美化"进一步凸显了美学与生活的关联，基于上述分析，作者在第五章的"述评"部分，明确提出了"生活美学"的主张："本书就主张一种新颖的'生活美学'（performing live aesthetics），也就是将最广义上的美与生活置于一种'辩证对话'的关系中来考察。"① 对于美和生活的关系，作者从三个方面加以分析：其一，美是生活，美以生活为本源，美与生活之间是一种"对话性关系"；其二，美介于日常生活和非日常生活之间；其三，本真的生活是美的，美的活动的最深层本源就是本真的生活。"本真的生活"是全书的一个重要概念，所谓本真生活，"就是现实生活的原发的、生气勃勃的、原初经验性的状态，这也是按照'美的规律'来塑造的生活状态"。② 在第六章中，作者以现象学中的"本质直观"概念以及道家思想中的"真"的概念对本真生活进行了阐述，并进入西方哲学史，对美与善、真之间的关系进行了剖析。在作者看来，在本真的生活状态之中，真、善、美是本属一体的，皆统一于"美的活动"。这就从哲学的高度对生活美学在本体论意义上进行了强调。

20世纪80年代以来的实践美学，高扬"主体性"的大旗，实际上带有浓厚的西方传统哲学的主客二分的思维模式，而生活美学所强调的本真生活和美的活动，则消解了这种二元对立。从这个角度上说，生活美学能够成为当代中国美学的一种发展。

(三) 艺术论

艺术是美学原理所要研究的重要内容之一，前面所论的美学原理，对艺术部分多有着墨，尤以王朝闻主编的《美学概论》为最，它们一般关注这样几个问题：一是艺术的起源，总结西方美学史上的几种理论，实践美学将其归结为"劳动"或"实践"；二是艺术的功能，强调艺术的意识形态性及社会性；三是艺术的分类原则及各门类艺术的审美特点；四是对

---

① 刘悦笛：《生活美学与艺术经验》，南京出版社2007年版，第102页。
② 同上书，第109页。

艺术进行层次或结构分析。刘悦笛的《生活美学与艺术经验》没有因循这一思路，他所考察的是艺术是什么亦即艺术的本质问题。

首要的是对艺术定义的历史的考察。作者提炼出了西方美学史上的三种重要观点：模仿说、表现说和形式说，并依历史线索进行了评述。模仿说是西方美学史上出现最早也是影响最大的一个艺术定义，作者分了五个阶段进行论述：一是以德谟克里特、柏拉图、亚里士多德为代表的古希腊时期的模仿说，并分析了后两者的不同。柏拉图的模仿说以理念说为根基，强调的是原本与摹本的关系，而亚里士多德主要是就创作过程而言。二是文艺复兴时期的"镜子说"，这种观点主要由达·芬奇提出，突出了艺术能够如实地反映现实。三是18、19世纪的"现实主义"说，以俄国民主主义者为代表，认为艺术是社会生活的反映、呈现和复制。四是19世纪的"自然主义"和20世纪的"照相写实主义"，二者都强调对现实真实客观地描摹。五是以苏珊·朗格为代表的20世纪的现代模仿理论。作者将"表现说"分成三个阶段加以解说：一是18世纪的浪漫主义，以诺瓦利斯为代表，强调艺术表现人的内心世界；二是19世纪的"唯美主义"和"印象主义"，如唯美主义的口号"为艺术而艺术"即强调艺术与现实的断裂；三是20世纪的表现主义美学，以克罗齐和科林伍德为代表，克罗齐提出艺术即直觉，科林伍德推崇艺术的表现性和想象性。对于形式说，作者关注了艺术理论中的形式问题：一是音乐艺术中的美的形式，以汉斯立克为代表，汉斯立克认为音乐的内容就是乐音的运动形式；二是造型艺术的形式主义美学及格式塔心理学美学，以贝尔、罗杰·弗莱、康定斯基、阿恩海姆为代表；三是语言艺术的结构主义美学，以索绪尔、詹姆逊、卡勒等人为代表。作者又对中国古典美学对"艺"的看法进行了简单分析，以刘熙载的艺术观（"艺者，道之形也"）为主要代表，认为其体现了中国古典美学对"艺"的基本理解。在经过上述历史的考察之后，作者对后现代时期的艺术状况进行了分析，指出后现代艺术打破了美与艺术的关联以及艺术的边界，因此他借鉴维特根斯坦的"开放的概念"的观念，提出艺术是作为"开放的概念"而存在的，并进一步指出要将"艺术"视为动词看待。这无疑是一种新鲜的观点。

在第十四章，作者力图"在当代艺术的视野中，为艺术提供一种更新颖的、具有涵盖力的哲学化的说明"。① 刘悦笛出版过《分析美学史》《视觉美学史》等著作，熟谙当代英美的分析美学和实用主义美学传统，在本章中，他主要引述了舒斯特曼、赫尔兹和杜威等人的美学观，尤其是杜威的艺术即经验的艺术观给他以很大启示。"在实用主义看来，审美经验和艺术经验，并没有与其他类型经验形成断裂，审美经验恰恰是日常生活经验的一种完满状态。"② 作者认为从日常经验角度重思艺术是当下美学建构的一条新路径。作者进而论述了艺术与生活世界之间的关系，他提出了"艺术间性"这一概念，认为艺术与生活世界之间是一种双向的、动态的、交互的"对话性"关系。作者还对艺术品进行了四重规定，认为它包含了形式层、文化层、个性层和情境层。在对艺术做了上述规定之后，作者提出了界定艺术的两条原则：历史主义的和自然主义的。作者所称的历史主义与迪基的"惯例论"并不相同，"我们所说的'历史主义'，则是要将艺术真正地放回到历史本身，在艺术与生活的连续性里面来定位艺术"。③ 刘悦笛的《生活美学：现代性批判与重构审美精神》一书对此多有所论。所谓自然主义的，就是将艺术视为一种深深根植于人类本性的东西，是人类的需要和动力所产生的。"艺术的界定，正是要介于'历史主义'和'自然主义'之间。一方面，认定艺术就源于人的自然本性的喷涌和折射，这是人类'内在的经验'的'积淀'；另一方面，还要在具体的历史里面去确定之、去规定之、去界定之，这是人类面对艺术的'历史的经验'累积。这种折衷与融合，使得两方面原来的极端色彩都得以减弱，从而在现实生活的基础上获得了更高层面的'融会贯通'。"④

可以看出，作者基于对西方美学史和当代美学理论的精熟把握，对艺术的本质问题进行了纲要性的论述，同时又提出了对艺术把握原则及基本观点，即从日常经验的角度把握艺术，这种观点同样是生活美学的内容。

此外，作者对其他章节的写作皆不是泛泛而谈，而有其独到之处。如第四章中，作者从"美学"的汉语翻译切入，到民国学者对美学的接受

---

① 刘悦笛：《生活美学与艺术经验》，南京出版社2007年版，第289页。
② 同上书，第300页。
③ 同上书，第308页。
④ 同上书，第309页。

与传播，对美学进入中国的过程进行了细致的考辨；在第七章中，作者吸收西方学界环境美学的最新研究成果，对自然美进行了全新的阐释；第九章和第十章对审美类型的研究中，作者从价值论的角度，将美、悲、喜等几种审美类型区分为正价值和负价值两大类；第十一章是对审美文化的论述，作者从生活美学的角度加以看待，认为审美文化的实质就是"生活的审美化"，并区分了审美文化的全球类型（欧洲文化、中国文化、印度文化）和本土类型（官文化、士文化、民文化）；第十二章对审美现代性的问题进行了剖析。

刘悦笛的《生活美学与艺术经验》立足于美学史，尤其是西方当代美学，视野开阔，信息量大，前沿性强，书中提出的"生活美学"，基于当下的历史境遇，融合了西方美学理论与当代艺术与日常生活中的审美经验，是一个重要的理论创建，对于突破实践美学及后实践美学的理论局限，促进当代中国美学研究的转型具有重要的理论意义。

总体来看，当代中国的美学原理体系形成了四种形态：反映论美学、实践美学、后实践美学与实践美学之后的美学。反映论美学以蔡仪为代表，他将唯物主义反映论原则应用于美学体系的建构之中，对美、美感和艺术的分析都以反映论为基石。反映论美学对"美"所做的认识论的理解失之于简单而片面，批判者多而应者寥寥，很快为实践美学所取代。实践美学主要从马克思的《1844年经济学—哲学手稿》中获得理论资源。实践美学内部有一个较大的谱系，李泽厚和朱光潜都是实践美学的早期人物，李泽厚结合马克思主义哲学、康德哲学和西方现代哲学，提出了"积淀""人化的自然"，后期提出了"情本体""人的自然化"等原创性的概念，以其对实践的深入解读更是占据中心地位，成为实践美学的灵魂人物。许多学者继承并发展了实践美学的内涵，提出了一些新的观点，并以之建构美学体系，如王朝闻的审美关系论，刘纲纪的创造自由论，周来祥的"和谐美学"，蒋孔阳的自由形象论等。作为实践美学的发展，邓晓芒、张玉能等人提出了新实践美学，朱立元提出了实践存在论美学。而在20世纪80年代末到90年代，杨春时、潘知常、张弘等人以"生存""生命"等为核心概念，对实践美学进行了激烈的批判，并形成了后实践美学。后实践美学重在指出了实践美学存在的弊端，不过显得批判有余而建构不足，难以形成学界所共同信服的理论。实践美学之后的理论探索，像叶朗、张法、刘悦笛等人的美学原理研究，叶朗重在吸收中国传统美学的理论资源，张法和刘悦笛分别引入了文化美学和日常生活美学的角度，这三种视角可视为美学原理体系建构的一个方面，但目前还难以成为主流。

在此后的美学原理体系建构之中，需要注意：一、更多与国际美学接轨，吸收国际美学界的理论资源。二、汲取中国传统美学的理论资源，将之融入美学原理之中。三、应意识到全球化与地方性美学原理的关系，美学原理对于中国而言毕竟是作为"地方性知识"而存在的，但是又具有全球性质，在体系建构之中需要注意二者之间的平衡。四、坚持什么原则撰写美学原理？美学原理毕竟是一种理论的建树，目前存在一种去体系化、非原理化、无原则化的美学原理撰写的倾向，需要加以明确反对。尽管后现代的去中心化、碎片化、不确定性对学术体系建构形成了冲击，但美学原理还是要一以贯之地撰写，需要将基本理论贯穿下来，而非成为零散化的美学问题的叠加。

第 五 章

"西方美学史"研究的整体图景(上)

西方美学史研究，对于中国美学而言始终是"逻辑在先"的。这是因为美学本来就是来自西欧的一门学问，它来到中国必然经过"中国化"的过程，但是，无论是"在中国"的西方美学研究（这是一种更广义的"比较研究"）还是形成"中国的"美学思想，西方美学都是不可绕过去的最重要的资源。在中华人民共和国成立之前，对于西方美学的研究基本上还属于"散兵游勇"的状态，但是，在中华人民共和国成立后却出现了"集中兵力"进行研究的趋势，这就形成了所谓"西方美学史"这个重要的美学学科方向。本章一方面聚焦于"在中国"的西方美学史的撰写和叙事，另一方面着重在研究从古典到近代的西方美学研究成果，此外"东方美学史"也被列入本章，因为东方美学史恰恰是与西方美学史"相对照"而出现的。

第一节 历史撰写中国化的"朱光潜模式"

真正全面论述"西方美学史"的第一篇文章，应该是朱光潜于1963年3月23日在《文汇报》发表的《美学史的对象、意义和研究方法》，这篇未曾收入朱光潜旧版全集的文章，经过笔者的对照发现，基本上是后来成书的《西方美学史》的序论部分的学术缩写版本。更早是在1961年8月13日《文汇报》上，朱光潜还曾发表《怎样整理美学遗产》一文，对于美学史的研究进行了初步的探索。到了1978年，经历了"文化大革命"的朱光潜又撰写了《研究美学史的观点和方法》一文，对于自己的美学史研究的方法与观点进行了进一步的总结，并重在质疑与重释上层建筑和意识形态之间的关系及其对美学的适用性。①

从《美学史的对象、意义和研究方法》这篇文章开始，朱光潜最终确定了西方美学史研究的"对象"：从学科独立来看，美学由文艺批评、哲学和自然科学的附庸发展成为一门"独立的社会科学"；从历史发展看，西方美学思想始终侧重在"文艺理论"，也是"根据文艺创作实践作出结论"，又转过来"指导创作实践"。然后，按照朱光潜所接受的中国化马克思主义的观点，正由于美学也要符合"从实践到认识又从认识回到实践"这条规律，所以，美学就必然要侧重社会所迫切需要解决的文艺方面的问题，美学必然主要地成为文艺理论或"艺术哲学"。"艺术美"是美的"最高度集中的表现"，所以，从方法论的角度来看，文艺也应该是美学的"主要对象"。当然，朱光潜所虚心接受并服膺的美学史研究方法，其指导原理就是辩证唯物主义和历史唯物主义，但显然，历史唯物主义较之辩证唯物主义更适用于历史的撰写，所以，朱光潜认定研究美学史应以历史唯物主义作为指南。②

在《西方美学史》成书之前，朱光潜发表了多篇后来成为美学史著作主要构成部分的文章，主要包括《克罗齐美学的批判》（《北京大学学报》1958年第2期）、《黑格尔美学的基本原理》和《黑格尔美学体系》（《哲学研究》1959年第8、9期）、《莱辛的〈拉奥孔〉》（《文艺报》1961年第1期）、《狄德罗对艺术与自然的看法》（《光明日报》1961年2月23日）、《亚里斯多德的美学思想》（《北京大学学报》1961年第2期）、《黑格尔美学的评价》（《北京大学学报》1961年第5期）、《法国新古典主义的美学思想》（《北京大学学报》1962年第1期）、《德国启蒙运动中的美学思想》（《北京大学学报》1962年第2期）、《维柯的美学思想》（《学术月刊》1962年第11期）、《席勒的美学思想》（《北京大学学报》1963年第1期），除了《关于考德威尔的

---

① 朱光潜：《研究美学史的观点和方法》，《文学评论》1978年第4期；朱光潜：《上层建筑和意识形态之间关系的质疑》，《华中师范学院学报》1979年第2期。

② 朱光潜：《美学史的对象、意义和研究方法》，《文汇报》1963年3月23日。

"论美"》(《译文》1958 年第 5 期)之外,这些文章的主要思想都在《西方美学史》当中得以充分展开。

朱光潜《西方美学史》的上册于 1963 年 7 月由人民文学出版社首版,下册于 1964 年 8 月首版,1979 年上、下两册经过修订后,6 月上册出二版,11 月下册出二版,这也是目前最为通行的版本,此后不断被再版与翻印,其余的出版社也纷纷出版这本经典著作。这本美学史从一开始就满足了高校文科教学与学术启蒙的需要,被誉为"一部具有开创性的教材,中国人撰写的第一部《西方美学史》,是用马克思主义观点为指导写成的《西方美学史》",而且,"善于从全局的观点出发来分析和评价每一个美学家和每一个美学问题"。[①] 该书的成书过程是这样的:任职于北京大学西语系的朱光潜 1961 年应哲学系的需要,为培训讲授美学课的教师而特设美学专业班授课,遂开始编写西方美学史讲义;1962 年中国科学院"哲学社会科学部"举行文科教材会议,组织编写美学概论、西方美学史与中国美学史教材,并将西方美学史列入教材编写规划。朱光潜由此根据自己编写的讲义、学习笔记和资料译稿,编写出了两卷本的《西方美学史》。从历史上来看,世界上第一部美学史专著德国人科莱尔(Koller)1799 年出版的《美学史草稿》也是出于教育的目的(贝特尤斯 1747 年出版《艺术美的体系》则尚未形成完整的历史体系),这本叙述到 18 世纪的美学史的撰写目的,就是为了给德国大学生们指明"美学的产生及其发展的一份明晰的纲要",朱光潜的美学史也是如此。当然,齐默尔曼(Zimermann)1858 年在维也纳出版的三卷本《作为哲学科学的美学史》通常也被西方学界当作开创美学史的首部著作,它所强调的哲学视角一直在后来的美学史当中(包括朱光潜的相关著述里面)所贯穿下来。

朱光潜的《西方美学史》主要由三部分组成,第一部分是从古希腊罗马时期到文艺复兴,第二部分是 17、18 世纪和启蒙运动,第三部分则为 18 世纪末到 20 世纪初,从前苏格拉底时期一直贯穿到克罗齐时代,可

[①] 蒋孔阳:《西方美学史研究中的一项重要成果——评介〈西方美学史〉》,《文学评论》1980 年第 2 期;李醒尘:《我国第一部〈西方美学史〉的特色与成就——评朱光潜著〈西方美学史〉》,《中国电力教育》1988 年第 12 期。

谓是贯通古今的简要通史。相比较而言，美国分析美学家门罗·比尔兹利（Monroe Beardsley）1966 年首版的《从古希腊到现在的美学史——一段简史》(Aesthetics from Classical Greece to the Present: A Short History)，[1] 无论从教育的角度来看，还是从美学史的价值与影响观之，它在欧美的美学界之地位颇有点类似于朱光潜的《西方美学史》在中国的位置。当然，比尔兹利以分析美学家独特的明晰性言简意赅地梳理了整个西方美学史，这部"简史"在当时也是"全史"，不同于朱光潜写到 20 世纪初就戛然而止，比尔兹利从美学的起源一直写到出书的 20 世纪 60 年代。朱光潜并未写完整大概有两个原因，一是由于社会原因即所谓"现代资产阶级美学"处理起来非常棘手（因而尼采与叔本华美学就被回避了），二是由于当时学界只向苏联开放从而脱离了国际美学发展的主流，朱光潜更愿意驾轻就熟地写作他留学期间所学到的美学思想。如果进一步比照就会发现：朱光潜的历史写作的确具有中国化的风格与特质，它既不同于苏联的美学史撰写范式，也不同于欧美的美学史书写的基本模式。

实际上，对中国美学界产生了直接影响的翻译过来的西方美学史著作，一直到 20 世纪 80 年代中期才开始产生影响，这些美学史的一部分是来自苏联的美学家，其中有非常出色地梳理了历史材料的奥夫相尼科夫（又译奥夫襄尼科夫）的《美学思想史》（吴安迪译，陕西人民出版社 1986 年版）、善于采取辩证批判态度的舍斯塔科夫的《美学史纲》（樊莘森等译，上海译文出版社 1986 年版）；另一部分是来自欧美的美学家，其中，最为流行并产生最重要影响的是 1892 年在伦敦出版的英国新黑格尔主义哲学家鲍桑葵（Bernard Bosanquet）的《美学史》（张今译，商务印书馆 1985 年初版），其由于黑格尔化的色彩而被中国学者广为接受，他的《美学三讲》（周煦良译，人民文学出版社 1965 年版）早就被翻译出版了。尽管鲍桑葵本人在其规划的初衷里面视美学史为深植于各个时代的生活之内的"审美意识"的历史，但是在具体操作过程当中，他却主要面对的是经过思想家们整理过后的思辨理论，正如他对于希腊美学的"道

---

[1] Monroe Beardsley, *Aesthetics from Classical Greece to the Present: A Short History*, New York: Macmillan, 1966.

德主义原则""形而上学原则"和"审美(形式)原则"的归纳一样,他的书写方式始终是哲学抽象化的。

在中国美学界,影响最大的还是被当做美学史兼艺术史来读的黑格尔的《美学讲演录》(Vorlesungen über die Ästhetik),这本由黑格尔的学生霍托(Heinrich Gustar Hotho)根据听课笔记并核对于黑格尔本人的授课提纲编纂而成的书,德文版于 1835 年至 1838 年分三卷出版,在中国被朱光潜主要借助英文并参照德文翻译出版,这套由商务印书馆出版的书收入《汉译世界名著》丛书当中,共历时三年才得以全部完成:1979 年 1 月出版了第一卷和第二卷,1979 年 11 月出版了第三卷的上册,1981 年 7 月才出版了第三卷的下册。以朱光潜的笔调翻译过来的《美学讲演录》三卷,在中国美学界的翻译著作当中产生了最为巨大的内在影响,这种影响不仅仅在于对西方美学的基本理解,而且也深入到了对于美学原理的主流建设当中。

相比较之下,由于深受黑格尔主义的影响,较之鲍桑葵更晚近的美学史似乎影响就没有前者那么深远,意大利美学家克罗齐 1902 年出版的《作为表现的科学和一般语言学的美学的历史》(王天清译,中国社会科学出版社 1984 年版),由于过于关注于语言问题而偏离了大众的期待视野,美国学者吉尔伯特(K. E. Gilbert)和库恩(H. Kuhn)的《美学史》(夏乾丰译,上海译文出版社 1989 年版)出版于 1939 年的纽约,在当时可以说是最新近的美学史,但是这本专著对于中国读者而言更多在于其史料的价值。实际上,目前为止公认的最有质量的西方美学史,还是来自波兰著名美学家塔塔科维兹(W. Tatarkiewicz)1962 年在波兰首版的三卷本的美学史,具体包括古代美学、中世纪美学和现代美学三个部分,尽管他只写到了 17 世纪(这是塔塔科维兹用语上的"现代"时期)没有涉及现当代,但是这套美学史的确是西方美学史撰写史上的历史标杆。[①] 塔塔科维兹的《美学史》的第 1 卷《古代美学》

[①] W. Tatarkiewicz, *History of Aesthetics*, Vol. 1, *Ancient Aesthetics*, edited by J. Harrell, The Hague: Polish Scientific Publishers, 1970; *History of Aesthetics*, Vol. 2, *Medieval Aesthetics*, edited by J. Harrell, The Hague: Polish Scientific Publishers, 1970; *History of Aesthetics*, Vol. 3, *Modern Aesthetics*, edited by C. Barrett, The Hague: Polish Scientific Publishers, 1974.

有两个译本（杨力等译，中国社会科学出版社 1990 年版；理然译，广西人民出版社 1990 年版），第 2 卷《中世纪美学》（褚朔维等译，中国社会科学出版社 1991 年版），第 3 卷《现代美学》目前正在由中国社会科学出版社寻找译者翻译，争取将这三卷本出齐并收入再度启动的《美学艺术学译文丛书》当中。

通过与这些在欧美俄苏出现的美学史相参照，拥有"中国第一部西方美学史"美誉的朱光潜的《西方美学史》，具有自身的不可替代的价值和本土化的特色，它可谓一部"中国的"美学史。这具体体现在材料的选择和史事的安排上面，从而使得朱光潜之后的"在中国"的西方美学史研究由此具有了为自身而设定的格局。按照朱光潜的原本设想与最终实施，对主要美学流派中的主要代表的选择只有符合如下的标准，那就是"代表性较大""影响较深远""公认为经典性权威""可说明历史发展线索""有积极意义"，足资借鉴的才能最终"入选"《西方美学史》。从这几条标准来看，朱光潜也就是"以点带面"式地选取了主要流派当中的主要人物，这就非常接近马克思主义"典型说"当中所说的要选择"典型环境中的典型人物"。只不过朱光潜将这些人物放置到"唯物史观"的历史线索当中，并以唯物主义哲学的基本立场对其进行了评价和批判，但这种批判如果与苏联美学史比较而言却并不具有更鲜明的特色。

按照中华人民共和国成立早期的教材模式，《西方美学史》在撰写模式上采取了"时代背景—人物简介—著述介绍—思想呈现"的结构方式，在当时中外文学史都按照这种模式进行了重新书写。由此形成的所谓的"朱光潜模式"，对于中国化的西方美学史的撰写产生了长达半个世纪的影响。在这种基本格局之下，朱光潜对于美学史人物的选择可谓是千挑万选而最终确定，后来的西方美学史入选的最重要人物也基本上是八九不离十，而且朱光潜的历史叙述始终强调历史的逻辑线索。所以，我们看到了《西方美学史》这样的人物名单与逻辑次序：前苏格拉底时代精选了毕达哥拉斯学派、赫拉克利特和德谟克利特，在苏格拉底之后，然后是两位无论如何也都占据最重要地位的哲学家柏拉图和亚里士多德；罗马时期选择的是贺拉斯、朗吉弩斯，普罗丁作为连接罗马与中世纪的重要环节；中世纪选择的当然是奥古斯丁（奥古斯汀）与托马斯·阿奎那，而但丁则成为连接中世纪与文艺复兴的重要环节；对文艺复兴时代的人物选择，朱光潜显得过于简单并与众不同，所选的是薄迦丘（薄伽丘）、达·芬奇和卡斯特尔维屈罗等；法国古典主义选择的逻辑起点是笛卡儿，其后就是布瓦罗；英国经验主义的逻辑起点是培根，其后人物丰富，霍布斯、洛克、夏夫兹博里、哈奇生、休谟和伯克都得以充分论述；法国启蒙美学被选入的无疑就是伏尔泰、卢骚（现在通译卢梭）和狄德罗，其中狄德罗"美在关系说"由于其唯物主义倾向被格外重视；德国启蒙运动有高特雪莱、鲍姆嘉通、文克尔曼（又译温克尔曼）和莱辛，"美学之父"鲍姆嘉通的思想无疑是这段美学的亮点与重点，但是赫尔德这位相当重要的美学家却被忽视了；意大利历史学派选择的是维科，朱光潜对这位关注"诗性的智慧"的思想家情有独钟；德国古典美学当然是朱光潜在叙述古希腊美学之外的第二个高峰时段，他的经典选择就是从康德开始，以歌德与席勒为中介环节，最终终结在"集大成者"黑格尔，但遗憾的是却相对忽视了费希特与谢林，对于德国古典美学（欧美学界称之为"德国唯心论"美学）的特别关注，成为中国学界的共识与兴趣所在；俄国革命民主主义和现实主义，这是中国美学界接近于俄苏的地方，选择的分别是别林斯基和车尔尼雪夫斯基，后来在中国的许多西方美学简史都愿意结束在车尔尼雪夫斯基的"美是生活"理论，并将之作为马克思主义美学之前最为成熟的唯物主义美学形态；19世纪末20世纪初的审美移情派成为新旧世纪的转折力量之一，遗憾的是朱光潜只关注了其中的费肖尔、立普斯、谷鲁斯、浮龙·李和以巴希（这份名单有所遗漏），并刻意遗漏了唯意志美学的两位大家尼采与叔本华；好在《西方美学史》最终结束在朱光潜颇为心仪的表现主义美学大家克罗齐，以20世纪西方美学的曙光终结了美学之整个的西方历程。

　　以世界范围内的美学史撰写作为比照，由《西方美学史》这种历史叙述可以看到，朱光潜的撰写模式既同于又不同于在西方的美学史梳理，相同是因为叙述的线索基本就是按照古希腊、中世纪、文艺复兴、启蒙运动到德国古典美学的顺序，而且又接上西方审美心理学诸派和克罗齐思想，但是与同时代的欧美的书写不同，朱光潜并没有关注现代美学更新的进展；同时，这种中国化的美学史既同于又不同于苏联的美学史，相同的就是都将德国古典美学作为叙事的第二个重要的环节，并认定西方美学史的发展过程从古希腊至德国古典美学是自低向高发展的，这种唯物化的进化模式在苏联美学看来，发展到俄国民主主义才达到了历史的高点，但是朱光潜尽管将俄国民主主义纳入其中，但并未就此止步而是将移情派与克罗齐的线索置于最后，但两者的内心的诉求都是一样的：马克思主义美学的最终确立才是整个叙事的逻辑终点，"前马克思主义"美学从这种历史发展来看都犹如万江归海一般要在终点得以"辩证整合"。

在后来的西方美学史写作当中，这种"朱光潜模式"最明显地被抛弃的主要就是那种"逻辑叙事"的部分，其中最明显的就数《西方美学史》结束语当中对于四个关键问题的历史小结，这四个关键词分别是"美的本质""形象思维""典型人物""浪漫主义和现实主义"。[1] 现在回过头来看，从历史的顺序观之，典型人物由于仅囿于机械反映论最早被扬弃，[2] 然后是形象思维论为"审美心理学"所替代，浪漫主义和现实主义也被更多视为文艺问题，只有通过"美的本质"来通贯美学史的方式至今也没有被彻底去除。事实也证明，用后三个关键词来统摄西方美学史是不可能的，那只会得出局限于唯物主义理论的陋论，但是用美的本质来统合从古希腊到20世纪前叶的"西方的"美学史还是基本可行的。然而如果不考虑这种历史的逻辑发展，那么，塔塔科维兹对于西方美学史对象的理解，可能更加接近历史本身，由此美学史的疆界才可以被充分打开：西方美学史理应包括"美学思想史"与"美学名词史"、"外显美学史"与"内隐美学史"、美学"陈述史"与美学"阐释史"、"美学发现的历史"

---

[1] 朱光潜：《浪漫主义与现实主义》，《吉林大学学报》1963年第3期；朱光潜：《从历史发展看美的本质》，《新建设》1963年第6期。

[2] 朱光潜：《典型性格说在欧洲美学思想中的发展》，《人民日报》1961年8月3日。朱光潜通过这样的方式将近代的典型观与传统联结起来："在欧洲文艺理论著作里，'典型'这个词在近代才比较流行，过去比较流行的是'理想'。所以过去许多关于文艺理想的言论实际上也就是关于典型的。"

与"美学思想流行的历史",① 理想形态的西方美学史恰恰应该是两方面的统一与整合。

第二节 两部"大通史"与其他"小通史"

从 20 世纪 50 年代末到"文化大革命"的前夜，从译介的角度来看，大量的国外美学资料继续得以介绍进来，其中，非常重要的丛书和文选有创始于 1959 年的《外国文艺理论丛书》和《马克思主义文艺理论丛书》。根据 1961 年制定的丛书规划，前者计划出版 39 种（迄今共出版 19 种），后者计划出版 12 种（迄今共出版 11 种）。由现已成为中国社会科学院文学所文艺理论组 1957 年 7 月创办的《文艺理论译丛》直到 1958 年 12 月停刊共出了 6 期，1961 年又继续出刊直到 1965 年止共出 11 期；由伍蠡甫主编的《西方文论选》上、下卷也是 1963 年至 1964 年组织专家学者共同编写的。

在此，仅以《文艺理论译丛》的主要内容为例来说明当时的译介情况，第 1 期主要译介 19 世纪英国浪漫主义者的有关言论，第 2 期主要译介近代德国和法国的浪漫主义文艺思想，第 3 期主要译介论莎士比亚，第 4 期主要译介东欧国家作家的文章，第 5 期主要译介 18 世纪西欧美学思想，第 6 期主要译介欧洲的悲剧理论，第 7 期主要译介欧洲的喜剧理论，第 8 期主要译介 19 世纪中期以后三位美学家的思想，第 9 期主要译介莎士比亚评论的文章，第 10 期主要译介印度古代文艺理论和日本古代文艺理论，第 11 期主要为"形象思维"资料专题与戏剧美学研究。通过这份具有选本性质的译丛的介绍，可以看到，在当时占据绝对主流的译介内容，主要就是欧洲古典美学与文艺理论思想，当然东方思想与现代理论也有所涉及。《文艺理论译丛》因不拟刊载当代的文章或资料，从再刊之日起就改名为《古典文艺理论译丛》。同样，由中国社科院文学所苏联文学

---

① W. Tatarkiewicz, *History of Aesthetics*, Vol. 1, *Ancient Aesthetics*, edited by J. Harrell, The Hague: Polish Scientific Publishers, 1970, pp. 5–7. 塔塔科维兹：《古代美学》，杨力等译，中国社会科学出版社 1991 年版，第 7—10 页。

研究室承办的《现代文艺理论译丛》，从1963年出版第1期到1964年出版第6期，尽管译丛名表明为"现代"，但是绝大多数的译文都是来自苏联的研究，或者说是通过"苏联桥"来隔岸观火地看待外国美学与文艺思想。

在朱光潜《西方美学史》的历史研究之外，对于西方美学史较早进行个案研究的专著是由汝信主笔的于1963年4月出版的《西方美学史论丛》，[①] 这本直接以"西方美学史"为题的专著也是中华人民共和国成立后第一本西方美学专著，较之朱光潜《西方美学史》上卷的出版还要早三个月。与朱光潜直接留学海外不同，汝信对西方美学的人物思想研究可以被视为是他的导师贺麟先生的西方哲学研究在美学领域的延伸。作者在1961年还与姜丕之合著了《黑格尔范畴论批判》（上海人民出版社1961年版）。从柏拉图、亚里士多德、普罗提诺（即普罗丁）、莱辛、康德与18世纪英国美学、黑格尔到车尔尼雪夫斯基，《西方美学史论丛》以点带面地勾勒出西方美学史的历史大趋势。该书的某些内容都曾以人物研究的方式单篇发表，《车尔尼雪夫斯基对黑格尔美学的批判——兼论车尔尼雪夫斯基美学观点的哲学基础》（原载《哲学研究》1958年第1期）作为第一篇论文可以看做汝信进入西方美学史研究的起点，其他20世纪60年代发表的重点文章还有《柏拉图的美学思想——兼论亚里士多德对他的批判》（原载《哲学研究》1961年第6期）、《伯克美学思想述评》（原载《新建设》1963年第2期）、《黑格尔的悲剧论》（原载《哲学研究》1962年第5期）等，这些文章都抓住了西方美学史上最重要的形象进行了深入的思想描述。

从《西方美学史论丛》到《西方美学史论丛续编》（上海人民出版社1983年版），汝信对于19世纪启蒙时期的"高特谢德—鲍姆加敦—温克尔曼—莱辛—赫尔德—福斯特"的发展线索的勾勒，直到德国古典哲学时期的"康德—席勒—谢林—黑格尔"思想发展的具体深描，还有狄德罗、伯克、别林斯基、普列汉诺夫、车尔尼雪夫斯基、叔本华、尼采与杜

---

① 汝信、杨宇：《西方美学史论丛》，上海人民出版社1963年版，该书是4月出版的，而朱光潜《西方美学史》的上卷则出版于该年的7月。

威的美学思想，都从不同的切入点进行了深化研究，所以说，这两本西方美学史论丛理应被视为一个整体。在这种研究过程当中，作者不断取得了新的认识：对柏拉图与亚里士多德美学思想进行了对照性的研究，对朱光潜的柏拉图灵感说与模仿说的关系也提出了质疑，认定亚里士多德美感与伦理的目的论不能完全分开，全面解析了普罗提诺这位亚历山大理亚派希腊哲学家的殿军的美学思想，整体描述了18世纪德国启蒙运动美学的内在逻辑线索，较早深入研究了谢林《艺术哲学》所显现的美学思想，将席勒的美学作为从康德的《判断力批判》到黑格尔的《美学》之间的环节，对车尔尼雪夫斯基的思想进行了深入探讨并厘清了其对西方美学的误解。

实际上，汝信最为心仪的还是车尔尼雪夫斯基的美学思想，他从这一美学思想入门，直接导入对黑格尔美学的关注（特别是青年黑格尔的关于人的思想），进而上追到古希腊美学思想，从而以车尔尼雪夫斯基的主要思想为基本评判标准，将西方美学史上最重要的人物思想面貌着重呈现出来。与此同时，更应该看到，汝信的美学史研究当中体现了作者的"人道主义"关怀，这是"因为对于美学来说，历史的研究首先不是自然史，而是社会史，也就是人的历史。人始终是社会历史的主体"。[1] 既然任何一种美学问题都离不开人的存在，那么，研究人与重视人的"人道主义传统"就成为贯穿汝信美学研究的红线。

自从1963年朱光潜的《西方美学史》上卷和汝信、杨宇的《西方美学史论丛》出版之后，更准确地说，在《西方美学史》下卷次年出版之后，在中国的西方美学史研究一度衰落。往前看，在《西方美学史》与《西方美学史论丛》之前，中国还没有以"西方美学史"作为标题的专著出版，往后看，直到20世纪80年代《西方美学史》再版与《西方美学史论丛续编》出版之前，都没有以西方美学史为题的相关著作出现，可见这上、下卷与两本论丛所本应具有的历史价值。从80年代初期开始，西方美学史研究衰退的局面得到了改观，西方美学研究的专题论文陆续开始出现。随着朱光潜的《西方美学史》被反复重印和再版，其撰写范本

---

[1] 汝信：《西方美学史论丛续编》，上海人民出版社1983年版，第2—3页。

也成为中国式的西方美学史撰写的"基本范式",其影响的深远是显而易见的。这种学术影响并不局限在大陆地区,港台地区的美学界也深受这本《西方美学史》的影响,这也就是上文所谈到的"朱光潜模式",这种模式也可以被视为一种东亚学界看待西方美学的独特撰写方式。

目前为止,在中国最大部头的"大通史"就是由蒋孔阳、朱立元主编的《西方美学通史》七卷本,该书为国家社科基金"八五""九五"规划重点研究成果,并被当作为庆祝中华人民共和国成立50周年的献礼图书。该通史根据西方哲学和美学基本同步发展的实际,将整个西方美学的历史演进划分为"本体论""认识论"和"语言学"三个阶段,从而力图揭示出西方整体历史的基本发展规律。按照这种区分,本体论阶段从古希腊罗马到16世纪,其中"古希腊美学就是本体论美学,是当时哲学本体论在美学上的展开与体现,也是西方美学史上本体论阶段最典型、最重要的显现"。[①] 认识论阶段从17世纪到19世纪,在哲学和美学的认识论转向过程中,"英国经验主义"与"大陆理性主义"从两条对立的线路上分别做出了重大的贡献,而德国古典美学才是西方"认识论美学"的完成阶段。所谓"语言学阶段"则主要就20世纪而言,尽管"语言学转向"在西方哲学语境当中主要是指英美的逻辑实证主义与分析哲学而言,但《西方美学通史》认为,这种转向也体现在大陆人本主义的脉络当中,从现象学、存在主义到解释学的美学都可以纳入这种转向当中。更具体来说,"实证—分析美学""现象学—存在主义美学""现代语言学—结构主义美学"这三个方向、三种思潮、三股力量共同作用而推动了20世纪美学之"语言学转向"的整体发展。

《西方美学通史》不仅从历史的角度将整个西方美学史梳理为"三大阶段",而且从逻辑的角度将整个西方美学归纳为"两大主线",也就是被赋予了广义内涵的"理性主义"与"经验主义"。柏拉图与亚里士多德分别代表了西方美学这两大重要传统的开端,中世纪初期与末期的奥古斯丁与托马斯·阿奎那也分属于两派。"十七世纪西欧美学分化为旗帜鲜明的两大派,即大陆理想主义和英国经验主义,这正好可以看做是柏拉图与

---

① 蒋孔阳、朱立元主编:《西方美学通史》,上海文艺出版社1999年版,导论,第15页。

亚里士多德开创的两大传统在新时代的延续和发展。"① 18 世纪的启蒙主义美学也在延续这两条主线，狄德罗的法国启蒙美学思想总体上更倾向于经验主义，德国启蒙主义美学家则更多保持了理性主义的余韵。德国古典美学则是对 17、18 世纪理性主义与经验主义两大主流的"总结和综合"，这是依据中国化的西方哲学史研究直接推论的结果。19 世纪原来的经验主义发展为实证主义，进而发展为与科学理性的相互融合，而原本的理性主义则导致了非理性主义的抬头。唯独 20 世纪的美学难以纳入这种格局，所以《西方美学通史》又继续采取了"人本主义"与"科学主义"的两大主潮来应对 20 世纪的整个西方美学的历史。

《西方美学通史》第 1 卷古希腊罗马时期的美学由范明生著，共 74 万字，该卷更多从哲学系统的观照当中来阐释美学思想，并得益于在国内的古希腊罗马的哲学相关研究。② 其中有两处亮点，一个就是对于前苏格拉底时期美学的详尽阐释，从毕达哥拉斯学派、赫拉克利特、恩培多克勒到德谟克利特都多有研究；另一个则是对希腊化和罗马时代的美学的深入研究，主要增加了斯多亚学派、伊壁鸠鲁学派、怀疑论学派和折中主义的美学思想。第 2 卷中世纪和文艺复兴时期的美学由陆扬著，共 42 万字。③ 该卷在美学史方面有着更多的突破，特别是对于中世纪美学的研究扩大了传统的疆域，作者在原来的人物基础上不仅增加了《圣经》的美学思想和拜占庭圣像之争的论述，对于伪狄奥尼修、波爱修的论述，对于中世纪民间文艺美学的论述，于国内来说都是崭新的。此外，对于 12、13 世纪的"神秘主义美学"与"经院美学"的内在谱系还进行了相对完整的阐释。对于文艺复兴时代美学的论述，作者不仅按常规论述了诸多人物思想，进而将美学与音乐美学分而述之，到了 16 世纪美学则又换取了另一种标准，分头论述了德国、法国、英国和西班牙的美学思想。第 3 卷 17、18 世纪的美学由范明生著，共 72 万字。④ 该卷采取了国别史的方式，分别论述了从培根开始的英国美学（新增了弥尔顿、德莱顿、蒲柏、菲尔

---

① 蒋孔阳、朱立元主编：《西方美学通史》，上海文艺出版社 1999 年版，导论，第 46 页。
② 范明生：《西方美学通史·古希腊罗马美学》第 1 卷，上海文艺出版社 1999 年版。
③ 陆扬：《西方美学通史·中世纪文艺复兴美学》第 2 卷，上海文艺出版社 1999 年版。
④ 范明生：《西方美学通史·十七十八世纪美学》第 3 卷，上海文艺出版社 1999 年版。

丁、约翰逊、雷诺兹的美学思想)、以笛卡儿为起点的法国美学(新增了帕斯卡尔的美学思想)、众星云集的德国美学(新增了赫尔德的美学思想)和以维柯(或译为维科)为代表的意大利美学。

《西方美学通史》第 4 卷德国古典美学由曹俊峰、朱立元、张玉能、蒋孔阳著,近 63 万字,该卷是整个通史的重中之重,也可以被看作以蒋孔阳为代表的德国古典美学研究的延续,[①] 曹俊峰、张玉能和朱立元当初追随蒋孔阳攻读学位的论文所研究的分别是康德美学、席勒美学与黑格尔美学。这卷的最主要的特色就是康德与黑格尔美学思想的研究,不仅注重整个的思想逻辑结构的呈现,而且按照他们美学思想形成的历史顺序进行了论述。康德美学思想的进程就被区分为"前批判期""过渡期"与"批判时期",并关注到了康德晚年及其遗著当中的美学思想。黑格尔美学也从前期美学思想谈起,并阐发了《精神现象学》当中的美学思想,也兼及了黑格尔对于康德、费希特、席勒、谢林和浪漫主义思想的批判,同时关注到了"艺术解体"的新阐释与《美学》的内在矛盾所在。第 5 卷 19 世纪的美学由张玉能、陆扬、张德兴等著,共 62 万字,也继续采取了国别史的格局,马克思主义美学与俄国民主主义美学思想也被纳入在内。[②] 德、法、英诸国的美学史的区分都非常宏观,在以黑格尔主义与新康德主义为主导的哲学美学之后,具体区分出形式主义美学、心理学美学、生命哲学的美学、艺术科学与唯意志论美学等五个派系,法国美学区分为浪漫主义、现实主义、自然主义、实证主义、唯美主义与折中主义美学六个派系,英国美学则区分为浪漫主义、唯美主义、社会学、新黑格尔主义、心理学、进化论美学六个派系,从而非常精当地论述了近代西方美学主潮。第 6 卷和第 7 卷 20 世纪的美学由朱立元、张德兴等著,部头最大共 125 万字,该卷采取了"现代人本主义美学"与"现代科学主义美学"历史性对立的方式加以立论,将现代西方美学区分为"形成、初创时期"(20 世纪初开始到 20 年代末)、"多元展开时期"(30 年代到 50 年代)、"变

[①] 曹俊峰、朱立元、张玉能等:《西方美学通史·德国古典美学》第 4 卷,上海文艺出版社 1999 年版。

[②] 张玉能、陆扬、张德兴等:《西方美学通史·19 世纪的美学》第 5 卷,上海文艺出版社 1999 年版。

动、成熟时期"（60年代以后到80年代之前）和"80、90年代的前沿思潮"四个阶段。① 更有特色的是，该部分从研究重点与理论特征方面试图归纳出现代西方美学的基本走向：一方面，两次研究重点的历史性转向分别是从艺术家和创作转移到研究文本方面，从文本研究转向研究读者和接受方面；另一方面，两个根本的转向就在于所谓的"非理性转向"与"语言学转向"。这两卷的整个论述也贯彻了两大"主潮"、两次"转移"和两个"转向"的基本观点。

进入21世纪，2001年国家社科基金开始立项，汝信主编的《西方美学史》成为最新的一部"大通史"，这部270万字的四卷本著作共历时近8年才完成，集中了当代中国美学界老、中、青三代学者来共同撰写。该美学通史将"美学的历史"作为一个整体性的发展着的美学思想史，从而将"哲学理念""艺术元理论"和"审美风尚"三者结合与互动的逻辑建构的"美学思想"重新置入历史框架内，最终形成了立体型的完整化的历史整体。② 这本专著由于对"西方""美学""历史"三个关键词进行了明确而深入的理解与阐释，从而在总体的研究方法论上获得了新的突破：首先，将"西方"视为以地域概念为基础的文化思想范畴，因而考虑到了以范畴外延来充实这个范畴的合法性问题（比如充实了德意志观念论哲学家的美学在俄国和北欧的影响、法国当代美学的国际影响等方面的内容），同时，将美学思想的地域空间的民族文化特点注入"西方"这个概念的内涵当中。其次，考虑到了西方思想史和学术史对"美学"的三种主要理解的各自的逻辑合理性，从而确定了根据思想的历史实际，将哲学、艺术思想、审美风尚情趣的解释和研究工作结合起来。最后，以学术史为基础，注意梳理和综合学术史、思想史、社会史以及普遍的大历

---

① 朱立元、张德兴等：《西方美学通史·20世纪的美学》第6、7卷，上海文艺出版社1999年版。

② 汝信主编：《西方美学史》，中国社会科学出版社2005年版，前言，第10页。对四卷本《西方美学史》的成果评介，作为该书参编者的笔者部分吸收了结项报告由每卷编者所提供的相关内容，特此致谢。

史几个层面的联系和相互影响。①

汝信主编的《西方美学史》第 1 卷为"西方古代美学",分为古希腊罗马美学和中世纪美学两编,分别由凌继尧、徐恒醇撰写。②该卷创新之处在于,首先重新评价了柏拉图的理念论,认定柏拉图的理念是以素朴的方式提出的自然规律和社会规律,他力图以这种规律来替代古老的神话,柏拉图对万物规律的探索表明了由神话向人的思维的深刻变革。其次,重新评价了柏拉图美学和亚里士多德美学的关系,认定柏拉图哲学和美学的核心范畴"理念"几乎整个地转移到亚里士多德那里,尽管二者都不会舍弃物的理念来思考物,但后者区分于前者就在于认定物的理念存在于物自身而不存在于物之外的原理。最后,重新评价了普罗丁的美学思想,认定这位作为希腊罗马和中世纪之交的美学家的思想并没有越出希腊罗马美学的界限。古代卷在各种社会思想现象的关联中(如对柏拉图著作中哲学与诗、逻各斯和神话的结合),揭示了古代美学内涵的丰富性、复杂和矛盾性,而且注重揭示历史内涵的当代启示(如对寓意与象征的关系,宗教经典文化意象和审美内涵的关系都进行了新的学术挖掘)。

第 2 卷为"西方近代美学"的上部,分为文艺复兴时期美学与启蒙运动时期美学两编,由彭立勋、邱紫华、吴予敏著。③该卷从宏观上着重于思潮、流派以及各种问题、理论、学说的"形成和发展"的研究,突破了罗列和复述的传统研究模式,重在阐释思想发展的有机整体性和内在规律性,对休谟的美的本质观、伯克的崇高理论、狄德罗的美在关系论、莱辛的市民戏剧理论、维柯的审美移情论的阐释,不仅遵循这种规律而且皆有新的解读。同时,从微观上在阐释文艺复兴、经验主义、理性主义以

---

① 这套美学史的撰写,采用研究对象的第一手的翔实可靠的外文资料,在研究中对某些概念和范畴的中文译名从原文(包括古希腊文和拉丁文以及近代以来的各国语言文字)的语义学层面,进行了仔细的文字考证与推敲,如亚里士多德的《诗学》依据四种不同中译版本(分别由罗念生、缪灵珠、崔延强、陈中梅译),其中给"美"下定义的关键词 taxis 分别被译为"安排""顺序""有序的安排""秩序",在考察了古希腊文后,第 1 卷认定从亚里士多德的整个美学体系看,这个词理应译为"秩序"。
② 凌继尧、徐恒醇:《西方美学史》第 1 卷,中国社会科学出版社 2005 年版。
③ 彭立勋、邱紫华、吴予敏:《西方美学史·文艺复兴至启蒙运动美学》第 2 卷,中国社会科学出版社 2006 年版。

及启蒙运动时期的美学思想时，既注意这些理论和学说（如内在感官说、审美趣味论、美在和谐论、美即完善论）提出时的原意，又力求从当代的观念和视野进行审视。此外，薄伽丘悲剧和喜剧观、拉伯雷的怪诞美学观的研究填补了文艺复兴美学的空白，并对蒙田、霍姆的美学思想加以了弥补。

第3卷为"西方近代美学"的下部，分为德国古典美学与19世纪其他诸国（主要指英、法两国）美学思潮和流派，由李鹏程、王柯平、周国平等著。① 该卷以"德意志观念论哲学家的美学"和"德意志浪漫主义文学的美学"的精确概念，取代了在中国曾占主导的"德意志古典美学"的概念，并关注到美学与哲学体系之间的互动关系（如揭示出谢林关于艺术形而上学高于哲学的观点）。其创新之处还有，对于康德判断力学说在哲学体系中的意义进行了新颖的阐发，对叔本华和尼采美学的形而上学意蕴的阐释也有开创意义，对英国罗斯金的美学思想进行了较为详细的阐释，从历史上看，早在20世纪中期中国就翻译了《罗斯金艺术论》（刘思训译，大光书局1936年版）这样的研究著作。此外，对于19世纪德国美学如何走出哲学而走向心理学和社会学进行了过程性的阐明，从而使得这段美学史更具有了连贯性。

第4卷为"西方现代美学"，由金惠敏、霍桂寰、赵士林、刘悦笛等著，该卷横亘了整个20世纪，重视对外文原始文献的研读，并力邀许多国外专家参与了撰写（如邀请法国杜夫海纳协会会长Maryvonne Saison撰写杜夫海纳的思想）。② 首先，在学说史的系统性和学统源流意义上，该卷对当代西方美学家的个人思想从思想史的总体上进行了学术逻辑分类，并进行流派建构的尝试，从而向美学史的学术系统性建构的方向进行了积极探索。这就突破了中国学界流行的将"人本主义"和"科学主义"作为20世纪西方美学史的两大潮流的惯例，认定二者都根植于启蒙理性而属于现代性的范畴。按照这种结构，整个20世纪欧美美学，最初"形式

---

① 李鹏程、王柯平、周国平等：《西方美学史》第3卷，中国社会科学出版社2008年版。
② 金惠敏、霍桂寰、赵士林等：《西方美学史·二十世纪美学》第4卷，中国社会科学出版社2008年版。

主义美学"与"表现主义美学"为当时美学思想的重要两翼,"无意识美学"的影响也极为深远,还有"生命美学"和"距离美学"也盛极一时。西方美学史逐步进入20世纪中叶,"实用主义美学""符号论美学""现象学美学"和"存在美学"都在百花争艳,从而充分展开了该世纪的美学谱系。在20世纪中期之后,发源于维特根斯坦的"分析美学"占据了欧美美学的主流位置,但是发源于卢卡奇的"社会批判美学""格式塔美学""解释学美学"和"接受美学"都获得了自身的思想地位。20世纪末期,西方美学步入了后现代的阶段,这也是该世纪美学的终结期。

在中国化的"西方美学史"的基本范式的影响与引导之下,西方美学研究进入突飞猛进的历史时期。在走出闭关锁国、走向改革开放的全新的历史语境当中,随着朱光潜《西方美学史》在1979年的修订再版,一批西方美学研究的专著与论文得以出现。这便在20世纪80年代的初期,打开了西方美学研究的新局面,并确立了通史与断代史研究同时进行的格局。西方美学史也不仅仅局限于对20世纪之前的西方古典美学的研究,而且将20世纪的美学史直接纳入了研究的视野之内。

蒋孔阳的《德国古典美学》(商务印书馆1980年版)可谓首当其冲,而且,这本专著实际上也开启了中国化的西方美学研究的"海派"风格。蒋孔阳的诸多弟子在《西方美学通史》等其他著述当中就延续了这种风格,从而区别于以汝信主编的《西方美学史》为代表的"京派"。如果从1965年《德国古典美学》的初稿完成算,这本在中国关于德国古典美学的第一部研究专著应该属于20世纪60年代的成果。所以,该书仍以对德国美学的"意识形态批判"作为主要基调,但是,它却最终全面地完成了对于这段曾经对中国美学最为重要的西方美学资源的深入研究,从而最终为这段美学史加以宏观的历史定位:"1. 总结了以往的美学经验,特别是十八世纪英、法、德三国美学的经验;2. 开启了十九世纪后半期到二十世纪资产阶级形形色色的美学思想;3. 把辩证法这一先进的方法全面地引进到了美学研究的领域;4. 从十八世纪形而上学的唯物主义美学到马克思列宁主义的美学之间,起了一个中介的作用。"[①] 这种批判从康德

---

① 蒋孔阳:《德国古典美学》,商务印书馆1980年版,第53—54页。

开始，以黑格尔为终结，在二者的逻辑发展之间，包括两位作为哲学家的美学家即费希特与谢林，两位作为文学家的美学家即歌德与席勒，这也影响了其后德国古典美学在中国继续研究的基本格局，从而使其成为一本经典性的美学断代史著作。

1983年是西方美学研究的丰收年，在这一年，汝信继承了《西方美学史论丛》的美学家个案研究的衣钵，继续出版了《西方美学史论丛续编》，曾繁仁出版了近似的人物个案专著《西方美学简论》（山东人民出版社1983年版）。同时，西方美学研究的视野，不仅上溯到西方美学的2000多年前的源头，以阎国忠的《古希腊罗马美学》（北京大学出版社1983年版）的出版为代表；而且，深入身处其间的20世纪这个最新的时代，以朱狄的《当代西方美学》（人民出版社1983年版）的出版为代表。此外，从门类美学史的角度来看，徐纪敏的《科学美学思想史》（湖南人民出版社1987年版）也非常有特色，还有美学家蔡仪主编的"美学知识丛书"中涂途编著的《西方美学史概观》（漓江出版社1984年版）这样的介绍性的小册子，这些都共同推动了第一次西方美学史研究的热潮。

朱狄的《当代西方美学》的出版展现出更为重要的价值，因为这是汉语学界第一次将整个20世纪的美学史加以整体呈现的第一部专著，至今仍具有相当重要的史料与研读价值。这本专著首度采用了流派史的手法，将现代西方美学纳入10个主要流派当中，并将这些流派的代表人物的美学思想具体呈现了出来，主要包括安海姆（又译阿恩海姆）的"完形心理学美学"、弗洛伊德和融恩（又译荣格）的"心理分析美学"、桑塔耶那的"自然主义美学"、杜威和佩珀的"实用主义美学"、芒罗（又译门罗）的"新自然主义美学"、科林伍德和理德的"表现论美学"、杜夫海纳的"现象学美学"、理查兹的"新实证主义美学"、维特根斯坦和韦兹的"分析美学"、卡西勒与朗格的"符号论美学"。尽管作者将历史截止到60年代前后，尽管许多流派的代表人物还有待商榷，尽管各种流派的历史顺序需要调整，但是，这种以流派区分、"以人带派"的撰写手法，基本上被整个的现代美学史研究承继了下来。与朱光潜一样，朱狄在描述过10个流派的基本思想之后，又从逻辑的高度梳理了几个基本问题：关于美的本质问题的争论、关于审美经验各种因素的分析、当代西方艺术中的美学问题和各门艺术中的美学问题,其中,对于分析美学家迪基的艺术"惯例"论的探讨已经将视野拉伸到了 70 年代,这些都证明了《当代西方美学》的前沿性。

如果说,朱光潜的《西方美学史》按照流派划分更接近于欧美的撰写方式的话,那么,"现代西方美学"在中国通常主要指 20 世纪以来的美学史,则朱狄的《当代西方美学》(其所谓的当代就是通常所指的现代)这种按照西方美学词典或者百科全书的方式所书写的流派史的做法却始终在欧美学界不占主流。在此,可以将这种在中国的"现代西方美学"的流派史的撰写方式与"在西方"的看待 20 世纪美学的方式进行比较,后者一则没有中国学界划分得那么详尽,二则主要是以分析美学传统作为绝对主导。以现任国际美学协会主席、美国学者柯提斯·卡特接续比尔兹利写到 60 年代的美学史所续写下去的人物为例,他们绝大多数是属于分析美学传统,除了阿恩海姆、苏珊·朗格等少数美学家之外,分析传统的历史核心地位的确是不可动摇的。再以《美学的历史辞典》为例,看看它究竟是如何看待 20 世纪美学的,按照这种稳妥的观点,20 世纪美学主要区分为两大主流,那就是"分析传统"(The Analytic Tradition)与"大陆传统"(The Continental Tradition),此外,"观念论"(国内所论的部分新黑格尔主义与表现主义美学家就在其中)与"实用主义"(也涵纳了新自然主义者在内)、批评与阐释、心理学与艺术、艺术运动与艺术史、音乐电影建筑美学都被列在其后;而从 90 年代以来的新近美学研究,则被区分为分析传统、大陆传统、艺术与艺术史、电影美学与大众艺术、音乐美学这几个主要的学科分支,[①] 这显然与东亚视野当中的恢宏视角与精细划分是有明显距离的。

在 20 世纪 80 年代向 90 年代转型的时期,在中国陆续出现的西方美学史专著主要有彭立勋的《西方美学名著引论》(华中工学院出版社 1987 年版),杨恩寰的《西方美学思想史》(辽宁大学出版社 1988 年版),张法的《20 世纪西方美学史》(中国人民大学出版社 1990 年版),曾繁仁

---

① Dabney Townsend, *Historical Dictionary of Aesthetics*, Landhanm and Oxford: The Scarecrow Press, 2006, pp. 357 - 370.

主编的《现代西方美学思潮》（山东文艺出版社1990年版），丁枫的《西方审美观源流学史》（辽宁人民出版社1992年版），毛崇杰、张德兴、马驰的《二十世纪西方美学主流》（吉林教育出版社1993年版），章启群的《哲人与诗：西方当代一些美学问题的哲学根源》（安徽教育出版社1994年版），牛宏宝的《20世纪西方美学主潮》（湖北人民出版社1996年版），周来祥主编的《西方美学主潮》（广西师范大学出版社1997年版），周宪的《20世纪西方美学》（南京大学出版社1997年版），凌继尧的《西方美学艺术学撷英》（上海人民出版社1998年版），等等，可以说美学史的研究更加深入与全面了。这个转型时期可以被视为西方美学研究的第二次热潮，不仅相关的专著大量出版，而且研究的论文的整体水平也大幅度得以提高。

其中，最直接接受了"朱光潜模式"并有所拓展的，就是曾作为朱光潜助教的李醒尘的《西方美学史教程》（北京大学出版社1994年版）。李醒尘是国内少数在同时掌握了德文与俄文的基础上撰写西方美学史的作者，他辩证地定位："美学史是美学研究或美学科学的重要组成部分，是一门专门的和独立的知识领域，实质上是一门学说史或思想史，也就是各种美学思想、美学学说或美学理论，以及美学流派发生发展的历史"，"美学史具有双重性，它既是历史科学，又是理论科学"。[①]正是因为扎实的德文基础，使得作者对于德国启蒙运动美学与德国古典美学的论述得心应手，在前者里面增加了赫尔德与福尔斯特的美学思想，在后者当中对于康德的阐发多有新意，早期浪漫派美学思想的论述也丰富了德国古典美学体系。而且，更为重要的是，尽管《西方美学史教程》是一部简史，但是它并未像其他著作一样结束在20世纪初期，而是将视角延续到了整个20世纪，并按照表现主义美学、自然主义美学、形式主义美学、精神分析美学、分析美学、现象学美学、存在主义美学、符号论美学、格式塔心理学美学、社会批判美学、结构主义美学与解释学美学的顺序加以了梳理，从而使其成为真正意义上的"小通史"。

[①] 李醒尘：《西方美学史教程》，北京大学出版社1994年版，第2—3页。

朱立元主编的《现代西方美学史》（上海文艺出版社1993年版），是对于20世纪西方美学进行整体与深入研究的重要著作，较之此前所撰写的简史性的著作如朱立元和张德兴的《现代西方美学流派评述》（上海人民出版社1988年版）已经大为丰富，该书从20世纪初写到80年代的解构主义，共30章总计113节，但是基本的格局却早已确立了下来，那就是以人本主义与科学主义的矛盾与消长为主要架构。所谓"西方人本主义美学"在该书中主要就是指"表现主义""直觉主义""精神分析美学""心理分析美学""新托马斯主义美学""存在主义美学""现象学美学""符号学美学""法兰克福学派美学""解释学美学"等，"所有这些流派都或明或暗到贯穿着一种意想：强调审美活动中的主体决定作用，追求审美的绝对自由与超越，用非理性因素来解释艺术创造与鉴赏的本质。这些，恰恰与以黑格尔为代表的传统美学相对立，显示了现代人本主义美学的反传统倾向"。[①] 与之相对的则是"科学哲学美学"，它主要通过"自然主义美学""实用主义美学""语义学美学""分析美学""格式塔心理学美学""结构主义美学"等诸多流派得到体现。《现代西方美学史》作为一本标志性的现代西方美学史著作，标志着在中国的现代西方美学史研究日趋成熟，从而深刻地影响了当代中国的现代西方美学史的研究。

进入21世纪，中国美学界迎来了第三波西方美学研究热潮，21世纪的第一年，程孟辉主编的《现代西方美学》（上海人民出版社2000年版）上、下卷的出版打开了新的局面，此后陆续出版的专著主要有吴琼的《西方美学史》（上海人民出版社2000年版）、牛宏宝的《西方现代美学》（上海人民出版社2002年版）、张法的《20世纪西方美学史》（四川人民出版社2003年版）、章启群的《新编西方美学史》（商务印书馆2004年版）、张玉能的《西方美学思潮》（山西教育出版社2004年版）、程孟辉的《西方美学撷珍》（中国人民大学出版社2004年版）、章启群的《西方古典诗学与美学》（安徽教育出版社2004年版）、凌继尧的《西方美学史》（北京大学出版社2004年版）、周宪的《20世纪

[①] 朱立元主编：《现代西方美学史》，上海文艺出版社1997年第3版，第21页。

西方美学》（高等教育出版社2004年版）、彭锋的《西方的美学和艺术》（北京大学出版社2005年版）、朱立元主编的《西方美学范畴史》（山西教育出版社2006年版）、朱立元的《现代西方美学二十讲》（武汉出版社2006年版）、邓晓芒的《西方美学史纲》（武汉大学出版社2008年版）、程孟辉的《西方美学文艺学论稿》（商务印书馆2008年版）、张贤根的《20世纪西方美学》（武汉大学出版社2009年版）等。最新的多卷本专著则是朱立元任主编，陆扬、张德兴任副主编的三卷本的《西方美学思想史》（上海人民出版社2009年版）。这一时期的美学研究继续走向深化，一方面，可以看到"朱光潜模式"得以进一步的完善与发展（如凌继尧等的《西方美学史》资料更为翔实，分析更为深入）；另一方面，现代西方美学研究实际上成为美学界关注的重点，甚至可以说，美学史研究的重心已经从20世纪80年代开始的以古典美学为主，转到了新旧世纪交替之后的以现代美学为研究主体，而且美学史的研究越来越与西方同步了，一个重要的明证就是汝信主编的《西方美学史》第4卷邀请国外著名专家参与了撰写与研究。

在最新的西方美学史研究当中，可以看到，老、中、青三代学者都投入到这项事业当中。在古典美学研究方面，凌继尧的《西方美学史》与章启群的《新编西方美学史》分别代表两种取向，前者试图将朱光潜模式继续加以推进，后者则通过对人物的更精要的选择而试图突破旧有的格局。在现代西方美学研究方面，张法修订之后的《20世纪西方美学史》还是颇具特色的，比如他提纯出表现主义、精神分析与存在主义美学的关键词分别是"表现""隐喻"和"荒诞"，并确定50年代至60年代为"建造体系的时代"，此后的西方美学便走向了后现代；周宪修订后的《20世纪西方美学》以"批判理论的转向"〔其中包括齐美尔、奥尔特加、卢卡契（又译作卢卡奇）、阿多诺、本雅明、利奥塔、波德里亚、杰姆逊的美学〕和"语言学转向"（其中包括克罗齐、卡西尔、海德格尔、维特根斯坦、巴赫金、巴特、伽达默尔的美学思想）为线索解析了20世纪重要的哲学美学家的相关思想。

新近的西方美学通史著作主要有：朱立元主编的《西方美学思想史》三卷（上海人民出版社2009年版）、邓晓芒的《西方美学史纲》

（商务印书馆 2018 年版），等等。其中，《西方美学史》编写组撰写的《西方美学史》（高等教育出版 2015 年初版、2018 年第二版），属于教育部规划的集体写作产物，在教育普及当中开始起到了重要的作用。

在西方美学"范畴史研究"方面，程孟辉的《西方悲剧学说史》（中国人民大学出版社 1994 年版）可谓是个案研究的代表作，该书将整个西方美学史当中涉及悲剧的思想——进行了详尽理论梳理与客观评价，彭锋的《西方的美学和艺术》也依据西方美学辞书的顺序梳理了重要的范畴，司有仑主编的《当代西方美学新范畴辞典》（中国人民大学出版社 1996 年版）更是力求将 20 世纪美学的相关范畴一网打尽。朱立元主编的共 160 万字的、三卷本的《西方美学范畴史》在一定意义上也可以说是在逻辑范畴这一更高的理论层面所勾勒的另一部西方美学史，这本集体合作的专著所深描的范畴有"存在""自然""自由""实践""感性""理性""经验""语言""艺术""美""形式""情感""趣味""和谐""游戏""审美教育""再现""表现和呈现""优美""崇高""喜剧和喜剧性""古典与浪漫""象征""丑""荒诞""现代性和后现代性"。该书认为美学这座大厦的历史必须落实在美学范畴的历史之上，美学范畴的历史性是美学的历史性的根基，美学的历史性最终要落实在构成美学的基本范畴在特定历史时期的特定含义上。因此，对于美学范畴的历史性把握，就是对美学自身发展史的微观把握和历史还原。

西方美学的研究，在中国之所以得以全方位兴起并成为美学研究的主流，在相当大程度上得益于对外国美学的翻译和介绍。正如《外国美学》丛刊创刊号上面，朱光潜先生贺信里面的话所言——"放眼世界需外文"，这也是西方美学史研究的最基本的条件。从 20 世纪 80 年代初开始，由北京大学哲学系美学室编的《西方美学家论美与美感》（商务印书馆 1980 年版）、马奇主编的《西方美学史资料选》上、下卷（上海人民出版社 1987 年版）、中国社会科学院哲学所美学研究室编的《美学译文》（第 1、2、3 辑，中国社会科学出版社 1980、1982、1984 年版）都曾经在不同的历史时期起到过关键的作用。由汝信主编的、商务印书馆出版的《外国美学》系列刊物，采取"以书代刊"的形式，并以专刊的格局出版到了第 18 期，其中的翻译与介绍文章都达到了国内的前沿水平，在美学界影响深远。这一阶段程孟辉担当了大量的编辑工作，而后在原计划的 20 本尚未出齐的情况下，江苏教育出版社于 2009 年终于复刊出版到了第 19 期。此外，从赵宪章主编的《20 世纪外国美学文艺学名著精义》（江苏文艺出版社 1987 年版）、阎国忠主编与曲戈任副主编的《西方著名美学家评传》（安徽教育出版社 1991 年版）上、中、下三卷，到朱立元主编的《西方美学名著提要》（江西人民出版社 2000 年版），许多对于美学家生平与美学专著的介绍性著述也起到了很大的普及作用。

更重要的还是对于外国美学专著的直接翻译出版。其中，最重要的、影响最为深远的就是"美学译文丛书"，丛书的策源地就是中国社会科学院哲学所美学室。从 20 世纪 80 年代至 90 年代，以中国社会科学出版社为主的出版机构，出版了由李泽厚先生主编的大型丛书"美学译文丛书"。这套被老主编称为"起步最早，但步伐最慢""艰难牛步"又"自行停止"的丛书，的确推动了中国的美学、哲学、艺术和文化的巨大发展。[①] 丛书由滕守尧担当实际的操作工作，其中，中国社会科学出版社出版了 18 本，辽宁人民出版社出版了 12 本，光明日报出版社出版了 11 本，中国文联出版社出版了 8 本。这既是"西学东渐"又一次开拓性的学术工程，也积极推动了当时"美学热"与"文化热"的充分展开，其深远影响恐怕还要待以时日来加以评判。

下面将"美学译文丛书"的书名均列于下，以证明这套丛书所独具的不可替代的历史价值（并向当年这些编者与译者致敬）：1. 桑塔耶纳《美感》（缪灵珠译）；2. 科林伍德《艺术原理》（王至元、陈华中译）；3. 杜夫海纳《美学与哲学》（孙非译）；4. 朗格《艺术问题》（滕守尧、朱疆源译）；5. 阿恩海姆《艺术与视知觉》（滕守尧、朱疆源译）；6. 朗

---

① 目前，中国社会科学出版社恢复了这套丛书的出版，由赵剑英、刘悦笛主编，并改名为《美学艺术学译文丛书》。

格《情感与形式》（刘大基、傅志强、周发祥译）；7. 克罗齐《美学的历史》（王天清译）；8. 奥尔德里奇《艺术哲学》（程孟辉译）；9. 斯特洛维奇《审美价值的本质》（凌继尧译）；10. 德索《美学与艺术理论》（兰金仁译）；11. 卢卡奇《审美特性》第一卷（徐恒醇译）；12. 卢卡奇《审美特性》第 2 卷（徐恒醇译）；13. 康定斯基《论艺术的精神》（查立译，该书还收录了康定斯基的《点·线·面》）；14. 塔塔科维兹《古代美学》（杨力等译）；15. 塔塔科维兹《中世纪美学》（褚朔维等译）；16. 马尔丹《电影作为语言》（吴岳添等译）；17. 伊瑟尔《阅读活动》（金元浦、周宁译）；18. 庞蒂《眼与心》（刘韵涵译）；19. 加德纳《艺术及人的发展》（兰金仁译）；20. 杜卡斯《艺术哲学新论》（王柯平译）；21. 李普曼《当代美学》（邓鹏译）；22. 阿恩海姆《视觉思维》（滕守尧译）；23. 加德纳《智能的结构》（兰金仁译）；24. 萨特《想象心理学》（褚朔维译）；25. 古德曼《艺术语言》（褚朔维译）；26. 乌尔海姆《艺术及其对象》（傅志强等译）；27. 沃尔佩《趣味批判》（王柯平、田时纲译）；28. 卡里特《走向表现主义的美学》（苏晓离等译）；29. 加德纳《涂鸦艺术》（兰金仁译）；30. 阿瑞提《创造的秘密》（钱岗南译）；31. 巴特《符号学美学》（董学文等译）；32. 布洛克《美学新解》（滕守尧译）；33. 沃林格《抽象与移情》（王才勇译）；34. 沃尔夫林《艺术风格学》（潘耀昌译）；35. 今道友信《存在主义美学》（崔相录、王生平译）；36. 里德《艺术的真谛》（王柯平译）；37. 伽达默尔《真理与方法》（王才勇译）；38. 曼纽什《怀疑论美学》（古城里译）；39. 霍埃《批评的循环》（兰金仁译）；40. 霍拉勃《接受美学与接受理论》（周宁、金元浦译）；41. 潘诺夫斯基《视觉艺术的含义》（傅志强译）；42. 奥索夫斯基《美学基础》（于传勤译）；43. 鲍列夫《美学》（乔修业、常谢枫译）；44. 今道友信《美的相位与艺术》（周浙平、王永丽译）；45. 贝尔《艺术》（周金环、马钟元译）；46. 席勒《美育书简》（徐恒醇译）；47. 卡冈《美学和系统方法》（凌继尧译）；48. 齐斯《马克思主义美学基础》（彭吉象译）；49. 门罗《走向科学的美学》（石天曙等译）。其中，第 1—18 本由中国社会科学出版社出版；第 19—29 本由光明日报出版社出版；第 30—41 本由辽宁人民出版社出版；第 42—49 本由中国文联出版公司出版。

第三节 从古希腊到近代的欧洲美学研究

西方美学史的历史源头，可以追溯到前苏格拉底时期。如果从地缘上看，许多归属于古希腊文化脉络的早期思想家，其实是生活在现在所谓的"小亚细亚"地区，从地理归属上（如孕育出世界上第一个哲学流派"米利都学派"的米利都城邦）应属于东方，但是毫无疑义，他们从"学术传统"来说都被视为西方思想的真正源头。早在1982年，叶秀山的专著《前苏格拉底哲学研究》（生活·读书·新知三联书店1982年版）可谓是国内第一本对于哲学起源时代进行研究的中文专著，其中也涉及了南意大利学派的创始人毕达哥拉斯的相关美学思想。古希腊美学一直是研究的重点所在，这种研究由于古希腊文的准入与美学同哲学混糅的原因，在很大程度上有赖于古希腊哲学及诗学研究的相应的成熟与发展。与此同时，古希腊与古罗马美学常常被中国美学界归在一起，它们常常被并称为"古代美学"。

如果说，叶秀山的早期研究更倾向于哲学的话，那么，缪朗山的研究则更倾向于文艺思想与诗学。早在1964年至1966年，缪朗山就曾以"古希腊的文艺理论"为专题指导研究生撰写讲稿。[1] 20多年之后，这位被认为是中华人民共和国成立后第一位开设西方文艺论史的专家，在公开出版的《西方文艺理论史纲》（中国人民大学出版社1985年版）当中将古希

---

[1] 古希腊美学讲稿，参见缪朗山《缪朗山文集》第9卷《古希腊的文艺理论·德国古典美学散论》，中国人民大学出版社2011年版。作为翻译家的缪朗山对一系列美学经典文献的翻译，为西方美学研究提供了扎实的资料，参见《缪灵珠美学译文集》，中国人民大学出版社1998年版，第1卷为古代部分，包括古希腊罗马（亚里士多德、贺拉斯、朗吉弩斯、卢奇安、普罗提诺）和文艺复兴时期（但丁、薄伽丘、特里西诺、斯卡利格、明图尔诺、钦齐奥、扣斯特尔书特罗、塔索）；第2卷为近代部分（上），包括欧洲古典主义（布瓦洛、蒲柏）、英国经验主义（舍夫茨伯里、艾迪生、哈奇生）和德国古典美学（鲍姆加登、席勒、谢林、叔本华）；第3卷为近代部分（下），包括欧洲浪漫主义（华兹华斯、柯尔律治、皮科克、雪莱、雨果）和俄国现实主义（车尔尼雪夫斯基）；第4卷为现代部分，即20世纪美学（尼采、布雷德利、朗格、柏格森、桑塔亚那、荣格、布洛、理查兹）。

腊罗马文艺理论思想作为重点推出，尽管这一专著只写到德国启蒙运动美学家莱辛。在这本后来才结集出版的专著里面，具有特色的是，缪朗山将柏拉图的文艺的"认识论"思想归纳为：模仿说、"参与"与"灵魂回忆"、"美的最高境界"，将亚里士多德的关乎艺术教育功能的"行为学"归纳为：情节与性格的关系、恐惧与怜悯的"净化说"、悲剧的人物"错误说"。进而，在古罗马部分，他对贺拉斯以《诗艺》为主的古典三原则——借鉴原则、合式原则、合理原则——的阐发多有新意，对朗吉弩斯的《论崇高》的美学原理也分为崇高的思想、感情与想象三个方面来加以论述，这在当时的研究中可谓达到了最高的水准。

阎国忠1983年出版的《古希腊罗马美学》是中国研究西方美学源头著作的第一本专著，作者对于前苏格拉底时期的美学、柏拉图与亚里士多德的美学、古罗马前期与后期的美学进行了深入研究。比如柏拉图美学思想被区分为四个层面："理式——美的本质论"、"回忆——审美过程论"、"模仿——艺术特征论"和"灵感——创作泉源论"。在全书最后，阎国忠还归纳出古希腊罗马美学的六个重要范畴，也就是"和谐"、"善"（有用、有益、恰当）、"理式"、"整一"、"悲剧"和"崇高"，并认定这些范畴是按照历史顺序出现的：从"和谐"到"善"分别展现了美依存于自然（客体）与人（主体）；"理式"试图以普遍性来克服主客的局限；"整一"则消解了普遍与特殊性的对象；"悲剧"上升到纯粹精神领域而使得整一得以降低；最终，从"悲剧"走向"崇高"则高扬了人的个体因素，[1] 从而以逻辑与历史统一的原则叙述了这段西方美学的断代史。

中国学者陆续出版了古希腊罗马美学的研究专著，其中，断代史性的专著在前期研究阶段占据了主导，主要代表性的著作包括：蒋培坤、丁子霖的《古希腊罗马美学与诗学》（山西人民出版社1987年版），李思孝的《西方古典美学史论》（南开大学出版社1992年版），袁鼎生的《西方古代美学主潮》（湖北人民出版社1995年版），方珊的《美学的开端：走进古希腊罗马美学》（上海人民出版社2001年版）。进入21世纪之后，随着"古典学"研究模式的引入，对于古希腊罗马美学研究更侧重于个

---

[1] 阎国忠：《古希腊罗马美学》，北京大学出版社1983年版，第306—321页。

案研究，而且，强调从古希腊语言训练开始进行修辞与思想并重的研究，相关的代表性著作包括：陈中梅的《柏拉图诗学和艺术思想研究》（商务印书馆1999年版）、陈中梅的《言诗》（北京大学出版社2008年版）、王柯平的《〈理想国〉的诗学研究》（北京大学出版社2005年版）。其中，陈中梅的《神圣的荷马：荷马史诗研究》（北京大学出版社2008年版）还将美学的视野拉伸到荷马史诗研究，章启群的《新编西方美学史》也赞同将荷马史诗而非前苏格拉底美学作为西方美学的真正源头。陈中梅的《柏拉图诗学和艺术思想研究》已成为21世纪以来最重要的相关美学研究著作，关于柏拉图他分别研究了诗与认识论、本体论（诗—模仿）、神学（诗与形而上学）、心魂学、道德及政治、语言艺术、技巧、哲学的多维关联，并以自然、技艺、诗为关键词对亚里士多德的美学进行了深入研究，从而证明了古希腊美学研究已经在中国开花结果。

在中国的古希腊罗马美学研究之所以较早取得了成果，那是因为，对于古希腊罗马美学文献的翻译工作也走在了前面。由朱光潜执笔翻译的《柏拉图文艺对话录》（人民文学出版社1963年版）就辑录了柏拉图与美学相关的《伊安篇》、《理想国》、《斐德若篇》、《大希庇阿斯篇》、《会饮篇》、《斐利布斯篇》和《法律篇》的相关选段，为柏拉图美学的研究奠定了坚实的基础。在王晓朝主译的《柏拉图全集》与苗力田主持翻译的《亚里士多德全集》中译本出版之后，古希腊美学研究获得了更多的参照。亚里士多德的《诗学》的版本就多达四个，最早的且影响最大的通行版本是罗念生翻译的《诗学》（人民出版社1962年版），崔延强翻译的《论诗》（收入《亚里士多德全集》第9卷，中国人民大学出版社1995年版），陈中梅翻译的《诗学》（商务印书馆1996年版，译者撰写了附录14篇加以诠释），缪灵珠翻译的《诗学》（收入《缪灵珠美学译文集》第1卷，中国人民大学出版社1998年版）。贺拉斯的《诗艺》（人民文学出版社1962年版）与朗吉弩斯的《论崇高》也都很早就有了译本。目前，西方古代美学研究也许正在实现着"古典学转向"，这也恰恰是刘小枫所积极倡导的，他的最新著作《重启古典诗学》（华夏出版社2010年版）正是由此得到的结晶。

中世纪美学由于按照过去的经典观点，中世纪思想被视为"神学的婢女"，所以曾经成为西方美学研究当中最为薄弱的环节甚至被忽视了。这种情况最终得到了改观，不仅九卷本的《西方美学通史》第2卷前半部与四卷本的《西方美学史》第1卷后半部给予中世纪以大量的篇幅，并在入选人物的数量上得以拓展，而且相关的研究专著和论文都已经出现。早期的著作关注的是基督教与美学的关联，主要代表作是孙津的《基督教与美学》（重庆出版社1990年版，该书由作者1988年的博士论文《"黑暗时期"的光环：中世纪美学再认识》修订而成）、阎国忠和章启群的《基督教与美学》（辽宁人民出版社1991年版），后来的专著主要有陆扬的《欧洲中世纪诗学》（上海社会科学院出版社2000年版）、阎国忠的《美是上帝的名字——中世纪神学美学》（上海社会科学院出版社2003年版）、徐龙飞的《循美之路——基督宗教本体形上美学研究》（商务印书馆2018年版），相关的研究著作相比于西方的神学美学研究还是相当少的。当代神学美学研究也得到了关注，出版著作有：宋旭红的《巴尔塔萨神学美学思想研究》（宗教文化出版社2007年版）、张俊的《古典美学的复兴——巴尔塔萨神学美学的美学史意义》（商务印书馆2013年版）和宋旭红的《当代西方神学美学思想概览》（中国社会科学出版社2012年版）。与中世纪美学在中国被"补课"迥异，往往被当作西方美学史发展中介环节的文艺复兴美学的研究成果，较之中世纪的研究成果还少，但尚有刘旭光的《欧洲近代艺术精神的起源：文艺复兴时期佛罗伦萨的文化与艺术》（商务印书馆2018年版）和刘晓东的《传统作为一种客观的概念和态度：文艺复兴以来的美术传统及其影响》（浙江大学出版社2017年版），更多是在美学"大通史"与"小通史"当中作为历史环节而存在的。

对于17、18世纪西方美学史的研究，中国学者的关注焦点，往往忽视了法国新古典主义美学，而是直接关注在英国经验主义美学与大陆理性主义美学上。缪朗山的《西方文艺理论史纲》的后半部分、《西方美学通史》第3卷"17、18世纪美学"与《西方美学史》第2卷"17、18世纪的启蒙运动美学"部分都对此着墨颇多。彭立勋的《趣味与理性——西方近代两大美学思潮》（中国社会科学出版社2009年版）可谓是这方面的最新代表力作，该书完整地阐述了不同的理论体系的基本特征，经验主义美学以对人的情感和趣味的研究为基点，强调美、美感、艺术的感性基础、经验性质、情感特点以及想象作用等方面；理性主义美学则以对人的认识和理性的研究为基点，强调美、美感、艺术的理性基础、超验性质、认识特点以及理智作用等方面。进而，作者又深入揭示了两大美学思潮的对立与互动，并从西方近代哲学发展和转型的高度去把握这种矛盾的实质。该两种美学的主要哲学基础从本体论转向认识论，美学的主要研究对象也随之由审美客体转向审美主体，这恰恰是西方美学由古代和中世纪迈入近代的关键所在。

  在大陆理性主义美学方面，"美学之父"鲍姆嘉通的美学思想，尽管没有专门的著作研究，但是李醒尘在《鲍姆加敦的美学思想述评》与蒋一民在《鲍姆嘉通》的论文中都通过拉丁原文与德文（并参照了俄文译文）进行了深入研究。[①] 在英国经验主义方面，章辉的《经验的限度：英国经验主义美学研究》（中国社会科学出版社2005年版）、董志刚的《夏夫兹博里美学思想研究》（中国社会科学出版社2009年版）、张朝霞的《经验的维度：休谟美学思想研究》（安徽大学出版社2010年版）也对于经验主义美学进行了思潮与个案的专门研究。在欧美的美学界，休谟美学占据着非常重要的地位，根据当代英美美学最新的研究成果，汤森德（Dabney Townsend）的专著《休谟审美理论：趣味与敏感性》（*Hume's Aesthetic Theory: Taste and Sentiment*, 2001）就对此进行了深入研究，彼得·基维（Peter Kivy）的专著《第七感官：弗朗西斯·哈奇生美学及其在18世纪英国影响研究》（*The Seventh Sense: A Study of Francis Hutcheson's Aesthetics and Its Influence in Eighteenth—Century Britain*, 1976）则将视角通过哈奇生的个案扩大到对整个经验主义美学的梳理。英国经验主义美学在英语学界始终是古典美学研究的重点所在，因为诸如"无利害性"或者"非功利"（disinterestedness）与"内感官"（internal sense）这样的重要

[①] 李醒尘：《鲍姆加敦的美学思想述评》，中国社会科学院哲学研究所美学研究室、上海文艺出版社文艺理论编辑室编《美学》第2卷，上海文艺出版社1980年版；蒋一民：《鲍姆嘉通》，阎国忠主编《西方著名美学家评传》中卷，安徽教育出版社1991年版。

观念都起源于经验主义，国内学界目前对于这一时期美学的关注也逐渐热了起来。与此同时，法国与德国的启蒙主义美学也得到了关注，此外意大利维柯的美学在中国也是曾被重点关注的，这是与朱光潜的个人兴趣直接相关的，他晚年翻译出版了维柯的名著《新科学》。

对于欧洲近代美学的研究，从特罗菲莫夫等著的《近代美学思想史论丛》（汲自信、孟式钧译，商务印书馆1966年版）、陈燊和郭家申编选的《西欧美学史论集》（中国社会科学出版社1989年版），到李斯托威尔著名的论著《近代美学史述评》（蒋孔阳译，上海译文出版社1980年版）这些历史研究与论集出版的同时，许多美学家的专著都得以翻译出版。其中，比较重要的有：布瓦罗的《诗的艺术》（任典译，人民文学出版社1959年版）、哈奇生的《论美与德性观念的根源》（高乐田、黄文红、杨海军译，浙江大学出版社2009年版）、荷加斯的《美的分析》（杨成寅译，人民美术出版社1984年版）、伯克的《崇高与美》（李善庆译，上海三联书店1990年版）、鲍姆嘉通的《美学》（简明、王旭晓译，文化艺术出版社1987年版，该书还包括鲍姆嘉通的《诗的哲学默想录》）、卢梭的《论艺术与科学》（何兆武译，商务印书馆1959年版）、《狄德罗美学论文集》（张冠尧、桂裕芳译，人民文学出版社1984年版）、温克尔曼的《希腊人的艺术》（邵大箴译，广西师范大学出版社2001年版）、莱辛的《拉奥孔》（朱光潜译，人民文学出版社1979年版）、赫尔德的《赫尔德美学文选》（张玉能译，同济大学出版社2007年版）、维柯的《新科学》（朱光潜译，人民文学出版社1986年版），等等。

当代中国美学，最为成熟的研究主要集中在"德国古典美学"阶段，或者说，对于德国古典美学研究成为"在中国"的西方美学研究的高潮部分。所谓"德国古典美学"的称呼，可能是中国的独特转译，"德国唯心论"或者"观念论"美学则是西方学界的通行说法，这种中国化的译名被如此牢固地确立了下来，它其实就是来自"德国古典哲学"在中华人民共和国成立前期的定译，只是将"哲学"取代为"美学"。

当然，德国古典美学的深入与全面的研究，首先是建立在相应的翻译基础上的。实际上，中国学界对于康德美学的翻译，并不是开始于对"批判系列"的翻译，而是最早翻译自1764年康德早期著作《对美感与崇高感的观察》（*Beobachtungen über das Gefühl des Schönen und Erhabenen*，1763）。鲜为人知的是，20世纪30年代就有胡仁源名为《对于美好和崇高的感情的观察》的商务版译本，而改名为《优美感觉与崇高感觉》（关文运译）后于1941年由上海商务印书馆出版的版本则更为人知，近50年后的1989年改名为《对美感与崇高感的观察》（曹俊峰、韩明安译，黑龙江人民出版社1989年版），2001年又取名为《论优美感和崇高感》（何兆武译）再出商务版，从这种历史流变可见康德美学在中国被关注尤甚。

康德的最重要的美学专著《判断力批判》（*Kritik der Urteilskraft*，1790）的中译本由德文译出，商务印书馆于1964年出版的时候分为两卷，上卷导言与"审美判断力批判"部分由美学家宗白华译，下卷的"目的判断力批判"与附录部分则是由韦卓民译。这个译本的上卷影响最为深广，所以被广为引用，下卷由于主要是关于有机界合目的性的思想的，所以被美学界所忽视。从"判断力批判"这个中文译名就可以看到，中文翻译起码较之英文译名更贴近德文原题，通常的英译都为 *Critique of Judgment*，可以被直译为"判断的批判"，只有到了"剑桥版康德著作翻译版"（*The Cambridge Edition of the Works of Immanuel Kant in Translation*）的时候才定译为 *Critique of the Power of Judgment*，[1] 也就是将"判断力"中那个"力"的意蕴翻译了出来。这个剑桥版的译者就是著名的康德专家保罗·盖耶（Paul Guyer）。第二个中译本则是由著名新儒家哲学家牟宗三加以诠译的，并于1992年由台湾学生书局分上、下卷出版，但是这位哲学家所采取的"六经注我"的选择译名的方式，确实受到了许多论者的质疑，在大陆学界很少采用这个译本但却有人将之作为研究牟宗三"误读"康德的范本。

目前，在中国美学界最被肯定的译本来自邓晓芒的译笔之下，康德研究专家杨祖陶参与校对，由人民出版社2002年5月出版。这第三个中译本的译者所依据的主要是由卡尔·弗兰德尔所编的《哲学丛书》第39a卷（费利克斯·迈纳出版社，汉堡1924年第6版，1974年重印本），并

---

[1] Immanuel Kant, *Critique of the Power of Judgment*, translated by Paul Guyer, Cambridge: Cambridge University Press, 2000.

参照了普鲁士学院版《康德文集》第5卷（柏林1968年版）及其他英译本和中文译本。对康德美学进行集中翻译的还有《康德美学文集》（北京师范大学出版社2003年版），译者是以康德美学为专门研究方向的曹俊峰，该文集不仅包罗《判断力批判》的新译本，而且包括了其他的康德美学文本，试图从历史的排列中见出康德美学发展的内在逻辑。作为康德"第三批判"的《判断力批判》被翻译成中文的最新译本，则是作为整体而被推出的，由李秋零翻译的《康德著作全集》第5卷《实践理性批判·判断力批判》在2007年由中国人民大学出版社出版。

黑格尔的《美学》最通行的译本，则是由美学家朱光潜历时三年出版完成的，至今还没有译本超越它，不过这个中译本主要是通过英文翻译的，译者也曾委托到德国进修的学者加以修订，可惜的是并未得以实现。在康德与黑格尔之间，德国古典美学的著作也大量被翻译了过来。歌德的论文艺的选集在德国本土就被重视，吉尔努斯选编的《歌德论文艺》1953年的德文版影响颇广，由爱克曼辑录的《歌德谈话录》中文版（朱光潜译，人民文学出版社1978年版）、《歌德的格言与感想集》中文版（程代熙、张惠民译，中国社会科学出版社1985年版）都是重要的美学文献。席勒的《美育书简》（或译《审美教育书简》），最早的译本（北京大学出版社1985年版）是由冯至主译、范大灿补译而成的，收入"美学译文丛书"的还有徐恒醇翻译的中国文联出版社版本。席勒的其他美学著述，主要中译本就是《秀美与尊严：席勒艺术和美学文集》（张玉能译，文化艺术出版社1996年版）。与费希特的主要美学资料都嵌入了其哲学文本不同，哲学家谢林的美学专著《艺术哲学》的最早节译出现在《外国美学》第2辑当中（商务印书馆1986年版），《艺术哲学》上、下卷（魏庆征译，中国社会出版社1996年版）10年后得以全译出版，但是谢林这本著作的本有价值往往为国内所轻视。此外，非哲学家的美学著作，主要就是德国浪漫派艺术家们的著作与言论，特别是号称"浪漫主义之王"的诺瓦利斯的选集（《夜颂中的革命和宗教》；《大革命与诗化小说》，林克等译，华夏出版社2008年版）及奥·施莱格尔、弗·施莱格尔兄弟的著作（《雅典娜神殿断片集》，李伯杰译，生活·读书·新知三联书店1996年版）都被译出，还有大量译文收录在《十九世纪西方美学名著选》（德国卷，李醒尘主编，复旦大学出版社1990年版）当中。

中华人民共和国成立之后，对康德美学所进行的全面研究才真正开始。在早期阶段，对康德美学就已经做了相对充分的研究，宗白华的《康德美学原理述评》（《新建设》1960年5月号）与朱光潜的《康德的美学思想》（《哲学研究》1962年第3期）是20世纪60年代论康德美学的最重要的两篇长篇论文，蒋孔阳的《康德美学思想——简评〈判断力批判〉》（《文汇报》1961年7月4日）也对康德美学进行了整体述评。尽管从梁启超的《近世第一大哲康德学说》和王国维的《汗德像赞》（1903）两篇介绍文字开始算起，中国美学家关注康德已有百年之久，宗白华在1919年也曾撰写《康德唯心哲学大意》一文，但是真正对于康德美学（而非康德哲学）进行专业研究还得从20世纪60年代初谈起。然而兴起得迅速衰落得也快速，此后的西方美学研究曾一度归于沉寂。但无论怎么说，在中国的康德美学研究总是落后于康德哲学研究的，直到李泽厚70年代的研究成果出版之后，康德美学研究才一度与康德哲学研究并驾齐驱，其后康德哲学研究又超过了康德美学的学术研究水平，直至如今仍是如此。

"文化大革命"之后，李泽厚于1979年出版的《批判哲学的批判——康德述评》（人民出版社1979年版），不仅成为康德哲学与德国古典哲学的研究经典之作，至今畅销不衰，而且成为康德美学与德国古典哲学的研究在"新时期"的开启之作，该书对于当时中国哲学和美学界的深远影响无论怎么评价也不为过。根据李泽厚自己的回忆，对康德思想的研究应该开始于1972年，而该书的书稿于1976年就基本得以完成。李泽厚以历史的观念来梳理康德思想体系，所以，康德的"美"作为"真""善"的统一就会被视为两者的交互作用的"历史成果"。更早发表的《康德的美学思想》则是最重要的一篇康德美学研究论文，该文就是李泽厚同年出版的专著的第十章"美学与目的论"的美学部分。李泽厚对于康德美学首先是按照《判断力批判》的线索加以论述的，分为"美的分析"、"崇高的分析"、"'美的理性''美的理念'与艺术"三个部分陈述，但是，最终在"人是按照美的规律来造型"的部分又回到了他的"主体论实践哲学"的美学观："从马克思主义唯物论看来，康德提出的'自然向人生成'和所谓自然界的最终目的是道德文化的人（见《判断力批判》的后半部），实际应是通过人类实践。自然服务于人，即自然规律服务于人的目的，亦即是通过实践掌握自然规律，使之为人的目的服务。这也就是自然对象的主体化（人化），人的目的对象化。主体（人）与客体（自然）、目的与规律这种彼此依存、渗透和转化，完全建筑在人类长期历史实践的基础之上。"[①] 这种新的阐释使得李泽厚的康德研究从"我注六经"走向了"六经注我"。李泽厚与其他所有康德美学研究者的重大区别，并不仅仅在于他是以哲学家的眼光来看待康德并重铸自身的哲学思想，而且还在于，李泽厚的哲学思想恰恰是从《判断力批判》的后半部生发出来的（而非像美学研究者那样仅仅关注美与崇高的分析），在笔者看来，他的"人类学"的视角更像是将康德晚年的《实用人类学》（1798）的思想通过实践观进而应用于对"批判时期"思想的阐发。

如前所述，蒋孔阳的《德国古典美学》则是对于德国古典美学的全面研究的力作，其实，这种研究要来得更早，早在1962年蒋孔阳在上海哲学社会科学学会联合会上做过相关报告之后就得到商务印书馆的约稿，但直到1980年才得以出版。然而，在他的指导之下，他的学生辈（特别是他前几届所培养的西方美学史专业研究生）逐渐承担起了德国古典美学史研究的重任，又逐步形成了一种西方美学研究的整体风格。曹俊峰的《康德美学引论》（天津教育出版社2001年版）尽管出版较晚，但如今再回头来看，仍是康德美学研究当中从德文原文做起的非常重要的研究著作，概念考释准确、历史线索明晰，它梳理出了康德美学发展的整个脉络，对"前批判期"和"过渡期美学"的整体把握更是准确而到位。特别是作者所确定的康德美学发展"过渡期"研究颇具有特色，这一时期从"前批判期"一直延续到全部"批判哲学"完成之后。[②] 在这种历史梳理的基础上，作者还对更为细致的文本（康德生前的札记片断、写作与讲授人类学和逻辑学时的思考片断）进行了深入的挖掘。

康德美学研究著述颇为丰富，主要的专著有马新国的《康德美学研

[①] 李泽厚：《康德美学思想》，中国社会科学院哲学研究所美学研究室、上海文艺出版社文艺理论编辑室编《美学》第1卷，上海文艺出版社1979年版。

[②] 曹俊峰：《康德美学引论》，天津教育出版社2001年版。特别是对于"过渡期"的明确阐释。

究》(北京师范大学出版社 1995 年版)、朱志荣的《康德美学思想研究》(安徽人民出版社 1997 年版)、徐晓庚的《康德美学研究》(长江文艺出版社 1997 年版)、戴茂堂的《超越自然主义——康德美学的现象学诠释》(武汉大学出版社 1998 年版)、劳承万的《康德美学论》(中国社会科学出版社 2001 年版)、张政文的《从古典到现代——康德美学研究》(社会科学文献出版社 2002 年版)、杨振的《康德美学思想探绎》(四川大学出版社 2008 年版)、胡友峰的《康德美学的自然与自由观念》(浙江大学出版社 2009 年版)、申扶民的《自由的审美之路:康德美学研究》(中国社会科学出版社 2009 年版)、舒志锋的《康德与尼采美学之比较研究》(中国社会科学出版社 2014 年版)、王朝元的《走进审美王国——康德〈判断力批判〉研究》(广西师范大学出版社 2014 年版)、刘凯的《康德美学中的自由问题研究》(人民出版社 2014 年版)、张政文(与施锐、杜萌若合著)的《康德文艺美学思想与现代性》(人民出版社 2014 年版)、王奎的《康德论美的演绎》(经济科学出版社 2015 年版)、蓝国桥的《王国维与康德美学》(人民出版社 2016 年版)、李伟的《确然性的寻求及其效应:近代西欧知识界思想气候与康德哲学及美学之研究》(中国社会科学出版社 2017 年版)和周黄正蜜的《康德共通感理论研究》(商务印书馆 2018 年版)。这些康德美学研究专著从不同的角度、不同的层级推动了康德美学研究的热潮。实际上,在中国黑格尔美学思想更能化入中国人的血脉,但是康德美学研究的数量仍是多于黑格尔美学研究的,从研究生论文选择来看,尽管康德更为艰深但是对他的研究还是德国古典美学当中最多的一位。如果单从哲学阐释的角度来看,戴茂堂的《超越自然主义——康德美学的现象学诠释》非常具有特色,他并不像大多数美学研究者那样,强调从作为桥梁的美学来理解康德哲学,而且,更重要的是,他从现象学的角度阐释了康德美学的超越自然主义的方法论,并反过来认定"当代现象学本源于康德先天综合判断",[①] 胡塞尔意义上的现象学与康德思想一样都超

---

① 戴茂堂:《超越自然主义——康德美学的现象学诠释》,武汉大学出版社 1998 年版,第 13 页。

越了传统的"客观主义"与"心理主义",而使后来成为中国美学界主流的现象学方法与康德美学方法得以相互阐发。

有趣的是,在中国的康德美学研究,从李泽厚的阐释方向逐渐发展到另一个方向上去了,因为李泽厚从康德那里诠释出来的是"主体性"思想,[①] 并与20世纪80年代初期的人性解放契合了起来而具有更多社会开放性,但发展到90年代之后的中国美学却只能囿于本专业内,继续探索主客合一的现象学化的新的主流之路。然而,通过康德美学来确立审美主客体之间的关联与互动,这种思路在现象学介入中国美学界之前就已经成为某种共识了。同样进行康德美学研究的劳承万的另一本具有原论性质的《审美中介论》(上海文艺出版社1986年版)就可以作为明证,作者认定在审美客体到审美主体美感生成、定型之间,存在着一个由审美感觉、审美知觉、审美表象构成的"审美中介系统",该具有"审美感知—审美表象"结构的系统一方面联系于审美主体的共通感,另一方面联系于客体的合目的性形式。这种美学视野的根本变化,也同哲学与社会的转换是双重相关的,中国哲学思潮从关注于主体的人走向了主客一体化的过程中,美学也曾起到了一定的历史作用,但是而今美学更多仍是深受哲学本身的影响而难以形成感性化的"反作用力"了。

席勒研究在中国也成为热点,较之歌德美学研究而言,席勒的研究资料更为规整与集中,而且由于与青年马克思的"人本主义"和"古希腊情结"都相当接近,所以在20世纪80年代曾经备受关注。然而到了21世纪再释席勒的时候,"人类学"视角却更为凸显了出来,从中可见历史语境的根本转切。毛崇杰的《席勒的人本主义美学》(湖南人民出版社1987年版)是新时期第一本席勒美学研究专著,尽管作者标举出席勒美学的人本主义维度,但是他却采取了有褒有贬的辩证态度来看待这种思想:"席勒第一个在美学中明确提出了人本主义原则,并以此为出发点,为核心,为依归,建立了一套关于人的美感教育的理论",但"这既是

[①] 李泽厚:《康德哲学与建立主体性论纲》,中国社会科学院哲学研究所主编《论康德黑格尔哲学:纪念文集》,上海人民出版社1981年版。

它的贡献，又是它的失误。以人打倒了神，以艺术、以美代替了宗教教义，是他的贡献。然而在这同时，抽象的人又变成了神，美、艺术又成为新的救世主，乃是他的失误"。① 张玉能的席勒美学研究，则实现了从"审美人文主义"到"审美人类学"思想的转化。在他的《审美王国探秘——席勒美学思想论稿》（长江文艺出版社1993年版）里面，"人性完整"的人道主义中心议题被认为占据了席勒美学思想的核心，这种思想恰恰是从康德的人道主义转向黑格尔人道主义的中介环节。然而，到了《席勒的审美人类学思想》（广西师范大学出版社2005年版）的新著当中，尽管"成为完整的、真正的、自由的人"仍作为席勒美学的终极鹄的，但是由《审美教育书简》所解释出的"美处于自然人向自由人发展过程的中间环节"的人类学基础，由《秀美与尊严》所阐释出的"美的各个范畴构成了自然向人类生成"的人类学结构，② 都将席勒美学研究推到了新的水平。最新的关于席勒美学研究的专著是卢世林的《美与人性的教育：席勒美学思想研究》（人民出版社2009年版）。

黑格尔美学研究在中国显得更为重要，但是，进入21世纪以来，却呈现出相对弱化的发展趋势。早在1941年，哲学家贺麟就组织成立并领导了"西洋名著编译委员会"，有计划地从事西方哲学原著的译介，黑格尔就是其中最重要的人物，目前中国社会科学院哲学所的专家正在致力于《黑格尔全集》的翻译和整理。贺麟作为中国最早的黑格尔研究专家，早年就有《道德价格与美学价值》一文关注美学问题，在他的学术演讲稿《黑格尔的艺术哲学》当中就以"美是真的""美是精神内容与感性形式的完善统一""美是客观的"为题对黑格尔美学思想进行了概述。在朱光潜尚未将黑格尔"美学讲演录"翻译出版之前，作为"客观唯心主义者"的黑格尔美学的大多译名都尚未确定，但是大量的哲学译名都已经确定了下来，诸如"反思"这样翻译成为了中文哲学译名的典范。朱光潜的翻译贡献之一，就在于确定了黑格尔美学的一系列的译名，作为黑格尔美学

---

① 毛崇杰：《席勒的人本主义美学》，湖南人民出版社1987年版，第6—7页。
② 张玉能：《席勒的审美人类学思想》，广西师范大学出版社2005年版，第10页。

核心思想的"美是理念的感性显现"也可以被视为另一个译名的典范之作。

最早的黑格尔美学研究,是由致力于德国哲学研究的学者们做出的,他们都将美学作为黑格尔哲学的有机组成部分,并给予了美学以非常重要的位置。王树人的《思辨哲学新探——关于黑格尔体系的研究》(人民出版社1985年版)就是这方面的代表作,全书分为"逻辑学研究""美学研究"和"实践、自由、哲学史等专题研究"三章,其中的美学研究对于黑格尔《美学》的研究还是相当全面的,具体分为:黑格尔美学思想的发端、关于古希腊艺术的历史分析、关于"美是理念的感性显现"、关于实践与艺术美的创造、关于黑格尔对"一些流行艺术观念"的批判等五个方面。在王树人看来,黑格尔美学思想对中国学界的重要启示就在于"主客观统一论",这是因为,"事实上,黑格尔关于美的本质的观点,就是在理念基础上的主客观统一……如果承认黑格尔这里在理念这个外壳中所包含的合理内容,确实是人和人类社会及其发展,那么,这种思想对于探讨审美活动中主客观的地位和作用,显然仍有其借鉴的意义。因为,只有人才有区分和联结主客观的能力,也只有人和人所创造的东西才是主客统一体"。[1] 可见,西方哲学界也关注"从现实的实践的人"出发,来弄清审美活动中主客观的地位和作用,并将这种思想启迪归之于黑格尔的美学观。

在1985年之后,黑格尔美学成为"在中国"的西方美学研究最为热闹的地方,特别是1986年成为黑格尔美学研究的丰收之年,这种兴盛的局面可能不会再度出现了。专著主要有薛华的《黑格尔与艺术难题》(中国社会科学出版社1986年版,但此书更多涉及的是现代西方美学的个案研究)、陈望衡和李丕显的《黑格尔美学论稿》(贵州人民出版社1986年版)、朱立元的《黑格尔美学论稿》(复旦大学出版社1986年版)和《黑格尔戏剧美学思想初探》(学林出版社1986年版),等等。其中,朱立元的《黑格尔美学论稿》较之于王树人的专著更为全面地解析了黑格尔美

---

[1] 王树人:《思辨哲学新探——关于黑格尔体系的研究》,人民出版社1985年版,第28页。

学的思想，但与前者类似的是也发现了黑格尔思想内部包含了把美与艺术看做"实践产物"的合理猜想，这已为实践论美学的发展奠定了最根本的基础。朱立元延续了德国古典哲学的研究传统，作者将黑格尔美学"作为德国古典美学的顶峰"来加以定位，不仅对于黑格尔美学在哲学体系中的地位、前期美学思想与《美学讲演录》核心与构架这样的宏观问题进行了研究，而且，对于美、美的创造和审美思想，自然美与艺术美思想，艺术论的具体论述（包括艺术家和艺术创造、艺术鉴赏标准和作品评论、艺术类型的历史发展、艺术体系的分类、诗论与艺术解体问题）都做出了具体分析，从而成为一本黑格尔美学研究的相对完备之作。黑格尔美学思想的研究作为美学界关注的持续热点，在后来还有一系列的延续性的研究，专著主要是邱紫华的《思辨的美学与自由的艺术——黑格尔美学思想引论》（华中师范大学出版社 1997 年版）、朱立元的《宏伟辉煌的美学大厦——黑格尔〈美学〉导引》（江苏教育出版社 1997 年版），此后相隔 10 年才有陈鹏的《走出艺术哲学迷宫——黑格尔〈美学〉笔记》（文化艺术出版社 2007 年版），在一定意义上，黑格尔美学研究的衰落也预示着德国古典美学整体研究的衰落。

19 世纪俄罗斯的美学思想研究，从 20 世纪中叶开始就曾经成为"在中国"的外国美学研究的最重要的领域。尽管依据欧洲人传统的地理划分，这些思想的来源地从地缘上属于"东方"，但是从学术文化的传统来看，这些思想由于深受德国古典哲学传统的影响，所以理应在西方美学的框架与谱系当中加以理解。这就是为什么在中国的《西方美学史》著作里往往加上"俄国革命民主主义美学"的独立章节，这里不仅仅有政治意识形态曾经制约美学研究的原因，而且还有"学术传统"本身传承的缘由，但是欧美美学家撰写自身的"美学史"的时候却从未将俄罗斯思想纳入其中。而中国人所简称的"车别杜"，亦即车尔尼雪夫斯基、别林斯基、杜勃罗留波夫的美学思想确实在五六十年代的中国占据了绝对主导的局面，但从 80 年代开始就逐渐被忽略了，这是历史的必然趋势。

中华人民共和国成立之初，中国的第一本美学专著其实是肖三的《高尔基的美学观》（新文艺出版社 1953 年版），苏联美学始终将"俄国革命民主主义美学"作为自身思想的基本来源与组成部分，所以经过

"苏联桥"这些思想及其相关阐释大量译介过来。特罗菲莫夫等著的《近代美学思想史论丛》在前面论述了伯克、伏尔泰、狄德罗和康德的美学思想,而后又将奥格辽夫、车尔尼雪夫斯基纳入美学思想史的体系,可见从欧洲美学到近代俄罗斯美学是一脉相承的。再以斯米尔诺娃等所著的《俄国革命民主主义者的美学观》(曹庸译,新文艺出版社1958年版)为例,除了车别杜之外,还包括赫尔岑、普列汉诺夫、卢那察尔斯基的美学思想研究。同时代的周来祥、石戈在所著的《马克思主义列宁主义美学的原则》(湖北人民出版社1957年版)当中,除了马克思经典作家的文献之外,所引述的主要就是车尔尼雪夫斯基和别林斯基的美学思想。车尔尼雪夫斯基的《生活与美学》(周扬译,人民出版社1957年版)拥有最大多数的中国读者,车尔尼雪夫斯基的《美学论文选》(缪灵珠译,人民文学出版社1957年版),《别林斯基选集》第1、2卷(满涛译,时代出版社1952年版),《杜勃罗留波夫选集》第1卷(辛未艾译,新文艺出版社1954年版),《杜勃罗留波夫选集》第2卷(辛未艾译,上海文艺出版社1959年版),《别林斯基论文学》(别列金娜辑,新文艺出版社1958年版)都拥有大量的读者,这与20世纪80年代西化浪潮之后所形成的历史格局确实迥然相异。

第四节 以西方美学史为对照的"东方美学史"

"东方美学史"是作为"西方美学史"的对应物而出场的,这是由于,"东方"的发现具有文化相对的内涵和意义。这种"相对"意味着,如缺失了比较一方,东西方在自体封闭界域内都不可能自为发现近代意义上所谓"东方"。相反,只有在东西文化由拒斥到接触后,"东方"方可获得比较文化视界内的定性。[①] 近代中国对"东方"含义的摄取来自日本,正如最早触摸并舶来西方美学同是通过这座中介桥梁一样。但是将两词联合为"东方美学"或"远东美学"的却是法国著名学者雷纳·格鲁

---

① 彭修银、刘悦笛:《文化相对主义与东方美学建构》,《天津社会科学》1999年第5期。

塞（Rene Grousset），它在《从希腊到中国》（1948）中的首创正是在文化相对观念日渐普泛、比较思想日趋成熟的氛围下出现的。在这种全新语境中，东西方都开始了共建东方美学的努力，西方有托马斯·门罗的《东方美学》（1965），东方有今道有信的《东方的美学》（1980），从20世纪80年代开始，中国学者也开始参与到这一伟大的工程当中。

从基本资料上看，金克木主编的《古代印度文艺理论文选》（人民文学出版社1990年版），属于"南开大学东方艺术系美术译著丛书"的由范曾主编的《东方美术》（南开大学出版社1987年版）、苏联的古贝尔和巴符洛夫编辑的《艺术大师论艺术》（文化艺术出版社1987年版）、牛枝慧主编的《东方艺术美学》（国际文化出版公司1990年版）、曹顺庆主编的《东方文论选》（四川大学出版社1996年版）都辑录了大量东方美学的基本文献。牛枝慧主编的"东方美学丛书"由中国人民大学出版社出版，从1990年9月至1993年5月共出版10本专著，有系统地翻译了印度美学、日本美学、俄罗斯美学、中东美学方面的专著，特别是对于日本美学的译介方面具有重要的价值。其中，比较重要的译著有：印度的帕德玛·苏蒂的《印度美学理论》（欧建平译，中国人民大学出版社1992年版）、俄罗斯的奥夫相尼科夫的《俄罗斯美学思想史》（张凡琪等译，中国人民大学出版社1990年版）、美国的托马斯·门罗的《东方美学》（欧建平译，中国人民大学出版社1990年版）、日本的今道友信的《东西方哲学美学比较》（李心峰译，中国人民大学出版社1991年版）、日本的安田武和多田道太郎的《日本古典美学》（曹允迪译，中国人民大学出版社1993年版）和山本正男的《东西方艺术精神的传统和交流》（牛枝惠译，中国人民大学出版社1992年版）。此外，近期的"审美日本系列"丛书也包括三本译著：本居宣长的《日本物哀》（王向远译，吉林出版集团有限责任公司2010年版）、能势朝次和大西克礼的《日本幽玄》（王向远编译，吉林出版集团有限责任公司2011年版）、大西克礼的《日本风雅》（王向远译，吉林出版集团有限责任公司2012年版）。在1987年，留学日本的牛枝慧就倡导《要重视东方美学的研究》（《文艺研究》1987年第4期）。此后，金克木的《东方美学或比较美学的试想》（《文艺研究》1988年第1期）、廉静的《东方美学讨论会》（《文艺研究》1989年第 1 期)、林同华的《东方美学略述》(《文艺研究》1989 年第 1 期)、余秋雨的《关于东方美学》(《东方艺术》1994 年第 1 期)都是早期研究东方美学的重要文本。

金克木、常任侠、季羡林都是东方美学研究的主要倡导者,金克木以他的印度美学研究,常任侠以他的东方艺术研究,季羡林以他的东方语言和文化研究,都为东方美学的研究提供了坚实的基础。季羡林就倾向于这样的看法,从世界的美学和文论发展来看,华夏古典、印度古典和西方古典的美学文论可谓世界传统的三大子系统,后代的各种文论学说都是从这些"根"与"源"中流溢出来的。金克木的《东方美学研究末议》进而提出了建构东方美学的诸种原则:首先就是要"由实见虚",因为按照西方美术史模式研究东方美学往往落入哲学史和艺术史窠臼,所以就要"由俗测雅",也就是自下而上从艺术实践出发而不是从哲学思想出发来考察东方文化;同时还要"由今溯古",从艺术追思想,从文化现象考察文化心理,最终再上升到哲学高度。所以说,东方美学的研究方法是"由艺术而思想,由外而内,由实而虚,由下而上,同时也就可以由今而古"。① 正如金克木所强调的那样,东方美学研究并不是分列各国的美学,而是将东方作为整体来加以研究,这就需要东方诸国文化内部的合作与协同。

从 2000 年起,中、韩、日三国就开始定期举办"东方美学国际学术会议",首届会议于该年 7 月在呼和浩特举行,来自中国、日本、韩国的 70 余位专家学者就"21 世纪东方美学的国际地位及研究前景"等问题交换了看法并展开了争鸣。《文史哲》2010 年第 1 期发表了一组以"东方美学的研究前景"为主题的笔谈,韩国岭南大学教授闵周植和日本广岛大学青木孝夫都继承了今道有信的衣钵,他们都意识到东方美学的研究必须让中国作为重要的"第三方"参与其中,这样才能呈现出完整的东亚美学的图景。在成功举办首届会议之后,第 2、3 届会议分别在日本的广岛、韩国的大丘举办,直到 2006 年第 4 届"东方美学国际学术会议"又回到中国,由天津市美学学会、南开大学共同承办。2002 年由中华美学学会、中国社会科学院、北京第二外国语学院联合主办的"美学与文化:东方

---

① 金克木:《东方美学研究末议》,《文艺研究》1989 年第 1 期。

与西方"国际学术研讨会在北京举行。来自中国、美国、意大利、澳大利亚、韩国、印度等17个国家和地区的学者参加了这次会议,东西方美学究竟是对立还是互补,是各自独立发展还是不断相互影响,也成为本次会议探讨的焦点问题之一。

在东方美学的国内研究专著方面,邱紫华出版了《东方美学史》上、下两卷(商务印书馆2003年版),该书从人类审美思想具有"发生学"上的相同起点出发,完整而系统地介绍了古埃及、印度、波斯、日本和中国的东方美学思想体系,认为东方美学以其鲜明的特征区别于古希腊以来的西方美学,从而形成了整体的文化面貌。古埃及的美学思想主要包括古埃及的审美意识,埃及艺术的宗教原动力,埃及史前艺术特征,埃及艺术的历史分期,埃及建筑、浮雕、壁画和雕塑艺术的美学特征。苏美尔—阿卡德、古巴比伦、赫梯、亚述的美学思想更是国内学者少有涉猎,主要论述了古代苏美尔的美学思想,古代美索不达米亚诸民族的美学思想,希伯来、波斯、伊斯兰阿拉伯民族的美学思想,希伯来民族的美学思想,古代波斯民族的美学思想,阿拉伯伊斯兰宗教的哲学思想等,这些研究都具有弥补空白的价值。此外,邱紫华的《东方艺术与美学》(高等教育出版社2008年版)、与王革命合著的《东方美学范畴论》(中国社会出版社2010年版)及其主编的《东方美学原理》(华中师范大学出版社2016年版),不仅关注到了东方艺术,而且聚焦于拥有"散点放射"特质的东方美学范畴的诗性方面。

彭修银的《东方美学》则是依托于他对日本美学的研究撰写而成的,上篇"全球化时代的东方美学"对东方美学的理论形态、在世界美学中的地位与作用、所形成的文化语境等方面进行了比较性的历史梳理;与此同时,对印度、伊斯兰阿拉伯、日本等国家和地区的美学特点,也从其民族文化的深层结构的角度进行了考量。中篇"东方美学中的'他者'"对近代以来日本在接受西方美学与文艺理论过程中的情境进行了分析,特别聚焦于对日本近代美学产生了重要影响的几位重要的美学家即西周、芬诺洛萨和冈仓天心,同时,对于中日近代的"美学""美术"等重要概念形成过程进行了考证。下篇"东方美学中的'日本桥'的作用",以"西方—日本—中国"为分析模式,深刻揭示了"日本桥"在中国美学形成当中所发挥的独特作用。彭修银近期出版的相关著作还有《中国现代文艺学概念的"日本因素"》（中国社会科学出版社 2016 年版）等。

总之，东方美学史研究在中国方兴未艾，与日本的相关研究之间还有一定的差距，还有许多空白需要继续加以弥补，东方美学资料尚需要翻译与整理，这就相应要求研究者具有很好的东方语言基础。当然，东方文化之间"内在的比较眼光"更是非常必要的，从而可以由此避免落入仅在东西方之间作比照的"外部眼光"的比较美学研究范式。

第六章

"西方美学史"研究的整体图景(下)

本章为"西方美学史"研究的下篇,主要聚焦于"在中国"的马克思主义美学传统(从经典马克思主义到西方马克思主义)、现代大陆思辨美学传统(以"现象学传统"作为考察重点)和英美经验论美学传统(以"分析美学"传统作为考察重点)的美学思想研究,主要侧重于20世纪以来的美学史所取得的成就与中国化的阐释方面;与此同时,还关注到了在中国的"比较美学"与海外的"中国美学"研究。正如"在中国"的"西方美学史"研究就是比较的产物一样,这就是一种"以中释西"的本土阐释,"比较美学"本身更是中西美学之间进行相互比照的直接结果,所以,我们将这些成果也纳入本章来加以考量。

第一节 从经典到现当代的"马克思主义"

马克思主义美学传统由于"中国化"的程度最深,更有其成为主流意识形态的原因,所以"在中国"往往不被视为西方美学的组成部分。但无论是从历史渊源还是现实构成来看,经典的马克思主义美学都应该属于西方近代美学的有机部分,而现当代的马克思主义美学则以与中国本土相对应的"西方马克思主义"命名之,理应属于现当代西方美学史的构成部分。所以,本书将从马克思、恩格斯到当代的西方马克思主义统统列于这一西方"大传统"当中。

自中华人民共和国成立后,随着马克思主义成为主流意识形态,马克思主义美学无疑就逐渐成为美学研究的核心内容。最早在1950年3月,中国文艺界的领导人物周扬选编的《马克思主义与文艺》就进行了再版，这本书在解放社而非其他中华人民共和国成立后的出版社首版，这个原在延安的"解放社"就是在1939年3月出版哲学家艾思奇的《哲学选辑》的出版社，毛泽东看到《哲学选辑》之后还进行过哲学批注。1944年4月周扬所撰写的《马克思主义与文艺》一文，就是周扬为自己编辑的《马克思主义与文艺》选集所写的序言，也曾经得到毛泽东的高度赞扬。在这本经典马克思主义艺术文选当中，周扬按照中国的标准和本土化的特色，重新编制了马克思主义文艺权威的经典谱系：一方面，确立了从马克思、恩格斯、普列汉诺夫、列宁、斯大林到高尔基的国外系统；另一方面，则在这个系统之后另加了两位中国人物，即鲁迅与毛泽东，列入后者的依据就是将"毛泽东文艺思想"作为"马克思列宁主义文艺观"中国化的体现。

在这个选本之后，中华人民共和国成立之初，大量的人力、物力都投入到对于马克思主义经典美学文献的翻译和整理当中。人民文学出版社在1958年出版了《马克思、恩格斯、列宁、斯大林论文艺》的选集，去掉了周扬选本当中列宁之前的普列汉诺夫与斯大林之后的高尔基，形成了"马、恩、列、斯"的基本格局。1959年人民文学出版社将共产主义的政治内容加入其中，继续编辑出版了《马克思、恩格斯论艺术与共产主义》，这些选集影响都非常深远。当然，从编选的水平来看，最高的还是人民文学出版社出版的由苏联美学家里夫希茨1933年初版、1937年重编、1957年再版的《马克思恩格斯论艺术》。中译本根据苏联国家艺术出版社1957年版两卷集俄文版翻译出来，从1960年、1963年到1966年分别出版，共同分为四册出版。第1册主要包括《艺术创作的一般问题》《唯物主义的文化史观》《阶级社会中的艺术》和《艺术与共产主义》；第2册主要包括《关于艺术史和文学史》《从古代到十九世纪上半期的艺术和文学》；第3册主要包括《对欧仁·苏的长篇小说〈巴黎的秘密〉的批判分析》《诗歌和散文中的德国"真正的"社会主义》《反对资产阶级的庸俗性和反动思想》《工人阶级政党和文学中的资产阶级风尚》；第4册主要包括《马克思和恩格斯与诗人们的关系》《英国的社会主义作家》《马克思青年时代的著作与书信（摘录）》《恩格斯青年时代的著作与书信

（摘录）》和《马克思恩格斯的生活与文学》。这个最高质量的选集，按照里夫希茨的序言的说法，"首先是一种用比较连贯的方式提出马克思和恩格斯的'文化哲学'的尝试"，[①] 也就是说，编者采取了文化哲学视野来加以选编，但是目的确实在于——肯定马克思和恩格斯美学思想的科学性和合法地位，批驳第二国际机会主义者的谬论，指明马克思和恩格斯的美学思想在"当今世界无产阶级与资产阶级之间思想斗争"中的巨大作用。

正如里夫希茨在《马克思恩格斯论艺术》的序言中所区分的那样，马克思主义美学才是一种代表了时代精神的"新美学"，而此前的任何美学形态（主要就是指以德国古典美学作为高峰的西方美学）都被归之于"旧美学"。这种新旧交替的根本原因，里夫希茨已从历史发展和社会理想的角度做出了阐释，这种阐释恰恰是当时"在中国"的马克思主义美学的主流共识。马克思主义美学与"旧美学"的本质性的差异，就在于旧的美学或艺术哲学由于历史视野的局限，把旧社会制度所固有的矛盾归结为永恒的"人性之谜"，这些矛盾是在历史之外，又仿佛是在历史之上。马克思主义美学则从现实历史的发展来考察社会矛盾，揭示了资本主义生产敌视艺术和诗，指出资本主义的发展必将成为克服艺术繁荣的最大障碍。所以，马克思主义美学和共产主义的社会理想是完全一致的。在这个意义上，中文版的《马克思、恩格斯论艺术与共产主义》选集，也体现出了这种将艺术与社会理想保持和谐一致的努力。

当然，中国化的马克思主义美学的成熟形态，早在中华人民共和国成立前就已经出现了，以蔡仪的专著《新美学》构成核心思想的中国马克思主义美学，早就开始了唯物主义美学的积极探索。正如蔡仪在《解放日报》1942年7月10日发表的《唯物主义的美学》所倡导的那样，这种唯物化的思潮在20世纪50年代后已成为绝对的主导之势。而中华人民共和国成立之后出版的第一本美学专著，却不是中国人自创的美学研究，而是肖三的《高尔基的美学观》这种对于外来传统的解读。当然，无论是对于外来美学的研究，还是对于自身的建构，都是囿于马克思主义的整体语境之内的。当时作为青年美学家的李泽厚的《门外

[①] 里夫希茨：《马克思恩格斯论艺术》第1册，人民文学出版社1960年版，序言。

集》(长江文艺出版社1957年版)与周来祥、石戈的《马克思主义列宁主义美学的原则》都出版于1957年,这说明"中国化"的马克思主义美学的建设已经全面开始了。从中华人民共和国成立开始,按照马克思主义者的观点,只有马克思主义美学才是"科学的美学",才能确立正确的美学观,指导艺术的健康发展,给艺术研究以"科学的理论基础",也给艺术批评以"科学的根据"。

《马克思主义列宁主义美学的原则》这本书原本是1955年的约稿,目的是结合对于胡适、胡风所谓"反动的主观唯心论美学的批判",从而来阐明马克思列宁主义美学的唯物主义的基本原则,这些原则基本上属于马克思主义哲学在美学领域的逻辑延伸。所以,"马克思列宁主义的美学是人类艺术发展的科学概括和总结……马克思列宁主义的美学是以马克思主义的哲学为理论基础的。它与哲学有着极密切的联系。马克思列宁主义的美学是以辩证唯物主义和历史唯物主义的观点研究、阐明人对现实的美学关系,阐明一般审美观念的实质和功能,而它的中心问题则是研究和阐明艺术的实质、作用及其一般规律的,因为艺术是人对现实美学把握的最高形式",马克思列宁主义美学的"任务是阐明'艺术'这一特殊社会现象的本质和一般规律,也就是阐明各种艺术形式所共有的规律和原则:艺术与现实的关系及其社会主义的原则,艺术与其他社会意识形态的联系及其特殊性的原则,艺术典型化的原则,艺术内容和形式统一的原则等",所以,"马克思列宁主义的美学是文艺学、艺术学的方法论;研究各种艺术形式的特殊规律的理论科学,离开了马克思列宁主义美学原则的指导便不可能有任何的成就"。[①]

尽管当时就已经出现了中国化的马克思主义美学的早期形态,但是,更多的还是接受自苏联的马克思主义美学相对成熟了的教学体系。其中,由苏联科学院哲学研究所、艺术史研究所共同编定的《马克思列宁主义美学原理》(陆梅林译,三联书店1961年版),在中国形成了一种范本性的模式,因为"马克思列宁主义美学最重要的特性和主要的特点是同生

[①] 周来祥、石戈:《马克思主义列宁主义美学的原则》,湖北人民出版社1957年版,第1—2页。

活、同共产主义建设实践、同艺术实践的密切联系；它从理论上概括艺术文化发展的经验，并反映人民的利益和艺术需要，我们的美学科学是马克思列宁主义世界观的组成部分"，同时，"我们的美学作为马克思列宁主义学说的组成部分，是一种革命的和批判的科学。马克思列宁主义美学不断加强同生活、同共产主义建设实践和艺术创作实践的联系，促进社会主义艺术文化的发展，促进社会主义现实主义的繁荣以及广大劳动群众的审美教育"。[①] 这个前言就确立了马克思主义美学的四个关键词："生活""共产主义""艺术实践"和"审美教育"，而这些恰恰都是马克思主义与列宁主义美学起到重要作用的地方。当然，那个时代中国美学界逐渐与欧美学界斩断了关联，而单方面地向苏联学界开放，而且在20世纪50年代，基本上保持了与苏联美学的同步发展，比如1957年由"学习译丛"编辑部编译的《美学与文艺问题论文集》（学习杂志社1957年版）就翻译了1956年至1957年在苏联各著名杂志上的重要论文，既涉及苏联的自然派与社会派的美学论争（如伏·万斯洛夫的《客观上存在着美吗？》），也涉及美学对象、审美特性、典型问题、现实主义、人民性与党性这样的问题。

苏联的教育工作者也直接来到中国传播美学，它所形成的直接影响在当时的教育系统当中是更大的。苏联哲学副博士、副教授瓦·斯卡尔仁斯卡娅在中国人民大学哲学系的讲课内容，后来被翻译出版为《马克思列宁主义美学》（中国人民大学出版社1957年版），但是从权威性上来说，这本讲义显然不能与由苏联科学院哲学研究所、艺术史研究所编著的那本《马克思列宁主义美学原理》相比。另外，苏·特罗斐莫夫的《马克思列宁主义美学原则》（马晶锋译，新文艺出版社1955年版）和《马克思列宁主义美学概论》（杨成寅译，人民美术出版社1962年版）都丰富了马克思主义与列宁主义的美学教学体系。实际上，这种"归于一统"的马克思主义列宁主义美学并非都是机械唯物论或者教条主义式的，比如《马克思列宁主义美学原理》就

[①] 苏联科学院哲学研究所、艺术史研究所编：《马克思列宁主义美学原理》，陆梅林译，三联书店1961年版，第1—2页。

曾单列出"美学和实践"一节,认为"马克思列宁主义美学同社会政治生活的实践和艺术本身的实践没有最密切的联系是不可能存在的。美学科学本身就是具体的艺术创作实践经验的理论概括,同时也是当前社会中所存在的趣味和审美观点的表现",这是由于,"一方面,美学依赖于实践并且从对实践的概括中产生出来,另一方面它反过来又成为解决实际的艺术问题的指南",① 这也可以被视为苏联美学当中的"实践论"的萌芽。

正是在这种马克思主义美学的主导局面之下,中国的美学家们也在积极建构自身的美学思想。蔡仪的《唯心主义美学批判集》(人民出版社1958年版)、朱光潜的《美学批判论文集》(作家出版社1958年版)、洪毅然的《美学论辩》(上海人民出版社1958年版)、吕荧的《美学书怀》(作家出版社1959年版)都是依据马克思主义美学的基本原则来进行美学论辩的专著,可以说,它们都属于中国化马克思主义思潮内的美学论争与批判文集。蒋孔阳的《论文学艺术的特征》(新文艺出版社1957年版)则是以马克思主义的美学和文艺理论思想为指导,探讨文学艺术的基本特征的较早专著。艺术批评在当时被当作"流动的美学",正如别林斯基的洞见那样:批评是"哲学意识"而艺术是"直接意识",身兼美学家和艺术批评家的王朝闻撰写了大量直接面对艺术的批评著述,使得美学与批评有机地结合了起来。1949年11月17日,时任《文艺报》编委的王朝闻,从当时的主编丁玲那里得知,毛主席曾问她,你看过王朝闻的文章没有?还说"从文章看来,他是懂得一些马列主义的"。② 这恰恰是由于,作者自觉运用了辩证法,并将之与中国传统艺术评论方法结合起来,从而形成了一套符合马克思主义的"艺术辩证法"。从《新艺术创作论》(新华书店1950年版,人民文学出版社1953年版)打开局面开始,《新艺术论集》(人民文学出版社1952年版)、《面对生活》(艺术出版社1954年版)、《论艺术的技巧》(艺术出版社1956年版)、《一以当十》(作家出

---

① 苏联科学院哲学研究所、艺术史研究所编:《马克思列宁主义美学原理》,陆梅林译,三联书店1961年版,第7、9页。
② 张晓凌主编:《高山仰止——王朝闻百年诞辰纪念集(1909—2009)》,文化艺术出版社2009年版,第56页。

版社1959年版)、《喜闻乐见》(作家出版社1963年版)纷纷得以出版，王朝闻成为当时著述颇为丰富的美学家。

王朝闻既是理论家又是艺术家（雕塑家），这种兼美学家和艺术家的独特身份，使得他的美学思想独树一帜，实际上也是延续了中国传统的艺术品评的特色。王朝闻是中国美学家协会的机关杂志《美术》的老主编，在他担任《美术》主编的前后岁月里，也就是从1949年到1966年的17年间，他前后出版了6本论文集，从美学的高度引领了当时中国美术界的发展，这些文章许多都在《红旗》《人民日报》《美术》等杂志报纸上刊发过，产生了巨大的影响。笔者在借调到《美术》杂志工作的时候，当时的杂志社还高悬着王朝闻的亲笔题字——"独见与共识之统一，构成美术批评之新感与科学性"。在这种基本思想的指引下，以《一以当十》论文集为例，这本文集的标题就是在论说"以简驭繁"的艺术方法，其中的《欣赏，"再创造"》强调了欣赏不是简单地接受而是再创造，《适应是为了征服》则深描了艺术面对群众的大众化的美学策略，这些都是闪光之点。实际上，王朝闻在他的著作当中尽管很少引述马克思、恩格斯的"经典语录"，但是却真正以马克思主义世界观为指导，探索了艺术创作与欣赏当中的各种"美学规律"。

在"文化大革命"之后，王朝闻的创作激情又被激发了出来，陆续出版了论文集《欣赏、创造与认识》（四川人民出版社1978年版）、《开心钥匙》（四川人民出版社1981年版）、《不到顶点》（上海文艺出版社1983年版）、《再再探索》（知识出版社1983年版）、《了然于心》（中国文联出版社1984年版）、《审美的敏感》（上海文艺出版社1986年版）、《似曾相识》（文化艺术出版社1987年版）、《会见自己》（齐鲁书社1991年版）、《东方既白》（重庆出版社1994年版）、《一身二任》（河北教育出版社1998年版）和《趣与悟谐》（河北教育出版社1998年版），在专著方面，作者陆续出版了《论凤姐》（百花文艺出版社1980年版，四川人民出版社1984年版）、《审美谈》（人民出版社1984年版）、《审美心态》（中国青年出版社1985年版）、《雕塑雕塑》（东北师范大学出版社1992年版）、《〈复活〉的复活》（首都师范大学出版社1993年版）、《神与物游》（中国青年出版社1998年版）、《吐纳英华》(中国青年出版社1998年版)和《石道因缘》(浙江人民美术出版社2001年版),直到22卷的《王朝闻集》(河北教育出版社1998年版)的全面出版。① 其中,影响深远的《审美谈》对于审美活动进行了深入解析,《雕塑雕塑》也成为"雕塑美学"方面的最重要的著作。总之,王朝闻的贡献是多方面的,他被公认为新中国马克思主义文艺理论和美学的开拓者与奠基人之一。

对于马克思主义美学的研究,从20世纪60年代到80年代前期与中期,一直是中国美学界研究的核心话题。朱光潜在1980年出版的晚年最后一本自选集《美学拾穗集》(百花文艺出版社1980年版)里面,集中了他80岁后的论文,其中《马克思的〈经济学—哲学手稿〉中的美学问题》一文对于"美的规律"思想的重释,还有对青年马克思《1844年经济学—哲学手稿》中与美学相关的重要内容的再译,都具有重要的价值。但是,对于《1844年经济学—哲学手稿》更早予以观照的是蔡仪,他的堪称姊妹篇的两篇力作——《马克思究竟怎样论美》与《〈经济学哲学手稿〉初探》——分别发表在《美学论丛》第1辑和第3辑上。② 从表面上看,作者主要针对苏联美学的"社会派"在解释《1844年经济学—哲学手稿》的误解,实际上则是针对国内的"客观性与社会性"统一派进行了思想辩驳,从而重申了自己的马克思主义美学的基本观念。其中,长文《马克思究竟怎样论美》就分为上、下两篇,上篇为"批评所谓实践观点的美学"(主要指苏联美学家涅多希文、万斯洛夫、斯托洛维奇等),下篇为"论美的规律",作者再次力求维护自己的"客观的美论和典型论"的正确性。对于《1844年经济学—哲学手稿》的研究,可以说,美学界的研究成为整个中国哲学思想界的先导,这本马克思1844年在流亡巴黎期间所撰写的英文手稿,它的英文译本于1961年在莫

---

① 《王朝闻集》22卷,河北教育出版社1998年版。
② 蔡仪:《马克思究竟怎样论美》和《〈经济学哲学手稿〉初探》,见中国社会科学院文学研究所文艺理论研究室编《美学论丛》第1辑与第3辑,中国社会科学出版社1979年版和1981年版。

斯科外文出版社出版,① 从笔者所见的李泽厚对该书作的批注当中可以看到，早在20世纪60年代中国美学家就开始研读此书，它也成为中国的"实践美学"的早期思想源泉之一。

蔡仪的美学思想成熟得非常早，其实可以被视为中华人民共和国成立之前所形成的最早的"哲学体系化"的美学思想体系，但是它的影响跨越到了中华人民共和国成立之后。蔡仪的《新艺术论》的部分章节最早就发表在《中原》杂志的创刊号上（商务印书馆1942年版），1946年他就完成了自己的马克思主义美学思想的全面建构——《新美学》（上海群益出版社1946年版）得以出版，并成为中国化马克思主义美学的最早的系统化著作。在新时期开始之后，蔡仪不断使得自己的美学体系得以精致化和完善化，《美学原理》（湖南人民出版社1985年版）和《新美学》的改写本（中国社会科学出版社1985年版）都是这样的努力的结果，直到十卷本的《蔡仪文集》（中国文联出版社2002年版）的出版，读者终于可以看到这位马克思主义美学家的思想全貌了。影响更早的，还是蔡仪的《美学论著初编》的上、下部（上海文艺出版社1982年版），这部文集的上部主要收录的是中华人民共和国成立前蔡仪所撰写的《新艺术论》和《新美学》两部经典著作，下部主要收录的是中华人民共和国成立后所撰写的《唯心主义美学批判集》和《论现实主义问题》两本书，从中可以看到这位中国最早成熟的马克思主义美学家从20世纪40年代的早熟开始到80年代初的自我积极辩护的历史进程。

从20世纪80年代初期开始，中国美学界对于马克思、恩格斯的美学资料进行本土化的整理工作，这不同于60年代对于苏联的资源选辑的翻译，本土学者已经具有了自己整理原始资料的能力。最重要的两部代表性的资料集，一部是由陆梅林辑注的《马克思恩格斯论文学与艺术》第1、2卷（人民文学出版社1982年版），另一部则是由杨炳编的《马克思恩格斯论文艺和美学》（上、下卷）（文化艺术出版社1982年版），前者是按照学术的逻辑编排的，后者则是按照时间顺序编辑的，

---

① Karl Marx, *Economic and Philosophic Manuscripts of 1844*, Moscow: Foreign Languages Publishing House, 1961.

二者可谓平分秋色。

《马克思恩格斯论文学与艺术》共分为 12 辑，后 7 辑编排的是从"原始时代文化艺术"到"19 世纪文学"的原文资源，前面 5 辑则是"科学的世界观和方法论"、"艺术发展论"（分为"艺术的起源"和"艺术的发展"两部分）、"美、美感、艺术"、"创作和批评"、"文学艺术和无产阶级"，其中的"美、美感、艺术"又集中了"美的规律""物的审美属性""人的审美感觉的实质"等相关论述。《马克思恩格斯论文艺和美学》则按照历史时期来依次加以编排，共分为 6 编：（1）《关于费尔巴哈的提纲》以前的时期（1845 年春以前），（2）从《关于费尔巴哈的提纲》到《共产党宣言》（从 1845 年春到 1848 年），（3）从《共产党宣言》到第一国际成立（从 1848 年到 1864 年），（4）从第一国际成立到巴黎公社革命（从 1864 年到 1871 年），（5）从巴黎公社革命到马克思逝世（从 1871 年到 1883 年），（6）从马克思逝世到恩格斯逝世（从 1883 年到 1895 年）。此外，中国社会科学院文学研究所文艺理论研究室编的《列宁论文学与艺术》（人民文学出版社 1983 年版）也随后得以出版，还有苏联美学家里夫希茨独撰的《马克思论艺术和社会理想》（吴元迈等译，人民文学出版社 1983 年版）这本精到分析马克思主义美学的经典著作也同年出版。

本土学界对于马克思、恩格斯美学的研究蔚为大观，李思孝的《马克思恩格斯美学思想浅说》（上海文艺出版社 1981 年版）、中国社会科学院文学研究所编的《马克思哲学美学思想论集》（山东人民出版社 1982 年版）、蔡仪等八位作者所著的《马克思哲学美学思想研究》（湖南人民出版社 1983 年版）、董学文的《马克思与美学问题》（北京大学出版社 1983 年版）、程代熙编的《马克思〈手稿〉中的美学思想讨论集》（陕西人民出版社 1983 年版）、人民文学出版社汇编的《马克思恩格斯美学思想论集》（人民文学出版社 1983 年版）、程代熙的《马克思与美学中的现实主义》（上海文艺出版社 1983 年版）、郑涌的《马克思美学思想论集》（中国社会科学出版社 1985 年版）都凸显出了在中国对于马克思主义美学的研究的深度与广度。

从个人的专著来看，李思孝的《马克思恩格斯美学思想浅说》对于马克思、恩格斯美学进行了时代化的解析;董学文的《马克思与美学问题》对于"马克思美学体系"的方方面面、来龙去脉进行了全面的研究;程代熙的《马克思与美学中的现实主义》侧重于现实主义的美学思潮的分析;郑涌的《马克思美学思想论集》则从哲学的高度对于马克思美学思想进行了深入的解读,比如最后一本专著在论述马克思美学思想的哲学基础的时候,反对20世纪50年代以来将反映论(认识论)作为其哲学基础的大势,而是认为,"把历史唯物主义看做是马克思主义美学的哲学基础,就能准确地估价马克思美学思想的历史地位和作用,从而与美学史上形形色色的美学思想划清界限"。[1] 这已经显露出对于马克思主义美学研究的某种历史性的转向。当然,如何看待反映论的态度,也成为传统马克思主义与革新的马克思主义之间的某种分界线,前者将反映论作为马克思主义美学的绝对基础,但是后者却认为反映论并非构成其哲学基础的充分条件(尽管认识论是作为哲学基础的必然条件而存在的),而"历史唯物观"无疑逐步被接受为马克思主义美学的哲学基础。

对于20世纪所谓"西方马克思主义美学"的研究,在中国美学界也是非常重要的一个独立的领域,它在中国这样的国家当中,也被看作与分析美学、现象学美学两大美学主潮颉颃发展的几乎贯穿了整个20世纪的美学主潮之一。"西方马克思主义",顾名思义,从空间上就是与东方相对的马克思主义,从时间上看就是经典马克思主义之后的新思潮。有论者认为"西方马克思主义"这个概念最早出现在20世纪20年代末,是由哲学家马萨贝克率先提出的,也有人认为,苏联共产主义者在指责西欧马克思主义的黑格尔化倾向时最早使用了这个术语。[2] 从起源来看,在西方马克思主义的奠基之作《历史与阶级意识》(Geschichte und Klassenbewusstsein, 1923)出版之前,匈牙利哲学家和美学家卢卡奇(György Lukács)就已经确立了作为美学家的声望,其代表作就有《心灵与形式》(The Soul and Forms, 1910),还有写于1916年并贯穿着黑格尔主义、1971年

---

[1] 郑涌:《马克思美学思想论集》,中国社会科学出版社1985年版,第278页。

[2] Douglas Kellner, "Western Marxism", in *Modern Social Theory: An Introduction*, edited by Austin Harrington, Oxford: Oxford University Press, 2005, p. 155.

以英文版问世的《小说理论》（Theory of the Novel，1971）。鲜为人知的是，在中国学界，卢卡奇的美学著述《叙述与描写》（上海新新出版社1947年版）早就由美学家吕荧翻译出来，可惜的是，直到80年代卢卡奇的美学思想才重新获得关注的目光。

那么，在中华人民共和国成立之后，对于西方马克思主义美学的译介与研究，应该从哪里开始算起呢？按照通常的观点，随着西方马克思主义在20世纪80年代初在中国被关注，西方马克思主义美学也开始被广泛探讨。实际上，从50年代开始，中国学界对于马克思主义美学的翻译与介绍，并不是仅仅囿于"前现代"的视野的，还有最新的具有现代性的成果被介绍进来，其中的代表译作就是克林兼德的《马克思主义与现代艺术》（未知译，三联书店1951年版），这本书本就是由 F. J. Klingender 在1945年出版的 Marxism and Modern Art（由纽约的 International Publisher 出版），当时的发行者还是三联、中华、商务、开明的联营组织。还有那位在法国被称为"日常生活批判理论之父"的昂利·列斐伏尔（Henri Lefebvre），在文化研究形成热潮的今天，这位思想家的日常生活和社会空间生产理论都被广为瞩目，然而早在50年代，列斐伏尔的《美学概论》（杨成寅、姚岳山译，朝花美术出版社1957年版）就从俄文被翻译出版了。列斐伏尔在这本美学专著当中，阐发了马克思、恩格斯的美学思想，认为其所提出的"社会生产"的观点第一次使得人们有可能来阐明"审美需要"和"艺术活动"的产生，正是人类本身的改造和改变的结构，才在人类发展的一定阶段上产生出了艺术创作和艺术活动的动力，从中亦可见晚期列斐伏尔思想的影子。

由中国社会科学院外国文学研究所、外国文学研究资料丛书编辑委员会编辑并由陆梅林直接选编的《西方马克思主义美学文选》（漓江出版社1988年版）在中国曾是最为全面的西方马克思主义美学文选。编选的第一部分"《历史和阶级意识》发表之后"，主要聚焦于卢卡契的美学思想，"德国和奥地利部分"的美学家包括布洛赫、本杰明（或译本雅明）、马尔库塞、费歇尔和阿多尔诺（或译阿多诺），"法国部分"的美学家包括勒斐伏尔（或译列斐伏尔）、萨特、阿尔都塞、戈德曼（又译戈德尔曼）和马歇雷（又译马舍雷），"英美部分"的美学家包括罗威廉斯、伊格尔顿等。董学文、荣伟编辑的《现代美学新维度：西方马克思主义美学论文精选》（北京大学出版社1990年版）同样也是非常全面的文选，主要分为"现实主义与现代主义"（主要包括卢卡奇、布莱希特、本雅明的论文）、"本体论美学研究"（主要包括阿多尔诺、布洛赫、马尔库塞、阿尔都塞的论文）、"艺术形式与文本结构"（包括戈德尔曼、杰姆逊、马舍雷、沃尔夫的论文）等部分。早在1980年伊格尔顿的《马克思主义与文学批评》（文宝译，人民文学出版社1980年版）就被翻译过来，其后，各种西方马克思主义美学家的专著和选集被纷纷翻译成中文。

从历史角度看，整个20世纪的西方马克思主义可以分为三个阶段：第一代西方马克思主义阶段，法兰克福学派阶段，20世纪60年代之后的新马克思主义阶段。西方马克思主义美学史的分期，也相应地可以大致分为"早期形态""中期形态"和"晚期形态"三个时期，但是，这种区分并不严格，比如法兰克福学派的美学思想就已跨越了不同的历史时期。对所有这些成为历史的马克思主义美学思想，中国学界都进行了或深入或综合的研究。冯宪光的《西方马克思主义文艺美学思想》（四川大学出版社1988年版）是较早的全面研究专著，西方马克思主义文艺美学思想被作者归纳为："美学观与文艺观混为一体""反对决定论、机械论和宿命论""方法论上提出总体性的思想"。[①] 赵宪章主编的《马克思主义文艺美学基础》（南京大学出版社1992年版）、孙盛涛的《政治与美学的变奏：西方马克思主义文艺基本问题研究》（社会科学文献出版社2005年版）、傅其林的《审美意识形态的人类学阐释——二十世纪国外马克思主义审美人类学文艺理论研究》（巴蜀书社2008年版）、黄应全的《西方马克思主义艺术观研究》（北京大学出版社2009年版）也是相关研究的重要专著。

冯宪光的《"西方马克思主义"美学研究》（重庆出版社1997年版）则是更为全面、更具系统性的专著。该书赋予了西方马克思主义以最广泛的理解，其中主要思潮包括以卢卡奇、费歇尔、加洛蒂为代表的"现实主义美学"，以布洛赫、列斐伏尔、马尔库塞为代表的"浪漫主义倾向"，

[①] 冯宪光：《西方马克思主义文艺美学思想》，四川大学出版社1988年版，第11—35页。

以布莱希特、阿多尔诺、本雅明为代表的"现代主义美学",以阿尔都塞、马歇雷、戈德曼为代表的"结构主义美学",以萨特、南斯拉夫实践派为代表的"艺术政治学的美学",以葛兰西、威廉斯、伊格尔顿、杰姆逊为代表的"走向文化学的美学",它们在《"西方马克思主义"美学研究》当中都得到整体性的研究和阐释。从1998年开始,由刘纲纪主编的《马克思主义美学研究》杂志陆续出版,后来改由王杰主编,由中央编译出版社出版至今,在这本杂志里面集中了大量从经典到现当代的马克思主义美学研究的论文:最初经典研究占据了主导,进而现代马克思主义美学成为焦点,新近的几期则更为关注当下的西方马克思主义美学发展的最新动向,这也充分说明,在中国的西方马克思主义美学研究正在追赶上全球化的脚步。

从历史的发展来看,第一代西方马克思主义美学家以卢卡契为代表,主要被翻译的相关美学著作有:中国社会科学院外国文学研究所外国文学研究资料丛刊编辑委员会编的《卢卡契文学论文集》第1、2卷(中国社会科学出版社1981年版);张伯霖等编译的《关于卢卡契哲学、美学思想论文选译》(中国社会科学出版社1985年版);卢卡契的《审美特性》第1、2卷(徐恒醇译,中国社会科学出版社1986年版);卢卡契的《托尔斯泰论》(黄大峰等译,台北南方丛书出版社1987年版);卢卡奇的《现实主义论》(台北雅典出版社1988年版);艾尔希编辑的《卢卡契谈话录》(郑积耀等译,上海译文出版社1991年版);卢卡契、贝托特·布莱希特等著的《表现主义论争》(华东师范大学出版社1992年版)。作为译者的徐恒醇发表了大量如《卢卡契美学的开拓性及其当代意义》(《哲学研究》2006年第8期)这样的高质量的学术论文,张西平的《历史哲学的重建——卢卡奇与当代西方社会思潮》(生活·读书·新知三联书店1997年版)侧重于哲学思想,而刘昌元的《卢卡奇及其文哲思想》(台北联经出版有限公司1991年版)和黄力之的《信仰与超越:卢卡契文艺美学思想论稿》(湖南文艺出版社1993年版)则是对卢卡契美学的专论。

第二个历史阶段,也就是"法兰克福学派阶段"的西方马克思主义美学,更是中国美学界关注的焦点。王才勇的《现代审美哲学新探索——法兰克福学派美学述评》(中国人民大学出版社1990年版)、杨小滨的《否定的美学——法兰克福学派的文艺理论和文化批评》（台北麦田出版社1995年版）、朱立元主编的《法兰克福学派美学思想论稿》（复旦大学出版社1997年版）都是这方面的精品力作。王才勇的专著作为第一本法兰克福学派美学研究的成果，从德文切入文本将这一学派的美学研究从一开始就提升到较高的水准上面，他认为"本雅明基本活跃在法兰克福社会研究所的早期阶段……他的审美哲学思考，密切关注当时的艺术实际，他的美学思想主要由对当时艺术实践的分析和研究所组成；阿多尔诺活跃在法兰克福社会研究所的中期……他的审美哲学思考具有强烈的思辨色彩。至于马尔库塞，同样也由于活跃在法兰克福社会研究所的哲学时期，因为，他的美学思考也具有强烈的审美哲学色彩"。[①] 朱立元主编的专著则将法兰克福学派的美学思想特征归纳为"鲜明的批判性""现代的人道主义""深受精神分析学的影响""反对科学理性的浪漫倾向""参与了审美乌托邦的营建"与"标举马克思主义旗号"等若干种，并将该派美学区分为奠基时期（20世纪20年代至40年代）、发展成熟期（五六十年代）和后现代主义时期（六七十年代以后）这样三个历史时段。

在法兰克福学派美学的诸多代表当中，马尔库塞和阿多诺的美学得到了特别的关注。这两位第一代法兰克福学派的领衔者都将美学作为其思想归宿。马尔库塞也以论文集《审美之维》（*The Aesthetic Dimension*，1978）来终其一生，这本文集被李小兵译出更名为《审美之维：马尔库塞美学论著集》（生活·读书·新知三联书店1989年版），此前由绿原翻译出版的《现代美学析疑》（文化艺术出版社1987年版），其中收录的三篇文章都被归入《审美之维》。阿多诺生前留下的最后一本专著是《美学理论》（*Ästhetische Theorie*，1970），这本书由王柯平从英文版译出（四川人民出版社1998年版），但是阿多诺大量关于音乐美学的论文却没有整体翻译过来。马尔库塞和阿多诺都认定艺术是对现实生活产生"异在的效应"的"疏隔的世界"。按照这种基本观点，艺术的基本功能，一方面对客体而言在于使艺术自身与现实他者相互"疏离"，从而艺术成为与现实截然不

[①] 王才勇：《现代审美哲学新探索——法兰克福学派美学述评》，中国人民大学出版社1990年版，第3—4页。

同的"异在";另一方面就主体来说,是使人通过审美与艺术的"幻象"彻底地超越和颠覆现实,从而为人们提供一条虚幻的超越之途。

正是这种思想的独特影响力,使得学者们对于他们关注尤甚,包晓光1990年在北京大学的硕士学位论文《马尔库塞"美学形式"理论的唯心主义和形而上学本质》是较早的研究成果,马尔库塞在20世纪80年代中国的影响绝对超过任何一位其他西方马克思主义者,陈伟和马良的《批判理论的批判——评马尔库塞的哲学与美学》(上海社会科学院出版社1994年版)特别关注到了马尔库塞的美学思想。但是,进入21世纪,阿多诺的研究逐渐增多了起来,主要出版专著有:孙斌的《守护夜空的星座:美学问题史中的T.W.阿多诺》(复旦大学出版社1994年版)、孙利军的《作为真理性内容的艺术作品:阿多诺审美及其文化理论研究》(湖南大学出版社2005年版)、李弢的《非总体的星丛:对阿多诺〈美学理论〉的一种文本解读》(上海人民出版社2008年版)、凌海衡的《交往自由与现代艺术——重读阿多诺的审美批判理论及其政治意义》(中国社会科学出版社2009年版)和张静静的《艺术真理审美乌托邦——阿多诺〈美学理论〉研究》(安徽大学出版社2010年版)。

第三个历史阶段也就是对20世纪60年代之后的"新马克思主义阶段"西方马克思主义美学的研究,哈贝马斯、伊格尔顿和杰姆逊到中国讲座都成为研究的关注点。这是由于,哈贝马斯以其"沟通行动理论"和"现代性"思想赢得了世界的瞩目,他认为审美在文化现代性内所起到的"中介论"颇有启发意义,从而凸显了审美和艺术所本应发挥的"沟通理性"的作用。当然,更多的学者将马克思主义的视野转向文化问题,从威廉斯以"感觉结构"(structure of feeling)为枢纽建构了一套"文化唯物主义"的美学原则开始,伊格尔顿也在一般意识形态中区分出"审美意识形态"(Aesthetics Ideology),强调了文化生产与审美意识形态之间的有机关联。杰姆逊以"政治无意识"(political unconscious)为纽带综合各派的批评方法,其所谓"辩证批评"的文化解释学产生了巨大影响。杰姆逊来华的演讲结集为《后现代主义与文化理论:弗·杰姆逊教授讲演录》(唐小兵译,陕西师范大学出版社1987年版),使得中国学界从新马克思主义的角度对于后现代主义进行了全面的接触。曹卫东的

《交往理性与诗学话语——论哈贝马斯的文学概念》（天津社会科学院出版社 2001 年版），孟登迎的《意识形态与主体建构——阿尔都塞意识形态理论》（中国社会科学出版社 2002 年版），段吉方的《伊格尔顿意识形态与审美话语——伊格尔顿文学批评理论研究》（人民文学出版社 2010 年版），沈静的《詹姆逊的马克思主义阐释学美学》（人民出版社 2013 年版），陆扬、王曦、竺莉莉的《文化马克思主义——英法美马克思主义美学研究》（上海交通大学出版社 2016 年版），傅其林等著《东欧新马克思主义美学研究》（商务印书馆 2016 年版）和段吉方的《文化唯物主义与现代美学问题——20 世纪英国马克思主义文学批评理论范式与经验研究》（中山大学出版社 2017 年版），都是相关的深入研究之作。法国的各种新派美学理论，更得到了国内美学界的高度关注，出版重要专著有：姜宇辉的《德勒兹身体美学研究》（华东师范大学出版社 2007 年版）、宋涛的《德勒兹"重复"美学思想研究》（中央民族大学 2017 年版）、艾士薇的《阿兰·巴迪欧的"非美学"思想研究》（武汉大学出版社 2014 年版）、陆兴华的《艺术—政治的未来：雅克·朗西埃美学思想研究》（商务印书馆 2017 年版）和史忠义等主编《当代法国美学与诗学研究》（知识产权出版社 2014 年版）等，均大力推动了国内的法国最新美学的相关研究。

第二节　大陆思辨与"现象学传统"美学

西方美学史从近代转向现代，经历了相当长的历史进程，这段美学史也为中国美学界所积极关注。在这段转型时期的美学家当中，从中华人民共和国成立之初到 20 世纪 80 年代的所谓"新时期"的初期，影响最大的非法国的丹纳莫属。特别是丹纳原版于 1865 年的《艺术哲学》（*Philosophie de l'art*）经过翻译家傅雷的妙笔转译（人民文学出版社 1963 年版），在中国接受马克思主义美学之后注重社会背景陈述的历史语境下，被推到了极高的位置。丹纳的"种族—环境—时代"的艺术发展"三要素"论，更是产生了直接的影响。相比较之下，崇尚"实证主义"的英国哲学家和社会学家斯宾塞具有进化论意味的美学思想，在中国却没有获得更高的历史地位（在欧美学者看来反倒是斯宾塞在美学史上的地位是高于丹纳的）。倒是普列汉诺夫的艺术社会学思想，通过他的《艺术论》（鲁迅译，光华书店1930年版和人民文学出版社1958年版）和更为著名的《没有地址的信，艺术与社会生活》（曹葆华译，人民文学出版社1962年版）的翻译出版，较早就广为中国读者所接受。到80年代中期，《普列汉诺夫美学论文集》（Ⅰ、Ⅱ）（曹葆华译，人民出版社1983年版）的先后出版使得人们窥见到了其美学思想的全面，相关的整体研究也出现了。马奇的《艺术的社会学解释——普列汉诺夫美学思想述评》（中国人民大学出版社1988年版）就是代表作，作者从艺术的起源、艺术与社会心理等方面深入探讨了普列汉诺夫的美学思想。此外还有王秀芳著的《美学　艺术　社会——普列汉诺夫美学研究》（河北人民出版社1987年版），而在50年代只有苏联福明娜的《普列汉诺夫的文学和艺术观》（张祺译，新文艺出版社1958年版）这样的译著出版，也充分说明了中国美学界所取得的进步。

　　关于盛行于19世纪70年代的、起源于德国而流行于英法的"心理学美学"研究，在中华人民共和国成立前后却形成了鲜明的反差。众所周知，恰恰是费希纳所倡导的"自下而上"的美学研究的新方法论，导致了西方美学从近代转向现代的过程中实现了一次重要的历史转向，亦即"心理学转向"，但是费希纳诉诸科学主义方法的"实验美学"从一开始就难以在中国扎下根来。然而，在20世纪的前半叶，中国学界在接受西方美学而原创出中国美学的时候，以立普斯为代表的"审美移情"说，却由于同中国古典文化的接近而被广为接受。朱光潜这样对于文艺心理学颇为青睐的美学家暂且不论，就以20世纪20年代吕澂、陈望道和范寿康以同名《美学概论》的出版为例，这些美学家在建构本土化美学原论的时候，都援引了立普斯的移情论，而所谓的"移情"被吕澂认为是"纯粹的同情"，被陈望道认为是"投入感情于对象中"，被范寿康认为是"自我生命的投入"。然而，在50年代美学更为注重社会学转型的时代，这些心理学理论却一度被抛弃了，直到80年代心理学美学研究才再度复兴。

　　从叔本华到尼采的唯意志论美学的研究，在百年中国的西方文化影响史上形成了一道独特的风景线，特别是20世纪二三十年代与80年代可以说都兴起了"尼采热"，尼采思想当中本具有的冲动特质在每个时代都非常契合于青年人的气质。从梁启超的撰文《尼采氏之教育观》开始，王国维深受叔本华人生观影响的《〈红楼梦〉评论》和他的论文《德国文化大改革家尼采传》《叔本华与尼采》《德国大哲学者尼采之略传及学说》到蔡元培的论文《尼采的学说》，中国美学家们对于尼采的关注尤甚。然而，50年代之后的尼采研究却因为政治原因而被视为"禁区"，在60年代初朱光潜从"尼采式的唯心主义的信徒"转而认定，作为"个人主义思想的极端发展"的尼采思想是"人道主义发展到它自己的对立面：反人道主义"。[①] 这种局面在80年代得以扭转，延续了冯至的《尼采的悲剧学说》一文的研究理路，汝信的《论尼采悲剧理论的起源——关于〈悲剧的诞生〉一书的研究札记之一》和《论尼采哲学》等文章打开了尼采研究的新的局面。尼采的《悲剧的诞生》（周国平译，生活·读书·新知三联书店1986年版）的翻译出版也在大陆产生了重要的影响，而在台湾地区，70年代这本尼采早期美学的最重要专著就有了李长俊（三民书局1970年版）和刘崎（志文出版社1972年版）的译本。唯意志论美学在中国的研究，从专著的角度来看，最初的成果都是由汝信的研究生做出来的，主要是周国平的《尼采：在世纪的转折点上》（上海人民出版社1986年版）与金惠敏的《意志与超越：叔本华美学思想研究》（中国社会科学出版社1999年版）。此后的专业性的重要研究著作还有杨恒达的《尼采美学思想》（中国人民大学出版社1992年版），而其他重要的研究成果都集中在论文的发表上面。

进入20世纪西方美学史的研究领域，在中国最早被关注的就是表现主义美学家克罗齐，克罗齐在中国的命运与朱光潜在学界的命运是紧密相连的。对于克罗齐的全面研究，在中华人民共和国成立之前就已经初步完成了，朱光潜所著《克罗齐哲学述评》（台北，正中书局1948年版）就收入到了当时的"中国哲学会西洋哲学名著编译委员会"编辑的丛书当

[①] 朱光潜：《文艺复兴至19世纪资产阶级文学家艺术家有关人道主义、人性论的言论概述》，《朱光潜全集》第5卷，安徽教育出版社1987年版，第517页。

中。当然，对朱光潜纯美学建构产生最重要影响的还是克罗齐的直觉论（在人生观方面朱光潜更多接受了尼采的日神而非酒神精神的影响），在20世纪中叶的美学论争当中，贺麟的《朱光潜文艺思想的哲学根源》（《人民日报》1956年7月9、10日）和叶秀山的《是批判呢还是宣扬——朱光潜先生的"克罗齐美学的批判"一文剖析》（《新建设》1958年12月号）都从哲学的角度解释了这种内在影响。关于克罗齐美学著作的翻译，上海商务印书馆的"万有文库"1931年就收录了傅东华译的分两册出版的《美学原论》，1934年又合并出版；1936年正中书局出版了由朱光潜翻译的《美学原理》，中华人民共和国成立后的1958年由作家出版社再版，原来的"克罗斯"与"克洛切"一并改译为克罗齐。进入80年代，结合翻译史上的已有成果，克罗齐的《美学原理 美学纲要》合并出版（由朱光潜、韩邦凯、罗芃译，外国文学出版社1983年版），但是这些翻译大都是从英译本转译过来的，对于版本也没有更好的选择。这种情况直到田时纲直接从意大利文进行翻译之后才有所改善，《作为表现科学和一般语言学的美学的理论》（田时纲译，中国社会科学出版社2007年版）成为高质量的译本，克罗齐的文集《自我评论》（田时纲译，中国社会科学出版社2007年版）也新录了《作为创造的艺术和作为行动的创造》《鲍姆加登的〈美学〉》两篇美学论文。最新出版的译著还有《美学或艺术和语言哲学》（黄文捷译，百花文艺出版社2009年版），这是对克罗齐的论文汇集《哲学、诗歌、历史》的翻译，其中包括《美学的核心》《艺术表现的全面性》等论文18篇。此外，《作为表现的科学和一般语言学的美学的历史》的中译本1984年就被收入"美学译文丛书"。新近的相关研究专著，如王攸欣的《选择、接受与疏离——王国维接受叔本华、朱光潜接受克罗齐美学比较研究》（生活·读书·新知三联书店1999年版）、张敏的《克罗齐美学论稿》（中国社会科学出版社2002年版）基本上没有摆脱朱光潜研究的影响，但也都是从比较美学的角度做出的研究新著。

与克罗齐、科林伍德的"表现主义美学"形成双峰对峙的局面的，是以贝尔、弗莱为代表的"形式主义美学"，在欧美学界则称之为"视觉形式主义"。与表现主义美学中克罗齐研究对科林伍德美学研究形成的压倒之势不同,① 贝尔与弗莱的研究最初是齐头并进的,开始时贝尔显得更为重要一些,但随着历史的展开弗莱的研究则更占上风。贝尔 1914 年出版的最重要的美学文集《艺术》(*Art*, 1914) 的中译本 1984 年就被纳入"美学译文丛书","有意味的形式"的说法从此更被广为接受,李泽厚认为这个译法出自他的手笔。弗莱 1920 年出版的重要文集《视觉与设计》(*Vision and Design*, 1920) 由易英翻译出版(江苏教育出版社 2005 年版)之后,成为研读弗莱美学的最基础文献,但对弗莱的深入研究早已展开,② 最新的翻译著作就是《弗莱艺术批评文选》(沈语冰译,江苏美术出版社 2010 年版),该文集可以被看作《弗莱文选》等多本英文文集的缩略选译版。③

国内学者汪正龙的《形式主义美学研究》(黑龙江人民出版社 2007 年版)侧重于文学的形式美学的深入研究,赵宪章、张辉和王雄合著的《西方形式美学:关于形式的美学研究》(上海人民出版社 1998 年版)则将整个西方从古至今的形式论美学传统进行了全面的解析。

精神分析美学,随着 20 世纪 80 年代的"弗洛伊德热"而在中国学界曾广受关注,但是,正如精神分析在西方逐渐扩散和渗透到各个领域的史实一样,在最初的"深度心理学"研究热潮之后,精神分析更是化作一种方法融入当代中国美学研究的血脉当中。弗洛伊德的《释梦》、《精神分析引论》、《文明及其不满》(或译《文明及其缺憾》)中译本及其他精神分析学派的介绍性著作奠定了精神分析美学的基石,《图腾与禁忌》与其他各种弗洛伊德美学与艺术文选及二手研究著作的出现,充实了这种研究的相关内容。进入 21 世纪,随着"精神分析经典译丛"的出现,对弗洛伊德美学资料的翻译趋于全面,其中的《论文学与艺术》与《诙谐及其与无意识的关系》都关系到美学,特别是前一本书所收录的 15 篇文章,分别论述了舞台上的精神病人的人格特征、米开朗基罗的摩西、歌德

---

① 科林伍德的美学专著翻译,除了收入"美学译文丛书"的《艺术原理》(中国社会科学出版社 1985 年版)外,还有《艺术哲学新论》(卢晓华译,工人出版社 1988 年版)。

② 易英:《从形式中探索创造的规律——述评罗杰·弗莱的美术理论》,汝信主编《外国美学》第 2 辑,商务印书馆 1986 年版。

③ Christopher Reed ed., *A Roger Fry Reader*, Chicago: The University of Chicago Press, 1996.

的自传《诗与真》中的儿童回忆、《格拉迪沃》中的幻觉与梦、陀思妥耶夫斯基的作品形象等，这些也都是精神分析美学的经典之作。①

另一位倡导"集体无意识"理论的精神分析的代表人物荣格，他的思想对李泽厚的"积淀说"影响颇大，他的一系列美学与艺术文选如《心理学与文学》（冯川、苏克译，生活·读书·新知三联书店1987年版）也被国人关注，英文版《荣格文集》第15卷《人，艺术和文学中的精神》（*The Spirit in Man Art and Literature*）在中国就有两个译本（卢晓晨译，工人出版社1988年版；孔长安、丁刚译，华夏出版社1989年版），此外还有《东洋冥想的心理学：从易经到禅》（杨儒宾译，社会科学文献出版社2000年版）更因其对《易经》《西藏度亡经》的阐发而与中国文化直接相通，但迄今为止仍没有专门研究荣格美学的著作出现。

弗洛伊德的美学选集的中译本，影响较大的除了《弗洛伊德论美文选》（张唤民、陈伟奇译，知识出版社1987年版）之外，还有翻译自1958年英文选集 *Freud on Creativity and the Unconcious* 的《弗洛伊德论创造力与无意识：艺术 文学 恋爱 宗教》（孙恺祥译，中国展望出版社1986年版），最新的选集中译本则是《弗洛伊德论美》（邵迎生、张恒译，金城出版社2010年版）；被翻译过来的相关二手研究著作主要有：卡尔文·斯·霍尔等著的《弗洛伊德心理学与西方文学》（包华富、陈昭全等编，湖南文艺出版社1986年版）、列夫丘克的《精神分析与艺术创作》（泽林译，北京师范大学出版社1986年版）、彼得·福勒的《艺术与精神分析》（段炼译，四川美术出版社1988年版）、赖哈·汉吉的《弗洛伊德、萨特与美学》（大连出版社1988年版）、杰克·斯佩克特的《艺术与精神分析——论弗洛伊德的美学》（高建平译，文化艺术出版社1990年版，四川人民出版社2006年再版改名为《弗洛伊德的美学——艺术研究中的精神分析法》）、利奥·博萨尼的《弗洛伊德式的身体：精神分析与艺术》（潘源译，上海三联书店2009年版）、格里塞尔达·波洛克主编的《精神分析与图像》（赵泉泉译，江苏美术出版社2010年版），这都说明了中国学界对于精神分析美学研究的持久兴趣。

---

① 西格蒙德·弗洛伊德：《论文学与艺术》，常宏等译，国际文化出版公司2001年版。

在 20 世纪西方美学史当中,"现象学传统"与"分析传统"可谓是最具重量级的两个哲学传统,或者可以这样说,这两个在 20 世纪产生了最重要和最持久影响的美学流派,各自占据了欧陆与英美学界"半壁江山"。然而,与欧美学界倾向于只承认"分析美学"与"大陆美学"这两种传统有些差异,在中国本土美学界看来,除了"现象学传统"为代表的大陆美学流派、纯粹"语言学转向"之后的"分析美学"流派之外,还有一个重要的传统,那就是继承了马克思主义传统的美学流派。更形象地说,欧美学界看待 20 世纪整个的自身美学史的时候,更倾向于"两元对峙"的格局观,而中国学界看待这百年的西方美学流变的时候,却更倾向于"三足鼎立"的格局观。但还要看到,目前欧洲许多国家的美学沿袭的也有分析的传统,美国亦受到了大陆哲学及美学的横向影响。而这两类基于两种哲学基本精神的美学传统仍是各占一半江山的,尽管近些年来呼吁双方进行"对话"和"交流"的呼声越来越高,在英语成为主流语言的国际美学界分析传统仍始终压倒了大陆美学传统。

本书所说的"现象学传统"美学,并不是"现象学美学"传统,前者是广义的,后者是狭义的,前者是指从现象学所形成的历史传统中形成和流变出来的各种美学流派,后者则是指严格按照现象学基本原则形成的一种美学思潮,前者包括后者所意指的"纯现象学美学",而且还包括从现象学当中滋生出来的"存在主义美学"流派,进而继续包括从前两种思潮当中生长出来的"现代解释学美学"流派(尽管古典解释学也成为其思想来源)。在解释学的影响之下,各种以"接受美学"为代表的接受理论也主要在文学领域萌生了出来,但是诸如"日内瓦学派"这样的受现象学影响的文学批评学派并不在本书的考虑之列。所以说,"现象学传统"美学作为这样的广义概念,它的囊括力是巨大的,影响是深远的。目前,就中国学界而言,"现象学传统"美学无疑是最有影响的现代西方美学流派,无论对于西方美学史的单纯研究,还是对于美学原理的深层建构,甚至对于中国美学史的内在阐释,现象学传统无疑从 20 世纪 80 年代中期开始,就已经成了"主流中的主流"。

从现象学传统百年来在中国的引进和传播来看,对胡塞尔现象学的全面介绍被上溯到了1929年,然而,大陆学界真正接受现象学传统还得从20世纪80年代算起。从哲学的角度来看,某种哲学思潮舶来中国,一般都要经历"西方思想的引进和传播""相关理论的研究和拓展""与本土文化结合与整合"这三个阶段。但是,有趣的是,作为现象学哲学分支的现象学美学的最早引入,却脱离了西方哲学"中国化"的主流轨迹,直接是从同本土文化结合的最后一个阶段开始的。为什么这样说呢?这是由于,在中国第一本关于现象学美学的著作,应该是1966年出版两次的中国哲学家徐复观的《中国艺术精神》,① 徐复观的这本专著,被认为是标明了对"中国艺术思想的开创性研究"所取得的划时代的重大成果。然而,这本书并不仅仅是中国艺术和美学思想的典范之作,而且,也是在现象学与中国古典美学之间架设桥梁之作。在该书当中,徐复观从现象学的角度研究了庄子,认定庄子的"心斋之心"类似于胡塞尔所谓现象学还原之后的"纯粹知觉",这才是中国"艺术精神的主体"。由此可见,现象学在中国所即将走的"中西融合"之路,从现象学美学在中国开始的地方就被预示了出来。

  然而,到目前为止的整个现象学美学研究,都是要依托于现象学哲学研究的相对成熟。胡塞尔、海德格尔、萨特、伽达默尔等一系列现象学哲学家的著述的翻译正在逐步完成,与此同时,盖格尔、英伽登、杜夫海纳等纯现象学美学家的著述也得以逐步翻译出来。需要提及的是,盖格尔作为现象学美学史上的早期重要人物,他的思想较之其他成熟的美学家被关注得更晚和更少,盖格尔的《艺术的意味》(艾彦译,华夏出版社1999年版)的翻译出版只能使他的美学思想在21世纪产生影响,但主要还是出现在西方美学史或现象学美学研究的角落当中,盖格尔的美学思想一般被看做处于现象学美学发展尚未成熟的阶段。

  在纯现象学美学领域,中国社会科学院哲学所的一批学者充当了先锋。李幼蒸1980年发表于《美学》杂志上的《罗曼·茵格尔顿的现象学

---

① 徐复观:《中国艺术精神》,1966年由台北的两家出版社先后出版,此后不断再版重印,到1988年就印到了第12次,在大陆最早的简体字版是春风文艺出版社1987年版,而后也被不同的出版社重印出版。

美学》（茵格尔顿即英伽登的旧译），① 可以看做现象学美学研究的开篇之作，这也说明，现象学美学在中国大陆一落地就具有相当的高度。

朱狄在1984年专著《当代西方美学》当中设专章对杜夫海纳的"现象学美学"进行了研究，认为杜夫海纳意义上的审美对象，按照现象学的基本哲学原则，就是"联结了呈现出来的对象自身的存在与被意识所意识到的对象自身的存在"，这种研究也成为当时现象学美学最重要的研究成果。薛华1986年在他的专著《黑格尔和艺术难题》当中，以胡塞尔的《想象，图像意识和记忆》这篇重要文本作为依据，将审美判断建立在想象的基础上来尝试回答艺术和审美的起源问题，这是在中国的胡塞尔美学研究的开启之作，但胡塞尔的其他美学文本还需有待时日继续多加挖掘与研读。从时间顺序上，上述的研究就在大陆本土分别开启了英伽登、杜夫海纳和胡塞尔的美学研究的先河。

叶秀山于1988年出版的在西方哲学界具有相当影响的专著《思·史·诗：现象学和存在哲学研究》当中，以反主客两分的、追求主客同一的现象学特征为内在线索，考察了海德格尔与杜夫海纳的美学思想，并赋予了这些西方思想以中国式的独特解读。这都说明，第一代的现象学美学研究者，主要聚集在以中国社会科学院哲学所为主导的西方哲学研究者那里。此外，在门类美学领域，于润洋的《罗曼·英伽登的现象学音乐哲学述评》（《中央音乐学院学报》1988年第1期）和李幼蒸的《当代西方电影美学思想》（中国社会科学出版社1987年版）也都从音乐与电影美学的角度分别探讨了现象学的独特方法。

英伽登是现象学美学家在中国大陆第一个被研究的，最早得以译介的相关著述主要是雷纳·威莱克的《西方四大批评家》（林骧华译，复旦大学出版社1983年版），其中涉及克罗齐、瓦勒里、卢卡契和英格尔登（即英伽登）。英伽登的著述很早就有中译本，他于1967年11月6日向英国美学协会宣读的演讲稿《艺术和审美的价值》（朱立元译，《文艺理论研究》1985年第3期）早就被翻译过来，专著《论文学的艺术作品》

---

① 李幼蒸：《罗曼·茵格尔顿的现象学美学》，中国社会科学院哲学研究所美学研究室、上海文艺出版社文艺理论编辑室编《美学》第2卷，上海文艺出版社1980年版。

(张金言译自英文1973年版,译文见伍蠡甫、胡经之主编《西方文艺理论名著选》下册,北京大学出版社1987年版)也出现了节译本,该书的最新波兰文全译本为《论文学作品——介于本体论、语言理论和文学哲学之间的研究》(张振辉译自波兰文1988年版,河南大学出版社2008年版),另一本专著《对文学的艺术作品的认识》(陈燕谷译自英文1973年版,中国文联出版社1988年版)产生了更大的影响。到目前为止,中国学界关于英伽登的美学研究,基本形成了艺术作品"本体论"、文学艺术作品的"认识论"和艺术的审美"价值论"的模式,还需要对英伽登加以更全面的认识。张旭曙的《英伽登现象学美学初论》(黄山书社2004年版)是从美学而非文学的角度对于英伽登所进行的最为全面而深入的研究专著。从总体上,作者将英伽登的哲学美学定位为"属于实在论现象学传统",它表现为胡塞尔的现象学、思辨形而上学、波兰分析传统的奇妙结合而又显示出令人惊赞的严谨性和统一性。

杜夫海纳的美学研究,无疑成为狭义的现象学美学研究的核心方面,他在国际美学界也的确是影响更为深远的具有领导角色的美学家。杜夫海纳最重要的专著《审美经验现象学》英译本前言《审美经验和审美对象——〈审美经验现象学〉引言》,早在1985年就被韩树站译出(《国外社会科学》1985年第4期;亦收入《马克思主义文艺理论研究》编辑部编选的《美学文艺学方法论》下卷,文化艺术出版社1985年版),其中梳理了从早期现象学美学家莫里茨·盖格到茵加登(即英伽登)的美学思想,进而分析了三个关键性的范畴:"审美对象""知觉主体"和"主体与对象的谐调"。然而,从20世纪80年代开始,影响更大的还是杜夫海纳的论文集《美学与哲学》(中国社会科学出版社1987年版),这部由孙非从法文翻译的文集让当时的人们直接接触到了现象学美学的精髓。《审美经验现象学》(韩树站译自1953年法文版,文化艺术出版社1992年版)分上、下两卷出版,使得读者可以进一步窥见杜夫海纳的思想全貌。此外,杜夫海纳作为国际美学界的引领性的人物,由他主编的《当代艺术科学主潮》(该书是杜夫海纳为联合国教科文组织所主编的《美学和艺术科学主要趋势》节译本,刘应争译,安徽文艺出版社1991年版)①、《美学文艺学方法论》(朱立元、程未介编,中国文联出版社 1992 年版)也纷纷得以出版。

从 20 世纪 80 年代中期开始,文艺理论界取代了哲学界的人士成为现象学美学研究的主力军。《文艺理论研究》1985 年第 3 期特设了《"现象学美学"简介》专题,转述了韩树站在《光明日报》(1985 年 3 月 14 日)上所撰的《杜弗莱纳的现象学美学》(杜弗莱纳即杜夫海纳)的相关内容,其中认定,现象学美学的两个主要代表人物就是波兰的英伽登和法国的杜夫海纳。其后,章国锋的《现象学美学和艺术本体论》(《河南大学学报》1988 年第 2 期)、陈鸣树的《现象学美学研究方法述评》(《学术月刊》1988 年第 10 期)、周文彬的《现象学与美学》(《探索与争鸣》1989 年第 5 期)和英伽登的《现象学美学:其范围的界定》(单正平、刘方炜译,《当代电影》1989 年第 3 期)都对现象学美学进行了整体的描述;此外,周文彬的《杜夫海纳美论试析》(《探索与争鸣》1987 年第 3 期)从个案研究的角度对现象学美学进行了解读。

从 1986 年开始,对另一位属于现象学传统的重要人物法国哲学家梅洛－庞蒂的研究出现了,刘韵涵的《梅洛—庞蒂的现象学美学》(《文艺研究》1986 年第 5 期)从现象学的基本内涵到梅洛－庞蒂的关于画家与可见物存在关系及其与后期海德格尔的思想关联,一一进行了解析。梅洛－庞蒂的论绘画美学的专文《塞尚的疑惑》(刘韵涵译,《文艺研究》1987 年第 1 期)也被翻译发表。刘韵涵所翻译的梅洛－庞蒂的美学专著《眼与心》(中国社会科学出版社 1992 年版)成为该书的第一个中译本,中译本的副标题被定为"梅洛－庞蒂现象学美学文集",而后这本书无论在大陆还是台湾地区又被翻译出来(杨大春译,商务印书馆 2007 年版;龚卓军译,典藏艺术家庭股份有限公司 2007 年版)。进入 21 世纪,梅洛－庞蒂的现象学美学研究在沉寂了一段时期之后,又跃到了美学研究的前台,这不仅仅是因为"知觉"研究直接相关于美学,而且其中一个焦点就是通过"身体"的视角所进行的研究,梅洛－庞蒂本人甚至被称为

---

① Mikel Dufrenne, *Main Trends in Aesthetics and the Science of Art*, New York: Holmes & Meier Publishers, 1979.

"身体现象学大师"。

进入20世纪90年代，随着相关研究论文的大量出现，现象学美学的整体研究拓展到了各个方向、各个领域并从各种视角进行了研究，出现了一系列的重要的研究论文。进入21世纪，这些成果逐渐开始以专著的形式出版，其中主要有：蒋济永的《现象学美学阅读理论》（广西师范大学出版社2001年版）、苏宏斌的《现象学美学导论》（商务印书馆2005年版）、王子铭的《现象学与美学反思：胡塞尔先验现象学的美学向度》（齐鲁书社2005年版）、汤拥华的《西方现象学美学局限研究》（黑龙江人民出版社2005年版）、张永清的《现象学审美对象论：审美对象从胡塞尔到当代的发展》（中国文联出版社2006年版）、张云鹏和胡艺珊的《现象学方法与美学：从胡塞尔到杜夫海纳》（浙江大学出版社2007年版）。这些著作写得都非常有特色，各有侧重，既有全面而深化的研究，也有从独特视角的深化探索。苏宏斌的专著从方法论变革、意向性理论、审美对象的存在方式、艺术作品的存在、审美经验的要素与动态过程等视角进行了系统梳理；而张永清的专著则更为深入地仅以审美对象为研究对象，将现象学悬搁、意向性理论、本质直观、生活世界与审美对象的关系一一进行了阐释，并描述了审美对象的构成要素与深度效应，而这些专著的结束部分又都关注到了现象学的"主体间性"或者"交互主体性"的问题。此外，从门类美学来看，视觉现象学研究成为热点，特别值得一提的是2002年中国现象学会和中国美术学院共同举办的名为"现象学与艺术"的国际会议，后来结集为《视觉的思想——"现象学与艺术"国际学术研讨会论文集》（孙周兴、高士明主编，中国美术学院出版社2006年版）出版。在其他艺术研究领域还有周月亮、韩俊伟的《电影现象学》（北京广播学院出版社2003年版）这样的专著出现。

沿着胡塞尔所创建的现象学道路，海德格尔开启了"存在主义"美学的新途，海德格尔意义上的德意志现象学而非萨特意义上的法兰西现象学在中国美学界逐渐形成了主流之势。尽管20世纪80年代"萨特热"在中国持续不衰，但是90年代之后开始的海德格尔研究的热潮则更为持久，进而使现象学传统取代了在中国美学界曾占据30多年主流的德国古典哲学传统。有趣的是，"萨特热"更多与80年代启蒙思想运动相关，特别是同思想解放与青年文化直接相关，法国文学研究专家柳鸣九编选的《萨特研究》（中国社会科学出版社1981年版）曾经风靡一时，然而，对于萨特美学的研究后来却往往囿于文学领域，特别是萨特的"介入"的思想更多被用以解释文学与政治的关系。与之不同，海德格尔美学的研究取向，从一开始便是哲学化的，海德格尔美学的研究更多关系到美学学术本身的建设，不仅关系到西方美学史本身的研究，而且更关系到中国化美学原理的拓展。

海德格尔美学的作品，从论文上看最重要的莫过于收入德文文集《林中路》（*Holzwege*，1950）当中的1935年的论文《艺术作品的本源》，从专著上看最为流行的是《诗·语言·思》（或译《诗·言·思》）这本英文文集。[①] 在海德格尔最重要的专著《存在与时间》完整出版之前，海德格尔的美学论文就已经翻译发表了，不仅1963年内部发行的《存在主义文选》当中已经收录熊伟节译的《存在与时间》，而且，1964年出版的由洪谦选编《西方现代资产阶级哲学论著选辑》当中就收录了同为熊伟翻译的海德格尔1946年的美学论文《诗人何为？》。而《艺术作品的本源》这篇海德格尔最重要的美学论文，较早的规范中译本见于汝信主编的《外国美学》第6辑（商务印书馆1989年版），而此前其弟子伽达默尔的《海德格尔〈艺术作品的本源〉导言》也由墨哲兰（张志扬）译、刘小枫校而成，载于《外国美学》第3辑（商务印书馆1986年版）上面，海德格尔的其他文章如《走向语言的中途》和《诗中的语言》后来也被翻译发表在《外国美学》第4辑（商务印书馆1987年版）上面。

海德格尔的《林中路》是孙周兴从德文直接翻译过来的（上海译文出版社1997年版），而《诗·言·思》则早在1990年就由彭富春翻译、戴晖校对而出版（文化艺术出版社1990年版）。此外，海德格尔的《尼采》第1卷《海德格尔论尼采：作为艺术的强力意志》（秦伟、余虹译，河北人民出版社1990年版）也关系到美学问题，1936年至1946年作为授课内容的《尼采》两卷本后来由孙周兴翻译出了全译本（商务印书馆

[①] Martin Heidegger, *Poetry, Language, Thought*, New York: Harper & Row Publishers, 1975.

2002年版)。其他关系到美学的文集,还有海德格尔1936年至1968年所写的《荷尔德林诗的阐释》(商务印书馆2000年版)、《通向语言的途中》(商务印书馆1997年版)、从1919年至1958年跨度非常大的《路标》(商务印书馆2000年版),它们都由孙周兴翻译成中文,所谓"孙译海德格尔"越来越得到了美学界的接受和青睐。关于海德格尔的二手研究专著,绝大部分都是关于哲学与政治的,只有两本与诗学相关,一本是更为全面研究法国马克·费罗芒的《海德格尔诗学》(冯尚译,上海译文出版社2005年版),另一本则为专题研究性质的美国的罗森的《诗与哲学之争:从柏拉图、尼采到海德格尔》(张辉译,华夏出版社2004年版),中国学者也曾自己编辑过《海德格尔诗学文集》(成穷等译,华中师范大学出版社1992年版)。这些都说明,海德格尔的美学研究从20世纪80年代一开始就是追随海德格尔的哲学研究的,海德格尔的哲学研究的成熟程度决定了海德格尔的美学研究的成熟程度。

叶秀山在1988年出版的《思·史·诗:现象学和存在哲学研究》无论是从哲学上还是美学上说,都可以被视为现象学美学与存在主义美学研究在中国的典范之作,其中所力主的主客融合的思想路数更是浸渍了东方智慧,而且,作为阐释者的叶秀山本人的基本哲学思想的归宿也是"美学化"的。面对海德格尔的"此在"的意蕴,作者独特的中国式阐释就出场了:"'此在'即'指'人'的一种主客、物我、思维与存在不分的原始状态。"① 进而,在叶秀山所撰写的申明自己美学主张的《美的哲学》(东方出版社1991年版)当中,从胡塞尔与海德格尔出发,对于美进行"哲学化"的阐释就出现了,因为"胡塞尔在超验的精神现象意义上来理解生活世界。虽然胡塞尔没有说他的'生活的世界'是'艺术的世界',但这个世界却是'直接的',是将'本质'和'意义'直接呈现于'人'面前,是'本质的直观'……这已经为他的学生海德格尔将'诗意'引入这个'生活的世界'提供了条件"。②

尽管胡塞尔本人并未将"本质直观"归之于艺术,但是具有共同性

---

① 叶秀山:《思·史·诗:现象学和存在哲学研究》,人民出版社1988年版,第154页。
② 叶秀山:《美的哲学》,东方出版社1991年版,第23页。

的是，中国当代学者往往打通了这种关联，这似乎与中国传统的注重现世生活的本有传统不无关系。这些论点先后出现在薛华1986年版的《黑格尔与艺术难题》、叶秀山1991年版的《美的哲学》与张世英1999年版的《进入澄明之境——哲学的新方向》等著作之中。这种共同的本土化的思想取向，在中国的西方哲学研究者那里是近似的，黑格尔研究专家张世英，试图将海德格尔"黑格尔化"，并将中国传统艺术当中所蕴含的"天人合一"思想，与海德格尔的"在世"学说相互得以阐发，这在他的《天人之际——中西哲学的困惑与选择》（人民出版社1995年版）中得到了最大的显现。张世英认为，中国哲学缺乏主客二分的思想和主体性原则，基本上是以前主体性或前主客二分的"天人合一"为原则的哲学，而胡塞尔所代表的西方现代及其后现代哲学，其特征是主客融合或超越主客关系。

如果说，这些西方哲学研究者的阐释与理论都是渗透着美学智慧，或者说基本上都是"从哲学到美学"的话，那么，后来的海德格尔美学研究则是"从美学到美学"的。在这类纯粹的美学研究领域，出现了一系列研究的专著，主要有：刘士林的《澄明美学——非主流之考察》（郑州大学出版社2002年版）、张贤根的《存在·真理·语言——海德格尔美学思想研究》（武汉大学出版社2004年版）、刘旭光的《海德格尔与美学》（上海三联书店2004年版）、张弘的《西方存在美学问题研究》（黑龙江人民出版社2005年版）、王昌树的《海德格尔生存论美学》（学林出版社2008年版）、傅松雪编著的《时间美学导论》（山东人民出版社2009年版），等等。这些专著单在就海德格尔美学进行深入研究方面，都取得了相互不可替代的成就，但是阐释的路数仍是遵循前贤的，比如研究相对全面的刘旭光的《海德格尔与美学》就认定，海德格尔"对于形而上学的超越"及对二元对立思维的化解，也成为该书得以成立的最基本线索。与这些著作比较而言，近20年来在学术杂志上发表的关于海德格尔的论文更是蔚为大观，海德格尔在很大意义上已成为挂在美学学者嘴边的"关键词"之一。

近些年来，海德格尔美学研究有所退潮，出版的新专著有：赵晓芳的《致命的美学：海德格尔的美学思想》（上海三联书店2012年版）、张海涛的《澄明与遮蔽：海德格尔主体间性美学思想研究》（人民出版社 2013 年版）、安静的《海德格尔现象学美学研究》（上海三联书店 2015 年版）、郭文成的《海德格尔晚期美学思想研究》（人民出版社 2016 年版）。

站在中西文化的冲突与交融之间，既带有美学视角又具有突破性的海德格尔研究是后来留德的彭富春的德文原著《无之无化——论马丁·海德格尔思想道路的核心问题》，1998 年该书在法兰克福由佩特·朗欧洲科学出版，这本共 165 页的专著是中国学者在海外为国际海德格尔研究所做出的贡献。① 该书由上海三联书店 2000 年出了中文版，从中可见，彭富春避开了通常阐释海德格尔的"存在"论的套路，而是独辟蹊径地使用了"无"这个本土概念。这意味着，彭富春以"作为无的存在"为枢纽对于海德格尔进行了一番中国化的阐释，从而将海德格尔的思想进程解析为三段经验：以《存在与时间》为标志的"世界性经验"（Weltliche Erfahrung）；以《论 Ereignis》（也就是被编为海氏全集第 65 卷的《哲学论文集》）为代表的"存在史经验"；以《通向语言之路》为代表的"语言性经验"。所以，彭富春通过"无"的贯通，将"世界""历史"与"语言"这存在的"三个维度"整合了起来，这也就是始于世界，经过历史，而达于语言。

目前，正如张祥龙的《海德格尔思想与中国天道》（生活·读书·新知三联书店 1996 年版）所达到的中西比较哲学的高度一样，从"比较美学"的角度来研究海德格尔逐渐成为某种共识。这些现象学美学的中西比较研究所获得的最初成果是由台湾学者做出的，主要方向就是海德格尔与道家美学之间的比较。叶维廉对道家美学阐释就浸渍了现象学元素，其最引人注目的成果就是，认定山水诗的最高境界是自然的自身显现，这也就是海德格尔的真理自行显现之意。叶维廉出版的《历史、传释与美学》（东大图书有限公司 1988 年版）这本具有原创性的著作，

---

① Peng Fuchun. *Das Nichten des Nichts—Zur Kernfrage des Denkwegs Martin Heideggers*. Frankfurt am Main: Europäischer Verlag der Wissenschaften, 1998；彭富春：《无之无化——论马丁·海德格尔思想道路的核心问题》，上海三联书店 2000 年版。

采取了原创的"传释学"的名称来取代"诠释学",这是因为诠释"往往只从读者的角度出发去了解一篇作品,而未兼顾到作者通过作者传意、读者通过作品释意(诠释)这两轴之间所存在着的种种微妙的问题,如两轴所引起的活动之间无可避免的差距,如所谓'作者原意'、'标准诠释'之难以确立,如读者对象的虚虚实实,如意义由体制化到解体到重组到复音符旨的交错杂合生长等等。我们要探讨的,即是作者传意、读者诠意这既合且分、既分且合的整体活动,可以简称为'传释学'"。[①] 这就从中国传统美学的角度提出了要对现代解释学做出本土化的新的诠释和发展,事实证明,这种美学理论的方法是具有适用性的,从而达到了中西文化之间的"视界融合"。

作为叶维廉弟子的王建元出版的《现象诠释学与中西雄浑观》(三民书局1988年版)一书也成为比较美学的重要著作,作为这种比较研究的延续,其中的第四章《中国山水诗的空间经验时间化》认为,中国山水诗的特征就在于将空间时间化,源于空间知觉的综合就是时间意识的综合的现象学原则。此后,赖贤宗继续追随1988年叶维廉出版的《历史、传释与美学》当中对于伽达默尔的解释学方法的援引,在他的《意境美学与诠释学》(台湾历史博物馆2003年版)等著述当中,得出了这样的比较美学的结论:"意与境浑"的"艺术体验论"对应于解释学美学所论的存有意义的开显;"返虚入浑"的"艺术形象论"对应于解释学美学所论的非表象思维与"语言是存有的屋宇"(或译"语言是存在的家");"浑然天成"的"艺术真理论"对应于解释学美学所论的艺术的真理性。而在大陆,比较诗学的论述较之比较美学更占主流,钟华的《从逍遥游到林中路——海德格尔与庄子诗学思想比较》(中国社会科学出版社2004年版)和那薇的《道家与海德格尔相互诠释》(商务印书馆2004年版)都取得了相应的成绩。

解释学美学思想在中国的兴起,主要以伽达默尔(或译加达默尔)美学作为研究中心。伽达默尔的最重要著作即1960年首版的《真理与方法》的最早的节译本(辽宁人民出版社1987年版),就是由王才勇翻译

[①] 叶维廉:《历史、传释与美学》,台北东大图书有限公司1988年版,第17页。

并收录到"美学译文丛书"当中的,所翻译的就是《真理与方法》直接涉及美学的第一部分"艺术经验中的真理"。后来直到 21 世纪,洪汉鼎翻译出《真理与方法》的全本(上海译文出版社 2004 年版)分两卷出版,但是到目前为止美学界的学者还是更喜欢用节译本的优雅译文。伽达默尔的其他美学专著的中译本还有《美的现实性》(张志扬等译,上海三联书店 1991 年版),这本书的副标题是"作为游戏、象征、节日的艺术",原为 1974 年在萨尔茨堡大学所作的演讲。但是伽达默尔 1964 年出版的《美学与解释学》等美学专著尚未翻译过来,而他与杜特的对谈录《解释学 美学 实践哲学》却已经翻译出版(金惠敏译,商务印书馆 2005 年版),还有就是文集《伽达默尔论柏拉图》(余纪元译,光明日报出版社 1992 年版)当中还收录了他作于 1934 年的名篇《柏拉图与诗人》。伽达默尔以历史开放性的途径、从历史接受的变动角度,推导出"同时性"的艺术理解活动,倡导审美融入文化的"审美无区别",从而将真理拓展到艺术领域。进而,又在"游戏本体""观者参与"和"存在扩充"的不同维度,对艺术真理观作出了现代解释学的发展,对中国美学的当代发展产生了重要影响。

在《真理与方法》的第一个中译本的前言当中,译者王才勇对伽达默尔的美学思想进行了深入的阐发。从哲学的高度,王才勇准确地抓住了伽达默尔由前人启发而重新提出的艺术真理观当中蕴含的两个潜在原则——"相对主义的原则"与"主体性的原则",恰恰是以这两个彼此相关的原则作为出发点,伽达默尔阐释了他的艺术本体论及其关于美学的解释学结论。这是由于,在具体的艺术经验活动中,每次的感知都是特定的,艺术的真理或意义也存在于特定的此时此地的感知活动中。所以,由此而来的相对主义就带来了主体性的原则:"既然艺术真理赖以显现的每一个感知都是相对的,那么,艺术经验中起主导作用的就不会是客体,而是主体,因为艺术感知的不同,在很大程度上就来自主体的不同。"[①] 毛崇杰的《存在主义美学与现代派艺术》(科学文献出版社 1988 年版)也

---

① 王才勇:《〈真理与方法〉译者前言》,加达默尔《真理与方法》,王才勇译,辽宁人民出版社 1987 年版,第 15 页。

是一部对于存在主义的文艺理论思想进行整体扫描的专著，其另一特点就是结合了中国文学的实情，而且对于新解释学美学、接受美学和现象学美学都进行了研究。然而，其对伽达默尔的阐释却走向了王才勇的反面，因为从辩证唯物主义的动机与效果相统一的原则来看，伽达默尔只是把"真理与对真理的解释看成一个历史过程。这个过程是一个认识主体与客体的统一"，[①] 这显然是从不同的哲学观来洞见而出的不同的阐释结论。

对于解释学美学进行更进一步的研究，就是始于《真理与方法》初译的1987年。涂伦在1987年《中国图书评论》第2期上发表的《介绍几部美学方法论名著》可能是最早使用"解释学美学"一语的文章，该文从方法论的角度认为，伽达默尔从"现象学本体论"的角度对艺术经验进行了哲学解释学的探讨。此后，张德兴的《伽达默尔的解释学美学述评》（《学术月刊》1987年第5期）成为第一篇全面研究伽达默尔的重要论文，特别是在《时间距离与视界融合——伽达默尔的解释学美学管窥》（《文艺理论研究》1990年第2期）这篇文章当中，作者聚焦于伽达默尔不同于布洛的"心理距离说"的"审美时间距离"说，他把时间距离看做审美理解的前提条件之一，最根本的原因，就在于他把审美理解视为并非一次完成的无限过程。王才勇的《略论伽达默尔的解释学美学》（《社会科学家》1991年第6期）、陈传康的《解释学美学与文艺的历史演变》（《兰州大学学报》1988年第3期）、张微的《本文前面展示的可能世界——一种探索解释学美学的新理论》（《法国研究》1992年第2期）都是这一时期的重要论文，其中最后一篇还提到了法国的解释学美学的重要哲学家利科尔。

金元浦的《文学解释学——文学的审美阐释与意义生成》（东北师范大学出版社1997年版）可谓中国解释学美学的第一本重要的代表作，该书从"方法论—对话论""过程论—阅读论""本体论—意义论"和"范畴论—空白论"的角度展开了多元探索。依据现代解释学的原则，金元浦提出，文学的意义生成就是"本文与阐释者相互之间的对话。交流、重构，是二者间的相互溶浸、相互包含，是相互从属：你属于我，我也属

[①] 毛崇杰：《存在主义美学与现代派艺术》，社会科学文献出版社1988年版，第185页。

于你，是一种动力学的交互运作、相互渗透、相互传递的'共享'过程"。① 而且，在一系列的文学解释学问题上，金元浦提出了诸多新的观点，比如阅读的层级性可以划分为"审美感知的理解阅读视野""意义反思的阐释阅读视野"与"意义融合的历史重建和集合的阅读视野"的动态三级过程。这本专著在20世纪90年代独树一帜，既对于文学解释学的历史进行了历时性的梳理，又共时性地阐发了具有中国特色的文学哲学理论，从而将西方解释学与中国诠释学传统结合了起来。

对伽达默尔的个案研究方面，严平的《走向解释学的真理——伽达默尔哲学述评》（东方出版社1998年版），既是首部对伽达默尔哲学进行全面阐释的专著，也涉及伽达默尔的美学问题。这是由于，伽达默尔本人思想体系内部美学占据了重要的地位。在这本以哲学为主的专著当中，作者看定了美学与解释学具有一种"天然的渊源关系"，二者始终是相互联系而非排斥的，既然解释学的任务就是理解，那么，理解必然包含艺术作品。李鲁宁的《加达默尔美学思想研究》（山东大学出版社2004年版）则是专门研究伽达默尔美学的专著，在对于现代解释学鼻祖思想深入研究的同时，这本书还对于他的思想进行了客观批判。作者指出，伽达默尔的美学并未超出"唯心史观"的美学视野，其辩证法也由于走向了"恶无限"而走向了反辩证法，而且对形式的贬低也走向了对近代形式主义美学的矫枉过正。王峰的《西方阐释学美学局限研究》（黑龙江人民出版社2007年版）不仅对于西方阐释学的理论进行了全面批判，而且还论及了阐释学美学的"中国学派"的问题。此外，在朱立元主编的集体性著作《现代西方美学史》与牛宏宝的《西方现代美学》当中，都对以伽达默尔为主的解释学美学进行了深入研究。此外，霍埃（或译赫什）的《批评的循环》（兰金仁译，辽宁人民出版社1987年版）也被翻译过来，但是他的独特的解释学理论除了程金海等人撰文（关注论伽达默尔与赫什解释角度的差异）之外却少有论述。从门类美学来看，罗艺峰的《从解释学美学角度对音乐存在方式的思考》[《音乐艺术》（《上海音乐学院学

---

① 金元浦：《文学解释学——文学的审美阐释与意义生成》，东北师范大学出版社1997年版，第263页。

报》）1996年第2期〕也援引了解释学方法对于门类艺术进行研究。

"接受美学"如果从学术影响上来看，由于文学理论界的直接介入，它的影响较之解释学美学在中国更加深远。但是需要指出的是，"接受美学"虽然命名为美学，但是在欧美学界更多被视为文学理论而非作为哲学的美学思想，而在中国的学界却毫无疑问地将之归为美学思想。"接受美学"在中国的翻译，曾经形成了一段热闹时期，在1989年集中出版了四本译著就是证明。被翻译过来的第一本专著就是收入"美学译文丛书"的罗伯特·姚斯、R. C. 霍拉勃的合集《接受美学与接受理论》（周宁、金元浦译，辽宁人民出版社1987年版），刘小枫选编的《接受美学译文集》（生活·读书·新知三联书店1989年版），直接与文学的接受理论相关的则是汤普金斯的《读者反应批评》（刘峰、袁宪军译，文化艺术出版社1989年版），张廷琛选编的《接受理论》（四川文艺出版社1989年版）。

姚斯（又译"尧斯"）与伊瑟尔（又译"伊塞尔"）同属于"康士坦茨学派"，他们是接受美学领域最为著名也是最被中国学者所认同的两位美学家。其中，姚斯1967年发表的《文学是作为向文学理论的挑战》被认为是接受美学的理论宣言，在不同的理论选本当中，这篇文章的中译本都位居前列的重要位置。姚斯其他被翻译成中文的著作还有1977年首版的《审美经验与文学解释学》（顾建光、顾静宇、张乐天译，上海译文出版社1997年版），这是根据迈克尔·肖的英译本译出的。伊瑟尔被翻译成中文的著作更多，不仅仅是他的接受美学理论，而且还有他后期的"文学人类学"思想都广受关注。他的代表作1978年版的 The Act of Reading: A Theory of Aesthetic Response 就有不同的中文译本，分别为《阅读行为》（金惠敏、张云鹏、张颖、易晓明译，湖南文艺出版社1991年版）、《阅读活动》（金元浦、周宁译，中国社会科学出版社1991年版）。这本接受了现象学影响的"接受美学"的名著，将"反应"与"接受"作为接受美学的两大核心课题，以本文（如今通译为"文本"）与读者双向互相作用为理论基点，从而全面揭示了产生反应与接受的阅读行为对理解阐释文学本文意义的关系。伊瑟尔其他的译著还包括《虚构与想象：文学人类学疆界》（陈定家、汪正龙等译，吉林人民出版社2003年版）、《怎样做理论》（朱刚、谷婷婷、潘玉莎译，南京大学出版社2008年版），这些新著说明了作者走向了对文学的更为本体化的思考。

在大陆学界，较早介绍接受美学的文章是意大利学者弗·梅雷加利的《论文学接收》（冯汉津译，《文艺理论研究》1983年第3期），而后张黎的《关于"接受美学"的笔记》（《文学评论》1983年第6期）和张隆溪的《仁者见仁，智者见智——阐释学与接受美学》（《读书》1984年第3期）引发了关注，后者后来收入张隆溪的《二十世纪西方文论述评》（生活·读书·新知三联书店1986年版）当中，该文从解释学的"理解的历史性"出发介绍了接受美学的基本观点。20世纪80年代中期的接受美学研究出现了几篇重要论文。章国锋的《国外一种新兴的文学理论——接受美学》（《文艺研究》1985年第4期）较为全面地介绍了接受美学重要学者姚斯、伊瑟尔和瑙曼的理论。张首映的《姚斯及其〈审美经验与文学阐释学〉》（《文艺研究》1987年第1期）一文，着重于姚斯对审美经验三重意义（亦即"诗的""审美的"和"净化的"意义）的思考，创新之处在于从伽达默尔的"问—答"逻辑来阐释姚斯的思想，认为后者既是对前者的继承也是破坏。金元浦与周宁合作的《文学阅读：一个双向交互过程——伊瑟尔审美反应理论述评》[《青海师范大学学报》（社会科学版）1988年第4期]则是关于伊瑟尔美学研究的最早的成熟论文，它以"本文的召唤结构"为主论述了本文研究，以"游移视点"为主论述了阅读现象学、以"文学本文的交流结构"为主分析了"文本—读者的双向交互作用"。朱立元的《文学研究的新思路——简评尧斯的接受美学纲领》（《学术月刊》1986年第5期），对于姚斯那篇接受美学的"历史性文献和理论纲领"进行了宏观解析。

在中国学界接受"接受美学"之初，通过这种新的美学视角对中国古典美学进行研究就已经开始，从张隆溪的《诗无达诂》（《文艺研究》1983年第4期）开始，这种比较美学的研究方式一直延续至今。早期研究都是从中国古典美学的接受术语出发的，后来出现的则是中西接受理论的互证阶段，董运庭的《中国古典美学的"玩味"说与西方接受美学》（《四川师范大学学报》1986年第5期）、殷杰与樊宝英的《中国诗论的接受意蕴》（《华中师范大学学报》1992年第3期）和龙协涛的《中西读解理论的历史嬗变与特点》(《文学评论》1993 年第 2 期)都是代表。最终中国古典美学的阐释学思想得到了集中关注,樊宝英、辛刚国的《中国古代文学的创作与接受》(石油大学出版社 1997 年版)就认为中国古代文论就是一种"泛接受美学"。这体现在后来出版的诸多专著当中,如龙协涛的《文学读解与美的创造》(时报文化出版有限公司 1992 年版)、张思齐的《中国接受美学导论》(巴蜀书社 1989 年版)、邓新华的《中国古代接受诗学》(武汉出版社 2000 年版)、李咏吟的《诗学解释学》(上海人民出版社 2003 年版)都具有一种中西美学比较的视野。

在接受美学的原理方面,中国大陆也出现了大量专著,早期的成熟著作就是朱立元的《接受美学》(上海人民出版社 1989 年版)。这本产生了很大影响的专著按照逻辑的线索,从本体论、作品论、认识论、创作论、价值论、效果论、批评观和历史观的角度进行了阐释,其中,从本体论即文学的存在方式角度出发,在整体上阐述了—作者、作品、读者—的文学"三环节交互作用的活动过程",这本专著在 2004 年修订扩充再版改名为《接受美学导论》(安徽教育出版社 2004 年版),它不愧为中国接受美学原理研究方面的奠基之作。此后,接受美学的专著大量出现,丁宁的《接受之维》(百花文艺出版社 1992 年版)更是吸收了精神分析学来研究艺术接受的心理过程,胡木贵与郑雪辉的《接受美学导论》(辽宁教育出版社 1989 年版)、马以鑫的《接受美学新论》(学林出版社 1995 年版)、林一民的《接受美学》(江西高校出版社 1995 年版)都是这方面的相关著作。

第三节 英美经验论与"分析美学"传统

与欧洲大陆美学传统颉颃发展的,当然就是英美的美学传统,这种传统可以说是继承了历史上的经验论的优良品质,并在 20 世纪得以发扬光大。在 20 世纪百年的西方美学史当中,如果现在反观之,横亘的历史时间最长的美学流派、占据主流的时间最长的美学流派、在欧美学界所产生的影响范围最广的美学流派,就是"分析美学"(Analytic Aesthetics)传统,它几乎主宰了 20 世纪后半叶半个世纪,并将其主导地位延续至今。

然而，与分析哲学在20世纪前期就已在英美占据主流不同，由于分析美学最初是追随着分析哲学而发展的，所以，分析美学在英美占据主流的时代应该是20世纪中期。然而，遗憾的是，在中国分析美学始终不被关注，直到21世纪充分展开之后，分析美学传统才得到了真正的研究。而在分析美学所形成的绝对主流之外，还有其他各种美学流派，它们在80年代中期开始就已经被中国学界广为接受，这些流派有的"历久不衰"（如完形心理学美学），有的"风靡一时"（如结构主义美学），还有的至今"余波未逝"（如符号论美学），① 在中国美学界构成了一道道的风景线。

在20世纪60年代，对于英美美学的研究还是相对开放的。按照属于中国社会科学院哲学所的《哲学译丛》编辑部所编的《现代美学问题译丛（1960—1962）》的选辑，可以看到中华人民共和国成立前期对于西方美学的翻译是在稳步进行的。在这个选本当中，既有苏联、保加利亚、德意志民主共和国的文章，其主要聚焦点在于探讨"审美本性""美学与生活的联系""艺术的客体与主体"的问题，② 也有英国、美国、法国、比利时、联邦德国与日本学者的研究论文，美国的实用主义美学也得到了关注（如美国G.E.高斯的《关于约翰·杜威美学的一些意见》），但更多的还是分析传统的美学研究（如英国R.索的《什么是"艺术作品"？》、英国H.哈卡图良的《艺术名称与审美判断》、日本川野洋的《分析美学的结构主义》）。在附录当中，还选译了分析传统占统治地位的《哲学》《大不列颠美学杂志》《哲学杂志》《美学与艺术批评杂志》的相关论文目录近80篇。这充分说明，在20世纪中期，中国美学界对于分析美学传统还是关注的，尽管德国古典美学后来形成了一枝独秀的局面。遗憾的是，随着闭关锁国而与国际美学主流疏离，使得分析传统在21世纪才得以继续发展壮大起来。

在"文化大革命"之前，如果说，还有对于英美的美学进行研究的话，那么，最早进行研究的就是李泽厚，代表性的著述就应该是李泽厚的

---

① 程孟辉：《当代中国的西方美学研究》，《北京社会科学》1997年第2期。
② 《哲学译丛》编辑部编：《现代美学问题译丛（1960—1962）》，商务印书馆1964年版，编者说明。

单篇论文《帕克美学思想批判》(《学术研究》1965年第3期)。这位美国美学家帕克（Dewitt H. Parker, 1885—1949）的美学被作者认为属于"经验唯心主义"体系，他的关于艺术本质的美学原理"把艺术看做是个人欲望的想象满足，以服务于资产阶级的社会需要和个人欲求"。① 但是，由于大陆美学传统特别是德国古典美学传统在中国占据主流地位，所以英美美学研究始终是处于边缘地位的。帕克的《美学原理》（张今译，商务印书馆1965年版）也是当时最接近国际美学前沿的著作，帕克其实是早期分析语言论美学的研究者，他认为，主导美学史的普遍性概念如"模仿""想象""表现"和"语言"都与日常语言不同，并进而归纳出"审美语言"（aesthetic language）具有悖论性质和意义的多样性，② 这明显属于早期的分析美学研究传统。在"文化大革命"之后，第一篇研究英美美学的论文还是李泽厚写出的，那就是1979年11月出版的《美学》杂志第1卷上的那篇《美英现代美学述评》，作者署名是"晓艾"，由于李泽厚在同一期上还撰写了《康德的美学思想》的文章，所以用了这个笔名，据作者自己说这个笔名取自他儿子的名字"李艾"。

李泽厚的长文《美英现代美学述评》，在中华人民共和国成立之后，可谓是对英美美学进行初步研究的第一篇重要文本。李泽厚从19世纪末以来的英美美学开始谈起，对于斯宾塞、鲍桑葵、科林伍德、贝尔、布洛、芮恰兹、杜威、韦茨的美学进行了匆匆素描，然后，重点分析了"分析哲学的'美学观'""苏珊·朗格的符号论""托马斯·门罗的新自然主义"和"心理学的美学"（涉及从精神分析、格式塔心理学到理德、帕克的美学思想）。在全文的结语部分，李泽厚概括出现代英美美学的三个基本特点：其一，这种美学"避开对美学中的哲学根本问题、美学的哲学基础或美的本质等问题作理论探讨论证加以排斥，这些问题被一概斥为所谓的'形而上学'"，这与现代哲学特别是流行在英美的逻辑实证论和后来的分析哲学的潮流是相一致的；其二，这种美学"常常从经验主

---

① 李泽厚：《帕克美学思想批判》，《学术研究》1965年第3期。
② Dagobert D. Runes, *Twentieth Century Philosophy: Living Schools of Thought*, New York: Philosophical Library, Inc., 1943, pp. 42, 46.

义走向神秘主义",但"由于反对与逃避探究美的本质问题,大肆提倡和奉行对艺术和审美经验作现象上各种实证的细致论证和经验描述",取得了许多具有科学价值的成果;其三,"现代英美大美学理论与其文艺创作实践与流派、思潮是互相呼应、彼此配合的"。① 显然,这已经勾勒出英美美学的基本特点,第一点就是转向以艺术为研究中心,第二点就是以经验主义为基本取向,第三点就是与艺术实践相匹配,这些确实都是现代英美美学的最具概括性的特征。

实际上,更早对英美的美学做出充分研究的,主要是来自港台地区的学者。刘文潭的《现代美学》(台湾商务印书馆1967年版)基本上是从英美美学家那里获取资源的,该书分为三部,第一部"艺术的创造过程"具体分析了艺术与游戏、美感、情感、直觉和欲望的关系,第二部"艺术品"划分为艺术与媒材、形式和表现的关系,第三部"艺术的欣赏与批评"对于审美态度的解析包括"感情的移入与抽离""美的孤立"和"心理的距离"。刘昌元的《西方美学导论》(台湾联经出版事业公司1986年版)则是介绍和借鉴英美美学更为成熟的专著,该书在"论美"的部分,重点观照了桑他雅纳(又译桑塔耶纳)的"美感论";在"审美态度、审美经验与审美价值"部分,重点关注了杜威的"审美经验论";在"艺术论"部分,重点阐发了柯林悟(科林伍德)的"表现论"、贝尔的"形式主义"、兰格(苏珊·朗格)的"符号论",进而,试图来解答"美是什么""审美是什么"和"艺术的本质"及"艺术的解释、评价和功能"的问题,可谓深入地归纳了现代英语学界美学的四个主要问题。

"实用主义美学",作为美国"新大陆"最新产生出来的哲学传统,相应地滋生出实用主义的整个美学思想谱系。正如托马斯·门罗在《走向科学的美学》当中所指出的那样,如果说欧洲旧大陆的传统美学总是聚焦于有关"美的纯粹的抽象论证"的话,那么,从爱默生到杜威的新大陆的传统则是强调哲学、艺术应该与日常生活保持紧密的关联,这就是为何分析美学在美国于20世纪50年代压倒实用主义主流传统之后,在当

---

① 晓艾(李泽厚):《美英现代美学述评》,中国社会科学院哲学研究所美学研究室、上海文艺出版社文艺理论编辑室编《美学》第3卷,上海文艺出版社1981年版。

前时代"新实用主义"得以反弹性地复苏并倡导一套"生活美学"的思想原因与历史源头。

实用主义美学的最大代表,到目前为止都非约翰·杜威莫属。对杜威进行深入研究的第一篇力作,就是汝信收入《西方美学史论丛续编》的《杜威美学思想简论》,从深入程度与哲学反思角度看,这篇文章至今还难以超越。汝信从作为杜威艺术观基石的"经验"这个概念出发,探讨了"一个经验"(an experience)、"情绪"(而今 emotion 更多被翻译为"感情")与"审美情绪"、"表现"及其时间建构、"艺术产品"与"艺术作品"、"经验与自然"的关系、"文明"与"交往"等关键语汇的意蕴,既深描了《艺术即经验》这本美学专著的方方面面,又对杜威美学进行了深入批判。"杜威的艺术观有两个明显的特点:一是把艺术和人的其他活动相混淆,抹杀了审美经验与一般生活经验之间的原则区分;一是把人的艺术活动和动物活动中的活动相混淆,取消了人与一般动物相区别的本质特征。"[①] 作者从艺术与生活的关联谈起,将重点置于杜威的恢复艺术与生活经验的"连续性"上面,又从社会生活与生产活动的角度,反过来批驳了杜威以"生物的人"为核心的进化论美学思想,的确批判得有理、有力、有节。

直到 21 世纪,随着"新实用主义美学"的复兴,在中国内地对于杜威的政治化批判早已尘埃落定,杜威哲学与美学思想才再度得到关注。张宝贵所编的《杜威与中国》(河北人民出版社 2001 年版)与《实用主义之我见——杜威在中国》(江西高校出版社 2009 年版),是研究杜威思想与中国关联的重要著作,从中可以看到杜威与本土之间的思想互动。张宝贵坚持从原典阅读出发,以一本《世俗与尊严:杜威的艺术哲学》(社会科学文献出版社 2001 年版)开启了杜威美学思想研究,并将这种研究从开始阶段就提升到了较高的高度。王晓华《西方生命美学局限研究》(黑龙江人民出版社 2005 年版)的第五章将过程美学与实用主义美学都归属于生命美学的边缘流派;赵秀福的《杜威实用主义美学思想研究》(齐鲁

---

① 汝信:《杜威美学思想简论》,见汝信《西方美学史论丛续编》,上海人民出版社 1983 年版,第 298 页。

书社 2006 年版）从作为经验的艺术观念出发，论述了艺术与科学、宗教、教育和健康的多种关联；李媛媛的《杜威美学思想论纲》（中国社会科学出版社 2010 年版）具体论述了杜威美学的几对范畴：情感与表现、实质与形式、节奏与对称、知觉与想象，并关注到了艺术与文明之间的关联。2010 年第 5 期的《文艺争鸣》杂志在"新世纪中国文艺学美学的生活论转向"的西方美学专辑当中，实际上就是关注到了从杜威到当代的新旧实用主义美学传统，主要的文章是高建平的《艺术：从文明的美容院到文明本身——杜威美学述评》、刘悦笛的《杜威的"哥白尼革命"与中国美学鼎新》、阿诺德·伯林特的《介入杜威——杜威美学的遗产》和李媛媛的《杜威与中国思想的双向互动》，由此可见，杜威美学思想研究在中国已经形成了不大不小的高潮。但遗憾的是，其他早期实用主义代表人物，无论是更倾向于文学创作的爱默生，更倾向于科学家角色的逻辑学家 C. S. 皮尔士和 C. I. 刘易斯，更倾向于彻底经验主义的詹姆士，还是与杜威同时代的具有符号论色彩的 C. W. 莫里斯，都没有得到深入的研究和探讨。

"历久不衰"的"格式塔美学"（Gestalt Aesthetics），全称为"格式塔心理学美学"或者"完形心理学美学"，是 20 世纪中叶在欧美影响很大的心理学美学流派，从 20 世纪 80 年代中期开始在中国风靡一时，直到现在还在为中国学人所津津乐道。所以，阿恩海姆也是著作被译介到中国大陆最多的美学家，自从 1980 年《色彩论》（常又明译，云南人民出版社 1980 年版）翻译出版以来，他的著作就纷纷被译介过来，这本名为《色彩论》的小册子只是《艺术与视知觉》单章的节译。德裔的阿恩海姆的主要学术成就都是在美国取得的，其中包括 1954 年使其名声大噪的《艺术与视知觉：创造之眼的心理学》，1974 年又进行了全面修订，当时在世界范围内已经出现了 14 种以上的译本。该书的中译本去掉副标题就叫《艺术与视知觉》，它被滕守尧、朱疆源两位著名译者集中三个月时间翻译成中文（中国社会科学出版社 1984 年版，在台湾地区和大陆后来都重译），在大陆成为影响至今的经典译著，文笔流畅并达到得意忘言的译境。阿恩海姆的其他重要著作主要有：《视觉思维》（滕守尧译，光明日报出版社 1986 年版）被收入"美学译文丛书"，《对美术教学的意见》

（郭小平等译，湖南美术出版社1993年版），《中心的力量：视觉艺术构图研究》（张维波、周彦译，四川美术出版社1991年版，书名译为《中心力》似乎更好），《艺术心理学新论》（郭小平、翟灿译，商务印书馆1994年版），等等，这种翻译热一直延续到21世纪，最新的译著是《建筑形式的视觉动力》（宁海林译，中国建筑工业出版社2006年版），收入"国外建筑理论译丛"。

收入"美学丛书"当中的滕守尧的专著《审美心理描述》（中国社会科学出版社1985年版），不仅是一部倾向于科学话语的审美心理学专著，而且也是第一部对于"格式塔心理学美学"进行研究的专著。在该书中，作者将格式塔学派作为与心理分析派、行为主义心理美学、信息论心理美学和人本心理学美学并列的"现代审美心理学"的重要流派，无论是审美心理要素描述还是审美经验的过程描述，无论是对再现、表现还是符号与审美经验关联的考察，这本专著都浸渍了格式塔心理学的深刻影响。其中，第四章"纯粹形式及其意味——格式塔的启示"专论阿恩海姆的美学思想，滕守尧结合中国古典的"形神"论来阐释这一心理学美学流派的特质："格式塔艺术心理学的主要目的就是研究艺术的'形'，如形的本质，形的各种形态，形的效果和作用……艺术之形主要不是指头脑中或画面中出现的再现意象，而是绘画的各个组成部分和各种'质'之间构成的复杂关系；神不是再现内容，而是形本身的紧张力所暗示出的一种活力——或者就是这种复杂的紧张力的活动。这是与生命相同形成或同构的力，代表着生命本身。"[①] 这显然已经赋予了这种西方心理学美学以一种生命化的本土理解。在滕守尧的译著与专著出版之后，格式塔心理学美学成为了中国学界接触西方最新"科学化"美学思潮的主要渠道之一，《艺术与视知觉》在中国成为造型领域的必读书目，至今还在为莘莘学子所研读。与此同时，各种研究论文层出不穷，研究专著不断涌现，最新的专著是风华的《阿恩海姆美学思想研究》（山东大学出版社2006年版）和宁海林的《阿恩海姆视知觉形式动力理论研究》（人民出版社2009年版），它们都对阿恩海姆的视觉美学进行了全方位的研究。

---

① 滕守尧：《审美心理描述》，中国社会科学出版社1985年版，第125—126页。

"风靡一时"的结构主义美学，在中国一度为美学界和文学界所广泛认同。结构主义大师级的人物列维-斯特劳斯的《野性的思维》（李幼蒸译，商务印书馆1987年版）在20世纪80年代就有译本，J. M. 布洛克曼的《结构主义》（李幼蒸译，商务印书馆1987年版）也梳理了结构主义的"莫斯科—布拉格—巴黎"的历史线索，法国学者吉莱莫·梅吉奥著的《斯特劳斯的美学观》（怀宇译，中国社会科学出版社1990年版）也聚焦于结构主义的原创性的美学思想，但结构主义的影响在大陆却更多是从90年代开始的。其实，早在1976年台湾地区就出现了埃德蒙·李区的《结构主义之父——李维史陀》（黄道琳译，台北桂冠出版社1976年版）的译著，1983年高宣扬的专著《结构主义概论》（香港天地图书有限公司1983年版）出版，但第一本关于结构主义美学的本土化专著应该是周英雄、郑树森合编的《结构主义的理论与实践》（台北黎明文化1980年版）。从1996年起，中国人民大学出版社开始出版"斯特劳斯文集"13卷，两卷的《结构人类学》与四卷的《神话学》，还有与美学直接相关的《看·听·说》都是其中的重要组成部分。

在大陆学界结构主义结出了许多果实，俞建章、叶舒宪的《符号：语言与艺术》（上海人民出版社1988年版）是接受了结构主义基本方法、结合了本土思想撰写而成的。王一川不仅撰写出了《语言乌托邦——20世纪西方语言论美学探究》（云南人民出版社1994年版），而且还独辟蹊径撰写出了《修辞论美学》（东北师范大学出版社1997年版）。在对于西方语言论美学进行研究方面，王一川大致区分出两个历史阶段：一个就是"语言乌托邦建构"时期，主要包括心理分析美学、象征形式美学、存在主义美学、分析美学、视觉意象美学和符号学美学等形态；另一个则是"语言乌托邦的解构"时期，主要包括阐释学美学、后结构主义美学、西方马克思主义美学、新历史主义和文化唯物主义美学等形态。在这种历史考察基础上，作者继续关注语言论美学与中国文化的交集，进而提出了一种"文化修辞学美学"的新主张，这种美学"将是认识论美学的理性精神的历史感、本体论美学的个体存在体验与语言论美学的话语探究的融合。在这种融合中，艺术作品被认为是文化本文，它以话语结构显示特定的文化语境及其历史意义。……艺术，总是特定文化的修辞形式。它的产生、存在和接受都取决于它与这种文化的修辞关系",① 随着作者将修辞论美学从理论继续向批评靠拢,这种美学也最终落归为一种修辞批评实践。

至今"余波未逝"的还有"符号论美学"(symbolist aesthetics),它是20世纪20年代中期便在欧洲获得了主流地位的美学思潮,第二次世界大战之后到50年代又开始风靡美国,后来逐渐产生了世界性的影响,主要代表人物是"符号论哲学"的奠基者恩斯特·卡西尔(Ernst Cassirer)和美国女性哲学家苏珊·朗格(Susanne K. Langer)。卡西尔1944年的英文版专著《人论》(An Essay on Man),实际上是他1923年、1925年和1929年出版三卷本德文巨著《符号形式哲学》(Philosophie der Symbolischen Formen)的简写本,它由甘阳翻译成中文之后(上海译文出版社1986年版),在80年代的中国思想启蒙运动当中起到了推动的作用。朗格最重要的美学专著是《情感与形式》(Feeling and Form,1953),然而,美学研究者忽视了这本书本是《哲学新解》的续篇,而《心灵》又是《情感与形式》的续篇,从而构成了朗格符号哲学的环环相扣的"三部曲"。《情感与形式》(刘大基、傅志强、周发祥译,中国社会科学出版社1986年版)和《艺术问题》(滕守尧、朱疆源译,中国社会科学出版社1983年版)被翻译成中文后产生了很大的影响。但正如卡西尔的《符号形式哲学》未被翻译成中文一样,朗格的《哲学新解:关于理性、仪式和艺术的符号论研究》(Philosophy in a New Key: A Study in the Symbolism of Reason, Rite, and Art,1942),晚年巨著三卷本《心灵:论人类情感》(Mind: An Essay on Human Feeling,1967—1982)都没有被翻译过来。刘大基的《人类文化及生命形式:恩·卡西勒、苏珊·朗格研究》(中国社会科学出版社1990年版)从哲学的角度对于两位符号论美学大家的思想进行了深入研究,最新的专著还有谢冬冰的《表现性的符号形式——"卡西尔—朗格美学"的一种解读》(学林出版社2008年版)。

---

① 王一川:《语言乌托邦——20世纪西方语言论美学探究》,云南人民出版社1994年版,第392页。

"分析美学"作为20世纪后半叶唯一占据国际美学主流的美学流派，至今已经得到了半个多世纪的持续发展，它已经成为了自20世纪以来持续时间最长、影响最为深广的国际美学主潮，它并不仅囿于英美学界，而今早已在欧陆的美学界攻城略地。然而，非常遗憾的是，在中国"分析美学"的研究才刚刚起步，目前仍是99%的研究者倒向了欧洲大陆传统，而只有1%关注分析传统，而欧美主流美学已经走向了反思分析美学本身的"后分析美学"阶段。但是无论如何，分析美学都应该在中国得到更为全面与深入的研究，掌握分析美学也是当代中国美学直接与国际美学界"接轨"的最重要渠道。

中国美学界之所以不能接受"分析美学传统"，原因恐怕就在于：其一，本土美学界难以接受舶来自欧美的科学传统意义上的美学传统，因为这同"自本生根"的古典传统和历史形成的现代传统都是绝缘的；其二，当代中国美学的传统更注重"得意忘言"，往往对于美学研究当中的语言要素关注得不够，当代中国美学基本上是"非语言分析"的人文美学；其三，分析美学的研究还要等到分析哲学的研究相对成熟以后方能进行，而且，这种美学研究对于研究者也提出了一定的要求，那就是要接受相当程度的分析哲学的基本训练。

当代中国对于西方美学的整体研究的现有问题在于，从20世纪中叶开始就偏重于康德、黑格尔以来的大陆哲学传统，20世纪80年代之后现象学、存在主义传统的美学又得到了普遍关注，即使关注英语美学也更多是对于"格式塔美学"和"符号论美学"颇有热情，而真正对于在英美世界占据绝对主导的"分析美学"传统却鲜有研究。这是当代中国美学界对于西方美学研究的现状，亦即更加注重去借鉴具有人文主义传统的美学，而对于具有科学精神的当代西方美学传统却采取了拒斥的态度。其中，语言问题是最为关键的，如果说当今的盎格鲁-撒克逊美学传统关注的问题是"如何走出语言"的话，那么，当代中国美学恰恰没有经历这种"语言学转向"的洗礼，如何"走进语言"，并且在语言哲学的基础上来翻过身来研究中国美学，势必在将来成为新的美学生长点。

在中国内地最早论述分析美学的，还是李泽厚的《美英现代美学述评》那篇长文，该文介绍到西方学界所认定的"当代对美学的最重要的贡献",也就是"为语言分析所激动和指导"的美学思潮,其共同点就在于"各人从不同角度对美学中的各种基本概念、理论作了语言上的琐细分析,以证明这些概念和理论的毫无意义或含混笼统",并以维特根斯坦意义上的"语言批判""家族相似"和"游戏理论"作为基本原则。① 这种作为正宗学派的思潮被李泽厚称为"美学取消主义",它们对"实体论"和"概括倾向"的攻击,被认为是从根本上否定了美学理论存在的可能。由此可见,李泽厚主要所论述的仍是早期分析美学学派,所以他论述的人物只涉及爱尔顿所主编的分析美学的奠基之作《美学与语言》当中的某些作者,② 还有就是艾耶尔和韦茨（又译维茨）。叶秀山也在他的《书法美学引论》设置了"分析哲学对艺术和美学的挑战"的单节,认为分析美学的基本任务之一就在于探究艺术语言的"意义"的特殊性,由此"艺术语言的合法性已经确立了,它是人类语言价值成员之一,同样应该研究这种语言的结构,研究它们之间的思想性、逻辑性的关系",③ 而且作者关注到了后期维特根斯坦以"游戏性"对早期"逻辑性"的取代。

薛华在他的《黑格尔与艺术难题》当中,特别关注晚期维特根斯坦的审美理论,并对维特根斯坦的美学较早进行了深入的研究。"维特根斯坦致力于描述人们在自己现实生活中的审美表达和审美经验。在他看来,审美是一种复杂而多样的现象,审美可以从惊赞、表情、姿态,从言语、理解、行动等方面和形式中表达出来。这些形式一方面是表现审美进程的可能的形式,另一方面在人们运用它们时又可能带有误解、混乱和模糊。所以对这类审美形式的描述也意味着对它们进行分析,这样才能明确它们的内容,明确是否表达了内容,以及是否适当地表达了应当表达的东西。"④ 由此出发,薛华一方面注意到,凡是审美活动进行的地方就有规则存在,凡是作审美判断的场合便是在运用规则,而这种规则被维特根斯

---

① 晓艾（李泽厚）：《美英现代美学述评》，中国社会科学院哲学研究所美学研究室、上海文艺出版社文艺理论编辑室合编《美学》第3卷，上海文艺出版社1981年版。
② William Elton ed., *Aesthetics and Language*, New York: Basil Blackwell, 1954.
③ 叶秀山：《书法美学引论》，宝文堂1987年版，第64页。
④ 薛华：《黑格尔与艺术难题》，中国社会科学出版社1986年版，第133页。

坦认为是带有非私人的性质；另一方面，后期的维特根斯坦试图将审美的基础从"正确性"转到"生活和文化"，把审美看作一种生活和文化的游戏，这恰恰是其后期美学思想的枢纽和精神所在。

曹俊峰的《元美学导论》（上海人民出版社 2001 年版）尽管倾向于原理的解析，但是他所谓的"元美学"（metaaesthetics）其实就是语言分析美学，它以一般的美学陈述为对象，以更高层次的语言对美学陈述作语义和逻辑分析，这显然是借鉴了早期分析美学的方法论。根据作者所提出的总体诊治方案，首先要从审美和美的分析转变为美学用语的分析，从而把美学陈述或语句作为解析对象加以研究，进而还要考虑到美学陈述的内在逻辑问题。显然，这一方法论来自从弗雷格、罗素到维特根斯坦的分析哲学，特别是早期维特根斯坦的《逻辑哲学论》对其影响甚大。但是，同样在此影响下而产生的"后分析美学"却只关注艺术陈述和概念的语义分析问题。与这种美学流派转向艺术哲学领域而发展分析美学不同，《元美学导论》径直地聚焦在美学理论陈述的逻辑问题上，这倒更为接近于英美分析哲学的传统形态。同时，这种取向使作者的研究更加迫近了美学理论的"元哲学"层面，从而体现出将分析哲学的思维范式落实到美学并对之加以本土化设计的努力。进而，作者看到了美学中各个层次的陈述是不可相互推导的，美学理论体系也不能由初始概念借助于公理、规则经演绎和归纳而建立起来。虽然一般逻辑原则在美学中是失效的，但依据现代逻辑的诸多原则，作者又通过对否定、析取、蕴含、等值等符号的某些真值函项的考察，论证了逻辑运用于美学时的有效性，并从中得出美学概念具有模糊性、判断的个体情感性、逻辑值非标准性等特征的结论。

在中国内地早期的分析美学研究者张德兴认为，"分析美学的发展经历了三个重要阶段：第一个阶段是所谓的情感主义阶段；第二个阶段是语境论阶段；第三个阶段是多元化阶段"。[①] 情感主义阶段的基本特点是强调美学中的各种重要概念只是起到了表达某种主观情感的作用，它们并没

---

① 毛崇杰、张德兴、马驰：《二十世纪西方美学主流》，吉林教育出版社 1993 年版，分析美学部分主要是由张德兴执笔完成的。

有指称客观事物的功能，因而无法对它们严格定义。语境论阶段的基本特征是注重从日常语言运用方面研究美学和艺术问题，否定对美学概念下定义的可能性，并最终走向彻底的美学取消主义。多元化阶段分析美学呈现出与其他美学流派相互交融、相互渗透的趋势，在对美学基本概念的看法上也由以前彻底否定下定义的可能性的立场回到肯定这些概念的可定义性的折中主义立场上来。[1] 刘悦笛则更为全面地认为，分析美学的整体发展分为五个阶段：第一阶段（20世纪四五十年代），这是利用语言分析来解析和厘清美学概念阶段，主要属于"解构的分析美学"时段，维特根斯坦的哲学分析为此奠定了基石，而此后的三个阶段均属于"建构的分析美学"时段。第二阶段（20世纪五六十年代），是分析关于艺术作品的语言阶段，形成了"艺术批评"（art criticism）的"元理论"，门罗·比尔兹利可以被视为此间的重要代表人物。第三阶段（20世纪70年代），是利用分析语言的方式直接分析"艺术作品"（artwork）的时期，在这一阶段所取得的成就最高的非古德曼和沃尔海姆莫属，特别是通过分析方法直接建构起了一整套的"艺术符号"的理论，为分析美学树立起一座高峰。第四阶段（20世纪七八十年代），则直面"艺术概念"（the concept of art），试图给艺术以一个相对周延的"界定"，这也成为分析美学的焦点问题，从丹托的"艺术界"理论到乔治·迪基的"艺术惯例论"都受到了广泛关注。第五阶段（20世纪90年代至今），这是分析美学的反思期。自20世纪80年代开始，分析美学内部就开始了对自身的反思和解构，各种"走出分析美学"的思路被提了出来，在美国就形成了分析美学与"新实用主义"合流的新趋势。[2]

刘悦笛著的《分析美学史》（北京大学出版社2009年版），不仅是中文学界出版的第一本关于分析美学的专著，而且是较早地分析美学史的专著，与西方学界纷纷撰写分析哲学史不同，分析美学史的著作在欧美学界迄今也尚未出现。该书收入作者主编的"北京大学美学与艺术丛书"当中，出版这套丛书的目的之一就是推动分析美学在中国的研究。这本近

---

[1] 张德兴：《略论分析美学的理论特征》，《学术月刊》1994年第5期。
[2] 刘悦笛：《深描20世纪分析美学的历史脉络》，《哲学研究》2007年第4期。

40万字的专著,是在掌握了大量第一手文献基础上写成的。全书共分为上、下两编,上编为分析美学"思想史",对维特根斯坦(作为"语言分析"的美学)、比尔兹利(作为"元批评"的美学)、沃尔海姆(作为"视觉再现"的美学)、古德曼(作为"艺术语言"的美学)、丹托(作为"艺术叙事"的美学)和迪基(作为"艺术惯例"的美学)等人的美学思想进行了详尽述评,每章之后"述评"一节重在对于该美学家思想的评判和批驳。下编为分析美学"问题史",主要聚焦于"艺术定义""审美经验""美学概念"与"文化解释"的问题,涉及从维茨到列文森、从迪弗到卡罗尔、从西伯利到马戈利斯等几个序列美学家们的思想,每个问题之后都试图超越分析美学而提出作者的观点,其所关注的是"分析美学之后"这些问题该如何被重思的问题,并由此寻求新的美学生长点,从而试图:(1)在"自然主义"与"历史主义"之间来解答艺术的定义;(2)复归到"整一的经验"来解答审美经验;(3)以"共识观"与"解释学"的统一来回答解释的难题。此外,该书附录收录了与丹托、马戈利斯等哲学家们的对话录多篇,生动地呈现了分析美学家们的思想境界。正如国际美学学会(IAA)现任主席柯提斯·卡特在序言当中所说:"刘悦笛的《分析美学史》这部及时性的著作,是对于分析哲学的令人欣喜的贡献。这本书出现在中国与其他非西方哲学界的学者对于哲学美学的兴趣逐渐增长的年代,这有助于形成对20世纪西方社会中的哲学美学的整体进程的基本理解","刘悦笛所选择的美学家们对于这部分析美学简史而言是毫无疑义的,因为他们形成了在这场运动当中的最重要的形象。这种选择代表了一种系统的结构,这对于非西方读者们更深入地理解分析美学具有特别的重要价值"。①

目前,在中国国内对于"分析美学"这一20世纪后半叶唯一占据国际美学主流的美学流派的研究才刚刚兴起,说这一美学思潮在中国"方兴未艾"是最合适不过了。由于从20世纪中叶始,中国美学界与国际美学前沿脱轨,本土的审美思维方式好感悟而轻分析,使得分析传统从来没

---

① 柯提斯·卡特:《分析美学史·序》,刘悦笛《分析美学史》,北京大学出版社2009年版,第1、5页。

第六章 "西方美学史"研究的整体图景(下) 327

有在本土美学这片土地扎下根来。日本美学也与中国美学一样,单方面深受欧洲大陆相关思想的影响,而韩国美学由于直接受美国影响亦开始注重分析美学。所以说,只有对发源于盎格鲁-撒克逊传统又得以全球化的这一美学思潮进行深入的研究与阐发,才能使得分析美学传统与欧洲大陆美学传统的研究之间在中国获得动态的平衡。

中国美学界对于分析美学的研究,首先是建基于本土的"分析哲学"研究相对成熟的基础上的,国内学界的确开始出现了对于分析美学研究的热潮。以《哲学动态》2010 年度连续集中发表的关于分析美学的六篇论文为例,主要包括:姬志闯的《美学的"认识论转向":纳尔逊·古德曼的美学思想及其当代意蕴》(第 3 期)、邓文华的《比厄斯利分析美学思想初探》(第 5 期)、余开亮的《当代分析美学艺术定义方式的转向》(第 8 期)、殷曼婷的《从迪基艺术体制论的转变看后分析美学当代转型中的尴尬》(第 8 期)、刘笑非、闫天洁的《分析美学视野下的艺术和道德关系研究》(第 5 期)、史红的《"美"的范畴语义模糊性及量化方法研究探析》(第 12 期),这些文章的研究对象包括从早期到晚期分析美学的重要人物,而且使用了从量化方法到语言分析的各种方法,它们与关注早晚期维特根斯坦美学思想差异的刘程的《语言批判——维特根斯坦美学思想研究》(华中师范大学出版社 2009 年版)一道,推动了分析美学研究在中国的全面起步工作,分析美学研究在中国已经得以兴起。

近期在中国出版的分析美学重要专著有:王峰的《美学语法:晚期维特根斯坦美学与艺术思想》(北京大学出版社 2015 年版)、刘程的《语言批判:维特根斯坦美学思想研究》(华中师范大学出版社 2009 年版)、邓文华的《审美经验的守望:门罗·比厄斯利的分析美学研究》(世界图书出版公司 2015 年版)、安静的《个体符号构造的多元世界:纳尔逊·古德曼艺术哲学研究》、张冰的《丹托的艺术终结观研究》(中国社会科学出版社 2012 年版)、彭水香的《美国分析美学研究》(科学出版社 2018 年版)。

令人欣慰的是,对于西方分析美学重要著作的翻译已经逐步展开。目前重要的美学原著翻译过来的有:维特根斯坦的《美学、心理学和宗教信仰的演讲与对话集（1938—1946）》（刘悦笛译，中国社会科学出版社2015年版）、理查德·沃尔海姆的《艺术及其对象》（刘悦笛译，北京大学出版社2012年版）、纳尔逊·古德曼的《艺术的语言：通往符号理论的道路》（彭锋译，北京大学出版社2013年版）、阿瑟·丹托的《寻常物的嬗变：一种关于艺术的哲学》（陈岸瑛译，江苏人民出版社2011年版）、乔治·迪基的《美学导引：一种分析方法》（刘悦笛、周计武、吴飞译，北京师范大学出版社即出）、卡罗尔的《艺术哲学：当代分析美学导论》（王祖哲译，南京大学出版社2015年版）和斯蒂芬·戴维斯的《艺术诸定义》（韩振华、赵娟译，南京大学出版社2014年版）。这些分析美学历史当中重要美学家的核心著作的翻译出版，对于国内分析美学研究起到了推动与推广的作用。

　　在分析美学史的研究基础上，汉语学界的研究同时开始关注"共时性"的研究。刘悦笛的专著《当代艺术理论：分析美学导引》（中国社会科学出版社2015年版），从结构上说，将当今"元艺术学"区分为十个基本问题——艺术本质、非西方定义、艺术本体、艺术形态、艺术再现、艺术表现、艺术经验、审美经验、艺术批评和艺术价值。"艺术本质观"是第一层级的问题，"非西方定义"则是东方的相应解答方式，回答的都是"艺术是什么"的亘古难题。"艺术本体论"与"艺术形态学"则是第二层级的问题，回答的是艺术品是如何存在与类分的问题，后者是前者的延伸，这些问题与艺术本质追问是相互深化的。"艺术再现"与"艺术表现"则是第三层级的问题，回答的是艺术呈现外在世界与内在世界的问题，看似并置但其实前者较之后者有更深广的内涵。"艺术经验"与"审美经验"则是第四层级的问题，回答的是艺术经验与审美属性如何确定的问题，二者曾内在相关与交互规定，但又彼此脱钩。"艺术批评"与"艺术价值"是后一个层级的问题，回答的是艺术如何评价与艺术价值何在的问题，评价问题会直接导向价值的追问。这十个艺术理论的基本问题，皆为欧美的"分析美学"的核心成果，该书试图将之系统呈现出来。总之，国内的分析美学研究方兴未艾，尚有巨大的空间可以开拓。

第四节 "比较美学"与海外的中国美学

在中国的比较美学研究，具有优良的历史传统，从20世纪初叶开始，第一代美学家王国维开始在《人间词话》《〈红楼梦〉评论》当中就自觉运用了比较的方法。直到40年代，第二代美学家朱光潜的《诗论》代表了当时在诗歌比较美学方面的最高成就，宗白华的一系列的名篇如《论中西画法的渊源和基础》则代表了在视觉比较美学领域的至高境界。还有，邓以蛰的《画理探微》也是比较美学在绘画研究中的重要范例，通过比较作者得出这样的结论："西画绘也，绘以颜色为主；国画画也，画以'笔画'为主。笔画之于画犹言词声之于诗，故画家用笔，亦如诗人用字。"① 然而，这种优良传统在中华人民共和国成立之后却一度被阻断了，既是由于同西方世界整体脱离，也是由于以中西分殊为主的比较美学已不能成为当时美学研究的基本问题了，这恰恰折射出学术语境的根本转换。

"文化大革命"之后，比较美学研究才被有识之士重新提出，胡经之1981年发表的《比较文艺学漫说》（《光明日报》1981年2月25日）从比较文学推导出了"美学的比较"的必要性和迫切性。1984年中华全国美学会与湖北省美学学会联合在武汉举行了"中西美学艺术比较研讨会"并结集出版《中西美学艺术比较》（湖北人民出版社1986年版），其中蒋孔阳提交的大会论文《对中西美学比较研究的一些想法》首度将"比较美学"作为一个独立门类的问题提了出来并做了理论的充分论证。饶芃子主编的《比较文学与比较美学》（暨南大学出版社1990年版）是更晚近推定相关发展的文集。王生平的《"天人合一"与"神人合一"——中西美学的宏观比较》（河北人民出版社1989年版）则是20世纪80年代从宏观角度研究的较早专著。总之，学术的出版与学科的设立，使得比较美学成为学者们关注的独立研究方向。尽管佟旭、崔海峰、孙宝印、李欧和樊波曾经为"中国文化书院"编写过《比较美学》的内部资料，但是比较美学的真正

---

① 邓以蛰：《画理探微》，《哲学评论》1942年第10卷第2期。

繁荣，还要等到20世纪90年代。

如果应用比较文学的基本研究方法的术语，从"平行研究"来看，周来祥和陈炎的《中西比较美学大纲》（安徽文艺出版社1992年版）、张法的《中西美学与文化精神》（北京大学出版社1994年版）、马奇主编的《中西美学思想比较研究》（中国人民大学出版社1994年版）、牛国玲主编的《中外戏剧美学比较简论》（中国戏剧出版社1994年版）、朱希祥的《中西美学比较》（中国纺织大学出版社1998年版）、邓晓芒和易中天的《黄与蓝的交响——中西美学比较论》（人民文学出版社1999年版）、潘知常的《中西比较美学论稿》（百花洲文艺出版社2000年版）、李吟咏的《走向比较美学》（安徽教育出版社2000年版）、赵连元的《比较美学研究》（解放军出版社2003年版）、季水河的《阅读与阐释——中国美学与文艺批评比较研究》（中国社会科学出版社2004年版）、袁鼎生的《比较美学》（人民出版社2005年版）、阎国忠和杨道圣的《作为科学与意识形态的美学：中西马克思主义美学比较》（上海社会科学院出版社2007年版）、张法的《20世纪中西美学原理体系比较研究》（安徽教育出版社2007年版）、薛永武和王敏的《先秦两汉儒家美学与古希腊罗马美学比较研究》（吉林文史出版社2007年版）、舒也的《中西文化与审美价值诠释》（上海三联书店2008年版）、高建平的《全球与地方：比较视野下的美学与艺术》（北京大学出版社2009年版）、阳黔花的《中美大学美学课程比较研究》（人民出版社2009年版）、支宇的《术语解码：比较美学与艺术批评》（光明日报出版社2009年版），这些著作从不同的方面作出了自己的贡献。

从"影响研究"来看，目前出版的专著显然没有"平行研究"那么丰富，主要的专著有：卢善庆的《近代中西美学比较》（湖南出版社1991年版）、陈伟和王捷的《东方美学对西方的影响》（学林出版社1999年版）、王攸欣的《选择·接受与疏离——王国维接受叔本华、朱光潜接受克罗齐美学比较研究》（生活·读书·新知三联书店1999年版）、宛小平的《边缘整合——朱光潜和中西美学家的思想关系》（安徽教育出版社2003年版）、陈伟和杉木主编的"东方美学对西方的影响丛书"（上海教育出版社2004年版），丛书主要包括四本专著：《西方人眼中的东方绘画艺术》《西方人眼中的东方陶瓷艺术》《西方人眼中的东方文学艺术》和《西方人眼中的东方丝绸艺术》，这方面的研究的确需要加强。

周来祥、陈炎的《中西比较美学大纲》是最早的"宏观比较美学"研究的成功之作。周来祥始终认为，作为世界美学思想史上的两大美学体系，中国古典美学与西方古典美学主要特色可以概括为"体系的不同"与"理论形态的差异"，西方偏重于"再现"，而东方则偏重于"表现"，进而可以看到，尽管东西方都强调再现与表现的结合，但是西方仍更偏重再现、模仿和写实，而东方更侧重在表现、抒情和言志，西方更注重美与真的统一，而东方更侧重美与善的结合。① 这种"二元对立"的整体化的比较结论，曾经在20世纪80年代被广为接受，比如蒋孔阳就异曲同工地认为西方艺术重模仿，模仿说一直是西方美学思想的中心，而中国艺术重抒情和"感物吟志"，其美学思想偏重于"表现说"。② 在《中西比较美学大纲》里面，作者采取了黑格尔式的历史与逻辑相统一的方法，得出了诸多比较美学的结论：从形态论上说，中国古代是"经验美学"而西方古代是"理论美学"；从本质论上看，中国古典是"伦理美学"而西方古典是"宗教美学"；从审美理想论上说，中西方都经历了从追求和谐的古代美、追求对立的近代美到既对立又和谐的现代美的历程；从艺术特征论上看，中西方都经历了从古代的一元艺术、近代的二元艺术到现代的多元艺术的进程。

张法1994年出版的《中西美学与文化精神》提出了许多崭新的比较美学的论点。该书认为，中西文化精神的差异主要体现为三个方面：西方是实体世界而中国是虚实相生的世界；西方重实体的形式，中国重形式后面的虚体；西方因形式而讲明晰，中国因重虚体而讲象外之象的境界。这三个方面的差异，具体体现为中西美学两个体系的差异，一是围绕着美学类型体系而出现的审美范畴上的差异，该书以"和谐""悲剧""崇高""荒诞与逍遥"为基点并论述了这四大范畴在中西美学上的差异。二是围

---

① 周来祥、陈炎：《中西比较美学大纲》，安徽文艺出版社1992年版。
② 蒋孔阳：《中国古代美学思想与西方美学思想的一些比较研究》，《学术月刊》1982年第3期。

绕着以艺术作品为核心的审美对象的理论体系,从审美对象、审美创造、审美欣赏三个方面进行展开。审美对象中包括审美对象的结构和审美对象的境界,前者体现为文与形式的深入,后者体现为典型与意境的不同;在审美创造上分为一般创作理论和灵感理论;在审美欣赏上突出了中国观、品、悟和西方的认识与定型等一系列的不同理路。[①] 该书的修订版(中国人民大学出版社 2010 年版)的附录里面,作者对西方的逻各斯、中国的道和印度的梵为基础而产生出来的文化差异进行了比较,指出西方是由实体哲学而来的实体与虚空的对立,印度是由宇宙本空而来的空幻结构,中国是由气的宇宙而来的虚实相生。

"外来视界"的中国美学研究也很重要,由于历史的原因海外学者们的贡献往往被忽略了,其实他们也是非常值得重视的。法兰西科学院院士雷奈·格鲁塞出版于 1929 年至 1930 年的《东方的文明》当中,就对于"中国艺术法则的确定"进行了美学解析。当代新托马斯主义主要代表人物雅克·马利坦 1953 年的《艺术与诗中的创造性直觉》当中也有关于中国美学的探讨。而中国美学更多还是作为"东方美学"的最重要构成部分而被加以研究的,美国新自然主义美学家托马斯·门罗 1965 年所著的英文专著《东方美学》当中,还对中日美学与印度美学继续进行了东方文化内部的比较研究;受到门罗的东方美学研究的直接刺激,时任国际美学协会副主席的日本美学家今道有信,在中国学者的协助下于 1980 年出版了《东方的美学》,其中"孔子的艺术哲学"研究对于中国学者也颇有启示。

在更为微观的研究方面,日本学者笠原仲二 1979 年出版的《古代中国人的美意识》从词源学的角度探讨了中国人原初的美意识,俄罗斯学者克里瓦卓夫在《中国古代美的概念》(1982)当中对此也有深入探讨,曾受业于宗白华的俄罗斯学者叶·查瓦茨卡娅的《中国古代绘画美学问题》(1987)则对于中国绘画美学有着更为全面的把握。俄罗斯许多东方美学家都曾编写过多卷本的《世界美学思想史资料选》。当然奥斯瓦尔德·西伦选编的《中国人论绘画艺术》(1936)和苏珊·布什选编的《中国文人论绘画》(1971)更侧重于绘画艺术基础文献的翻译,而最新的研

---

① 张法:《中西美学与文化精神》,北京大学出版社 1994 年版。

究成果，就是曾撰写过多卷本东西美学史的俄罗斯著名美学家康士坦丁·多果夫在 2010 年国际美学大会上所发送的《中国美学》的小册子，对于儒家、道家和佛教的美学都进行了系统观照。

在欧洲大陆，被称为有"求异"倾向的德国波恩汉学学派迥异于传统的德国汉学研究，中国美学研究恰恰成为其内在组成部分。特劳策特尔（Rolf Trauzettel）与顾彬（Wolfgang Kubin）为这个学派的核心性的角色。顾彬 1985 年出版的《空山：中国文人的自然观》（*Der DurchsichtigeBerg：Die Entwicklung der Naturanschauungin der Chinesischen Literatur*，1985）对中国的自然美学进行了深入探讨。表面上看，作者是从《诗经》《楚辞》到唐代诗歌中出现的自然描写来进行美学升华的，实际上他真正关注的重点是汉魏至南朝这一段中国文人之"自我意识"的勃兴时期，对于"作为象征""作为危险""作为历史进程"和"作为心灵的宁静"的中国文人镜像中的自然观进行了深入解析。此外，顾彬的中国古典戏剧研究也颇有特色。顾彬还把特劳策特尔学和法国汉学家于连（François Jullien）的汉学研究看作同一类型，于连的《势：中国功效的历史》（1992）及其《不可能的裸体：中国艺术与西方美学》（2000）等著作当中，都关注到了中国美学思想。这些学者的共同特点，就是以一种更新的西方视角来反观中国美学，就连阿恩海姆也曾在 1997 年《英国美学杂志》的春季号上写过《中国古代美学与它的现代性》这样的论文。

另一位重要的德国汉学家卜松山，他于 1982 年以研究郑板桥的诗、书、画的美学在多伦多大学获得东亚研究博士学位，他不仅在 1990 年撰写了《象外之象——中国美学史概况》（*Bilderjenseitsder Bilder—ein Streifzugdurchdie Chinesische Ästhetik*，1990），而且他的更为全面深入的专著《中国美学与文学理论》（*Ästhetik und Literaturtheorie in China*，2006）也得以出版，它属于德文版《中国文学史》的第 5 卷。该书从"语言与思维"的中国美学的基本元素和观点谈起，从《诗经》一直写到王国维《人间词话》的 2000 年间的中国美学和文学理论史，重点论述了"情景交融""意在言外""无法之法""自然创造"和"天人合一"等重要美学命题，勾勒出了中国古典美学由儒、道、释三家思想合流而产生出的独特格局，除了以文学为主的叙述之外，作为中国画的美学基础的"气韵"、苏轼与"胸有成竹"竹画美学、清代的"无法之法"绘画美学则是作为插述而存在的。① 美国比较文学学会会长苏源熙（Haun Saussy）的《中国美学问题》（*The Problem of a Chinese Aesthetic*，1993）则采用解构主义的修辞阅读法重构了儒家对于《诗经》的注释史，并视其为一种"讽寓性"的古典美学模式。与这部专著类似，许多直接命名为"中国美学"（*Chinese Aesthetics：The Ordering of Literature, the Arts, and the Universe in the Six Dynasties*，2004）的专著，或者倾向于对文学的研究，或者只是断代史的陈述。

真正将原汁原味的中国美学史呈现给海外的，还是通过中国哲学家和美学家李泽厚的一系列著作的翻译出版来完成的。李泽厚的1981年由文物出版社首版的《美的历程》，在1988年就被北京对外的朝华出版社（Morning Glory Publishers）依据1983年中文版翻译出版，当然对世界影响更大的还是1988年的牛津大学出版社版本，副标题被补充上了"中国美学研究"（*Path of Beauty：A Study of Chinese Aesthetics*）。李泽厚的关于美学原理的专著《美学四讲》（1989年由生活·读书·新知三联书店首版），被翻译成英文后由李泽厚与译者联合署名，副标题被补充上了"通向全球视角"（*Four Essays on Aesthetics：Toward A Global Perspective*）于2006年出版。2009年，李泽厚1989年首版于中外文化出版公司的《华夏美学》被翻译出版，这个版本的译文是非常精致的，由夏威夷大学出版社出版，书名直译为《中国美学传统》（*The Chinese Aesthetic Tradition*）。

其他中国美学研究者的外国专著，主要有朱立元和美国学者布洛克（Gene Blocker）共同编辑的《当代中国美学》（*Contemporary Chinese Aesthetics*），被归于《亚洲思想与文化》的第17卷在1995年发表，针对海外介绍了当时国内的美学研究状况。高建平的博士论文《中国艺术的表现性动作：从书法到绘画》1996年出版于乌普萨拉，该书论述了中国艺术理论中的表现性与动作性、情感与艺术形式的关系，具体探讨了中国绘画中的线的性质，线条美的标准和线与线之间的关系，中国艺术的特征与人的动作的关系，表现性的动作怎样挑战再现性的形象等问题。最终，全书

---

① Karl-Heinz Pohl, *Ästhetik und Literaturtheorie in China*, Von der Tradition bis zur Moderne. München, K. G. Saur, 2006.

对中国与西方的艺术思想进行了比较性的总结，区分了"形式性的美"和"表现性的美"，区分了以"别异"与以"表现性"为目的之符号的两种书写性意象，最终归结到两种整体观——建立在主客二分基础上的"有机整体"思想和建立在主客一体基础上的表现性动作整体——的差异上。①

最新的当代中国美学研究专著，是由国际美学协会美国执委玛丽·魏斯曼与总执委刘悦笛所共同主编的英文版新著《当代中国艺术策略》(Strategies in Chinese Contemporary Art)，该书由世界著名的布里尔学术出版社出版。该书通过中西美学家和艺术批评家之间的积极对话，将当代中国艺术的理论与实践所展现出来的当代性与丰富性展现给了世界，包括美国哲学家阿瑟·丹托在内的中西学者都积极参与其中。整个文集以魏斯曼的《当代中国艺术的策略》为开篇，终结于刘悦笛的《观念、身体与自然：艺术终结之后与中国美学新生》，预见了艺术与生活的关联将越来越紧密。正如玛丽·魏斯曼所言，这部新的文集力求显现出中国艺术及其理论的再生，刘悦笛从2009年度的《国际美学年刊》开始到本书都积极倡导一种中国美学与艺术的"新的中国性"（Neo - Chineseness）。② 美国布林茅尔学院迈克尔·克劳兹将该书评价为"当代中国文化的重要贡献，对于当代中国文化的跨文化影响的重要贡献，对于中国文化意义的哲学理解的重要贡献。作者既包括中国也包括美国的哲学家与艺术史家们，这是他们关于当代中国前卫艺术研究的第一次合作"，这的确是一项"显著的成就"。③

2014年"美国美学协会"（American Society for Aesthetics）列出"亚洲美学"的重要参考书目，其中包括三本华裔著者编撰的著作，中国美学的外文著作较之印度和日本都少得多，在未来要迎头赶上，以符合这个

---

① Gao Jianping, *The Expressive Act in Chinese Art: From Calligraphy to Painting*, Uppsala: Acta Universitatis Upsaliensis, 1996.

② Liu Yuedi, "Chinese Contemporary Art: From De - Chineseness to Re - Chineseness", in *International Yearbook of Aesthetics*, Vol. 13, 2009, pp. 39 - 55.

③ Mary B. Wiseman and Liu Yuedi eds., *Subversive Strategies in Contemporary Chinese Art*, Leiden: Brill Academic Publishers, 2011, p. XI.

"美学大国"的历史与现时地位。第一本就是李泽厚的《中国审美传统》,① 对该书的完整评语是:这是"李泽厚对中国从古代至早期现代的美学思想的综合。李泽厚结合了前儒家、儒家、道家和禅宗佛教的思想,来讨论在中国文化和哲学中的艺术和美学在其中核心作用。统治、修养及其实现,还有伦理,在这里都被视为审美活动实现的各种途径"。

第二本是刘悦笛和柯提斯·卡特编的《生活美学:东方与西方》,② 对该书的完整评语是:这是"第一本关于生活美学的撰述的文集,着眼于通过亚洲和西方之间的文化对话,来构建关于日常生活的美学。在本卷当中,有关于美学与伦理的关系的复杂文章,美学、艺术体验与日常生活之间的连续性的复杂文章,还有美学在人类繁荣和哲学中的核心作用的原创论点的复杂文章。通过聚焦于东西方比较美学,在使用日常存在与对象方面上做出了重要的哲学贡献"。此外,在《哲学评论》杂志(Philosophy in Review)对此书也有英文书评。③

第三本是朱立元与布洛克编的《中国当代美学》文集,④ 对该书的完整评语是:这是"中国重要美学家近期作品的翻译集,包括关于中国传统、西方和跨文化美学和艺术的文章。这里的作品涉及主流美学主题,如美、艺术欣赏和批评、审美判断和图像,以及中国艺术中较为罕见的主题,如空间意识"。

进入全球化的时代,当代中国美学研究越来越追赶上全球化的脚步,这以 2010 年在中国举办的"第十八届国际美学大会"(18th International Congress for Aesthetics)作为标志。实际上,在这种高度的中西美学频繁交流过程中,不同文化之间的美学比照的研究范式也开始得到了转换。正如笔者在 2009 年举办的"第八届文化间哲学国际大会"(8th International

---

① Li Zehou, *The Chinese Aesthetic Tradition*, Translated by Majia Bell Samei, Honolulu: University of Hawai'i Press, 2009.

② Liu Yuedi and Curtis L. Carter eds., *Aesthetics of Everyday Life: East and West*, Newcastle upon Tyne: Cambridge Scholars Publishing, 2014, pp. vii – viii.

③ Jane Forsey, "Aesthetics of Everyday Life: East and West", *Philosophy in Review*, Vol. 35, No. 6 (2015).

④ Zhu Liyuan and Gene Blocker eds., *Contemporary Chinese Aesthetics*, New York: Peter Lang Publishing, 2012.

Congress of Intercultural Philosophy）上发言所见，当代全球哲学当中的"文化间性"（interculturality）被凸显了出来：如果说，"比较哲学"还只是犹如在两条"平行线"之间在作比照、"跨文化哲学"更像是从一座"桥"的两端出发来彼此交通的话，那么，"文化间哲学"则更为关注不同哲学传统之间的融会和交融。

同理可证，从"比较美学""跨文化美学"到"文化间美学"的转换，也将是未来的基本走势，而分殊（diversity）、互动（interaction）与整合（integration）将成为这三种美学思路的不同层级的任务。正如国际美学协会所积极倡导的国际美学领域的新运动所坚定宣称的那样：今日的全球美学面临着"文化间性转向"的问题，这种转向所赞同的是一种文化间的"杂语"而非仅仅"对话"，这是因为，过去的理论家们是从东往西看、从南往北看，而今则要改变观念：在世界舞台上去展现东方和南方过去和现在是怎样看西方的。这意味着，国际美学界不仅要推动美学上的文化转向，同时也要对更广泛领域的"文化间性转向"运动起到应有的推动作用。

第 七 章

"中国美学史"撰写的多种模式

20世纪初美学传入中国之后,王国维、梁启超等最早一批美学家随即开始了对中国传统美学的研究,他们借鉴西方美学的理论,对中国传统的美学资源进行了现代化的阐释与发掘。其最著者,如王国维对《红楼梦》的解读,《人间词话》中"境界"概念的提出,等等。其后的朱光潜、宗白华等学者对中国美学的研究更是卓有成效,尤其是宗白华的研究,对后来的中国美学研究影响极大。

中华人民共和国成立以来的中国美学研究,大而言之,可以1976年为界分成前、后两个阶段。前一阶段的研究集中于20世纪五六十年代的美学大讨论,此间对中国美学的研究寥寥无几。据统计,1955年至1965年,"国内各报刊发表了约50篇有关中国古典美学的文章"。[①] 其主题较为零散,涉及意境、山水画审美,墨子、刘勰等美学思想的初步探讨等。如褚斌杰的《重视我国古代美学著作的研究工作》(《文艺报》1956年第7期),这一提议在当时很难得到响应。李泽厚写有《"意境"杂谈》(《光明日报》1957年6月9日、16日)。值得注意的是,宗白华在其间发表了若干篇中国艺术中的美学问题的文章,如《关于山水诗画的点滴感想》(《文学评论》1961年第1期)、《中国艺术表现里的虚和实》(《文艺报》1961年第5期)、《中国书法里的美学思想》(《哲学研究》1962年第1期)、《中国古代的音乐寓言和音乐思想》(《光明日报》1962年1月30日)等,可谓空谷足音。值得一提的是,1961年,中央成立全国文

[①] 詹杭伦:《当代中国古典美学研究概观》,《西北师大学报》(社会科学版)1988年第1期。

科教材办公室，统一编写高校文科教材，王朝闻主编了《美学概论》，朱光潜撰写了《西方美学史》，宗白华受命主编《中国美学史》，可惜未成，后来出版的《中国美学史资料选编》就是这一课题的成果。

"文化大革命"之后，中国古典美学研究逐步展开。20 世纪 70 年代末的最后几年，相关研究还不多见。1979 年，宗白华先生写出了《中国美学史中重要问题的初步探讨》一文，文中对中国美学史的特点和方法、先秦工艺美术及《易经》中的美学思想及古代绘画、音乐和园林的美学思想进行了简单的探讨，提出了很多颇具影响的观点。施昌东的《先秦诸子美学思想评述》（中华书局 1979 年版）是新时期出版的第一部中国美学专著，该书围绕"美"这一概念，对先秦诸子有关"美"的思想进行了分析。其思想倾向上还未摆脱唯物、唯心两条路线斗争史观的影响。1980 年，由北大哲学系美学教研室编选的《中国美学史资料选编》（上、下）出版，该书第一次对中国古典美学资源进行了系统整理，在学术界产生了较大影响，20 世纪 80 年代初的美学原理写作中，所用中国美学的材料多取自该书。1981 年，出版了两部颇具分量的中国美学著作，即宗白华的《美学散步》（上海人民出版社 1981 年版）和李泽厚的《美的历程》（文物出版社 1981 年版），这两本书对此后的中国美学研究产生了重大影响，都已成为经典之作。1983 年，《复旦学报》编辑部编辑了《中国古代美学史研究》，收录了 1980 年至 1982 年期间高校学报所发表的 30 篇中国美学研究论文，内容涉及对古代文艺（诗论、绘画）中的美学思想的探讨、佛教美学思想的研究，以及自老子以至蒲松龄共 20 人的美学思想的初步探讨。还是在 1983 年，由江苏省美学学会等几家单位主办的"中国美学史学术讨论会"在无锡召开，这是国内第一次中国美学史研讨会，共有 80 余人参加。会议围绕中国美学史的研究对象、方法、体系、范畴，中西美学的比较，以及历代有代表性的美学思想家的思想，进行了讨论。会后结集《中国美学史学术讨论会论文选》（江苏省美学学会，1983）。此后，随着第二次美学热的滚滚浪潮，学界对中国美学的研究也持续高涨，研究成果越来越多。根据詹杭伦的统计，在 1979 年至 1987 年间，中国古典美学研究，"大约发表了近 500 篇研究论文。更为突出的是有 20 多部研究专著相继出版"。① 这期间出版的中国美学史的著作，如李泽厚和刘纲纪的《中国美学史》（先秦卷、魏晋南北朝卷）（中国社会科学出版社 1984 年版、1987 年版）、叶朗的《中国美学史大纲》（上海人民出版社 1985 年版）、敏泽的《中国美学思想史》（齐鲁书社 1987—1989 年版）、郑钦镛和李翔德的《中国美学史话》（河北人民出版社 1987 年版），等等。

如果说 20 世纪 80 年代的中国美学研究是规模初具，那么 20 世纪 90 年代以来则是格局大开。20 世纪 90 年代以来，虽然美学研究整体上趋于冷寂，但学界对中国传统美学的研究却有增无减，根据黄柏青的统计，1989 年至 2003 年间，共出版美学史类著作 66 种，其中 1994 年至 1998 年间有 25 种，1999 年至 2003 年间有 32 种。② 毋庸讳言，此类统计难以做到穷形尽相，如上文提到的《中国美学史学术讨论会论文选》和《中国美学史话》，在上面的统计中都未被列入。再来看一个数据，刘桂荣对 1997 年至 2007 年 10 年间的中国古典美学研究成果（包括出版著作及硕博论文）进行了统计，此间共有相关论著 422 部，包括艺术美学研究 142 部、史的研究 47 部、人物研究 39 部等。③ 数量不可谓不多！当然，一方面，我们需要考虑到数量与质量并不成正比，特别是考虑到当代中国的学术评价体制对学术生产的"拔苗助长"。另一方面，同样值得肯定的是，中国美学研究在诸多领域进行了大幅的开拓，无论是通史、断代史、部门美学，还是专题类的研究，都有大量论著问世。以通史类研究为例，20 世纪 90 年代，审美文化研究成为一大热点，中国美学界亦迅速地以此视角进行中国古代审美文化的研究，出版了众多研究成果，广被提及的，如陈炎主编的四卷本《中国审美文化史》（山东画报出版社 2000 年版）和许明主编的十一卷本《华夏审美风尚史》（河南人民出版社 2000 年版）等。

---

① 詹杭伦：《当代中国古典美学研究概观》，《西北师大学报》（社会科学版）1988 年第 1 期。
② 黄柏青：《多维的美学史——当代中国传统美学史著作研究》，河北大学出版社 2008 年版，第 22—23 页。
③ 刘桂荣：《回顾与反思——中国古典美学现代性建设十年》，收入潇牧、张伟主编《新中国美学六十年——全国美学大会（第七届）论文集》，文化艺术出版社 2010 年版，第 419 页。

本章依据通史研究、断代史研究、审美范畴研究、人物文本流派为分类，逐节展开论述（为了表述的连贯性，本书个别章节的资料统计和叙述延至 2011 年）。

第一节　中国美学思想、范畴与文化通史

中国古代一方面具有丰富的美学资源，另一方面又不存在美学这一学科，因此，所谓中国美学史，是用现代学科意义上的美学概念，对中国传统美学资源进行知识建构与书写的结果。20 世纪 80 年代以来，中国美学通史类的著作有很多。这些著作，由于对中国美学史的研究对象、研究方法、基本问题及写作思路的不同理解，而出现了不同的写作范型。有的偏重于美学思想，有的聚焦于审美意识，有的集中于审美范畴，有的着眼于审美文化，有的关注于审美风尚，由此，也就形成了美学思想史、审美意识史、审美范畴史、审美文化史、审美风尚史之类的中国美学史。

张法以"神""骨""肉"这三个范畴对中国美学史著作进行了概括：一是写"肉"型，以李泽厚、刘纲纪的《中国美学思想史》和敏泽的《中国美学思想史》为代表，强调一种完整的整体，列出各时代，各时代中的重要人物，重要人物的主要著作，主要著作中的主要思想；二是写"骨"型，以叶朗的《中国美学史大纲》和陈望衡的《中国古典美学史》为代表，强调范畴、命题与历史发展的统一；三是写"神"型，以李泽厚的《华夏美学》为代表，突出观念和思想发生、发展、转折、演变，呈现历史的大线。[①] 刘悦笛认为迄今为止中国美学史研究形成了两种"基本范式"：一种是狭义上的美学研究范式，又分成了两种"亚类型"，一类是按照"思想史"的写法来写作的，另一类则是按照"范畴史"的写法来写作的；另一种则是广义上的"大美学"或"泛文化"研究范式。[②] 黄柏青则区分出了四种范式：审美理论美学史、审美文化美学史、审美风

[①] 张法：《中国美学史》，四川人民出版社 2006 年版，第 3 页。
[②] 刘悦笛：《中国美学三十年：问题与反思》，《文史哲》2009 年第 6 期。

尚美学史、审美意识美学史。① 比较来看，刘悦笛所指的"思想史"的写作基本对应了张法的写"肉"型，"范畴史"写法对应了张法的写"骨"型，而"泛文化"的写法对应了黄柏青所说的审美文化美学史和审美风尚美学史。本书取刘悦笛的观点，将中国美学史的写作分成思想史、范畴史和文化史三种类型，并选取典型著作进行论述。

一 思想史写法的中国美学史

思想史写法，包括范畴史写法，实际上借鉴了以冯友兰为代表的中国哲学史写作范式的影响。冯友兰曾指出："哲学本一西洋名词，今欲讲中国哲学史，其主要工作之一，即就中国历史上各种学问中，将其可以西洋所谓哲学名之者，选出而叙述之。"② 亦即挪用西方哲学中的概念来选择中国哲学中的材料加以对应。20 世纪 80 年代，中国美学史写作处于初创期，借鉴这种写作范式也就在情理之中了。

李泽厚、刘纲纪合作的两卷三本的《中国美学史》虽然只完成了先秦卷和魏晋南北朝卷，却由于其相对早出，原创性强而具有较大影响，堪称思想史写法的代表。

在该书的绪论部分，对中国美学史的对象和任务、研究方法、中国美学思想的基本特征、中国美学的发展过程进行了深入的探讨。其中对中国美学史的研究对象的分析尤能见出该书的独特之处，该书将美学史的研究区分成了广义和狭义两类，广义的研究，其对象不限于理论形态的美学思想，还包括对表现在文学艺术以至社会风尚中的审美意识进行全面的考察；狭义的研究则以系统性的美学理论为研究对象。尽管该书认为广义的研究对中国美学史来说更为适合和重要，但无疑面对的资料庞大，难以处理，而狭义的研究自有其优势："狭义的研究，对于深入理解中国美学理论的发展及其各种范畴、命题、原理的实质，从更为纯粹的思辨角度把握中国美学的精神和特色，具有重要的意义。由于目前各种条件的限制，本书对中

---

① 黄柏青：《多维的美学史——当代中国传统美学史著作研究》，河北大学出版社 2008 年版，第 125 页。黄柏青又将中国审美理论美学史区分为六种模式："肉"模式、"骨"模式、"神"模式、"网"模式、"气"模式和"点"模式。

② 冯友兰：《中国哲学史》（上），中华书局 1984 年版，第 1 页。

国美学采取狭义的研究方式,主要以历代思想家、文艺理论家、文艺理论批评家著作中所发表的有关美与艺术的言论作为研究对象。"① 该书又区分了中国美学史研究与中国文艺理论批评史研究的联系与区别,认为二者虽然共同以艺术为研究对象,但美学"主要是从哲学—心理学—社会学的角度着重分析人类审美意识活动的特征及其历史发展在艺术中的表现,分析有关美的各种规律性的东西在艺术中的表现"。② 而艺术理论的主要对象是"详细考察各种艺术作品的具体构成规律,如艺术的内容、题材、形式、体裁、技法、技巧、风格、流派及其在历史上产生、演变和发展的具体过程,等等"。③ 基于上述分析可知,《中国美学史》基本是以李泽厚的美学原理为视角,来研究历代哲学家及文艺理论中有关美、美感和艺术的思想。由此,该书在研究方法上遵从实践美学的方法论原则,即以马克思主义哲学为指导。李泽厚认为美来源于物质生产实践,并认为每个历史时期的审美意识最终决定于这一时代的物质生产状况,不过他并没有将二者简单地联系在一起,而是认识到二者之间有着曲折复杂的关系。基于这种认识,书中对每个时代的物质生产状况及其美学思想之间的关联多有所论。

该书在研究方法上还有一个值得肯定之处,就是否弃了斗争史观,提出了历史与逻辑相统一的研究方法。斗争史观一度是中国历史研究中最主要的研究方法,它简单地将人物思想分成唯物、唯心两大派别,肯定前者而批判后者,20世纪70年代末80年代初的许多史学类著作还深受斗争史观的影响,如施昌东的《先秦诸子美学思想评述》和《汉代美学思想评述》就是如此。《中国美学史》明确指出了这种方法的弊端,认为凭此不能正确认识中国美学的发展过程。该书对中国美学史的发展历程有这样的认识:"中国美学思想的演变同历代各阶级(主要是统治阶级)的审美要求、审美理想的变化分不开,而这种变化又同物质生产的发展、社会生活中人与人的关系和人与自然的关系的变化分不开。"④ 此种观念虽然不无"经济决定论"的意味,但作者更注重了历史与逻辑的统一,彰显了

---

① 李泽厚、刘纲纪:《中国美学史》第1卷,中国社会科学出版社1984年版,第6页。
② 同上。
③ 同上书,第6—7页。
④ 同上书,第19页。

中国美学历史演变的丰富性和复杂性，相比斗争史观无疑是很大的进步。

通过上述分析，我们便可以把握《中国美学史》的写作模式，它撷取的是历代哲学家以及文艺理论著作，分析其中的美学思想。先秦美学以哲学家为主体，该书论及了孔子、墨子、孟子、老子、庄子、荀子、屈原、韩非等人物的美学思想，著作类选取了《周易》和《乐记》，分析了其中的美学思想。两汉同样以人物居多，包括哲学家董仲舒、王充，史学家司马迁和文学家扬雄，此外还涉及了《淮南鸿烈》、汉赋理论、《毛诗序》以及汉代书法理论中的美学思想。魏晋南北朝的美学思想非常丰富，《中国美学史》分上、下两册共20章进行讲述。此一时期的文艺理论著作明显多了起来，该书共用12章的篇幅对其加以分析，涉及文学理论四章：曹丕的《典论·论文》、陆机的《文赋》、刘勰的《文心雕龙》和钟嵘的《诗品》；音乐理论两章：阮籍的《乐论》和嵇康的《声无哀乐论》；书法理论两章：魏晋书论中的美学思想和齐梁书论中的美学思想；绘画理论四章：魏晋画论中的美学思想、宗炳的《画山水序》、王微的《叙画》、谢赫的《画品》与姚最的《续画品》；还包括哲学思潮及著作中的美学思想，如人物品藻、魏晋玄学、《列子》、葛洪《抱朴子》、东晋佛学中的美学思想，此外还有陶渊明的美学思想等。此书写到魏晋南北朝戛然而止，没能继续下去。可以想见，以这种思路写下去，越往其后，纳入的资料就越多，张法以写"肉"型名之，很是形象。

在具体研究中，《中国美学史》所探究的美学思想涵盖了李泽厚所论的美学三方面，即美的本质、审美心理学和艺术社会学，从其章节的标题即能见出这点。如对孔子美学思想的论述分成了五节，第一节是"孔子美学思想的基础——仁学"，第二节是"孔子以仁学为基础的艺术观——'成于乐'和'游于艺'"，第三节是"孔子论艺术的作用——'兴'、'观'、'群'、'怨'"，第四节是"孔子文、质统一的审美观及其美学批评的尺度——中庸"，第五节是"孔子美学的历史地位"；对庄子美学思想的研究思路更加明显，同样分成了五节：第一节是"庄子的美学和他的哲学"，第二节是"庄子论美"，第三节是"庄子论审美感受"，第四节是"庄子论艺术"，第五节是"庄子美学的历史地位"。其他章节的研究思路亦相类似。显然，《中国美学史》借鉴了美学原理的思路，集中于历代重要人物及文艺理论著作中对美、美感和艺术的相关思想的分析。

该书还有几个需要提及之处,一是征引资料丰富,别开生面,让人见识到了中国传统美学的渊深博大,对于后来者书写中国美学史提供了借镜,树立了信心。二是提出了中国美学思想的六大基本特征:第一,高度强调美与善的统一;第二,强调情与理的统一;第三,强调认知与直觉的统一;第四,强调人与自然的统一;第五,富于古代人道主义的精神;第六,以审美境界为人生的最高境界。① 这六大特征突出了中国美学的特点。三是提出了中国美学的四大思潮:儒家美学、道家美学、楚骚美学和禅宗美学。李泽厚在1981年为宗白华的《美学散步》所写的序言中提出了中国美学的四大思潮之说,他认为"中国美学的发展,从根本上说,不外是这四大思潮在不同历史时代的产生、变化和发展,其间又存在着种种互相对立而又互相补充的复杂情况"。② 这一提法尽管有值得商榷之处,但也产生了不小的影响。如张法认为中国美学有五大主干,就是上述四大主干加上了明清思潮。"儒、道、明清思潮是三大基本点,而屈与禅是对前三者的补充或调和,屈是儒与道的补充,禅是儒道与市民趣味的调和"。③

敏泽的《中国美学思想史》(全三卷,齐鲁书社1987—1989年版)同样是思想史写作的一个典范。对于美学的研究对象,敏泽提出:"美学思想史研究的对象,最根本的一点,就是要研究我们这个伟大民族的审美意识、观念、审美活动的本质和特点发展的历史。"④ 相比李泽厚、刘纲纪的《中国美学史》的"狭义的研究",敏泽的《中国美学思想史》同样接近于"狭义的研究",在先秦汉魏南北朝部分,对主要人物及文艺理论著作的选取上,二者亦差不多相同,甚或所论述的点亦有相似之处,如对《淮南子》美学思想的论述,两书都讨论了其中的美的客观性、相对性和多样性,"文"与"质"、艺术创造及欣赏以及形与神等美学思想。

---

① 李泽厚、刘纲纪:《中国美学史》第1卷,中国社会科学出版社1984年版,第20—34页。
② 同上书,第20页。
③ 张法:《中国美学史》,四川人民出版社2006年版,第294页。
④ 敏泽:《中国美学思想史》第1卷"序",齐鲁书社1987年版,第1—2页。

当然，该书有其自身的特点，一是体系宏大，敏泽以一人之力，完成三大卷的写作，其时代上追原始时期，下迄现代，涉猎之广，令人钦敬。该书在 2004 年修订再版，被评为"体大周正，综赅有方"。[①] 二是运用考古学的文献资料，考察了史前时期的审美意识。20 世纪八九十年代的中国美学史著作，一般是直接从先秦写起，《中国美学思想史》则追溯到了原始时期与商周时期，根据出土的文物（如青铜器）及相关文献资料，探究了审美意识的萌芽，拓展了中国美学史的视野，为其后的美学史写作提供了很好的示范。三是注重在文化大背景下阐述美学思想的生成和演变，如魏晋南北朝美学部分，作者以三章的篇幅论述了魏晋南北朝时期的思想和文化（包括玄学、佛教、道教）以及自然美、个性的发现对于此一时期美学思想以及文学艺术的影响。四是注重对重要美学范畴和命题的阐释，如第 1 卷第 20 章以"新的美学观念的诞生和形成"为题，对魏晋南北朝时期的"气韵""形神""风骨""象外""境界"等重要美学范畴的出现及演变进行了考察，第 2、3 卷对诸如"兴象""兴寄""意象""味""韵"等范畴作了诠释。

此外，像林同华的《中国美学史论集》（江苏人民出版社 1984 年版），周来祥主编的《中国美学主潮》（山东大学出版社 1992 年版），张涵、史鸿文的《中华美学史》（西苑出版社 1995 年版），殷杰的《中华美学发展论略》（华中师范大学出版社 1995 年版），王向峰的《中国美学论稿》（中国社会科学出版社 1996 年版），祁志祥的《中国美学通史》（人民出版社 2008 年版）和《中国美学全史》（全五卷，上海人民出版社 2018 年版），曾祖荫的《中国古典美学》（华中师范大学出版社 2008 年版），于民的《中国美学思想史》（复旦大学出版社 2010 年版），叶朗主编的《中国美学通史》（八卷本，2014），张法主编的《中国美学史》（高等教育出版社 2015 年版、2018 年版）等，都可视为美学思想史的著作。林同华指出："我对于中国美学史的对象和任务的理

[①] 袁济喜：《体大周正 综赅有方——评敏泽先生新版〈中国美学思想史〉》，《文学评论》2005 年第 2 期。

解是，它应当研究中国的艺术美和体现艺术美的理论。"[1]《中国美学史论集》以艺术为中心，考察了中国原始社会的绘画美、春秋时代的美学思想、顾恺之的绘画理论、唐代文艺思想以及中国现代戏剧美学思想等内容。张涵、史鸿文的《中华美学史》分成六章，每章之下按门类美学思想和哲学美学思想分节展开论述。王向峰的《中国美学论稿》全书分为七编，探讨了从先秦诸子直到毛泽东的美学思想，除了对主要哲学家及文艺理论家美学思想的论述，在第四编唐代美学部分，作者还专门分析了杜甫、刘禹锡和李贺的诗歌，重在对其社会批判意义的考察。祁志祥的《中国美学通史》以"美是令人普遍愉快的对象"的美的本质观为切入，认为以味为美、以意为美、以道为美、同构为美、以文为美的复合互补，构成了中国古代美学精神的整体风貌，以此种美学观念为主线，探讨了从先秦至近代的美学思想。

二 范畴史写法的中国美学史

叶朗的《中国美学史大纲》是范畴史写法的代表。在该书的绪论部分，对中国美学史的对象和范围进行了界定。此前的学界对于中国美学史的研究对象存在两种观点，一种是研究历史上关于美的理论，叶朗认为这种观点太过狭窄了，因为"在中国古典美学体系中，'美'并不是中心的范畴，也不是最高层次的范畴。'美'这个范畴在中国古典美学中的地位远不如在西方美学中那样重要"。[2]另一种是研究中国审美意识的发生、发展和变化的历史，不仅要研究美学理论著作，还要研究各个时代的文艺作品所表现出来的审美意识。叶朗认为这种看法又太过宽泛了。在他看来："一部美学史，主要就是美学范畴、美学命题的产生、发展、转化的历史。因此，我们写中国美学史，应该着重研究每个历史时期出现的美学范畴和美学命题。"[3] 叶朗对此观点作了进一步展开，他将一个民族的审美意识史分成两个系列：一个是形象的系列，即文学艺术；另一个是范畴

---

[1] 林同华：《中国美学史论集·自序》，江苏人民出版社1984年版，第1页。
[2] 叶朗：《中国美学史大纲》，上海人民出版社1985年版，第3页。
[3] 同上书，第4页。

的系列，如"道""气""象""妙""风骨"等。研究形象系列的是文学史和艺术史，研究范畴系列的是美学史，二者的交叉是艺术批评史。因此，不能将美学史和审美意识史等同起来，审美意识史等于美学史加上各门艺术史。如此一来，叶朗对中国美学史的研究对象进行了明确的界定。

叶朗将中国美学史划分为四个时期：一是先秦两汉时期，乃中国古典美学的发端期。先秦为中国美学的发端期，提出的一系列命题为整个中国古典美学的发展奠定了哲学基础，汉代美学是先秦美学和魏晋南北朝美学之间的过渡形态。二是魏晋南北朝至明代，乃中国古典美学的展开期，其中魏晋南北朝和明代后期最为重要。三是清代前期，乃中国古典美学的总结期，以王夫之和叶燮二人的美学体系为代表，是中国古典美学的高峰。四是中国近代美学时期，以梁启超、王国维、早期鲁迅和蔡元培美学为代表。对前三个时期的研究是该书的重点。在第一篇（中国古典美学的发端）中，先秦部分，考察了老子、孔子、《易传》、《管子》、庄子、荀子和《乐记》中的美学范畴，汉代集中于对《淮南子》和王充美学的分析。在第二篇（中国古典美学的展开）中，魏晋南北朝美学分成了上、下两章，上章探讨了得意忘象、声无哀乐、传神写照、澄怀味象、气韵生动等范畴，下章专对刘勰的《文心雕龙》加以分析，研究了隐秀、风骨、神思、知音等范畴。唐、宋、元、明、清（前期）部分，则以艺术门类划分章节，分别考察了唐五代书画美学、唐五代诗歌美学、宋元书画美学、宋元诗歌美学、明清小说美学、明清戏剧美学和明清园林美学中的美学范畴、命题或思想。如宋元书画美学部分，分析了郭熙的"身即山川而取之"、苏轼的"成竹在胸"和"身与竹化"以及山水画的"远"的境界和"逸品"的内涵。在第三篇（中国古典美学的总结）中，作者主要分析了王夫之的美学体系、叶燮的《原诗》、石涛的《画语录》和刘熙载的《艺概》。如"叶燮的美学体系"一节，作者分析了叶燮关于艺术本源论和美论的"理""事""情"，关于诗歌特点的"幽渺以为理，想象以为事，惝恍以为情"，关于艺术创造力的"才""胆""识""力"，关于诗品和人品之关系的"胸襟"与"面目"，关于艺术发展的"正""变""盛""衰"等范畴或命题。

整体看来，叶朗的《中国美学史大纲》作为第一部通史类的美学史专著，开创了"范畴史"的写作范式，对其后的美学史写作产生了很大影响。书中提出了诸多不乏创见性的观点，第一，提出老子美学是中国美学史的起点。作者从历史顺序和理论本身两个层面，论证了老子美学是中国美学史的起点。作者指出："老子提出的一系列范畴，如'道'、'气'、'象'、'有'、'无'、'虚'、'实'、'味'、'妙'、'虚静'、'玄鉴'、'自然'，等等，对于中国古典美学形成自己的体系和特点，产生了极为巨大的影响。中国古典美学关于审美客体、审美观照、艺术创造和艺术生命的一系列特殊看法，中国古典美学关于'澄怀味象'（'澄怀观道'）的理论，中国古典美学关于'气韵生动'的理论，中国古典美学关于'境生于象外'的理论，中国古典美学关于'虚实结合'的原则，中国古典美学关于'味'和'妙'的理论，中国古典美学关于'平淡'和'朴拙'的理论，中国古典美学关于审美心胸的理论，等等，它们的思想发源地，就是老子哲学和老子美学。"[①] 对于老子美学给予高度肯定。第二，提出"意象说"代表了中国古典美学的基本精神，并将意象视为艺术的本体，将之作为全书的一个核心范畴。作者认为刘勰在《文心雕龙》中提出了"意象"的概念，"自从魏晋南北朝美学家提出'意象'这个范畴之后，人们认识到，艺术的本体是'意象'，艺术的创造，也就是'意象'的创造"。[②] 由此，作者对唐代以后的美学范畴与命题的分析，就是围绕着审美意象展开的。如作者认为唐代孙过庭的"同自然之妙有"和荆浩的"度物象而取其真"，就是谈论的审美意象。作者指出宋元诗歌美学注重对审美意象本身的分析，如情与景的关系、诗与画的关系。作者将诗歌审美意象作为王夫之美学体系的中心，认为王夫之的"现量说"说明了审美意象的基本性质，即审美意象必须从直接审美观照中产生，并论述了诗歌意象的整体性、真实性、多义性和独创性等特点。显然，作者所提出的"美在意象"，即是以此为基础的。第三，对"意境"范畴的产生、美学内涵进行了较为详细的研究。作者通过对司空图《二十四诗品》的分析指出，"司空图的《二十四诗品》，清楚地表明了'意境'的美学

[①] 叶朗：《中国美学史大纲》，上海人民出版社1985年版，第19页。
[②] 同上书，第243页。

本质，表明了意境说和老子美学（以及庄子美学）的血缘关系。'意境'不是表现孤立的物象，而是表现虚实结合的'境'，也就是表现造化自然的气韵生动的图景，表现作为宇宙的本体和生命的道（气）。这就是'意境'的美学本质"。① 第四，对明清小说美学、戏剧美学进行了较为深入的研究。作者认为李贽哲学是明清小说美学的灵魂，依据大量史料，对明清小说评点中涉及的小说的真实性、典型人物的塑造等问题进行了分析。

陈望衡的《中国古典美学史》（湖南教育出版社1998年版，武汉大学出版社2007年版）同样是以重要范畴和命题架构中国美学史的理论著作。它的研究对象和叶朗的《中国美学史大纲》类似，即重要哲学家和文艺理论著作中的美学范畴和美学命题。

该书提出，中国古典美学体系是由"意象"为基本范畴的审美本体论系统，以"味"为核心范畴的审美体验论系统，以"妙"为主要范畴的审美品评论系统以及真、善、美相统一的艺术创作理论系统构成的。显然，作者提出的这四个方面，可以对应于美学原理的三大块：美的本质（审美本体）、美感（审美体验和审美品评）和艺术。由此可知，陈望衡的写作思路同样接近于李泽厚、刘纲纪和敏泽等人，不同的是他写的是审美范畴史，他是以审美范畴和命题来建构中国美学。

《中国古典美学史》全书共五编四十八章近一百万字，作者将中国美学史分成五个时期，先秦美学是中国古典美学的奠基期，汉代和魏晋南北朝美学是中国古典美学的突破期，唐宋美学是中国古典美学的鼎盛期，元明美学是中国古典美学的转型期，清代前期美学是中国古典美学的总结期。作者提出中国独特的审美观念有四个要点："（一）崇尚中和的审美理想；（二）崇尚空灵的审美境界；（三）崇尚传神的审美创造；（四）崇尚'乐'和'线'的审美意味。"②

从大的方面讲，作者以美学原理的美论、美感论和艺术论等几块内容来把握中国古典美学，在具体写作中，是以重要范畴与命题为主干。如第一章对老子美学思想的研究，与叶朗一样，陈望衡将中国古典美学的开端

---

① 叶朗：《中国美学史大纲》，上海人民出版社1985年版，第276页。
② 陈望衡：《中国古典美学史》，湖南教育出版社1998年版，第25页。

确定为老子，用三节进行论述，即美的哲学、审美理想和审美心境。"美的哲学"探讨了"道法自然""大象无形，大音希声""信言不美，美言不信""无为无不为"等命题；"审美理想"一节探讨了"崇尚空灵""崇尚恬淡""崇尚阴柔""崇尚朴拙"等思想；"审美心境"一节探讨了"游心于物之初""涤除玄览""致虚极""守静笃"的观点。庄子美学思想以十节的篇幅加以讨论，美论有三节："天地有大美而不言""厉与西施，道通为一""德有所长而形有所忘"；美感论有四节："逍遥游""心斋""坐忘""物化"；艺术论有三节："言"与"意"、"道"与"技"、功利与非功利。此章节的安排，更能见出其写作思路。

该书具有如下几个特点：第一，对中国古典美学的基本范畴和命题进行了更为全面的分析和梳理，体系庞大，骨节清晰。第二，对主要哲学思潮影响下的美学观点进行了较为详尽的论述，如儒道美学、玄学与美学、禅宗美学、宋代理学与朴学、明代心学与美学、清代朴学与美学。第三，对历代文艺理论中的美学思想与美学命题进行了探讨，如元明美学部分，涉猎了元代戏曲美学、诗画美学、明代戏曲美学、明代小说美学、明代绘画园林美学，内容丰富。

王振复主编的《中国美学范畴史》（山西人民出版社2006年版）是第一部明确以"范畴史"为名的中国美学史著作。全书以"气、道、象"三个基本范畴相贯穿，作者提出："中国美学范畴史，是一个'气、道、象'所构成的动态三维人文结构，由人类学意义上的'气'、哲学意义上的'道'与艺术学意义上的'象'所构成。这三者，作为中国美学范畴史的本原、主干与基本范畴，各自构成范畴群落且相互渗透，共同构建中国美学范畴的历史、人文大厦。"[①] 在研究方法上，该书采用了"还原历史""回到文本"，坚持"历史优先"的治学原则。"不是将具有历史与人文之具体性、现实性的范畴简单地、人为地裁剪为逻辑问题，而是相反，须把范畴的逻辑问题，拿到一定的历史'语境'（context，亦可译为'文脉'）中去求得解决。"[②] 王振复此前著有《中国美学的文脉历程》（四川人民出版社

[①] 王振复主编：《中国美学范畴史》，山西人民出版社2006年版，"导言"，第1页。
[②] 同上书，"导言"，第4页。

2002年版),《中国美学范畴史》即秉承了此书的研究思路。

该书包含三卷：第一卷，中国美学范畴的酝酿（先秦至秦汉）；第二卷，中国美学范畴的建构（魏晋至隋唐）；第三卷，中国美学范畴的完成和终结（宋元至明清）。每卷又分成两编。第一卷第一编第一部分，作者选取天人关系中的"生命体验"为切入点，分析了"天人之学与先秦美学范畴的酝酿"。作者从历时性的角度，探讨了原始社会形成的"天人合一"、殷商时期形成的"帝"、西周时期形成的"天"、春秋至战国时期形成的"道"、战国中期形成的"心"、战国后期提出的"群"和"理"等概念。作者对上述概念进行了详细的阐述，认为它们处于动态时空的矛盾变化之中。第二部分，作者探讨了"心性之学与先秦美学范畴的酝酿"，以三章的篇幅，分别研究了先秦诸子所论的"道""气""象"范畴。对于"道"范畴，作者指出，老子确立了道的本体地位，庄子所论"道通为一"的道物关系影响了整个中国古典艺术的内在审美旨趣。孔子以仁释道，赋予道以德性品格，孟子使仁道内在心性化，荀子则提倡礼乐为道，使其外在规约化。《周易》提出"一阴一阳之谓道"，"立仁之道曰仁与义"，将道的哲学本体和德性本体加以融合。对于"气"范畴，作者结合心性论，探讨了老子、管子、庄子、孔子、《性自命出》、孟子、荀子、《周易》有关"气"的思想与观念，作者指出："先秦诸子的气论与人性论是寓哲学、伦理、审美于一体的，也就是说落实到气与心性上来谈生命，不仅得窥其哲学思想、道德观念，而且可以体悟其所蕴含的审美之思的真谛。"① 对于"象"范畴，作者分析了先秦文献中有关的几个命题，如《左传》中的"铸鼎象物"，老子的"大象无形"，庄子的"象罔"，《周易》的"易者，象也"；并探讨了先秦文献中的言意关系（如"立象以尽意"）以及几个艺术范畴（中和之美、文、诗、乐）。第二编为"宇宙论与秦汉美学范畴的酝酿"，主要以《淮南子》《吕氏春秋》《黄帝内经》等文献为重点，分析了汉代美学中的天人关系，性、情、欲之间的关系，以及气、象、道三大范畴的内涵的流变。

第二卷的两编，探讨的是魏晋南北朝的美学范畴和唐代美学范畴。魏

---

① 王振复主编：《中国美学范畴史》，山西人民出版社2006年版，"导言"，第124页。

晋南北朝美学部分，涉及了玄学美学本体论范畴（道、气、无、有、自然、性、化、意）、佛学美学范畴（禅、般若、相、涅槃）、儒学美学范畴（性情、心性）和艺术美学范畴（气、韵、律）。唐代美学部分，涉及了审美本体论范畴（元、道）、审美主体论范畴（心、性、情、仁义、圣、灵、不平则鸣）、审美创造论范畴（风骨、美刺、法度、浮靡）、审美体验论范畴（空、悟）和审美品格论范畴（品格、雅正、净土、意象、意境）。

第三卷的第一编，探讨的是由宋至明的美学范畴，作者认为此一阶段是中国美学范畴的充分展开与动态发展时期。作者重点落在北宋美学，论证了"道—气—象"三维美学范畴体系在北宋思想史（理学）中的逻辑建构与历史发展，并进一步分析了从程朱理学到陆王心学的转变中，所涉及的"理""心"等范畴的演变。作者以理—气—象为核心，探讨了南宋至明中叶的美学范畴。如"理"的范畴群落，包括文道论，理趣、理障、神理，真，法、章法等；"气"的范畴群落，包括气韵、气象，雄浑与悲壮，气格、格调等。意境在这一时期的新发展，包括以禅喻诗、清空与妙悟等。晚明的美学范畴，以"情"为主，作者对此进行了专章分析，对李贽的童心说、袁宏道的性灵说、汤显祖的唯情说、徐渭的本色说、冯梦龙的情教说进行了探讨。第二编研究的是清代美学范畴，作者认为清代乃尚实美学范畴的完成，是中国美学范畴的终结。书中对道—气—象三大范畴在清代美学中的演变及内涵进行了分析，如"气"范畴，出现了王夫之的"太虚一实"、傅山的"气在理先"等命题，将气从理的阴霾中解放了出来。叶燮提出了"气贯理、事、情"等观点，还有沈德潜的格调说、翁方纲的肌理说等。"象"范畴，出现了王夫之的现量说、王士祯的神韵说、王国维的境界说等。

王文生的《中国美学史：情味论的历史发展》（上、下，上海文艺出版社 2008 年版）是较有特点的一部著作，该书将"情味"这一范畴作为研究对象进行了深入的考察。之所以选择"情味"，是因为："我认为只有'情味'，既鲜明地标示抒情文学的本质，又包含其影响，是全面而准确地概括抒情文学美感作用的义界。情味是中国抒情文学的美感和价值。它培养了中国人的审美习惯。这种习惯转过来要求叙事文学、音乐绘画等各个领域的作者在他们的创作中以具有情味为高格。情味也就成了引导中国文艺发展的方向和中国美学研究的核心。这部《中国美学史》实际上是抒情文学的情味在理论上和实践中形成、发展以及全面扩张到其他文艺领域的历史。"① 基于这种理解,该书主要包含两大方面的内容:一是考察情味论的形成和发展;二是分析宋代以后文学作品中所体现出的情味。就情味论的历史演变而言,作者认为,孔子首先把"味"和文艺的美感联系了起来,情味论在魏晋南北朝(以钟嵘的相关论述为主)得到了萌芽和形成,经唐代司空图的《二十四诗品》得以确立,而严羽的《沧浪诗话》则成为中国美学的里程碑,明代文学中的"真诗"论成为以情味为核心的中国美学思想的理论化和系统化。情味论在清代得到进一步发展,主要表现为王士禛的"神韵"说、袁枚的"性灵"说、翁方纲的"肌理"说和周济的"寄托"说。作者专章分别考察了宋诗、宋词、元曲、明代诗词、明代散文、明代传奇《牡丹亭》、清代诗词以及《红楼梦》中的情味论。并对20世纪中国文学情味消减的原因进行了分析,指出了四个原因:第一,盲目西化,此为其主因;第二,王国维的"无我之境"和艾略特的"无个性文学"的观点;第三,叶维廉提出的"以物观物"和"纯山水诗"的创作方法;第四,用反映生活的标准来规范抒情文学。整体看来,作者以抒情文学为研究对象,对于情味这一较少受到学界关注的美学范畴进行了深入的分析,具有填补空白的意义。当然,由于局限于对情味论的探讨,作者将司空图视为"中国美学的奠基者",将《沧浪诗话》视为"中国美学的里程碑",这些观点不无值得商榷之处。再者,作者将视野放在了"抒情文学",对其他艺术类型没有给予关注。

此外,郁沅的《中国古典美学初编》(长江文艺出版社1986年版)以15章的篇幅,分析了先秦到唐代主要人物的美学思想,涉及孔子、庄子、屈原、王充、曹丕、陆机、葛洪、刘勰、钟嵘、韩愈、柳宗元、白居易、司空图等人,同样是以美学范畴或命题为主线。潘运告的《从老子到王国维——美的神游》(湖南人民出版社1991年版),探讨了从老子以至王国维共70个人物以及《易传》《乐记》等六部重要典籍的美学概念

---

① 王文生:《中国美学史:情味论的历史发展》,上海文艺出版社2008年版,"前言",第2—3页。

或范畴，选取其一点或几点，如墨子的非乐、扬雄的文质相副、葛洪的论美和审美等，论述较为简略。徐林祥的《中国美学初步》（广东人民出版社 2001 年版）全书共八编，对从先秦至近现代时期的美学进行了研究，前七编为古代美学部分，是以思想家或文艺理论家的美学命题或美学范畴为主要探讨对象，第八编为近现代美学部分，主要分析了梁启超、王国维、蔡元培、宗白华和朱光潜的美学思想。

三　文化史类型的中国美学史

20 世纪 90 年代，美学界掀起了审美文化热，法国年鉴学派文化史学的研究方法亦影响到了中国学界。受此影响，学界开始从审美文化的角度书写中国美学史，从而形成了审美文化史的写作范式。其典型代表，是陈炎主编的《中国审美文化史》（山东画报出版社 2000 年版）和许明主编的《华夏审美风尚史》（河南人民出版社 2000 年版），以及周来祥主编的《中华审美文化通史》（安徽教育出版社 2007 年版）。

陈炎主编的《中国审美文化史》一套四本，包括廖群著的先秦卷、仪平策著的秦汉魏晋南北朝卷、陈炎著的唐宋卷和王小舒著的元明清卷。该书出版后多次重印与再版，在 2007 年，高等教育出版社出版了该书的简化本《中国审美文化简史》，并被指定为"普通高等教育'十一五'国家级规划教材"。

该书的绪论部分介绍了审美文化史的写作思路。作者将之前的美学史著作分成了"形而上"的"审美思想史"和"形而下"的"审美物态史"，[①] 前者只关注古代文献中的美学观念，后者则着重对具体的艺术品进行分析。审美文化史就是二者的统一，"正是由于文化的这种处在'道'、'器'之间的中间性质，使得'审美文化史'既不同于逻辑思辨的'审美思想史'，又不同于现象描述的'审美物态史'，而是以其特有的形态来弥补二者之间存在的裂痕：一方面用实证性的物态史来校正和印

---

① 实际上，此前的中国美学史基本属于审美思想史，这里所说的"审美物态史"更多属于艺术史的研究领域。

证思辨性的观念史,一方面用思辨性的观念史来概括和升华实证性的物态史"。① 在《中国审美文化简史》的导论部分,作者又写道:"在本书中,我们会面对琳琅满目的审美物象:从生活到艺术,从纯艺术到泛艺术,中国古代历史上一切重要的审美活动,都可能成为我们关注的对象。但是,本书既不探究这些审美活动的艺术技巧,也不进行过于专业的文本分析,而是要透过这些现象来理解不同时代的审美理想、审美趣味,并进而扩大我们的审美视野,丰富我们的审美素养,提高我们的审美能力。"② 在将审美文化史界定为"道""器"之间的文化形态之后,作者又将其界定为介于归纳、演绎之间的描述形态和介于理论、实践之间的解释形态。

显而易见,相比审美思想史,审美文化史的研究材料一下子变得丰富起来,以艺术形态存在的大量物态审美对象进入美学史的视野。这在廖群撰写的先秦卷表现得尤为明显。该卷共分成了史前、夏商、周代和战国四个时期,史前时代有六小节:"红色饰物:山顶洞人萌动的审美消息""彩陶和饮食:美在生活""鱼、蛙、鸟:绘饰刻划中的生殖意象""图腾舞与母神像:母系氏族的偶像崇拜""兽面纹玉琮:男权与神秘威力的象征""刑天舞干戚:英雄神时代血与火的礼赞"。显然是以考古出土的器物为主要材料,以神话传说为辅,据此对原始人的生活与审美进行描述与解释。相形之下,在审美思想史中着墨较多的先秦诸子,在审美文化史中却被大大地压缩,先秦卷在第四部分"战国激情的个性展开"中以一节的篇幅讨论了儒(孔、孟、荀、《礼》)、道(老、庄)、墨、法,其余章节分别探讨了诸子散文、音乐、美术和楚辞艺术。再如陈炎写作的唐宋卷,所有章节的研究对象均是文学艺术,如初唐部分研究的是建筑、雕塑、民俗、服饰、书法、绘画、诗歌、骈文,南宋部分研究的是话本、戏曲、绘画、雕塑、诗歌、散文。作者对这些文学艺术作品所体现出的艺术风格、审美特点、审美理想进行了分析。唐宋美学思想史中的重要文本和重要概念,如司空图的《二十四诗品》、严羽的《沧浪诗话》、意境理论等,都不再进行专门论述。

---

① 陈炎主编,廖群著:《中国审美文化史·绪论》,山东画报出版社2000年版,第3页。
② 陈炎主编:《中国审美文化简史》,高等教育出版社2007年版,第3页。

作者认为"审美文化史"的出现标志着美学史研究形态的真正成熟。这确实是一种迥异于上述美学思想史和美学范畴史的新思路，是对中国美学史研究方法的重要革新。作为一种新的研究范式，审美文化史具有诸多优点：第一，扩大了美学研究的范围，丰富了美学研究的领域和视野；第二，对于美学理论建树不多的时期，如远古、汉代、唐代等时期，这一视角尤能见出其长处；第三，由于研究对象以文学艺术以及器物为主，以描述和解释为研究方法，行文显得简易生动，易于为人接受，客观上能够增进人们对中国传统艺术与美学的理解。同时，其也不可避免地存在些许缺点，如上所论，对于具体的文艺描述过多，而中国美学史上一些重要的理论却忽略了。

周来祥主编的《中华审美文化通史》一套六本，包括周来祥、周纪文著的秦汉卷，仪平策著的魏晋南北朝卷，韩德信著的隋唐卷，傅合远著的宋元卷，周纪文著的明清卷和刘宁著的二十世纪卷。虽然该书与《中国审美文化史》同为审美文化史，但二者对审美文化的观点不尽相同，周来祥在该书总论中，对审美文化的概念、对象、范围和方法进行了探讨。编者认为，审美文化包括两个方面，从文化客体来说，它是一种具有审美属性的文化；从主体来说，它是从审美的角度，以审美的态度、审美的方法和审美的观念研究和阐释的一种文化。审美文化的研究范围包括五大内容：一是历代重要的美学家、美学著作的美学思想；二是各种类型的文学艺术现象；三是人类生产、生活等物质性文化中包含审美因素的文化；四是人类社会生活的节庆文化、风尚习俗文化中的审美情趣；五是富有审美性的典章制度和伦理政治等其他人类文化。周来祥还指出中华审美文化的根本精神是"中和"，中华审美文化具有三个基本特征：一是儒、道、佛互补，三教合流；二是文、史、哲的交融，感性与理性的统一；三是中华文化的泛审美化，伦理性与审美性的融合。

基于对审美文化的如上理解，相比《中国审美文化史》，《中华审美文化通史》有着自身的特点，就其研究对象而言，如果说前者是介于"道"和"器"之间，那么后者则更接近"道"和"器"的累加。在写作体例上，每卷的前面几章，一般是对具体时代的社会背景、思想背景、审美理想及审美文化总体特征的分析，然后是对该时代理论形态的美学思想的研究,再接下来是对各部类文学艺术、生活美学的探究,前四卷基本是依此模式。于是,在"秦汉卷",除了研究史前玉器、石器等出土器物、神话传说、《诗经》和楚辞、汉赋、汉画像石,对审美思想史也给予了足够的研究,如第五章专论孔、孟、荀,第六章论老子和庄子,第八章论《淮南子》和董仲舒。再如,仪平策参与了《中国审美文化史》中"秦汉魏晋南北朝卷"的写作,同时亦参与了《中华审美文化通史》中"魏晋南北朝卷"的写作,两相比较,"物态史"部分,即对魏晋南北朝时期文学艺术的分析,差不多一致,但后者的前三章则专注于理论分析,第一章对魏晋南北朝时期的社会背景与思想背景以及此一时期审美文化的特征进行了概述,第二章讨论哲学形态(魏晋玄学和般若佛学)的审美文化转型,第三章分析美学形态的审美文化重构,主要是对文艺理论中美学思想的分析。隋唐卷和宋元卷的情形类似,如隋唐卷共14章,前三章论述隋唐时期的社会与文化背景、审美理想和审美文化特征,后面几章分别探讨了书法、诗歌、绘画、雕塑、乐舞、工艺美术、建筑、习俗、服饰和饮食,最后一章对隋唐时期审美文化和历史地位和现代意义进行了总结。宋元卷有四章,第一章绪论讲述宋元时期的社会背景及宋元审美文化的特点,第二章探讨宋元时期的美学思想,第三章分析宋元时期的艺术(包括诗词、散文、绘画、书法、散曲、杂剧、雕塑),第四章研究宋元工艺与生活风俗(包括园林、服饰、陶瓷、饮食)中的审美情趣。明清卷则以较大的篇幅关注了美学理论(明清卷共19章,前八章着眼于美学理论),二十世纪卷基本是对美学理论的研究。总体看来,《中华审美文化通史》兼顾了美学思想与审美实践,将道与器结合在了一起。

许明主编的《华夏审美风尚史》与陈炎主编的《中国审美文化史》同时出版于2000年,两书常常会被相提并论。的确,两套书代表了中国美学史写作的一种新视角和新思路,即文化史的写法。《华夏审美风尚史》一套11本,包括许明、苏志宏著的序卷"腾龙起凤"(总论),王悦勤、户晓辉著的第1卷"俯仰生息"(史前),彭亚非著的第2卷"郁郁乎文"(先秦),王旭晓著的第3卷"大风起兮"(汉代),盛源、袁济喜著的第4卷"六朝清音"(六朝),杜道明著的第5卷"盛世风韵"(唐代),韩经太著的第6卷"徜徉两端"(宋代),刘祯著的第7卷"勾栏人生"（元代），罗筠筠著的第 8 卷"残阳如血"（明代），樊美筠著的第 9 卷"俗的滥觞"（清代），蒋广学、张中秋著的第 10 卷"凤凰涅槃"（近代）。全书约 300 万字，体系堪称庞大。

在总序部分，许明谈到，该书缘起于 20 世纪 90 年代初，"大家都感到有必要改变一下传统思路，再写一部大美学史。传统的美学史通常是美学思想史，是历代哲学家或文艺理论家的理论发展史；而与美学相关的艺术部分及日常生活中的审美现象，则不在研究范围内。这是有缺陷的美学史表述"。① 这一观点与陈炎的看法如出一辙，都是不满足于以往的美学思想史的写法，而倾向于一种"大美学"的表达。②

从一种大文化的视野来看，审美风尚史同样可以纳入审美文化史的范围，不过相比陈炎的审美文化史，审美风尚史的研究对象有所侧重。许明将文化区分为物质文化层、制度文化层、行为文化层和心态文化层。他认为审美风尚的核心在行为文化层："风尚是由习俗、礼俗、风俗构成的。一种俗文化行为构成'风尚'，就意味着形成了某种意义上的倾向性，成为一种时尚。所以，由审美的、艺术的、情趣的习俗构成了行为文化层的审美层面。"③ 基于此，审美风尚的研究与民俗学研究关联紧密，可以称之为审美的民俗学研究。鉴于审美风尚研究的交叉性，作者将审美风尚的研究范围确定为这样四个层次："第一，作为行为文化的习俗、风俗以及相关的民间艺术；第二，作为物质文化层面的建筑、雕刻、服饰、装饰等物质艺术；第三，作为精神文化层面的雅文化、雅艺术，诗歌、小说、绘画、戏曲、音乐等；第四，作为一个时代审美精神的理论代言的美学理论。"④ 这四个层次与周来祥所确定的审美文化的研究范围很接近，不过行为文化层的内容是其关注重点。

在研究方法与写作思路上，作者借鉴了法国年鉴学派代表人物布罗代尔的研究方法，布氏的《15 世纪至 18 世纪的物质文明、经济和资本主

---

① 许明主编：《华夏审美风尚史》"总序"，河南人民出版社 2000 年版，第 1 页。
② 许明提到，在 20 世纪 80 年代初的全国第一次美学会议上，就有人提出了"大美学"的概念，不过是停留在假设的层面上。
③ 许明主编：《华夏审美风尚史》"总序"，河南人民出版社 2000 年版，第 20 页。
④ 同上书，第 23 页。

义》一书,打破了传统的历史写作以事件与人物为主线的方法,以一种整体的历史视野,将历史画卷多层次地、形象地、多角度地展示了出来。这种新史学的写作方式给作者以很大启发。在各卷的书写中,作者以总体历史观为出发点,以"博物馆的展览室"的"陈列式"叙事方式展开了研究。如第1卷探讨了史前时期的居室、石斧、丧葬、纹饰、饮食、舞蹈、服饰、玉器、岩画、神话、礼仪等内容;第2卷分析了先秦的礼文制度、诗乐之风、官能享乐、养生游乐、人物风神、歌舞文学、建筑工艺、自然审美等内容;第3卷展现了汉代的宴飨、服饰、器具、厚葬等社会风气,求仙、治丧、节日等民间风俗,礼乐、衣冠、车骑等皇家制度,建筑、大赋、雕塑、画像、游戏等文艺;第7卷考察了元代的杂剧、散曲、绘画、书法、建筑、服饰、饮食等内容;第9卷分析了清代的服饰、娱乐、戏曲、小说、陶瓷、家具等内容。其余几卷不再一一列举。

尽管各卷写作体例并不完全一致,各卷的写作,或以风俗与文艺的描述为主,或以理论分析为主,由于每个时代的情形各有其独特性,自然也难求一律。总体来看,该套丛书体现了中国美学史的一种新写法。

此外,张法在《美学导论》一书中很好地阐述了他的美学观,他明确提出美是文化性的,主张从文化的角度理解美,由此他的美学观可以称之为"文化美学"。这种美学观体现在他的《中国美学史》中,可以概括为两点。

一是注重对每个时代文化背景的揭橥,比如他将六朝美学的文化基础概括为三个方面:宇宙本体的虚灵化、个性的自觉以及审美体系的扩大和演进。在他看来,六朝时期,玄学的"无"与佛学的"空",导向了宇宙的虚灵化,并对六朝美学产生了多方面的深刻影响,"在一个无的宇宙中,审美不能从政治—等级—伦理等社会方面去寻找依据,而是从美本身去获得体悟"。[1] 而六朝士人个性的自觉与深情,"直接地影响到六朝审美和艺术的外貌与内涵,结束了汉代代表集体意识的类型化审美,而敞开了六朝的呈现个性色彩的有情致的审美和艺术"。[2] 他认为社会转型是理解

---

[1] 张法:《中国美学史》,四川人民出版社2004年版,第80页。
[2] 同上书,第82页。

宋代美学的关键,他将宋代社会转型概括为三个方面:一是作为主流经济形态的农村经济结构的变化;二是市民文化的兴起;三是士人的特殊地位。作者同时指出画院、书院、文房和瓦肆勾栏是影响宋代美学风貌的四个文化要素。显然,张法对每个时代的文化背景的探讨,是从文化史和思想史的宏观角度切入的。

二是以文化整体的视角理解中国传统美学。张法将中国美学分成了朝廷美学、士人美学、民间美学和市民美学四大块,他指出这四类美学并不是四种独立的美学体系,而是构成中国美学的四种背景。他论述了这四类美学的历史演进与相互关系:"从夏到汉,美学主要是参考朝廷与民间的关系来思考美学的,其典型代表就是荀子、《乐记》、《诗大序》所呈示的美学。魏晋始,美学主要是考虑士人自身在文化中究竟应当如何定位来思考美学的。这就是所谓在(士)人的自觉基础上的美的自觉时期。宋元明清,美学关注市民趣味,并以之来思考美学,这就是从李贽到李渔的明清美学。"[1] 魏晋时期,士人走向自觉,文艺走向自觉,产生了具有相对独立形态的士人美学体系;中唐被视为百代之中,自此以往,中国社会出现转型,宋元以后市民文艺更是大行其道,市民美学成为重头。他对朝廷美学的论述,值得引起注意。所谓朝廷美学,张法作了如是界定:"朝廷美学体系,融建筑、器物、服饰、典章制度为一体,是中国社会主结构的基础,是中国智慧的结晶。其特征是:如何使小农经济组合成为紧密的大一统王朝。它超越了有什么样的经济基础就有什么样的社会结构和观念形态的简单化理论,而呈现出经济基础、社会结构、政治制度、观念形态、美学体系高度的一体化的东方文化形态。"[2] 从远古以至秦汉时期的美学,都被张法纳入朝廷美学体系之中加以解读。中国美学界对于史前美学与夏、商、周美学的探讨,主要是依据出土文物、古代典籍及文字等材料,分析器物的审美特征、审美风貌,探讨其所体现出的审美意识、审美理想等问题。张法则以这些材料为基础,以高度理论化的视角,将远古美学至夏商周的嬗变,归结为"礼"(原始整合性

---

[1] 张法:《中国美学史》,四川人民出版社2004年版,第292页。
[2] 同上书,第9页。

与美)、"文"(审美对象的总称)、"中"(文化核心与审美原则)、"和"(审美理想与审美原则)、"观"(审美方式的基础)、"乐"(审美主体的构成)六个方面,并分别以彩陶、饮食、服饰、建筑、音乐、诗歌等艺术实例进行了阐释。在他看来,中国审美文化在远古的演化,就是远古的简单仪式演进为朝廷美学体系的过程。先秦美学的主体是儒、道、墨、法、屈诸家,这些人已属士人阶层,张法仍从朝廷美学的角度对其加以理解。他认为夏、商、周三代整合性的朝廷美学体系及至先秦已经发生了衍变,美的感性快适性与政治权威性和宗教神圣性产生了分离,这一转变从春秋开始,到战国彻底完成。以朝廷美学的框架观之,孔子提出的"文质彬彬,然后君子"是一种仁心—政治—美学一体的思想;荀子重建了以帝王为中心的朝廷美学,屈原建立了以忠臣为中心的朝廷美学。秦汉时期重建了朝廷美学,并体现为一种容纳万有的宏大气魄。可以看出,张法以朝廷美学体系看待夏、商、周三代至秦汉时期的美学,实际上是将这几个阶段的美学纳入文化的整体之中进行审视,因为此时的美学正是与政治—社会—伦理紧密结合在一起的。他明确指出:"在这里,美学主要是作为文化来认识。"[①] 正因将其作为文化整体来认识,此一时期的美学方得到了更好的把握。

四 意识史类型的中国美学史

审美意识是美学原理中经常提及的一个概念,一般将其视为美感。审美意识史的写法并不是一种新提法,以上所说的思想史、范畴史甚或文化史,都可以视为宽泛的审美意识史。40年来,不乏以审美意识命名的美学史,近年来,有两部著作比较突出,一是朱志荣主编的《中国审美意识通史》(八卷,人民出版社 2017 年版)和陈望衡的《文明前的"文明":中华史前审美意识研究》(上、下,人民出版社 2017 年版)。

《中国审美意识通史》从史前写至清代,共八卷,作为国内第一部以"审美意识"为冠名的通史,该书实际上贯彻了宗白华和李泽厚等前辈的观念,宗白华曾提倡自下而上的实证研究,李泽厚亦指出广义上的美学史

[①] 张法:《中国美学史》,四川人民出版社 2004 年版,第 78 页。

研究包括对表现在文学艺术以至社会风尚中的审美意识进行全面考察。朱志荣在"总绪论"中指出,审美意识是感性地存活在脑海中的,是体现在审美活动和艺术创作中的审美经验,是美学思想与美学理论的源泉。就研究方法而言,该书采用由器而道的方式,注重从具体文物遗存、艺术作品和日常生活出发,对其艺术形式进行描述、概括、总结,发现其中的审美规律。于是,我们看到,从史前的陶器、玉器、岩画,商周的青铜器,再往后的文学、绘画、书法、音乐、舞蹈,乃至园林、建筑、工艺、家具等,都纳入了研究视野。在具体研究中,提倡多学科交融,举凡艺术学、考古学、人类学、社会学等学科的研究方法,都尽量吸取,为我所用,体现了美学研究的跨学科性。这套书对于器物、艺术作品等形而下的角度书写中国美学史,做出了很好的尝试。当然,其中亦不可避免地存在若干问题,比如,由于作者多人,写作体例难以做到真正统一,这也是所有成于众手的通史类著作都面临的问题。再如,形而下的器物与作品中呈现出的审美意识如何与形而上的思想观念中的审美意识进行融通互动,有时会顾此失彼。

陈望衡的《文明前的"文明":中华史前审美意识研究》(上、下,2017)关注的是史前,他将史前考古器物和有关神话传说为研究对象,探讨了旧石器时代末期至文明开始(夏朝)中华民族的审美意识的发生、发展状况。史料较为丰赡,得出了一些值得重视的结论,如认为审美意识是人类意识之母,人性的觉醒与审美的觉醒是史前文化的主题,中华文明孕育于史前审美之中等。

总体来看,审美思想史、审美范畴史、审美文化史、审美意识史,代表了中国美学史研究的四种理论范型。接下来需要如何来书写新的中国美学史?我们认为,生活美学能够为中国美学史研究提供一个新的视角。

当把生活美学作为研究中国美学的新视角,它所带来以及需要考虑的包括以下内容。

(1)研究领域的扩大。生活美学关注的是古人日常生活中的美与艺术,其涵盖的内容是非常广阔的,大而言之,关涉到人们衣、食、住、行的各个领域。其一体现为物质文化的方面,如服饰、饮食、居室、日常器皿、日用工艺等。其二体现为日常活动之中,如文人交游、游戏娱乐、节日庆典、民俗风情等。值得强调的是，以往的中国美学史研究集中于作为"大传统"的士人美学，而生活美学则将以往所忽视的"小传统"的民间美学和民俗美学作为一个研究重点。

（2）研究资料的拓展。以往的中国美学史研究资料主要有三大内容，一是历代思想家有关美的言论，二是历代文论、书论、画论等文艺理论著作，三是历代的文艺作品，前二者更是重点。而生活美学由于涵盖的对象广阔，在研究资料上，除了以上几个方面外，其他如史传、诗文、笔记、地方志、民俗著作，能够作为图像学资料的绘画、雕塑、民间美术等，都是取材的来源。自然，这给研究带来了更大的难度，也对研究者提出了更高的要求。

（3）研究方法的革新。除了传统的文献梳理、史论结合之类的研究方法，笔者认为还需吸纳新的研究方法。其一，引入人类学的研究方法。人类学注重语境（context）研究，强调的是整体性的研究方法。近年来方兴未艾的艺术人类学，就注重在文化语境之中研究艺术。如美国学者哈彻尔论道："我们在博物馆和艺术书籍中看到的来自美洲、非洲或大洋洲的大部分艺术品，实际上曾是更大的艺术整体的一小部分。举个最为明显的例子，一副面具，它所属的艺术整体还包括服饰、穿戴者的行动、音乐，以及整个表演。这种表演可能会持续几天，并且包含大量艺术品。甚至可能像在普韦布洛族一样，是持续长达一年的仪式周期的一部分。从某种意义上说，只将一副面具自身看成艺术品，就难免会把我们的文化标准强加到上面。因此，我们要想获得艺术品的深层意义，而非满足于所提供给我们的零星片断，就有必要认识到，我们需要合零为整，构想其艺术语境与文化语境。"[①] 美与艺术本就脱胎于日常生活，对它们的理解亦应放置于日常生活的语境之中，进行整体性的审视。试举一例，法国汉学家葛兰言一反中国注经家对《诗经》的道德比附，转而从节庆仪式的角度来加以阐释，得出了许多新鲜的结论。如对"曾点之志"的理解，中国美学论著中一般将其视为孔子对审美境界的追求，而葛兰言则认为"曾点之志"

[①] Evelyn Payne Hatcher, *Art As Culture: An Introduction to the Anthropology of Art* (second edition), London: Bergin & Garvey, 1999, p.13.

所表达的是一个祈雨仪式,"在鲁国,在春天的某个时间(这种时间虽然有所变化,但一定要与'春服既成'的时间相吻合),要在河边举行一个祈雨的节庆。两组表演者且歌且舞,这个庆典以献祭和飨宴宣告结束,其基本特征是涉河"。① 无疑,"曾点之志"体现出了一种审美追求,不过,将其只言片语抽离出来,仅以美学的眼光大作发挥,容易产生误读而不得其要,如若将其置于仪式的语境中加以理解,似乎更能得其真髓。其二,借鉴新文化史的研究方法。20 世纪八九十年代,国际学术界出现了一股"文化转向",见之于史学界,便是"新文化史"的浮出。新文化史的两个突出特征是关注表象和实践,"'实践'是新文化史的口号之一,也就是说,他们应当研究宗教实践的历史而不是神学的历史,应当研究说话的历史而不是语言的历史,应当研究科学实验的历史而不是科学理论的历史"。② 将"实践"的理论应用于美学,可知美学史应当研究美的实践的历史,亦即美的创造、呈现、欣赏、消费等"实践"。显然,此"实践"与李泽厚"实践美学"的"实践"有着很大区别。"实践美学"推崇"积淀",认为美是实践的产物,倾向于静态,近乎完成时,而此一"实践"主张美即在实践中,是动态化的,是进行时,强调的是行动与过程。试举一例,比如古代文士的交游活动,便涵盖了游艺、宴饮、诗文唱和、歌舞、山水、宫室、园林等多方面的美学与艺术活动,是一个立体的、动态的过程,需要结合具体的社会语境和文化语境进行研究。此外,新文化史的性别研究同样值得关注,以往的美学史研究不考虑性别问题,实际上所隐含的是一种男性的视角,女性美学基本被排除在外。生活美学,特别是中唐之后市民社会兴起以来的生活美学,倘能引入女性美学的视角,应能为中国美学史的书写注入新的活力。此外,新文化史所关注的以饮食、服饰、居室为重点的物质文化,以及身体的视角等,都值得生活美学进行借鉴。

除生活美学之外,天下美学与政治美学同样值得注意。

---

① 葛兰言:《古代中国的节庆与歌谣》,赵丙祥、张宏明译,广西师范大学出版社 2005 年版,第 139 页。

② 彼得·伯克:《什么是文化史》,蔡玉辉译,北京大学出版社 2009 年版,第 67 页。

晚清以来的中国，变成了世界体系中的一个民族国家，由此诞生的中国美学研究，更多关注作为大传统的汉族文人美学，而对少数民族美学、民间美学多有忽视。实际上，古代中国是一种天下体系，华夏与四夷乃是一个有机的整体，长久地处于互动之中。近年来，学界对此认知已多，张法更是多次撰文指出此点，在他看来，中国美学是一个以华夏为核心的华夷一体的美学，华夏美学与四夷美学各有自己的特点，又相互借鉴，华夏美学一方面体现了中华核心区的地域文化的美学，另一方面又体现出代表中国型的宇宙和天下的美学，正如汉族乃多民族融和的结果，华夏美学中本就内蕴着四夷美学的内容。它所体现的不仅是华夏，而且是一个作为整体的天下观的美学。因此，中国美学史不但要呈现作为天下核心的华夏美学，还要体现出具有地域特色的四夷美学思想，只有这样，华夏具有天下观的美学才显示出自己的内蕴深度。① 如何在天下观的视野中研究四夷美学，仍是一个有待开启的工作。

21世纪以来，政治美学是国内外新出现的一个议题。它从政治的视角来反思美学，从美学的视角来看待政治，注重政治与美学之间的内在关联。有些学者将之作为一个视角，来重新看待中国古典美学。张法、刘成纪、余开亮等学者对此做了开拓，他们一致认为，中国古典美学关注的对象不仅仅是文学艺术，而是有天下国家的广阔视野。中国文学艺术的价值也不仅仅在于愉悦性情，而是具有为政治注入诗意又在理想层面引领政治的双重功能。远古的礼器，先秦的礼乐制度，都与政治有着密切的关系，是按照政治美学的原则建构起来的。政治美学能够为中国美学史研究带来新的角度，能够弥补对周代、汉代、北朝、唐代、清代等美学史研究的薄弱。②

此外，生态美学、环境美学、身体美学等亦构成一个新的视角，能否

---

① 张法：《中国古典美学的四大特点》，《文艺理论研究》2013年第1期；张法：《古代中国天下观中的中国美学——试论中国美学史研究中一个缺失的问题》，《郑州大学学报》2010年第5期。

② 刘成纪：《中国美学与传统国家政治》，《文学遗产》2016年第5期；张法：《政治美学：历史源流与当代理路》，《文艺争鸣》2017年第4期；余开亮：《中国古典政治美学的理论契机、基本原则与美学史限度》，《文艺争鸣》2017年第4期。

从这些新的角度重写中国美学史，或者说将其纳入中国美学史的多重书写维度之中，从而建构新的中国美学史，对此值得期待。

第二节　中国断代美学史研究（上）

断代美学史研究可以分为三个阶段，20世纪70年代末至80年代，这是中国美学研究的初创期，断代美学史的研究还非常少，施昌东的《先秦诸子美学思想述评》和《汉代美学思想述评》、于民的《春秋前审美观念的发展》和袁济喜的《六朝美学》是这一期间出版的著作。90年代，断代美学史的著作相对增多，具有代表性的，如吴功正的《六朝美学史》《唐代美学史》，霍然的《唐代美学思潮》《宋代美学思潮》等。2000年之后，断代美学史的研究才真正进入高潮，著作更加多了起来，对先秦、宋代美学的研究成果更多集中在这一阶段。

总体看来，断代美学史研究可以分为如下几种类型：一是美学思想的研究，如施昌东的研究，以"美"为核心，梳理相关文献中的论美资料并加以分析；王明居的《唐代美学》（安徽大学出版社2005年版）、郑苏淮的《宋代美学思想史》（江西人民出版社2007年版）皆属对美学思想的研究。二是审美意识的研究，这种研究思路注重审美理论与审美实践的结合。如陈立群的《先秦审美意识的酝酿》（中山大学出版社2008版）、朱志荣的《商代审美意识研究》（人民出版社2002年版）和《夏商周美学思想研究》（人民出版社2008年版），张灵聪的《从冲突走向融通：晚明至清中叶审美意识嬗变论》（复旦大学出版社2000年版），霍然的《唐代美学思潮》（长春出版社1990年版）、《宋代美学思潮》（长春出版社1997年版）和《先秦美学思潮》（人民出版社2006年版），陈望衡的《文明前的"文明"：中华史前审美意识研究》（上、下，人民出版社2017年版）等。三是审美文化研究，如周均平的《秦汉审美文化宏观研究》（人民出版社2007年版），仪平策的《中古审美文化通论》（山东人民出版社2007年版），刘方的《唐宋变革与宋代审美文化转型》（学林出版社2009年版）和《宋型文化和宋代美学精神》（巴蜀书社2004年版）

等。四是通论型的美学史，举凡美学思想、美学范畴、文艺理论皆包罗在内，以吴功正的研究为代表。

一 先秦以前的美学研究

史前时期，没有确切文字记载，更无信史可言。所以，早期治中国美学史者，大多是直接以先秦孔子或老子为开端。当然，这与当时以研究美学思想史为主，需要依赖留传下来的文献资料直接相关。不过，具有追根溯源冲动的学者意识到了此一思路的问题所在，先秦的美学思想不可能一下子走向成熟，之前断然有较长时间的萌发期。此一时期虽无文献可征，却有大量的出土器物（如石器、陶器、玉器、青铜器等考古学资料），后世的文献材料中也提供了不少关于这些时代的神话传说。借此，可以对史前时期的生活情景以及审美意识进行拟构与阐发。

于民的《春秋前审美观念的发展》（中华书局1984年版）是中华人民共和国成立后最早对春秋之前的审美观念进行研究的专著。该书分为三部分，第一部分标题为"审美艺术的产生"。在研究方法上，该书提出："我们认为，研究中国古代审美艺术的起源，应该充分利用考古工作的成果，要把有关文物的必要考察同有关神话传说的研究结合起来，进行辩证的历史的分析。"[①] 该书贯彻了这一思路，结合出土文物及文献资料，分析了从物质产品的石制工具到精神产品的圭璧（玉器）、从适应生产活动需要的呐喊到表情的歌唱（诗歌）、从工具制造使用中的音声之感到乐器演奏中的审美感（音乐）、从狩猎活动的再现到真与幻结合的原始舞蹈（舞蹈）、从写实的图绘到非写实的几何文（图样）等问题，实际上探讨的是几种艺术形成的过程。作者接受了马克思主义的美学观，认为艺术起源于实践，主要是物质生产实践。第二部分"夏殷奴隶制的审美特点"，主要以夏商青铜器上的饕餮纹为研究对象，从饕餮纹的演变、饕餮纹所体现的社会时代背景及审美意义等方面展开了分析。作者认为青铜艺术的审美观念经历了三个阶段："知神奸"——"昭帝功"——"明鉴戒"。显然更多注重其社会功能。第三部分对"春秋时期审美范畴的出现和影响"进

---

① 于民：《春秋前审美观念的发展》，中华书局1984年版，第6页。

行了分析,包括:美与善、文与质、雅与俗、音与心、中和与非中和、物与欲。作者运用文字学和先秦典籍中的相关资料,结合社会背景,探讨了这些范畴的源流、变迁、内涵及影响等问题。作者指出:"从春秋时审美观念的发展中,人们不难感到,孔子的美学思想内容的形成,确如水到渠成,自然而然。"① 该书注重结合社会背景探讨艺术的起源和美学观念的演变,对于我们认知春秋之前的审美观念具有开创之功。

对这一时期审美意识的研究是一大重点。如邹华的《中国美学原点解析》探讨的就是中国古代美学源头的审美意识。该书从中国古代宗教和中国古代人性结构的关系出发,提出了"四象三圈"的观点。他提出进行原点解析的四个层次:一是原点解析与审美意识,即探讨审美意识的问题;二是审美意识与人性结构,审美意识建筑在人性结构之上,感性和理性构成人性结构的两个基本层面,具有认识论和存在论的双重意义;三是古代人性结构与古代宗教,古代宗教是了解古代人性结构的切入点,原始宗教分成自然崇拜和祖先崇拜两个层面,前者产生创世神话,后者产生英雄神话;四是中国古代人性结构与中国古代宗教。该书不同于直接从器物或文献出发的研究方法,更为注重理论的推演,为理解先民的审美意识提供了一种新的思路。

朱志荣的《商代审美意识研究》,认为感性形象是审美意识孕育、产生和发展的基础,研究了商代的文字(甲骨文、金文)、文学(《易》卦爻辞、《尚书·盘庚》、《诗经·商颂》)、陶器、玉器、青铜器,对其造型、纹饰、艺术风格及审美特征进行了分析。书中提出,商代审美意识的基本特征是:"商代人自发地在进行立象尽意的艺术创造,从中体现出浓烈的主体意识。"② 并认为商代审美意识实现了从实用到审美的转换过程。继《商代审美意识研究》之后,朱志荣又出版了《夏商周美学思想研究》,该书延续了前书的观点,认为审美意识的产生同样可以追溯到遥远的石器时代。由旧石器时代到新石器时代,人们的审美意识由萌芽而成长,朱志荣提出夏商周是一个过渡期和转折期:"夏商周三代文明的变迁

---

① 于民:《春秋前审美观念的发展》,中华书局1984年版,第186页。
② 朱志荣:《商代审美意识研究》,人民出版社2002年版,第58页。

是一个逐步发展深化的过程：由自发走向自觉，由朴素的审美意识走向相对丰富的理论形态，再发展成为成熟的美学思想。"① 在研究方法上，该书亦有值得重视之处。在以器物为主要研究对象的同时，作者运用王国维先生提出的"二重证据法"，"地下实物与纸上的遗文互相释证，以地下的材料补证纸上的材料，田野考古成果与文献记载相互补充"。基于此种方法论，该书的研究对象包括了三代文字（甲骨文、青铜器铭文）、文学（《诗经》、《楚辞》、诸子散文）与美学思想（先秦儒道等）。通过与纸上材料的相互参证，出土器物变得鲜活起来，由器入道，道器合一，体现了研究方法的丰富性与科学性。

陈立群的《先秦审美意识的酝酿》曾收入王振复主编的《中国美学范畴史》，该书将先秦时期视为美学范畴的酝酿期，作者选取了天人关系中的"人"或"生命"，以此切入探讨先秦时期的审美意识。作者以"生命体验"为考察对象，认为"生命体验"是个本原性范畴，"美"和"艺术"都是次生性的。作者给出了三条线索：天人观念的变迁、审美意识的变迁、天人观念之变与审美意识之变的关联。作者依据文献资料，分别考察了原始社会的"天人合一"、殷商时期的"帝"、西周时期的"天"、春秋至战国前期的"道"、战国中期孟子和庄子提出的"心"、战国后期的荀子和韩非子提出的"群"和"理"等范畴，并提出了审美意识的变迁史。作者认为"帝"的观念产生了中国人"生命体验"中的重"生"倾向；"天"的观念的出现使此时的人有了主体与实践的初步意识，并产生了注重善的审美倾向；"道"体现了人的生命的根本面目，萌发了人格美意识；"心"的范畴意味着体验到了"心天的合一"，实现了生命的自由；"群"和"理"的观念使人的"生命体验"成为社会化的，审美意识的发展停滞了。

此外，第一节所述的几部审美文化通史中，如廖群在《中国审美文化史》（先秦卷）中对史前和夏商周时期的研究，王悦勤、户晓辉著的《华夏审美风尚史·俯仰生息》，以及陈望衡的《文明前的"文明"：中华史前审美意识研究》，就是充分利用了这些考古资料和神话传说，进行了

---

① 朱志荣：《夏商周美学思想研究》，人民出版社2009年版，第6页。

文化史的研究，此处不再展开。

二 先秦美学研究

先秦被视为思想史上的"轴心时代"，诸子竞出，百家争流。儒、道两家，奠定了中国传统文化的基本架构。可以说，先秦美学同样是中国传统美学最重要的阶段之一。从出版的成果来看，对先秦美学的研究多集中于人物或文本（如老子、庄子、《周易》），断代性质的先秦美学史并不多见。

施昌东的《先秦诸子美学思想述评》（1979）是中华人民共和国成立之后最早出版的一本中国美学史类专著。在该书中，施昌东探讨了孔子、墨子、老庄、孟子、荀子和韩非子的美学思想。他的基本思路是，以唯物、唯心两条路线的斗争为纲，以"美"为中心，将诸子有关"美"的材料加以整理分析，这些材料涉及美的本质、美与丑、美与善、美与美感、文与质、礼与乐等问题。该书以两条路线的斗争来总括先秦诸子的思想，未免失之简单片面，但其对中国美学史研究的首创之功值得肯定。

杨安仑、程俊的《先秦美学思想史略》（1992）研究的是"美学思想史"，该书认为中国美学思想史的研究对象包括两个部分，理论著述中的美学思想和文艺作品中的美学思想。书中提出中国美学思想史的四个研究方法：一是找出终极根源，"不同的生产方式就会产生不同的意识形态，也就会产生不同的美学思想。因此，要探究意识形态的终极根源，就只能到物质生产当中去寻找，而不能从精神本身去找"[①]；二是研究意识形态之间的交互作用；三是运用阶级分析方法；四是找出美学思想的内部规律。该书的研究时期并未局限于先秦，先是研究了原始时期的审美意识的起源和变化，作者认为原始艺术起源于生产劳动，此外，宗教活动和娱乐活动也促成了审美意识的起源。作者对甲骨文、金文、青铜器的审美特征与审美价值进行了分析，探究了其中所体现出的审美意识。第三章考察了先秦以前的几对审美范畴，包括礼与乐、文与质、美与善。第五至第十一章分别探讨了孔子、孟子、荀子、老子、庄子、《周易》、屈原等人物或

[①] 杨安仑、程俊：《先秦美学思想史略》，岳麓书社1992年版，第16页。

文本中的美学思想，集中于美、美感和艺术这三大内容。

霍然的《先秦美学思潮》，是继其《唐代美学思潮》和《宋代美学思潮》之后出版的第三部断代史类著作。他对美学思潮作了这样的界定："即某一历史时期内，美学领域中反映一定阶级或阶层的利益和要求，而有较大影响的思想潮流。"① 三部著作的思路一以贯之，即依照一种逻辑顺序对该时代的审美思潮进行分期把握。作者将先秦美学分为四个时代七个阶段，史前传说时代是审美意识的酝酿阶段，分析了石器、陶盆等出土器物和原始乐舞；夏朝是先秦美学观念的蕴蓄阶段，探讨了神话传说、诗乐舞合一等；商朝是先秦审美观念的萌动阶段，考察了玄鸟图腾、人祭仪式和东夷乐舞；周朝又分为四个阶段，西周和春秋属于先秦美学观念汇聚融合的阶段；春秋战国之交是先秦美学思潮的勃兴阶段，分析了道家隐逸美学、儒家入世美学和墨家节用美学；战国中期是先秦美学思潮的展开阶段，探讨了孟子、庄子和楚辞的美学思想；战国后期是先秦美学思潮的高峰阶段，体现为服饰、音乐、雕塑、杂技等艺术形式的繁荣，以及荀子和韩非子的美学思想。作者依据的是一种反映论的美学观，"美学观念的形成与演变是社会存在的反映"。② 作者将文学艺术的繁荣视为美学思潮繁荣的标志，因此，将战国后期作为先秦美学思潮的高峰。

此外，彭亚非的《先秦审美观念研究》（1996）依据以诸子为主的先秦文献，以七章的篇幅分别探讨了先秦时期的五官审美观、政教审美观、道德审美观、中和审美观、养生审美观、质朴审美观和道象审美观。

近年出版的相关著作还有张艳艳的《先秦儒道身体观与其美学意义考察》（上海古籍出版社2007年版）、胡家祥的《先秦哲学与美学论丛》（中国社会科学出版社2010年版）、轩小杨的《先秦两汉音乐美学思想研究》（中国社会科学出版社2011年版）、余开亮的《先秦儒道心性论美学》（北京师范大学出版社2015年版）、刘成纪的《先秦两汉艺术观念史》（上、下，人民出版社2017年版）。余开亮和刘成纪的两部著作，是近年涌现出的两部力作，值得关注，限于篇幅，不再展开论述。

---

① 霍然：《先秦美学思潮》，人民出版社2007年版，"自序"第1页。
② 同上书，第228页。

三 汉代美学研究

汉初以黄老之术治国，武帝时期"独尊儒术"，经学遂成为这个统一的大帝国的主流意识形态。它一方面造就了汉代恢宏阔大的精神风度，另一方面也使得文学艺术纳入了"朝廷美学"的领域之内。此一时期最受重视的理论著作，如《淮南子》《论衡》，皆为哲学著作而非美学著作，尽管其中包含着些许美学的内容。故此，汉代美学并不发达，叶朗曾指出："汉代美学是从先秦美学发展到魏晋南北朝美学的过渡环节。"[①]

施昌东的《汉代美学思想述评》（1981）对董仲舒、《淮南子》、扬雄、《白虎通义》和王充的美学思想进行了研究，该书延续其《先秦诸子美学思想述评》的思想，以唯物、唯心的路线斗争为纲，以"美"为线索，对相关文献中与"美"（"乐""礼乐"）有关的资料进行了梳理。

周均平的《秦汉审美文化宏观研究》（2007）是在其博士论文基础上修改而成，属审美文化史类著作。该书第一章对"审美文化"的概念、研究对象、研究方法与研究意义等问题进行了探讨，在梳理了国内对审美文化的若干观点之后，作者提出了自己的研究思路："以特定时代的审美文化精神和集中体现这一审美文化精神的审美理想为核心，以审美文化生态为前提和基础，以理论形态的美学思想、感性形态的文学艺术和生活形态的行为风尚为主要内容……通过对它们的整体运动及其相互联系、相互作用的特点和规律性的理论把握和深层阐释，展现出特定时代审美文化的内在精神、基本风貌和嬗变轨迹。"[②] 按照这种思路，作者在第二章论述了秦汉时期的审美文化生态，包括"大一统"的政治、自然环境、科学技术、民族统一、阴阳五行的宇宙观等方面。第三章分析了秦汉审美文化的审美理想和基本特征，作者以"壮丽"概括秦汉审美文化的审美理想，将其基本特征概括为现实与浪漫的交织、繁复与稚纯的统一、凝重与飞动的统一、美与善的统一等四个方面。第四章考察了秦汉审美文化的历史地位，汉代美学一般被视为一个过渡阶段，作者却对秦汉美学给予高度评

---

① 叶朗：《中国美学史大纲》，上海人民出版社1985年版，第159页。
② 周均平：《秦汉审美文化宏观研究》，人民出版社2007年版，第14页。

价,"与先秦相比,秦汉在审美的独特性质和功用的探讨上,迈出了关键一步,推动审美走向自觉。它主要表现在美的升值、情的上扬、自然审美观的发展和突破等方面"。① 这些观点可以视为对秦汉美学的新的论断。作者将这些观点征之于史料,具有一定的说服力。

刘成纪的《形而下的不朽——汉代身体美学考论》(2007),从"身体美学"的角度,对汉代美学进行了一种新的开拓。身体美学是近年来传入的一个概念,为美国实用主义美学家舒斯特曼所提倡。实际上,西方对于身体的研究在20世纪五六十年代就已有之,东亚学者将之作为一种研究视角,用以研究中国思想史中的身体,日本学者和中国台湾学者在这方面做了较多工作。② 书分五章,分别探讨了"两汉美学对身体的规定""汉代美学中的身体与世界""汉代美学中的礼乐服饰""身体的死亡与对死亡的超越""两汉身体观对魏晋美学的开启"等问题。作者以"身体美学"来观照汉代美学,相比传统美学史的研究领域,提出了不少新的问题,如中国古代如何看待身体,汉代相术及汉代思想家对形神的理解,气化论的身体观与天人合一的关系,儒家礼乐服饰与身体的关系,汉代神仙信仰及汉代思想家对身体不朽的不同理解,汉代身体观对魏晋美学的影响等问题。由此,也就纳入了许多此前不受重视的新材料,如王符《潜夫论》论骨相的篇章、董仲舒对天人感应的论述、《太平经》论修仙的理论等。作者认为,两汉的身体观对于魏晋美学具有开启作用,该书第五章专论此点,力图"从这种历史有机延续的观念出发,为魏晋美学研究置入一个纵向的维度"。③ 探讨了汉代察举制与人物品藻、身体的死亡与魏晋风度、身体的不朽与魏晋文学艺术之间的承续关系。可以说,该书对于书写中国传统美学提供了一种新的思路,

---

① 周均平:《秦汉审美文化宏观研究》,人民出版社2007年版,第269页。
② 如日本学者汤浅泰雄的《灵肉探微——神秘的东方身心观》(中国友谊出版社1990年版),中国台湾学者杨儒宾的《儒家身体观》(台北中国文史哲研究所1996年版)以及他主编的《中国古代思想中的气论与身体观》(巨流图书公司1997年版),蔡璧名的《身体与自然——以〈黄帝内经素问〉为中心论古代思想传统中的身体观》(台湾大学出版社1997年版),李建民的《发现古脉:中国古典医学与数术身体观》(社会科学文献出版社2007年版)等。
③ 刘成纪:《形而下的不朽:汉代身体美学考论》,人民出版社2007年版,第322页。

对于理解汉代美学与魏晋美学的渊源关系提供了一种值得注意的解读。

聂春华的《董仲舒与汉代美学》（广西师范大学出版社 2013 年版），探讨了董仲舒的美学观，涉及董仲舒的天人思想、自然美论、礼乐美论以及经学诠释美学等内容。

四 魏晋南北朝美学研究

魏晋南北朝，又称六朝。六朝时期常被视为文学艺术的自觉时期，在这一时期，不惟士人审美大受重视，文学艺术繁荣异常，理论著作亦竞相迭出。因此之故，六朝美学尤其是魏晋美学是最受中国美学界关注的一个研究对象，理论成果非常多。此处对两本六朝美学史进行分析，第三节会专门梳理魏晋美学的研究状况。

六朝美学史，以袁济喜的《六朝美学》和吴功正的《六朝美学史》为代表。

袁济喜的《六朝美学》（北京大学出版社 1989 年版）是较早出版的六朝美学史专著，1999 年进行了修订。该书以审美范畴及命题为研究中心，探讨了人物品藻、玄学思潮和佛教哲学影响下的六朝美学，分析了六朝文艺理论中有关审美创作、审美鉴赏、审美风格、形式美的理论。第一章"人物品评与审美"是六朝美学理论结构的逻辑起点，梳理了从汉末到六朝的人物品鉴及相关的人格美、文艺美等审美观念的变迁，重点探讨了曹丕的"文气说"及顾恺之的"传神写照"等文艺理论；第二章"'有无之辩'与审美"分析了魏晋玄学对美学思潮演变的作用，及其影响下的自然山水赏会和艺术理论中的本体论审美观，玄学领域的"言意之辩"对审美理论的影响（如隐秀、意象等理论）；第三章"自然之道与审美"分析了与有无本末密切相关的自然范畴在六朝的新发展，分别从人格美、艺术美和创作构思理论方面进行了探讨；第四章"佛教与审美"论述了佛学对六朝美学范畴"形神论""造像论"的阐释和发挥，及佛学影响下的审美境界论与修养论；第五章"情感与审美"分析了六朝美学审美主体论的情感论，重点探讨了文学情感的个体性与表现性；第六至第八章"审美创作与审美鉴赏""个性风采与审美风格""形式美理论"以刘勰的《文心雕龙》为重点文本，阐发了六朝美学中艺术创作理论和鉴赏理论中的重要范畴，如审美创作的"虚静说""神思说""感兴说","披文以入情"所体现出的审美鉴赏论,"风清骨峻,篇体光华"中的风骨说,以及"文笔之辩"、齐梁声律论等形式美理论。可以说,该书抓住了六朝美学的理论关键(人物品藻、玄学、佛学),对六朝时期的主要审美范畴进行了比较详尽的梳理。

如果说袁济喜的《六朝美学》探讨的是审美思想,那么吴功正的《六朝美学史》(江苏美术出版社1994年版)则是审美思想与文艺理论并重。吴功正指出:"我所理解的中国美学史(当然包括断代美学史)是由两大板块所构成的,即元美学和美学学双峰并峙却同归一脉,二水分流却共出一源。美学学属于理论形态,有较强的可认知性,就六朝而言,如刘勰的《文心雕龙》、钟嵘的《诗品》、萧统的《文选序》、萧子显的《南齐书·文学传论》等,而文学实践性创作现象却是感性的、灵动活跃的、变动不居的、其审美活力是旺盛的。"也就是说,他的美学史写作是元理论与文艺理论并重。他的几部断代美学史都贯彻了这种研究思路。全书共七章,第一章从学术思想(经学到玄学)、审美观念、美学风格等方面,介绍了汉代美学到六朝美学的过渡。第二章探讨了六朝美学的时代背景,如庄园经济、玄学思潮、士人风气、隐逸情调、佛学思潮和社会风习等。第三章简单分析了六朝时人对人的自我的发现以及对自然的发现,亦即宗白华所说的"魏晋人向外发现了自然,向内发现了自己的深情"。第四、五两章为全书重点,篇幅占全书的近三分之二。第四章探讨的是审美范畴,包括妙、言意、丽、气韵。第五章为门类美学,包括了绘画美学、书法美学、乐舞美学、雕塑美学、园林美学和文学美学,文学美学又分为诗歌部门(郭璞、陶渊明、谢灵运、颜延之、鲍照、谢朓、沈约、萧氏父子等人)、骈赋散文部门(分东晋、刘宋、齐梁陈三个部分)、小说部门(志怪小说、志人小说)和理论部门(《文心雕龙》、《诗品》、萧氏父子的文学理论)等。第六、七两章对六朝美学进行了总结。作者认为:"六朝是中国美学走向自觉、基本定型的时期。六朝是中国美学在各个门类领域全面发育的时期。六朝是审美主体的人的审美器官基本成熟的时期,发现和感受到人的情绪结构的多面性。"[①] 这种观念基本代表了学界对六朝

[①] 吴功正:《六朝美学史》,江苏美术出版社1994年版,第826页。

美学的定位。总体来看，全书篇幅巨大，对六朝美学所涉及的各个方面，尤其是以文学为主的门类美学进行了较为详尽的研究。当然，其中亦有值得探讨之处，如文学美学部分，对曹魏及西晋时期的文学似乎重视不够。

李戎的《始于玄冥　反于大通——玄学与中国美学》（花城出版社2000年版）一书，前五章对魏晋玄学史进行了梳理，从正始时期玄学的倡导者何晏与王弼、竹林时期的嵇康与阮籍、东晋时期的佛玄合流到化玄理为情思的陶渊明，后六章主要对玄学论美学的审美范畴以及受到玄学影响的人物进行了分析。宗白华先生提出魏晋是中国美学转变的一个关键，中国人的审美趣味由"错彩镂金"转向了"芙蓉出水"，追求一种自然的表达与个体人格的显露，作者认为魏晋玄学是中国美学大转折的契机，它转变了人们的思维方式，从"立象以尽意"到"得意而忘言"，导致了主体意识的复归和悲剧情怀的兴起；玄学使人们的审美理想从质实转向了空灵；这些观点无疑都深受宗白华的影响。作者以三章的篇幅对玄学论美学的若干审美范畴进行了梳理，包括无与空、玄与妙、自然、得意忘象与得意忘言、传神与神韵、气韵、风骨、滋味、意境等。在具体写作中，作者以魏晋玄学及文艺理论中的相关材料加以解析。作者还对司空图的《二十四诗品》以及苏轼的人生观和文艺理论进行了探讨。作者将司空图界定为"玄学论诗学理论家"，通过对《二十四诗品》与《老子》《庄子》中相关文字的对比，作者指出《二十四诗品》中的一系列重要概念都来自老庄著作，"司空图的不朽之功，正是在于他把道家哲学艺术化了"。[①]作者将苏轼认定为"追慕陶潜、归诚佛玄"，透过其人生历程及文艺主张，分析了其中的玄学倾向。

五　唐代美学研究

唐代有着丰富的文学艺术成果，诗歌艺术光芒万丈，书法、绘画亦显赫一时。但是，唐代的理论性著作却相对偏少。这就对书写唐代美学带来了一定的难度。第一节所分析的审美范畴类著作中，如叶朗的《中国美学史大纲》，只以很小的篇幅对唐代书画美学和诗歌美学中的几个范畴或

---

① 李戎：《始于玄冥　反于大通——玄学与中国美学》，花城出版社2000年版，第218页。

命题进行了探讨,意境理论尤为重点。像陈炎主编的《中国审美文化史》,结合审美与文艺创作实践来写,内容就比较充实。

唐代美学史著作主要有三本,一是霍然的《唐代美学思潮》,二是吴功正的《唐代美学史》,三是王明居的《唐代美学》。

霍然的《唐代美学思潮》(1990)是较早出版的唐代美学史著作,该书着眼于唐代美学思潮的转变。所谓美学思潮,作者并没有给出明确的界定,通观全书可以见出,作者论述的是社会审美心理的变化,所取的材料,是具有典型性的文学艺术作品以及生活风尚、历史事件,通过对社会背景的分析,见出其中所体现出的审美观念、审美理想、审美心理。作者将唐代美学分成五个阶段:起源、发端、展开、深入、终结。对于唐代美学的起源,作者提出了自己的观点,他认为唐代美学思潮所受的影响更多来自北朝,而非江南六朝:"笔者认为,民族的大融合,乃是先于经济、政治、文化诸条件形成的具有时代特色的萌动、启发唐代美学思潮的根本原因。唐代的经济、政治、文化诸条件,皆是在这一条件的基础上形成。民族的大融合,开启了有唐一代三百年势不可当的时代美学思潮的闸门。"①

该书按照学术界公认的初、盛、中、晚唐四期分别展开论述,以第三篇"唐代美学思潮的展开"即盛唐部分为例。该篇共分四节,第一节"大漠雄风",王昌龄、高适、岑参、王维等人的边塞诗成为展示"大漠雄风"的主要材料,作者指出,"盛唐边塞诗群的出现与当时那个青春焕发的时代的社会心态息息相关"。② 此一社会心态,指的是初盛唐时期的尚武之风。第二节"诗情画意",是由盛唐山水田园诗人创造的优美宁静的素朴淡雅式的美学境界,王维的诗歌与绘画,李思训的绘画,同样传达出了此种美学境界。作者指出,隐逸求名的社会风气助长了山水田园诗的创作,并从六朝时期隐居心态与审美心理的对比,揭示了盛唐美学思潮的独特性。第三节"百川汇海",讲的是盛唐时期道教、佛教、景教、摩尼教、伊斯兰教等诸教杂糅的现象,孕育了盛唐时期多元的社会心态和审美

---

① 霍然:《唐代美学思潮》,长春出版社1990年版,第48页。
② 同上书,第124页。

意识。第四节"盛世之颠",作者列举了史书、笔记及诗歌中对游侠形象以及唐玄宗的形象的描绘,指出了盛唐时期美学思潮的兴旺,是开元、天宝年间神采焕发的时代审美群体之习俗风尚及其雄强健美的审美观念造成的。综合起来,作者是依照这样的思路写作,即在每一时期,通过对历史背景的叙述,以及选取典型性的文学艺术以及审美现象,展开对时代审美心理的分析。

吴功正的《唐代美学史》延续其《六朝美学史》的写法与风格,全书共八编四十五章七十二万余字,篇幅浩大。第一编论隋代美学,第八编讲五代美学,主体部分共六编研究唐代美学,其中第七编探讨了传奇小说美学、园林美学、书法美学、乐舞美学、美术美学和服饰美学等门类美学。

作者在前言中讲述了自己的美学观与写作原则,他同样注意到了唐代不同时期审美思潮的巨大差异,因此将唐代美学分成初唐、盛唐、盛中唐间的交替、中唐、晚唐五段进行论述。又由于唐代美学以诗人构成主体,因此,《唐代美学史》集中了唐代最为杰出的诗人,初唐涉及的诗人有李世民、初唐四杰、刘希夷、张若虚、陈子昂;盛唐探讨了张说、吴中诗派、岭南诗人、王维、孟浩然、王昌龄、高适、岑参、殷璠、李白;盛中唐的交替转折人物则为杜甫;中唐有孟郊、韩愈、李贺、柳宗元、刘禹锡、白居易、元稹;晚唐选择了李商隐。

作者提出了写作唐代美学史的七条原则:"以整个中国美学通史为依托;以当时的社会、文化为背景;以美的现象为对象,在审美的范畴内作出阐解和说明;以审美心理结构为中心;以具体的审美活动为屏幕;以美学理论与美学实践相并重为架构;以描述与评价、史实与史论、判断与感悟、思辨与体验、个案分析与整体把握相结合为基本撰述方式,建构起一部流变型的立体式美学史。"这几条原则体现在了全书的写作之中。作者认为,"美学史就是审美心理结构史。只有从心理上才能了解和把握美的历程"。[①] 因此,审美心理结构是贯穿全书的一个主线。在具体写作中,作者注意从心理结构上把握一个个的诗人,通过对其人生历程与诗歌作品

[①] 吴功正:《唐代美学史》,江苏美术出版社1994年版,"前言",第4页。

的体验式解读,描绘其诗的审美风格,其人的审美心理,探讨其所代表的时代美学精神。

以王维为例,作者先述其人生历程,指出其人生变故影响了生活态度进而影响了审美态度,比如提到,"王维晚年心态有很大改变,再也没有年轻时的热情、豪气和冲动,而是转为恬淡、平和、清闲,甚至冷寂。其心态的改变,必然促使审美感受的变化"。[①] 作者通过对王维诗歌的细读,揭示了王维诗歌中的审美特征及其体现出的王维其人的审美心理,指出了王维的审美感觉中有着明显的空间审美意识,王维有着发达、灵敏、精细的审美感觉能力,他对于色彩的深浅、色调的冷暖、声律之美都有相当好的感应和把握。并对其作出高度评价:"王维的诗美是真正的盛唐风味,具象而抽象、征实而空灵,有盛唐的体式、情调。他的丰富而精微、灵敏而细腻的审美感觉完全是盛唐人才具有的。他的审美感觉经验极大地丰富了中国的审美心理学,并极大地促进了中国审美经验的发展。"[②] 再以中唐时期的白居易为例,作者通过对白居易人生历程的分析指出,白居易对待出世和入世态度相当圆通,或隐或仕,都能从容应对,有着较强的自责意识和平衡心态,这体现出了其文化审美心理上的二元结构。他重视文学的社会功能,创作了大量讽喻诗,这是一种致用性的美学思想,同时,他又写出了很多的闲适诗。吴功正认为,白居易的审美心理、美学思想以及诗歌创作,三者都体现出了一种审美心理上的二元结构。

唐代的美学理论相对较少,如王昌龄的意境论,司空图的《二十四诗品》,作者将其融入了书中。作者对各个时期美学史的历史地位、审美特征等问题都给出了很好的总结。如将初唐审美活动的特点归结为重视移情作用和手法的运用;实现了审美体验的"物化";大壮的审美境界。盛唐美学体现了风骨与气韵的并存,气势与娴静的共生;中唐相比盛唐体现了审美领域、范围和对象上的扩大,此时的诗歌美学更趋多样化,开拓了诗歌审美中的许多新的方面和境界;晚唐美学趋于内敛,最大特征是形式美学、唯美学和纯美学,并以司空图为纯美学思想的代表。值得一提的

[①] 吴功正:《唐代美学史》,江苏美术出版社1994年版,第227页。
[②] 同上书,第235页。

是，作者注意到了唐初史学与美学之间的关联，探讨了刘知幾的《史通》的时代意义及历史影响。此外，作者对前人较少涉猎的隋代美学和五代美学进行了专章研究。

王明居的《唐代美学》不像前两部著作那样分期描述唐代美学思潮，该书集中于对唐代美学范畴和美学命题的研究。上卷分析了唐代美学的九大阐释性范畴，分别是：有无、方圆、一多、大小、大白若辱、大音希声、大象无形、大巧若拙、动静相养。这些范畴大多出自《老子》，作者先对其原义进行解说，然后在唐代文艺理论或哲学思想中寻其阐发。上卷还探讨了唐代美学的十大理论，分别是：朴质论、风骨论、兴象论、清真论、沉郁论、美刺论、明道论、丑怪论、意境论和风格论。作者对这十大理论以简短的篇幅进行了分析，这些理论主要体现于诗文创作领域，如朴质论的提倡者主要是唐初诗人以及史家刘知幾；风骨论由陈子昂提出，殷璠提出了兴象论，李白提出了清真论，杜甫提出了沉郁论，白居易提出了美刺论，韩愈提出了明道论和丑怪论，王昌龄提出了意境论，风格论主要体现为皎然的《诗式》和司空图的《二十四诗品》。其中以意境论和风格论最为重要。下卷以人物为纲，用十章的篇幅论述了时人的美学思想，可视为对上面所列的九大范畴和十大理论的具体展开。如第七章论述了韩愈的美育观和奇怪说，柳宗元的审美观和怪异说；第十一章和第十二章集中于书法理论，探讨了李世民的思与神会论，虞世南的绝虑凝神论等。综合看来，该书对唐代美学范畴与美学思想进行了较为全面的梳理。

六　宋代美学研究

霍然的《宋代美学思潮》（1997）延续其《唐代美学思潮》的思路，将宋代美学分为发端、勃兴、展开、激荡、新变和高峰六个时期，不过，此一分期只是依照一种逻辑的顺序，而无法像唐代那样给出明确的界说。大体说来，北宋初年是发端期，接下来是勃兴期和展开期，北宋末年是激荡期，南宋初期为新变期，南宋后期为高峰期。作者还是以宋人的诗词文章、艺术作品、文艺理论、历史事件、哲学思潮等为材料，探讨各个时期的审美趣味、审美心理的特点与演变。作者指出："宋代美学思潮的出色之处,还不仅在于北宋书斋美学自成一派的独立风格,而且在于进入南宋以后没有走上一落千丈的下跌之路,从而显示出宋人审美心理的成熟。它既表现为诗、词、画等艺术部门的高度成熟,也表现由北宋周敦颐、二程传到朱熹的新儒学——理学思想,在美学领域取得统治地位;更表现为宋代的诗歌理论,经过前后几代人的持续努力,终于摆脱了江西诗派流风的影响,从传授初学门径进到探讨诗歌规律,最终由严羽的《沧浪诗话》登上了前人所未及的理论高峰。"[1]

郑苏淮的《宋代美学思想史》(江西人民出版社2007年版)以十六章的篇幅,论述了宋代的美学思想,包括:理学家的美学思想,两宋时期的重要理学家基本囊括在内,如北宋时期的邵雍、周敦颐、张载、二程,南宋时期的朱熹、陆九渊、陈亮、叶适等人;文学家的美学思想,如北宋早期的智圆、欧阳修、王安石、苏轼;绘画美学思想,以画论类著作为主,涉及刘道醇的《宋朝名画评》、黄休复的《益州名画录》、郭熙的《林泉高致》、郭思的《画论》、释华光的《华光梅谱》、董逌的《广川画跋》、邓椿的《画继》、韩纯全的《山水纯全集》;诗歌美学思想,以诗话类著作为主,包括张戒的《岁寒堂诗话》、陈师道的《后山诗话》、姜夔的《白石道人诗说》以及严羽的《沧浪诗话》;还论述了王灼的戏曲美学思想,杨万里、沈义父的音乐美学思想,还有张炎的词美学思想。整体看来,《宋代美学思想史》可纳入通史写作中的美学范畴史类型,与叶朗等人的写法类似,即拈出思想家或文艺理论著作中的相关文字,尤其是以基本概念、范畴或命题为主的文字加以论述。作者对宋代理学家的美学思想给予了足够的关注,而且还探讨了一些以往被学界所忽视的文艺理论著作中的美学思想,尤其是画论思想,如释华光的《华光梅谱》,韩纯全的《山水纯全集》等。

吴功正的《宋代美学史》(2007)共分五编,第一编讲宋代美学的时代背景,第二编论北宋美学,第三编论南宋美学,第四编论门类美学,第五编论金元美学。关于理学与美学,吴功正不像郑苏淮那样大篇幅地分析理学家的美学思想,他从审美本体论、审美心态和审美范畴三个角度对理

---

[1] 霍然:《宋代美学思潮》,长春出版社1997年版,第392页。

学美学进行了探讨，认为理、气这两个宋代理学本体进入了审美的本体，理学使宋人的审美心态成为内敛的，他特别提出了"涵泳"这一美学范畴。南宋理学家中，探讨了朱熹与严羽的美学思想。吴功正还是将重点落在了他所擅长的文学美学上，如第二编将北宋分成初、中、晚三期，论述了各个时代的诗美学与词美学，注重对诗词作品的体验式解读，分析作品的审美风格与创作技巧，发现作者的审美心态，揭示时代的美学精神。其次是门类美学，作者探讨了小说和戏曲美学、建筑和园林美学、书法美学、美术美学、体育、百戏、音乐、舞蹈美学，内容丰富全面。吴功正还对学界较少涉猎的金元美学进行了专章探讨，涉及这一时期的美学思想、文学美学和书画美学。值得一提的是，他对元代美学给以充分肯定，认为元代美学在绘画、散曲、杂剧等方面都具有创新性；元代社会、文化精神与美学在诸多方面进行了整合，如审美领域、美学精神、复古思潮、心学—美学等；元代美学是多民族共同创造的结果；元代美学之于明清美学发挥了深刻的影响。

刘方是对中国美学与宋代美学用功较多的一位学者，他先后出版了《诗性栖居的冥思——中国禅宗美学思想研究》（四川大学出版社1998年版）、《生命的诗性之思——文化视野下的中国美学》（当代中国出版社2002年版）、《中国美学的基本精神及其现代意义》（巴蜀书社2003年版）、《中国美学的历史演进及其现代转型》（巴蜀书社2005年版）、《宋型文化与宋代美学精神》（巴蜀书社2004年版）和《唐宋变革与宋代审美文化转型》（学林出版社2009年版）等著作。从书名即可知道，他的宋代美学研究可纳入审美文化史的书写类型，不过其著作亦有自身的鲜明特色，尤其体现在研究方法的革新之上。

刘方的《宋型文化与宋代美学精神》不满足于既往的中国美学研究方法，在研究方法上有了较大的创新："在研究方法上结合、借鉴、吸收现代社会学、历史学、文化人类学、思想史等领域的一些新方法，努力融通文化史、思想史、社会史、宗教史、文学史以及区域文化、社会心理、士大夫群体等多方面的知识理论，力求突破中国美学史研究长期以来从文本到文本，从理论到理论，而脱离孕育理论思想的特定文化土壤的理论研究模式，代之以研究特定文化思想与它形成美学思想之间的各种复杂动态的关系、影响与互渗。"① 他借鉴韦伯的"理想类型"的观念，提出了"宋型文化"的概念，并提出宋型文化作为一种文化类型，是由精神内核、制度层面和物质层面三个层次文化建构的产物。该书的第二至第四章即对这三个层面展开了分析，宋代理学构成宋型文化的精神内核层，作者认为宋儒处于一种"困境意识"之中，导致了宋代精神文化向内在的转向。此时的文化崇"理"崇"道"，导致了宋代美学崇尚理性和理趣的精神特质。作者以科举制度为例对宋代文化的制度层面进行了分析，认为科举制度对于宋代美学的人文旨趣和书卷精神特征的形成提供了制度保障。第四章论述了宋型文化的物质层面，农业生产方式以及城市的繁荣构成了宋代文化的物质基础。接下来的数章中，第五章从唐五代的信仰危机分析了宋代美学推崇审美人格的成因；第六章和第七章分析了宋代美学对理想审美人格的重建及理想审美人格的典范建构；第八至第十章探讨了宋代的隐逸文化；第十一至第十三章论述了禅宗美学的相关问题，包括从宗教禅到美学禅的演变，宋代禅宗美学的重要范畴与方法等；第十四至第十六章对宋代绘画美学进行了分析，探讨了王维绘画以及在宋代地位的上升宋代审美文化语境和审美观念的变迁，宫廷绘画的娱乐化、制度化及其审美流变等问题。

在《唐宋变革与宋代审美文化转型》一书中，刘方的研究方法革新意识更显鲜明，他对以往的中国美学研究方法进行了批判，"长期以来，我们的美学研究已经习惯于将研究对象抽离出产生它的历史文化语境，并且将具有丰富内涵的研究对象，抽象为符合西方理论研究标准的干巴巴的几个条目"。② 他提出："我们必须对以往的研究进行认真的总结，并且用新的眼光，新的方法和新的成果，开启那些被长期遮蔽了的中国审美文化独特内容的论域，以新的学术眼光和问题意识，从文化视野、内在理路来思考。在历史的文化语境的复杂关系和多重叙事线索中，研究宋代审美文

---

① 刘方：《宋型文化与宋代美学精神》，巴蜀书社 2004 年版，第 14 页。
② 刘方：《唐宋变革与宋代审美文化转型》，学林出版社 2009 年版，第 4 页。

化新变。"① 他所用的新方法，主要是当代文化人类学家格尔兹的"深描"理论以及新文化史的研究方法。文化人类学强调语境研究与整体性视角，格尔兹的阐释人类学则将文化视为一种解释，将这些方法运用到宋代美学研究中时，就是"将宋代出现的审美文化现象，不是看成已然存在之物，而是在特定的文化历史语境中新产生出来的，从而追问和思考其为何产生？又是如何产生？思考影响其产生的诸元素之间的相互关联，而非将特定审美文化现象视为孤立存在之物"②。在该书中，作者重点考察了三个主题：一是解析以范仲淹为代表的宋代士大夫阶层，包括宋遗民及南宋末年的僧人群体，指出对严光隐士形象的重新建构与不断重塑过程，体现了宋代士大夫对独立人格与自由精神的追求。二是探讨了宋代市民审美文化的崛起与繁荣，作者通过对宋代城市制度变革的分析指出，宋代城市功能转向经济与商业，这为市民审美文化的勃兴提供了舞台。作者依据宋代笔记、诗文、小说等文献，对日常生活中的汴京都市意象、市民文学中的北宋东京大众审美文化与娱乐空间、节庆与市民娱乐空间以及爱情故事发生的重要场景与市民梦想的都市书写等问题进行了分析。三是考察了宋代出版业与审美文化的关系，作者分析了宋代印刷媒介的发达与出版文化的繁荣，出版的繁荣对宋代文学创作、传播、阅读等方面的影响，宋人文集的刊刻、出版对文学传播与接受方式的改变，坊刻出版对宋代文学的风尚与发展走向的影响以及新型的文学生产的产生等问题。这几个问题较少受到中国美学研究者的关注，作者用新的研究方法，提出了新的问题，并进行了新的探讨，这一研究方法及研究视角值得重视。

七 明清美学研究

明清两大朝代，美学思想与文艺创作非常丰富，这对写作断代史带来了很大难度。尤其是清代前中期和后期的社会出现了巨大断裂，西方文化强势进入，中国传统文化受到了极大冲击，在写作美学史时，无法将其贯

---

① 刘方：《唐宋变革与宋代审美文化转型》，学林出版社2009年版，第5页。
② 同上书，第16页。

通起来。因此之故，至今未见明清两代的断代美学史著作。目前的研究成果集中于对晚明审美思潮以及生活美学的研究。

张灵聪的《从冲突走向融通——晚明至清中叶审美意识嬗变论》，探讨的是晚明至清代中叶这一阶段审美意识的变迁问题，作者认为美学史应该写成审美意识史，写作中应该注重史论结合、点面结合、理论与实践相参证、艺术与人生相照应，在研究方法上以艺术风格与士人心态的互动关系为切入点。以此出发，作者分上、下两编共十章分别探讨了明末清初以及清中叶的审美意识。作者从文艺理论入手，对这两个时期的审美意识进行了简练的概括，如明末清初的审美意识为：从启蒙走向奇崛的革新意识、从泥古走向师心的开通意识、从闲逸走向正统的尚雅意识、从玄思走向经世的求实意识和从庙堂走向民间的通俗意识；平实博洽、细密雅正为清中叶的审美主潮，任情恣性、标新立异为清中叶的性灵余响，积健为雄、沉厚为质为清中叶的崇高意识。

张维昭的《悖离与回归——晚明士人美学态度的现代观照》通过晚明士人的文化趣尚，探讨了晚明士人的审美心态、审美理想等问题，作者将晚明士人的个体生命情怀归结为感伤和癫狂，通过他们对花、书、酒、游的嗜好，分析了其癖病心理；将他们的尚情思潮表现为真、神、豪情之美和怨毒之美等方面。作者认为："晚明士人追求一己之自由、适意，在自然性情中观照生命律动的韵趣美与情趣美。他们的这种美学态度辉放着强烈的个我觉醒色彩，一方面以狂、痴、怪、癖张扬自己独立、自由之人性，另一方面又以童真之心承认个体为己、成己之私心。"[①] 作者认为，晚明士人的美学态度在对儒学文化的背离与回归中体现出了一种悲剧意识。

晚明生活美学方面的著作主要有：赵强的《"物"的崛起：前现代晚期中国审美风尚的变迁》（商务印书馆2016年版）、曾婷婷的《晚明文人日常生活美学观念研究》（暨南大学出版社2017年版）、刘玉梅的《李渔生活审美思想研究》（中国社会科学出版社2017年版）等。

总体来看，中国断代美学史的研究触及了各个时代，但研究状况并不

---

① 张维昭：《悖离与回归——晚明士人美学态度的现代观照》，凤凰出版社2009年版，第221页。

均衡，先秦、六朝、唐代、宋代研究得多，而明、清则研究较少。在研究方法上，20世纪八九十年代的研究，多依据唯物主义反映论或实践美学的思路，90年代以后，研究视角与研究方法有所拓展与深化，如文化史的视角、阐释学的视角、身体美学的视角和生活美学的视角等。

本节集中于对中国古典断代美学史著作的分析，另外，近现代美学史的研究著作较多，此外仅列出书目，不再展开分析。这些著作包括：

卢善庆：《中国近代美学思想史》，华东师范大学出版社1991年版。
聂振斌：《中国近代美学思想史》，中国社会科学出版社1991年版。
黄洁：《中国近代文艺美学思想史纲》，重庆出版社2001年版。
邓牛顿：《中国现代美学思想史》，上海文艺出版社1988年版。
陈伟：《中国现代美学思想史纲》，上海人民出版社1993年版。
封孝伦：《二十世纪中国美学》，东北师范大学出版社1997年版。
祝东力：《精神之旅：新时期以来的美学与知识分子》，中国广播电视出版社1998年版。
汝信主编：《美学的历史：20世纪中国美学学术进程》，安徽教育出版社2000年版。
邹华：《20世纪中国美学研究》，复旦大学出版社2003年版。
章启群：《百年中国美学史略》，北京大学出版社2005年版。
聂振斌等：《思辨的想象：20世纪中国美学主题史》，云南大学出版社2003年版。
袁济喜：《承续与超越：20世纪中国美学与传统》，首都师范大学出版社2006年版。
薛富兴：《分化与突围：中国美学1949—2000》，首都师范大学出版社2006年版。
王德胜：《20世纪中国美学：问题与个案》，北京大学出版社2009年版。
尤西林：《心体与时间：二十世纪中国美学与现代性》，人民出版社2009年版。
吴志翔：《20世纪的中国美学》，武汉大学出版社2009年版。

赵士林：《当代中国美学研究概述》，天津教育出版社 1988 年版。

赵士林：《当代中国美学》，人民教育出版社 2008 年版。

朱存明：《情感与启蒙：20 世纪中国美学精神》，西苑出版社 2000 年版。

杨存昌主编：《中国美学研究三十年》，济南出版社 2010 年版。

李松主编：《中国美学史学术档案》，武汉大学出版社 2017 年版。

祁志祥：《中国现当代美学史》，商务印书馆 2018 年版。

第三节　中国断代美学史研究（下）

由于魏晋美学是中国美学史研究中的一大热点和重点，成果甚夥，特辟专节进行论述。

现代学术意义上的魏晋美学研究始于鲁迅。他在 1917 年作了题为《魏晋风度及文章与药及酒之关系》的讲演，分析了魏晋文学风格与文人个性及社会环境之间的互动关系。文中提出的"魏晋风度"的概念，被后继者广为接受，其诸多观点亦对以后魏晋美学研究产生了深远影响。宗白华在 1940 年写成的《论世说新语和晋人的美》，是魏晋美学研究的另一重要文献。此文提出的众多观点，几成不刊之论。值得注意的是，宗白华将魏晋与西方文艺复兴时期相提并论，文中的若干观点明显受到了瑞士史学家布克哈特所著《意大利文艺复兴时期的文化》的影响，后者第四篇"世界的发现和人的发现"的第三章为"自然美的发现"，第四章为"人的发现"。宗白华同样指出，"晋人向外发现了自然，向内发现了自己的深情"。此外，冯友兰、牟宗三、陈寅恪等人亦对魏晋美学皆有所涉猎。

中华人民共和国成立之后的魏晋美学研究集中于 20 世纪 80 年代以后。作为中国美学史研究重点的魏晋美学研究，得到了多角度、多层面的铺开，涌现出了大量研究成果。20 世纪 80 年代，有两部魏晋美学的研究专著问世，即李泽厚、刘纲纪的《中国美学史》（魏晋南北朝卷，1987）和袁济喜的《六朝美学》（1989）。不过整体来看，80 年代的魏晋美学研究更多是融于中国美学的整体性研究中的，相关著作如李泽厚的《美的历程》（1981）、叶朗的《中国美学史大纲》（1985）、敏泽的《中国美学思想史》（1987）等。90年代以降，魏晋美学研究成果日渐增多，通史性的研究不时出现，如吴功正的《六朝美学史》（1994）、仪平策的《中国审美文化史》（秦汉魏晋南北朝卷，2000）、盛源和袁济喜的《华夏审美风尚史》（六朝清音，2000）等；专题性研究更是硕果累累，蔚为大观。由于前面两节对通史和断代史的魏晋美学相关研究已经进行了梳理。本节集中于对魏晋美学专题的探讨。综合相关研究成果，魏晋美学研究集中于如下七个主题。

一 士人美学研究

魏晋美学的突出特点在于它是以士人为主体展开的，魏晋士人不仅是魏晋美学的创造者，更是其承载者和体现者。魏晋士人的风姿神貌、言行举止、日常生活、人格特点、精神气质无不具有审美性和艺术性。因此，对魏晋士人美学的研究构成魏晋美学研究最重要的内容，这又可分成如下两大方面。

（一）魏晋风度研究

"魏晋风度"指的是魏晋士人的形貌、言行、生活方式、精神气质等方面所体现出的整体的士人美学风貌。这一概念最早是由鲁迅先生在《魏晋风度及文章与药及酒之关系》一文中提出的，并被学界广泛接受。王瑶的《中古文人生活》（1951）是一部论文集，其中的《文人与药》《文人与酒》等篇章，其观点直接受到了鲁迅的影响。李泽厚在《美的历程》中以"魏晋风度"为题对魏晋美学进行论述，他将"魏晋风度"概括为人的觉醒和文的自觉。20世纪90年代以来，相关的研究成果，有宁稼雨的《魏晋风度——中古文人生活行为的文化意蕴》（1991）、刘康德的《魏晋风度与东方人格》（1991）、傅刚的《魏晋风度》（1997）、刘宗坤的《魏晋风度及其文化表现》（1997）、陈洪的《诗化人生：魏晋风度的魅力》（2001）、范子烨的《中古文人生活研究》（2001）、邱少平的《魏晋名士研究》（2004）、袁济喜的《中古美学与人生讲演录》（2007）、宁稼雨的《魏晋名士风流》（2007）、任华南的《魏晋风度论》（2007）、李修建的《风尚：魏晋名士的生活美学》（2010）等。

这些著作，或以历史为主线，探究魏晋各个时期士人的风度神采，陈洪、邱少平、任华南等人的著作即是这一思路；或散点多面，通过魏晋时期学术思潮与魏晋士人的人物品藻、清谈、药酒、艺术等日常活动，展现魏晋名士风度，宁稼雨、刘宗坤、范子烨、袁济喜、李修建等人的著作即属此类。宁稼雨的《魏晋风度——中古文人生活行为的文化意蕴》和刘康德的《魏晋风度与东方人格》是最早对魏晋风度进行整体性研究的两部专著。宁稼雨从魏晋门第观念、南北文化差异、人物品藻、魏晋学术思潮（玄学、佛学）、魏晋士人的性情特征、魏晋文艺、魏晋风俗（药、酒、服饰、博戏）等方面对魏晋风度进行了一个较为全面的展示，其目标是"描述一幅活的魏晋文化风貌图"。相比宁稼雨的多面铺开，刘康德着重从自然生态、社会世态和学术状态三个方面探讨了魏晋风度兴起的历史与文化要因。刘著对经学与魏晋风度生成的内在关系的探讨值得注意。该书提出，后汉游学受业学经的局面，打破了汉以来的学守家法、固执一面的风气，这导致经学无论在形式或内容上都发生了深刻的变异，从而使它直接与魏晋风度的生成联系在一起。其余著作对魏晋风度的各个层面或多或少都有涉及，只是研究侧重点或深度有所不同。

少数著作探讨了魏晋风度的历史接受问题。如高俊林的《现代文人与魏晋风度——以章太炎、周氏兄弟为个案之研究》（2007），该书选取了现代文人章太炎、鲁迅和周作人三人为个案，考察了"魏晋风度"在思想与文学创作两个方面对他们的影响，以及他们是如何吸收借鉴"魏晋风度"的积极资源，并将之进行创造性转化的。作者研究了章太炎提倡的"五朝学"与写作风格，鲁迅的精神气质、生活态度与文体风格，周作人对六朝散文的偏爱及其隐士态度，从中剖析了他们三人对魏晋风度的接受与改造。此外，李修建在《风尚：魏晋名士的生活美学》中，选取了唐代的《蒙求》、明代的《幽梦影》及现代学者鲁迅、宗白华、冯友兰为个案，对魏晋士人形象的历史接受问题进行了简略的探讨。需要指出的是，鉴于魏晋风度对后世的巨大影响，目前对魏晋风度的接受研究相对较少，尚待深入。

(二) 魏晋士人人格与心态研究

自魏晋以还，历代对魏晋士人人格褒贬不一，认同与反对的观点都有出现。不过相较而言，认同的声音占据多数，魏晋风流常令后人企慕向往。近代学者如章太炎、刘师培、梁启超、冯友兰、容肇祖等人均对其赞赏有加。宗白华先生对魏晋士人的评价无疑具有很大影响。他认为魏晋士人对于自然、哲理、友谊都"一往情深"，其精神最为解放、最为自由；其性情真率，胸襟宽仁等，对魏晋士人人格予以了充分肯定。这种观点极大地影响了其后的研究，大多著作是沿着这一理路进行的。

高华平的《魏晋玄学人格美研究》（2000）所探讨的是魏晋士人的理想人格，在作者看来，玄学人格本乎性情，其基本特点是追求个体人格生命在"真"基础上的统一、追求名教与自然在"无私""为公"基础上的统一，并最终实现与道同一、"天地万物吾一体"的最高审美境界。作者将嵇康、支遁、谢安、陶渊明视为魏晋玄学人格美的典范，对其加以充分肯定。《世说新语》是研究魏晋士人美学所依据的最主要文本，宁稼雨的《魏晋士人人格精神——〈世说新语〉中的士人精神史》（2003）以《世说新语》为研究中心，探讨了《世说新语》的成书过程、门类设定及其对魏晋士人人格精神的确认与理解，分析了魏晋士人的社会生活与精神变迁，魏晋士人的玄学人生态度，《世说新语》中所关联的佛学、神仙道教与士族精神的关系。作者认为魏晋士人人格精神具有与社会意志分离的个体性、注重事物本质的精神性和超越实用功利目的的审美性三大特点，对魏晋士人人格精神同样予以肯定。相关著作，还有台湾学者李清筠的《魏晋名士人格研究》（2000），周海平的《魏晋名士人格演变史》（2007）。

20世纪八九十年代，法国年鉴学派对大陆学界产生了很大影响。年鉴学派的心态史成为一种研究思路，被借鉴到了对中国古代士人心态的研究之中。罗宗强的《玄学与魏晋士人心态》（1991）即是其一。相比众多著作对魏晋士人人格的充分肯定，该书对魏晋士人人格有着另一番解读。作者认为，政治局势与哲学思潮是促使士人心态变化的两个重要因素，其中又以哲学思潮对于士人的人生理想、生活情趣、生活方式和精神生活的影响最为根本。基于这种观念，作者通过对正始、西晋和东晋的政局变化与玄学思潮演变的分析，对这三个阶段的士人心态进行了深入探讨。在作者看来，嵇康是"悲剧的典型"，阮籍为"苦闷的象征"；西晋士人好名求利，善于自保，追求享乐；东晋士人则表现为追求宁静的精神天地与优雅从容的风度的心态特征。袁济喜的《人海孤舟——汉魏六朝士的孤独意识》（1995）将魏晋士人心态定位为孤苦与哀痛，认为沉迷酒色与放浪于自然山水成为他们宣泄与消解孤独意识的手段。应当说，这些著作对于将魏晋士人过于神圣化、美学化的倾向是一种批判的反思。

二 魏晋思想与魏晋美学研究

作为魏晋时期最为重要的思想潮流，玄学对魏晋美学与艺术的影响甚深。有关魏晋美学的研究著述对此均有所探讨。如李泽厚、刘纲纪的《中国美学史》（魏晋南北朝编）有专章对此进行论述。

张海明的《玄妙之境：魏晋玄学美学思潮》（东北师范大学出版社1997年版）探讨了与魏晋玄学相关的四大美学问题：魏晋风度、清谈（起源、《世说新语》及其文体特征、语言特征）、玄言诗（游仙诗、玄理诗、山水诗）、玄学（本体论、价值论、方法论、人物品评）与诗学等。

邬锡鑫的《魏晋玄学与美学》（2006）对魏晋玄学与美学进行了专门性研究。该书从玄学产生与发展的历史必然性、玄学与文化的变革、玄学对自然观的影响、玄学与审美意识的变迁、文学艺术的自觉等方面对魏晋玄学与美学进行了探讨。作者认为，玄学语境中的魏晋美学获得了新的哲学基础，即人道自然观，它体现为士人理论水平的提高和主体意识的觉醒，从而促成了审美意识的觉醒与文学艺术的自觉。作者进一步提出了中国古代文艺美学发展的三条线索：从"言志"到"缘情"，从"形似"到"神似"，从"喻象"到"意象"，并对魏晋玄学与美学给以高度评价。言意之辨是魏晋玄学的重要主题之一，袁济喜在《六朝美学》中对这个问题进行过比较系统的论述，张家梅的《言意之辨与魏晋美学话语生成》（2007）以此为基础，更加深入地探讨了言意之辨对魏晋美学与艺术的影响问题。该书从先秦道家及《周易》的"言不尽意"，到王弼的"得意忘言"，郭象的"离言出意"，魏晋佛学对言意关系的探讨，论述了言意之辨的缘起与发展。接着分析了言意之辨的美学转变，作者认为，圣人有情无情之辨促成了情志美学本体的形成，得意忘言的人生观催生了"立象以尽意"的美学思维方式。该书从艺术理论出发，分析了言意之辨与魏晋艺术话语的生成关系，探究了言为心声之于艺术自然论、感兴之于艺术创造论以及得意忘言之于艺术鉴赏论的关联。最后研究了言意之辨对唐代意境理论、宋元写意绘画论以及清代"意内言外"等理论的影响。

佛教自汉代传入中国，在魏晋时期经历了一个佛学玄学化的过程，尤其是东晋时期的高僧与名士多有交往，上层名士多有崇信佛教者，佛学话题不仅进入了清谈，佛教对魏晋士人的思想观念也产生了很大的影响。无疑，佛教对魏晋美学尤其是此后的中国美学产生了极大影响，魏晋美学著述对此多有所论。不过，对魏晋佛教与美学关系的研究专著所见不多。赵建军的《映澈琉璃：魏晋般若与美学》（2009），以魏晋般若学与美学的触遇、对话、交融、统一为研究对象，着重揭示了般若学的"中国化"以及般若蕴含的"内化"于中国美学的历史过程。该书首先述及了源自印度的般若学所具有的美学思想，接着探究了般若学初传中国时与玄学之间的内在矛盾，并重点分析了两晋玄佛合流时期，以《心经》《中论》《肇论》为代表的中观般若体系所具有的美学蕴含。作者认为，中观般若体系实现了般若美学与中国美学的真正交融，并从体系形态上把中国美学引向了新的生成之路。该书主要以佛教理论为中心进行研究，至于魏晋佛学对于魏晋士人的生活方式与思想观念、对于魏晋艺术的深入影响等问题，还有待进行更为深入的研究。韩国良的《道体·心体·审美——魏晋玄佛及其对魏晋审美风尚的影响》（2009）一书，深入魏晋玄佛的内在理路上，对魏晋玄佛的发展历程、各派特征及其与魏晋审美风尚的关系，作了比较深入的探索。

曲经纬的《〈庄子注〉与玄学美学》（东南大学出版社2018年版），立足于魏晋之际社会变迁与思维进展的语境，讨论了郭象《庄子注》对《庄子》美学思想的继承和突破，并企图在艺术创作和审美形态领域的变革中印证郭象的美学理论。该书分别从审美本体、审美态度、审美心理、审美人格四个方面讨论了郭象对庄子美学体系的发展。

此外，对于道教与魏晋美学的研究，许多研究著作中有所涉及，但还未有专著出现。

三 魏晋清谈研究

清谈是魏晋时期一个重要的文化现象,它与魏晋玄学有着密切的关联,前辈学者如陈寅恪、贺昌群、宗白华、唐长孺等人对魏晋清谈多有研究。60年来,对魏晋清谈进行研究的专门性著作不是很多。香港学者牟润孙的《论魏晋以来之崇尚谈辩及其影响》(1966),从史学的角度,对清谈的兴起与发展,清谈对经学、史学、政治制度的影响进行了分析。作者对汉末经学的转变进行了分析,提出东汉博学多通而又善于论辩的经师的出现,促成了清谈的兴起。作者从学术史的角度探究清谈之起源,其观点值得重视。

魏晋清谈的研究著作主要有两部,孔繁的《魏晋玄谈》(1991)和台湾学者唐翼明的《魏晋清谈》(台湾版1992,大陆版2002)。孔著以史为纲,历论汉末、正始、竹林、西晋和东晋的清谈,在具体论述中以清谈人物为主线,在人物介绍的基础上,探究了各个时期的清谈话题,兼及清谈名士的性情特征与审美风尚等问题。可以说,孔著对魏晋清谈的历史风貌有了一个较为全面的展示。在具体观点上,孔著接受了前辈学者如贺昌群、唐长孺等人的观点,认为魏晋清谈来自汉末清议,这也是当时学术界广泛接受的观点。唐著立足于清谈活动本身,广泛征引国内外的相关研究资料,详细地考察了清谈的名义、形式及其内容,清谈的起源、发展及其演变,全书脉络清晰,也提出了一些新见。比如该书为魏晋清谈下了一个现代定义:"所谓'魏晋清谈',指的是魏晋时代的贵族知识分子,以探讨人生、社会、宇宙的哲理为主要内容,以讲究修辞与技巧的谈说论辩为基本方式而进行的一种学术社交活动。"[①] 目前这一定义广为学术界接受。作者将清谈的起源追溯到汉末太学的"游谈"之风,足备一说,丰富了魏晋清谈的研究。此外,范子烨在《中古文人生活研究》(2001)一书中对清谈的起源与分期、清谈的词义、清谈的方式、清谈中所用麈尾,进行了较为详尽的考察,其研究成果同样值得关注。李春青的《道家美学与魏晋文化》(中国电影出版社2008年版)一书的下编对从清议到清谈的

[①] 唐翼明:《魏晋清谈》,人民文学出版社2002年版,第30页。

转变、清谈中的审美趣味,"清""玄"的概念及其审美精神,阮籍、嵇康等人美学思想进行了专章分析。

四 人物品藻研究

宗白华先生认为魏晋美学是人物品藻的美学。人物品藻的重要意义在相关的中国美学史著作中多会触及。对于人物品藻与魏晋美学的关系,李泽厚、刘纲纪在《中国美学史》中指出,魏晋具有审美性质的人物品藻极大地促进了审美意识的自觉,并且直接而广泛地影响到艺术的创造和欣赏,从而又影响到整个美学思想的发展。张法在《中国美学史》(2000)中提出,人物品藻以精练性词句和类似性感受为审美把握方式,并以形、骨、神为结构的身体作为审美对象,这促成了中国美学对象结构的定型。范子烨在《中古文人生活研究》一书的上篇专论人物品藻,研究了东汉、三国时代的人物品藻,剖析了人物品藻的方式、方法,人物品藻的标准及其所反映的尚"简"的审美观念。范著资料丰富,很好地展现了人物品藻的历史面貌。黄少英的《魏晋人物品题研究》(2006)是以魏晋人物品题为研究对象的著作。该书将魏晋士人分为四类,分别是名法之士、礼法之士、玄学名士和两晋高僧。名法之士是主张通过刑名法术手段治理国家的政治人物,主要以曹操、诸葛亮等人为代表,他们"唯才是举",重视人物之才。礼法之士是魏晋时期的儒士,以王祥、傅嘏、何曾等人为代表,他们重儒家礼教,在人才标准方面更重视德行。玄学名士崇尚自然,注重个性,追求气质风度,重视个人感情。两晋尤其是东晋高僧,以其玄佛修养进入魏晋主流社会。严格说来,该书将四种士人等量齐观,重点不够突出,而玄学名士无疑是魏晋士人的中心,此外,魏晋人物品藻与魏晋美学、魏晋文艺理论的具体关系没有涉及,这也是尚待研究之处。

五 魏晋自然观研究

自然观涉及的是人与自然的关系问题,相关研究主要有三部,分别是章启群的《论魏晋自然观——中国艺术自觉的哲学考察》(2000)、戴建平的《魏晋自然观研究》(2002)和李健的《魏晋南北朝的感物美学》(2007)。

章著分析了汉代哲学以及王弼、嵇康、郭象、支遁与葛洪等人的相关著作中的自然观，并对魏晋哲学自然观的特征及其对于中国艺术自觉的意义进行了探究。作者指出，相比先秦道家哲学将"自然"作为最高法则，并将社会规范、道德秩序等人为的东西视为其对立面的观念，魏晋玄学中的自然观发生了根本的变化。魏晋哲学家对自然法则和道德规范进行了调和，提出了"名教本于自然"（王弼）或"名教出于自然"（郭象）。同时，魏晋哲学自然观明确地肯定了人的自然本性和感性要求的合理性。作者指出，魏晋自然观达到了哲学史上"自然即合理"到"合理即自然"的观念转换，并实现了客观自然世界之"理"与主体人性世界自然之"理"的内在沟通，从而在哲学上完成了一个审美主体的建构，为魏晋时期的中国艺术自觉提供了一个坚实的哲学基础。

相比章著，戴著对魏晋自然观进行了更为详细的考察，除了章著中提及的几个人物，戴著还对杨泉的《物理论》中的自然观、《列子》与张湛的自然观、魏晋神仙道教的自然观以及魏晋佛教的自然观进行了考察，并分析了魏晋自然观对天象与政治以及科学的影响。从其论述来看，作者更多是将自然视为认知的客观对象，而作为认知对象的"自然"与中国传统哲学意义上的"自然"并不完全相同，作者对这二者似乎有所混淆。尽管如此，该著作对于我们理解魏晋的自然观仍有相当的参考价值。

李著对阮籍、嵇康、卫恒、陆机、宗炳、谢赫、刘勰、钟嵘的感物美学进行了研究。作者认为，魏晋南北朝是中国古典感物美学的成熟与定型时期，这一时期具有以下理论成就："感物"的创造观念得以完善；"物"得到了充实与独立；探讨了感物的最基本的方式与类型，生成了玄览（虚静）、应感、神思等古典感物的方式和"情以物兴"（感物兴情）、"物以情观"（托物寓情）等古典感物的类型；探讨了这些感物的方式、类型所具有的审美创造价值；催生了人的自然、自由的生命体验和审美体验的超越。作者指出魏晋南北朝的感物美学具有鲜明的层次性与逻辑性。

六　魏晋文艺美学研究

20世纪80年代以来，对于玄学与魏晋文学的研究是一个重点，涌现了大量成果。如孔繁的《魏晋玄学与文学》(1987)、陈顺智的《魏晋玄学与六朝文学》(1993)、卢盛江的《魏晋玄学与文学思想》(1994)、袁峰的《魏晋六朝文学与玄学思想》(1995)、刘运好的《魏晋哲学与诗学》(2003)、皮元珍的《玄学与魏晋文学》(2004)、黄应全的《魏晋玄学与六朝文论》(2004)、徐国荣的《玄学与诗学》(2004)等。这些著作研究侧重点各有不同,如陈顺智的著作重点考察了魏晋玄学对文学理论的本体论、认识论和主体论的影响,并以诗歌演变为线索,探讨了六朝游仙诗、玄言诗、田园诗、山水诗和咏物诗等诗歌中所体现出的玄学精神。刘运好、黄应全的著作大体是以魏晋玄学的历史发展为主线,刘着重在探讨魏晋诸时期诗歌的风格特点与美学精神,黄着重在分析玄学对文学理论的影响。卢盛江、皮元珍的著作探究了玄学对魏晋文学理论、文学创作的影响以及与审美风貌之间的关系。

相比魏晋文学研究的兴盛,对魏晋艺术美学的研究多融于通史性的著作之中,如蔡仲德的《中国音乐美学史》(1995)、陈传席的《中国绘画美学史》(2000),研究专著相对偏少。台湾学者徐复观在《中国艺术精神》(台湾版1966,大陆版1987)一书中对玄学与山水画的关系进行了探讨,他提出玄学促成了山水画的兴起。樊波的《魏晋风流——魏晋南北朝人物画审美研究》(博士学位论文,2003)基本接受了这一观点,该论文探讨了六朝人物画兴盛的原因与标志,展现了六朝主要的人物画家的作品风格及语言特征,对人物画的两种类型——壁画人物和刻线人物的审美特征进行了分析,并详细探讨了人物画的批评理论。

郭平的《魏晋风度与音乐》(2000)重点探讨了阮籍和嵇康的音乐理论,并将其与老庄的音乐观进行了比较研究。作者认为,阮、嵇将老庄"大音希声""至乐无乐"的抽象的哲学思想的无限境界转化成了审美心理状态以及对艺术境界的追求。作者还对魏晋风度和以古琴为代表的中国音乐精神进行了分析,在作者看来,"清"是魏晋风度最有价值的内涵,同时也构成了中国音乐的审美追求。此外,作者通过具体的历史资料指出,六朝音乐精神对于古代琴曲的题材内容也产生了重大影响。

吴功正的《六朝园林》(1993)和余开亮的《六朝园林美学》(2007)研究的是六朝园林艺术。吴著首先从历史的角度,分析了先秦至六朝园林审美观念的演变，作者指出，先秦将园林视作经济手段，汉代园林则体现了对自然的占有欲，而六朝园林体现了山林化的审美趣味。从西晋的金谷之会到东晋的兰亭雅集，园林审美也从富贵气象转向山水审美，文化味道更趋浓郁。接着探讨了六朝园林文化—审美心理的形成，对自然的自觉观念促成了审美意识。然后对园林三大形态，皇家园林、私家园林和佛家园林进行了比较研究，探讨了园林的内部结构和特征，并对南北园林的异同进行了比较。余著对六朝园林进行了更为深入的探究，资料上更显丰赡。作者对六朝时期的园林以类型为别进行了详尽的爬梳，并重点从时空审美和文化心态上对园林的意境生成进行了探讨。作者提出，无论在景观结构、艺术手法，还是审美文化心态上，六朝园林奠定了后世园林的建构基础。

七　魏晋美育研究

魏晋士人基本出身于世家大族，世族非常重视家族子弟的教育问题，魏晋时期的几个主要世族皆是名士辈出，足见其家族教育之成功。因此，魏晋时期的美育思想亦是值得研究的一个主题。袁济喜在《传统美育与当代人格》（2002）中曾对魏晋时期的美育观有过研究。钟士伦主编的《魏晋南北朝美育思想研究》（2006）对魏晋时期的美育思想进行了较为全面的考察。该书第三章探讨了魏晋世族家庭的美育思想。书中提出，魏晋家庭美育的内容主要为人伦之美的教化、艺术之美的熏化和自然之美的濡化。魏晋美育的实施特点有：注重身教，强调体验；创造情景，在活动中引导、启发子弟；利用家族荣誉感进行激励教育；利用家诫、家训、蒙书、经史子集施教等方面。该书认为，魏晋家庭美育的影响主要表现为出现了人才聚集世族的现象和早慧现象。书中指出，魏晋家庭美育对于现代家庭中的美育具有相当的借鉴意义。该书其他章节论述了魏晋时期人物品评的美育思想、士人人格美、山水绘画美育、书法美育等，其具体内容在与美育思想的关联上有待进一步探究。

卢政、祝亚楠的《魏晋南北朝美育思想研究》（齐鲁书社2015年版），探讨了玄佛思潮对美育的影响，魏晋南北朝美育的发展历程，以"和"为核心的美育观，"养气""气韵生动"等范畴中的美育内涵，嵇康、阮籍等七人的美育思想以及美育的实施方式等话题。

综上所述，中国学人从多个角度、多个层面对魏晋美学进行了广泛而深入的探究，取得了丰硕的研究成果。因此，魏晋美学研究已经趋于成熟。同时还应看到，魏晋美学领域仍然存在不少尚需开掘之处，有待研究者进行深入探讨。

第四节　中国审美范畴的多元研究

审美范畴是美学研究的重要内容。美学原理中的审美范畴，主要包括美（优美、壮美）、悲（崇高、悲剧）、喜（喜剧、滑稽、丑）三大类。显然，这三种审美范畴是以西方美学史为基础概括出的，它们并不符合中国美学的实际。叶朗指出，20 世纪 80 年代的美学原理体系的缺陷之一就是："基本上没有吸收中国传统美学的积极成果，各种范畴、命题、原理都局限在西方文化的范畴内（从柏拉图、亚里士多德到车尔尼雪夫斯基，再加上普列汉诺夫）。"[①] 这种观点可谓切中要害，在他本人主编的《现代美学体系》中，试图以意象、感兴等美学范畴建构美学体系。当然，更多的努力还是在中国美学研究领域进行的。

一　审美范畴研究概述

王国维是美学范畴研究的先行者。他结合优美、宏壮等范畴，以叔本华的悲剧理论阐释《红楼梦》，并在《人间词话》中提出了"境界"说。他还提出了"古雅"的范畴。他指出，古雅是形式的形式，是第二种形式，"即形式之优美与宏壮之属性者，亦因此第二形式故，而得一种独立之价值，故古雅者，可谓之形式之美之形式之美也"。[②] 他认为古雅只存在于艺术之中。他如傅庚生的《论文学的隐与秀》（《东方杂志》第 44 卷

[①] 叶朗：《胸中之竹——走向现代之中国美学》，安徽教育出版社 1998 年版，第 210 页。
[②] 王国维：《古雅之在美学上之位置》，《王国维文集》（下部），中国文史出版社 2007 年版，第 18 页。

第9号，1948年9月）、林语堂的《说潇洒》（《文饭小品》创刊号，1935年2月）、梁宗岱的《论崇高》（《文饭小品》第4期，1935年5月）、朱光潜的《刚性美与柔性美》（《文学季刊》第1卷第3期）、雪韦的《略论文学的"雅"》（《解放日报》1941年6月2日）等，皆是对美学范畴的研究。

中华人民共和国成立后，20世纪五六十年代集中于对美的本质的探讨，关于审美范畴的研究有不少文章。如洪毅然的《"雅"与"俗"》（《新建设》1957年12月号）、陈咏的《略谈"境界"说》（《光明日报》1957年12月12日）、李泽厚的《以"形"写"神"》（《人民日报》1959年5月12日）和《虚实隐显之间》（《人民日报》1962年7月22日）、伊之美的《雅以为美》（《装饰》1959年第6期）、陶如让的《释雅致（审美问题浅谈）》（《文艺报》1959年第11期）、刘俊骧的《情、景、形、神（形体美学习笔记）》（《光明日报》1962年2月15日）、王家树的《天真、质朴、美（原始彩陶工艺"实用"与"美"的统一）》（《光明日报》1962年4月14日）、廖仲安和刘国盈的《释"风骨"》（《文学评论》1962年第2期）、吴奔星的《王国维的美学思想——"境界论"》（《江海学刊》1963年第3期）等。此外，还有数篇意境研究的论文。

改革开放之后，中国学人更为自觉地对中国美学中的范畴进行研究。周扬在1981年提出了建立马克思主义的中国美学体系和整理美学遗产的建议，他指出："在美学上，中国古代形成了一套自己的范畴、概念和思想，比如兴、文与道、形神、意境、情景、韵味、阳刚之美、阴柔之美等。我们应该对这些范畴、概念和思想作出科学的解释。"[①] 周扬的建议无疑得到了积极的回应。可以说，20世纪80年代以来，对中国美学范畴的研究一直在进行，出现了难以计数的学术论文及大批专著。下面以专著为例，大致依照出版顺序，略加梳理。

叶朗的《中国美学史大纲》已如前叙，是范畴史写法的代表。书中指出老子所论"道""气""象"三个范畴对后世美学产生了深远影响，

[①] 周扬：《关于建立与现代科学水平相适应的马克思主义的中国美学体系和整理美学遗产问题》，《美学》1981年第3卷。

王振复主编的《中国美学范畴史》就是围绕这三个范畴纵向展开的。陈望衡在《中国古典美学史》中提出，以"意象"为基本范畴的审美本体论系统，以"味"为核心范畴的审美体验论系统和以"妙"为主要范畴的审美品评论系统，构成了整个中国古典美学体系。

曾祖荫的《中国古代美学范畴》（华中工学院出版社 1986 年版）探讨了六大美学范畴：情理论、形神论、虚实论、言意论、意境论、体性论。具体写作中分成两部分，第一部分探讨每个范畴的形成和发展过程，第二部分研究其美学特征，以情理论为例，作者认为情理论的形成和发展分为三个时期，先秦两汉为重理时期，魏晋至唐宋为情理平衡时期，明清为重情时期，情理论的美学特征为"情和理的统一""真情与愤书""理趣与理障"。

皮朝纲的《中国古代文艺美学概要》（四川省社会科学院出版社 1986 年版）上编为"中国古代文艺美学的重要范畴"，纳入了味（审美观照及体验、审美特征）、悟、兴会、意象、神思、虚静、气和意境等审美范畴，探讨了它们的基本含义、构成因素、基本特征等问题。

成复旺主编的《中国美学范畴辞典》（中国人民大学出版社 1995 年版），是对中国美学范畴的一次集中搜罗，全书共收集美学范畴近 500 条。作者指出，应该将中国美学范畴放到整个中国古代美学与文化的思想体系之中进行理解，这可以说是 20 世纪 90 年代以后中国美学研究者的一个共识。

作者将中国美学范畴体系分成五个系列，一是神、气、韵、味以及意象、意境等范畴，它们是中国美学中的核心范畴，其共同特征是主客统一；二是心、性、情、意、志、趣以及由之派生的兴趣、意兴、性灵等，指称主体心灵，属于"心"的范畴系列；三是形、质、象、景、境、天、道，属于"物"的范畴系列；四是观、游、体、品、悟、感、兴等，指的是心物关系的范畴，具有投入式和非逻辑性的特点；五是如阳刚、阴柔、和、自然等美的形态的范畴。这五个系列构成了中国美学范畴体系的主干：以"心"代表审美主体的范畴系列，以"物"代表审美客体的范畴系列，以"感"代表主客体审美关系的范畴系列，以心物、天人之"合"的"合"代表美的范畴系列，以"品格"的"品"代表美的形态的范畴系列。

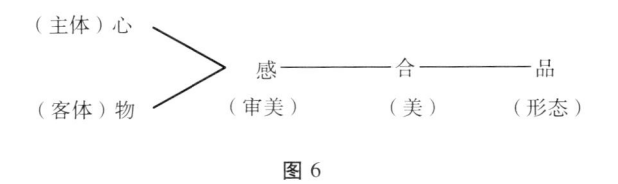

```
（主体）心 ╲
              ＞  感————合————品
（客体）物 ╱    （审美）  （美） （形态）
```

图 6

在具体写作中，作者将近 500 条审美范畴分成了六类：美论、审美论、形态论、创作论、作品论与功能论。审美范畴有大、中、小之分，编排时，将相关的审美范畴列在一起，味为大范畴，"味"之下有滋味、风味、韵味、味外味和至味；"景"为大范畴，景之下有景外之景、境、境界、物境、情境、意境、心境、圣境、神境、化境、境生于象外、实境与虚境、有我之境与无我之境、造境与写境，构成一个个的美学范畴序列。释文重点放在了大条之上，主要阐明其基本内涵、产生及演变过程等。

韩林德在《境生象外：华夏审美与艺术特征考察》（生活·读书·新知三联书店 1995 年版）中认为："其一，音乐（时间艺术）是华夏最高艺术，音乐性（时间性）是华夏艺术的灵魂。其二，意境（艺术意境）是华夏美学的核心范畴和基本范畴。其三，'仰观俯察'的、视线盘桓往复的'流观'是华夏审美观照的基本方式。"[①] 他认为华夏美学的主要范畴、命题和论说有言志说、缘情说、比兴说、言意论、情理论、形神论、虚实论、气韵生动论、意象、意境、境界、外师造化、中得心源、逸、神、妙、能。

张晧的《中国美学范畴与传统文化》（湖北教育出版社 1996 年版）探讨了中国美学史上的 20 个美学范畴，将其分为三组：人、气、道、心、感、美，属于本原范畴；意、象、情、景、势、境，属于体用范畴；兴、游、味、趣韵、和、悟、神，主要指艺法与品格范畴。该书采用的研究方法值得关注，即文化还原。书中指出："中国传统美学范畴是在得天独厚的文化土壤（包括物质生产与社会关系）中生长出来的。科学地阐释这

[①] 韩林德：《境生象外：华夏审美与艺术特征考察》，生活·读书·新知三联书店 1995 年版，第 1 页。

些范畴的方法就是将它们还原于其文化母体中去,从中国古代文化实际状况与中国人的心理历程中追溯考察而阐明其本来含义。"[①] 作者又将文化还原的方法分为历史还原、美学还原和文化还原三个层次。历史还原即对各范畴的出处、本义等进行历史性的考察,美学还原旨在历史考察基础上阐明传统范畴术语原有的美学含义,文化还原是指在更广阔的文化背景上深入地追思各范畴的文化内涵。作者对以上20个美学范畴的分析,基本是依照这三个思路进行的。如对"气"范畴的分析,先考察"气"的本原意义,通过对古代典籍中"气"及"元气"概念的梳理,作者指出:"中国文化思想以'气'为万物之本,生命之元,阴阳之化,精神之流,由此产生气论哲学,气功医学与气化美学……中国文化以'气'将精神与物质、运动与时空统一的思想却具有相当的优越性;尤其是对于美学,以'气'阐发之,更有无可比拟的精辟、深刻、超然与贯通等长处。"[②] 接着探讨了先秦与汉唐思想及文艺理论中涉及的"气"的美学内涵,然后分析了孟子、刘勰、陆游、宋濂、王昱等人的养气说,最后探讨中国文艺评论中的"气",如体气、气象、气势、气格、生气、灵气、神气等。指出中国美学不仅以"气"为本原,还把"气"视为创作的动力,作品的生命,美感的基质。该书一方面重视文献学的方法,对各范畴进行了文字学上的考证;另一方面运用了文化还原的研究方法,将诸范畴置于具体的文化语境之中进行探讨,对美学范畴进行了较为深入的探讨。

吴中杰主编的《中国古代审美文化论》(范畴卷,上海古籍出版社2003年版)提取出了十个重要范畴:道、气、和、象、自然、风骨、意境、神韵、格调和性灵。对每个范畴的历史流变、美学特征与文化内涵等方面进行了考察。

朱良志的《中国美学十五讲》(北京大学出版社2006年版)探讨了五个范畴:境界、和谐、妙悟、形神和养气。

吴登云的《中国古代审美学》(云南人民出版社2009年版)提出,"中和""意象""情性"是中国古代美学中的三个基本审美范畴,并以

---

① 张皓:《中国美学范畴与传统文化》,湖北教育出版社1996年版,第8页。
② 同上书,第50页。

此构成了三大范畴体系：以"中和"为核心范畴的社会审美学；以"意象"为核心范畴的艺术审美学；以"情性"为核心范畴的生命审美学。其中，"中和"体现了一切审美的最高追求，意象体现了一切审美的基本思维形式，情性体现了一切审美的生命本质。它们以"道"为核心，按照"天人合一"的宇宙思想，构成一个完整的"三维"审美范畴体系。该书的主体部分（第二至第四章）对这三大范畴进行了探讨。

以上著作，或探讨中国美学范畴的整体，或提取出了最为重要的美学范畴。同时，亦有众多著作对独立的审美范畴进行了深入的研究。规模最大、最具影响的，当为蔡钟翔、邓光东主编的"中国美学范畴丛书"。该套丛书计划出版3辑30种，目前已出2辑20种［百花洲文艺出版社2001年第1版（第一辑），2005—2006年第1版（第二辑），2009年第2版］。第一辑包括蔡钟翔的《美在自然》、陈良运的《文质彬彬》、袁济喜的《和：审美理想之维》、涂光社的《原创在气》和《因动成势》、汪涌豪的《风骨的意味》、袁济喜的《兴：艺术生命的激活》、胡雪冈的《意象范畴的流变》、古风的《意境探微》、曹顺庆和王南的《雄浑与沉郁》。第二辑包括：陈良运的《美的考察》、胡家祥的《志情理：艺术的基元》、刘文忠的《正变·通变·新变》、郁沅的《心物感应与情景交融》、张晶的《神思：艺术的精灵》、朱良志的《大音希声——妙悟的审美考察》、张方的《虚实掩映之间》、韩经太的《清谈美论辨析》、曹顺庆和李天道的《雅论与雅俗之辩》、陶礼天的《意味说》。

蔡钟翔和陈良运在该套丛书的总序中指出："中国古代美学范畴，由于文化背景的特殊性，呈现出与西方美学范畴迥然不同的面貌，因而在世界美学史上具有独特的价值。中国现代美学的建设，非常需要吸纳融汇古代美学范畴中凝聚的审美认识的精粹。自20世纪80年代以来的十余年中，美学范畴日益受到我国学界的重视，古代美学和古代文论的研究重心，在史的研究的基础上，有逐渐向范畴研究和体系研究转移的趋势，这意味着学科研究的深化和推进，预期在21世纪这种趋势还会进一步加强。"他们将中国传统美学范畴的特点归结为多义性和模糊性、传承性和变易性、通贯性和互渗性、直觉性和整体性、灵活性和随意性。可以说很好地概括了中国传统美学范畴的特点。

该套丛书的写作思路虽不尽相同，不过有一个突出的特点，即在广泛征引资料的基础上，对所涉范畴的历史，范畴的审美内涵及其在文艺理论中的体现等问题进行了深入的考察。如涂光社所著的《原创在气》，第一章分析了"气"概念的形成及其在古代哲学中的发展轨迹，第二章探讨了"阴阳五行"说和"神形"论中的"气"，第三章特别研究了中国古代思想中的"养气"说，第四至第七章分析了文学理论、乐论、书论和画论中的"气"。蔡钟翔所著的《美在自然》，上编考察了自然论从哲学到美学、从萌生到发展的历史轨迹，下编对"自然"作为最高审美理想的地位和"自然"的美学内涵展开逻辑分析，作者将"自然"的美学内涵概括为无意、无法、无工。书中还辨析了与"自然"相关的真、生拙、淡、本色等范畴。袁济喜所著的《和：审美理想之维》，上编探讨了"和"的发展历史，作者将其分成奠基时期（先秦）、演进时期（两汉）、深化时期（魏晋南北朝）、成熟时期（隋唐五代）、转折时期（宋代）和衰变时期（元明清），对每个阶段哲学思想和文艺理论中的"和"进行了解读。下编对"和"的结构进行了解析，探讨了审美对象的"和"，审美心态的"和"，审美主客体的相和，审美与艺术协调社会的功用，实现"和"的途径与方法，关于"和"的古今评价等问题。

此外，张国庆的《"中和"之美——普遍艺术和谐观与特定艺术风格论》（巴蜀书社 1995 年版），朱存明的《中国的丑怪》（中国矿业大学出版社 1996 年版），李天道的《中国美学之雅俗精神》（中华书局 2004 年版），赵志军的《作为中国古代审美范畴的自然》（中国社会科学出版社 2006 年版），邓国军的《中国古典文艺美学"表现"范畴及其命题研究》（巴蜀书社 2009 年版），王哲平的《中国古典美学"道"范畴论纲》（中国社会科学出版社 2009 年版），胡学春的《真：泰州学派美学范畴》（社会科学文献出版社 2009 年版），赵树功、詹福瑞的《论寄》（人民文学出版社 2010 年版）等书，对书题中的相应美学范畴进行了探讨。如王哲平的《中国古典美学"道"范畴论纲》一书，对"道"概念的渊源与流变进行了详细的考证；对道家与儒家之道的审美特征进行了概括，认为道家之"道"素朴、变易、博大、玄妙，儒家之"道"中和、至诚、刚健。

对作为审美理想的"道"进行了分析,指出其一方面指审美对象本身所达至的"道"的完美境界,另一方面指审美主体通过审美活动所展现的对"道"的领悟与昭示;作为一种人生境界,"道"的本质特征在于心灵状态的自由无羁,这在老庄是物我两忘、逍遥自适,在儒家是平和愉悦、从容中道。作者指出,因了"道"的深刻影响,中国美学有别于西方美学重逻辑思辨的显著标志,是重整体直觉思维。作者认为,"道"是中国艺术的生命之本,中国艺术以体道为鹄的。书中通过绘画、书法、诗歌和音乐等四种艺术样态,折射"道"在不同艺术时空中的审美映现。赵树功、詹福瑞的《论寄》一书,分析了寄作为美学范畴的确立,寄的审美特征,寄与审美范型(诗文、诗酒风流、山水田园、艺术),寄与意境论的诞生,寄、气与意境生成,寄与"寄托"的艺术手法等,对作为审美范畴的"寄"进行了较为全面深入的研究。

近年来,还有大量审美范畴的研究之作出版,这些著作更多涉及独立审美范畴的研究,如中和、丑怪、自然、道、真、寄、逸等。还有的著作拓展到了与其他文化中相关审美范畴的比较,如周建萍的《中日古典审美范畴比较研究》(中国社会科学出版社 2015 年版),涉及物感与物哀、神韵与幽玄、趣与寂三组范畴的比较,这类研究可以探测中日美学及文化的差异性及相通性,值得深入下去。

二 意境范畴研究概述

无疑,"意境"是中国美学范畴群中,最受研究者重视、研究成果最多的一个范畴。不少学者认为,意境是中国古典美学的核心范畴。关于意境的研究成果可谓不胜枚举,对于这些研究成果的梳理与评述亦有不少。[1] 此处选取有代表性的研究成果,对中国美学界的意境研究作一

---

[1] 如张毅的《建国以来"意境"研究述评》(《江汉论坛》1985 年第 10 期)、马正平的《五十年来意境研究述评》(《云南教育学院学报》1986 年第 2 期)、古风的《现代意境研究述评》(《社会科学战线》1997 年第 2 期)、童庆炳的《"意境"说六种及其申说》(《东疆学刊》2002 年第 3 期)等。此外,古风在《意境探微》(百花洲文艺出版社 2001 版)一书中对 20 世纪的意境研究进行了评述;杨存昌主编的《中国美学三十年》(济南出版社 2010 年版)一书中,以两章的篇幅对 30 年来的意境研究进行了概述。

论述。

20世纪五六十年代,有关意境研究的文章包括李泽厚的《"意境"杂谈》(《光明日报》1957年6月9日、16日),贺天健的《关于意境》(《美术》1959年第5期),张庚的《山水画的意境》(《人民日报》1959年6月2日),雷纪孝的《谈诗词的"意境"》(《陕西日报》1959年7月20日),张仲浦的《黄遵宪诗的新意境和旧风格》(《杭州大学学报》1962年第1期),程至的《关于意境》(《美术》1963年第4期),李醒尘、叶朗的《意境与艺术美——与程至的同志商榷》(《美术》1964年第2期)等。此外,有关王国维"境界"说的探讨是另一大热点。

这一时期,以"意境"为主题的论文集中于对意境内涵的讨论以及对文学艺术中的意境的分析。在《"意境"杂谈》一文中,李泽厚提出,"意境"与"典型环境中的典型性格"是美学中平行相等的两个基本范畴,"'意境'是'意'——'情''理'与'境'——'形''神'的统一,是客观景物与主观情趣的统一"。[①] 程至的不同意这种观点,他认为意境就是情景交融的观点太过笼统,"这只能说明意境的一般因素,没有说明意境的特殊性质。……同样有感情,有景物的作品,不一定都是有意境的作品。问题是要看它以怎样的方式表现了情,表现了景。意境的情景是由于特殊的情景所构成的"。[②] 他指出不能将意境看成形、神、情、理的统一,亦不能将意境等同于典型。他以具体的文艺作品(尤以山水画和人物画)为例,提出了"意境就是以空间境象表达了情趣"的观点。李醒尘和叶朗又对程至的的观点进行了辩驳,他们认为意境是构成艺术美的不可缺少的因素,并对意境提出了两点规定:情和景的统一;诗和画的统一。情和景的统一,也就是虚和实、无限和有限的统一。诗和画的统一,也就是动和静、时间和空间的统一。他们提出:"(一)意境的产生是与艺术的本质相联系,是构成艺术美的重要因素。因此它是一切艺术可

---

① 李泽厚:《"意境"杂谈》,收入李泽厚《美学论集》,上海文艺出版社1980年版,第339页。

② 程至的:《关于意境》,《美术》1963年第4期。

以具有而且应该具有的。(二) 意境包含着时代的、阶级的内容。为当代人民群众所欣赏的意境只能是充分反映了时代精神的意境。"① 这一时期的意境研究，带有明显的时代印迹，即以马列主义的反映论来规定意境。

1978年以来，意境研究大面积铺开，成果不胜枚举。古风对1978年至2000年的意境研究成果大致做了一个统计，结果表明，"20多年来，约有1452位学者，发表了1543篇'意境'研究论文；平均每年约有69位学者投入'意境'研究，发表73篇论文"。② 加上2000年以来发表的论文，更是数量庞大了。这一期间出版的专著有：刘九洲的《艺术意境概论》(华中师范大学出版社1987年版)、林衡勋的《中国艺术意境论》(新疆大学出版社1993年版)、蒲震元的《中国艺术意境论》(北京大学出版社1995年版)、夏昭炎的《意境——中国古代文艺美学范畴研究》(岳麓书社1995年版)、蓝华增的《意境论》(云南人民出版社1996年版)、薛富兴的《东方神韵——意境论》(人民文学出版社2000年版)、陈铭善的《意与境——中国古典诗词美学三昧》(浙江大学出版社2001年版)、古风的《意境探微》(百花洲文艺出版社2001年第1版，2009年第2版)、李昌舒的《意境的哲学基础》(中国社会科学出版社2008年版) 等。

薛富兴认为，就范围和方法而言，现有的意境研究主要集中于："1. 微观研究，如对王国维《人间词话》境界说的研究。2. 对意境概念的产生、发展线索的梳理。3. 狭义的诗学，在历代诗论范围内讨论意境。4. 纯范畴形态的意境研究。5. 关于意境内涵、结构、特征等的宏观研究。"③ 古风认为这一时期的意境研究表现在：(1) "意境"史研究；(2) 从不同学科的角度研究"意境"；(3) 运用不同的方法研究"意境"；(4) 文学艺术"意境"研究；(5) 术语新用。④ 该书就学界对意境说的理论基础与历史生成和意境的美学内涵这两个问题的研究作一简单概述。

---

① 李醒尘、叶朗：《意境与艺术美——与程至的同志商榷》，《美术》1964年第2期。
② 古风：《意境探微》(上)，百花洲文艺出版社2009年第2版，第16页。
③ 薛富兴：《东方神韵——意境论》，人民文学出版社2000年版，"前言"，第3—4页。
④ 古风：《意境探微》(上)，百花洲文艺出版社2009年第2版，第17—20页。

(一) 意境说的理论基础与历史生成

关于意境说形成的理论基础，有这样几种说法。

一是佛教。吴调公认为，"如果说最早的言意说承袭了儒家文论，那么，魏晋至唐宋的'境界说'就一转而为受佛学的影响，扣合文学的特征，为比较成熟的意境说提供思想基础了"。① 孙昌武同样持此看法，他指出："自佛法输入中国，就逐渐深入地影响到中国文人的思想、生活与创作。其中的一个方面，表现在诗的意境的创造上，进而也表现在诗歌理论上。"② 这种观点一度广为接受，"历来盛行着这样一种观点，即意境理论诞生于魏晋南北朝，是佛教输入的结果"。③

二是老子哲学。叶朗指出："意境说的思想根源是老子的哲学。"④ 后来他又撰文加以补充，认同禅宗对意境理论形成的促进作用。"禅宗是在道家和魏晋玄学的基础上，进一步推进了中国艺术家的形而上的追求，表现在美学理论上，就结晶出了'意境'这个范畴，形成了意境的理论。"⑤

三是老庄学说和《周易》。章楚藩认为："意境的前身是意象，其思想源头在先秦的《老》、《庄》、《易传》。"⑥ 姚文放同样持此观点："我国古代关于意境的美学思想发源于老庄学说和《周易》，其基本思想内涵早在老庄学说和《周易》中就已经形成，而在魏晋至唐代，由于受佛家理论的启迪，吸收了'境'、'境界'的表述形式，进而上升为较为明确的美学范畴。"⑦

四是儒、道、佛三家综合。张文勋认为："它是在文学艺术长期发展过程中，吸收并整合了各种美学思想，继承和发展了传统的审美趣味，逐步形成具有特定美学内涵和民族特色的美学理论。根据我国古代文化发展的实际，我们可以清楚地看到，儒、道、佛三家的学说的相互渗透和交

---

① 吴调公：《关于古代文论中的意境问题》，《社会科学战线》1981年第1期。
② 孙昌武：《佛的境界与诗的境界》，收入南开大学中文系编《意境纵横谈》，南开大学出版社1986年版，第1页。
③ 姚文放：《意境探源》，《扬州大学学报》1989年第2期。
④ 叶朗：《说意境》，《文艺研究》1998年第1期。
⑤ 叶朗：《再说意境》，《文艺研究》1999年第3期。
⑥ 章楚藩：《"意境"史话》，《杭州师范学院学报》1988年第4期。
⑦ 姚文放：《意境探源》，《扬州大学学报》1989年第2期。

融,是意境理论形成的主要来源。我们很难说意境是儒家的理论,还是佛、老哪家的理论;我们只能说意境是在儒、道、佛各家思想影响下所形成的审美理想、审美心理和审美趣味的集中表现。"① 李昌舒在《意境的哲学基础》一书中主要分析了魏晋玄学和佛学对意境形成的影响。

五是刘勰的《文心雕龙》。古风指出:"在中国美学的发展史上,任何一个美学范畴的出现,都有其久远的历史渊源和文化基础。'意境'范畴的出现就是这样。它的历史渊源和文化基础便比较集中地表现在《文心雕龙》之中。"②

实际上,应该将意境说的产生视为一个动态的和历史的过程,考虑到它漫长的形成过程,很难说它只是受到了某一家思想的影响,即如刘勰本人,他的思想同样受到儒、佛、道的影响。因此,综合看来,意境理论受到了儒、道、佛三家思想的影响,尤其是老庄和禅宗思想的影响。

"意境"这一概念首次出现于唐代王昌龄的《诗格》之中,但作为一种理论,它的形成有着漫长的孕育阶段,其内涵在此后又不断地丰富演化。由此,对"意境"的历史发展的研究同样是一大热点。20世纪80年代以来的论著中多有论及。胡晓明的《中国前意境思想的逻辑发展》一文,以情景交融和虚实相生为线索,探讨了唐前的意境理论的逻辑发展。他指出:"先秦原始儒学和魏晋玄学,构成中国前意境思想的有机生命形态,前者赋予她人类文化学基础,后者给她以认识论心理学基础。唯其如此,中国意境说遂成为超稳定社会形态的一个超稳定美学符号。"③ 蓝华增在《古代诗论意境说源流刍议》一文中,将意境理论的发展分成五个时期:自周至两汉为潜匿期;魏晋南北朝为孕育期,《文赋》是其理论源头,《文心雕龙》萌芽"意象"理论,钟嵘《诗品》开其先河;唐代为形成期,王昌龄、皎然、司空图等人对意境说的形成做出了贡献;宋代为发展期,严羽《沧浪诗话》的"兴趣说"是意境理论的发展和深化;明

---

① 张文勋:《论"意境"的美学内涵》,《社会科学战线》1987年第4期。
② 古风:《意境探微》(上),百花洲文艺出版社2009年第2版,第36页。
③ 胡晓明:《中国前意境思想的逻辑发展》,《安徽师大学报》(哲学社会科学版)1986年第4期。

清为广泛运用和总结期,王国维的《人间词话》是集大成者。① 章楚藩在《"意境"史话》一文中将其分成了三个阶段:先秦至魏晋南北朝是意境说的孕育期;唐宋是意境说的诞生和成长期;明清至近代是意境说的深入发展期。②

薛富兴借鉴蓝华增等人的观点,将意境理论的发展分成了五个时期:先秦是意境的哲学奠基期,他认为庄子的"游心"思想是意境审美理想得以产生的基石;两汉魏晋是意境的美学准备期,"意象"作为意境范畴的重要中介在此期间出现;唐代是意境的诞生时期,传为王昌龄所作的《诗格》中第一次出现了"意境"的概念,皎然、刘禹锡、司空图等人又丰富了它的内涵,如刘禹锡提出了"境生于象外",司空图提出了"象外之象""味外之味"等;宋代为意境的巩固期,"宋代美学对意境的独特贡献有两个方面:一是确立了意境创造的艺术思维形式,一是奠定了艺术意境的静态空间结构"③;明清为意境的完成期,王国维成为意境理论的终结者。古风认为"意境"是一个动态的美学范畴,"这条历史轨迹是由一个个'意境'研究者组成的。处于某一历史时期的'意境'研究者,具有不同的学术视野,这样又形成了多维视野中的'意境'理论"。④ 他在《意境探微》一书中,对刘勰、王昌龄、皎然、司空图、普闻、谢榛、陆时雍、王夫之、梁启超、王国维等人的意境理论进行了研究。

此外,像刘九洲等人的论著中,对意境的发展史都有所涉猎。可以说,美学界目前对意境理论的历史生成与发展问题,已经进行了较为深入的研究。

(二) 意境的美学内涵

关于意境的美学内涵,学界对此探讨很多,并无定见,主要有以下几种观点。

一是认为意境是情景交融。明清时期的理论家,如谢榛、王国维等人都持此说。宗白华在《中国艺术意境之诞生》中亦指出:"意境是'情'

---

① 蓝华增:《古代诗论意境说源流刍议》,《文艺理论研究》1982 年第 3 期。
② 章楚藩:《"意境"史话》,《杭州师范学院学报》1988 年第 4 期。
③ 薛富兴:《东方神韵——意境论》,人民文学出版社 2000 年版,第 48 页。
④ 古风:《意境探微》(上),百花洲文艺出版社 2009 年第 2 版,第 155 页。

与'景'(意象)的结晶品。"① 这种观点为学界广为接受。如蓝华增认为:"意境是感情与景象事物的结合,也就是感情与形象的结合。凡是感情与形象相结合而不是相排斥相游离的,叫做有意境。"② 袁行霈在《论意境》一文中指出:"意境是指作者的主观情意与客观物境互相交融而形成的艺术境界。"③ 都是指的情景交融。

二是从哲学角度对意境的内涵加以界定。叶朗指出:"从审美活动(审美感兴)的角度看,所谓'意境',就是超越具体的有限的物象、事件、场景,进入无限的时间和空间,即所谓'胸罗宇宙,思接千古',从而对整个人生、历史、宇宙获得一种哲理性的感受和领悟。"④ 薛富兴的观点与此相似,他指出:"意境的本质论——主体自由生命的精神家园决定了意境在艺术作品呈现形态上的广阔性和精神性,唯其如此,才能实现其精神自由的本质。所以,意境,如果从其艺术品表现形态上看,它就是一个独特的(艺术的,审美的)、广阔的(超越于单个形象的)精神空间。"⑤

三是认为意境的内涵在于"境生象外"。张少康认为"情景交融"只能概括一般艺术形象的特征,而不能概括意境的独特内涵,他引用刘禹锡的"境生于象外"的观点,认为"境生象外"和空间美是意境的特质。他指出,意境具有动态美和传神美、高度真实感和自然感的审美特点,他还认为虚实结合是创造意境的基本方法。⑥

四是认为意境的内涵在于"虚实相生"。蒲震元从绘画空间转换的角度解说意境。他提出:"意境的形成是基于诸种艺术因素虚实相生的辩证法则之上。所谓意境,应该是指特定的艺术形象(实)和它所表现的艺术情趣、艺术气氛以及可能触发的丰富联想形象(虚)的总和。"⑦

---

① 宗白华:《美学散步》,上海人民出版社1981年版,第60页。
② 蓝华增:《说意境》,《文艺研究》1980年第1期。
③ 袁行霈:《论意境》,《文学评论》1980年第4期。
④ 叶朗:《说意境》,《文艺研究》1998年第1期。
⑤ 薛富兴:《东方神韵——意境论》,人民文学出版社2000年版,第117页。
⑥ 张少康:《论意境的美学特征》,《北京大学学报》1983年第4期。
⑦ 蒲震元:《中国艺术意境论》,北京大学出版社1995年版,第22页。

五是从心理接受与欣赏的角度解释意境。陈洪不认同以情景交融来释意境，他认为情景交融主要是从创作角度立论，而意境多指一种审美感受，偏重于鉴赏方面。他提出："'意境'实质上是文艺创作与鉴赏中的一种心理现象，既是文艺学的问题，又与心理学有关，若忽视了后者，自难以说透，本文把意境问题归结为文艺中的心理场现象。"① "在审美观照中，当对象可以提供一个心理环境，刺激主体产生自我观照、自我肯定的愿望，并在审美过程中完成这一愿望，我们就认为这样的审美对象具有意境。"② 刘大枫同样认为意境首先是欣赏范畴的问题，"是先有了关于意境的审美感受、审美需要，才反过来促成了对意境的有意识的创造和追求"。③ 他认为意境的基本特征是艺术欣赏中的心驰神往。他将意境的实质解释为"寓意之境"，境是基础或条件，意寓于境之中，寓意之境存在于憧憬这种想象之中。

六是综合性的观点。童庆炳在《"意境"说六种及其申说》一文中对六种意境理论进行了分析，他指出："我们要反复强调的是，意境作为抒情型作品的审美理想，是一个多维度的结构。我们必须以全面的流动的视点，才可能接近'意境'的丰富美学内涵。这里需要说明的是，在意境问题上，也有一些研究者看到了意境的复杂结构，其研究也不完全是单视角的。例如宗白华教授说：'意境不是一个单层的平面的自然的再现，而是一个境界层深的创构。从直观感相的摹写，活跃生命的传达，到最高灵境的启示，可以有三层次。'这里是三个角度。在目前的意境研究中，这一观点仍然是最全面的。叶朗的研究主要涉及'象外之象'和'哲学意蕴'两个角度。蒲震元的研究主要涉及情景交融、象外之象和气韵生动三个角度。陶东风的研究涉及'象外之象'和'接受创建'两个角度。他们的探讨把已经研究的推到一定的深度。但是，在我看来，这些研究涉及意境的丰富美学内涵还有相当的距离，意境理

---

① 陈洪：《意境——艺术中的心理场现象》，南开大学中文系编：《意境纵横谈》，南开大学出版社1986年版，第19—20页。
② 同上。
③ 刘大枫：《意境辨说》，南开大学中文系编《意境纵横谈》，南开大学出版社1986年版，第45页。

论仍然有广阔的研究空间。"① 童庆炳提出了一个具有综合性的观点："意境是人的生命力活跃所开辟的、寓含人生哲学意味的、情景交融的、具有张力的诗意空间。这种诗意空间是在有读者参与下创造出来的。它是抒情型文学作品的审美理想。"② 童庆炳认为"生命力的活跃"是意境的最核心的美学内涵。

可以说，以上六种观点从各个不同的角度对意境的内涵进行了揭示。实际上，意境作为一个承载着丰富文化内涵的美学范畴，很难一言以蔽之，需要多角度、多层次地进行研究。

第五节 人物、文本与流派美学研究

美学史和美学范畴的研究，需要宏观把握，人物美学和文本美学，则属具体而微的研究。中国美学史上不乏重要的人物和文本，其美学思想在美学史上具有举足轻重的地位，需要对其进行专门研究。此类研究成果所在多有，限于篇幅，本节以专著为主（偶或涉及博士学位论文），重在列出研究成果，对其具体内容不做展开。

一 人物和文本研究

先秦诸子美学，以儒、道两家为研究重点。孔子美学在中国美学史中多有论及，期刊论文亦复不少，主要集中于孔子的社会伦理美学、音乐美学、艺术功用、审美教育等内容。专著有邓承奇的《孔子与中国美学》（齐鲁书社1995年版）。孟子美学的研究成果主要是期刊论文，集中于对孟子人格美思想的解读。相较而言，道家美学更受学界关注。老子美学的研究成果，包括李天道的《老子美学思想的当代意义》（中国社会科学出版社2008年版）、孙振玉的《老子美学与中国古代意象说》（博士学位论文）和《老子立象观道的美学思想研究》（博士后出站报告）。庄子美学

---

① 童庆炳：《"意境"说六种及其申说》，《东疆学刊》2002年第3期。
② 同上。

无疑是先秦美学的研究中心，相关成果非常多，自 20 世纪 90 年代以来时有出现。专著包括：

刘绍瑾：《庄子与中国美学》，广东高等教育出版社 1992 年版。
张利群：《庄子美学》，广西师范大学出版社 1992 年版。
杨安仑：《中国古代精神现象学——庄子思想与中国艺术》，东北师范大学出版社 1993 年版。
陶东风：《从超迈到随俗：庄子与中国美学》，首都师范大学出版社 1995 年版。
王凯：《逍遥游：庄子美学的现代阐释》，武汉大学出版社 2003 年版。
包兆会：《庄子生存论美学研究》，南京大学出版社 2004 年版。
时晓丽：《庄子审美生存思想研究》，商务印书馆 2006 年版。
易小斌：《道家与文艺审美思想生成研究》，岳麓书社 2009 年版。
杜觉民：《隐逸与超越：论逸品意识与庄子美学》，文化艺术出版社 2010 年版。
郑笠：《庄子美学与中国古代画论》，商务印书馆 2012 年版。
王凯：《道与道术——庄子的生命美学》，人民出版社 2013 年版。
佴同壮：《庄子的"古典新义"与中国美学的现代建构》，暨南大学出版社 2013 年版。
颜翔林：《庄子怀疑论美学》，人民出版社 2015 年版。
杨震：《从美、艺术走向人——〈庄子〉美学可能性的研究》，安徽教育出版社 2015 年版。
胡晓薇：《道与艺——〈庄子〉的哲学、美学思想与文学艺术》，巴蜀书社 2015 年版。
陈火青：《大美无美：庄子美学的反思与还原》，中国社会科学出版社 2017 年版。

对包括屈原在内的其余诸子的美学思想的研究，基本以论文的形式存在。

《周易》是先秦美学中最受关注的文本之一。相关研究成果包括：

王振复:《周易的美学智慧》,湖南人民出版社1991年版,北京大学出版社2006年版。

刘纲纪:《周易美学》,湖南教育出版社1992年版,武汉大学出版社2006年版。

刘纲纪、范明华:《易学与美学》,沈阳出版社1998年版。

王明居:《叩寂寞而求音:周易符号美学》,安徽大学出版社1999年版。

王春才:《周易与中国古代美学》,文化艺术出版社2006年版。

张乾元:《象外之意:周易意象学与中国书画美学》,中国书店2006年版。

张锡坤、姜勇、窦可阳:《周易经传美学通论》,生活·读书·新知三联书店2011年版。

汉代美学之中,重要人物有董仲舒、司马迁、扬雄、司马相如、王充等,以思想家或文学家为主,重要文本有《淮南子》《毛诗序》等。由于汉代美学更多是一个过渡阶段,无论是人物还是文本,专论美学与艺术的很少,相关专著以研究文学家的美学思想为主,如李天道的《司马相如赋的美学思想与地域文化心态》(中国社会科学出版社、华龄出版社2004年版),万志全的《扬雄的美学思想研究》(中国社会科学出版社2010年版),等等。

魏晋南北朝是美学研究的热点和重点。本章第三节对魏晋美学专题性研究成果进行了梳理。该时期的重要人物有三曹、建安七子、嵇康、阮籍、顾恺之、陶渊明、谢赫、宗炳等,重要文本有钟嵘的《诗品》、刘勰的《文心雕龙》等。对于前者的研究以古典文学研究者为多,且以论文为主。关于嵇康美学的研究有专著出现,包括张节末的《嵇康美学》(浙江大学出版社1992年版)和卢政的《嵇康美学思想及其当代价值》(山东大学博士后研究工作报告,2008)。对钟嵘《诗品》的研究著作,有罗立乾的《钟嵘诗歌美学》(武汉大学出版社1987年版)等。刘勰的《文心雕龙》无疑是最受中文学界关注的文本之一,研究队伍庞大,研究成果甚多。1983年成立的中国文心雕龙学会是专门性研究组织,该学会定期出版《文心雕龙学刊》《文心雕龙研究》等刊物,并举办国际学术会议。对于《文心雕龙》美学思想的研究成果集中于20世纪80年代,主要包括:

金民那:《文心雕龙的美学——文学的心灵及其艺术的表现》,文史哲出版社1982年版。

詹锳:《〈文心雕龙〉的风格学》,人民文学出版社1982年版。

缪俊杰:《文心雕龙美学》,文化艺术出版社1987年版。

赵胜德:《文心雕龙美学思想论稿》,漓江出版社1988年版。

易中天:《文心雕龙美学思想论稿》,上海文艺出版社1988年版。

韩湖初:《文心雕龙美学思想体系初探》,暨南大学出版社1993年版。

寇效信:《文心雕龙美学范畴研究》,陕西人民出版社1997年版。

相对于文学艺术的繁荣,唐代美学中的重要人物与重要文本明显偏少,文学家李白、王维、杜甫、韩愈、柳宗元、白居易等人虽有文字探讨诗文理论,但多属只言片语。此一时期重要的文艺理论作品,包括孙过庭的《书谱》、张怀瓘的《书断》、皎然的《诗式》、张彦远的《历代名画记》、司空图的《二十四诗品》等。相关研究著作有范明华的《〈历代名画记〉绘画美学思想研究》(武汉大学出版社2010年版),张国庆的《〈二十四诗品〉诗歌美学》(中央编译出版社2010年版)。

进入宋元美学,这一时期的重要人物,除欧阳修、苏轼、黄庭坚等文学家外,理学家像邵雍、二程、朱熹、陆九渊等人皆值得关注。文本之中以严羽的《沧浪诗话》最为重要。目前的研究著作,即以苏轼、朱熹和《沧浪诗话》为主。包括:王世德的《儒道佛美学的融合——苏轼文艺美学思想研究》(重庆出版社1993年版),杨存昌的《道家思想与苏轼美学》(济南出版社2001年版),潘立勇的《朱子理学美学》(东方出版社1999年版),邹其昌的《朱熹诗经诠释学美学研究》(商务印书馆2004年版），程小平的《〈沧浪诗话〉的诗学研究》（学苑出版社2006年版），柳倩月的《诗心妙语——严羽〈沧浪诗话〉新阐》（黑龙江人民出版社2009年版），王术臻的《沧浪诗话研究》（学苑出版社2010年版）等。

明代美学，重要人物有王阳明、杨慎、徐渭、李贽、董其昌、袁宏道、张岱等人，重要文本有谢榛的《四溟诗话》、王世贞的《艺苑卮言》、胡应麟的《诗薮》、计成的《园冶》、张岱的《陶庵梦忆》等。相关研究著作有：潘运告的《冲决名教的羁络·阳明心学与明清文艺思潮》（湖南教育出版社1999年版），潘立勇的《一体万化——阳明心学的美学智慧》（北京大学出版社2010年版）陆永胜的《王阳明美学思想研究》（社会科学文献出版社2016年版），雷磊的《杨慎诗学研究》（中国社会科学出版社2006年版），王明辉的《胡应麟诗学研究》（学苑出版社2006年版）等。值得一提的是，提出童心说的李贽，目前尚无专著对其加以研究。

清代美学，可分前中期和晚期。前中期的重要人物，有金圣叹、李渔、顾炎武、王夫之、郑板桥、袁枚、曹雪芹等人，重要文本有石涛的《画语录》、刘熙载的《艺概》等。相关研究著作有：

杜书瀛：《论李渔的戏剧美学》，中国社会科学出版社1982年版。
苏鸿昌：《论曹雪芹的美学思想》，重庆出版社1984年版。
李传龙：《曹雪芹美学思想》，陕西人民教育出版社1987年版。
熊考核：《王船山美学》，中国文史出版社1991年版。
周志诚：《石涛美学思想研究》，漓江出版社1992年版。
徐林祥：《刘熙载美学思想研究论文集》，四川大学出版社1993年版。
杜书瀛：《李渔美学思想研究》，中国社会科学出版社1998年版。
吴九成：《聊斋美学》，广东高等教育出版社1998年版。
陶水平：《船山诗学研究》，中国社会科学出版社2001年版。
崔海峰：《王夫之诗学范畴论》，中国社会科学出版社2006年版。
涂波：《王夫之诗学研究》，湖北人民出版社2006年版。
韩振华：《王船山美学基础》，巴蜀书社2008年版。
贺志朴：《石涛绘画美学和艺术理论》，人民出版社2008年版。

丁利荣：《金圣叹美学思想研究》，武汉大学出版社2009年版。
杜书瀛：《李渔美学心解》，中国社会科学出版社2010年版。
骆兵：《李渔文学思想的审美文化论》，江西人民出版社2010年版。
徐林祥：《刘熙载及其文艺美学思想》，社会科学文献出版社2010年版。

像王国维、梁启超、蔡元培、鲁迅等人，跨越晚清与民国，思想上受到西方思想的影响，可纳入现代美学的范围，学界对他们的相关研究成果主要有：

刘再复：《鲁迅美学思想论稿》，中国社会科学出版社1981年版。
张颂南：《鲁迅美学思想浅探》，浙江人民出版社1982年版。
唐弢：《鲁迅的美学思想》，人民文学出版社1984年版。
聂振斌：《蔡元培及其美学思想》，天津人民出版社1984年版。
聂振斌：《王国维美学思想述评》，辽宁人民出版社1986年版。
卢今：《论鲁迅散文及其美学特征》，湖南文艺出版社1987年版。
施建伟：《鲁迅美学风格片谈》，黄河文艺出版社1987年版。
佛雏：《王国维诗学研究》，北京大学出版社1987年版。
卢善庆：《王国维文艺美学观》，贵州人民出版社1988年版。
耿恭让：《鲁迅鉴赏美学》，河北教育出版社1989年版。
孙世哲：《蔡元培鲁迅美学思想》，辽宁教育出版社1990年版。
周锡山：《王国维美学思想研究》，中国社会科学出版社1992年版。
金雅：《梁启超美学思想研究》，商务印书馆2005年版。
方红梅：《梁启超趣味论研究》，人民出版社2009年版。

二 流派美学研究

儒、释、道被视为中国古典文化的三大支柱，美学界这三大流派的研究并不均衡。相对而言，对儒家美学的整体性研究不是很多，对道家美学的研究主要集中于老庄，对道教美学的研究成果在近年出现了一些，而对佛教美学尤其是禅宗美学的研究成果最多。现列举如下：

儒家美学研究成果主要有：

龚道运：《先秦儒家美学论集》，台北文史哲学出版社 1993 年版。

张毅：《儒家文艺美学：从原始儒家到现代新儒家》，南开大学出版社 2004 年版。

范希春：《理性之维——宋代中期儒家文艺美学思想研究》，中央民族大学出版社 2006 年版。

邓莹辉：《两宋理学美学与文学研究》，华中师范大学出版社 2007 年版。

吴锋：《现代新儒家文艺美学思想研究》，广西师范大学出版社 2007 年版。

薛永武、王敏：《先秦两汉儒家美学与古希腊罗马美学比较研究》，吉林文史出版社 2007 年版。

陈昭瑛：《儒家美学与经典诠释》，华东师范大学出版社 2008 年版。

姚文放主编：《泰州学派美学思想史》，社会科学文献出版社 2008 年版。

侯敏：《现代新儒家美学论衡》，齐鲁书社 2010 年版。

陈迎年：《能定能应，夫是之谓成人——荀子的美学精神》，上海三联书店 2013 年版。

宛小平、伏爱华：《港台现代新儒家美学思想研究》，安徽大学出版社 2014 年版。

杜卫等：《心性美学——中国现代美学与儒家心性之学关系研究》，人民出版社 2015 年版。

许丙泉：《孔子儒家思想与美学研究》，山东大学出版社 2017 年版。

佛教美学研究成果主要有：

王志敏、方珊：《佛教与美学》，辽宁人民出版社 1989 年版。

曾祖荫：《中国佛教与美学》，华中师范大学出版社 1991 年版。

王海林：《佛教美学》，安徽文艺出版社 1992 年版。

潘知常：《生命的诗境——禅宗美学的现代诠释》，杭州大学出版社

1993 年版。

皮朝纲：《禅宗美学史稿》，电子科技大学出版社 1994 年版。

曾颖华编著：《禅宗美学》，台北昭文社 1996 年版。

祁志祥：《佛教美学》，上海人民出版社 1997 年版。

刘方：《诗性栖居的冥思——中国禅宗美学思想研究》，四川大学出版社 1998 年版。

祁志祥：《似花非花——佛教美学观》，宗教文化出版社 2001 年版。

皮朝纲：《禅宗美学思想的嬗变轨迹》，电子科技大学出版社 2003 年版。

曾议汉：《禅宗美学研究》，台北，花木兰文化出版社 2004 年版。

张法：《佛教艺术》，高等教育出版社 2005 年版。

张节末：《禅宗美学》，浙江人民出版社 1999 年版、北京大学出版社 2006 年版。

丁敏：《中国佛教文学的古典与现代：主题与叙事》，岳麓书社 2007 年版。

蒋述卓：《佛教与中国古典文艺美学》，岳麓书社 2007 年版。

曾议汉：《禅宗美学研究》，台北，花木兰文化出版社 2009 年版。

刘方：《中国禅宗美学的思想发生与历史演进》，人民出版社 2010 年版。

祁志祥：《中国佛教美学史》，北京大学出版社 2010 年版。

王耘：《隋唐佛教各宗与美学》，上海古籍出版社 2011 年版。

皮朝纲：《中国禅宗书画美学史纲》，四川美术出版社 2012 年版。

祁志祥：《佛教美学新编》，上海人民出版社 2017 年版。

叶澜：《自然而然：中国禅宗美学智慧读本》，文汇出版社 2018 年版。

王振复：《汉魏两晋南北朝佛教美学史》，北京大学出版社 2018 年版。

道教美学研究成果主要有：

高楠：《道教与美学》，辽宁人民出版社 1989 年版。

潘显一：《大美不言：道教美学思想范畴论》，四川人民出版社1991年版。

叶维廉：《道教美学与西方文化》，北京大学出版社2002年版。

李裴：《隋唐五代道教美学思想研究》，巴蜀书社2005年版。

蒋艳萍：《道教修炼与古代文艺创作思想论》，岳麓书社2006年版。

赵芃：《道教自然观研究》，巴蜀书社2007年版。

申喜萍：《南宋金元时期的道教文艺美学思想》，中华书局2007年版。

申喜萍：《南宋金元时期的道教美学思想》，巴蜀书社2007年版。

李春青：《道家美学与魏晋文化》，中国电影出版社2008年版。

田晓膺：《隋唐五代道教诗歌的审美管窥》，巴蜀书社2008年版。

潘显一等：《道教美学思想史研究》，商务印书馆2010年版。

沈路：《汉末至五代道教书法美学研究》，巴蜀书社2017年版。

郎江涛：《道教物化美学思想研究》，四川大学出版社2019年版。

综合研究与比较研究：

张文勋：《儒道佛美学思想探索》，中国社会科学出版社1988年版。

张文勋：《儒道佛美学思想源流》，云南人民出版社2004年版。

刘成纪：《青山道场：庄禅与中国诗学精神》，东方出版社2005年版。

余虹：《禅宗与全真道美学思想比较研究》，中华书局2008年版。

三　少数民族美学研究

目前对中国美学史的研究，基本是以华夏美学为主体，鲜有涉及少数民族美学的。杨安仑曾指出："在中国美学思想史的两个具体研究对象中，严格地讲应该包括少数民族的审美意识和美学理论，但目前尚难做到。然而作为一部系统而完整的中华民族的美学思想发展史来说，这又是不可缺少的。"[①] 近些年来，一些学者对少数民族美学进行了有益的探索，

[①] 杨安仑、程俊：《先秦美学思想史略》，岳麓书社1992年版，第3—4页。

成果虽然不多，但说明已引起了学术界的关注。少数民族美学方面的研究成果，最早的是《中国少数民族古代美学思想资料初编》（四川民族出版社1989年版）。该书在前言中指出："要全面认识和继承我国文化，对于我国各民族的文化是必须充分重视的，不然就无从把握我国文化的完整性。哲学，文学，艺术，美学等等一切文化领域都是如此。当今美学勃兴之际，有关美学的论著、资料琳琅满目，但是，研究、介绍我国少数民族美学思想的却寥寥无几。"有鉴于此，该书对古代典籍中有关蒙古族、藏族、维吾尔族、彝族、壮族、白族、傣族、纳西族等少数民族文艺理论的相关资料进行了汇编。其后，青海人民出版社于1994年出版了"中国少数民族美学思想研究丛书"，该套丛书包括：刘一沽主编的《民族艺术与审美》、冯育柱主编的《中国少数民族审美意识史纲》、于乃昌的《初民的宗教与迷狂》和向云驹的《中国少数民族原始艺术》。此外，相关著作还有王建的《原始审美文化的发展》（云南教育出版社2000年版）、满都夫的《蒙古族美学史》（辽宁民族出版社2000年版）、莫德格玛和娜温达古拉的《蒙古舞蹈美学概论》（民族出版社2006年版）、张胜冰的《从远古文明中走来——西南氐羌民族审美观念》（中华书局2007年版）、邓佑玲的《中国少数民族美学研究》（中央民族大学出版社2011年版）。由王杰主编、广西师范大学出版社出版的"审美人类学丛书"亦值得关注，该套丛书包括王杰主编的《寻找母亲的仪式——南宁国际民歌艺术节的审美人类学考察》（2004）、覃德清主编的《天人和谐与人文重建》（2005）、王杰等著的《神圣而朴素的美——黑衣壮审美文化与审美制度研究》（2005）、丁来先的《自然美的审美人类学研究》（2005）、覃守达的《黑衣壮神话研究》（2005）、张利群的《民族区域文化的审美人类学批评》（广西师范大学出版社2006年版）等。此外，中南民族大学还于2010年建立了中国少数民族审美文化研究基地。

对少数民族美学进行研究，可以说至少有两个问题，一是需要面对以少数民族语言为主的文献，这对于不通该民族语言的学者无疑是个难关，就需要本民族学者的参与，蒙古族学者满都夫所著的《蒙古族美学史》是一个典范。该书运用丰富史料，依历史顺序，以七章的篇幅，论述了蒙古古代萨满教世界观与古代审美思想，蒙古族英雄时代的哲学—美学思想,《蒙古秘史》中的审美对象及其审美思想,元代蒙古族审美思想,北元时期蒙古族审美思想,清代蒙古族民族民主主义思想,清代蒙古族审美范畴和审美思想。全书重在对人物形象、审美观念、审美范畴、文艺作品中的审美思想的阐发。依据蒙古族相关文献,对蒙古族重要文本,如英雄史诗、《蒙古秘史》、艺术形式、宫廷乐舞、民俗音乐、文学作品中的审美思想进行了深入的研究。二是传统的以文献为主的研究方法受到挑战,必要时需要引入田野调查的方法。如王杰主编的"审美人类学丛书",即引入了人类学的田野调查方法,对于美学研究对象的扩大及方法论的更新都是一个有益的探索。

第六节 中国美学史的资料整理

西方美学史是由一系列美学家及其著作连缀而成的,体系性强,清晰可辨。中国美学史却大异其趣,中国古代"有美无学",资料庞杂而分散,专业研究者往往偏于某一时期或某一人物,难以面面俱到,初入门径者更觉茫然无绪。因此,相关资料的整理和编选便非常重要。

北京大学哲学系美学教研室的《中国美学史资料选编》(上、下,1980—1981),完成于20世纪60年代,本为配合宗白华主编的《中国美学史》教材而编写。该书分上、下两册,上册由先秦至五代,下册由宋至清末。该书选取历代思想家、文艺理论著作中关于美、美感和艺术创作的言论,篇幅所限,多为只言片语。本书体例处理较好,每篇文字之前附有题解,对思想家或著作的美学思想做一简要概括,每段文字都加上小标题,便于阅读及把握。作为第一部中国美学史资料汇总,此书沿袭美学原理的框架,找寻历代文献关于美、审美心理以及艺术创作的文字,对于80年代以来的美学研究有很好的助力,当时的美学原理教材以及相关美学著作,所引用的中国美学史文献多出自该书。

1988年,由文艺美学的倡导者胡经之主编的《中国古典美学丛编》(三卷)出版。本书分为三编,不是以朝代为序,而是围绕作品、创作和鉴赏三个话题组织而成,这是其特色之一。第二个特色是,该书以审美范畴为线索,第一编"作品",相关的范畴列举了 14 个:美丑、情志、形象、形神、气韵、文质、虚实、真幻、文气、情景、意境(境界)、动静、中和、比兴;第二编"创作"选了 11 个范畴:感物、感兴、愤书、情理、神思、凝虑、虚静、养气、立身、积学、法度;第三编"鉴赏"涉及的范畴有 4 个:兴会、体味、教化、意趣。这是以文学理论和文艺美学中的作家、作品和欣赏三个方面建构而成的体系,针对性强,资料丰富,于此可窥见中国古典艺术的深厚积淀。此书在当时亦产生了很大影响,于 2009 年由凤凰出版社再版。

叶朗主编的《中国历代美学文库》(2003),共 10 卷 19 册,从先秦至清代,是迄今体量最大的一套资料选。本书由全国 150 名学者集体编选而成,基本围绕哲学与文艺理论两大块内容,文艺理论又涉及绘画、书法、音乐、舞蹈、诗歌、散文、小说、戏曲、园林、建筑、工艺、服饰、民俗等,内容较为丰富。各卷的文本编排,是依作者排列,同一作者的不同文本罗列一起,不同作者按生年先后为序,对原文有大量注释。诚如主编叶朗所说:"对中国美学的整理,实际上是一个发现的过程。从目前中国美学研究的情况看,大量的中国美学原始资料还处在尘封之中,没有被利用。要有效利用这些资料,首先是要发掘。"[①] 之前没有引起注意的诸多文本,被《文库》选编在内,除了经典的文艺理论著作,还收入了大量序跋、书札和游记等,体现了中国古典美学的特性。

近年新出的美学资料是由张法主编的《中国美学经典》(2017),共 7 卷 10 册,代表了中国美学资料编撰的最新成果。此书之新,在于以新的中国美学观统摄全书。主编张法提出,新的美学资料选,要考虑以下四个方面的互动:其一,中国型的哲学和宗教思想是如何关联到美学思想并与之进行互动的;其二,中国型的制度文化是如何关联到美学思想并与之进行互动的;其三,在中国古代漫长的历史演进中,各个朝代有自身特点的生活形态是如何关联到美学思想并与之进行互动的;其四,中国古代的天下观里华夏的主流文化和四夷的边疆文化,以及中华文化与外来文化的互动,是如何关联到美学思想并与之互动的。由此,本套资料选以哲学美

[①] 叶朗:《写在〈中国历代美学文库〉出版之时》,《四川师范大学学报》2004 年第 6 期。

学—宗教美学、文艺美学、天下美学—制度美学和生活美学—工艺美学四块内容为框架,对中国历代美学资料进行了重新梳理。在此新框架之下,以往诸多并不被纳入中国美学史研究视野或者并没有受到关注的资料被选编进来,更好地呈现出中国美学的丰富性和独特性。在具体写作中,有导读、作者简介、注释等,便于读者把握。

除了以上著作,还有王振复主编的《中国美学重要文本提要》(2003)、蔡钟德的《中国音乐美学资料注译》(1990)等。实际上,中国美学资料太过丰富,任何选本都难以穷形尽相,甚至都很初步,所以这一工作任重道远。有鉴于此,致力于中国美学研究的皮朝纲提出了建立中国美学文献学的提议。他撰写多篇文章,对中国美学文献学的学术意义、学科名称、学科性质、学科框架、研究对象、研究范围、研究方法等问题,进行了系统的阐释。[①] 不止于此,他本人身体力行,沉潜《大藏经》《禅宗全书》等典籍中,对禅宗美学资料进行了细腻的挖掘,辑成《丹青妙香叩禅心:禅宗画学著述研究》(2012)、《墨海禅迹听新声:禅宗书学著述解读》(2013)、《游戏翰墨见本心:禅宗书画美学著述选释》(2013)、《禅宗音乐美学著述研究》(2018)等著作,对于禅宗美学研究奠定了良好的基础。此类工作需要下大功夫,富有学术价值,是值得推举的。

毋庸讳言,中国美学资料选同样存在诸多不足,如从文献学的角度来看,选文是否具权威性和准确性,注释的精当性和必要性又如何,此类问题,在以上选本中或多或少都有存在。不过,由于中国美学史研究远未走向成熟,相关资料的整理无疑是大有必要的。正如古风所述,美学文献学,还有大量工作要做,可以从以下几个方面入手:全面梳理传世的历代文献,从中打捞和挖掘被遗漏的美学文献;继续加强地下考古文献的研究和利用;继续加强域外流散文献的收集和利用;继续加强现当代美学文献

---

① 如《对进一步拓宽、夯实中国美学学科建设基础的思考——以禅宗画学文献的发掘整理为例》(《四川师范大学学报》2011年第4期)、《论中国美学文献学学科建设的学理依据》(《绵阳师范学院学报》2014年第3期)、《论体系转换背景下的中国美学文献学建设》(《四川师范大学学报》2014年第5期)、《禅宗诗学著述的历史地位——兼论中国美学文献学学科建设》(《西南民族大学学报》2015年第1期)等。《绵阳师范学院学报》2014年第3期还发表另外6篇文章,对皮朝纲的美学文献学提议进行了多方面的评述。

的收集和整理。① 这些建议值得重视。

　　总体来看，中国古典美学研究取得了丰硕成果，可以做出如下归结。第一，中国美学通史形成了四种研究范式：一是审美思想史，以李泽厚、刘纲纪的《中国美学史》和敏泽的《中国美学思想史》为代表；二是审美范畴史，以叶朗的《中国美学史大纲》、陈望衡的《中国古典美学史》和王振复主编的《中国美学范畴史》为代表；三是审美文化史，以陈炎主编的《中国审美文化史》、许明主编的《华夏审美风尚史》和周来祥主编的《中华审美文化通史》；四是审美意识史，以朱志荣主编的《中国审美意识通史》和陈望衡的《文明前的"文明"：中华史前审美意识研究》为代表。中国美学史研究面临新的突破，就研究角度而言，生活美学或能为中国美学史研究提供一个新的视角。第二，断代美学史研究全面铺开，形成了覆盖全局之势，不过相形之下并不均衡，先秦、魏晋、唐代和宋代美学研究成果相对较多，尤以魏晋美学为最，而明朝和清朝美学的研究相对偏少，需要进一步深入。此外，在研究方法上亦有需要革新之处。第三，人物、文本和流派美学研究较为深入，就文本而言，如《文心雕龙》《二十四诗品》之类的系统性理论著作得到了多方面的研究，而对于散布于诸多典籍的美学相关资料的整理与研读，则有待加强。第四，现今的中国美学研究更多集中于以汉文化为主体的士人美学，而对民间美学和少数民族美学研究相对较少，如何加强后者的研究甚而将后者融入中国美学研究之中，仍是需要思考的问题。另外，还需要在东亚美学内部的比较，即中、日、韩美学的比较之中来推进中国美学研究，因为既有的东亚美学研究总是以东西比较为基本模式的，中、日、韩的美学研究都是如此。而对被视为"儒家文化圈"的中、日、韩美学的比较研究，无疑更能见出中国美学自身的特点。第五，最终，中国美学是比较美学的产物，美学作为西方的学科，将包括中国美学在内的东方美学映射了出来，非西方美学无不以西方美学为参照建构自身的美学体系和美学史，尽管"以中释中"的方式是不可能的，但如何摆脱"以西释中"的研究方式仍是值得深入探讨的问题。

---

① 古风：《从文献、文献学到中国美学文献学》，《绵阳师范学院学报》2015 年第 3 期。

第 八 章

审美心理学的多元方法研究

审美心理研究是美学研究的重要内容之一。在西方美学史上，19世纪末20世纪初的心理学美学曾盛极一时，如克罗齐的直觉说、里普斯的移情说、谷鲁斯的内模仿说、布洛的距离说等。对这段历史做过系统梳理的英国学者李斯托威尔就坚定地拥护心理学美学，他在1933年出版的《近代美学史述评》中指出："由于美感经验的精华总是在主体的身上发生的，因此，无论它怎样严格地受到艺术作品或自然对象的特殊结构的限定和限制，当代美学更多地深入客体而不是主体的研究倾向，都没有解决美学中的主要问题，而且永远也不会解决。只有那些精通内省心理学方法的人，才可以满意地解决这些问题。所以，我们所同情的是心理学派，而不是客观派；是近代的思想界，而不是当代的思想界。并且，我们在移情论里，特别是在里普斯和伏尔盖所提出的移情论里，已经找到了在美的广阔领域中活跃的这一精微奥妙的精神现象的最深刻的解说。"[①] 20世纪二三十年代，中国学者写成的美学概论类著作，如吕澂的《美学概论》（1923）和《美学浅说》（1923）、陈望道的《美学概论》（1927）、范寿康的《美学概论》（1927）等著作，就是以心理学美学尤其是里普斯的移情说为理论中心的。当然，对后世影响最大的，还是朱光潜的《谈美》（1932）和《文艺心理学》（1936）。中华人民共和国成立前的朱光潜接受了心理学美学的诸观点，尤其是克罗齐的直觉说与康德的审美无功利理论，同时又融入中国传统美学思想和艺术审美实践经验，以其雅练畅达的文笔，对这些理论进行

---

① 李斯托威尔：《近代美学史述评》，蒋孔阳译，上海译文出版社1980年版，第3页。

了通俗化的阐释，建立了较为完备的心理学美学体系。这两部著作都不断再版，影响巨大。

中华人民共和国成立之后，作为"主观的美学理论"的心理学美学受到全盘否定，20世纪五六十年代的美学大讨论正是从批判朱光潜的唯心主义美学开始的。朱光潜所接受的克罗齐的直觉说，主张"艺术即直觉"，强调艺术的主观性与个体性。基于此，中华人民共和国成立前的朱光潜坚持文艺的自主性，反对将文艺当做政治宣传的工具，这与社会主义现实主义的文艺观是直接相抵牾的。因此，朱光潜成为重点批判对象。在1948年，郭沫若就将朱光潜定名为"蓝色作家"，直斥其思想的反动性；邵荃麟将朱光潜和梁实秋、沈从文三人视为"为艺术而艺术论"的代表人物。中华人民共和国成立之后，朱光潜对自己的美学思想进行了认真的检讨，在《我的文艺思想的反动性》一文中，他写道："克罗齐和我的错误在把这种作为知觉素材的直觉和从前人所谓'想象'，即马克思列宁主义美学所谓'形象思维'，等同起来，把艺术的形象思维也叫做'直觉'。其实作为知觉素材的直觉是极端单纯的活动，而艺术的形象思维却往往是极端复杂的活动；前者不能夹杂抽象思维，后者就时常与抽象思维相起伏错综。"[1] 他提到了"形象思维"的复杂性问题，其中还夹杂着抽象思维，即理性，而直觉说是与理性相悖的。当时的学者手举客观唯物主义的大旗，对朱光潜的主观唯心论观点展开了批判。蔡仪在《新美学》（1947）一书中，以唯物主义反映论为思想基础，对朱光潜所提及的心理学美学的诸观点进行了逐一批驳。在美学大讨论中，蔡仪是客观派的代表，他认为美感是对美的反映。曹景元指出："否认美感的客观来源，否认美的客观性，从而否认美的客观标准而达到绝对相对主义。从主观到客观，这就是朱光潜美感论的路线。马克思主义的美感论与朱光潜的美感论完全对立。马克思主义美学认为：美感是客观世界中美的事物的作用于审美主体的结果；如果根本不存在美的事物，那么就不会有美感发生。"[2] 显然，唯物主义美学强调美的第一性，美感的第二性。李泽厚在《论美感、美和艺

---

[1] 朱光潜：《我的文艺思想的反动性》，《文艺报》1956年第12号。
[2] 曹景元：《美感与美——批判朱光潜的美学思想》，《文艺报》1956年第17号。

术——兼论朱光潜的唯心主义美学思想》一文中同样持此观点，提出美感是美的反映，不过值得注意的是他还提出了"美感的矛盾二重性"："就是美感的个人心理的主观直觉性质和社会生活的客观功利性质，即主观直觉性和客观功利性。美感的这两种特性是互相对立矛盾着的，但它们又相互依存不可分割地形成为美感的统一体。"① 这种观点一方面承认美感的个人性与直觉性，另一方面又指出了美感的客观功利性，与李泽厚的美的客观社会性的观点是一致的，应该说具有较大的阐释力。此外，持美的主观说的高尔泰提出："美产生于美感，产生以后，就立刻溶解在美感之中，扩大和丰富了美感。由此可见，美与美感虽然体现在人物双方，但是绝不可能把它们割裂开来。美，只要人感受到它，它就存在，不被人感受到，它就不存在。要想超美感地去研究美，事实上完全不可能。"② 这种观点因为否定了美的客观性，而被定性为主观唯心主义，受到了严重批判。总结来看，20 世纪五六十年代对审美心理的讨论集中在对美感的探讨上，而对美感的探讨又与对美的本质的探讨的视角相一致，即从认识论的角度对美感进行定性分析。

新时期的美学研究是以对"形象思维"的讨论开启的。1978 年 1 月，《人民日报》公开发表了毛泽东的《给陈毅同志谈诗的一封信》，其中提出了"诗要用形象思维"的观点。此文一出，旋即形成了对"形象思维"的探讨热潮，与对《手稿》的讨论一道，引发了第二次美学热。如李泽厚在 1978 年发表了《形象思维的解放》《关于形象思维》《形象思维续谈》等文章，论及了形象思维的特点、形象思维与逻辑思维的关系等核心问题。李泽厚提出形象思维是本质化与个体化同时进行的过程，形象思维具有情感性，形象思维是以逻辑思维为基础，调动人的各种心理因素创造性的思维过程。这一说法具有较大影响，同时也引起了广泛讨论。

20 世纪 80 年代，对审美心理的研究迅速展开，出现了大批研究成果。如金开诚的《文艺心理学论稿》（北京大学出版社 1982 年版）、庄志

---

① 李泽厚：《论美感、美和艺术——兼论朱光潜的唯心主义美学思想》，《哲学研究》1956 年第 5 期。
② 高尔太：《论美》，《新建设》1957 年第 2 期。

民的《审美心理的奥秘》（上海人民出版社1983年版）、杨宗兰编著的《美感》（漓江出版社1984年版）、汪济生的《美感的结构与功能》（学林出版社1984年版）、滕守尧的《审美心理描述》（中国社会科学出版社1985年版）、陆一帆的《文艺心理学》（江苏文艺出版社1985年版）、彭立勋的《美感心理研究》（湖南人民出版社1985年版）、刘骁纯的《从动物快感到人的美感》（山东文艺出版社1986年版）、劳承万的《审美中介论》（上海文艺出版社1986年版）、杨春时的《审美意识系统》（花城出版社1986年版）、林同华的《美学心理学》（浙江人民出版社1987年版）、金开诚的《文艺心理学概论》（人民文学出版社1987年版）、皮朝纲和李天道的《中国古代审美心理学论纲》（成都科技大学出版社1989年版）等。20世纪80年代末90年代初，还有三套文艺心理学丛书出版，分别是三环出版社的"文艺心理学丛书"、黄河文艺出版社的"文艺心理学著译丛书"以及百花文艺出版社的"心理美学丛书"。"文艺心理学丛书"包括陆一帆和刘伟林等的《文艺心理探胜》、韦小坚的《悲剧心理学》、潘智彪的《喜剧心理学》、蔡运桂的《艺术情感学》、於贤德的《民族审美心理学》和英国学者瓦伦汀的《实验审美心理学》，该套丛书于1989年出版。"文艺心理学著译丛书"以译著为主，包括苏联学者鲍·梅拉赫的《创作过程和艺术接受》（1989）、美国学者卡尔文·S.霍尔等的《荣格心理学纲要》（1987）、美国学者温森特·布罗姆的《荣格：人和神话》、美国学者艾伦·温诺的《创造的世界——艺术心理学》（1988）、德国学者海德格尔的《诗·语言·思》（1989）、联邦德国学者拉尔夫·朗格纳的《文学心理学——理论 方法 成果》（1990），此外还包括国内学者鲁枢元的《创作心理研究》（1987）、潘知常的《众妙之门——中国美感心态的深层结构》（1989）。"心理美学丛书"包括童庆炳的《艺术创作与审美心理》（1989）、陶水平的《审美态度心理学》（1989）、陶东风的《中国古代心理美学六论》（1990）、丁宁的《接受之维》（1990）、程正民的《俄国作家创作心理研究》（1990）、黄卓越的《艺术心理范式》（1992）、王一川的《审美体验论》（1992）、顾祖钊的《艺术至境论》（1992）、童庆炳和姜晓华等人的《中国古代诗学心理透视》（1993）等。

20世纪90年代以来，美学研究整体上趋于平缓沉寂，关于审美心理的研究成果虽不像80年代那样多，却也不断涌现。如杨恩寰的《审美心理学》（人民出版社1991年版），曾奕禅的《文艺心理学》（江西教育出版社1991年版），胡山林的《文艺欣赏心理学》（河南大学出版社1991年版），金开诚主编的《文艺心理学术语详解辞典》（北京大学出版社1992年版），童庆炳的《中国古代心理诗学与美学》（中华书局1992年版），王振民的《比较审美心理学——诗人·诗品·诗心》（中国文学出版社1992年版），周宪的《走向创造的境界——艺术创造力的心理学探索》（吉林教育出版社1992年版），刘烜的《文艺创造心理学》（吉林教育出版社1992年版），童庆炳主编的《现代心理美学》（中国社会科学出版社1993年版），邱明正的《审美心理学》（复旦大学出版社1993年版），梁一儒的《民族审美心理学概论》（青海人民出版社1994年版），周冠生主编的《新编文艺心理学》（上海文艺出版社1995年版），朱恩彬、周波的《中国古代文艺心理学》（山东文艺出版社1997年版），彭立勋的《审美经验论》（人民出版社1999年版），陈德礼的《人生境界与生命美学——中国古代审美心理论纲》（长春出版社1998年版），徐春玉的《幽默审美心理学》（陕西人民出版社1999年版），方汉文的《现代西方文艺心理学》（陕西人民出版社1999年版），童庆炳、程正民主编的《文艺心理学教程》（高等教育出版社2001年版），杜奋嘉的《文艺心理学引论》（广西师范大学出版社2001年版），梁一儒、户晓辉、宫承波的《中国人审美心理研究》（山东人民出版社2002年版），彭彦琴的《审美之魅：中国传统审美心理思想体系及现代转换》（中国社会科学出版社2005年版），周冠生的《审美心理学》（上海文艺出版社2005年版），张佐邦的《文艺心理学》（中国社会科学出版社2006年版），赵之昂的《肤觉经验与审美意识》（中国社会科学出版社2007年版），童庆炳的《童庆炳谈审美心理》（河南大学出版社2008年版），金元浦主编的《当代文艺心理学》（中国人民大学出版社2009年版）等。

王先霈的《文艺心理学读本》（华中师范大学出版社2009年版），童庆炳、程正民主编的《文艺心理学教程》（高等教育出版社2011年版），程正民主编的《文艺心理学新编》（北京师范大学出版社2011年版），刘求长的《文艺心理学问题研究》（新疆人民出版社 2011 年版），王钢的《文艺心理学研究》（辽宁人民出版社 2013 年版），曾军、邓金鸣主编的《新世纪文艺心理学》（北京大学出版社 2014 年版），陆一帆的《文艺心理学》（中山大学出版社 2018 年版），张玉能的《深层审美心理学》（华中师范大学出版社 2018 年版）。

大而言之，70 年来的审美心理研究可以分成两大方面：一是审美心理（美感、审美经验）的原理研究，主要涉及审美心理的要素、过程、中国传统审美心理等问题的研究；二是文艺心理学研究，主要涉及文艺的创造、接受与欣赏等过程中的心理研究。以学科归属而言，"审美心理学"常被视为美学专业的研究领域，"文艺心理学"常被纳入中文系文艺学专业的研究范围，当然二者并不截然相分，而是交叉互渗的。基于此，本书主要以前者为研究对象，对后者稍作涉及。

第一节　审美心理要素与过程研究

如上所论，20 世纪五六十年代对审美心理的研究主要集中于美感的性质、"形象思维"等问题。新时期以来，对审美心理的研究逐渐展开，此时的审美心理研究已经抛弃了朱光潜所继承的近代西方心理学美学的观点，转而应用普通心理学的思路研究审美心理。

对于普通心理学的介绍与研究，在民国时期即已展开，如陈大齐所著的《心理学大纲》（上海商务印书馆 1918 年版），全书约 9 万字，共 15 章，讲述了心理学之意义及研究法、精神作用之生理的基础、感觉总论、皮肤感觉及感觉、嗅觉、味觉及听觉、视觉、感情、知觉及观念、联合作用、记忆与想象、情绪及情操、意志、思维、意识及注意、人格等问题。中华人民共和国成立之初，中国学术多受苏联影响，心理学领域亦复如此。如苏联学者С. Л. 鲁宾斯坦所著的《普通心理学》（俄罗斯联邦教育部国家教育出版社 1940 年版）对苏联心理学理论体系的形成和发展起过奠基性作用。全书近百万字，分 5 编 20 章，分别探讨了心理学的对象、方法、历史；心理学中的发展问题，动物行为和心理的发展，人的意识；

感觉和知觉，记忆、想象、思维、言语、注意、情绪、意志；动作、活动；个性方向性、能力、气质和性格、个性方向性及其生活道路等问题。20世纪五六十年代，国内翻译出版了数部苏联心理学著作，如马驽依连柯的《心理学》（北京师范大学出版社1956年版）、符·阿·阿尔捷莫夫的《心理学概论》（人民教育出版社1957年版）、斯米尔诺夫主编的《心理学》（人民教育出版社1957年版），等等。无疑，这些心理学著作对于审美心理学的研究提供了参考。①

美学界借鉴普通心理学对于心理要素的分析以李泽厚为早，李泽厚在《形象思维续谈》中提出了美感的构成因素："美感至少是包含知觉（在文学是表象）、情感、想象、理解四种因素的有机构成。"② 知觉、想象、情感、理解这四种心理要素，遂成为20世纪80年代以来的美学原理著作在探讨审美心理问题时所广泛使用的概念，成为审美心理学的一个研究范式。如克地在《美感》一文中，探讨了美感中的情感、想象等活动。③ 金开诚在《文艺心理学论稿》（北京大学出版社1982年版）中，主要分析了文艺创作中的表象和情感这两大心理要素。王朝闻主编的《美学概论》中，将审美感受的心理形式区分成了感觉、知觉、联想和想象、情感、思维五个方面。刘叔成主编的《美学基本原理》、董学文主编的《美学概论》、朱立元主编的《美学》，等等，都是将美感的心理要素分成了感知、想象、情感、理解四种要素。滕守尧所著的《审美心理描述》第二章为"审美心理要素描述"，对感知、想象、情感和理解这四种要素进行了分析。书中谈及这四种心理要素及其与审美经验的逻辑关系："审美中的感知因素是导向审美经验的出发点，理解为它指明了方向，情感是它的动力，想象为它添加了翅膀（或扩大了范围）。当这四种要素以一定的比例

---

① 如林同华著的《美学心理学》，有关心理学部分的理论，就征引了K.普拉东诺夫的《趣味心理学》（科学普及出版社1984年版）、姆·格·雅罗舍夫斯基等的《国外心理学的发展与现状》（人民教育出版社1981年版）、波果斯洛夫斯基的《普通心理学》（人民教育出版社1979年版）、彼得罗夫斯基的《普通心理学》（人民教育出版社1981年版）、捷普洛夫的《心理学》（人民教育出版社1953年版）等著作中的观点。

② 李泽厚：《形象思维续谈》，《学术研究》1978年第1期。

③ 克地：《美感》，收入《美学讲演集》，北京师范大学出版社1981年版，第142—162页。

结合起来,并达到自由谐调的状态时,愉快的审美经验就产生了。"① 此外该书还对"再现""表现""审美快乐"等问题进行了分析。

庄志民的《审美心理的奥秘》(上海人民出版社1983年版)是较早出版的一部探讨审美心理要素的通俗类著作。该书属"青年之友丛书"之一,共有七章,分别阐述了审美感官、审美注意、审美直觉、审美联想、审美想象、审美体验和审美意象。该书作为普及类读物,其最大特点就是以大量日常生活以及文学艺术中的实例对这些审美心理要素进行解析,文字通俗活泼。如对审美感官的分析分了四个部分,分别谈到了高级审美感官、视觉听觉的审美特点、辅助审美感官和审美通感。高级审美感官部分,列举了与视听有关的自然审美、阿炳创作的《二泉映月》、失明的苏联作家奥斯特洛夫斯基写作《钢铁是怎样炼成的》、失聪的贝多芬创作《第九交响乐》、航鹰创作的小说《明姑娘》为例加以分析,指出了视听两种感官是高级审美感官。又举越剧和小提琴曲《梁祝》为例,对比了视觉与听觉的审美特点。作者指出:视觉容易引起真切的形象感,听觉容易造成空灵的形象感;视觉感受具有空间性,听觉感受具有时间性;视觉往往间接地唤起美感,听觉往往直接地唤起美感。彭立勋的《美感心理研究》基本采纳了蔡仪的美学观,以唯物主义反映论看待美感,将美感视为一种社会意识,是对客观美的能动反映。全书共九章,第二至第六章分别探讨了美感中的感知、联想、想象、形象思维、情感等心理要素,详细分析了各心理要素在审美心理中的作用与特点。此外,该书还探讨了美感的性质和特点,美感心理的形态(崇高、优美、悲剧、喜剧等形态的美感心理特点)、美感的差异性和共同性等问题,还对西方主要的美感学说即快感说、移情说、直觉说、欲望说、心理距离说进行了述评。可以说,该书对审美心理进行了较为系统的研究。

有的学者指出了审美心理要素并不只包括上述几种,如蒋培坤从价值论的角度对审美心理要素进行了补充,他认为人类的审美活动不仅是一种认识活动,而且是一种价值实践。在审美过程中作为心理功能发挥作用的,是两个系列的心理因素:一是由审美欲望、审美兴趣、审美情感、审

---

① 滕守尧:《审美心理描述》,中国社会科学出版社1985年版,第79页。

美意志组成的价值心理要素;二是由审美感知、审美想象、审美理解等组成的认识心理要素。审美价值心理是人类审美的动因系统,其中,审美意志是艺术和审美过程中人的主体性的集中表现。[①] 邱明正在《审美心理学》中认为审美心理过程包括认识过程、情感过程和意志过程,其心理内容和形式包括审美直觉、审美想象、审美理解、审美情感、审美意象、审美意志等。童庆炳在《中国古代心理诗学与美学》(中华书局1992年版)中讲述了中国古典美学中的审美需要、审美联想、审美投射、审美移情、审美心理距离、审美升华、心理原形、审悲快感和审丑快感等心理要素。周冠生的《审美心理学》(上海文艺出版社2005年版)对直觉、灵感、顿悟、审美需要、审美注意、审美感觉、审美知觉、审美错觉、神思、审美素质、审美能力、审美兴趣、审美理想等审美心理要素进行了分析。王一川的《审美体验论》重点对审美体验进行了分析,作者对审美经验与审美体验做出了区分:"审美经验就是美的内化建构系统,而审美体验则是美的高度的、充分的、深刻的、丰富的内化建构系统。审美体验不同于审美经验的一个重要特征是,主体内心伴随着一种紧张活动:情感激烈、想象丰富、物我两忘等等。"[②] 作者深入考察了审美体验与审美意识、审美创造的关系。

审美心理研究并未简单地停留于对心理要素的分析,审美心理是一个复杂的动态的心理过程,揭示这一过程,成为许多研究者的运思方向。滕守尧的《审美心理描述》第三章"审美经验的过程描述"对此过程进行了分析。滕守尧基本采纳了李泽厚的美学观,李泽厚将美感过程分成准备阶段、实现阶段和成果阶段三个过程,每一阶段都有相应的心理要素。滕守尧同样将审美经验分成了三个阶段:初始阶段、高潮阶段和效果延续阶段。这三个阶段既有时间上的先后顺序,也有逻辑上的因果关系。滕守尧对这三个阶段有如下分析:

> 一、初始阶段,亦称准备阶段,这时,整个心理机制进入一种特

[①] 蒋培坤:《审美活动论纲》,中国人民大学出版社1988年版,第116—117页。
[②] 王一川:《审美体验论》,百花文艺出版社1992年版,第107页。

殊的审美注意状态，伴随这种注意状态，是情感上的某种期望。注意和期望共同构成一种特殊的审美态度。

二、高潮阶段。这一阶段分为两个主要环节：一是审美知觉以及由这种知觉活动造成的感性上的愉快；二是审美的特殊认识（情感、想象和理解等共同展开）以及由这种认识造成的精神上的愉快。

三、效果延续阶段：包括审美判断以及由这种判断造成的更高的审美欲望（需要）；更高雅的审美趣味和更丰富的情感生活。[①]

这一过程性描述被广为接受。林同华在《美学心理学》一书中探讨的同样是审美过程，亦将审美过程分成了三个阶段：发生阶段、实践阶段和反馈阶段："审美过程，就是'审美态度'所伴随的'审美经验'的发生、发展和反馈的过程。描述审美过程的主要方法，是将整体的过程分为若干阶段、若干层次，并应用审美心理范畴，进行层层推进、融合交叉的阐述。"[②] 在作者看来，发生阶段指的是审美客体进入审美主体所产生的各种直觉、知觉、联觉、幻觉、情绪、情感、感情等审美现象；实践阶段指的是审美主体将上述审美现象加工成审美统觉、审美映象，通过审美想象，构造特定的审美意象、审美意境和审美形象；反馈阶段指的是在审美接受过程中，验证审美效应，包括审美欣赏、审美判断等。全书共十六章，第一章是对美学心理学的概论，第二至第十六章分别探讨了审美直觉、审美幻觉、审美联觉、审美知觉、审美统觉、审美表象、审美观察、审美印象、审美想象、审美憧憬、审美意象、审美情绪、审美情感、审美欣赏和审美创造。该书对上述审美心理要素做了全面的分析，并广泛征引古今中外的文艺作品对其进行了阐述。杨恩寰的《审美心理学》对审美心理进行了系统性的探讨，全书共九章，涉及审美心理学的研究意义、审美心理学的研究对象、审美经验的本质、审美经验的特征、审美经验的结构、审美经验的过程、审美经验的形态、审美的共性和个性以及审美经验的起源等问题。作者同样将审美经验的过程分为三个阶段：准备阶段、实

---

① 滕守尧：《审美心理描述》，中国社会科学出版社1985年版，第81页。
② 林同华：《美学心理学》，浙江人民出版社1987年版，第4页。

现阶段和效应阶段。准备阶段的标志是审美态度的出现;实现阶段有三个标志,一是审美情感的出现,二是审美对象(意象、心象)的形成,三是审美批评(鉴赏)的作出;效应阶段主要体现为审美需要的强化和丰富,审美能力的培养和提高以及审美价值意识的形成和发展。[①] 蒋培坤提出:"审美心理过程是一个呈现出阶段性、层次性的动态过程。它由外部感发转向内部体验,再升腾到精神的自由境界。"[②] 他同样将审美心理分成了三个阶段:第一阶段,从日常态度到审美态度;第二阶段,从审美感受到审美体验;第三阶段,获得审美超越。

张玉能的《深层审美心理学》对审美活动中的潜意识和无意识进行了深入的探讨。作者认为审美意识包含审美无意识、审美潜意识和审美意识三个层面,重点探讨了审美潜意识和审美无意识的机制、结构和功能,剖析了深层审美心理的群体与个体的生成和发展,阐述了深层审美心理与艺术创造、艺术欣赏以及艺术本质的关系,书中还分析了深层审美心理与人格的完善、人的全面发展以及人的本质之间的关系。

综合看来,研究者一般将审美心理过程分成具有时间次序与逻辑关联的三个阶段,不过对每个阶段的分析或详或略,不尽相同,或从认识论的角度,或从价值论的角度,揭示了审美心理过程的丰富性。

第二节 科学主义的审美心理研究

从费希纳所倡导的实验美学开始,学术界就存在着从科学的角度研究审美心理的倾向。在中国美学界,从科学的视角探究审美心理者不乏其人。李泽厚提出的运用数学方程式研究审美心理的观点即是典型。20世纪80年代,被称为"老三论"的系统论、信息论、控制论的研究方法在中国美学界曾风靡一时,出现了一批运用这种研究方法探讨审美心理的理论成果。此外,还有一些学者运用生物学和进化论的观点探讨美感,有的

[①] 杨恩寰:《审美心理学》,人民出版社1991年版,第102—130页。
[②] 蒋培坤:《审美活动论纲》,中国人民大学出版社1988年版,第147页。

学者运用实验方法研究审美心理。下面撮其大要,分别述之。

1985年被称为美学研究的"方法论"年,在1985年前后,"方法论"成为学界讨论的一大热点,相关论著多有出现。曹俊峰在《美学研究方法的过去与未来》一文中指出,"近几十年来,控制论、信息论、系统论等在自然科学和社会科学的许多部门得到了广泛的应用,显示了巨大的优越性。我们要坚持和发展马克思主义美学,也应当自觉地引入这些新方法"。[1] 他举例说道:"例如,要揭示某一审美范畴的深层结构,就只有从审美信息入手才有可能。抓住审美信息,分析信息,把它的特点、结构、层次、功能,形成条件、信源和信宿的关系都搞清楚,那么无论是基础理论还是审美工程都会有重大突破,甚至有可能解决审美的本质这个几千年的理论之谜。"[2]《马克思主义文艺理论研究》编辑部编选了《美学文艺学方法论》(文化艺术出版社1985年版),重点介绍了系统论、信息论和控制论的研究方法,[3] 此外还有对结构主义、现象学等方法的译介。受此热潮煽动,学者们积极地运用这些新方法对美的本质、审美心理等这些老问题展开研究。

杨春时的《审美意识系统》运用系统的研究方法对审美心理做了重新阐释。在当时,系统论研究方法被视为现代科学高度发展的产物,作者认为系统方法为我们从整体、发展的角度掌握世界开辟了新的途径。系统方法强调整体性原则、自调性原则和转化原则。"系统方法包括结构方法和功能方法。结构方法是普通系统论所提供的方法。它通过结构要素、层次的分析,来把握事物的基本构成,这是一种相对静态的把握。把结构方法运用于审美意识的研究,可以揭示审美意识的诸要素及其关系。功能方法是控制论所提供的方法,它不是对事物的静态构成,而是对其行为方式

---

[1] 曹俊峰:《美学研究方法的过去与未来》,《复旦学报》1983年第5期。
[2] 同上。
[3] 该书中收录的相关论文,如日本学者增成隆士的《美学应该追求体系吗?——作为系统的艺术品、作为系统的美学》、苏联学者亚科夫列夫的《论美学基本范畴的体系》、苏联学者卡冈的《文化系统中的艺术》、捷克学者伊尔日·列维的《信息论与文学过程》、英国学者帕京逊的《控制论对美学的探索》、美国学者罗伯特·科恩的《控制论、信息论与表演艺术》等。

进行考察和描述，以制定其行为模式，这是一种动态的把握。"① 可知，系统方法强调对于审美心理进行整体性的和动态的理解。以此为方法，作者对审美意识的历史起源与现实起源，审美意识的性质，审美意识的基本结构，审美意识的要素及活动过程，审美意识的传达，审美意识的发展，以及审美范畴、审美意象等问题进行了探讨。彭立勋在《审美经验论》（1989）中同样强调要从整体上去认识和把握美感或审美经验的性质和特点。他运用系统论的方法，提出了"审美心理的整体性"原则，认为审美心理的整体特性不是决定于组成它的个别要素或各个要素相加的总和，而是决定于各种构成要素互相联系、互相作用的特殊结构方式。他认为，审美认识各要素、审美认识和审美情感等均以特殊方式相联系。进而指出，美感的直觉性、形式感和愉悦性等现象特征，只有以审美认识和审美情感的特殊结构方式为依据，才能得到全面而科学的阐明。在对审美经验的研究方法上，该书除了强调心理学的方法，提出还要利用哲学、艺术学、社会学等其他学科的方法，要将思辨的、哲学的方法和经验的、科学的方法结合起来。比如，该书用现象学（尤其是杜夫海纳的审美经验现象学）的方法研究了审美经验与审美对象的问题，征引叔本华的"审美静观"说、布洛的"心理距离"说、斯托尼茨和维瓦斯的"无利害关系注意"说等观点探讨了审美态度理论，采纳奥尔德里奇、阿恩海姆的观点分析了审美知觉理论，用康德、桑塔亚纳、弗洛伊德等人的观点考察了审美愉快理论。使其对审美经验的分析具有了理论的厚度。劳承万在《审美中介论》（1986）中提出了"审美中介"的概念，他提出审美中介是造成美感差异的根本原因，也是"美感之谜"的所在。他将这个审美中介系列称为"审美感知—审美表象"结构，并强调了审美表象的作用。他认为作为审美中介的审美表象是由感觉、知觉过渡到思维的中介环节。审美表象具有直观性和概括性的二重性，一方面联系于审美主体的共通感，另一方面联系于客体的合目的性形式，因此，美感直接与审美表象相关。作者还结合艺术和审美实践，对审美心理构成要素和心理过程进行了较为全面具体的分析。

---

① 杨春时：《审美意识系统》，花城出版社1986年版，第7页。

刘骁纯的《从动物快感到人的美感》（山东文艺出版社1986年版）从生物学和进化论的角度，探讨了动物快感如何进化到人的美感的问题。达尔文曾提出动物也有美感的观点，这种观点因为忽视了美感的社会起源与实践内涵，为国内多数美学家所反对。如蔡仪主编的"美学知识丛书"之一、杨宗兰编著的《美感》一书中认为动物没有美感，"要揭示人类的感情，特别是美感的本质，靠生理学或心理学是不行的"。[①] 该书指出辩证唯物主义的认识论是揭示美感本质的唯一正确方法。而实际上，无可否认的是，人类的美感作为一种心理现象，确有其生物学基础。刘骁纯所要解决的是动物快感如何进化到人类美感的问题，他将其分成三个子课题：一是与总课题有关的美学概念，对这些概念的讨论直接关系到对美的本质的认识；二是对人类美感所由发生的生物进化根源的探讨；三是对动物快感向人类美感转化的本质规律的探讨。[②] 在研究方法上，该书主张社会学和生物学的统一，历史与逻辑的统一，系统论亦是其研究方法之一。第一章为"基本概念"，作者提出了"韵律美""意蕴美"和"审美尺度"三个基本概念。韵律美具有超功利性、超概念性，意蕴美具有社会功利性，审美尺度可分为生理性尺度和社会性尺度两种。这三者的关系是："韵律美是生理性尺度衡量对象形式的结果，意蕴美是社会性尺度衡量对象形式的结果；韵律美和韵律美感是生理性尺度和对象直观的形式特征共鸣的产物；意蕴美和意蕴美感是社会性尺度与对象内含的审美特征共鸣的产物。"[③] 作者在第二章中，引用大量生物学知识，探讨了动物的快感问题，分析了动物所具有的快感尺度，鸟类与猿类视觉的形式快感等问题。对于美感与快感之间的关系，作者提出："纵向考察，美感是动物快感的发展、升华和质变；横向考察，美感是人类快感中的一个特殊分支和高级形态。"[④] 第三章"从猿到人"，以工具为核心，探讨了工具的诞生及创造的愉快、石器形制的进化、工具中的美的本质等问题。书中依据大量考古资料，提出了人类美感生成的四大阶段说。书中认为工具之美是人的本质力量的自由显现，对于

[①] 杨宗兰编《美感》，漓江出版社1984年版，第11页。
[②] 刘骁纯：《从动物快感到人的美感》，山东文艺出版社1986年版，第2页。
[③] 同上书，第26页。
[④] 同上书，第67页。

实践美学给予高度肯定。此外，汪济生的《美感的结构与功能》（学林出版社1984年版）运用系统论和进化论的研究方法，将人体分成了机体部、感官部和中枢部三大系统，这三大系统构成了美感活动的物质过程。同时考察了三大系统所对应的美感功能。鲁晨光的《美感奥妙和需求进化》（中国科学技术大学出版社2003年版）从进化论和生物需求的角度，探讨了美感的生成问题。黎乔立的《审美生理学》（广东人民出版社2000年版）以进化论热力学和控制论生命学为逻辑构架，采用"心理能量控制"的概念，建构了一套独特的审美生理学。赵之昂的《肤觉经验与审美意识》（中国社会科学出版社2007年版）研究了肤觉经验的相关问题，涉及肤觉经验的审美创造、肤觉经验的审美空间和肤觉经验的审美社会性等问题。这几部著作，都可视为对审美心理的生理层面的探讨。

自费希纳开创实验心理学美学以来，他所强调的"自下而上"的研究方法可谓响应者云集，该方法强调实证，注重对审美经验的分析。另外，他所采用的科学实证的研究方法却后继乏人。国际方面，1965年成立了国际经验美学学会，该学会的活动似乎辐射面很小，影响不大。在国内，北京师范大学于2003年成立了科学技术与应用美学实验室，厦门大学于2005年成立了艺术认知与计算实验室，西南大学于2008年成立了审美认知实验室，可视为美学科学化的代表。不过，前二者，一个侧重于技术美学，一个侧重于艺术教育，只有后者以审美心理为主要研究对象，由该实验室的研究人员赵伶俐、汪宏等人合著的《中国公民审美心理实证研究》（北京大学出版社2010年版）体现了这方面的研究成果。该书采用问卷调查、访谈等实证式的研究方法，对中国公民的审美素质进行了研究。该书有着庞大的研究对象："中国公民审美素质调查的对象，分为11大类群体31类小群体，按省份、城市（发达和欠发达地区）和基本调查单位三级地区进行分层抽样。调查范围涵盖7个片区、31个省（自治区、直辖市），62个城市，每省份约60个调查单位或调查点，共计1860个调查点，33480个调查对象。"[①] 依据所得数据，

[①] 赵伶俐、汪宏等：《中国公民审美心理实证研究》，北京大学出版社2010年版，第39页。

该书以年龄、阶层、受教育程度、地区等分类对相应人群的审美素质（审美需要、审美意识、审美价值观）进行了分析。该书又根据职业的不同，对教师与学生的审美素质，文体医卫人员的审美素质，科技工作者、公务员、从商人员、企业管理人员的审美素质以及农民、农民工、自由职业者的审美素质一一作了分析。该书还以实验的方法，对审美认知、审美体验与大学生综合幸福感的关系、审美评价引导对大学生人际认知倾向的影响、科学意象加工水平对物理问题创造性解决的影响、审美表象训练对初中生地图识记的影响、审美道德表象训练对小学生道德行为的影响等问题进行了研究。

第三节 中国传统审美心理研究

对于审美心理的理论研究无疑是一大难点，20世纪80年代以来，一些新的研究方法（如"老三论"）被应用到研究之中，西方美学界的一些新理论（如精神分析美学、接受美学等）陆续译介了过来。"他山之石，可以为错"，20世纪90年代以来，国内美学界开始用此视角展开对中国传统审美心理的研究。

可以说，研究者都注意到了中国古代审美心理的独特之处，如皮朝纲指出中国古代美学是人生美学，是体验论美学，是在"体验、关注和思考人的存在价值和生命意义的过程中生成并建构起来的"。[①] 陶东风也认为："对于古代的艺术心理美学思想，本书的分析很少是停留在普通心理学的，而是把心理学与人生哲学结合起来，力求探寻古代艺术心理学思想中的人生价值学内涵。这是符合古代艺术心理学的本来面目的，因为古人决不是就心理谈心理，而是就人生谈心理，或者毋宁说，古代的心理学也就是古代的人生哲学。"[②] 陈德礼亦指出："中国古代审美心理学实质上是一种人生论美学，代表着一种境界形态；它在'天人合一'这一根本观

[①] 皮朝纲主编：《中国美学体系论》，语文出版社1995年版，第322页。
[②] 陶东风：《中国古代心理美学六论》，百花文艺出版社1992年版，第4页。

念影响下，把人生境界与审美境界统一起来，对中国美学传统的形成和发展，产生了重大影响。中国古代审美心理学注重审美体悟，这种审美体悟常常同宇宙万物与审美主体的心灵世界紧密地融合在一起，因此，艺术创作和审美活动中审美主体的那种独特的审美体验和感受，就成为古代艺术和美学关注的中心。"①

皮朝纲、李天道合著的《中国古代审美心理学论纲》（成都科技大学出版社1989年版）选取了中国古代有代表性的21个审美心理范畴，从审美心理结构、审美心理需要、审美创作心理过程、审美作品心理分析和审美鉴赏心理效应等方面进行了阐释。该书广泛涉及儒、释、道等思想观点，涉及哲学、美学、心理学、文学、书法、绘画等相关内容，对中国古代的审美心理进行了较为全面的剖析。在研究方法上，该书在以马克思主义辩证唯物论为指导思想的基础上，又运用了完形心理学、认知心理学和马斯洛心理学等西方心理学理论，通过中西审美心理的比较，彰显中国古代审美心理的独特之处。比如，作者将愤书说与马斯洛的自我实现理论，神游说与潜意识的激发理论，风骨说与完形心理学派和巴甫洛夫学派有关知觉的整体性研究成果联系起来进行了比较分析，以此揭示中国古代审美心理学思想的基本精神。

陶东风的《中国古代心理美学六论》（百花文艺出版社1992年版）对于比较方法的运用更为显明与自觉。作者指出："对于古代美学遗产的研究，有两个方面的内容，一是发现和整理古代的文献、材料，一是用最新的美学和艺术理论成果来解释这些材料。显然，前一项工作的成就众所周知，后一种却明显薄弱。实际上，要使古代美学研究有长足的（甚至是质的）发展，关键的不是穷毕生精力去发现一条新材料，而是用最新的美学和艺术理论去解释那些已经发现和整理好的现成材料。"② 作者选择了中国古代审美心理中的六种理论：虚静论、空灵论、言意论、意境论、心物论和发愤论加以论述。作者着意于用西方"最新的美学和艺术

---

① 陈德礼：《人生境界与生命美学——中国古代审美心理论纲》，长春出版社1998年版，第1—2页。

② 陶东风：《中国古代心理美学六论》，百花文艺出版社1992年版，第1—2页。

理论"来阐释中国古代审美心理。比如对庄子虚静说的解析中，作者认为庄子的人生哲学根源于他内心的焦虑，对现实人世的不满与不安，并用人格心理学中的心理防御机制进行了分析。作者还引用阿德勒的理论，认为庄子有"自卑情结"，并用马斯洛的高峰体验理论与庄子的"游"进行了对比。再如对心物论的研究中，作者指出，属于创作论的心物对应观是"兴""兴会""物感""形神"等诸多创作心理学范畴的基础，它起源于中国古代的"天人合一""天人感应"等哲学观念，也包含深刻的心理学思想。作者运用了符号学美学、格式塔心理学、移情论等外国现当代美学理论作了分析，并与西方移情论、象征主义和神秘主义的对应论作了比较。需要指出的是，此类比较研究一方面确能加深对中国审美心理的内涵及其基本精神的理解，另一方面却也暗含着过度阐释或误读的危险。

童庆炳在《中国古代心理诗学与美学》（中华书局1992年版）的"第一辑：古代心理诗学"部分，对中国美学史上与审美心理有关的若干范畴和命题进行了解析，包括对刘勰提出的"随物宛转，与心徘徊"的心理学分析，对"气""神""韵""境""味"的超越性的解读，对叶燮提出的"才""胆""识""力"所蕴含的诗人的心理结构的阐释，对欧阳修提出的"穷者而后工"的心理学内涵的分析，以及对"乐而不淫，哀而不伤""情景交融""无意于佳乃佳""即景会心""言不尽意""语不惊人死不休""含蓄"与"简化性""味外之旨"等命题的分析。由于该书篇幅不长，所以此书重在对各范畴与命题的心理学内涵的分析，时或参以现代心理学的观念，如以"格式塔质"释"气""神""韵""境""味"，以直觉释"即景会心"等。陈德礼的《人生境界与生命美学——中国古代审美心理论纲》（长春出版社1998年版）分上、下两篇，上篇考察了中国古代审美心理的十个范畴，分别为审美心境与虚静论、审美体验与心物论、艺术思维与神思论、审美感悟与兴会论、意象生成与言意论、审美认知与意境论、审美接受与诗味论、生命境界与元气论、审美动力与发愤论、主体建构与才性论。下篇分六个专题，空白美与审美心理、幻象美与审美心理、含蓄美与审美心理以及古代美学中的审美体验论、人生境界论和艺术人格论。在具体论述中，作者一般是先考察各范畴的历史流变与内涵，然后分析其具有的心理美学的特征，再阐述其在文艺中的表现。

彭彦琴的《审美之魅：中国传统审美心理思想体系及现代转换》（中国社会科学出版社 2005 年版）重点选择了言志、缘情、虚静、体性、感物、情采、神思（感兴）、趣味等八个代表性的审美范畴加以研究，并将审美心理活动过程概括为从外师造化到澡雪精神、从中得心源到神与物游、从由形入神到物我两忘、从拟容取心到得意忘言四个阶段。该书提出了中国传统审美心理思想的四大美学特征：以心为本、以形媚道、以境为高和心和为美，并探讨了其对当代素质教育的启示。该书还初步构建了审美心理素质教育的模式，并提供了一个审美心理素质教育评价体系指标，实现了定性与定量相结合的心理学研究。

梁一儒、户晓辉、宫承波合著的《中国人审美心理研究》（山东人民出版社 2002 年版）前三章探讨了中国人审美心理的孕育、萌芽和形成过程，对此在断代美学史部分已有所论。第四至第六章分析了中国人的审美感知（视觉、听觉、味觉、联觉）、审美想象（发生、历史演变、神思与内游）和审美情感［发生与发展、性质与地位、类型划分（刚与柔、悲与喜、雅与俗）］。第七章探讨了审美心理的符号系统（汉字、书法与线条艺术）。第八章对中国各民族的审美心理进行了比较，揭示了多元一体的特点。第九章比较了中西民族审美心理，分成三节，对中西民族大脑功能进行了比较，认为欧洲人偏重于用左脑思维，长于分析和思想，中国人偏重于用右脑思维，长于整体综合和审美；中国人的思维方式呈现出女性偏向，并分析了其农业社会的根源；中西民族心理类型特点，中国人属内倾情感型性格，欧洲人属外倾情感型性格。第十章分析了中国人审美心理的社会化，指出其古典模式的特征为美善统一、天人合一、理想与现实统一；近现代转型模式的特征为审美与人生的结合、文艺与社会的结合、悲剧与团圆并存。

可以说，上述著作对中国古代的审美心理做了较为纵深的探究。彭立勋对中国古代审美心理学的研究提出了自己的思考，他认为需要从三个方面加强研究：一是对中国传统审美心理学思想进行全面、系统的发掘和整理；二是进一步深入研究和揭示中国传统审美心理学思想的特点；三是从当代现实生活以及审美和艺术实践需要出发，从新时代的高度，对传统审美心理学思想进行新的审视和创造性阐释,使其与当代审美观念与艺术实践相结合,成为构建有中国特色的现代审美心理学的有机组成部分。[①] 这种观点对于中国古代审美心理的研究不无启发意义。

综上所述,在审美心理学研究中,研究方法十分重要。以上所论述的审美心理要素与过程研究、科学主义的研究以及对中国传统审美心理的研究,在研究方法上都具有自身的特点。研究方法本身往往决定了审美心理学的建构形态,综合以上三种研究思路,积极吸收心理学、思维科学等方面的研究成果,深入探讨审美心理的基本原理以及中国传统审美心理智慧,在此后的审美心理研究中仍具有相当的开拓空间。

---

① 彭立勋:《20世纪中国审美心理学建设的回顾与展望》,《中国社会科学》1999年第6期。

第九章

艺术哲学、文艺美学与门类美学研究

第一节 艺术哲学的宏观研究

就美学原理而言，主要包含三大块内容，一是美的本质的研究，二是审美心理的研究，三是对艺术的研究。艺术研究一直是美学研究的一大中心，鲍姆嘉通将美学确定为："美学作为自由艺术的理论、低级认识论、美的思维的艺术和与理性类似的思维的艺术是感性认识的科学。"① 所谓"自由艺术的理论"，即认为艺术应是美学的主要内容之一。黑格尔的《美学》，认为美学的正当名称应该是艺术哲学。谢林著有《艺术哲学》一书，他认为"客观世界只是精神的原始的、还没有意识的诗。哲学的普遍的官能——整个哲学的拱心石——乃是艺术哲学"。② 20世纪西方美学中，许多美学原理类著作更是直接以"艺术哲学"为名。在中国美学界，朱光潜、马奇亦认为美学主要研究艺术。马奇明确提出："我认为美学就是艺术观，是关于艺术的一般理论"，它"全面地研究艺术各方面的理论，它不只研究部门艺术的理论，而是概括各个部门艺术的一般的理论。它的基本问题是艺术与现实的关系问题"③。蒋孔阳亦曾指出："艺术应当是美学研究的中心对象或者主要对象，通过对于艺术的美学特征的研究，不仅可以掌握人对

---

① 鲍姆嘉通：《美学》，简明、王旭晓译，文化艺术出版社1987年版，第13页。
② 谢林：《先验哲学的初步区分》，北大哲学系外国哲学史教研室编译《十八世纪末至十九世纪初德国哲学》，商务印书馆1960年版，第171页。
③ 马奇：《艺术哲学论稿》，山西人民出版社1985年版，第17页。

艺术的审美关系,而且可以掌握人对自然、对社会的全部审美关系。"[①] 这种观点为中国学界广为接受,艺术成为与美的本质、审美心理并列的研究对象。

不过,专注于对艺术进行研究的著作,相比美学原理类著作,要少得多。中华人民共和国成立前出版的艺术哲学类著作,有徐朗西的《艺术与社会》(上海现代书局 1932 年版)、洪毅然的《艺术家修养论》(粹华印刷所 1936 年版)、向培良的《艺术通论》(商务印书馆 1940 年版)、蔡仪的《新艺术论》(商务印书馆 1942 年版)等。

20 世纪 80 年代出版了两部艺术哲学著作,一部是马奇的《艺术哲学论稿》(山西人民出版社 1985 年版),该书是中华人民共和国成立之后最早出版的以艺术哲学为名的著作,实际上是一部美学论文集;一部是刘纲纪的《艺术哲学》(湖北人民出版社 1986 年版),该书是一部艺术哲学专著。20 世纪 90 年代出版的艺术哲学类著作,包括金登才的《中国动态的艺术哲学》(上海社会科学院出版社 1991 年版)、栾昌大的《艺术哲学——艺术的主体与客体》(吉林教育出版社 1993 年版)、王庆璠的《艺术哲学思辨》(台北,人民中国出版社 1993 年版)、朱狄的《当代西方艺术哲学》(人民出版社 1994 年版)、张法等著的《艺术哲学导引》(中国人民大学出版社 1999 年版)等;进入 2000 年之后,又出版了数部艺术哲学类著作,主要有:王卫东的《艺术哲学引论》(中国文联出版社 2001 年版)、段虹的《艺术哲学引论——马克思视野下的艺术》(黑龙江人民出版社 2002 年版)、廖国伟的《艺术哲学初步》(广东人民出版社 2003 年版)、王德峰的《艺术哲学》(复旦大学出版社 2005 年版)、杜书瀛的《艺术哲学读本》(中国社会科学出版社 2008 年版)、刘旭光的《实践存在论的艺术哲学》(苏州大学出版社 2008 年版)、郭永健的《艺术原理新论》(学林出版社 2008 年版)、杨景祥的《艺术哲学》(上、下,河北人民出版社 2011 年版)、翟灿的《艺术与神话:谢林的两大艺术哲学切入点》(上海人民出版社 2013 年版)、余开亮的《艺术哲学导论》(西南交通大学出版社 2014 年版)、俞武松的《艺术哲学读本》(金城出版社 2014

[①] 蒋孔阳:《美和美的创造》,江苏人民出版社 1981 年版,第 8 页。

年版)、聂振斌的《艺术哲学与艺术教育》(北京大学出版社2015年版)、刘悦笛的《当代艺术理论——分析美学导引》(中国社会科学出版社2015年版)、皇甫晓涛的《艺术科学论：从艺术哲学到艺术科学的中西审美文化诗学的比较研究》(光明日报出版社2016年版)、张科晓《艺术真理问题的哲学反思》(光明日报出版社2019年版)等。此外，相关著作还包括朱志荣的《中国艺术哲学》(东北师范大学出版社1997年版)，金丹元的《比较文化与艺术哲学》(上海文艺出版社2002年版)，周月亮的《影视艺术哲学》(中央广播电视出版社2004年版)，张胜冰、肖青的《中国西南少数民族艺术哲学探究》(民族出版社2004年版)，穆纪光的《敦煌艺术哲学》(商务印书馆2007年版)，张家骥、张凡的《建筑艺术哲学》(上海科学技术出版社2011年版)，杨俊杰的《艺术的危机与神话：谢林艺术哲学探微》(北京大学出版社2011年版)等。

西方艺术哲学类著作的译介对于国内艺术哲学的研究有着很大的影响。正如杜书瀛所说："几十年来，当我们的认识论艺术哲学只讲'反映'、'认识'、'意识形态'而排斥其他艺术观念的时候，我们的耳旁不断地在喊着另外的调子：艺术是直觉，艺术是表现，不是艺术模仿生活而是生活模仿艺术，艺术是情感的符号，是有意味的形式，是性本能的升华，以及什么生活流、意识流，这种主义、那种主义……我并不认为这些艺术思潮和艺术主张都是真理，都符合中国的国情、'文情'；但是它至少给我们的艺术哲学家提供了许多参照，或引起我们的反思，让我们回过头来想想我们的艺术哲学自身是否也存在着不足和缺陷。"[①] 下面就艺术哲学的译著略作梳理。

最早被译介过来的著作当属丹纳的《艺术哲学》，徐蔚南所著《艺术哲学ABC》(上海ABC丛书社1929年版)即根据丹纳的《艺术哲学》第一编改写而成。1938年，群益出版社首次出版了该书的中译本，由沈起予翻译。该书最著名的译本当属人民文学出版社1963年出版的

---

① 杜书瀛：《艺术哲学读本》，中国社会科学出版社2008年版，第456—457页。

傅雷译本，该版本多次重印，发行量大，影响深远。① 李泽厚主编的"美学译文丛书"之中，艺术哲学类著作有贝尔的《艺术》（周金环、马钟元译，中国文联出版公司 1984 年版）、科林伍德的《艺术原理》（王至元、陈华中译，中国社会科学出版社 1985 年版）、奥尔德里奇的《艺术哲学》（程孟辉译，辽宁人民出版社 1986 年版）、布洛克的《美学新解：现代艺术哲学》（滕守尧译，辽宁人民出版社 1987 年版，四川人民出版社 1998 年再版）、杜卡斯的《艺术哲学新论》（王柯平译，光明日报出版社 1988 年版）等。工人出版社 1988 年出版的"艺术哲学丛书"是较有影响力的一套译丛，该套丛书包括"艺术哲学总论""艺术与人类智力""艺术与社会"三个系列共十种。"艺术哲学总论"一种，为科林伍德的《艺术哲学新论》（卢晓华译），"艺术与人类智力"三种，包括冈布里奇的《艺术与幻觉》（卢晓华译）、大卫·贝斯特的《艺术·情感·理性》（李惠斌等译）、马丁·约翰逊的《艺术与科学思维》（傅尚逵、刘子文译），"艺术与社会"六种，分别为赫伯特·里德的《艺术与社会》（陈方明、王怡红译）、欧文·埃德曼的《艺术与人》（任和译）、戈德曼的《文学社会学方法论》（段毅、牛宏宝译）、荣格的《人、艺术和文学中的精神》（卢晓晨译）、卡伦的《艺术与自由》（张超金等译）以及沃尔特斯托夫的《艺术与宗教》（沈建平等译）。相关著作还有，布洛克的《原始艺术哲学》（沈波、张安平译，上海人民出版社 1991 年版），谢林的《艺术哲学》（魏庆征译，中国社会出版社 1996 年版），安妮·谢泼德的《美学：艺术哲学引论》（艾彦译，辽宁教育出版社 1998 年版），赫伯特·里德的《现代艺术哲学》（朱伯雄、曹剑译，百花文艺出版社 1999 年版），瓦尔特·比梅尔的《当代艺术的哲学分析》（孙周兴、李媛译，商务印书馆 1999 年版），斯蒂芬·戴维斯的《艺术哲学》（上海人民美术出版社 2008 年版），丹托的《艺术的终结》（欧阳英译，江苏人民出版社 2001 年版）、《美的滥用：美学与艺术的概念》（王春辰译，江苏人民出版社 2007 年版）、《艺术的终结之后：当代艺术与历

---

① 近几年又出现了该书的其他译本。如北京大学出版社 2004 年版（张伟译），当代世界出版社 2009 年版（张伟、沈耀峰译）等。

史的界限》（王春辰译，江苏人民出版社2007年版），卡洛尔的《大众艺术哲学论纲》（严忠译，商务印书馆2010年版），阿瑟·丹托的《寻常物的嬗变——一种关于艺术的哲学》（陈岸瑛译，江苏人民出版社2012年版），朴异汶的《艺术哲学》（郑姬善译，北京大学出版社2013年版），大卫·戈德布拉特和李·B. 布朗主编的《艺术哲学读本》（牛宏宝等译，中国人民大学出版社2015年版），萨米埃尔·扎尔卡的《当代艺术的概念》（晓祥、文婧译，中国社会科学出版社2015年版），卡罗尔的《艺术哲学：当代分析美学导论》（王祖哲、曲陆石译，南京大学出版社2015年版），特里·巴雷特的《为什么那是艺术：当代艺术的美学和批评》（徐文涛、邓峻译，江苏凤凰美术出版社2018年版）。商务印书馆的"未来艺术丛书"（2014—2018），收书九种，如德国学者安瑟姆·基弗的《艺术在没落中升起》（梅宁、孙周兴译）、阿瑟·丹托的《何谓艺术》（夏开丰译）、福尔克尔·哈兰的《什么是艺术？——博伊斯和学生的对话》（韩子仲译）、陆兴华的《艺术—政治的未来——雅克·朗西埃美学思想研究》等。从出版时间来说，20世纪80年代末和90年代比较集中，2011年艺术学升门以来，相关译著又大量出现。

下面以马奇的《艺术哲学论稿》、刘纲纪的《艺术哲学》、张法等人的《艺术哲学导引》、杜书瀛的《艺术哲学读本》为例，来看当代中国艺术哲学的研究对象、体系建构等问题。

马奇的《艺术哲学论稿》和刘纲纪的《艺术哲学》不唯出版时间接近，其哲学基础亦基本一致，即从20世纪五六十年代以来的唯物主义认识论的角度看待美和艺术，在此将二书并列论述。

《艺术哲学论稿》是一本论文集，包括14篇文章，其中《美学——艺术哲学》《什么是艺术》和《艺术认识论初探》三篇文章代表了他的艺术哲学观。马奇吸收黑格尔、车尔尼雪夫斯基、苏联美学家丹尼克等人的观点，认为美学就是艺术哲学，"我认为美学就是艺术观，是关于艺术的一般理论。马克思列宁主义美学就是在马克思列宁主义世界观指导下的艺术观（在研究艺术的一般理论中，特别要研究无产阶级社会主义艺术的理论）。它不只研究艺术中的部分问题，而是全面地研究艺术各方面的理论，它不只研究部门艺术的理论，而是概括各个部门艺术的一般的理论。

它的基本问题是艺术与现实的关系问题,它的目的就是解决艺术与现实这一特殊矛盾"。① 在此,马奇是将美学直接等同于艺术哲学。② 他认为艺术哲学研究的基本内容有:"艺术的起源、本质,艺术创作的一般规律,艺术在阶级社会中的发展规律,艺术与社会主义、共产主义,艺术的社会作用,艺术批评、艺术欣赏、艺术教育,艺术的范畴,艺术的种类、形式、风格等等。"③

就艺术哲学与美学的关系来看,刘纲纪提出:"从古至今,对艺术的研究看起来虽然非常纷繁复杂,但就美学的范围而言,大致上不出艺术哲学、艺术心理学和艺术社会学三个基本方面。"④ 这三部分实则对应了美学原理研究的三大块。刘纲纪将艺术哲学的研究内容分成七部分:一是研究艺术与现实的关系问题,这实际上是物质与精神、存在与思维这一哲学基本问题在艺术中的表现;二是研究直觉、情感、欲望、意志、思维、想象等主体意识和艺术的关系问题;三是研究艺术创造的本质和过程,包括和艺术创造相关的主体的各种精神因素的问题;四是研究作品的构成,如作品的内容与形式、风格与流派等问题;五是研究美与艺术的关系问题;六是研究艺术和艺术美的各种形态、类型及其演变的规律问题;七是研究艺术的目的、意义的问题。其中,艺术的本质是艺术哲学研究的中心:"我们可以说艺术哲学是以艺术本质问题的解决为中心的,由对艺术的哲学分析所形成的一个理论体系。"⑤

关于艺术的本质,马奇和刘纲纪都从反映论的角度加以理解。在《什么是艺术》一文中,马奇对艺术作了这样的界定:"艺术是一种普遍

---

① 马奇:《艺术哲学论稿》,山西人民出版社1985年版,第17页。
② 在《什么是美学》一文中,马奇对这一观点进行了修正,他提出:"研究美学就离不开对于艺术创造、美的创造以及艺术欣赏、美感经验等等特殊的心理规律的研究。就需要学习有关认识论、心理学方面的知识,把关于认识、情感、意志等心理过程和能力、性格等心理特性的一般形式和一般规律运用于特定的领域,在特定的领域内,阐明它特有的认识、心理的特有规律。"该文原载《河北大学学报》1981年第1期,系1980年10月21日在河北省美学会上的发言稿。同时可见马奇《艺术哲学论稿》,山西人民出版社1985年版,第37页。
③ 马奇:《艺术哲学论稿》,山西人民出版社1985年版,第17页。
④ 刘纲纪:《艺术哲学》,湖北人民出版社1986年版,第6页。
⑤ 同上书,第10页。

的社会现象，是人们的精神生活中的必需消费品，是一种精神食粮。""在社会有机体里，艺术这种社会现象，是一种意识形态的东西，比起宗教、哲学、艺术、科学、道德等意识形态来，是一种特殊的社会意识形态。"① 艺术是一种社会现象、精神现象、意识形态，这是对艺术的一般规定。至于艺术的本质，马奇从反映论的角度指出："艺术是社会生活的反映，或者说，社会生活是艺术反映的对象，这是艺术的本质所在。"② 接下来，马奇又对艺术的本质进行了多重规定，第一，艺术是一种认识活动，要表达出思想，"艺术要反映社会生活、社会生活中的人，这样，艺术就是一种认识活动，因而具有一定的认识意义"。③ 第二，艺术要表现有价值的情感，"艺术要表达情感。情感在艺术作品里占有重要的地位，以致托尔斯泰把情感强调到唯一重要的程度。艺术的特征之一就是要以情感人，激起人的情感"。④ 第三，艺术形象是艺术的主要特征，"艺术要反映社会生活，表现人们的思想和感情，并非抽象的表现，而是用生动的形象来表现"。⑤ 在《艺术认识论初探》一文中，马奇又从认识对象、表现方式、情感性、主观性等方面对艺术认识的特殊性进行了强调。

刘纲纪同样将艺术的本质视为艺术哲学研究的重点，《艺术哲学》一书的前四章即是探讨艺术的本质问题，这四章分别为"艺术与反映""艺术的反映对象""艺术的反映形式""艺术与美"，很明显是反映论的思路。在第一章中，刘纲纪指出，对于艺术的本质，"我认为应当从考察艺术与现实的关系入手去认识，看到艺术是对现实的一种反映"。⑥ 刘纲纪将艺术是对现实的反映视为对艺术本质研究的唯一正确的出发点或起点。为了论证此点，他先对马克思的反映论进行了介绍，然后吸收黑格尔的观点，将艺术品分为外在的物质性和内在的精神性两个方面，对这两个方面与现实的反映关系进行了分析。他还批驳了克罗齐的直觉说、科林伍德的

---

① 马奇：《艺术哲学论稿》，山西人民出版社1985年版，第37页。
② 同上书，第42页。
③ 同上书，第45页。
④ 同上书，第50页。
⑤ 同上书，第53页。
⑥ 刘纲纪：《艺术哲学》，湖北人民出版社1986年版，第18页。

情感说、布拉德雷和王尔德的艺术独立生命说、帕克的艺术价值在于形式说等唯心主义艺术观以及机械唯物主义的艺术观,进一步论证了艺术是现实的反映的观点。第二章探讨艺术的反映对象问题,这是艺术创造的问题,也可以视为艺术的起源问题,刘纲纪分析了美学史上的几种相关观点,如亚里士多德的模仿说、柏拉图和黑格尔的理念说、克罗齐的表现说、朗格等人的情感说、别林斯基和车尔尼雪夫斯基的生活说等,对其不足进行了批判。他以马克思主义唯物论为理论基点,抓住物质生产劳动对这个问题进行回答:"对生活的创造的分析是对艺术的创造的分析的前提和基础。"① 实际上贯彻了实践美学和劳动说的观点。他联系创造、自由与人的社会性,对艺术的对象是什么作了如是回答:"我们可以说它就是以人类生活的社会性的实践创造为基础的人的自由的感性具体的表现。"② 这种观点与刘纲纪对美的本质观即"美是人的自由的表现"③ 的观点是一致的。第三章从个别与一般、认识与情感、再现与表现、具象与抽象、主观与客观的角度分析了艺术的反映形式的问题。第四章探讨了艺术与美的关系问题。刘纲纪首先结合马克思主义的实践论和对自由的论述,对美的本质进行了分析,他提出:"美属于'自由王国'的领域,它是以实践为基础的,超出了生存需要满足的,人的个性才能的自由发展的感性表现。"④ 接着他对美的观念的历史变化进行了考察,并提出"广义了解的美是艺术的本质",所谓"广义了解的美",即西方美学史中对美的界定,和谐、崇高、悲剧、喜剧、荒诞等皆囊括在内,这自然是一个相当宽泛的概念。以此来规定艺术的本质,似乎同样太过宽泛。在本章中,刘纲纪还对艺术美与现实美的关系、艺术的社会功能等问题进行了分析。

张法、吴琼、王旭晓所著的《艺术哲学导引》代表了一种新的写作方式。它不再囿于马克思主义美学,而是对西方美学与艺术理论,尤其是现代西方的美学与艺术理论,多有汲取与涉及。该书导论部分对艺术哲学

---

① 刘纲纪:《艺术哲学》,湖北人民出版社1986年版,第179页。
② 同上书,第239页。
③ 参见刘纲纪《美学与哲学》中《美——从必然到自由的飞跃》一文,湖北人民出版社1986年版。
④ 刘纲纪:《艺术哲学》,湖北人民出版社1986年版,第440页。

的类型、内容与方法进行了分析。作者放眼西方美学史，将艺术哲学区分为三种类型，第一种是认为艺术哲学即为艺术理论，以丹纳的《艺术哲学》为代表，该书直接面对整个西方艺术本身，依照艺术最本质的东西在于艺术所由产生的种族、环境、制度的观点，从种族、环境和制度的角度去分析希腊雕刻、哥特式教堂、文艺复兴绘画、尼德兰绘画等何以会有如此的艺术形式。第二种观点认为艺术哲学是对艺术理论的思考，以布洛克的《艺术哲学》为代表，该书分析了有关艺术理论和艺术批评上的重要概念：模仿、再现、表现、真实、形式、直觉、意图等。布洛克认为艺术世界及其本质是通过上述这些概念来进行把握的，当我们分析这些概念的时候，一方面通过对这些概念的分析进入了艺术的本质，另一方面又在分析这些概念的同时，也分析了这些概念所指的艺术世界。第三种是将二者结合起来研究的艺术哲学，以黑格尔的《美学》为代表，该书前一部分围绕美的本质讲述艺术理论，后面随着美的本质的展开讲各艺术门类和世界艺术史的发展。作者综合以上三种类型，提出："艺术哲学应该以艺术为主要对象来建构自己的艺术哲学理论，但是在建构这种理论的同时要参考以前的理论。它面对艺术是为了要建构能够说明艺术的理论，它参考以前的理论是为了使自身的理论更加合理。"[①]

该书认为艺术哲学应当包括如下内容，一是艺术的起源探讨，"本书对艺术起源的物质构成和艺术功能在统一的考察建立在对前人的理论总结上，通过对艺术起源四大理论（模仿说、生物本能说、巫术说、劳动说）的分析批判，站在人类学的整体演化观上，展现史前艺术在物质构成上的种类形成与演化，和在社会功能上的结构与深化，并由此理出艺术感受如何在二者之中形成、分化和独立出来的逻辑发展线索"[②]。二是艺术的展开，艺术的展开又包括四个方面的展开。第一是艺术门类展开，这是艺术的逻辑展开，不过是一种表层展开，即从主体的感官分别和客体的时空分别产生的艺术展开。艺术的逻辑展开还有一种内在的展开，即审美类型展开，即艺术作品展现为美、悲、喜的多样层级类型，这是艺术的第二种展

[①] 张法、吴琼、王旭晓：《艺术哲学导引》，中国人民大学出版社1999年版，第3页。
[②] 同上书，第4页。

开。艺术的第三种展开是文化展开，在不同的文化中，产生了不同的艺术。艺术文化展开也是一种艺术的历史展开，是艺术的历史发展在具体的历史方式下的表现。艺术的第四种展开可正式称为历史展开，它要综合地反映从分散的世界史到统一的世界史以前的各文化艺术。三是通过考察艺术概念的历史演变，分析艺术作品的共同结构和本质特征。四是艺术创造和艺术欣赏，前者使艺术作品得以产生，后者使艺术作品能发挥作用。依据这一思路，全书分成六章，第一章讲述艺术起源，第二章探讨艺术的逻辑展开，第三章分析艺术的历史展开，第四章论述艺术品的哲学问题，第五章考察艺术生产，第六章研究审美欣赏。

显然，该书重视对艺术的逻辑与历史发展的考察，亦即重视艺术史的引入。该书不再回答艺术的本质的问题，取而代之的是对"艺术品的哲学问题"的考察。下面且看作者是如何分析该问题的。在第四章第一节中，作者参考塔塔尔凯维奇的《西方六大美学观念史》中的相关论述，对艺术概念的历史演变进行了分析。第二节探讨"什么是艺术品"的问题，作者参考贝尔、朗格、萨特、肯尼克等人的观点，对艺术品进行了如下界定：首先，就艺术品作为一个孤立的存在而言，艺术品乃是一种"有意味的形式"。其次，就艺术品与艺术家的关系而言，艺术品乃是艺术家的审美经验的物态化，或者说，是艺术家审美情感的符号化表现。最后，就艺术品的审美生成过程而言，艺术品还是一种审美对象的存在。[①]作者还给出了一个艺术品的定义："所谓艺术品，就是指那些由艺术家创造出来的、传达了人类审美经验的人工制品。"[②] 不过，作者同时指出了艺术概念的开放性。第三、四节吸收现象学美学的观点，对艺术品的层次结构进行了分析，作者以艺术中审美经验的传达为中心，将艺术品的层次分成了实在层次、经验层次和超验层次。实在层次指的是某一具体艺术品在物理时空中的存在。经验层次是指某一艺术品在人类经验中的存在，现象学美学家茵加登将经验中的存在称为艺术的"审美对象"，"艺术品作

[①] 张法、吴琼、王旭晓：《艺术哲学导引》，中国人民大学出版社1999年版，第129—130页。

[②] 同上书，第131页。

为审美对象，本质上是存在于审美经验中的对象，是作为其载体的作品实体进入人们审美知觉并经知觉定型的产物"。[①] 这意味着艺术的审美对象是一种生成的、动态的、开放的结构。艺术品的超验层次，是指存在于艺术品结构深层的具有普遍性和永恒性的终极意义和形而上价值。第五节分析了艺术品的边界问题，作者面对现代艺术和后现代艺术对古典艺术概念的冲击，提出这样的观点："艺术品其实是没有边界线的，或者说，它的边界线就在艺术的不断的创新过程中。"[②] 总体来看，《艺术哲学导引》体现了三个特点，一是注重艺术史的引入，二是广泛参考西方美学理论，三是体系相对完整。

杜书瀛所著的《艺术哲学读本》虽出版于2008年，写作时间却跨度颇大，据他在自序中所言，有的章节写于1985年之前，有的写于1985年以后至2000年初。该书反映了他的美学思想的变化，即从认识论美学到价值论美学的转向。他对艺术哲学的理解同样如此。在他看来，艺术哲学是美学的一个组成部分，不过可以独立出来加以研究。他认为艺术哲学应该包括如下内容。第一部分研究艺术的起源和艺术的历史发展，第二部分阐述艺术的分类，这两部分从纵的和横的两个方面对艺术活动进行考察。第三部分探讨艺术的本质，第四部分研究艺术的特殊品格，这是艺术哲学的关键。全书共有十三章，涉及艺术的位置、艺术掌握世界的方式、艺术的对象、艺术的内容和形式、艺术的媒介、艺术形象和艺术典型、艺术欣赏、艺术哲学的变革等诸多问题。全书将重点放在了对艺术的特殊品格的考察上，对艺术的起源与发展、艺术的分类等问题未及论述。

杜书瀛从九个方面对艺术的特殊品格进行了考察。第一，确立艺术在人类活动中的特殊位置，他借鉴卡冈、李泽厚等人的观点，将艺术界定为对世界的"精神实践掌握"。第二，由艺术与生活的关系确立艺术的特质。他提出"艺术是生活的特质化"，并通过大量艺术史上的案例对此观点进行了分析。第三，从艺术创作的主观方面来看，艺术是以自己独特的方式掌握世界。它是通过个别掌握一般，它突破个别又重建个别。第四，

[①] 张法、吴琼、王旭晓：《艺术哲学导引》，中国人民大学出版社1999年版，第135页。
[②] 同上书，第151页。

从艺术创作的客观方面来看,艺术有自己独特的、与哲学和科学不同的对象。艺术的对象范围界定在人类生活以及与人类生活有关的事物领域之内。艺术对象的重点是人类的精神生活现象,情感在其中占有重要地位。第五,从艺术品的主要构成因素来看,艺术有自己独特的内容和形式。艺术的内容是具体的,必须保存和包含作者的主观性,艺术内容以情感人,具有强烈的感染性。第六,突出了艺术媒介的特殊性以及媒介对于审美和艺术的重要意义。在审美价值和艺术价值的创造过程中,媒介已经融入价值本体运行之中,成为其价值生长的一部分。媒介同时还进入创造活动的结果之中,成为其价值载体感性形式不可分割的有机因素。第七,从艺术作为内容与形式完美统一的有机整体来看,它的特点在艺术形象上充分地表现出来。艺术形象作为感性与理性、认识与情感、意象与物象诸多因素的完美统一体,与非艺术形象有着明显区别。第八,从艺术典型作为真善美高度统一的艺术形象来看,它与哲学、科学也有着重大不同之处。艺术典型必须依照美的规律造型,获得高度的审美价值。第九,艺术形象和艺术典型一旦被创造出来,便成为一种独立的客观存在物走进社会,便脱离开它的艺术家母体在社会上"独立谋生"。欣赏也是创造,艺术接受是艺术创造的一部分。[①] 杜书瀛对艺术的特殊品格作了多重规定,一方面深受认识论美学尤其是蔡仪美学的影响,另一方面又融入了价值论美学的思想。同时,其中不乏新的思考,如对艺术媒介与审美价值之关系的重视等。

难能可贵的是,杜书瀛并不固守认识论美学,而是对其进行了反思,积极思考新的变革,提出了建立"人类本体论艺术哲学"的构想。在他看来,人类本体论艺术哲学具有这样两个基本观念:第一,审美是人的本体生命活动的主要方式之一,是人的自由的生命意识的表现形态;第二,艺术在本质上是审美的,审美与艺术有着自然的先天性的联系。这种观念较之认识论美学,无疑更接近艺术的根本。

杜书瀛还对艺术哲学的变革提出了几点展望和建议:一是发展多形态的艺术理论;二是中外一切好东西都"拿来",以"需要"为标准;三是艺术哲学必须在承认和研究生活与审美、生活与艺术关系的新变化、新动

---

① 杜书瀛:《艺术哲学读本》,中国社会科学出版社 2008 年版,第 10—14 页。

向的基础上，适应这些变化和动向，做出理论上的调整；四是没有放之四海而皆准的理论，必须随历史实践的发展变化而不断发展变化，随社会现实、审美活动和艺术的不断发展变化而发展变化。① 这几点建议无疑体现了作者开放的学术心态和对理论的前瞻性。

除以上几部著作之外，像廖国伟的《艺术哲学初步》系统地讲述了艺术哲学的基本概念，艺术意象，艺术与形式，绘画、音乐与电影艺术，艺术与象征，艺术与民族文化心理等问题。王卫东的《艺术哲学引论》，内容包括对艺术的本体论考察、艺术的起源、艺术结构研究、中西美学的哲学基础等问题。段虹的《艺术哲学引论——马克思视野下的艺术》探讨了艺术起源、艺术形态、艺术品的界定、艺术创作与欣赏、艺术的美、艺术与美学、艺术美育、艺术作品与艺术接受等内容。杨景祥的《艺术哲学》研究了创作活动、鉴赏活动、批评活动、理论活动、文艺史的编写活动等，作者分别研究了各个活动的构成要素，也研究了这几种活动的相互关系。王德峰的《艺术哲学》，讨论了艺术的六个方面的基本问题，涉及艺术与真理的关系、艺术作品的存在方式、审美意象的基本类型、艺术家和艺术作品的创造、艺术作品的接受、五大类艺术的感知特性。刘旭光的《实践存在论的艺术哲学》以实践存在论的方法，把"艺术"与"艺术作品"描述为一个"事件"，并以这个事件为起点重新思考艺术作品的存在论性质，重新分析其客体性及其主体性之间的交融，并把"时间性"这一实践行为的基本性质纳入艺术作品之存在的思考中，分析它的内在的时间性状态。对艺术品及艺术进行了存在论的解读。杨俊杰的《艺术的危机与神话：谢林艺术哲学探微》吸收国内外研究成果，对谢林艺术哲学的新神话思想进行了细致的研究。作者提出艺术和哲学的等高性是谢林艺术哲学始终坚持的基础观念，对新神话的期待是谢林艺术哲学的旨趣，新神话是对旧神话的超越，是终极完满的绝对同一状态的象征。作者认为，在德国耶拿浪漫派的圈子里，只有谢林提出了严格意义上的新神话思想。

总体来看，就成果而言，当代中国的艺术哲学研究远不如美学原理研

---

① 杜书瀛：《艺术哲学读本》，中国社会科学出版社2008年版，第14—16页。

究成果丰富；就观点而言，对艺术本质的认识同样经历了从认识论到价值论和实践论的转变。同时亦应看到，尚需对国外学者的研究成果，尤其是当代的研究成果（如分析美学等）给以更多关注，并整合到艺术哲学的体系建构之中。

第二节　文艺美学的深入研究

众所周知，美学来自西方，假道日本传入中国，文艺学的原产地是苏联，[①] 而融合二者所成的文艺美学，却是中国学界的特有产物。在追溯文艺美学的学科史时，有的学者将其源头追溯至中国现代著名文艺理论家和批评家李长之先生。[②] 李长之在 1935 年发表的《论文艺批评家所需要之学识》一文中，提出了"文艺美学"这一概念，并指出文艺美学是对文艺作品加以体系研究的学问，"例如什么是古典，什么是浪漫，什么是戏剧、小说、诗……从根本上而加以探讨的，都是文艺美学的事。这是文艺批评家的专门知识。这是文艺批评家临诊时的医学"。[③] 此外，还会提及台湾学者王梦鸥的《文艺美学》（台湾新风出版社 1971 年版），该书最早以"文艺美学"为名，并以美学的立场和方法探讨文学问题，被视为中国文艺美学学科诞生的最初标志。[④] 不过，一方面王梦鸥并没有从学科性的高度对文艺美学进行分析；他将文艺美学的研究领域局限于文学，指出文学研究必须以美学作为基本指导思想，以美学的理论和方法研究文学的审美特质，发掘文学之美。另一方面鉴于当时的政治氛围，很难说该书对大陆学界产生了多大影响，而毋宁说它的影响在于最早以"文艺美学"

[①] 实际上，在苏联，文艺学所指的其实是文学理论或文学学，如 20 世纪 50 年代流行于我国的季摩菲耶夫的《文学原理》、毕达可夫的《文艺学引论》，80 年代翻译过来的波斯彼洛夫主编的《文艺学引论》等。在后者的"绪论"中，开篇即指出："文艺学是关于文学的科学。"全书亦是围绕文学展开论述。

[②] 冯宪光：《对"文艺美学"学科的再认识》，《绵阳师范学院学报》2010 年第 9 期。

[③] 李长之：《李长之文集》（3），河北教育出版社 2006 年版。

[④] 据杜书瀛《文艺美学的教父》一文，台湾的中国文化大学文学系早在 1969 年就开设过"文艺美学"的课程。

进行了命名。在大陆学界，文艺美学公认是由时在北京大学的胡经之提出的。在1980年于昆明召开的中华美学会首届年会上，胡经之提出了建立文艺美学，应在大学艺术和文学系开设文艺美学课程的建议。这一提议很快得到了响应，1982年，北京大学与四川大学中文系率先招收文艺美学方向的研究生，山东大学和中山大学也紧随其后，于1983年开始招生。经过近30年的发展，"目前文艺美学已经成为被广泛认同的我国文艺学、艺术学与美学的高层次人才培养方向和科学研究方向，正式纳入教育部颁布的《授予博士硕士和培养研究生的学科专业简介》这一重要文件之中。全国重要高校大多开设文艺美学的必修和选修课程，并有研究生培养方向，专兼职从事文艺美学教学科研的人员数以千计，中华美学会专设有文艺美学分会"。①

再看著作方面，以"文艺美学"为名的著作大量出版，在20世纪80年代，出版了数部文艺美学类的著作，包括周来祥的《文学艺术的审美特征与美学规律——文艺美学原理》（贵州人民出版社1984年版）、王世德的《文艺美学论集》（重庆出版社1985年版）、苏鸿昌的《文艺美学论集》（四川省社会科学院出版社1986年版）、王向峰主编的《文艺美学辞典》（辽宁大学出版社1987年版）、胡经之主编的《文艺美学》（内蒙古人民出版社1985年第1辑、1987年第2辑），还有胡经之的专著《文艺美学》（北京大学出版社1989年版）。此外，北京大学出版社于20世纪80年代初至90年代初的10余年间，出版了一套"文艺美学丛书"，据初步统计，该套丛书收录国内学者著作14部，译著12部，其中国内著作包括叶朗的《中国小说美学》（1982）、金开诚的《文艺心理学论稿》（1982）、蔡元培的《蔡元培美学文选》（1983）、伍蠡甫的《中国画论研究》（1983）、董学文的《马克思与美学问题》（1983）、龙协涛编著的《艺苑趣谈录》（1984）、黄宝生的《印度古典诗学》（1993）、宗白华的《艺境》（1987）、佛雏的《王国维诗学研究》（1987）叶纯之和蒋一民的《音乐美学导论》（1988）、袁济喜的《六朝美学》（1989）、胡经之的《文艺美学》（1989）、肖驰的《中国诗歌美学》（1986）、汪济生的《系

---

① 曾繁仁主编：《中国新时期文艺学史论》，北京大学出版社2008年版，第117页。

统进化论美学观》(1987),译著包括宗白华的《宗白华美学文学译文选》(1982)、王鲁湘等编译的《西方学者眼中的西方现代美学》(1987)、周宪等人选编的《当代西方艺术文化学》(1988)、王岳川和尚水编的《后现代主义文化与美学》(1992)、苏联学者苏丽娜的《斯坦尼斯拉夫斯基与布莱希特》(1986)、荷兰学者佛克马和伯顿斯编的《走向后现代主义》(1991)、日本学者笠原仲二的《古代中国人的美意识》(1987)、美国学者布鲁墨的《视觉原理》(1987)、美国学者布斯的《小说修辞学》(1987)、美国学者艾布拉姆斯的《镜与灯:浪漫主义文论及批评传统》(1989)、美国学者华莱士·马丁的《当代叙事学》(1990)、美国学者伦纳德·迈尔的《音乐的情感与意义》(1991)。

20世纪90年代以后,文艺美学的专著更加多了起来,如曹廷华的《文艺美学》(西南师范大学出版社1990年版)、栾贻信和盖光的《文艺美学》(台北,华龄出版社1990年版)、杜书瀛主编的《文艺美学原理》(社会科学文献出版社1992年版、1998年版)、徐亮的《文艺美学教程》(中央民族学院出版社1993年版)、董学文和魏国英编著的《毛泽东的文艺美学活动》(高等教育出版社1995年版)、陈长生的《文艺美学论要》(河南大学出版社1996年版)、刘文斌的《马克思主义文艺美学研究》(内蒙古教育出版社1996年版)、刘鸿庥的《文艺美学辨析》(贵州教育出版社1997年版)、陈伟的《文艺美学论纲:从马克思主义观点看文艺难题》(学林出版社1997年版)、胡经之的《文艺美学论》(华中师范大学出版社2000年版)、唐骅的《文艺美学导论》(文化艺术出版社2000年版)、赵宪章的《文艺美学方法论问题》(暨南大学出版社2002年版)、孔智光的《文艺美学研究》(中国戏剧出版社2002年版)、谭好哲和程相占主编的《现代视野中的文艺美学基本问题研究》(齐鲁书社2003年版)、周来祥的《文艺美学》(人民文学出版社2003年版)、曾繁仁主编的《文艺美学教程》(高等教育出版社2005年版)、邢建昌的《文艺美学研究》(河北人民出版社2006年版)、李咏吟的《文艺美学》(广西师范大学出版社2007年版)、寇鹏程的《文艺美学》(上海远东出版社2007年版)、王杰与仪平策主编的《文艺美学的学科定位和发展趋势研究》(人民文学出版社2010年版)、陈刚的《文艺美学探索》(西北大学出版社 2011 年版)、寇鹏程的《文艺美学新编》(西南大学出版社 2013年版)、杨佳蓉的《文艺美学论集》(台北万卷楼图书股份有限公司 2014 年版)、胡经之的《文艺美学及文化美学》(复旦大学出版社 2016年版)、沈金耀的《文化中的文艺美学》(中国社会科学出版社 2016 年版)、李咏吟的《文艺美学论》(浙江大学出版社 2011 年版)和《文艺美学综论》(浙江大学出版社 2016 年版)、廖泽明的《文艺美学新论》(四川大学出版社 2017 年版)、王德胜的《文艺美学如何可能》(南京大学出版社 2018 年版)等。以上著作基本为文艺美学原理研究,还有对中西方文艺理论史的研究,如皮朝纲的《中国古代文艺美学概要》(四川省社会科学院出版社 1986 年版)、张长青的《古典文艺美学》(湖南师范大学出版社 1994 年版)、陈永标的《中国近代文艺美学论稿》(广东人民出版社 1993 年版)、黄洁的《中国近代文艺美学史纲》(重庆出版社 2001 年版)、董小玉的《西方文艺美学导论》(西南师范大学出版社 1997 年版)、冯宪光主编的《全球化文化语境中的中西文艺美学比较研究》(上、下,巴蜀书社 2010 年版)、姜文振的《西方古典文艺美学选讲》(河北人民出版社 2007 年版)、第环宁等著的《中国古典文艺美学范畴辑论》(民族出版社 2009 年版)、黄念然的《中国古典文艺美学论稿》(广西师范大学出版社 2010 年版)、李天道的《中国传统文艺美学思想的现代转化》(中国社会科学出版社 2010 年版)、蒋述卓与刘绍瑾主编的《古今对话中的中国古典文艺美学》(暨南大学出版社 2012 年版、2019 年版)、魏饴等人的《中国文艺美学教学发展论纲》(社会科学文献出版社 2014 年版)、邹赞等人的《中国新时期文艺学家美学家专题研究》(暨南大学出版社 2016 年版)、陈刚编著的《20世纪中国文艺美学名作导读》(陕西师范大学出版社 2017 年版)、钱中文和祁志祥的《钱中文祁志祥八十年代文艺美学通信》(上海教育出版社 2018 年版)等。此外,曾繁仁主编的《中国文艺美学学术史》(长春出版社 2010 年版)对中华人民共和国成立以来的文艺美学学术史进行了系统而全面的梳理。在学科建设方面,1999 年成立的山东大学文艺美学研究中心,在 2001 年被列为"教育部普通高校人文社会科学研究基地",这同样是文艺美学研究史上的一个重大事件,它标志着文艺美学获得了体制上的认可。该中心编有《文艺美学研究》,至今已出多辑。曾繁仁和谭好哲主编的"文艺美学研究丛书",已出版两辑多部,涉及文艺美学、生态美学、审美教育、文艺理论等诸多内容,如《文艺美学的学科拓展》(人民出版社 2016 年版)、《文艺美学的新生代探索》(上、下,人民出版社 2016 年版)等,成果相当丰硕。概言之,文艺美学从学科设置、研究机构、研究人员、教材、专著、学术期刊等方面已经形成了有效的话语群,获得了体制性认可,尽管不若美学那般蔚为大观,却也颇具声势,值得探究。

文艺美学之所以在此时被提出来并得到广泛响应,有着多方面的原因。曾繁仁从历史文化背景、国内外学术背景等方面对文艺美学的生成背景进行了探讨。他指出,文艺美学的产生,首先是我国改革开放新形势下,美学与文艺学领域"拨乱反正"的结果,文艺摆脱了政治附庸地位,回归审美之维;其次是中国学者长期思考如何总结中国古典美学经验,将其运用于现代并介绍到世界的一个重要成果;再次是我国美学与文艺学领域经历的由外到内转向的反映;最后是同世界范围内 20 世纪以来由抽象的思辨哲学——美学到具体的人生美学的转变有关。[1] 不过,学界对文艺美学的学科定位、研究对象、研究方法、体系建构等基本问题似未达成共识,在 20 世纪 80 年代中期以及 2000 年前后,对这些问题进行了热烈的讨论。下面撮其大要,进行概述。

一 文艺美学的学科定位

自文艺美学提出以来,文艺美学的学科定位一直是广为探讨的问题。这个问题关涉到文艺美学与文艺学、美学、艺术学等学科之间的关系。在国务院学位委员会 2011 年公布的"学位授予和人才培养学科目录"中,哲学、文学、艺术学均为学科门类。[2] 哲学门类下的一级学科为哲学,美学属于其下的二级学科;文学门类包括的一级学科有中国语言文学、外国

---

[1] 参见曾繁仁主编《中国新时期文艺学史论》,北京大学出版社 2008 年版,第 117—121 页;曾繁仁主编《中国文艺美学学术史》第一章"中国文艺美学学科的生成背景",长春出版社 2010 年版。

[2] 艺术学原属文学门类下面的一级学科。

语言文学和传播学，文艺学属于中国语言文学下的二级学科；艺术学门类包括的一级学科有艺术学理论、音乐与舞蹈学、戏剧与影视学、美术学和设计学。二级学科即是招收研究生的具体专业，专业之下又有研究方向，研究方向不是由教育部门认定的，而是由各教学与科研单位自行设定。如山东大学的文艺学学科的研究方向包括美学理论、文艺理论、西方美学与文论、文艺美学、中国文艺批评史等，南京大学文艺学学科的研究方向包括文艺学基础理论、西方美学与文化研究、中国古代文论、中国现当代文艺思潮等，浙江大学文艺学学科的研究方向包括文艺学基础理论、文艺美学与批评理论、文化研究与诗学理论等研究方向，中国人民大学文艺学学科包括文艺学基础理论、马列文论、西方文艺理论、文艺批评等四个方向。如是观之，文艺美学时或被视为文艺学下属的一个研究方向。实际上，由国务院学位委员会办公室和教育部研究生工作办公室编辑的《授予博士硕士学位和培养研究生的学科专业简介》中，正是将"文艺美学"作为中国语言文学的二级学科"文艺学"的一个研究方向，而在艺术学的研究范围里提到了"艺术美学"，在哲学类美学学科中却没有提及"文艺美学"，只有"文学艺术各个部门中的美学问题"这样的说法。如果仅此而已，那么文艺美学就像中国古代文论、西方文艺理论一样，只是一个研究方向，而不是一个独立的学科。然而，问题并不如此简单，由于文艺美学先天性地与美学、文学、艺术学等诸多学科相互纠缠，治文艺美学者又多希望为它的存在谋求一种合法性，便使得它逸出了"文艺学"的领地，向多学科蔓延。于是，对于文艺美学的定位问题便出现了歧见纷呈的局面。

这些观点大致可以概括为三种。一是将文艺美学视为美学或文艺学的分支。文艺美学的提出者胡经之就持此种观点，在较早发表的《文艺美学及其他》一文中提出："文艺学和美学的深入发展，促使一门交错于两者之间的新的学科出现了，我们姑且称它为文艺美学。文艺美学是文艺学和美学相结合的产物，它专门研究文学艺术这种社会现象的审美特性和审美规律。"① 胡经之认为文艺美学属于文艺学，又可归入美学。"文艺

---

① 胡经之：《文艺美学及其他》，载《美学向导》，北京大学出版社1982年版，第26页。

学,既属于整个美学,只是美学的一个部门,又有自身的相对独立性,区别于其他美学。"① 王世德的观点与胡经之类似,他认为:"'文艺美学'是'美学'下属的一个部门,是'文学美学'和'艺术美学'的上一级部门。'美学'再往上推,就是'哲学';它是从哲学中分化出来的。"② 同时,他又指出:"'文艺美学'既是'美学'的一个分支部门,又是'文艺学'的一个分支部门。"③ 他从研究方法入手,将文艺学分成文艺心理学、文艺社会学、文艺(艺术)哲学和文艺美学。文艺美学从而成为文艺学的一个方向。有的学者则更多将文艺美学置于美学之下,如周来祥指出"文艺美学是一般美学的一个分支",是"对艺术美(广义上等于艺术,狭义上指美的艺术或优美的艺术)独特的规律进行探讨",④ 周来祥认为文艺美学是"美学的一个分支学科,它是整个美学学科的辩证发展过程中的一个中间环节"。刘纲纪和姚文放都认为文艺美学是艺术哲学。刘纲纪提出:"目前我们所说的'文艺美学'就是美学的一个部分,即对艺术(包含文学)美的研究,或者就是黑格尔所说的'美的艺术的哲学'。"⑤ 姚文放认为:"文艺美学是用哲学—美学的观念和方法来研究文学艺术,从本质上讲,它是一种'艺术哲学'。因此文艺美学与一般美学之间是属种关系,一般美学是普遍、整体,研究所有美的现象,也包括文学艺术在内,文艺美学则是特殊、局部,专门研究文学艺术,而一般美学所制定的学科规范则始终融贯于文艺美学之中。"⑥

二是将文艺美学视为美学、文艺学、艺术学的交叉学科。如曾繁仁提出:"文艺美学是中国八十年代改革开放以来,在特有的历史文化背景下产生的一门新兴边缘交叉学科。它来源于美学、文艺学、艺术学,吸取了以上三门学科的重要内容,在一定意义上可以说是以上三门学科在新时期交叉融合的产物。但它又是一门独立的新兴学科,有着自己特有的内涵。

---

① 胡经之:《文艺美学及其他》,载《美学向导》,北京大学出版社1982年版,第41页。
② 王世德:《文艺美学论集》,重庆出版社1985年版,"代序",第1页。
③ 同上书,"代序",第5页。
④ 周来祥:《文学艺术的审美特征和美学规律》,"绪论",贵州人民出版社1984年版。
⑤ 刘纲纪:《关于文艺美学的思考》,《文艺研究》2000年第1期。
⑥ 姚文放:《论文艺美学的学科定位》,《学术月刊》2000年第4期。

正是从这个意义上，我们认为，文艺美学不能取代美学、文艺学、艺术学，同时它也独立于以上三门学科而有着自己的特有的发展规律。"[1] 曾繁仁同时突出了文艺美学的学科独立性。谭好哲指出："目前学界越来越多的人倾向于认定文艺美学是在美学与文艺学两个学科相互渗透、融合基础上产生的一个具有交叉性、综合性的新兴文艺研究学科，因而应该跳出执着于美学或文艺学一个学科探讨文艺美学的学科位置、学科性质以及理论架构的思路。"[2] 冯宪光认为文艺美学是一门"间性"学科，实际上也是认同其学科交叉性。[3]

三是将文艺美学视为一种学理形态，不认可其独立学科地位。如董学文认为文艺美学的研究对象模糊重叠，缺乏稳定的概念群，因此在学科意义上是不存在的。在他看来，"文艺美学只是一个研究视角、研究方向，它能成为一个三级学科或四级学科，这就是它的位置。而它作为一个学科，我觉得还缺少很多具体的因素"。[4] 王德胜认为文艺美学作为一门学科并不成熟，"我们与其说'文艺美学'是一种新的美学或文艺学的分支学科形态，倒不如说，文艺美学研究是中国美学在自身现代发展之路上所提出的一种可能的学理方式或形态，它从理论层面上明确指向了艺术问题的把握"。[5]

目前看来，第二种观点，即将文艺美学视为一种交叉学科的提法，得到了广泛的认同，即使胡经之和王世德的观点，也是一方面认为文艺美学属于美学和文艺学的分支，另一方面又肯定了二者的交叉性。胡经之后来也认为文艺美学是美学、文艺学相交叉的边缘学科。[6]

---

[1] 曾繁仁：《中国文艺美学学科的产生及其发展》，《文学评论》2001年第5期。
[2] 谭好哲：《文艺美学的学科交叉性和综合性》，《文史哲》2001年第3期。
[3] 冯宪光：《文艺美学是一门"间性"学科》，载曾繁仁、谭好哲编《学科定位与理论建构——文艺美学论文选》，齐鲁书社2004年版。
[4] 董学文：《对文艺美学的质疑》，《文艺美学研究》（第1辑），山东大学出版社2002年版，第304—305页。
[5] 王德胜：《文艺美学：定位的困难及其问题》，《文艺研究》2000年第2期。
[6] 胡经之：《发展文艺美学》，载曾繁仁、谭好哲编《学科定位与理论建构——文艺美学论文选》，齐鲁书社2004年版，第63页。

二　文艺美学的研究对象

前面提及，苏联的"文艺学"实际上是"文学学"，以文学为研究对象，而中国学界所指的"文艺学"，虽设置于中文系，其研究对象却并不限于文学，更将艺术囊括在内，文艺从而成为文学艺术的统称："'文艺美学'中的'文艺'，恰是在'文学和艺术的统称'这个意义上使用的，（需要指出的是，我们所说的文艺学中的'文艺'，也是在这个意义上使用的，即广义文艺学，而不是文学学。）可以由此推断：文艺美学的研究对象不是别的，就是文学艺术。"① 之所以如此，或与两个原因有关：一是20世纪二三十年代的左翼文艺思潮与革命话语中常常文艺并称，如毛泽东的《在延安文艺座谈会上的讲话》中即是如此，这对后来的文艺研究产生了重要影响；二是在中国学术语境中，文艺学和美学关系紧密，常常难分难解，既然美学有时被称为艺术哲学，至少是将艺术作为主要研究对象，那么文艺学的研究领域便不能仅限于文学，只有加上艺术，二者方能比肩而立。

文艺美学以文学艺术为研究对象，这种说法还是太笼统，它具体研究文学艺术的哪些方面，怎样研究？在《文艺美学及其他》一文中，胡经之指出："文艺美学从美学上来研究文学艺术，深入到文学艺术的审美方面，揭示文学艺术的特殊审美性质和特殊审美规律。"② 具体而言，就是"探讨文学艺术的作品、创造和享受，亦即产品、生产和消费这三方面的审美规律，这就是文艺美学的对象和内容"。③ 可以说，这一观点得到了普遍认同。如王世德认为："文艺美学就应该是从美学角度去研究文艺的审美特质（包括产生根源、内容、形式、方法、作用等方面）和人对文艺的审美规律的科学，包括文艺的作者如何按照社会、历史、时代、阶级、个人的美学观点（趣味、理想、感情等）去感受、评价、概括反映生活的美丑，怎样按'美的规律'，按艺术的特点和规律，创造艺术品，

---

① 曾繁仁主编：《中国文艺美学学术史》，长春出版社2010年版，第93页。
② 胡经之：《文艺美学及其他》，载《美学向导》，北京大学出版社1982年版，第32页。
③ 同上书，第43页。

艺术品从内容、形式到功能作用又有什么审美特性，艺术美与生活美有何区别与联系，艺术的内容美与形式美有何区别与联系，艺术品如何激起人的美感，给人欣赏、享受和审美教育，帮助人们形成审美理想，鼓舞人们为把世界和自身改造得更加美好而奋斗，其审美教育与社会、政治、伦理等教育有何区别与联系，等等问题。它也应该包括艺术美、文艺审美心理、文艺创造欣赏与文艺美学在社会中的地位与作用三大方面，或者说包括文艺的产品、创造、欣赏三大方面的美学问题。"① 王世德将文艺美学分成文学美学和艺术美学，文学美学包括诗美学、小说美学、散文美学等，艺术美学包括音乐美学、绘画美学、舞蹈美学、电影美学、摄影美学等。他的《文艺美学论集》包括21篇论文，涉及文艺美学理论（马克思论审美活动的产生和发展、文艺的美学特征、形象思维）、人物与文本美学（鲁迅、郭沫若、刘熙载《艺概》）、艺术美学（戏剧、电影、摄影、舞蹈）、西方文艺思潮（现代派文艺、意识流）等问题。

周来祥同样认为文艺美学应该研究艺术的特殊审美规律："艺术是文艺美学研究的唯一对象，在这个意义上，文艺美学是承美学而发展的，它要以美学的逻辑终点，作为自己的逻辑起点，它要以美学揭示的一般的审美规律，作为自己的基础，去进一步研究艺术的特殊规律。"② 杜书瀛也持此论："如果说一般美学是研究人类生活中所有审美活动的一般规律；那么，文艺美学则主要研究文艺这一特定审美活动的特殊规律。"③ 曾繁仁则将文学艺术的审美经验作为研究对象："这个审美经验包含这样两个方面的内容，一个是直接经验，就是审美者对文学艺术作品直接的审美体验，也可以说就是英国美学家鲍桑葵所说的审美意识。另一方面的内容是间接经验，就是其他美学家和文艺鉴赏家对各种文学艺术作品的审美经验，这是属于他人的经验，特别是众多美学家的审美经验，具有很高的水平，也是非常重要的。"④

也有学者表达了不同意见。杜卫提出："设置在汉语言文学系当中的

---

① 王世德：《文艺美学论集》，重庆出版社1985年版，"代序"，第8页。
② 周来祥：《文艺美学》，人民文学出版社2003年版，第13页。
③ 杜书瀛主编：《文艺美学原理》，社会科学文献出版社1998年版，绪论，第9页。
④ 曾繁仁主编：《中国新时期文艺学史论》，北京大学出版社2008年版，第121—122页。

文艺美学学科应该以文学为基本对象。以整个艺术为对象的所谓'文艺美学'实际上只能是艺术哲学,等于是美学。所以,只有以各门艺术为对象的'文艺美学',中文系的文艺美学实际上就应该是'文学美学'。"[1] 他认为,文艺美学的基本问题应该是"审美话语",或者说是作为审美话语的文学,"在文艺美学的研究课题中,以文学为核心的审美文化、审美观念、审美风俗研究应占有十分重要的地位"。[2]

还有的学者强调,文艺美学应该关注当下的审美实践,承认生活与审美、生活与艺术关系的新变化与新动向。如杜书瀛指出:"仅就文艺美学而言,第一,目前就急需对审美和艺术的新现象如网络文艺,广场文艺,狂欢文艺,晚会文艺,广告艺术,包装和装饰艺术,街头舞蹈,杂技艺术,人体艺术,卡拉OK,电视小说、电视散文,音乐TV,等等,进行理论解说……第二,的确应该走出以往'学院美学'的狭窄院落,吸收舒斯特曼和沃尔什的有价值的意见,加强它的'实践'意义和'田野'意义。文艺美学绝不仅仅是'知识追求'或'理性把握',也绝不能仅仅局限于以往纯文学、纯艺术的'神圣领地',而应该到审美和艺术所能达到的一切地方去,谋求新意义、新发展、新突破。"[3] 张晶从传媒的角度提出:"文艺美学对于文学艺术的审美特征及规律的研究,应该探索和揭示传媒艺术所呈现的新的审美特征,并将其所引发的审美经验的特殊性纳入研究视野之中。"[4]

三 文艺美学的体系建构

对文艺美学的学科定位和研究对象有了大致的了解之后,我们来看目前的文艺美学著作建构起了怎样的理论体系,这种理论体系与美学理论、文学理论体系有何关联与区别。我们选取最具代表性的几本著作加以描述。

---

[1] 杜卫:《关于文艺美学的"学科定位"问题》,载《文艺美学研究》第1辑,山东大学出版社2002年版,第134页。
[2] 同上书,第136页。
[3] 杜书瀛:《文艺美学诞生在中国》,《文学评论》2003年第4期。
[4] 张晶、孟丽:《文艺美学的当代性理论转折》,《解放军艺术学院学报》2014年第1期。

胡经之虽然最早提出了文艺美学的构想，并且在 1982 年写了《文艺美学及其他》，1986 年写了《文艺美学：对文学艺术的系统研究》（收入其主编的《文艺美学论丛》第 1 辑），但他的《文艺美学》却历经数年的构思与修改，迟至 1989 年才出版，显示出了他严谨精审的治学态度。相比之前的文章，他在书中的观点亦有了些许发展。他在该书绪论中提出："文艺美学是当代美学、诗学在人生意义上的寻求上、在人的感性的审美生成上达到的全新统一……以追问艺术意义和艺术存在本体为己任的文艺美学，力求将被遮蔽的艺术本体重新推出场，从而去肯定人的活生生的感性生命，去解答人自身灵肉的焦虑。因此，文艺美学将从本体论高度，将艺术看做人对现实沉沦的抗争方式、人的生存方式和灵魂栖息方式。"[1] 此处对文艺美学的定位、对艺术的理解，很明显受到了海德格尔存在主义美学的影响。

对于文艺美学的研究对象与内容，胡经之的观点一以贯之，他将文艺视为一个独特的系统，这一系统由三方面组成：文学艺术的创造、创造出来的产品、产品的接受与消费，亦即创造—作品—享受。"探讨文学艺术的创造、作品和享受这三方面的审美规律，这就是文艺美学的对象和内容。"[2] 对于文艺美学的研究方法，胡经之对西方现当代的美学理论兼容并采，提倡一种多元的研究方法。[3]

那么，围绕着创造、作品和享受这三个方面，《文艺美学》建构起了怎样的理论体系？且看它的章节安排，全书除绪论外，共有 11 章：第一章讲审美活动——审美主客体的交流与统一；第二章讲审美体验——艺术本质的核心；第三章讲审美超越——艺术审美价值的本质；第四章讲艺术掌握——人与世界的多维关系；第五章讲艺术本体之真——生命之敞亮和体验之升华；第六章讲艺术的审美构成——作为深层创构的艺术美；第七

---

[1] 胡经之：《文艺美学》，北京大学出版社 1989 年版，第 1—2 页。
[2] 同上书，第 16 页。
[3] 参见胡经之、王岳川主编《文艺学美学方法论》，北京大学出版社 1994 年版。该书介绍了西方现当代 13 种研究方法，包括社会历史研究法、传记研究法、象征研究法、精神分析研究法、原型研究法、符号研究法、形式研究法、新批评研究法、结构研究法、现象学研究法、解释学研究法、接受美学研究法和解构研究法。

章讲艺术形象——审美意象及其符号化；第八章讲艺术意境——艺术本体的深层结构；第九章讲艺术形态——艺术形态学脉动及其审美特性；第十章讲艺术阐释接受——文艺审美价值的实现；第十一章讲艺术审美教育——人的感性的审美生成。

作者以审美活动作为研究的起点，如本书第三章所论，这是20世纪80年代末以来美学原理书写的新范式。作者吸收了实践美学的观点，认为人类自由的实践活动产生了审美需要，审美需要使得非审美活动逐渐成为审美活动，而艺术活动是审美活动的集中形式。这实际上指出了艺术活动的起源问题。作者将艺术活动视为一种交流过程，并区分了三种交流，作为创造主体的艺术家与艺术素材的交流，作为对象化了的主体的作品与作家的交流，以及作为作品的接受者与作品的交流。第二章谈论审美体验问题，对审美体验的特征、层次性等问题进行了深入的分析。这一章明显对应于美学原理中的"美感"。第三、四、五章都涉及艺术的本质，包括艺术的审美价值的本质、艺术思维的独特性以及艺术真实等问题，作者指出，艺术审美价值的本质在于："艺术具有审美超越性，它使人不在现实生活中沉沦，而是坚定地超拔出来，达到人格心灵的净化。"[①] 艺术思维是能动地反映世界的审美把握。艺术真实即真实地反映主体和客体的关系，表达了人类审美理想的真实。第六、七、八、九章对艺术美、艺术形象、艺术意境、艺术形态展开分析，这几章是全书的重点所在，作者提出，艺术创造就是美的创造，艺术美的构成是内容美与形式美的统一，内容本身各要素的统一，形式本身各要素的统一。艺术形象是审美物象和审美意象的统一：审美物象是艺术形象的形式，审美意象则是艺术形象的内容。作者认为意境是标志艺术本体的审美范畴，作者从艺术意境的审美生成、审美意境构成的三个层面、艺术意境的审美特征等角度对意境进行了分析。第十章，作者从阐释学和接受美学的角度分析了艺术的欣赏与接受问题。这对应于作者所指的文艺系统的"享受"层面。第十一章，艺术审美教育，无疑借鉴了美学原理中的"美育"。

胡经之的《文艺美学》，一方面借鉴了美学原理的体系，如从审美活

[①] 胡经之：《文艺美学》，北京大学出版社1989年版，第133页。

动入手，对美感、美育的分析等；另一方面作者对艺术本体作了深入的探讨，不乏自己的创见。作者视野开阔，很好地吸收了中国古典美学（如审美体验中的兴、神思、兴会，意象、意境等概念）和西方现当代美学（存在主义美学、接受美学、阐释美学）中的理论资源，将之融入文艺美学体系之中。

周来祥以"和谐论美学"在中国美学界独树一帜，他深受黑格尔哲学体系的影响，并以马克思的唯物论对其加以改造，无论是对中西美学史的书写，还是对美学理论体系的建构，他都追求一种"历史与逻辑的统一"。他在1984年出版了《文学艺术的审美特征与美学规律》（原拟名为《文艺美学原理》），这本书被视为国内第一部文艺美学专著。2003年他又出版了《文艺美学》，我们以第二本书为例，来看他的文艺美学体系。

周来祥的《文艺美学》全书共有十四章，第一章探讨了文艺美学的对象、内容、范围与学科定位，如上所论，作者将文艺美学视为美学的分支学科，认为文艺美学是"以心理学为中介，将哲学认识论和艺术社会学，内在地有机地结合在一起，去研究文艺的审美特性和美学规律"。[①] 第二章讲述文艺美学的方法与文艺美学的理论体系，对自己所采用的辩证思维以及逻辑与历史相统一的研究方法进行了介绍。以上两章可视为导论，第三章切入正题，首先探讨美的本质，作者对西方美学史上几种美的本质观进行了批判，重申了他一直主张的和谐说。第四章由美的本质入手把握艺术的审美本质。作者认为艺术不以概念为中介，但又趋向于一种不确定的概念。艺术具有无目的性，但又符合于一定的社会目的，这两点明显借鉴了康德的观点，作者又根据马克思的自由观，提出艺术是自由的审美意识。第五至第九章是全书的主要内容，作者以一种历史主义的视角，按照历史与逻辑相统一的原则，对从古至今的艺术史进行了论述，分别是古代素朴的和谐美与古典主义艺术、近代对立的崇高与浪漫主义、现实主义艺术、丑与现代主义艺术、荒诞与后现代主义艺术、现代辩证和谐美与社会主义艺术。很明显，作者主要论述的是西方艺术，中国古代艺术则纳入古典主义艺术部分。第十章探讨的是艺术的类型，作者将艺术分为再现

[①] 周来祥：《文艺美学》，人民文学出版社2003年版，第7页。

艺术、表现艺术和综合艺术三类,并认为西方艺术偏于再现,中国艺术偏于表现,东西方艺术发展的历史趋势是再现和表现相结合。第十一章分析艺术创造的审美规律,第十二章探讨艺术作品的审美构成,第十三章讲述艺术欣赏与艺术批评的美学原理。这三章是胡经之的文艺美学体系着重论述的。第十四章讲解了文艺美学与艺术审美教育的问题。

显然,周来祥的文艺美学体系带有鲜明的个人色彩,他以和谐美学为出发点,建构起了文艺美学的逻辑构架和范畴体系。他利用和谐、崇高、丑、荒诞等美学范畴,对艺术的演进做了历时性的考察。他的文艺美学体系体现了强烈的"历史与逻辑的统一",即使是对艺术的分类,他也认为,再现艺术到表现艺术再到更高的综合艺术,是一个量的发展过程。这种对文艺的历时性的考察,是相比其他文艺美学体系的特出之处。不过,同时需要看到,由于过于追求逻辑性,对历史材料的选取就不免带有先入之见。

由杜书瀛主编,杜书瀛、黎湘萍、应雄共同撰写的《文艺美学原理》是较早出版的一本文艺美学著作。杜书瀛在绪论部分指出,"我们的《文艺美学原理》就是从美学这个视角,专门考察和揭示文艺的审美性质和审美规律的"。[①] 他认为文艺作为相对独立的有机整体,包含三个方面,一是文艺创作,二是文艺作品,三是文艺接受。该书相应地分为三编,分别是"审美—创作""创作—作品""作品—接受"。第一编共有四章,和胡经之一致,杜书瀛同样以审美活动作为逻辑基础和出发点,对审美活动的性质与审美活动的范畴进行了分析。他将审美活动分成生产性审美活动与消费性审美活动,并引入审美价值的概念,指出文艺创作属于生产性的审美活动,以生产审美价值为基本目的。作者使用美学原理中的审美类型概念,将审美价值生产的基本类型分为崇高、优美、悲剧、喜剧,逐一举例进行分析。作者还对文艺创作中具有对立性质的几组概念进行了考察,分别是观察与领悟、写真与写意、形与神、虚与实。第二编分为五章,分别探讨了艺术品的魅力、审美智慧论、审美形式论、审美价值论和艺术传播论。作者指出,"艺术家通过特殊的审美活动将自己对于生活的深刻感受、体验、领悟、洞察和理想赋予某种典型的表现形态——文学,

---

① 杜书瀛主编:《文艺美学原理》,社会科学文献出版社1998年第2版,第14页。

戏剧，音乐，绘画，雕刻，影视艺术，舞蹈乃至建筑等等——借助传播，获得了超越个体局限的普遍价值，这种艺术活动是人类特有的生存的智慧。艺术品便是这种智慧的象征"。① 第三编亦分五章，主要以西方接受美学为理论资源，探讨了作品的接受问题。整体看来，《文艺美学原理》借鉴并吸收了美学原理、西方文论中的理论体系及理论资源，像审美活动、审美价值、审美范畴等，这是在美学原理中多有论述的。而对作品接受的分析，则更多吸收了西方接受美学和阐释学美学的观点。

曾繁仁主编的《文艺美学教程》，由高等教育出版社 2005 年出版，该书由山东大学文艺美学研究中心领衔，全国多位文艺美学研究者参与，获得高校"十五"重点教材项目立项。该书除导言外，共有四大部分，全书分十章。导言部分阐述了文艺美学的产生、学科定位、研究对象与研究方法。该书将文艺美学定位于与美学、文艺学、艺术学紧密相关而又有着本质区别的一个新兴学科，在研究对象上，以艺术的审美经验为主要内容。研究方法上，以美学的特别是审美经验现象学的研究方法为基点，广泛吸收各种新的研究方法。第一部分为艺术审美经验的一般理论，主要包括"艺术审美经验的含义"和"艺术的审美范畴"。作者将艺术的审美经验作为文艺美学体系的逻辑起点，认为艺术的审美经验是最基本的审美事实，并从外延和内涵两个方面对其进行了界定。在"艺术的审美范畴"一章中，以优美、壮美、戏剧性（滑稽）、崇高、丑与荒诞等审美范畴概括了审美经验的不同类型。第二部分是关于艺术审美经验的本体问题，包括"艺术创作的审美特征""艺术文本的审美特征""艺术接受的审美特征"和"艺术的分类"等。在"艺术创作的审美特征"一章中，作者认为艺术创作与人类其他活动区分开来的最重要界限是艺术经验，而想象、情感和理智及其相互之间的关系则是艺术经验所包含的主要的心理要素与心理形式。在"艺术文本的审美特征"一章中，作者提出："艺术文本是审美经验的重要环节，它既是一个由符号、形象、意蕴等构成的多层次的艺术整体，又是一个在艺术接受、理解、阐释中不断呈现、生成其审美韵

---

① 杜书瀛主编：《文艺美学原理》，社会科学文献出版社 1998 年第 2 版，第 108 页。

味的动态过程。"[1] 在"艺术的接受"一章中,作者分析了艺术接受中审美经验的特点及其经历的三个不同阶段。第三部分是关于艺术审美经验的历史形态、民族形态及其传播问题,包括"艺术的发展形态""比较视域中的中西艺术"和"艺术的传播"等。在"艺术的发展形态"一章,作者提出艺术的审美方式经历了"从古代到现代、再到后现代,从和谐到不和谐、再到反和谐"[2] 的演变,并从历史土壤、创作原则、审美理想和文化内涵几个方面,对古代、现代和后现代艺术进行了解说。在"比较视域中的中西艺术"一章中,作者以中西艺术比较的视野,选取了"情志"与"形象"、"人间"与"天国"、"写意"与"写实"、"在世"与"超世"这几对话语范畴,分别对中西艺术审美形态的重心、价值指向和中西艺术审美理论的偏向、价值旨归进行了具体分析,又选取了"中和"与"和谐"、"对称"与"比例"这两对话语范畴,对中西艺术的美学理想范式与审美构成方式进行了解读。在"艺术的传播"一章中,作者认为艺术传播作为艺术创作与艺术接受的桥梁,以其对艺术品的说明、解释和评价直接关涉艺术价值的实现。该书关注到了当代艺术传播的问题,将电子媒介与当代艺术的特征纳入了分析视野。第四部分是最后一章"艺术与人的审美化生存",作者提出,艺术不仅是一种特殊的认知方式,更是一种追求人生艺术化的生存方式,艺术活动也不仅是一种创造性活动,更是一种对于人的生存情感的培养与扩充活动。该书将整个论述最后归结到艺术的审美经验之本体论超越,点出了文艺美学着力于培养"学会审美地生存的一代新人"的主旨。

概而言之,曾繁仁主编的《文艺美学教程》在体系建构上同样汲取了美学原理的主要范畴,如审美经验、审美范畴、审美教育,还借鉴了以往的文艺美学体系,如对文艺创作、作品、接受三要素的分析。同时,它的体系建构亦不乏综合与创新之处。它以一种开放性的视野,从共时与历时相结合的角度,以及中西比较的视角,对文艺的审美经验进行了分析归纳。在解释的时候不囿于一种研究方法,而是对当代的理论成果多有汲取。

---

[1] 曾繁仁主编:《文艺美学教程》,高等教育出版社2005年版,第95页。
[2] 同上书,第163页。

总体说来，在中国学界，文艺美学作为一个研究领域的存在，已是不争的事实。正如曾繁仁等所论："或许，文艺美学到底走向何方的问题一时还难下定论，可能还需要学界进行更深入的研讨，不过有一点大家是认可的：文艺美学不是僵死的，而是与时俱进的。这种与时俱进同时也增加了文艺美学自身的开放性和实践性，使之可以摆脱传统的美学、文艺学、艺术学'经院式研究'中的狭隘性，更多地面向现实生活，将生动的文艺现实与勃兴的大众文化纳入自己的研究视野。"① 目前所要做的，或许不是对其学科定位、研究对象等问题做过多的争论，而是以一种开放的胸怀，从纵深上拓展文艺美学的研究范围，加强文艺美学的理论阐释力，使其不仅面对历史，还能解释当下。

第三节　门类美学的全面研究

在全国高等院校美学研究会和北京师范大学哲学系于 1980 年 10 月至 1981 年 1 月联合举办的中华人民共和国成立以来首次高校美学教师进修班上，朱光潜先生做了题为《怎样学美学》的讲演，他首先念了一首自作的诗，诗名《怎样学美学》，起首两句为："不通一艺莫谈艺，实践实感是真凭。"② 这两句诗可谓他一生治学经验的总结。艺术是美学最重要的研究对象之一，治美学者"通一艺"似在情理之中。自 20 世纪 80 年代胡经之等人倡导文艺美学以来，门类美学常被视为文艺美学的分支，从一种宽泛的意义上讲，门类美学可视为美学研究的重要内容。

美学学人多有精研艺术者。像朱光潜本人出身桐城派，精通中国古典诗文，《诗论》一书可见其功底。宗白华先生对中国艺术有着精妙的把握，他虽著述不多，但像《中国艺术意境之诞生》《中国艺术表现里的虚和实》《中国诗画中所表现的空间意识》《中国书法里的美学思想》《中

---

① 曾繁仁主编：《中国文艺美学学术史》，长春出版社 2010 年版，第 230 页。
② 全国高等院校美学研究会、北京师范大学哲学系合编：《美学讲演集》，北京大学出版社 1981 年版，第 1 页。

国古代的音乐寓言与音乐思想》等专论中国艺术的文章,皆称得上经典之作,显示了他本人对中国艺术精神的精深领悟。当代学者之中,李泽厚的《美的历程》显示了他对中国艺术的深入理解。叶秀山对书法和京剧皆有研究,著有《书法美学导论》《说写字:叶秀山论书法》和《古中国的歌:叶秀山论京剧》等。叶朗和吴功正均写有《中国小说美学》,葛路对中国绘画颇有研究,出版过《中国古代绘画理论发展史》和《中国绘画美学范畴体系》等著作。朱良志对中国艺术和中国绘画多有研究,出版了《中国艺术的精神》《曲院风荷:中国艺术论十讲》《石涛研究》《八大山人研究》《南画十六观》等多部著作,在学界广有影响。王振复对建筑美学进行了深入的研究。还有大量学者对门类艺术进行了研究,在此不一一列举。

　　应该看到,理论研究者大多并不懂得艺术实践,即研究绘画美学的不一定会画画,研究戏剧美学的不一定会表演,那么,应如何对门类艺术进行研究?蒋孔阳在《先秦音乐美学思想论稿》的后记中以答客问的形式回答了这个问题,他针对 A 君提出的不懂先秦音乐怎么能研究先秦音乐美学的问题,回答道:"我这里所研究的先秦时代的音乐美学思想,就是不谈当时音乐作品所创造的音乐形象,而只谈当时的一些哲学家、思想家以及其他的一些人,对于音乐的一些想法和看法……""我所要探讨的,主要是先秦时代表现在音乐领域当中的美学思想。这些美学思想,事实上就是人们对于音乐的一些看法和想法。这些人,他们有的可能很懂音乐,有的可能完全不懂音乐,但他们都听过音乐,都对音乐有过一些感受和体会,并且通过文字流传了下来。我这里所要研究的,主要就是根据先秦时代诸子百家著作中所留传下来的有关音乐的言论,研究这些言论产生的时代社会背景,以及在诸子百家的哲学体系中所占有的地位。"蒋孔阳的观点具有一定的代表性,对门类美学的研究,更多是就相关的美学思想而言,即使不懂具体的艺术实践,但也不妨碍对艺术理论的研究,当然,如果懂得艺术操作,对于艺术理论研究会更有益了。

　　还应看到,对于门类美学的研究并不限于美学领域,像中文、艺术学界亦有大量学者投入其间,中文学界主要是就文学(如诗歌、小学、散文)美学加以研究,艺术学界则涵盖各个艺术门类,如音乐、书法、绘画、戏剧、舞蹈、建筑、雕塑、园林、工艺、影视等领域，汇合到一起，研究成果非常丰富。本书篇幅及个人精力所限，此处无法对各个艺术门类的研究状况做一具体展开，下面列出了各门类的主要研究成果。①

文学美学研究者以中文系出身者为主，涵盖诗歌、散文、小说等领域，成果较多。

文学美学方面的著作主要有：

张厚德的《文学美学》（吉林大学出版社1988年版），王烟生、袁世全主编的《古典文学美学比较研究》（安徽文艺出版社1988年版），吴调公主编的《中国美学史资料类编》（文学美学卷，江苏美术出版社1990年版），吴功正的《中国文学美学》（江苏教育出版社2001年版），俞驰和顾敏的《文学美学概论》（辽宁大学出版社2006年版），陈文忠的《文学美学与接受史研究》（安徽人民出版社2008年版）等。诗歌美学方面的著作主要有：肖驰的《中国诗歌美学》（北京大学出版社1986年版），罗立乾的《钟嵘诗歌美学》（武汉大学出版社1987年版），江柳的《诗歌美学理论与实践》（长江文艺出版社1988年版），谢文利的《诗歌美学》（中国青年出版社1989年版），朱先树等编著的《诗歌美学辞典》（四川辞书出版社1989年版），覃召文的《中国诗歌美学概论》（花城出版社1990年版），章楚藩的《中国古典诗歌美学》（浙江大学出版社1991年版），王长俊的《诗歌美学》（漓江出版社1992年版），庄严、章铸的《中国诗歌美学史》（吉林大学出版社1994年版），张德厚的《新时期诗歌美学考察》（北京大学出版社1995年版），葛雷、梁栋的《现代法国诗歌美学描述》（北京大学出版社1997年版），张有根、翟大炳的《荆棘鸟的歌唱：艾青诗歌美学范式与创作风景》（中国文联出版社2002年版），曾思艺的《丘特切夫诗歌美学》（人民出版社2009年版），陈书平的《华莱士·史蒂文斯诗歌美学》（华中师范大学出版社2010年版），肖学周的《朱光潜诗歌美学引论》（中国社会科学出版社2013年版），梁津的《现象学视阈下威廉斯诗歌美学研究》（上海交通大学出版社2015年版），李天道的《中国古代诗歌美学思想研究》（中央编译出版社2015年版）等。

---

① 相关著作主要检索自中国国家图书馆馆藏本，并参考当当网等网站信息。

散文美学方面的著作主要有：万陆的《中国散文美学》（中州古籍出版社1989年版），徐治平的《散文美学论》（广西教育出版社1991年版），杜福磊的《散文美学》（河南大学出版社1991年版），吴小林的《中国散文美学史》（黑龙江人民出版社1993年版），贾祥论的《中国散文美学发凡》（中国友谊出版社1997年版），许评、耿立的《新艺术散文美学论》（济南出版社1998年版），张智辉的《散文美学论稿》（中国社会科学出版社2004年版），刘际平的《散文美学》（中国戏剧出版社2009年版），曾焕鹏的《当代散文美学论》（海峡文艺出版社2010年版）等。小说美学方面的著作主要包括：叶朗的《中国小说美学》（北京大学出版社1982年版），吴功正的《小说美学》（江苏文艺出版社1985年版），张德林的《现代小说美学》（湖南文艺出版社1987年版），鲁原的《当代小说美学》（广西教育出版社1990年版），吴士余的《中国小说美学论稿》（上海三联书店1991年版，复旦大学出版社2006年版），陆志平、吴功正的《小说美学》（东方出版社1991年版），王鸿卿的《小说美学论集》（春风文艺出版社1995年版），骆冬青的《道成肉身：明清小说美学导论》（安徽文艺出版社2000年版）和《心有天游：明清小说美学》（南京大学出版社2008年版），韩进廉的《中国小说美学史》（河北大学出版社2004年版），蒋心焕主编的《中国现代小说美学思想史论》（江苏文艺出版社2006年版），凌焕新的《微型小说美学》（凤凰出版社2011年版），赵君的《后现代文艺转型期纳博科夫小说美学思想研究》（世界图书出版广东有限公司2014年版），杨莉馨的《伍尔夫小说美学与视觉艺术》（中国社会科学出版社2015年版），美国学者万·梅特尔·阿米斯的《小说美学》（傅志强译，知识产权出版社2015年版）等。

艺术美学方面的著作包括：艺术美学原理和中国艺术美学两部分。艺术美学原理及概论性质的著作主要有：徐书城的《艺术美学新义》（重庆出版社1989年版），上海艺术研究所学术委员会编的《艺术美学新论》（华东师范大学出版社1991年版），欧阳友权的《艺术美学》（中南工业大学出版社1999年版），孙伟科的《艺术与审美：艺术美学论集》（中国文联出版社2001年版）和《艺术美学导论》（云南大学出版社2004年版），邱正伦的《艺术美学教程》（西南师范大学出版社2002年版），黄海澄的《艺术美学》（中国轻工业出版社2006年版），郭道荣的《艺术美学》（四川美术出版社2006年版），田川流的《艺术美学》（山东人民出版社2007年版），李嘉珊主编的《艺术美学导读》（中国人民大学出版社2007年版），赵宪章、朱存明的《美术考古与艺术美学》（上海大学出版社2008年版），杨家安、张沭沉的《艺术美学》（吉林大学出版社2008年版），张黔主编的《艺术美学导论》（北京大学出版社2008年版），杨成寅的《艺术美学》（学林出版社2008年版），易存国主编的《艺术美学文选》（江苏人民出版社2009年版），傅谨的《艺术美学讲演录》（山西教育出版社2010年版，生活·读书·新知三联书店2017年版），范梦的《艺术美学》（中国青年出版社2011年版），雷礼锡编著的《艺术美学》（武汉大学出版社2011年版），王峰、王茜主编的《艺术美学教程》（华东师范大学出版社2011年版），崔宁的《艺术美学新论》（中国社会科学出版社2011年版），杨生博、王刚编著的《艺术美学概论》（人民美术出版社2012年版），朱立元主编的《艺术美学辞典》（上海辞书出版社2012年版），张晶的《艺术美学论》（中国文联出版社2012年版），贾涛主编的《艺术美学》（大象出版社2013年版），潘驰宇主编的《艺术美学》（中国戏剧出版社2013年版），邱正伦、冯洁的《艺术美学》（西南师范大学出版社2014年版），陈德洪的《艺术美学》（重庆大学出版社2015年版），许佳、巴胜超的《艺术美学经典导读》（科学出版社2016年版），张黔、吕静平的《艺术美学导论》（北京大学出版社2016年版），宋生贵的《艺术美学新论》（中国文联出版社2016年版），雷礼锡的《艺术美学方法论》（武汉大学出版社2017年版），王婧主编的《艺术美学与鉴赏》（哈尔滨工业大学出版社2017年版），王一川的《跨文化艺术美学》（中国大百科全书出版社2017年版），曹桂生、曹阳的《艺术美学研究》（中国社会科学出版社2017年版），田川流的《艺术美学》（东南大学出版社2018年版），李建群主编的《艺术美学论集》（中国社会科学出版社2018年版）等。中国艺术方面的著作主要包括：曾凡恕、曾军的《中国艺术美学散论》（河南人民出版社1992年版），刘墨的《中国艺术美学》（江苏教育出版社1993年版），朱良志的《中国艺术的生命精神》（安徽教育出版社1995年版、2006年修订版）和《曲院风荷：中国艺术论十讲》（安徽教育出版社 2006 年版），史鸿文的《中国艺术美学》（中州古籍出版社 2003 年版），陈良运的《中国艺术美学》（江西美术出版社 2008 年版），何世剑的《中国艺术美学与文化诗学论稿》（江西人民出版社 2013 年版），胡鹏林的《中国艺术美学》（高等教育出版社 2017 年版）等。

戏曲美学与戏剧美学方面的著作主要涉及原理、美学史以及中西比较三个方面，尤以前二者居多。戏曲美学方面的主要著作包括：闻起、詹慕陶的《戏曲美学论文集》（中国戏曲出版社 1984 年版），陈优韩的《戏曲表演美学探索》（中国戏剧出版社 1985 年版），吴乾浩的《戏曲美学特征的凝聚变幻》（中国戏剧出版社 1988 年版），屈江吟的《戏曲美学散论》（辽宁教育出版社 1992 年版），隗芾、吴毓华编著的《古典戏曲美学资料集》（文化艺术出版社 1992 年版），彭修银的《中西戏曲美学思想比较研究》（武汉出版社 1994 年版），苏国荣的《戏曲美学》（文化艺术出版社 1995 年版），沈达人的《戏曲的美学品格》（中国戏剧出版社 1996 年版），陈多的《戏曲美学》（四川人民出版社 2001 年版），张庚的《戏曲美学论》（上海书画出版社 2004 年版），周明的《文化心理与戏曲美学》（中国戏剧出版社 2004 年版），杨桦的《戏曲电视剧美学》（四川大学出版社 2004 年版）。中国戏曲美学史方面的著作主要包括：张赣生的《中国戏曲美学初探》（天津市文化局戏剧研究室编印，1979），吴毓华的《古代戏曲美学史》（文化艺术出版社 1994 年版），朱恒夫的《中国戏曲美学》（南京大学出版社 2008 年版），陈多的《中国戏曲美学》（上海百家出版社 2010 年版），周爱华的《戏曲美学导论》（中国戏剧出版社 2012 年版），王好文的《中国戏曲美学与主导流变研究》（哈尔滨地图出版社 2014 年版）等。

戏剧美学方面的著作主要包括：杜书瀛的《论李渔的戏剧美学》（中国社会科学出版社 1982 年版），上海文艺出版社编著的《戏剧美学论集》（上海文艺出版社 1983 年版），朱立元的《黑格尔戏剧美学思想初探》（学林出版社 1986 年版），中国戏剧出版社编辑部编辑的《戏剧美学思维》（中国戏剧出版社 1987 年版），佴荣本的《笑与喜剧美学》（中国戏剧出版社 1988 年版），陈孝英的《幽默的奥秘》（中国戏剧出版社 1989 年版），赵康太的《悲喜剧引论》（中国戏剧出版社 1996 年版），童道明编著的《现代西方艺术美学文选》（戏剧美学卷，春风文艺出版社 1989 年版），朱栋霖、王文英的《戏剧美学：一种现代阐释》（江苏文艺出版社 1991 年版），曹其敏的《戏剧美学》（东方出版社 1991 年版），俥荣本的《悲剧美学》（江苏文艺出版社 1994 年版），牛国玲的《中外戏剧美学比较简论》（中国戏剧出版社 1994 年版），焦尚志的《中国现代戏剧美学思想发展史》（东方出版社 1995 年版），姚文放的《中国戏剧美学的文化阐释》（中国人民大学出版社 1997 年版），孟昭毅的《东方戏剧美学》（经济日报出版社 1997 年版），李晓的《戏剧与戏剧美学》（四川人民出版社 1998 年版），谢芳的《20 世纪德语戏剧的美学特征——以代表性作家的代表为例》（武汉大学出版社 2006 年版），胡庆龄的《吴梅戏剧美学思想研究》（江西人民出版社 2009 年版），戴平主编的《戏剧美学教程》（上海书店出版社 2011 年版），孙轮编著的《戏剧美学》（中国戏剧出版社 2016 年版）等。

  书法美学方面的著作主要包括：刘纲纪的《书法美学简论》（湖北人民出版社 1979 年版，湖南教育出版社 1985 年版），金学智的《书法美学谈》（上海书画出版社 1984 年版）和《中国书法美学》（上、下，江苏文艺出版社 1994 年版），叶秀山的《书法美学引论》（宝文堂书店 1987 年版），侯镜昶主编的《中国美学史资料类编》（书法美学卷，江苏美术出版社 1988 年版），陈云君的《中国书法美学纲要》（天津科学技术出版社 1988 年版），陈廷祐的《中国书法美学》（中国和平出版社 1989 年版），宋民的《中国古代书法美学》（北京体育学院出版社 1989 年版），萧元的《书法美学史》（湖南美术出版社 1990 年版），陈振濂的《书法美学》（陕西人民美术出版社 1993 年版，山东人民出版社 2006 年版）陈振濂的《书法美学通论》（辽宁教育出版社 1996 年版，天津古籍出版社 2010 年版）、《书法美学》（上海书画出版社 2017 年版）、《书法美学与批评十六讲》（上海书画出版社 2018 年版），桑勤志的《书法美学》（陕西人民出版社 1993 年版），陈方既、雷志雄的《书法美学思想史》（河南美术出版社 1994 年版），陈廷祐的《书法美学新探》（商务印书馆 1997 年版），陈文的《历史的超越——明清书法美学探微》（北京燕山出版社 1997 年版），毛万宝的《书法美学论稿》（中国文联出版社 1999 年版），杨修品的《书法美学》(云南美术出版社 1999 年版),尹旭的《中国书法美学简史》(文化艺术出版社 2001 年版),黄鸿琼的《古典书法美学史纲》(大众文艺出版社 2006 年版),文功烈的《魏晋南北朝书法美学思想研究》(广西师范大学出版社 2009 年版),陈方既的《中国书法美学思想史》(人民美术出版社 2009 年版),金学智、沈海牧的《书法美学引论》(湖南美术出版社 2009 年版),曹利华、乔何编著的《书法美学资料选注》(陕西人民出版社 2009 年版),周俊杰的《书法美学论稿》(大象出版社 2011 年版),高译的《中国书法艺术美学》(天津人民美术出版社 2012 年版),虞晓勇的《书法美学导论》(北京师范大学出版社 2013 年版),宋民主编的《书法美学概论》(辽宁大学出版社 2015 年版),毛万宝的《书法美学概论》(安徽教育出版社 2011 年版)和《书法美学论集》(江苏人民出版社 2017 年版),周睿的《士人传统与书法美学》(广西美术出版社 2017 年版),李元博的《书法美学解析》(陕西人民出版社 2017 年版)等。

绘画美学方面的著作主要有:郭因的《中国绘画美学史稿》(人民美术出版社 1981 年版)和《中国古典绘画美学中的形神论》(安徽人民出版社 1982 年版),葛路的《中国古代绘画理论发展史》(上海人民美术出版社 1982 年版)和《中国绘画美学范畴体系》(漓江出版社 1989 年版,北京大学出版社 2009 年版),吕澎的《欧洲现代绘画美学》(岭南美术出版社 1989 年版),徐书城的《绘画美学》(人民出版社 1991 年版),高建平的《画境探幽:中国绘画美学初探》(香港天地图书公司 1995 年版),樊波的《中国书画美学史纲》(吉林美术出版社 1998 年版、2006 年修订版),程至的的《绘画·美学·禅宗》(中国文联出版公司 1999 年版),陈传席的《中国绘画美学史》(人民美术出版社 2000 年版),孔新苗的《二十世纪中国绘画美学》(山东美术出版社 2000 年版),张强的《中国绘画美学》(河南美术出版社 2005 年版),朱良志的《扁舟一叶——理学与中国画学研究》(安徽教育出版社 1999 年版、2006 年修订版)、《石涛研究》(北京大学出版社 2005 年版)和《八大山人研究》(安徽教育出版社 2008 年版),刘纲纪的《中国书画、美术与美学》(武汉大学出版社 2006 年版),贺志朴的《石涛绘画美学与艺术理论》(人民出版社 2008 年版),范明华的《〈历代名画记〉绘画美学思想研究》(武汉大学出版社2009年版),过晓的《论作为中国传统绘画美学概念的"似"》(上海人民出版社2011年版),蔡柳阳的《绘画美学探究》(哈尔滨地图出版社2015年版),彭兴林的《中国经典绘画美学》(山东美术出版社2011年版),李珊的《元代绘画美学思想研究》(武汉大学出版社2014年版),彭西春编著的《美学视域下的中国绘画艺术》(科学技术文献出版社2014年版),鲍时东的《中国绘画艺术历史探源与美学思考》(吉林大学出版社2015年版),孙海平的《担当绘画美学风格形成研究》(云南大学出版社2015年版),刘静霞等的《绘画美学与艺术理论研究》(新华出版社2015年版),陈健毛的《吴昌硕与中国绘画美学历程》(广西师范大学出版社2016年版),苏畅的《宋代绘画美学研究》(人民美术出版社2017年版),饶建华的《东山魁夷绘画美学思想研究》(社会科学文献出版社2017年版),黄永荣的《郭熙·石涛绘画美学研究》(吉林大学出版社2017年版),吴士新、张强的《中国古典绘画美学与现代转型研究》(文化艺术出版社2017年版)等。

音乐美学方面的著作较多,以音乐美学理论和音乐美学史著作为主。音乐美学理论方面的著作主要有:李凌的《音乐美学漫笔》(广西人民出版社1986年版),于润洋的《音乐美学史学论稿》(人民音乐出版社1986年版、2004年版),人民音乐出版社编辑部编著的《音乐美学问题讨论集》(人民音乐出版社1987年版),叶纯之、蒋一民的《音乐美学导论》(北京大学出版社1988年版),张洪模主编的《现代西方艺术美学文选》(音乐美学卷,春风文艺出版社、辽宁教育出版社1991年版),蒋一民的《音乐美学》(东方出版社1991年版),张前、王次炤的《音乐美学基础教程》(人民音乐出版社1992年版),郑锦扬的《音乐史学美学论稿》(海峡文艺出版社1993年版),杨和平的《音乐美学与中国音乐史研究》(石油大学出版社1993年版),王次炤等编著的《音乐美学》(高等教育出版社1994年版),修金堂的《音乐美学引论:音乐本体——属性论》(黑龙江教育出版社1996年版)、《音乐美学简明教程》(哈尔滨工业大学出版社2005年版)和《音乐美学引论》(中央音乐学院出版社2010年版),茅原的《未完成音乐美学》(上海人民出版社1998年版、2016年版)、曾田力的《冲击视觉的音波：影视剧音乐美学探索》（北京工业大学出版社1998年版），修海林、罗小平的《音乐美学通论》（上海音乐出版社1999年版、2015年版），王宁一、杨和平主编的《二十世纪中国音乐美学》［文献卷（1900～1999），现代出版社2000年版］，龚妮丽的《音乐美学论纲》（中国社会科学出版社2002年版），张前主编的《音乐美学教程》（上海音乐出版社2002年版），冯宇清等的《音乐美学基础教程》（红旗出版社2002年版），王次炤的《音乐美学新论》（中央音乐学院出版社2003年版），涂维民、刘燕平的《音乐美学论》（江西高校出版社2003年版），卢建华的《音乐美学教程》（上海社会科学院出版社2004年版），于润洋主编的《音乐美学文选》（中央音乐学院出版社2005年版），韩锺恩主编的《二十世纪中国音乐美学问题研究》（上海音乐学院出版社2008年版），杨燕迪主编的《音乐美学基础理论问题研究》（上海音乐学院出版社2008年版），宋瑾的《音乐美学基础》（上海音乐出版社2008年版、2018年版），冯长春主编的《音乐美学基础》（南京师范大学出版社2008年版），叶纯之的《音乐美学十讲》（中国文联出版社2010年版、湖南文艺出版社2016年版），孙兰鹃的《音乐美学教学论稿》（云南大学出版社2010年版），高拂晓的《期待与风格：迈尔音乐美学思想研究》（中央音乐学院出版社2010年版），黄汉华主编的《符号学视角中的音乐美学研究》（暨南大学出版社2012年版），涂维民、肖杨新的《音乐美学基本原理》（上海交通大学出版社2012年版），孙磊等编著的《音乐美学研究与探索》（西安交通大学出版社2013年版），徐升等主编的《音乐美学概论》（光明日报出版社2015年版），王次炤的《音乐美学基本问题》（中央音乐学院出版社2011年版、2016年版），刘承华主编的《音乐美学教程》（高等教育出版社2016年版），熊樱侨等主编的《音乐美学研究》（黑龙江教育出版社2017年版），刘瑾等编著的《案例式音乐美学教程》（暨南大学出版社2017年版），刘海涛的《现代音乐美学艺术》（吉林人民出版社2018年版），王次炤的《西方新音乐学背景下的音乐美学》（上海音乐学院出版社2018年版），张前的《音乐美学基础》（人民音乐出版社2018年版）等。

中国音乐美学研究成果主要有：蒋孔阳的《先秦音乐美学论稿》（人

民文学出版社 1986 年版），于润洋的《音乐美学史论稿》（人民音乐出版社 1986 年版），蔡仲德的《中国音乐美学史论》（人民音乐出版社 1988 年版）、《中国音乐美学资料注译》（人民音乐出版社 1990 版）、《中国音乐美学史》（人民音乐出版社 1995 年版）和《音乐之道的探求——论中国音乐美学史及其他》（上海音乐出版社 2003 年版），修海林的《中国古代音乐美学》（福建教育出版社 2004 年版），杜洪泉的《中国古代音乐美学概论》（大众文艺出版社 2005 年版），胡郁青的《中国古代音乐美学简论》（西南师范大学出版社 2006 年版），刘蓝的《诸子论音乐：中国音乐美学名著导读》（云南大学出版社 2006 年版），管建华的《中国音乐审美的文化视野》（陕西师范大学出版社 2006 年版），韩锺恩主编的《二十世纪中国音乐美学问题研究》（上海音乐学院出版社 2008 年版），龚妮丽、张婷婷的《乐韵中的澄明之境——中国传统音乐美学思想研究》（广西师范大学出版社 2009 年版），轩小杨的《先秦两汉音乐美学思想研究》（中国社会科学出版社 2011 年版），陈首军、韩劲松的《中国音乐美学思想研究》（山西人民出版社 2012 年版），刘莉的《魏晋南北朝音乐美学思想研究》（台湾花木兰文化出版社 2013 年版），张爱民的《中国音乐美学思想品鉴与研究》（中国广播影视出版社 2014 年版），杨赛的《中国音乐美学原范畴研究》（华东师范大学出版社 2015 年版），钦援的《中国传统音乐美学研究及文化阐释》（吉林大学出版社 2016 年版），张升浩的《中国音乐美学思想研究》（团结出版社 2017 年版），刘栋梁等的《屈原音乐美学思想及其当代价值研究》（西安交通大学出版社 2017 年版），刘承华的《中国音乐美学思想史论》（中国文联出版社 2018 年版），皮朝纲的《禅宗音乐美学著述研究》（人民出版社 2018 年版）等。西方音乐美学史的研究成果较少，主要有何乾三的《西方音乐美学史稿》（中央音乐学院出版社 2004 年版）和于润洋的《西方音乐与美学问题的文化阐释·于润洋音乐文集》（上海音乐学院出版社 2005 年版），徐玫玲的《西洋音乐美学发展之辩证》（台湾辅仁大学出版社 2009 年版），宋永莉的《音乐美学价值视域中的西方音乐》（中国文联出版社 2015 年版）等。

建筑美学方面的研究成果主要有：王世仁的《理性与浪漫的交织——中国建筑美学论文集》（中国建筑工业出版社 1987 年版），王振复的《建筑美学》（云南人民出版社 1987 年版）、《凝固的精神》（山东文艺出版社 2000 年版）和《建筑美学笔记》（百花文艺出版社 2005 年版），刘启国编著的《船舶建筑美学》（华中工学院出版社 1988 年版），伍蠡甫主编的《现代西方艺术美学文选》（建筑美学卷，春风文艺出版社 1989 年版），汪正章的《建筑美学》（东方出版社 1991 年版），王世仁等编著的《建筑美学》（科学普及出版社 1991 年版），余东升的《中西建筑美学比较研究》（华中理工大学出版社 1992 年版），袁镜身的《建筑美学的特色与未来》（中国科学技术出版社 1992 年版），侯幼斌的《中国建筑美学》（黑龙江科学技术出版社 1997 年版），许祖华编著的《建筑美学原理及应用》（广西科学技术出版社 1997 年版），孙祥斌等的《建筑美学》（学林出版社 1997 年版），王明贤、戴志中主编的《中国建筑美学文存》（天津科学技术出版社 1998 年版），盛洪飞的《桥梁建筑美学》（人民交通出版社 1999 年版），吕道馨编著的《建筑美学》（重庆大学出版社 2001 年版），赵巍岩的《当代建筑美学意义》（东南大学出版社 2001 年版），万书元的《当代西方建筑美学》（东南大学出版社 2001 年版）和《当代建筑美学趋势》（东南大学出版社 2001 年版）、《当代西方建筑美学新潮》（同济大学出版社 2012 年版），唐孝祥的《近代岭南建筑美学研究》（中国建筑工业出版社 2003 年版），谭元亨的《城市建筑美学》（华南理工大学出版社 2004 年版），熊明的《建筑美学纲要》（清华大学出版社 2004 年版），赵鑫珊的《人·屋·世界——建筑哲学与建筑美学》（百花文艺出版社 2004 年版），汪洪澜的《中国古典建筑美学漫步》（宁夏人民出版社 2006 年版），沈福煦编著的《建筑美学》（中国建筑工业出版社 2007 年版），祁嘉华的《中华建筑美学——风水篇》（陕西人民教育出版社 2007 年版），许祖华的《建筑美学简明教程》（华中师范大学出版社 2008 年版），刘月的《中西建筑美学比较论纲》（复旦大学出版社 2008 年版），曾坚、蔡良娃的《建筑美学》（中国建筑工业出版社 2010 年版），范东晖的《建筑·审美·现代性——现代性张力中的建筑美学谱系》（天津科学技术出版社 2010 年版），刘彦才等编著的《建筑美学构图原理》（中国建筑工业出版社 2011 年版），张荣的《建筑美学》（云南人民出版社 2011 年版），黄淑贞的《建筑美学》（文史哲出版社 2012 年版），王辉的《建筑美学形与意》（中国建筑工业出版社2012年版），李纯的《中国宫殿建筑美学三维论》（湖北人民出版社2012年版），吕道馨编著的《建筑美学》（重庆大学出版社2012年版），汪坦、陈志华主编的《现代西方建筑美学文选》（清华大学出版社2013年版），邓友生主编的《建筑美学》（北京大学出版社2014年版），汪正章的《建筑美学：跨时空的再对话》（东南大学出版社2014年版），何秄僳的《生态道路与建筑美学》（化学工业出版社2016年版），沈坚的《建筑美学与室内装饰》（吉林大学出版社2017年版），肖欣荣的《建筑美学与装饰艺术研究》（吉林出版集团股份有限公司2017年版），孙来忠主编的《建筑美学欣赏》（西安交通大学出版社2017年版），唐孝祥编著的《建筑美学十五讲》（中国建筑工业出版社2017年版）等。

雕塑美学成果较少，主要有王朝闻主编的《雕塑雕塑》（东北师范大学出版社1992年版）和刘纲纪主编的《雕塑美》（湖北教育出版社1994年版），陈宁的《审美现代性语境中的德国古典雕塑美学》（黑龙江大学出版社2011年版），王朝闻的《雕塑美学》（生活·读书·新知三联书店2012年版），骆玉平的《王朝闻之雕塑美学》（人民出版社2017年版），邹殿伟等的《装饰雕塑美学研究》（中国纺织出版社2017年版）。

园林美学方面的研究成果主要有：余树勋的《园林美与园林艺术》（科学出版社1987年版），刘天华的《园林美学》（云南人民出版社1989年版）和《画境文心：中国古典园林之美》（生活·读书·新知三联书店1994年版），金学智的《中国园林美学》（江苏文艺出版社1990年版，中国建筑工业出版社2005年版），吴功正的《六朝园林》（南京出版社1992年版），赵春林主编的《园林美学概论》（中国建筑工业出版社1992年版），陈从周的《中国园林》（广东旅游出版社1996年版）和《园韵》（上海文化出版社1999年版），周武忠的《园林美学》（中国农业出版社1996年第1版、2011年第2版），魏士衡的《〈园冶〉研究——兼探中国园林美学本质》（中国建筑工业出版社1997年版），万叶等编著的《园林美学》（中国林业出版社2001年版），秦海主编的《生活与园林美学》（四川人民出版社2002年版），王玉晶等编著的《园林美学》（辽宁科学技术出版社2005年版），冯茔编著的《园林美学》（气象出版社2007年版),余开亮的《六朝园林美学》(重庆出版社2007年版),李世葵的《〈园冶〉园林美学研究》(人民出版社2010年版),梁隐泉、王广友主编的《园林美学》(中国建材工业出版社2004年版),夏林娣的《静读园林》(北京大学出版社2005年版、2013年第2版),朱迎迎、李静主编的《园林美学》(中国林业出版社2008年版),金学智的《风景园林品题美学——品题系列的研究、鉴赏与设计》(中国建筑工业出版社2011年版),吕忠义编著的《风景园林美学》(中国林业出版社2014年版),夏咸淳、曹林娣主编的《中国园林美学思想史》(四卷,同济大学出版社2015年版),李晓毅主编的《园林美学》(吉林大学出版社2018年版)等。

舞蹈美学方面的研究成果主要有朱立人主编的《现代西方艺术美学文选》(舞蹈美学卷,春风文艺出版社、辽宁教育出版社1990年版),欧建平的《舞蹈美学》(东方出版社1991年版),林君桓的《当代舞蹈美学》(海峡文艺出版社2003年版),郭勇健的《作为艺术的舞蹈:舞蹈美学引论》(百花洲文艺出版社2006年版),莫德格玛、娜温达古拉的《蒙古舞蹈美学概论》(民族出版社2006年版),袁禾的《中国舞蹈美学》(人民出版社2011年版),吕艺生的《舞蹈美学》(中央民族大学出版社2011年版),辛雪芙的《服装美学》(湖南人民出版社1986年版),孔寿山的《服装美学》(上海科学技术出版社1989年版、2000年版),安毓英、束汉民的《服装美学》(中国轻工业出版社2001年版),杨道圣的《服装美学》(西南师范大学出版社2003年版),徐宏力、关志坤的《服装美学教程》(中国纺织出版社2007年版),华梅的《服装美学》(中国纺织出版社2003年版、2008年版),管德明、崔荣荣编著的《服装设计美学》(中国纺织出版社2008年版),刘蕾、侯家华主编的《服装美学》(化学工业出版社2015年版),毕虹编著的《服装美学》(中国纺织出版社2017年版),吴卫刚主编的《服装美学》(中国纺织出版社2013年版,中国纺织出版社2018年版),刘望微的《服饰美学》(中国纺织出版社2019年版)等。

设计美学方面的研究成果主要有翟光林编著的《设计美学》(黑龙江教育出版社1989年版),郑应杰等的《现代设计美学》(黑龙江科学技术出版社 1998 年版），陈望衡主编的《艺术设计美学》（武汉大学出版社 2000 年版），李超德的《设计美学》（安徽美术出版社 2004 年版），曹耀明编著的《设计美学概论》（浙江大学出版社 2004 年版），武星宽编著的《设计美学导论》（武汉理工大学出版社 2006 年版），张黔主编的《设计艺术美学》（清华大学出版社 2007 年版），张宪荣、张萱的《设计美学》（化学工业出版社 2007 年版），章利国的《设计艺术美学》（山东教育出版社 2002 年版）和《现代设计美学》（河南美术出版社 1999 年版，清华大学出版社 2008 年版），付黎明的《设计美学法则研究》（吉林大学出版社 2008 年版），祁嘉华的《设计美学》（华中科技大学出版社 2009 年版），田春、吴卫光编著的《设计美学》（湖南美术出版社 2009 年版），刘燕、宋方昊的《设计美学》（湖北美术出版社 2009 年版），贺克、田蓉辉的《设计美学教程》（湖南美术出版社 2010 年版），韩禹锋等的《艺术设计美学》（黑龙江人民出版社 2011 年版），邢天华的《设计美学》（东南大学出版社 2011 年版），胡守海编著的《设计美学原理》（合肥工业大学出版社 2011 年版），杨明刚编著的《艺术设计美学》（华东理工大学出版社 2011 年版），刘子川主编的《艺术设计与美学》（高等教育出版社 2011 年版），盛宪讲等主编的《艺术设计与美学探究》（哈尔滨地图出版社 2012 年版），司阳主编的《美学与设计》（武汉理工大学出版社 2012 年版），赵金霞、董晓红编著的《西方美学理论与设计美学》（大连理工大学出版社 2013 年版），董世斌主编的《艺术设计与美学欣赏》（吉林大学出版社 2013 年版），李晶主编的《艺术设计与美学》（哈尔滨地图出版社 2013 年版），朱小平等主编的《设计美学》（中国建筑工业出版社 2013 年版），金银珍主编的《设计美学导论》（武汉理工大学出版社 2014 年版），邱景源等编著的《设计美学》（中国建筑工业出版社 2015 年版），邹其昌的《宋元美学与设计思想》（人民出版社 2015 年版），胡守海主编的《设计美学原理》（合肥工业大学出版社 2015 年版），王妍、巩新龙编著的《设计美学》（中国电影出版社 2015 年版），李乐山的《美学与设计》（西安交通大学出版社 2010 年版，中国水利水电出版社 2015 年版），季芳、杜湖湘主编的《艺术设计美学教程》（武汉大学出版社 2015 年版），农琳琳的《艺术设计美学研究》（电子科技大学出版社 2016 年版），黄柏青的《设计美学导论》（世界图书出版广东有限公司 2013 年版）和《设计美学》（人民邮电出版社 2016 年版），萧柏琳的《艺术设计风格与美学探究》（南京大学出版社 2016 年版），程霞的《设计美学原理与产品示例》（地质出版社 2016 年版），李龙生的《设计美学》（江苏凤凰美术出版社 2014 年版，合肥工业大学出版社 2016 年版），梁梅的《设计美学》（北京大学出版社 2016 年版），徐恒醇的《设计美学》（清华大学出版社 2006 年版）和《设计美学概论》（北京大学出版社 2016 年版），张玲、李正军编著的《设计美学》（人民邮电出版社 2016 年版），姚辉的《设计艺术与色彩美学》（吉林大学出版社 2016 年版），魏凯旋的《设计艺术的美学研究》（北京理工大学出版社 2017 年版），雷亮等编著的《艺术设计中的美学思考》（中国原子能出版社 2017 年版），郑芳琴的《设计艺术美学研究》（武汉大学出版社 2017 年版），蒋莉的《广告设计与色彩美学》（吉林文史出版社 2017 年版），张宁等主编的《艺术设计美学研究》（哈尔滨地图出版社 2017 年版），张云翔等的《艺术设计与美学研究》（中国纺织出版社 2017 年版），姚丹的《先秦设计美学思想研究》（武汉大学出版社 2017 年版），周潇等的《设计艺术与色彩美学》（台北，台海出版社 2017 年版），郑芳琴的《设计艺术美学研究》（武汉大学出版社 2017 年版），韩敏编著的《设计美学》（华中科技大学出版社 2018 年版），赵舒琪的《设计艺术与色彩美学》（北京燕山出版社 2018 年版），程霞的《艺术设计的发展与美学创造》（中国水利水电出版社 2018 年版），张艳河主编的《设计美学》（中国纺织出版社 2018 年版）等。

服饰美学方面的研究成果主要有：王金海编著的《现代实用服饰美学》（重庆出版社 1986 年版），吴永的《服饰美学》（黑龙江教育出版社 1995 年版），满意、李宁编著的《服饰美学》（辽宁师范大学出版社 1996 年版），欧阳周、陶琪的《服饰美学》（中南工业大学出版社 1999 年版），叶立诚的《服饰美学》（中国纺织出版社 2001 年版），蔡子谔的《中国服饰美学史》（河北美术出版社 2001 年版），祁嘉华的《中国历代服饰美学》（陕西科学技术出版社 1994 年版），周震豪的《服饰美学功能论》（中国科学文化出版社 2003 年版），黄赞雄的《服饰美学》（团结出版社 2005 年版），兰宇、祁嘉华的《中国服饰美学思想研究》（三秦出版社

2006年版）等。

工艺美学方面的研究成果相对较少，主要包括：杭间的《中国工艺美学思想史》（北岳文艺出版社1994年版）和《中国工艺美学史》（人民美术出版社2007年版），熊廖的《陶瓷美学与中国陶瓷审美的民族特征》（浙江美术学院出版社1989年版），蔡子谔的《磁州窑审美文化研究》（中国文联出版社2001年版），程金城的《中国陶瓷美学》（甘肃人民出版社2008年版）等。

影视美学由于研究者众，所以成果亦多。电影美学方面的著作主要有：钟惦棐主编的《电影美学：1982》（中国文联出版社1983年版），郑雪来的《电影美学问题》（文化艺术出版社1983年版），谭霈生的《电影美学基础》（江苏人民出版社1984年版），钟惦棐主编的《电影美学：1984》（中国电影出版社1985年版），罗慧生的《世界电影美学思潮史纲》（山西人民出版社1985年版），李厚基、梁嘉琦的《电影美学初探》（江西人民出版社1985年版），李幼蒸的《当代西方电影美学思想》（中国社会科学出版社1986年版），朱小丰的《现代电影美学导论》（四川省社会科学院出版社1987年版），皇甫可人的《电影美学思考》（花城出版社1988年版），卢玉瑾的《电影美学》（花山文艺出版社1988年版），罗慧生的《现代电影美学论集》（中国电影出版社1989年版），胡安仁的《电影美学》（陕西师范大学出版社1990年版），姚晓蒙的《电影美学》（人民出版社1991年版），栾俊林的《通俗电影美学论稿》（辽宁大学出版社1992年版），王志敏的《电影美学分析原理》（中国电影出版社1993年版）、《现代电影美学基础》（中国电影出版社1996年版）、《现代电影美学体系》（北京大学出版社2006年版）和《电影美学形态研究》（江苏教育出版社2011年版），王钦韶的《电影美学简论》（河南人民出版社1994年版），陈培湛编著的《电影美学教程》（中山大学出版社1996年版），李泱的《电影美学原理》（中国和平出版社1997年版），胡克等主编的《中国电影美学》（北京广播学院出版社2000年版），张卫等主编的《当代电影美学文选》（北京广播学院出版社2000年版），王志敏主编的《电影美学：观念与思维的超越》（中国电影出版社2002年版），金丹元的《电影美学导论》（复旦大学出版社2008年版），张瑶均的《影视的美学》(中国社会科学出版社 2009 年版),尤红斌、王玉明主编的《电影美学:史学重述与文化建构》(上海三联书店 2010 年版),沈义贞的《现实主义电影美学研究》(南京师范大学出版社 2012 年版),朱小丰的《电影美学》(上海文艺出版社 2012 年版),史可扬的《新时期中国电影美学研究》(北京师范大学出版社 2014 年版),井迎兆的《电影美学:心灵的艺术》(台湾五南图书出版股份有限公司 2014 年版),刘鸣、张晓利主编的《电影美学理论与实践论略》(黄河出版社 2015 年版),赵岚主编的《艺术美学》(重庆大学出版社 2016 年版),刘志的《艺术电影美学》(中国电影出版社 2016 年版),潘源、潘秀通的《影视意象美学:历史及理论》(中国电影出版社 2016 年版),厉震林的《中国电影表演美学思潮史述(1979—2015)》(中国电影出版社 2017 年版),金守波的《徐克武侠电影美学论稿》(吉林文史出版社 2018 年版)等。

电视美学方面的研究成果主要有:朱汉生的《电视美学》(重庆出版社 1988 年版),路海波的《电视剧美学》(江苏文艺出版社 1989 年版),刘隆民的《电视美学:电视艺术的美及其审美活动》(文化艺术出版社 1990 年版),郑凤兰等主编的《电视剧美学》(山西高校联合出版社 1992 年版),周安华、陈兴汉的《电视广告美学》(江苏文艺出版社 1998 年版),蔡骧的《蔡骧电视文论选——电视美学实践》(中国戏剧出版社 1999 年版),於贤德的《电视审美文化研究》(中国文联出版社 2000 年版),陈志昂的《审美文化与电视艺术》(北京广播学院出版社 2000 年版),胡智锋的《电视美学大纲》(北京广播学院出版社 2003 年版)和《电视审美文化论》(北京广播学院出版社 2004 年版),胡耕、董在进的《电视美学》(中国广播电视出版社 2004 年版),贾秀清的《纪录与诠释:电视艺术美学本质》(北京广播学院出版社 2004 年版),高鑫的《电视艺术美学》(文化艺术出版社 2005 年版),汪方华的《通俗电视剧美学:当代中国文化语境中的通俗电视剧》(汕头大学出版社 2005 年版),吴三军的《纪实性电视剧的美学思维》(北京广播学院出版社 2006 年版),卢蓉的《电视艺术时空美学》(中国传媒大学出版社 2006 年版),宋永琴的《电视剧视像叙事美学》(中国广播影视出版社 2011 年版),张国涛的《电视剧本体美学研究:连续性视角》(北京大学出版社 2013 年版)等。

还有以影视美学为名的著作，主要有：张涵等著的《影视美学》（山西人民出版社1989年版），黄会林等著的《中国影视美学民族化特质辨析》（北京师范大学出版社2001年版），金丹元著的《影视美学导论》（上海大学出版社2001年版），彭吉象的《影视美学》（北京大学出版社2002年第1版、2009年第2版），曾耀农的《现代影视美学》（中南大学出版社2005年版），史可扬的《影视美学教程》（北京师范大学出版社2006年版），宋家玲、李小丽的《影视美学》（中国广播电视出版社2007年版），张瑶均的《影视的美学》（中国社会科学出版社2009年版），郭华春、王超主编的《影视批评美学》（东北林业大学出版社2012年版），蒋尧尧、张晓飞的《影视美学论稿》（春风文艺出版社2014年版），南野的《西方影视美学》（高等教育出版社2014年版），刘宁、金卓主编的《影视美学》（南京大学出版社2014年版），安怡的《当代影视导演艺术与美学》（中国文联出版社2017年版），席威的《影视美学研究》（吉林美术出版社2018年版）等。

概而言之，第一，门类美学是多学科交叉的产物，研究者并不限于美学领域，更有各个艺术门类的研究人员参与其中。美学出身的人更多关注绘画与书法美学，而像音乐美学、舞蹈美学、设计美学、影视美学等领域，虽亦偶有美学专业出身的学者介入，但更多是出身相关艺术门类的研究者。第二，门类美学研究呈现出多元发展的趋势，体现出了丰富多样性。第三，门类美学是美学研究"向下走"的重要方面，是深入到基层并扎稳脚跟的一大基石。第四，在门类美学研究中，如何将美学基本原理与各艺术门类相结合，是需要思考的问题。在书写各门类艺术原理时，应避免将美学基本原理硬套各门类艺术，而应从门类美学的具体史料与实践中上升为美学基本理论。在这方面，王朝闻的美学实践做出了较早的成功探索，比如他主编的《雕塑雕塑》，将雕塑美学升华到了新的高度。

总体来看，艺术哲学是西方固有的产物，中国学者建构艺术哲学更应多吸取西方学界的理论成果，并将当下中国的艺术实践纳入其中。文艺美学却是中国美学界的独特产物，对文艺美学的研究仍需进一步开拓视野，关注更多领域。门类美学在中国得到了巨大发展,国外很难出现这种状况,这自然与 20 世纪 80 年代美学热的影响有关。门类美学的研究,有效地促进了美学自身的发展以及各艺术门类的理论建构。

第 十 章

审美文化、审美教育与应用美学研究

第一节 审美文化的领域开拓

20世纪90年代，审美文化成为美学研究的一大热点，至今不衰。查中国期刊网，自20世纪80年代至今（2018年底），以审美文化为"篇名"的论文有2000余篇，最早的出现于20世纪80年代初，整个80年代相关论文不过十余篇，1991年至2000年的相关论文接近300篇，2000年以后，论文数量逐年增多，2008年以后，每年发表的相关论文都在100篇以上。单从论文数量来看，审美文化研究仍为当代美学研究的一个重点。

一 审美文化研究概论

审美文化研究的勃兴与学术团体的积极倡导有着很大的关联。1988年底，中华美学会成立了青年学术研究会（后改称"中华美学学会青年学术委员会"，简称"青美会"），1994年又成立了"中华美学会审美文化研究会"。这两个分支学会在20世纪90年代组织了大量与审美文化有关的研讨会。如1992年9月，青美会于青岛举行了"文化变革与90年代中国美学"学术讨论会，在此次会议上学者们开始对审美文化研究表示了关注。此后，青美会又于1993年5月在北京举行了"美学与现代艺术"学术讨论会，1994年5月在太原举行了"大众文化与当代美学话语系统"学术讨论会。审美文化委员会成立之后，组织了几次重要的学术会议，包括 1995 年 7 月在呼和浩特举行的"走向 21 世纪：艺术与当代审美文化"学术研讨会，1996 年 7 月在昆明举行的"'96 中国当代审美文化"学术研讨会，1997 年在扬州举行的"审美文化与美学史"学术讨论会等。相关会议还有 1994 年 10 月，汕头大学"当代审美文化研究"课题组与审美文化委员会在北京共同举办的"当代中国审美文化前瞻"学术研讨会；2001 年在武汉召开的"当代流行文化国际学术研讨会"；2003 年在北京召开的"媒介变化与审美文化创新"学术研讨会；2004 年 9 月在山东日照召开的"全国审美文化学术研讨会"；2006 年在北京召开的"2006 年审美文化高峰论坛"等。在 90 年代，亦出现了多篇相关的笔谈，如《文艺研究》1994 年第 1 期发表的夏之放等人的"'93 当代审美文化研讨会（笔谈）"；《学术季刊》1994 年第 4 期刊登的王德胜等七人参与的"当代审美文化理论建构笔谈"；《浙江学刊》组织的题为"'审美文化'概念的历史辨析"笔谈，等等。无疑，这些高密度的学术会议和笔谈活动显示并促动了审美文化研究的热潮。

就著作而论，审美文化的原理性研究，有林同华的《审美文化学》（东方出版社 1992 年版），李西建的《审美文化学》（湖北人民出版社 1992 年版），杜卫、傅谨的《审美文化论》（天津人民出版社 1998 年版），张晶主编的《论审美文化》（北京广播学院出版社 2003 年版），姚文放主编的《审美文化学导论》（社会科学文献出版社 2011 年版），谭君强的《审美文化叙事学：理论与实践》（中国社会科学出版社 2011 年版），赵峻等主编的《西方审美文化概论》（南京大学出版社 2015 年版），林有能、叶金宝主编的《审美文化：从形而上研究到范畴拓展》（商务印书馆 2015 年版）等。当代审美文化研究的著作数量最多，罗列如下：

庞耀辉、邓伟荣主编：《城市精神文明建设研究：城市审美文化论》，重庆大学出版社 1993 年版。

潘知常：《反美学：在阐释中理解当代审美文化》，学林出版社 1995 年版。

肖鹰：《形象与生存：审美时代的文化理论》，作家出版社 1996 年版。

夏之放：《转型期的当代审美文化》，作家出版社1996年版。

王德胜：《扩张与危机——当代审美文化理论及其批评话题》，中国社会科学出版社1996年版。

周宪：《中国当代审美文化研究》，北京大学出版社1997年版。

周宪主编：《世纪之交的文化景观：中国当代审美文化的多元透视》，上海远东出版社1998年版。

郑惠生：《审美时尚与大众审美文化》，中国文联出版社1999年版。

姚文放：《当代审美文化批判》，山东文艺出版社1999年版。

陈超南、姚全兴主编：《走向新世纪的审美文化》，上海社会科学出版社2000年版。

谭桂林：《转型期中国审美文化批判》，江苏文艺出版社2001年版。

黄力之：《中国话语：当代审美文化史论》，中央编译出版社2001年版。

陶东风：《社会转型期审美文化研究》，北京出版社2002年版。

谭华孚：《虚拟空间的美学现实：数字媒体审美文化》，海峡文艺出版社2003年版。

罗筠筠：《梦幻之城：当代城市审美文化的批评性考察》，郑州大学出版社2003年版。

滕守尧：《公司化社会与审美文化》，南京出版社2006年版。

王晓平：《中国当代审美文化概论》，天津社会科学院出版社2007年版。

陈炎主编：《当代中国审美文化》，河南人民出版社2008年版。

张晶、范周主编：《当代审美文化新论》，中国传媒大学出版社2008年版。

徐放鸣等：《审美文化新视野》，中国社会科学出版社2008年版。

钱中文主编：《理论创新时代：中国当代文论与审美文化的转型》，知识产权出版社2009年版。

袁愈宗主编：《都市时尚审美文化研究》，人民日报出版社2014年版。

朱立元主编：《身体美学与当代中国审美文化研究》，中西书局2015

年版。

段吉方：《审美文化视野与批评重构：中国当代美学的话语转型》，中国社会科学出版社2016年版。

屈雅利：《中国当代广告的审美文化透视》，陕西师范大学出版社2018年版。

对中国传统审美文化研究的著作有：周劭馨的《中国审美文化》（百花洲文艺出版社1992年版），朱立元主编的《天人合一：中华审美文化之魂》（上海文艺出版社1998年版），陈炎主编的《中国审美文化史》（山东画报出版社2000年版），许明主编的《华夏审美风尚史》（河南人民出版社2000年版），易存国的《固着与超越：中国审美文化论》（安徽文艺出版社2000年版）和《中国审美文化》（上海人民出版社2001年版），孔智光主编的《中国审美文化研究》（山东文艺出版社2002年版），吴中杰主编的《中国古代审美文化论》（上海古籍出版社2003年版），杜道明的《中国古代审美文化考论》（学苑出版社2003年版），周来祥主编的《中华审美文化通史》（安徽教育出版社2006年版），陈志椿、侯富儒的《中国传统审美文化》（浙江大学出版社2009年版），刘方的《唐宋变革与宋代审美文化转型》（学林出版社2009年版），陈莉的《中国审美文化简史》（中央民族大学出版社2014年版），韩经太的《中国审美文化焦点问题研究》（人民文学出版社2015年版），张义宾的《中国礼乐审美文化史纲》（齐鲁书社2016年版），仪平策的《中国审美文化民族性的现代人类学研究》（中国社会科学出版社2012年版）和《"阴阳两仪"思维与中国审美文化》（中国社会科学出版社2017年版），郎江涛的《儒释道审美文化研究》（四川大学出版社2018年版），孙刚的《中国武术审美文化研究》（人民出版社2018年版）。

涉及中国具体文化事象研究的著作包括任仲伦的《游山玩水：中国山水审美文化》（同济大学出版社1991年版），巴蜀书社出版的"中国花卉审美文化研究书系"，包括俞香顺的《中国荷花审美文化研究》（2005）、程杰的《中国梅花审美文化研究》（2008）、石志鸟的《中国杨柳审美文化研究》（2009）、张荣东的《中国菊花审美文化研究》（2011）、程杰等的《中国杏花审美文化研究》(2015)，俞香顺的《中国梧桐审美文化研究》(台湾花木兰文化出版社2014年版) 等。

中西审美文化比较的有聂振斌、滕守尧、章建刚合著的《艺术化生存——中西审美文化比较》(四川人民出版社1997年版)，夏之放等人合著的《当代中西审美文化研究》(山东教育出版社2005年版)，余虹的《审美文化导论》(高等教育出版社2006年版) 等。

地域及民族审美文化方面的著作有：于乃昌的《西藏审美文化》(西藏人民出版社1989年版)，上海市美学学会编的《上海审美文化》(百家出版社1992年版)，彭书麟等著的《西部审美文化寻踪》(湖北教育出版社1999年版)，张文勋主编的《民族审美文化》(云南大学出版社1999年版)，王建的《原始审美文化的发展》(云南教育出版社2000年版)，伦珠旺姆、昂巴的《神性与诗意：拉卜楞藏族民俗审美文化研究》(民族出版社2003年版)，陈素娥的《诗性的湘西：湘西审美文化阐释》(民族出版社2006年版)，蔡维琰的《云南民族审美文化漫步》(云南大学出版社2007年版)，王荔的《良渚原始审美文化研究》(同济大学出版社2008年版)，石磊编著的《佤族审美文化》(云南大学出版社2008年版)，李景隆等的《青海审美文化》(民族出版社2009年版)，徐明君、牟岱著的《中国马克思主义地域审美文化研究》(东北大学出版社2009年版) 等。社会科学文献出版社2008年出版的"扬泰文库·审美文化系列"，包括戴健的《清初至中叶扬州娱乐文化与文学》、明光的《扬州戏剧文化史论》，吴海庆的《江南山水与中国审美文化的生成》(中国社会科学出版社2011年版)，查庆、雷晓鹏的《宋代道教审美文化研究》(四川大学出版社2012年版)，李裴的《隋唐五代道教审美文化研究》(巴蜀书社2013年版)，李庆福的《瑶族审美文化》(中国社会科学出版社2013年版)，彭卫红的《彝族审美文化》(中国社会科学出版社2013年版)，杨亭的《土家族审美文化研究》(人民出版社2014年版)，吴素萍的《生态美学视野下的畲族审美文化研究》(浙江工商大学出版社2014年版)，闫丽杰的《满族审美文化研究》(中国社会科学出版社2015年版)，田爱华的《湘西苗族银饰审美文化研究》(华南理工大学出版社2015年版)，杨秀枝的《民族民间审美文化消费式传承：以湖北省五峰土家族自治县为例》

（中国社会科学出版社 2015 年版）和《侗族审美文化》（中国社会科学出版社 2017 年版），王丙珍的《鄂伦春族审美文化研究》（中国社会科学出版社 2018 年版）等。

此外，还包括文学审美文化、影视审美文化等，在门类美学研究中已经提及，不再赘举。审美文化丛刊类的出版物，包括汕头大学《审美文化丛刊》编委会编的《审美文化丛刊》和周来祥主编的《东方审美文化研究》等。

二　审美文化研究兴起的原因

审美文化为何会在 20 世纪 90 年代成为美学研究的热点？个中原因值得分析，许多学者从不同的角度进行了思考。归结起来，主要有以下几种观点。

第一，从外部环境上说，20 世纪 90 年代的社会—文化转型是审美文化研究兴起的主要原因。有学者如是概括这一社会转型："当代中国正处于一个全面、总体的转型之中。这种转型大致可以概括为：由计划经济向市场经济体制转型；由封闭、半封闭社会向开放社会转型；由同质的单一性社会向异质的多样性社会转型；由伦理型社会向法理型社会转型。"[①] 90 年代，中国社会加快了改革开放的进程，市场经济成为主导。同时，由于科技的进步，大工业生产的全面引进，商品经济渐趋兴盛，文化产品花样纷繁，层出不穷。作为"第二媒介时代"主流的影视、互联网等现代传播媒介以其强大的传播逻辑深刻改变了人们的生活方式。思想领域，在经历了 80 年代的启蒙思潮之后，90 年代亦出现了自由主义、新保守主义等多元并存的趋势。基于此，文化的转型便顺理成章。当代中国由一种文化形态（主流意识形态）向三种文化形态演化（主流文化、大众文化、精英文化），其中大众文化成为中心，主流文化与精英文化抑或主动或被动地向大众文化靠拢。可以说，大众文化的出现与审美文化的兴起有着密切的关联，有的学者提出："大众文化的异军突起，使当代中国由一种文化形态向三种文化形态（主流文化、大众文化、精英文化）演化。这直

[①] 赵义良：《评审美文化理论》，《山东教育学院学报》2001 年第 6 期。

接促成了审美文化的兴起、发展,审美文化自从诞生之日起,就与大众文化存在着千丝万缕的联系,可以说,没有大众文化的兴起及其对中国现行文化秩序的冲击,就没有今天的审美文化理论。"①

第二,从美学学科来说,审美文化研究意味着美学的一次转型。此前的美学研究集中于认识论和实践论范畴,一度承担了意识形态批判和思想启蒙的任务。20世纪80年代后期,美学的启蒙角色已经退场,传统美学已经无法回应风云突变的社会文化现实,美学研究陷入低迷。就美学自身来说,迫切地需要寻找新的理论生长点,尤其是需要面对骤然而至的社会—文化转型,如何作出有效性的回应。美学的转型似乎已成必然之势,正如有的学者所指出的:"在科技与经济发展的时代,美学应该自觉地转型,以承担起历史赋予的使命。它应该成为一种强调人的个体生命、感性、情感与精神超越性的价值学说,一种强调审美的文化功能、以人的全面发展为最高目标的文化美学。它将以对当代文化和经济活动进行调节、补充与渗透,探寻在一定程度上克服或减少其负效应的途径,使之更健康地发展。"②前面分析过的应用美学研究可以视为美学回应当下的一个尝试,但由于受美学学科的知识结构所限,应用美学的研究可以说并不成功。而审美文化研究作为美学转型的理论成果,究竟能为美学提供什么呢?

有的学者从价值论的角度对此做出了回答,李西建指出:"概括地说,审美文化为美学学科的当代转型所提供的新的价值趋向和精神生长点,正是一种广义的人文关怀意识,和一种比一般社会意识更恢宏、更深广的文化意识。它强调当代美学研究的价值论视角,把美学学科的生存与发展,建立在对人类的生存现象与生存活动深刻关注的基础之上,把人类的生命状态、感性经验、心理变化及精神现象作为自己研究和把握的基本对象,从而最大限度地观照与强化人类的生命,指导和促进人类的感性生活和生存进程,并以自身这种特殊的本质规定去建立相应的艺术意识与艺术精神,使人类的审美活动和艺术实践不单能够点缀生活形式,营造一种自由的空间和氛围,而且也能自觉体现人类主体生命的发展境况,表现人

---

① 赵义良:《评审美文化理论》,《山东教育学院学报》2001年第6期。
② 杜卫、傅谨:《审美文化论》,天津人民出版社1998年版,第9页。

类存在的变化状态，在更为广泛而深刻的层次上，指导和改变人类文化与人类文明的历史进程。从某种程度上说，把握个体生存的感性状态，把握人的生命活动的文化意义，正是审美文化给予美学学科转型的精神内涵与价值功能。美学学科的当代转型，重要的是建立和灌注新的文化精神，构筑一种能适应现代文化发展和人的本真生存状态的现代价值坐标，这就要求美学学科应从理论范式上，逐渐扩大价值的有效性和现实的适应性，逐渐从实践视角进入具体的生存视角，使其成为以人的现实存在和感性生存活动为本体的精神哲学，成为关注人类心智、为人类的发展更多地展示文明图景的学科。"[1]

除了以上两大原因，有的学者还提及了西方后现代思潮对审美文化兴起的影响，有的学者从社会心理学角度论证了审美文化的成因和存在的必要性等。可以说，审美文化的兴起是众多合力共同作用的结果。

三 审美文化的内涵

审美文化作为一个概念，不是中国的特产，西方学界和苏联学界早已有之。中国学者对"审美文化"的语源进行了追溯。如聂振斌、滕守尧、章建刚合著的《艺术化生存：中西审美文化比较》一书中，就认为审美文化不是一个新概念，在工业革命时代就已经出现了。该书将西方学者对"审美文化"的观点概括为三种："英国学者提出的'审美文化即把艺术作为文化的核子的文化'，美国学者提出的'审美文化即生活与艺术融为一体的文化'，欧洲大陆学者提出的'审美文化即文化的各个领域（道德、认识、艺术）在审美原则下融合的文化'。"[2] 该书第四编对这几种观点进行了梳理与评析。

多数学者认为，在西方学界，德国哲学家席勒在《审美教育书简》中最早使用了这个概念。如肖鹰指出："'审美文化'概念的历史，应当追溯到席勒在1793—1795年期间撰写的《美育书简》。在这部著作中，

---

[1] 李西建：《审美文化与美学学科的当代转型》，《浙江学刊》1998年第1期。
[2] 聂振斌、滕守尧、章建刚：《艺术化生存：中西审美文化比较》，四川人民出版社1997年版，第297页。

席勒首次提出了'审美文化'概念。产生这一概念的历史背景,是现代性启蒙运动在欧洲的深入发展。启蒙运动的发展,一方面导致以新兴学科独立为标志的现代文化的分化,另一方面导致在欲望原则和理性原则的双重压抑下的现代人性的分裂和创伤。文化的分化使审美文化的确立成为可能,而现代人性的分裂和创伤又需要审美文化成为一种统一的机制和医疗手段。席勒正是在这两个前提下提出'审美文化'概念的。"[1] 这一观点具有代表性。还有的学者认为,"审美文化"的概念是由英国的斯宾塞首次提出的:"'审美文化'是一个外来学术术语,产生于19世纪中期,英国的阿诺德倡导一种'审美'的文化,后来斯宾塞直接命名为'审美文化',这应该是'审美文化'作为学术概念的第一次使用。"[2]

不过,应当看到,中国学界所使用的"审美文化"概念与席勒及斯宾塞的"审美文化"存在较大差距。再者,席勒是否运用了"审美文化"的概念尚且存在争议。在《审美教育书简》一书中,"审美文化"的德文为aesthetische Kultur,"如果孤立地看,固然可以译为'审美文化',然而理解为审美陶冶、审美修养、审美教育亦未尝不可;但是如果将该词放到具体行文之中,译为'审美文化'就难以讲通,不免有牵强之嫌"[3]。所以,有的学者认为:"席勒在审美修养或是审美培养等意义层面使用asthetische Kultur的可能性最大,而非现象地提及'审美文化'概念。"[4] 在西文中,"文化"的原意有"园艺""耕种"之义,引申为"培育""培养"等意思。《审美教育书简》目前有四个中译本,其中有三个都没有将asthetische Kultur译为"审美文化",徐恒醇将其译为"审美教养"(《美育书简》,中国文联出版公司1984年版),冯至、范大灿译成了"审美的修养"(《审美教育书简》,北京大学出版社1985年版),缪灵珠则译为"美感教育"(《缪灵珠美学译文集》第2卷,中国人民大学出版社1997年版),只有张玉能将其译成了"审美文化"(《审美教育书简》,译林出

---

[1] 肖鹰:《审美文化:历史与现实》,《浙江学刊》1997年第5期。
[2] 周文君:《关于审美文化》,《中国文化研究》2007年夏之卷。
[3] 姚文放:《"审美文化"概念的分析》,《中国文化研究》2009年春之卷。
[4] 吴国玖:《西方文化语境中"审美文化"概念的演变》,《徐州师范大学学报》2000年第4期。

版社 2009 年版）。联系上下文，译为"审美教养"或"美感教育"似更确当。而斯宾塞所用的"审美文化概念"，是对阿诺德的文化定义的贬义理解，"在他看来，这种文化虽然很高雅，却与人的'生计'无关，因而不能作为文明的基础"。[①] 斯宾塞将文化等同于文学艺术，他认为世界上最有价值的是科学而非文学艺术。这一观点与阿诺德的观点是相反的，与中国学界所探讨的"审美文化"同样存在巨大差异。

再来看苏联学界。苏联美学界在 20 世纪 60 年代提出了"审美文化"的概念，"美学界许多人认为，'审美文化'是处于物质文明和精神文明之间，或联结物质生活与精神生活的美学范畴，也是培养全面发展的新人，建设高度文明的'共产主义生活方式'的一个不可缺少的重要条件。它贯穿于社会实践的一切形式——艺术、科学、工程技术、各种社会组织之中，存在于从生产开始到日常生活为止的所有社会生活领域，并且是对广大群众进行生动活泼的思想审美教育的一种良好形式"。[②] 这段话比较好地概括了苏联美学界对审美文化的理解。苏联美学界对审美文化的理解还有一个重要的特征，就是从形态学的角度，将"审美文化"和"艺术文化"加以区分。叶果洛夫早在《艺术与社会生活》（1959）一文中就提出了必须区分"艺术文化"和"审美文化"的建议。在奥夫襄尼克夫主编的《大学美学教程》一书中，由卡冈撰写了第一章"社会主义的审美文化"。在该书中同样对这两个概念进行了区分，书中提出："对审美文化的理论说，重要的是把'审美文化'和'艺术文化'这两个概念的内容加以明确区分。艺术文化指文化的那样一个具体领域：它围绕着艺术确定下来，并包括人们在生产和消费艺术价值方面、在保存和传播艺术价值方面、在对艺术价值进行批判性理解和科学研究方面、在艺术教育和训练方面所有形式的活动。而审美文化则是一个更为广泛的概念，它贯穿在文化的所有领域、所有部门、所有地段。因为，人的审美积极性表现得极为广泛，它毫无例外地表现在人们活动的所有领域中——表现在劳动和科学

---

① 聂振斌、滕守尧、章建刚：《艺术化生存：中西审美文化比较》，四川人民出版社 1997 年版，第 300—301 页。
② 刘宁：《五十一六十年代苏联美学界争论的几个问题》，载《美学述林》第 1 辑，武汉大学出版社 1983 年版，第 205—206 页。

认识中，表现在社会组织的各种活动和体育中，表现在人们日常交往和艺术生活中。"① 作者接着对审美文化进行了几点规定，比如，作者将文化区分为物质文化、艺术文化和精神文化三种，"而审美文化，它既是物质文化的一个必要方面，也是精神文化的一个必要方面，也是艺术文化的一个必要方面，其中每一个方面都有某种特点"。② 苏联美学界有关审美文化的定义还包括："审美文化是社会其他领域审美方面的总和，或者人们在生命活动过程中创造和消费的审美价值的总和"，"审美文化是文化的一个方面，贯穿着文化具有审美价值的一切领域"，"审美文化是一个整体的概念，包括并从质的方面说明人意识的所有方面（情感、心理、意志、理性等），他的一切生命活动，自我发现的一切方法，它还表现在人如何思维，如何选择，会做什么，怎样做，以及他是个什么样的人等"，"最一般地说，人的审美文化是感觉、趣味和理想的统一，后者在按照美的规律改造世界的过程中得到物化。审美文化是感性掌握和改造世界的文化，它与一定社会创造的最大限度揭示人本质力量的条件相适应"。③ 显然，苏联美学界对"审美文化"的界定是以服务于社会主义文化建设为前提的。从下文可以看到，苏联美学界所理解的"审美文化"对中国学界不无影响。

中国学界最早使用"审美文化"这一概念是在20世纪80年代初，目前可查的最早的论文发表于1983年，为魏家骏的《文艺应当提高整个社会的审美文化水平——马克思文艺思想学习笔记》[《淮阴师专学报》（社会科学版）1983年第4期]，1984年，潘一发表了《青年审美文化研究纲要》（《上海青少年研究》1984年第11期）。前者很明显受到了苏联美学界对"审美文化"的界定的影响。后者将青年审美文化视为艺术社会学的一个重要研究课题，"所谓艺术社会学（有人称之为文艺社会学）

---

① 奥夫襄尼克夫主编：《大学美学教程》，汤侠生主译，北京大学出版社1989年版，第413页。

② 同上书，第414页。

③ 转引自金亚娜《审美文化的概念和结构》，《求是学刊》1990年第6期；金亚娜另有《苏联的审美文化研究》（《国外社会科学》1991年第3期）一文，对苏联美学界的审美文化研究情况进行了更为详尽的介绍。

的研究角度，也就是它的研究方法和研究对象。从研究对象上看，用艺术社会学研究青年审美文化，就包括审美文化现象、层次结构、功能、特征、形成条件、发展预测等"。① 这一研究思路借鉴了普通社会学的观点。1988 年，叶朗主编的《现代美学体系》一书，首次将"审美文化"纳入美学原理体系之中，书中将审美文化视为审美社会学的核心范畴，进行了较为详尽的阐释。90 年代以后，对审美文化的探讨日渐增多，对审美文化的性质、内涵、对象、特征等问题进行了深入分析。下面择其要者加以概述。

（一）从审美文化与文化的关系来看

审美文化与文化之间的关系，是许多学者探讨审美文化时的切入点。对此，至少形成了三种主要观点：一是将审美文化视为文化的一个子系统；二是将审美文化视为文化的审美层面；三是将审美文化视为文化的高级阶段的体现。前两种观点是从逻辑上着眼，第三种观点是从历史上着眼。

叶朗主编的《现代美学体系》中，明确将审美文化视为文化的一个子系统。书中将文化分为经济、政治、道德、审美、宗教、哲学、科技等方面，审美文化隶属于文化大系统。"审美文化的三个基本构成因素是人类审美活动的物化产品、观念体系和行为方式。"书中认为，审美活动的物化产品包括审美产品（最基本的是艺术）和审美设施，审美观念体系包含审美观、审美理想、审美价值标准、审美趣味等，审美行为方式包括审美生产、审美调节和审美消费三个方面。书中认为审美文化具有自律和他律的二重性，并重点探讨了审美文化的动态过程，即包括生产、调节和消费在内的审美行为方式。可以看出，书中借鉴了接受美学和西方艺术社会学的思路，从文化的总体来界定审美文化，固然突出了审美文化的文化属性，"人类审美活动的物化产品、观念体系和行为方式"实则包罗万象，如此界定，显得过于宽泛而不易把握。

蒋孔阳、聂振斌和朱立元等学者倾向于将审美文化看成文化的审美层面。蒋孔阳认为："美和文化与生俱来，有文化的地方就有审美文化。有

---

① 潘一：《青年审美文化研究纲要》，《上海青少年研究》1984 年第 11 期。

了审美文化,就能够满足我们爱美的天性,满足我们情感交流的需要,满足我们自我表现的愿望。因而审美文化是文化与美的结合,是对于文化高标准的要求,是呼唤美的文化。它要求我们的文化,不仅有实用的价值、功利的价值,而且有精神的价值,审美的价值。"[1] 聂振斌从"审美文化"的概念结构及特征等方面提出:"什么是'审美文化'?"它的含义不是审美加文化之和。因为就广义而言,审美本身也是文化,是文化的一部分,因此审美加文化仍然是文化,那么审美一词便成了累赘。审美与文化二者不是并列关系,而是从属关系,相互制约着,实际上是审美的文化,审美规定着文化的性质,文化限制着审美的对象范围。也就是说,审美文化概念告诉我们,审美的对象限制在文化的范围内,不是自然物,也不是社会的物质基础部分,而是观念形态部分,同时也不是所有观念形态都是审美文化,而是具有审美性质的那一部分观念形态。所谓审美性质就是超功利性和愉悦性。所以审美文化就是具有超功利性和愉悦性的文化。[2] 朱立元的思路与聂振斌类似,他同样从"审美文化"的概念结构出发加以定义:"在我看来,'审美文化'(aesthetical culture)一词是一个'形容词+名词'(偏正结构)组成的合成词。词的主体部分是'文化','审美'乃是对'文化'修饰和限定,'文化'是一个范围很大的概念,而'审美的'只是其中一个方面的一个部分、一个层次、一种形态,也可以说一个阶段。'审美的'这个形容词,把'审美文化'从'文化'的大范畴中分离出来,给予了明确的限定:它是文化的一部分,但只是文化的审美部分。这是仅就语词结构分析所得出的对'审美文化'概念的最基本理解。以此为起点,可以把'审美文化'表述为具有一定审美特性和价值的文化形态。"[3] 朱立元又对"审美特性和价值"做了四点规定:感性意向性,无功利或超功利性,心灵自由性,精神愉悦性。他将文学艺术视为审美文化的核心。聂振斌和朱立元都将超功利性、愉悦性等视为审美文化的重要特征,这显然是从康德意义上的传统美学的观点来看待审美文化。

---

[1] 蒋孔阳:《杂谈审美文化》,《文艺研究》1996年第1期。
[2] 聂振斌:《再谈审美文化》,《浙江学刊》1997年第5期。
[3] 朱立元:《审美文化概念小议》,《浙江学刊》1997年第5期。

还有学者是从文化的审美属性上来看待审美文化,如张法提出:"审美文化,我认为,指的是从建筑外观、室内布置、人体服饰、新区布局、旅游景观到文学艺术等多层面审美领域的总和。因此审美文化是在学科细化基础上的综合理论。其综合手段就是各领域所共有的形式法则。审美各领域跨度极大,之所以可以用'审美'一词将之统一起来,就是各领域都呈现为一种令人感性、一望一闻便知的形式外观。这些形式外观总是以这样或那样的方式与人的审美心理相关联。而这些形式外观又总是显现为统一的形式特征……审美文化之所以强调文化,是要从审美的外观形式中揭示其与整个文化变动的关联。"[①] 在此,张法突出的是审美对象所具有的形式特征的统一性及其文化性。韩德信的观点与此相似:"所谓审美文化,是指人类在实践活动中所创造的一切文化中带有审美性质的那一部分,它是人类在征服与改造客观世界的过程中所表现出来的自由形式。"[②] 相较而言,将审美文化视为文化的审美层面的观点被广大学者接受。

第三种观点是将审美文化视为文化的高级阶段,这种观点是从历史发展的角度来看待审美文化,与上两种观点并不矛盾。如在1997年召开的"审美文化与美学史学术讨论会"上,"有的代表具体从文明与文化演进的历程上界定审美文化是工具文化、社会理想文化后的第三种文化形态,代表了文化积累与文化量变的过程,是人类文化与文明的较高形式,显示出超功利性与自由性相统一的性质,是一种以人的精神体验性和审美的形式观照为主导的社会感性文化"[③]。聂振斌提到关于审美文化的两种看法是比较可取的,"一种看法认为:审美文化是整个文化中具有审美性质的那一部分,所谓审美性质即超越功利目的性。它是整个文化系统中的子系统,或曰是文化体系中的一个高尚层面。另一种看法认为:审美文化是人类文化发展的高级阶段,是后工业社会的产物,社会发展到后工业社会的历史阶段,艺术与审美已渗透到文化的各个领域,并起支配作用"。聂振斌将这两种观点进行了综合,他提出:"审美文化是现代文化的主要形

[①] 张法:《审美文化:范围、性质和操作方式》,《上海社会科学院学术季刊》1994年第4期。

[②] 韩德信:《对审美文化的研究应作历史延伸》,《理论学刊》1998年第2期。

[③] 马宏柏:《审美文化与美学史学术讨论会综述》,《哲学动态》1997年第6期。

式，也是高级形式，它把超功利性和愉悦性原则渗透到整个文化领域，以丰富人的精神生活。这个定义一方面坚持了审美的基本原则，明确规定了它属于高尚的精神生活领域，从而与目前所流行的所谓的种种'文化'划清了界限；同时这个定义又涵盖人类文化发展的新成果，不仅文学艺术可以成为审美对象，文学艺术之外的广大文化领域，在现代科学技术的条件下，也都可以是审美的，从而扩大了审美的普遍社会意义。这个定义反映了时代对文化发展的新要求，也是高要求。"①

和聂振斌一样，周文君同样综合了第二种和第三种观点，他提出："审美文化学并不像文化学那样研究人类文化的全部，而是从一个特定的审美的视角，以特定的审美态度，去研究文化系统中体现出审美理想、审美观念和审美趣味的那些文化实体、文化活动和文化现象，去发掘文化中的审美元素、审美性质和审美品格，以扩展人们的审美视野、提升审美能力和丰富审美体验。或者简单地讲，审美文化应该是人们以一种审美的态度来对待各种文化产品时所表现出的一种精神现象。所以说，审美文化不是人类文化的全部，而只是文化大系统中的一个子系统，是最具审美性的那一部分。所谓审美性质，也就是美学中常说的超功利性。所以，审美文化又应该是文化系统中处于核心、高级位置的子系统。此外，由于人类文化是不断发展的，因此，表现为高层次的精神活动现象的审美文化，在人类文化发展的高级阶段也就表现得更为突出，对其他文化领域的渗透更为广泛，对社会生活的控制力更加强大，这也就是审美文化在当代社会生活中成为一个学术课题的主要原因。"②

将审美文化视为文化的审美层面的观点被广为接受，这意味着审美文化具有广阔的研究对象。目前既有的研究成果包括中国传统审美文化、地域审美文化、民族审美文化、器物审美文化、文学艺术审美文化（以文学、影视等为主）等，论域极为广泛。

（二）从审美文化与当代文化和大众文化的关系来看

如上所论，从研究缘起上说，审美文化研究是当代社会—文化转型的

---

① 聂振斌：《什么是审美文化》，《北京社会科学》1997 年第 2 期。
② 周文君：《关于审美文化》，《中国文化研究》2007 年夏之卷。

产物，在相关论著中，常可看到"当代审美文化"和"大众审美文化"的命名，审美文化与当代文化和大众文化有着密切的关联，辨析它们之间的关系，对于理解审美文化的内涵不无助益。

有的学者将当代文化视为审美文化。如肖鹰从当代文化的背景出发对审美文化作了三点规定："第一，审美文化是艺术向生活退落的表现；第二，审美文化是当代社会生活日益表面化、感性化和当下化的总体情态；第三，在当代文化的自我丧失的普遍性沉沦语境中，审美的感性形式成为对个体存在的确证。"他指出："审美文化以它的当代性的本质成为对当代文化的最终界定。因此可以说，当代文化就是审美文化。"① 夏之放表达了同样的观点："当代文化就其主导倾向和发展趋势而言即是当代审美文化。"② 王德胜亦指出："当代审美文化研究活动以及其间出现的各种争论和思想成果，对于直接从事这一研究活动的学者（包括笔者本人在内）而言，主要是被当做'当代大众文化'或'当代文化的审美化'来理解的。""在理论上，'当代审美文化'被看做为一个现实的而又充分展开的、明确而又具有生活特性的存在现象；它所反映的，不是那种简单的'文化的审美方面'，也不是经典范畴中更为纯粹的'艺术文化'形式，而是范围广大甚至概括了当代生活基本过程的总体现象，是一个体现了强烈现实倾向的文化存在。"③ 他们都强调了审美文化的当代性内涵，并将当代文化看成审美文化。对此，有的学者提出了反对意见，如李世涛指出："当代文化是个内容丰富的文化复合体，按通常的区分就包括了精英文化、主流文化和通俗文化，就此而言，当代文化的范围是远远大于审美文化的。更为关键的是，当代文化中的许多文化现象，如相当多的通俗文艺以刺激人的感官为能事，是远离审美，或反审美的。因此，不能把审美文化理解为当代文化。"④ 如果从一种宽泛的意义上来理解文化，像人类学家泰勒所主张的："文化，或文明，就其广泛的民族学意义来说，是包

---

① 肖鹰：《在无限之维的沉落》，《审美文化丛刊》（创刊号），汕头大学出版社1994年版。
② 夏之放：《转型期的当代审美文化》，作家出版社1996年版，第56—57页。
③ 王德胜：《当代审美文化研究的学科定位》，《文艺研究》1999年第4期。
④ 李世涛：《社会转型与审美变迁——审美文化研究的历史与反思》，《河北师范大学学报》2004年第11期。

括全部的知识、信仰、艺术、道德、法律、风俗以及作为社会成员的人所掌握和接受的任何其他的才能和习惯的复合体。"那么，当代文化自然涉及知识、信仰、艺术、道德、法律、风俗习惯等各个方面，因此不可简单地将当代文化等同于审美文化。

还有的学者将审美文化看成大众文化。他们认为，审美文化"是对当代文化的规定性的表述，它包含或整合了传统对立的严肃文化与俗文化，但展现为流行性的大众文化形态，不是在价值判断意义上，而是在文化形态上的意义上，可以把审美文化指称为大众文化"。① 这种观点遭到了更多学者的反对。如滕守尧批评道："在目前关于审美文化的讨论中，部分人把大众文化等同于审美文化，笔者认为，此种混淆不仅不妥，而且很可能为我国今后的审美文化发展带来灾难性的后果……大众文化在很多时候是非审美和反审美的。"② 张弘亦将审美文化视为大众文化。他认为审美文化实质上是20世纪末消费经济与消费主义盛行下，糅合了外来思想资源的产物。进而加以激烈批判："'审美文化'这种试图贯穿大众生活的价值观念与理想标准，实质就是另一形式的'商品拜物教'。最终，人自身也被彻底物化，共同陷入物的消费的漩涡中，当消费不再是经济发展的杠杆，而变成耗费资源的无底洞时，就一道导致衰竭。"③

实际上，多数学者认为，审美文化是当代文化和大众文化的重要内容。如周宪在《中国当代审美文化研究》一书中所指的"审美文化"，主要是指当代中国在消费文化背景中的审美形态。之所以如此，"一个重要的理由是，当代中国审美文化的发展和变化，已经远远超出了古典的艺术范围，技术的进步和影响，大众传播媒介的广泛渗透，具有读写能力的大众阶层的涌现，艺术生产方式从传统的个人手工操作向机械复制的转变，艺术传播方式的变化，流行时尚、趣味与群体的亚文化的关系等等，显然不能在传统的对个体创造力或个案的研究范式上加以解决"。④ 陶东风亦提出："在许多审美文化中，'审美文化'指涉的对象主要是大众文化，

---

① 马宏柏：《审美文化与美学史学术讨论会综述》，《哲学动态》1997年第6期。
② 滕守尧：《大众文化不等于审美文化》，《北京社会科学》1997年第2期。
③ 张弘：《"审美文化"的尴尬》，《文汇读书周报》2009年10月30日。
④ 周宪：《中国当代审美文化研究》，北京大学出版社1997年版，第19页。

其原因就在于大众文化与人们的日常生活具有更加广泛而深刻的联系。"①张晶将审美文化进行了广义和狭义之分,"就其广义而言,是人类文化各个层面(物质的、精神的和制度的)呈现出来的审美因子,或者说是人们以自觉的审美理想、审美价值观念所创造出的文化事象的总称;一般说来,审美文化具有感性化和符号化的特征;就其狭义而言,审美文化特指在当代大众传媒影响下,在社会文化的各个方面所呈现的具有审美价值的产品、倾向和行为"。②

正因审美文化与当代文化、大众文化有着紧密的关联,所以多数学者在对审美文化的特征进行概括时,无不借用西方后现代理论,尤其是以杰姆逊为代表的西方学者对后现代主义的批评性结论,强调当代审美文化的商品性、消费性、平面化、形象化等特征,强调审美与生活的同一性等。③ 如余虹主编的《审美文化导论》对当代审美文化的特性做了这样的概括:"审美文化的当代特性呈现为一些流动的取向,而不是某种静止的性状,我们将这些特定的取向概括为精神意趣上的世俗化、符号意指上的平面化、风格倾向上的新奇化、实践目标上的娱乐化、外延范围上的生活化。"④

四 审美文化研究的多维走向

从既有成果来看,审美文化研究包含了三个维度:一是当代审美文化研究,这是审美文化研究的重头;二是传统审美文化研究和中西审美文化比较研究,此类研究基于传统美学研究,是审美文化研究的纵向延伸;三是审美文化研究的横向拓展,包括地域、民族、具体文化元素的审美文化研究,这一部分的成果越来越多,某种程度上意味着审美文化研究的泛化。

先来看当代审美文化研究。这一方面的成果最多,此处选取其中几本

---

① 陶东风:《社会转型期审美文化研究》,北京出版社 2002 年版,第 4 页。
② 张晶主编:《当代审美文化新论》(代序),中国传媒大学出版社 2008 年版,第 4 页。
③ 此处关于审美文化内涵的写作,对杨存昌主编的《中国美学三十年》(下卷)第五编第二章"审美文化研究"中的相关论述有所参考,特作说明。
④ 余虹主编:《审美文化导论》,高等教育出版社 2006 年版,第 308 页。

专著加以展开，主要看其研究方法、研究内容等问题。周宪的《中国当代审美文化研究》（北京大学出版社 1997 年版），在研究方法上，该书提出整合的历史视野，加强多学科的"视界的融合"，提出了"批判的文化社会学"的研究方法。"所谓批判的文化社会学，首先是指一种研究，它以文化为主要研究对象，把文化变化视为整个社会变化的一个重要表征。其中，社会—文化—审美文化，构成了一个从大到小依次具体化的研究领域。社会作为文化的背景和语境，而文化作为社会的表征；更进一步，审美文化是整个文化的一个个案或'场'（法国社会学家布尔迪厄语），而总体文化又是审美文化的背景和语境。所谓的合力状态，也就是审美文化的'场'和其他社会文化的'场'之间的复杂互动关系。我们的文化社会学研究，就像社会学研究往往从一个具体现象入手一样，从审美文化这个具体领域入手，使文化的研究不致流于空泛；同时，审美文化的研究，又始终是在总体文化甚至社会的结构框架中进行的，文化和社会之间的复杂关系便昭然若揭。"[1] 周宪继而指出，批判的文化社会学倾向于一种多学科的交叉互渗研究，包括社会学的方法和视野、历史学的观念、世界眼光和人类学的视野等。"一言以蔽之，批判的文化社会学是批判性地解释社会—文化的意义问题，这显然是马克思的思想传统。"[2] 他所继承的是马克思的批判传统。基于这种研究方法，该书第一章"从传统走向现代"，对当代中国的社会—文化转型进行了总体性的探讨，分析了文化的历史形态及其转变、以大众文化为主导的多元并存的现代文化、边界的消解与类型的重组、意义的历史范式及仿佛对传统意象的冲击等问题；第二章分析了"审美文化的历史分化"，这种历史分化包括了审美文化的民主化与相对剥夺、主体的分化和角色危机和趣味的分化；第三章考察了"全球化与文化的本土化"，首先对全球化的特点进行了总体描述，接着对全球化格局中的中国文化进行了分析，探讨了中国文化面对全球化的自我困境以及文化失语症的问题；第四章分析了"文化的媒介化与工具理性"，剖析了审美文化中的工具理性问题；第五章研究了"消费社会及其

---

[1] 周宪：《中国当代审美文化研究》，北京大学出版社 1997 年版，第 6—7 页。
[2] 同上书，第 8 页。

意识形态",指出中国审美文化向世俗化转变的倾向,表现为消费主义意识形态的兴起、"喜剧"时代的来临、"散文时代"的到来等文化症候。总体来看,作者不是对中国当代审美文化中的具体事项进行分析,而是以一种整体性的视角,以一种批判的文化社会学的视野,对处于转型期的中国当代审美文化加以理论性的分析。显然,该书是以西方理论尤其是后现代理论为理论基石的,它所调用的理论资源涉及马克思、韦伯、法兰克福学派、格尔兹、帕森斯、杰姆逊、波德里亚、布尔迪厄、哈贝马斯、福科、萨义德、鲍曼、吉登斯等一大批当时介绍或未介绍进中国的西方理论家。作者以这些理论为依托,对当代中国审美文化进行了比较精彩的分析。

姚文放的《当代审美文化批判》(山东文艺出版社 1999 年版)主张采用"文化批判"的研究方法,研究者应具有"批判理性","所谓'批判理性',就是以文化批判的形式张扬一种变革精神和进取精神,它所操持的是文化批判的方法,是对种种当代审美文化现象进行考察,同时也要考察流行的观点、思想、学说,包括对于美学自身的考察"。[①] 在具体研究中,"文化批判主要采用知性思维的方式,它对于当代审美文化具体现象的把握不是诉诸思辨和推理,不是从概念到概念,不是用逻辑来说明逻辑,而是采用现象描述和经验归纳的方法,切近处于现象层面的事实和情状"。[②] 该书分上、下两篇,上篇"当代审美文化背景批判",反思了当代审美文化所产生的基础、根据和条件,包括哲学基础、社会心理背景、宗教意识、地域特征,以及当代审美文化与艺术形式的关系,当代审美文化中的当代文学景观等,并以一种历史的视野,从审美文化的历史进程、当代构成和中西比较的维度上对当代审美文化加以定位。下篇"当代审美文化本体批判"考察了当代审美文化所包含的各种特质和属性,分析了当代审美文化的基本矛盾,对当代审美文化作为消费文化、快餐文化、广告文化、都市文化、青年文化和文化工业的文化特征作了界说。

此外,谭桂林的《转型期中国审美文化批判》(江苏文艺出版社 2001

[①] 姚文放:《当代审美文化批判》,山东文艺出版社 1999 年版,第 10 页。
[②] 同上书,第 13 页。

年版）主要以文学为研究对象，探讨了文学的商品化、世纪末文学中的新保守主义、观念小说、性爱叙事、当代艺术中的审丑特征、20 世纪 90 年代的散文热、作家的都市"边缘人"形象等问题。陶东风的《社会转型期审美文化研究》（北京出版社 2002 年版）运用文化研究的研究方法，分析了 20 世纪 90 年代的流行歌曲、影视文化、畅销书、小说热点等问题。夏之放等人的《当代中西审美文化研究》（山东教育出版社 2005 年版）一书中，探讨了文学、影视、音乐、绘画、广告、体育、网络等审美文化现象。

再来看中国传统审美文化史和中西审美文化比较的研究。显然，20 世纪 90 年代的审美文化研究为中国美学史研究提供了一种新的范式，在审美思想史、审美范畴史之外，兴起了审美文化史的研究。所出现的著作，如陈炎主编的《中国审美文化史》、周来祥主编的《中华审美文化史》等，皆属此类，对此上面已有所论。此处选取几本相关著作为例，简单看一下中国传统审美文化的研究内容。朱立元、王振复主编的《天人合一：中华审美文化之魂》（上海文艺出版社 1998 年版）将"天人合一"视为中国审美文化的主要特征，以之为线索，探讨了从远古以迄宋明中华文化思想的历史轨迹。书的中篇，分析了中国传统音乐、诗歌、小说、书画、戏剧、建筑园林、饮食文化、服饰文化、婚姻文化、祭祀礼仪、人生礼仪中所体现出的"天人合一"思想。下篇，选取了有无、虚实、形神、意象、自然与人工等范畴，探讨了其中所内含的"天人合一"思想。相比传统的美学史研究，中篇将饮食文化、婚姻文化、祭祀礼仪、人生礼仪纳入研究范围，体现了审美文化史研究对象的扩大。有的著作虽以审美文化为名，不过其研究思路与此前的美学史研究并无太大差别，如吴中杰主编的《中国古代审美文化论》分史论卷、范畴卷和门类卷三册，在该书的前言中，作者指出该书实际上所写为"审美意识史"。杜道明所著的《中国古代审美文化考论》（学苑出版社 2003 年版）探讨的是儒、道、禅的审美理想，唐代、宋元时期的审美意识、审美风尚和审美趣味。如"唐韵篇"，分析了盛唐人对真态真情之美的追求，盛唐的放荡不羁之美，盛唐的以丰腴为美，中唐的以幽寒瘦硬和诡奇谲怪为美等。还有的著作从一种宽泛的意义上理解中国审美文化，即中国文化中的审美因素，如易存国的《中国审美文化》（上海人民出版社 2001 年版）一书的上篇第三章，探讨了中国文化中的审美精神，包括"乐生精神"的宗教特性、"天人合一"的宇宙情调、"文以载道"的文艺观念、"直觉体悟"的思维方式，该书提出了建立审美文化学的提议，并详细分析了审美文化学的学术理论。

中西美学比较研究是美学研究的一个领域，对于中西古代美学的比较研究，一般只能以平行比较的方式展开，中西传统审美文化比较亦是如此。如朱立元、王振复主编的《天人合一：中华审美文化之魂》一书中，将中国传统审美文化特征界定为"天人合一"，将西方审美文化特征概括为"主客二分"，将二者进行了比较。聂振斌等的《艺术化生存：中西审美文化比较》并没有直接对中西审美文化展开平行比较，而是分别论述，如第二编从教育、思维方式、形上追求三个方面探讨了中国传统文化的审美倾向，第四编分析了审美文化在西方的提出，第五章探讨了审美文化在西方的表现。夏之放等的《当代中西审美文化研究》第三编"中西审美文化的历史回顾"部分，对中西思维方式、中西宗教文化、中西审美方式进行了比较分析。在第四编"中西审美文化的发展走向"中，分析了中西审美文化的碰撞与融合的问题。

审美文化研究的第三块内容，涉及地域审美文化、民族审美文化、具体文化元素的审美文化等，范围广泛。可以说，它拓展了美学研究的领域。此处不再展开论述。

总体来看，20 世纪 90 年代兴起的审美文化研究，为美学研究注入了生机与活力，当代审美文化研究突显了美学研究的现实关怀，审美文化研究为传统美学史研究带来了新的范式，并拓展了美学研究的范围。

第二节　审美教育的系统概观

广义上说，审美教育（简称美育）亦可纳入应用美学之列，不过，审美教育在美学研究中有着较为特殊的地位，并且论著颇多，理应单独论述。审美教育的特殊性体现在如下几个方面。其一，审美教育与德育、智育、体育常常相提并论，关乎全体国民的教育问题，可谓兹事体大。其二，审美教育有着丰厚的理论资源与历史传统。就理论而言，在西方，席勒的《审美教育书简》一书最早提出了审美教育的问题，并从现代性的视野与完善人性的角度对其进行了深入论述。在中国，蔡元培、王国维诸人对审美教育多有论述，尤其是蔡元培提出的"以美育代宗教"的观点，影响深远。以上几人构成审美教育研究最重要的理论资源。就历史而论，西方从古希腊开始，中国从先秦开始，亦即整个中西美学史，都有着丰富的审美教育实践，都可挖掘出丰富的审美教育理论。其三，审美教育更是一种教育实践，尤其体现在从幼儿园、小学、中学直到大学的学校教育之中，它与艺术教育、各门课程的教育乃至整个教育过程都有密切的关联。其四，在国内的美学原理著作中，审美教育常常作为第四块，附在美的本质、审美心理学、艺术哲学之后，可以说同样促进了审美教育的研究。

显然，审美教育不仅仅是一个美学理论问题，作为教育政策，它是一种国家行为，国家教育政策的制定对审美教育有着决定性的影响；作为教学实践，它与课程设计、教学手段、教学过程都有关系；作为研究对象，它与教育学、哲学、美学、心理学、脑科学等学科皆息息相关。因此，对审美教育也就可以进行多维度的研究。就美学而言，主要是从理论的层面对审美教育进行研究的。

一　当代美育研究概况

"美育"一词，为蔡元培所首创。[①] 他在 1901 年写成的《哲学总论》一文中就提出了"美育"，他借鉴西方思想中的知、情、意三分以及伦理学、论理学、审美学的区划，提出："教育学中，智育者教智力之应用，德育者教意志之应用，美育者教情感之应用是也。"[②] 王国维在 1903 年所写《论教育之宗旨》一文中，同样将教育分为智育、德育和美育，并阐述了各自的价值与功用。在他看来，"美育者一面使人之感情发达，以达

[①] 蔡元培在《二十五年中国之美育》一文中提道："美育的名词，是民国元年我从德文的 Asthetische Erziehung 译出，为从前所未有。"见《蔡元培美学文选》，北京大学出版社 1983 年版，第 186 页。蔡氏"民国元年"一说并不确当，应系记忆之误。

[②] 蔡元培：《哲学总论》，《蔡元培全集》第 1 卷，浙江教育出版社 1997 年版，第 357 页。

完美之域;一面又为德育与智育之手段,此又教育者所不可不留意也"。①在随后写的一系列文章,如《哲学辨惑》(1903)、《教育偶感四则》(1904)、《孔子之美育主义》(1904)、《论哲学家与美术家之天职》(1905)、《奏定经学科大学文学科大学章程书后》(1906)、《去毒篇》(1906)、《教育家之希尔列尔》(1906)、《人间嗜好之研究》(1907)、《霍恩氏之美育说》(1907)等文章中,都涉及了美育的问题。蔡元培不仅是一位美学家,更是一位教育家,他以北大校长的身份,对美育极力倡导,身体力行。他不仅提出"以美育代宗教"的思想,还在北大讲授了10年美学课程,并提出了具体的实施措施,在北大设置了书法研究会、画书研究会、音乐研究会,供学生自由选修。王国维、蔡元培等人借鉴康德、席勒等西方美学家的思想,提出了美育的问题,在当时基于改造国民性的迫切要求,美育因而具有现代性视域下的启蒙功能。正如有的学者所说:"在20世纪初叶,美育是作为中国社会现代化和教育现代化之宏伟工程的一个有机而合理的部分进入思想家和教育界的自觉选择与设计理念中的。"②

正是由于蔡元培等人的大力提倡,民国时期即将美育纳入教育方针。1912年7月在北京召开的全国临时教育会议上,根据蔡元培1912年2月发表的《对于教育方针之意见》一文中提出的军国民教育、实利主义教育、公民道德教育、世界观教育和美感教育"五育"并举的教育方针,讨论通过了民国教育方针:"注重道德教育,以实利教育、军国民教育辅之,更以美感教育完成其道德。"③此后这种理念得到广泛认同。如蔡元培在1922年发表的《美育实施的方法》一文中指出:"我国初办新式教育的时候,只提出体育、智育、德育三条件,称为三育。十年来,渐渐地

---

① 王国维:《论教育之宗旨》,姚淦铭、王燕主编《王国维文集》(下部),中国文史出版社2007年版,第33页。
② 谭好哲、刘彦顺等:《美育的意义:中国现代美育思想发展史论》,首都师范大学出版社2006年版,第11页。
③ 同上。

提到美育；现在教育界已经公认了。"① 可以说，民国时期的审美教育在理念接受、理论研究、教学实践等方面都取得了较大的成就，为后来的美育研究积累了丰富的资源。

中华人民共和国成立初期，还是延续民国时期的教育方针，德、智、体、美四育并举。不过为时不长，1957 年 2 月 27 日，毛泽东在最高国务会议第 11 次扩大会议上提出："我们的教育方针，应该使受教育者在德育、智育、体育几方面都得到发展，成为有社会主义觉悟的、有文化的劳动者。"这一"最高指示"将美育剔除于教育方针之外，成为此后很长时间的指导原则，其影响至今犹存，比如目前学校设立的"三好学生"，所谓"三好"，即指德、智、体而言。随着美育被排除在外，理论研究亦陷入停顿，20 世纪五六十年代的美学大讨论虽热闹一时，但未曾涉及美育问题。此一时期苏联美学的研究情况恰与中国美学形成了鲜明对比。二者所讨论的问题（美的本质、美感）、所形成的美学派别（中国是客观派、主观派、主客统一派、客观社会派四大派，苏联是自然派和社会派两大派）都有着惊人的相似。不过，审美教育却是苏联美学界讨论的一大问题，出版了多部相关论著。尽管对于美育的性质、任务和方法的看法不尽相同，不过他们都意识到了美育的重要性，"苏联美学家们论证了美育在共产主义教育中的重要地位及其同德育、智育、体育的相互关系。他们认为，美育具有政治思想教育、道德教育、科学教育所无法比拟的优越性，它本身包括了其他教育的内容，而且直接培养全面和谐发展的个性"。② 实际上，苏联美学界将审美教育纳入社会主义教育范围之内，比如出版于 1956 年的《审美教育问题》一书中提到："审美教育是共产主义教育最重要的组成部分之一。"③ 相形之下，处于极"左"思潮影响下的中国美学界，对审美教育的探讨却是相对缺失的。就著作而言，似乎只有两种，温肇桐的《新美术与新美育》（1951）和蔡迪的《美育与体育》（1954）。

---

① 蔡元培：《美育实施的方法》，《蔡元培美学文选》，北京大学出版社 1983 年版，第 154 页。
② 刘宁：《五十—六十年代苏联美学界争论的几个问题》，《美学述林》第 1 辑，武汉大学出版社 1983 年版，第 201 页。
③ 德米特里耶娃：《审美教育问题》，冯湘一译，知识出版社 1983 年版，第 156 页。

1961年5月,《文汇报》组织过一次美育问题的讨论,部分学者认为美育是人的全面发展教育的组织部分,然而美育遭受冰封的命运并未因此而改变。"文化大革命"期间自然更是如此。

进入20世纪80年代,美学研究开始复苏,并因其启蒙功能而迅速热起,审美教育问题亦相应地被再次提出,美学界开始呼吁重建审美教育的问题。如周扬在1980年5月26日《关于美学研究工作的谈话》中指出,要"大力普及科学文化,加强共产主义道德教育以及审美教育"。《文汇报》于1980年6月至9月期间发表了多篇美育文章,如《加强美育,提高审美能力》,蓝雨的《让青少年懂得真正的美》,古元的《要重视社会上美的教育问题》等。同年召开的第一次全国美学大会上,许多学者积极倡议恢复美育。

就政策层面而言,美育在教育方针中的正式确立并非一帆风顺,很长一段时间仍然沿用的是德、智、体三育的提法。下面是新时期以来与教育方针有关的大事记。

1978年9月22日,邓小平在全国教育工作大会上讲话指出:"中国的学校是为社会主义建设培养人才的地方。培养人才有没有质量标准呢?有的。这就是毛泽东同志说的,应该使受教育者在德育、智育、体育几方面都得到发展,成为有社会主义觉悟的、有文化的劳动者。"

1981年6月中共中央十一届六中全会通过的《关于建国以来党的若干历史问题的决议》提出:"坚持德智体全面发展、又红又专、知识分子与工人农民相结合、脑力劳动与体力劳动相结合的教育方针。"

1982年12月五届全国人大五次会议通过的《中华人民共和国宪法》规定:"国家培养青年、少年、儿童在品德、智力、体质等方面全面发展。"

1986年4月六届人大四次会议通过的《中华人民共和国义务教育法》规定:"义务教育必须贯彻国家的教育方针,努力提高教育质量,使儿童、少年在品德、智力、体质等方面全面发展,为提高全民族的素质、培养有理想、有道德、有文化、有纪律的社会主义人才奠定基础。"

1990年12月30日,党的十三届七中全会通过的《中共中央关于制定国民经济和社会发展十年规划和"八五"计划的建议》提出:"继续贯彻教育必须为社会主义现代化建设服务，必须同生产劳动相结合，培养德、智、体全面发展的建设者和接班人的方针，进一步端正办学指导思想，把坚定正确的政治方向放在首位，全面提高教育者和被教育者思想政治水平和业务素质。"

1993年，中共中央、国务院颁布的《中国教育改革和发展纲要》，重申了《中共中央关于制定国民经济和社会发展十年规划和"八五"计划的建议》中提出的教育方针。

1995年3月18日，第八届全国人民代表大会第三次会议通过了《中华人民共和国教育法》，规定："教育必须为社会主义现代化建设服务，必须与生产劳动相结合，培养德、智、体等方面全面发展的社会主义事业的建设者和接班人。"

由此可以看出，从1978年直至1995年的若干重要教育文件里面，对于教育方针的提法，皆是德、智、体三育，美育仍不见踪迹，不过1995年的《中华人民共和国教育法》中出现了一个重要变化，即在德、智、体之后加上了"等方面"三字。直至1999年，九届全国人大二次会议通过的《政府工作报告》以及《中共中央国务院关于深化教育改革全面推进素质教育的决定》（简称《决定》）中，都在人才培养中提出了"美"的要求。《决定》首次从素质教育的高度将美育同德、智、体一起纳入国家教育方针。《决定》明确指出："实施素质教育，必须把德育、智育、体育、美育等有机地统一在教育活动的各个环节中……要尽快改变学校美育工作薄弱的状况，将美育融入学校教育全过程。"新的教育方针表述为："教育必须为社会主义现代化建设服务，必须与生产劳动相结合，培养德、智、体、美等方面全面发展的社会主义事业建设者和接班人。"至此美育的地位方才正式确立。[①]

2013年11月，党的十八届三中全会报告中提出，改进美育教学，提高学生审美和人文素养。

2015年9月15日，国务院办公厅发布《关于全面加强和改进学校美

[①] 周军伟的博士论文《当代中国美育研究》（中国人民大学，2011）第五章"美育法规政策研究"，对美育的立法和政策现状进行了具体的研究，可兹参考。

育工作的意见》(国办发〔2015〕71号),该意见共五大点二十一条,涉及推进学校美育改革发展的指导思想、基本原则和总体目标,强调要构建科学的美育课程体系、大力改进美育教育教学、统筹整合学校与社会美育资源、保障学校美育健康发展。

2018年8月30日,习近平总书记在给中央美术学院老教授的回信中指出:"美术教育是美育的重要组成部分,对塑造美好心灵具有重要作用。你们提出加强美育工作,很有必要。做好美育工作,要坚持立德树人,扎根时代生活,遵循美育特点,弘扬中华美育精神,让祖国青年一代身心都健康成长。"

美育研究开始步入正轨,相关论著越来越多。20世纪80年代美育研究的一个标志性事件是1981年《美育》杂志的创刊,该刊物由湖南人民出版社(后改为湖南文艺出版社)美育编辑部编辑,至1988年终刊,共出版46期,有效地促进了美育的研究。查中国期刊网,1978年至1990年间,以"美育"为题名的论文有541篇,以"审美教育"为题名的论文有132篇,1991年至2000年间,这一数量分别增至1781篇和547篇,2001年至2011年9月,相关论文数量更是激增为4808篇和2164篇。著作方面,以中国国家图书馆的藏书为例,1949年至2011年的美育类相关著作共有632本,其中,1949年至1978年的美育著作仅有两本,为温肇桐的《新美术和新美育》(1951)和蔡迪的《美育和体育》(1954),20世纪80年代以后数量开始增多,仅80年代就有92本。

总体来看,美育著作大体可以分为如下几种类型。

第一类涉及美育原理研究,此类又可分为两小类,第一小类从美育自身的特性出发,着重探讨美育的性质、对象、功能、任务、原则和实施途径等问题,如杨恩寰主编的《审美教育学》(辽宁大学出版社1987年版)、仇春霖主编的《美育原理》(中国青年出版社1988年版)、彭若芝编著的《美育简说》(教育科学出版社1988年版)、杜卫的《美育论》(教育科学出版社2000年版)、易健的《现代美育研究》(南方出版社2000年版),等等。第二小类出现于20世纪90年代,这些著作更为自觉地进行美育理论的建构,提出了"美育学"的概念,如蒋冰海的《美育学导论》(上海人民出版社1990年版)、杜卫的《现代美育学导论》(暨南大学出版社1992年版)、杜卫的《美育学概论》(高等教育出版社1997年版)和《美育论》(教育科学出版社2014年版),曾繁仁等著的《现代美育理论》(河南人民出版社2006年版)和《美育十五讲》(北京大学出版社2012年版)等,皆属此类。

  第二类为美育类教材,此类著作数量最多,尤其是1999年美育纳入教育方针之后,成为学校教育的必修课程,教材更是层出不穷。这类著作一般分成两部分,第一部分先讲述美学原理,如美的本质、审美范畴、自然美、艺术美等问题,第二部分讲述美育理论、艺术欣赏等问题。以王英杰主编的《美育基础教程》(机械工业出版社2009年版)为例,该书内容包括美育理论综述、形式美、社会美、自然美、科学技术美、艺术美综述、造型艺术美、综合艺术美、语言艺术美、表演艺术美等,差不多即是上述两部分的组合。此类写作模式对苏联的美育类教材有所借鉴,如1975年出版的苏联德廖莫夫等编的《美育原理》(人民教育出版社1984年版)分为三编,第一编讲美学(美学的对象和任务、审美意识的本质、审美范畴等),第二编讲艺术(本质、种类、风格流派),这两编是美学原理讲述的内容,第三编讲美育(原则和任务、自然界和美育、美育和劳动、行为美和生活美学、教学过程中的美育、课外活动中的美育、家庭美育等)。

  第三类为美育实践类著作,主要是学校教育中的美育研究,涉及少儿美育、中学美育、大学美育等,此类著作非常多,如樊美筠的《儿童的审美发展》(台湾爱的世界出版社1990年版)、颜学琴的《儿童少年美育全书》(中国青年出版社1991年版)、楼昔勇的《幼儿美育》(华东师范大学出版社1992年版)等。再如赵伶俐主编的"跨世纪美育科研成果书系"(西南师范大学出版社2000年版),包括《大美育系统论》《幼儿园美育系统论》《小学美育系统论》《中学美育系统论》,后三本即属此列。此外还有金雅、郑玉明的《美育与当代儿童发展》(浙江少年儿童出版社2017年版)。"大学美育"类教材数量亦非常多,如章新建的《大学生美育》(甘肃科学技术出版社1988年版)、杨辛的《大学美育》(水利电力出版社1989年版)、王德岩等的《大学美育讲义》(清华大学出版社2010年版)、陆元贵编著的《大学美育十讲》(安徽文艺出版社2010年版)、郑杰主编的《大学美育教程》（西南交通大学出版社 2012 年版）、金昕的《当代高校美育新探》（商务印书馆 2013 年版）、何静主编的《大学美育》（解放军出版社 2015 年版）、张建主编的《大学美育》（高等教育出版社 2017 年版）、黄高才的《大学美育》（北京大学出版社 2018 年版）等。此类著作还包括各门课程与美育的相关研究。如王海龙等著的《语文教学·审美教育》（大众文艺出版社 2008 年版），张天喜等著的《语文美育教学论》（陕西人民教育出版社 2008 年版），刘荧主编的《灵魂的在场：语文审美教育研究》（江苏人民出版社 2010 年版），成瑞荣的《高中语文审美教育研究》（吉林文史出版社 2016 年版），郭振琪的《音乐审美教育》（东北师范大学出版社 2017 年版），张丽彦的《学校体育审美教育概论》（辽宁教育出版社 2017 年版），崔伟、张岩的《大学生音乐审美教育与心理健康》（东北师范大学出版社 2017 年版），姚连乔编著的《音乐审美教育研究》（黑龙江教育出版社 2017 年版），熊芳芳的《语文审美教育 12 讲》（华东师范大学出版社 2018 年版），等等。

第四类为中西美育思想史研究。这类研究自 20 世纪 80 年代末展开，至今成果颇丰，对于中西方美育思想进行了深入挖掘与探讨。中国古代美育思想的研究著作包括，许有为编著的《中国美育简史》（甘肃科学技术出版社 1988 年版），单世联、徐林祥的《中国美育史导论》（广西教育出版社 1992 年版），聂振斌的《中国美育思想述要》（暨南大学出版社 1993 年版）和《中国古代美育思想史纲》（河南人民出版社 2004 年版），袁济喜的《传统美育与当代人格》（人民文学出版社 2002 年版），祁海文的《礼乐教化——先秦美育思想研究》（齐鲁书社 2001 年版）和《儒家乐教论》（河南人民出版社 2004 年版）等。钟仕伦主编的《魏晋南北朝美育思想研究》（中国社会科学出版社 2006 年版），钟仕伦、李天道主编的《中国美育思想简史》（中国社会科学出版社 2008 年版），卢政、祝亚楠的《魏晋南北朝美育思想研究》（齐鲁书社 2015 年版），贺卫东的《先秦儒家"诗教"美育思想研究》（科学出版社 2017 年版），曾繁仁主编的《中国美育思想通史》（全九卷）（山东人民出版社 2017 年版）等。

中国近现代美育思想的研究著作包括：姚全兴的《中国现代美育思想述评》（湖北教育出版社 1989 年版）和《审美教育的历程》（上海社会

科学院出版社 1992 年版)、孙世哲的《蔡元培鲁迅的美育思想》(辽宁教育出版社 1990 年版)、杨平的《多维视野中的美育》(安徽教育出版社 2000 年版)、杜卫的《审美功利主义:中国现代美育理论研究》(人民出版社 2004 年版)、赵伶俐、汪宏等的《百年中国美育》(高等教育出版社 2006 年版)、谭好哲、刘彦顺等的《美育的意义:中国现代美育思想发展史论》(首都师范大学出版社 2006 年版)、刘彦顺的《走向现代形态美育学的建构》(山东文艺出版社 2007 年版)、郭勇的《蔡元培美育思想研究》(华中师范大学出版社 2011 年版)、金雅的《蔡元培梁启超与中国现代美育》(中国言实出版社 2014 年版)、张正江的《新中国美育发展研究》(人民出版社 2014 年版)、吴丹的《丰子恺与中国现代美育研究》(湖南人民出版社 2014 年版)、汪宏的《现当代中国美育史论》(北京师范大学出版社 2016 年版)、马芹芬的《越文化视野下的蔡元培及其美育思想》(中国社会科学出版社 2017 年版)、李清聚的《蔡元培"以美育代宗教"思想研究》(中央编译出版社 2017 年版)、肖晓玛的《杜威美育思想研究》(武汉大学出版社 2018 年版)等。

西方美育思想的研究著作包括涂途的《西方美育史话》(红旗出版社 1988 年版)和《欧洲美育思想简史》(暨南大学出版社 1995 年版)、陈育德的《西方美育思想简史》(安徽教育出版社 1998 年版)、李天道主编的《西方美育思想简史》(中国社会科学出版社 2007 年版)、岳友熙的《追寻诗意的栖居:现代性与审美教育》(人民出版社 2009 年版)等。此外,还有中西美育思想的比较研究,如杨家友的《席勒与蔡元培的审美教育思想比较研究》(湖北人民出版社 2009 年版)等。

第五类为泛美育类著作,美育理论、艺术欣赏、艺术教育等都涵盖在内。如方珊主编的"新世纪美育系列丛书"(河北少年儿童出版社 2003 年版),包括郑新兰的《天籁之声的奏鸣:音乐美》、王旭晓的《造化钟神秀:景观美》、王志敏和崔辰的《声音与光影的世界:影视美》、牛宏宝的《形与色的魔幻:绘画美》、林叶青的《粉墨话春秋:戏剧美》、杨桂青和赖配根的《文与字的神韵:文学美》、方珊等的《多维的视象:雕塑美》、方珊的《诗意的栖居:建筑美》、方珊和王志钧的《技与艺的魅力:设计美》、宿志刚的《光影的诗篇:摄影美》、刘秀乡的《动作的旋律:舞蹈美》、丁伯奎的《线的艺术语言:书法美》、方珊的《新世纪美育》等。曾繁仁主编的"艺术审美教育书系"(河南人民出版社2004—2005年版),包括张涵的《艺术生命学大纲》、马龙潜和杨杰的《知识经济与审美教育》、聂振斌的《中国古代美育思想史纲》、祁海文的《儒家乐教论》、王伟的《当代美国艺术教育研究》、王小舒和凌晨光的《审美艺术教育论》等。

概而言之,当代中国的美育研究在美育理论、美育思想史、美育实践等诸方面进行了深入研究,取得了丰硕的成果。

二 美育的本质观

美育的本质、内涵、特点、功能、任务、意义,美育与德、智、体育之间的关系,美育与艺术教育的关系等问题,是美育研究中经常讨论的基本问题。以几本美学原理著作为例,蔡仪主编的《美学原理》第九章"美感教育",论及了美感教育的作用、特点和意义。蒋培坤的《审美活动论纲》第十章"审美教育",探讨了美育理论的形成和发展、美育与人的塑造和美育的特点等问题。叶朗主编的《现代美学体系》,介绍了审美教育的内涵、特征、实施原则、综合指标及个性审美发展与审美教育的实施等问题。杨恩寰主编的《美学引论》第十三章"审美教育",探讨了审美教育的概念、内涵、功能等问题。朱立元主编的《美学》第六编"审美教育论",考察了美育观的历史,美育的内涵、目的及特点,美育的功能及实施等问题。美学原理中对美育的讨论大体不出以上几个基本问题。下面以美育的本质为研究重点,来看当代中国美学界对这一问题的具体观点。

20世纪70年代末80年代初,国内学者对美育的看法主要还受苏联政治美学与工具论的影响,认为美育主要是进行阶级斗争与培养共产主义世界观的工具,将美育视为德育的附庸,将美育直接等同于艺术教育。80年代以后,学界逐渐摆脱了认识论与工具论的框架,美育研究步入正轨。如1981年出版的《美学》第3卷上,发表了周扬的《关于美学研究工作的谈话》,文中第四部分专论美育问题,题为"重视审美教育,加强美育研究"。其中观点虽还透着工具论意味,如指出"我们美育的内容要宣传社会主义,批判封建主义和资本主义",但其视野已相当开阔,对美育的功能与意义进行了全面的肯定，指出美育和德、智、体之间的关系是相辅相成，却又不可替代。周扬还认为"美育的形式应是多种多样的，不要把美育搞得太狭窄了"，并提出要重视学校美育工作。无疑，这些观点对美育研究及美育实践都有着积极的促进作用。同期发表的还有赵宋光的《论美育的功能》、洪毅然的《论美育》和聂振斌的《蔡元培的美育思想》三篇美育论文。赵宋光在文中提出了"立美教育"，论述了"以美引真"的教学方法。洪毅然的文章强调了美育的重要性，分析了美育与德育、艺术教育之间的关系，并分析了学校美育、社会美育和家庭美育的问题。洪毅然认为美育虽以艺术为基本手段，但美育与艺术教育不能简单等同。这也是此后美学界的普遍认识。

1984年，蒋孔阳发表了《谈谈审美教育》一文，对审美教育进行了五点规定：第一，审美教育是一种娱乐的教育。他以孔子的"游于艺"和康德、席勒的"游戏说"为论据，提出应当重视游戏，重视人的娱乐生活。"重视人的娱乐生活，在娱乐生活中去培养人的审美爱好，去引导人，将人提高，应当是审美教育的一个重要内容。"[①] 第二，审美教育是一种爱美的教育。第三，审美教育是一种情感的教育。第四，审美教育是一种人品的教育。第五，审美教育归根结底是一种艺术的教育。他认为娱乐、爱美、情感和人品等方面的教育最集中地落实到艺术教育上。就这五个方面而言，蒋孔阳对艺术教育论述最多，似最重视。不过，由于所提第一点"娱乐的教育"在此前严肃得近于刻板的文化环境之下，实发人之未敢发，令人耳目一新。又加之当前关于"休闲文化""日常生活审美化"等问题与之相关，所以这一点常被单提出来，"娱乐说"遂成为关于审美教育本质的一种观点。

有一种观点认为审美教育是情感教育。王国维、蔡元培等人皆持此说。蔡元培提出："人人都有感情，而并非都有伟大而高尚的行为，这由于感情推动力的薄弱。要转弱而为强，转薄而为厚，有待于陶养。陶养的

[①] 蒋孔阳：《谈谈审美教育》，《红旗》1984年第22期。

工具,为美的对象,陶养的作用,叫作美育。"① 就是在主张美育是情感教育。这种观点亦为新时期以来的众多学者所接受。如蔡仪主编的《美学原理》中,提出美感教育的重点是情感教育。曾繁仁在《试论美育的本质》一文中,同样认可美育是情感教育的观点,他认为情感教育论从根本上为美育确立了独立的领域。曾繁仁提出:"美感体验就是人类艺术地掌握现实的一种特殊的能力,即情感判断的能力,或者叫做审美力。而我们所说的美育,就是旨在通过美的形象的手段,培养人们具有这种对于客观现实的情感判断能力和审美能力。"② 在另一部著作中,曾繁仁进一步把审美教育的本质表述为:"美育作为情感教育,不同于一般的情感教育,而是一般非功利、非认识而以自由和创造力为特征的情感教育。"③ 王世德在《美育教程》的导言中亦提到:"审美教育,主要是一种情感教育。它的主要任务是要塑造和形成人们优美、高尚、健康、丰富的感情、趣味、心灵、精神境界。"④

美育本质论的另一重要观点是美育的感性说和生命说。感性说从一种宽泛的意义上来界定美育,其理论基础由来已久,根源于西方文化中的知、情、意三分,由于美学主掌感性一面,所以审美教育是一种感性的教育。而对于生命意识的强调,一方面借助的是中国传统理论资源,另一方面是西方现代美学,包括叔本华、尼采以及存在主义等哲学思潮,它们推崇生命意识,批判现代性的弊端。杜卫所持的即是这种观点。他在《感性教育:美育的现代性命题》一文中指出:"感性是一个贯通了肉体和精神的个体性概念,它以情感为核心,所以美育被不少学者界定为'情感教育'。但是,由于从严格的意义上讲,情感只是感性的一种形式,不可能包含感性这个概念的丰富内涵,因此,还是把美育界定为感性教育更为合适。由于感性涵盖了贯通肉体与精神的广阔领域,因此,作为感性教育的美育具有丰富的内涵与外延。与传统的美育'陶冶论'不同,作为感

---

① 蔡元培:《美育与人生》,载《蔡元培美学文选》,北京大学出版社 1983 年版,第 154 页。
② 曾繁仁:《试论美育的本质》,《文史哲》1985 年第 1 期。
③ 曾繁仁、高旭东:《审美教育新论》,北京大学出版社 1997 年版,第 123 页。
④ 王世德:《美育教程》,成都出版社 1990 年版,第 2 页。

性教育的美育应该是一种发展论。"① 杜卫认为，首先，感性意味着生存的具体性，意味着重申以人的目的，强调个体的人的重要性。其次，感性意味着人的"肉体性"，即强调审美活动的生理基础。再次，感性意味着生命活力。感性以人的本能冲动和情感过程为特征，感性的发达意味着生命活力的充沛。樊美筠从理性与感性之间的关系以及西方现代文化对感性的压制出发来探讨审美教育，她认为："审美教育能够解决人的感性……所谓解放人的感性，主要是指美育能够将人的感性从理性的长期压制下解放出来。而美育之所以能够做到这一点，和它上述的感性品格有关。美育作为一种感性教育，是以人们对对象的直接感知为基础的，也是以人的感性不断敏感和丰富为目的的。"② 此外，王德胜在《当代中国文化景观中的审美教育》一文中，从人的全面发展的角度对审美教育与人的生命意识的关系做出了阐释。他认为，强调人的生命意识的全面开发，是当代审美教育的根本目的。③ 徐碧辉在《美育：一种生命和情感教育》一文中，从培养人的生命意识的角度对美育的本质进行了规定，她认为："美育本质上是一种生命教育和情感教育。……总之，美育是对人的生命本身进行塑造，使之更加完美合理的一种教育。"④ 美育本质的感性教育说与情感教育说相比，前者更为具体，落实到对于主体审美能力的培养。

此外，还有美育本质的人道主义说与人文精神说等，此处不再展开。⑤

三 中西美育史研究

如上所述，20世纪80年代末以来，学界对中西美育思想史进行了深入的研究，相关成果非常多。此处选择其中几本著作加以论述。

聂振斌对中国美育史多有研究，他在1993年即出版了《中国美育思

---

① 杜卫：《感性教育：美育的现代性命题》，《浙江学刊》1999年第6期。
② 樊美筠：《美育作为感性教育初探》，《苏州大学学报》1998年第3期。
③ 王德胜：《当代中国文化景观中的审美教育》，《文史哲》1996年第6期。
④ 徐碧辉：《美育：一种生命和情感教育》，《哲学研究》1996年第12期。
⑤ 以上对美育本质的论述，对谭好哲、刘彦顺等著的《美育的意义：中国现代美育思想发展史论》中的相关篇章有所参考。

想述要》，2004年又写出了《中国古代美育思想史纲》。前者对从古代以至近代的美育思想进行了概述，后者对中国古代的美育思想进行了深入的研究。以后者为例，对于中国古代美育，该书提出了这样的看法："中国美学史，从某种意义上说就是中国美育思想史。因为中国古代的先贤们谈美、谈艺术，大都是从教育的目的出发，以鉴赏的眼光，注重美和艺术的功能、作用，以便用于教育实践，而不愿对美和艺术作纯学术研究，一般地都不去追问美和艺术的抽象本质，而是追求一种美的自由境界，或塑造一种超尘脱俗的高尚人格。"① 该书将礼乐视为中国美育的源头，高度肯定礼乐在中国美育史上的重要作用。在引论部分，聂振斌论述了礼乐文化的起源，礼乐在西周教育中的功能和意义，春秋初期礼乐理论的形成以及相关理论（如礼与仪、乐的关系，和与同、美与善、气论与阴阳五行），礼乐文化与艺术的原创精神等问题，对礼乐文化进行了深入的探讨。接下来，该书将先秦至清代的美育思想分成"原本篇：儒家美育思想及道墨法的批判"和"发展篇：儒道释并行互渗与美育思想的发展演变"两个阶段，第一阶段为先秦诸子时期，第二阶段为由汉至清。作者将儒家美育思想视为中国古代美育的主导思想。书中提出："从美育的角度而言，惟有儒家积极提倡、充分肯定，并贯彻在自己的教育的实践中，其他各家或者未涉及，或者虽涉及却持批判否定态度。"② 基于此种判断，"原本篇"以五章篇幅，对儒家代表人物孔子、孟子、荀子及儒家经典《易传》《乐记》的美育思想进行了深入的研究，尤其对孔子在美育思想史上的地位给予高度肯定。而道、墨、法三家则合为一章，探讨了此三家对儒家美育思想的批判。"发展篇"对各个时代的论述，是以"儒教"为中心建立的，如各章标题所示："儒教独尊与两汉美育思想""儒教失落与魏晋南北朝美育思想""儒教复兴与隋唐五代美育思想""儒教的本体追求与宋元美育思想""儒教的内在冲突与明清美育思想"。由于作者认为中国美学史从某种意义上就是美育思想史，所以纳入美育思想范围的，除了历朝各代与礼乐教化有关的论述外，其他多为诗论、文论、书论、画论等文艺

---

① 聂振斌：《中国古代美育思想史纲》，河南人民出版社2004年版，第1页。
② 同上书，第37页。

理论。以宋代美育思想为例，作者前两节对宋代的风教及艺术审美思想进行了概论，然后分别探讨了书法理论、绘画理论、欧阳修和苏轼的文论、理学的审美教育思想、宋代的诗话以及元好问和方回的诗文理论。显然，这种写法与中国美学思想史是很有共同之处的。另外，像钟仕伦、李天道主编的《中国美育思想简史》，钟仕伦主编的《魏晋南北朝美育思想研究》等著作，亦有着类似的写作方式，即将中国美育思想史差不多等同于中国美学史。

与聂振斌将儒家美育思想视为中国美育思想的主导不同，袁济喜在《传统美育与当代人格》一书中更倾向于儒道并重。比如作者在论述老庄的美育思想时指出："老子与庄子，是中国古代自然主义美育观的开创者。他们基于天道自然、任从真性的美育观，与儒家强调以仁为本、注重教化的美育观截然相反，从一个侧面揭示了艺术与审美是人的自由真性展示的命题。"[1] 该书分为三编，第一编概述了由上古以至明清的传统美育的发展历程，值得注意的是其中对"六艺之教"的由来及如何实行进行了分析。在第二编中，作者以传统人格为中心，对传统美育进行了多维透视，分别探讨了人格境界与审美精神、自然美与人格培养、艺术美与人格陶冶、传统美育与审美心理、传统美育的实施途径等问题。第三编考察了传统美育的现代转型问题，作者对传统美育在近代启蒙思潮中的功能与转变，美育在中华人民共和国成立之后面临的发展困境，以及美育在当代社会的遭际等问题展开了分析。作者对当代中国人的精神状况不无忧虑，并希图美育对于当代人格建构能够有所作为。

杜卫的《审美功利主义：中国现代美育理论研究》一书，把中国现代美学和美育理论置于20世纪中国思想文化的大背景下进行阐述，采用"接受—影响"的比较研究方法，选取了王国维、蔡元培、朱光潜三位美学家进行研究。该书认为三人的美育思想都体现了一种"审美功利主义"。"审美功利主义"是吸收了西方审美无利害观念和中国古代儒家、道家思想，又结合当时所面临的启蒙问题而形成的。审美功利主义不排斥审美与道德的内在联系，而是强调美育内在地涵养国人德性的作用。究其

---

[1] 袁济喜：《传统美育与当代人格》，人民文学出版社2002年版，第68页。

原因，是由于感性启蒙的出发点和归宿导致中国现代美育理论走向"审美功利主义"。

谭好哲、刘彦顺等的《美育的意义：中国现代美育思想发展史论》，共分三编，第一编以翔实的史料，论述了中国现代美育的历史进程及发展趋向。第二、三编以人物为线索，探讨了王国维、蔡元培、梁启超、鲁迅、王统照、张竞生、丰子恺、朱光潜、宗白华、李泽厚、蒋孔阳、曾繁仁等人的美育思想，挖掘了此前学界较少涉猎的人物，不乏开拓意义。该书对中国现代美育作了这样的论断："中国现代美育观念的滥觞，首先不是缘于对古代美育思想的继承和发扬，而是基于中国社会由传统的封建社会向现代化社会转型的历史动因，起于救亡图存、教育救国的时代局势，同时也得益于西学东渐的学术背景。就中国现代美育思想的具体观念和内容而言，首先是西方相关思想的移植和汲取，其次才是基于中国自身特殊的历史境遇和教育背景以及美学和艺术研究状况的改造、转化与创新。换言之，美育在中国是作为一项自觉设计的'现代性'工程浮出历史地平线的。从社会语境上看，它与中国社会的现代转型和现代化追求相匹配；从思想文化背景上看，它以对现代思想和学术的知识诉求为精神支撑。"[①] 作者以思想史的视野，从社会文化背景出发来把握现代美育，得出的结论是令人信服的。

第三节　应用美学的产生和发展

20世纪80年代的美学热，一方面是对五六十年代及十年"文化大革命"的一种反弹，它所探讨的"形象思维""人道主义"等问题，以及对现代西方哲学美学思潮的积极引入，对于摆脱极"左"思潮的思想禁锢，起到了思想启蒙的作用；另一方面又是对新时期社会思潮的一种回应，它激活并拓展了一些新的研究领域，应用美学即在其列。

[①] 谭好哲、刘彦顺等：《美育的意义：中国现代美育思想发展史论》，首都师范大学出版社2006年版，第3页。

一 应用美学研究概况

应用美学，或称实用美学，强调美学的应用性和实践性。应用美学是美学理论和相关学科的交叉，其领域非常广阔。如美学与科技结合即成科学美学、技术美学；美学与旅游结合即成旅游美学；美学与饮食结合便有了饮食美学、烹饪美学、餐饮美学；医学与美学结合便有了医学美学、护理美学；此外还有服饰美学、居室美学、商品美学，甚至人际交往美学、性爱美学等，不一而足。究其原因，其一，20世纪80年代的美学热激活了美学研究的热情，随着美学热的降温，一些研究者寻求美学研究的突破，转而诉诸实践性领域。其二，出于学科建设及专业课程设置的需要。如旅游管理学专业通常要开设"旅游美学"，这便促进了对旅游美学的研究及相关教材的编写，据不完全统计，自20世纪80年代以来，旅游美学的教材就有近40本。再如餐饮、酒店、服装等服务行业或设计类专业，大都会结合专业知识开设相关美学课程。其三，90年代的市场经济大潮，促动了美学对现实领域的关注，出现了诸如商品美学、市场美学、企业美学等研究对象。相关著作有王旭晓的《美学与市场营销》（春风文艺出版社1994年版）、[1] 张继升主编的《企业审美文化论》（山东友谊出版社2001年版）、王旭晓主编的《企业美学丛书》（河南人民出版社2008年版）等。[2]

总之，美学貌似进入了举凡衣、食、住、行等日常生活的各个领域，它的研究领域一下子扩大了。李泽厚在《美学四讲》中的观点可为典型，他将美学分为哲学美学、历史美学和科学美学三类，科学美学之下又分基础美学和实用美学，实用美学下面包含七个部类：文艺批评和欣赏的一般美学；各文艺部类美学；建筑美学；装饰美学（包括园林、环境、服饰、美容等）；科技—生产美学（涉及时空、运动、声光、机体结构、产品设

---

[1] 该书收入"泛美学丛书"，该套丛书共出版四本，其他三本为陈炎等著的《美学与社会犯罪》，徐宏力主编的《美学与两性文化》和《美学与电子文化》。

[2] 该套丛书共八本，包括：龚茜的《企业环境美学》、曹晖和修文举的《企业形象美学》、厉春雷的《企业品牌美学》、吕胜召的《企业员工美学》、王旭晓的《企业营销美学》、李旭茂的《企业管理美学》、徐良等的《企业服务美学》、李峻岭和王振亚的《企业产品美学》。

第十章　审美文化、审美教育与应用美学研究　537

计、生产流程等）；社会美学（涉及社会生活、组织、文化、风习、环境、保护、生态平衡等）；教育美学（包括德、智、体三育中的美学问题，艺术教育问题两大方面）等。① 将文艺美学、艺术门类美学、环境美学、审美教育、科技美学、日常生活美学等内容皆囊括在内，可谓庞杂之极。蒋孔阳将美学研究的对象区分为四类：各种自然现象、人工制造的各种产品、各种精神现象和道德现象、文学艺术作品。其中，人工制造的各种产品基本可视为应用美学研究的领域，"人工制造的各种产品，包括工艺品在内，小至日常生活中的用品，如衣服、桌子、饭碗、茶杯等，大至工业上的产品，如汽车、轮船、飞机、机器和厂房等，以至现代技术美学所探讨的工作环境、技术设备等，也无不可以作为我们审美的对象，无不可以引起我们审美的感情和评价，因此，也无不可以作为我们美学研究的对象"。②

关于应用美学的研究对象，再以一些"应用美学"为名的著作为例。查中国国家图书馆网站，以"应用美学"和"实用美学"为主题的著作约有50部。由沈根涛、高文浩主编的《应用美学》（机械工业出版社1986年版）是最早出版的应用美学类著作，20世纪90年代以来，此类著作有增多之势。俞正山、王绪朗主编的《应用美学》（华中师范大学出版社1990年版）分为生活美学、生产美学、文艺美学三部分进行了论述。由曹利华主编、科学普及出版社出版的"应用美学丛书"是最早以"丛书"形式出版的应用美学类著作，该套丛书包括张凡编著的《美学修养》、史红编著的《饮食烹饪美学》、王世仁等编著的《建筑美学》、姚全兴编著的《胎教与美育》、曹丽华编著的《幼儿美育》、王鸿莲等编著的《小学美育》、梁捷等编著的《中学美育》、刘慕梧编著的《体育美学》等。美学基本理论、美育、建筑艺术皆囊括在内。刘泽民的《应用美学》（中南工业大学出版社2000年版），主要包括自然美、人的美、劳动美、环境美、服饰美、饮食美等。何林的《应用美学》（辽海出版社2000年版），以五章的篇幅探讨了美学基础理论、艺术美学、科技美学、生活美

---

① 李泽厚：《美学三书·美学四讲》，安徽文艺出版社1999年版，第445页。
② 蒋孔阳：《美学新论》，人民出版社1995年版，第28—29页。

学和景观美学。王文博主编的《现代应用美学入门》（中国纺织出版社2001年版）介绍了现代应用美学基础、环境美学、应用社会美学、实用艺术美学、表情艺术美学、语言艺术美学、综合艺术美学、人生美学以及现代审美的基本特征和趋势，突出了美与创造的关系。李萍、于永顺编著的《实用美学》（东北财经大学出版社2006年版）运用美学原理，研究作为生活用品、生活装饰品的商品与人们日常生活审美文化的关系，以及在经济活动中审美规律的掌握与应用。如生活环境的结构美、居室装饰的设计美、产品造型的技术美等审美应用问题。黄良主编的《实用美学》（重庆大学出版社2007年版）内容包括人体美学、服饰与着装美学、饮食美学、建筑美学、人际交往美学、环境美学、旅游美学、技术美学、广告与商品美学、审美教育、书法美学。高岭主编的《实用美学》（中央广播电视大学出版社2008年版），突出对生活美学中与生产生活紧密相关的实用性较强的各部门美学的研究，包括技术美学、旅游美学、服饰美学、居室美学、行为美学等。俞天鹏、亢春光主编的《实用美学》（西南交通大学出版社2009年版）分九章，包括什么是美、美的范畴、建筑美学、身体美学、服饰美学、广告美学、饮食美学、工艺美学、电影美学等。郁士宽主编的《现代应用美学基础》（同济大学出版社2010年版）分为九个单元，包括美学基本原理、人的美学、劳动与科技美学、环境美学、实用艺术美学、造型艺术美学、表情艺术美学、语言艺术美学和综合艺术美学。谷鹏飞的《应用美学学科模式研究》（人民出版社2008年版），在对国内外应用美学研究进行深入分析的基础上，建构起了应用美学的学科体系。该书对应用美学的学科背景、学科方法、学科内容和学科目标等问题进行了深入的研究。

可以看出，应用美学的研究领域并无定论，除了生活美学的各个方面之外，大多还将艺术门类美学包括在内，有的将审美教育包括在内。这就使得应用美学成了一个包罗甚广的领域。就其成果质量而言，许多是将美学基本理论和应用美学相关对象的简单比附拼凑，流于浅表，难有深度。这种情况，不可避免地造成了美学研究的泛化与浮化。也正因此，应用美学研究在20世纪90年代以后变得冷却下来。2010年至今，几乎没有相关著作出版。

二 技术美学研究

在应用美学的众多研究领域之中,技术美学尤为值得关注。绝大部分应用美学著作皆将技术美学视为主要研究对象之一,有的著作甚至只将技术美学作为主要研究对象,如仲国霞的《美学实用教程》(中国人民大学出版社1989年版)即是如此;金易等主编的《实用美学——技术美学》(吉林大学出版社1995年版)认为实用美学的主旨在于探讨技术与艺术的结合,"从技术领域的角度和观点探讨有关美的问题,把美学延伸到现代技术部门,特别是现代化的大规模的工业生产技术中,以满足人们对产品或商品的全面需要,特别是审美的需要"。[1] 凌继尧在《美学十五讲》(北京大学出版社2003年版)中同样将应用美学的研究对象归结为技术美学,认为应用美学主要研究"技术和生产中有关美的一切问题",特别是"艺术设计"问题。[2] 译著同样是一个佐证,据王旭晓和谷鹏飞的统计,在1980—2005年间,译介过来的应用美学著作共有67部,其中与技术美学相关的占到39部。[3] 由此,我们可以说技术美学研究是应用美学研究中的一大重点。

技术美学研究在20世纪80年代初的美学热的浪潮之中迅即展开。有一个重要的外部背景就是改革开放政策的提出及国家层面对科学技术的重视。"科学技术是第一生产力"成为当时最为响亮的口号。因此,技术美学研究的热起可以视为对此时代精神的快速呼应。在当时,著名科学家钱学森及美学家宗白华、李泽厚、蔡仪等都对技术美学研究给以大力支持。而技术美学研究的内部背景,或者说学术准备,则是西方美学界和苏联美学界对该问题的已有研究。正如有的学者所言:"这一学科既不是单纯从国外引进的舶来品,也不是国内学者闭门造车的杜撰。它的产生带有强烈

---

[1] 金易等:《实用美学——技术美学》,吉林大学出版社1995年版,第5页。
[2] 凌继尧:《美学十五讲》,北京大学出版社2003年版,第202页。
[3] 王旭晓、谷鹏飞:《我国应用美学:现状、问题与出路》,《中国人民大学学报》2006年第2期。

的时代特征,表明我国已经开始迈向社会主义现代化的历史进程。"[①]

技术美学的相关活动及研究成果集中于20世纪八九十年代。早在1983年,中华美学会及江苏、安徽和福建三省的科委就联合筹办了《技术美学》杂志。1984年,由安徽科学技术出版社开始出版《技术美学》丛刊。1986年,南开大学出版社开始出版《技术美学与工业设计》丛刊,译介各国技术美学的研究成果。1986年,国内出版了两部有关技术美学的专著,分别为涂途的《现代科学之花——技术美学》(辽宁人民出版社1986年版)和张相轮、凌继尧的《科学技术之光》(人民出版社1986年版)。凌继尧在一篇文章中提到:"技术美学作为一门科学在我国得到倡导和研究是80年代的事。我国第一批全面介绍技术美学的专著出版于1986年。此后10年中,技术美学的研究在我国得到一定的发展,我国学者在这个领域里出版的著作达80余部。"[②] 其他具有代表性的技术美学著作还有,徐恒醇的《技术美学原理》(科学普及出版社1987年版)、徐恒醇等的《技术美学》(上海人民出版社1989年版)、张帆的《当代美学新葩——技术美学与技术艺术》(中国人民大学出版社1990年版)、朱兰之主编的《技术美学原理》(经济日报出版社1991年版)、孔寿山主编的《技术美学概论》(上海科技大学出版社1992年版)、陈望衡主编的《科技美学原理》(上海科学技术出版社1992年版)、张博颖和徐恒醇的《中国技术美学之诞生》(安徽教育出版社2000年版)等。此处结合技术美学的著作及相关论文,就技术美学的概念、学科定位、研究对象、研究内容、研究方法、研究历史等问题加以分析。

(一) 产生背景及概念辨析

技术美学的产生是历史的必然。涂途分析了四个方面的原因:(1)与大规模的工业生产特别是与现代化的综合系统生产紧密联系在一起;(2)与现代文明社会对于劳动产品的审美需要日益普遍和提高相关;(3)与现代产品质量观念发生的变化有关;(4)与产品设计中的美学问

[①] 张博颖、徐恒醇:《中国技术美学之诞生》"导言",安徽教育出版社2000年版,第1—2页。

[②] 凌继尧:《我国的技术美学研究》,《江苏社会科学》1996年第6期。

题("迪扎因"即现代艺术设计)有关。① 也就是说,技术美学产生的大背景是西方产业革命以来的工业化生产。

技术美学的实践可以追溯至19世纪。19世纪中叶,英国著名的建筑师威廉·莫里斯和艺术理论家罗斯铿,被视为技术美学思想的先驱。他们看到了机器生产所具有的弊病,既导致产品艺术质量下滑,又摧残劳动者。他们的观点引起了社会对工业艺术的注意。1907年,德国成立了艺术和工业的联盟,该联盟的宗旨是通过艺术、工业和手工艺的共同努力,提高工业产品的质量。其结果是拉动了德国工业产品在世界市场上的竞争力。1919年成立的德国"鲍豪斯"奠定了技术美学作为一门科学的基础,其理论工作和实践工作对艺术设计的发展产生了巨大影响。第二次世界大战以后,由于"迪扎因"在制作高质量的批量产品的过程中的作用明显加强,各国政府开始注重迪扎因的发展,纷纷建立技术美学委员会。1957年,国际艺术设计协会理事会(又名国际工业迪扎因组织理事会)在瑞士日内瓦成立。

在英语国家,一般用"迪扎因"(design)来指称技术美学,而最早使用"技术美学"这一术语的,是捷克艺术家和设计师佩特尔·图奇内。图奇内所指的主要是劳动工具和生产设施的艺术设计的理论。在20世纪五六十年代,这一术语传入苏联,意义逐渐扩展,泛指关于工业艺术的一般理论。20世纪60年代,苏联美学界对技术美学的研究已是蔚为大观,不仅成立了全苏技术美学研究所,建立了技术美学信息中心,还创办了《技术美学》月刊,出版了《技术美学》丛刊。我国早期对技术美学的研究主要是受苏联学界的影响,如涂途的《现代科技之花——技术美学》和张相轮、凌继尧的《科学技术之光》即是如此。在苏联美学界,对技术美学的称呼亦不统一,有的称之为"工业美学",有的称之为"劳动美学""生产美学"。当时译介过来的苏联美学著作,如叶果洛夫的《美学问题》(上海译文出版社1985年版)中就提到了劳动美学的问题;奥夫襄尼克夫主编的《大学美学教程》(北京大学出版社1989年版)讨论了"劳动与生产的美学"以及"工业品艺术设计"的问题;诺维科娃的《劳

---

① 涂途:《现代科学之花——技术美学》,辽宁人民出版社1986年版,第4—15页。

动美学》(北京大学出版社1988年版)则是对"劳动美学"进行研究的专著。我国学界除了沿用这样几种不同的名称,还有的称之为"审美设计学"。①

细究起来,这几个术语的含义不尽相同,苏联美学界对劳动美学、技术美学、生产美学等概念进行了辨析。对于劳动美学,叶果洛夫认为它是马克思列宁主义美学的一个最重要的分支,它的研究对象包括劳动过程本身的美以及劳动工具和生产环境的审美价值。② 在他看来劳动美学主要关注的是劳动者的健康和需要,而不是局限于"技术与美"的问题。诺维科娃同样认为劳动美学和技术美学之间存在差异:"劳动美学与技术美学不同,后者主要研究工业艺术设计师活动的主要条件和特点,而前者研究整个物质生产体系中的审美活动。劳动美学研究审美活动在物质生产体系中的特点,研究对劳动的审美关系和劳动产品在社会物质文化中含有的审美价值,研究劳动在美感和整个社会的美学素养的形成和发展中的作用。"③ 对于生产美学,一般认为它专门研究生产环境,如厂房内的色彩调配,设备的布局、调整以及生产的节奏等问题。至于技术美学,一般认为技术美学是关于迪扎因的理论,是从社会学、经济学、文化史和心理学的观点研究迪扎因的综合科学。20世纪80年代初期,"人们对技术美学的认识又加深了一步,认为'技术美学是一门研究实物世界发展的一系列问题的科学学科','它的任务是在科学技术革新和社会、道德、审美演化的接合上揭示和阐释对象环境发展的基本规律性';'技术美总结了劳动工具和其他兼有实用性和审美属性的物品的批量生产实践,归纳了在生产范围内用现代工业方式按照美的规律掌握世界的经验';它'注意到技术和艺术的成就,综合分析了社会、经济、心理、生理、卫生等诸方面的因素,并且吸收了科学组织劳动……及工效学的研究成果'。这里不仅确认技术美学是一门将技术和艺术的成就综合运用于工业生产的科学,而且把技术美学的研究范围从产品的艺术设计扩展到整个生产活动,包括劳

---

① 如叶朗主编的《现代美学体系》即用此称。
② 叶果洛夫:《美学问题》,刘宁、董友等译,上海译文出版社1985年版,第80页。
③ 诺维科娃:《劳动美学》,左少兴、王荣宅译,北京大学出版社1988年版,第13页。

动的科学组织和生产环境的艺术设计"。① 总体来看,"技术美学"这一术语在我国学界得到了广泛认同。

(二) 学科定位

关于技术美学的学科定位,有三种说法。一是技术美学是美学的分支学科。李泽厚将美学分为基础美学和应用美学,技术美学即属于应用美学。钱学森亦持此论,他将技术美学视为美学的一个实用性分支,将其与小说美学、音乐美学、电影美学等部门美学列于同等地位。② 涂途提出:"从研究的对象——'美'来说,技术美学属于美学科学的一个分支,是把美学运用于所有的技术领域,使美学和现代技术相结合而产生的一个现代科学婴儿。"③ 凌继尧亦曾指出:"技术美学又是整个美学研究系统中的一个分支。"④ 二是技术美学是一门独立学科。涂途和凌继尧亦在其书中指出了这点,如涂途说:"作为一门独立学科的技术美学所应研究的主要问题和大致内容,却已日趋明确,它的体系和结构,也正在逐步形成和建立中。"⑤ 凌继尧提道:"技术美学作为一个独立的领域从美学中划分出来,这和美学对象的扩大有关。"⑥ 三是技术美学是一门交叉学科。持这一观点的人较多。钱学森在与张帆的交流中对技术美学的学科定位有了修正:"关于技术美学的学科特点,钱学森同志特别强调了'交叉性'的问题。他认为技术美学的主要课题是研究技术与艺术这两种东西的和谐、统一。所以,它离不开美学,也离不开技术科学,当然侧重面不一样……更重要的'交叉'是自然科学与社会科学的'交叉'。工业设计和技术美学中的经济效益、产品开发、消费反馈等等都是社会问题。工业设计作为创造性的思维就要综合考虑社会心理、社会消费、社会的审美趣味、企业的经济效益、产品的质量和成本、劳动效率等一系列因素。所以,工业设

---

① 金亚娜:《技术美学浅说》,《求是学刊》1986年第6期。
② 钱学森:《对技术美学和美学的一点认识》,《技术美学》(丛刊)第1辑,安徽科学技术出版社1983年版。
③ 涂途:《现代科学之花——技术美学》,辽宁人民出版社1986年版,第2页。
④ 张相轮、凌继尧:《科学技术之光》,人民出版社1986年版,第192页。
⑤ 涂途:《现代科学之花——技术美学》,辽宁人民出版社1986年版,第3页。
⑥ 张相轮、凌继尧:《科学技术之光》,人民出版社1986年版,第192页。

计、技术美学就不能不同劳动心理学、消费心理学、社会学、经济学等社会科学'交叉'。"① 徐恒醇亦认为:"技术美学不是一种狭义的门类美学,而是美学交叉学科的重要组成。"② 实际上,综合看来,技术美学的学科定位并没有前面所分析的文艺美学的学科定位那样复杂,以上三种观点并不矛盾,只是立论的角度不同而已。说技术美学是美学的一个分支,正如李泽厚的观点,是将美学视为一个理论加应用的大集合;说技术美学是独立学科,是考虑到技术美学有其独立研究对象、研究内容,具备学科属性;说技术美学是交叉学科,是因为技术美学牵涉众多领域。因此,涂途同时认为:"技术美学作为一门新兴的交叉学科,它的内容是与许多学科,如生产工艺学、光学、色彩学、声学、建筑学、人体工程学、环境保护学等等都有密切联系的。"③ 正如金亚娜所论的:"技术美学是一门综合性的科学,它是在技术、艺术、心理学、生理学、卫生学、工效学、仿生学、经济学和企业管理等多种科学的接合上发展起来的一门现代科学。……技术美学既属于生产文化的领域,又属于审美文化的领域,它既是一门具体的实用科学,又是一般美学研究的一个方面。这门科学所研究的问题一部分包括在一般美学之中(美的创造及这一过程中的审美活动),一部分超出了一般美学的范围(物质生产领域的一些特殊规律),它是一个与美学有着共同研究课题而又相对独立的新兴学科。"④ 这种观点代表了技术美学的综合性和交叉性。

(三) 研究对象和内容

涂途认为技术美学"主要研究人的一切生产劳动活动过程中,以及与此相关的一切技术领域中有关'美'的问题。……它的应用范围也在逐渐扩大,目前它已经渗透和被运用的领域不仅有建筑、商业、农业、外贸、运输、管理、服务、城市建设、环境保护,甚至还有医学和其他科学

---

① 张帆:《钱学森同志谈技术美学》,《装饰》1986年第3期。
② 张博颖、徐恒醇:《中国技术美学之诞生》"导言",安徽教育出版社2000年版,第11页。
③ 涂途:《现代科学之花——技术美学》,辽宁人民出版社1986年版,第27页。
④ 金亚娜:《技术美学浅说》,《求是学刊》1986年第6期。

第十章 审美文化、审美教育与应用美学研究　545

研究领域，这就远远超出了原来意义上的工业生产领域"，① 他在书中又总结道："技术美学的主要研究对象，概括说来不外两个方面的问题：一是关于劳动生产过程及其产品的美学问题，二是与此相联系的'迪扎因'即现代艺术设计问题。"② 在《科学技术之光》一书中，凌继尧认为技术美学"研究人周围的环境首先是劳动物质环境，以及劳动成果的审美改造和艺术改造的规律"。③ 他将其研究对象概括为六个方面："人体工程学、艺术设计（迪扎因）、标准化、鉴定、装饰材料的规范化和理论、方法论等问题。"④ 后来他又将其精减为三部分："技术美学包括工业设计、人体工程学和理论方法论三个组成部分。"⑤ 其中艺术设计（迪扎因）为技术美学的核心。徐恒醇认为："技术美学是研究物质生产和器物文化领域的美学问题的美学应用学科，也可以叫做设计美学或研究技术美的美学。"⑥ 张帆基本将技术美学等同于工业设计，他认为："技术美学所研究的内容：第一是工业设计中如何按照美的规律塑造产品；第二是工业设计中如何按照美的规律建造合乎人性的生产条件和环境。"⑦ 陈望衡等认为技术美学主要由两部分组成："一是产品设计美学。即研究产品的艺术设计问题。具体来说包括产品的审美法则、产品的审美构成、产品的审美性与功利性的关系诸问题。二是生产美学。主要是研究劳动生产活动中的美学问题，包括生产流程和劳动管理的审美设计，生产环境和生产工具的审美设计等等。除此以外，技术美学还研究一些有关生活环境、生活方式的审美设计。"⑧ 陈望衡等亦认为产品设计美学是研究主体。总体来看，上述学者普遍认为迪扎因是技术美学的核心问题。

涂途在《现代科学之花——技术美学》一书中以相当的篇幅研究了迪扎因。他首先分析了西方学者对迪扎因内涵的界定，介绍了世界范围内

---

① 涂途：《现代科学之花——技术美学》，辽宁人民出版社1986年版，第2页。
② 同上书，第23页。
③ 张相轮、凌继尧：《科学技术之光》，人民出版社1986年版，第166页。
④ 同上书，第198页。
⑤ 凌继尧：《我国的技术美学研究》，《江苏社会科学》1996年第6期。
⑥ 徐恒醇主编：《实用技术美学》，天津科学技术出版社1995年版，第1页。
⑦ 张帆：《技术美学的对象与功用》，《文艺研究》1986年第6期。
⑧ 陈望衡主编：《科技美学原理》，上海科学技术出版社1992年版，第35页。

形成的迪扎因的三种模式,分别是以德国文化哲学为基础的西欧模式、商业性的美国模式和接近于"生产艺术"的苏联模式。他指出:"无论是哪一种模式的'迪扎因',也无论对'迪扎因'持什么样的看法,都承认'迪扎因'主要是工业艺术中的一种特殊的专门的艺术设计创造活动,它要求创作者、设计者符合新的社会需要,共同创造出既经济实用又新颖美观的产品。"① 接下来,作者结合实例,从理论与原则的层面,探讨了"迪扎因"的特性和系统结构("迪扎因"具有实用性和审美性;自然、社会、人和文化是"迪扎因"所具有的重要因素)、"迪扎因"和产品的艺术造型、造型的形式美原则(反复和齐一、对称与均衡、调和与对比、节奏和韵律、多样和统一)、视错觉和艺术设计、人体工程学和艺术设计等问题。凌继尧在《科学技术之光》中同样论述了迪扎因的历史模式,他将迪扎因的原则概括为"效用+舒适+美",并将迪扎因的特点总结为四个方面:第一,它具有自觉的目的;第二,它具有原型或者原生材料,即具有供组合的客体;第三,迪扎因以组合的方法解决任务时,会在客体之间、客体内部或者客体外部建立新的联系;第四,迪扎因在组合原型时产生出质量效果。② 叶朗等认为迪扎因包含四层基本含义:(1)迪扎因是手段,即应用科技文明成果使人类生存环境审美化的必要手段;(2)迪扎因是一种新的审美形式;(3)迪扎因是一种审美活动;(4)迪扎因最终必然呈现为物化形态。他们提出:"迪扎因是主体的'意匠经营',是一种能动的创造性活动,但它不像艺术是为了创造审美意象,而是为了创造具有功能美的产品、工具和环境。……总之,迪扎因——审美设计既是精神的活动也是物质的活动,它是生活构成中不可缺少的一部分。"③

(四) 核心范畴

研究者普遍认同,技术美和功能美是技术美学的核心范畴。张博颖、徐恒醇在《中国技术美学之诞生》一书中指出:"技术美、功能美是技术美学中最为重要的核心范畴,正是由于有了它们的存在,技术美学才有理

---

① 涂途:《现代科学之花——技术美学》,辽宁人民出版社1986年版,第114页。
② 张相轮、凌继尧:《科学技术之光》,人民出版社1986年版,第251—260页。
③ 叶朗主编:《现代美学体系》,北京大学出版社1988年版,第399—400页。

由建立起自己不同于其他美学学科的理论体系。"① 他们在书中以专节对技术美和功能美进行了探讨。书中重点对李泽厚、徐恒醇、金亚娜、张帆、陈望衡等人对技术美和功能美的观点进行了论述。此处参考他们的研究，对该问题略加展开。

李泽厚对技术美的观点广为接受。在李泽厚的实践美学体系中，社会美占有重要地位。在李泽厚看来，美是合规律性和合目的性的统一，即真与善的统一，社会美是真成了善的内容，自然美是善成了真的内容。李泽厚将技术美视为社会美的一种重要类型，并对技术美给予足够的关注。他曾指出："美学界谈社会美时，很少谈技术美。其实，技术美是美的本质的直接的展现，技术美是社会美的深层的东西。研究社会美如果只停留在人的行为、道德所表现的美，这就未免太肤浅了。技术美现在首先表现在以大工业生产劳动为核心的社会实践的过程中，其次是表现在静态的成果即技术产品上，这两方面，技术美学都应当研究。"② 在他看来，技术美是以自由的形式对物质生产实践活动的肯定，或者说是肯定实践的自由的形式。徐恒醇等接受了李泽厚的观点，并进行了深化。在他们看来，技术美在于合规律性和合目的性的统一。技术美是附丽于物质功能的美，其审美价值并非直接来自产品的物质功能和效用本身，而在于形式所表现的技术文明的历史内容，它反映了产品的合规律性与合目的性的统一，以及人在创造历史中所取得的自由。"技术产品的物质功能体现着人的社会目的性，表现着人的社会目的性，表现着社会前进的历史内容。正是这种社会目的性特征才是技术美的本质。"③ 徐恒醇还强调了技术美学研究对美学本身（审美意识研究、美育等）以及对于社会的技术、工业发展的补益作用。张帆同样接受了李泽厚的观点，认为技术美的本质是合规律性与合目的性的统一，技术美是人的本质力量通过自由自觉的创造活动的感性的对象化。他还提出技术美的特征在于依存美和流动性的时代美。金亚娜对技术美和艺术美、自然美的关系进行了分析，她强调技术美是一种独立的

---

① 张博颖、徐恒醇：《中国技术美学之诞生》，安徽教育出版社2000年版，第131页。
② 李泽厚：《谈技术美学》，《文艺研究》1986年第6期。
③ 徐恒醇：《技术美学原理》，科学普及出版社1987年版，第57页。

美的形态:"技术美是产品功能显现时自然的力的美和工业艺术设计所产生的人工美的综合,这种美以功能性和艺术性的高度结合而别具一格。"① 陈望衡以宇宙和谐论、主客体关系论和审美活动论为理论基础,对技术美的本质,技术美与功利、物质、情感之间的关系进行了分析。②

徐恒醇等对功能美亦进行了研究。在《实用技术美学》一书中,徐恒醇等提出技术美的核心是功能美的观点,技术美"的价值取向是与产品的功能目的相联系的。也就是说,产品的形式往往是功能目的的表现,它的形式的更迭总是沿着从功能向形式转化这样一条轨迹。因此,我们可以说,技术美的核心是功能美"。③ 对于技术美和功能美的区别,徐恒醇认为:"技术美是从其审美价值的本源和构成形态上作出的界定,而功能美则是从其审美价值的表现和效用形态上作出的界定。前者是以合目的性(善)为中介对其合规律性(真)的观照,后者则是以合规律性(真)为中介对其合目的性(善)的观照。"④ 叶朗等同样认为功能美是审美设计学的核心范畴,他们将"实用、经济、美观"三位一体的整体美概括为功能美。"功能美是三种功能的全面实现,是产品、环境和人的相互关系的最优化。"⑤ 对于功能美的要义,他们指出:"功能美的核心,不是'物役人',而是'人役物',是人的物质的和精神的自由。"⑥

关于技术美学的研究方法,张博颖、徐恒醇在《我国技术美学之诞生》中提到了四种:跨学科综合研究、"三论"(系统论、控制论、信息论)、以审美经验为核心的哲学研究、实验的方法。此处不再展开。

概而言之,在中国美学界,技术美学是在20世纪80年代这一特定历史条件下所出现的一个研究领域和文化现象。它的理论资源基本取自苏联美学和李泽厚的实践美学,研究成果以此为基础,以介绍相关研究状况及构架理论体系为主。随着美学研究的降温,在90年代以后渐趋

---

① 金亚娜:《论物质生产领域审美文化的本体——技术美》,《求是学刊》1994年第2期。
② 陈望衡主编:《科技美学原理》,上海科学技术出版社1992年版。
③ 徐恒醇主编:《实用技术美学》,天津科学技术出版社1995年版,第90页。
④ 徐恒醇:《设计美学三题》,《天津社会科学》1999年第2期。
⑤ 叶朗主编:《现代美学体系》,北京大学出版社1988年版,第426页。
⑥ 同上书,第427页。

沉寂。技术美学的研究，有助于我们思考美学研究的边界问题，正如宗白华在 80 年代谈论技术美学时所说："懂得美学和艺术的不做科学技术，懂得科学技术的又不大懂美学和艺术，你缺一条腿，我缺另一条腿，你干你的技术，我干我的艺术。"① 这种情况在学科分工越来越细致的当下，无疑更为凸显。给我们的启示或许是，治美学者应该更加清醒地看到自己的学科局限性与研究对象的有限性。这种启示对于应用美学研究是同样适用的。

总结而言，审美文化研究在 20 世纪 90 年代异军突起，不仅美学原理吸收了审美文化的内容，而且中国审美文化与西方审美文化都得到了相应的研究，显示了审美文化的活力。它在兴起之初，有改写美学研究基本模式的企图，既影响了美学史的研究，又影响了美学理论的研究。但是随着审美文化研究在 90 年代以后的回落，现在看来，它更多是作为美学研究的一个视角及领域而出场的，因为广义的审美文化研究毕竟难以在原理性的哲学基础上有真正的推进。

审美教育始终是当代中国美学的重要组成部分，美学原理著作大多会开辟出"美育"一章加以论述，从而构成美学原理所具有的美、美感、艺术与美育四大块内容。欧美美学的原理性著作中并无专章探讨美育。美育在中国的独特地位，与蔡元培这位现代美学的开拓者对美育的倡导自是有关，自此以往，美学与美育常常承担着思想改造的社会性功能与政治学意义。同时，由于美育的教育学实践指向，这就使得美育研究呈现出一种复杂性。美育研究如何与教育体系接轨仍需探索。

应用美学突出美学的应用性和实践性，是美学接触大众的重要渠道，尽管应用美学的发展目前遇到了瓶颈，不过从通俗化、应用化的角度来看，20 世纪八九十年代的技术美学，其背景是工业生产。在后工业时代，网络技术、数字技术、人工智能等高新科技的发展可谓一日千里，超乎想象，由此带来了一系列新的美学问题，诸如网络文艺的审美性、人工智能的情感性及其艺术创作的评价等，也对美学研究带来了新

---

① 张帆：《宗白华谈技术美学》，《文艺研究》1986 年第 6 期。

的挑战。可能还是有一定的发展空间。美学的边界何在，美学如何与科技结合，美学如何与当下结合，美学如何与大众结合，仍是应用美学研究需要面对的难题。

第十一章

从"自然美""生态美学"到"环境美学"

从 20 世纪 50 年代末期开始,中国美学界就已经开始了对"自然美"(natural beauty)的集中探讨,该问题之所以如此重要,那是因为它被当做开启"美的本质"问题的钥匙。然而,在 80 年代中期之后,关于自然的美学追问却被逐渐悬搁了起来。当代中国本土化的"生态美学"、受到西方影响的"环境美学"兴起的历史缘由,恰恰是由于"历史的反力",20 世纪末期的中国美学主潮曾将自然的美学难题置于理论盲区之内,而今无疑就是复兴的时期了。朱光潜曾对"自然"的原本意义进行了澄清:自然的"本义是'天生自在','不假人为'的东西。因此,'自然'有时被看成和艺术对象(英文 Art 本义为'人为'),也有时被看成和社会对立(社会是人组成的)"。[①] 在美学讨论中所使用的"自然"这个术语,从广义上来说,的确被当做是作为人的认识和实践的"对象",亦即"全体现实世界",[②] 而从狭义上而言,则是指作为"自然界"的自然,这两重意义往往被混用,但是自然美意义上的"自然"则基本落脚到后一意义上面。

第一节 "自然美"作为本质钥匙

"自然美"问题,早在 20 世纪五六十年代"美学大讨论"当中,被

[①] 朱光潜:《论美是客观与主观的统一》,《哲学研究》1957 年第 4 期。
[②] 同上。

形象地从反面比喻为"绊脚石",也就是被正面当做美的本质问题得以解决的"钥匙"。正如朱光潜在1958年总结过去一年美学论争的成果时写道:"'自然美'对于许多人是一大块绊脚石,'美究竟是什么'的问题之所以难以解决,也就是由于这块绊脚石的存在,解决的办法只有两种:一种是否定美的意识形态性,肯定艺术美就是自然中原已有之的美,也就是肯定美的客观存在;另一种是否定美的客观存在,肯定艺术美和自然美都是意识形态性的,是第二性的。"①

按照朱光潜的理解,第一种就是蔡仪、李泽厚、洪毅然和其他参加美学讨论者所采取的办法,第二种则是朱光潜自己所采取的办法。朱光潜进而认定,这两种办法所依据的都是反映论原则,也就是"感觉反映物质世界"原则。但是,同样依据反映论,所得出的结论却是相反的,蔡仪、李泽厚与洪毅然一方"只是错误地把美摆在物质存在的一边",而朱光潜却在"感觉反映的原则"之上又加了"意识形态反映原则":"承认有感觉素材做它的客观条件,这感觉素材的来源是第一性的,但是认为只有这客观条件或感觉素材还只是原料,还不成其为美,要成其为美,就必须有艺术形象,在这艺术形象的创造过程中,意识形态起了决定性的作用。"②

所以,朱光潜的结论就是这样推出的:只有"客观条件"或只有"主观条件"都不能产生艺术,"艺术本身"就是客观与主观的统一,"美"作为艺术的特性,当然也是客观与主观的统一。然后,再从艺术美推到自然美,由此"自然美就是一种雏形的起始阶段的艺术美,也还是自然性与社会性的统一"。③ 当然,朱光潜所说的"艺术"并不是固态化存在的艺术品,而是被人能审美感知与创造出来的"意象",克罗齐的"艺术即直觉"论在此又内在占了上风,他所论的自然性与社会性的统一就是主客合一。由此可见,朱光潜的模式就是由一系列的等号构成:艺术=意象=美=主客观统一。但问题反过来,朱光潜又是如何理解"自

---

① 朱光潜:《美必然是意识形态性的——答李泽厚洪毅然两同志》,《学术月刊》1958年第1期。
② 同上。
③ 朱光潜:《论美是客观与主观的统一》,《哲学研究》1957年第4期。

然"及"自然美"的呢？

这就涉及朱光潜著名的"物甲""物乙"论。其实，朱光潜许多用语上所说的"自然"常常指未进入审美活动的对象（包括自然物），也就是实际具有知觉性质的对象，朱光潜称之为"物甲"。当然，进入到审美活动当中的既可能是艺术品，也可能是自然物，它们之所以成为"美"而非仅仅是美的材料，就在于都被感知为"意象"，朱光潜遂称之为"物乙"。然而，"自然美"之所以成为"美"，就在于自然物进入到了这种审美感知当中，从而成就了按照适宜的被知觉方式的知觉状态。朱光潜的悖论在于，他一方面认定"（广义的）自然与艺术"的对立，就在于"物甲"与"物乙"的对立，后者由于在感知中而将前者变成意象；但另一方面在论述"自然美"时，又认定"物甲"与"物乙"恰恰是相互融合的。这样，在对待"美"的总体观点与对待"自然美"的具体观点之间，朱光潜恰恰是自我矛盾的。

由此从朱光潜有争议的观点就可以得见，对于"自然美"问题的探索，就直接相关到20世纪五六十年代的"美的本质"之争。按照朱光潜趋于表面化的看法，主张"美在客观"的蔡仪、主张"美在客观性与社会性统一"的李泽厚皆采用"第一性"的办法，而主张"美在主客观统一"的他则采取的是"第二性"的办法。实际上，事实并非如此，被朱光潜视为使用了同一方法的蔡仪与李泽厚的"自然之争"才是更为根本性的。这意味着，将自然美视为纯客观与将自然美视为具有"社会性"的乃至就是实践的产物，这两种观点的冲突，才真正显露出当时中国美学的内在思路的迥异。而且，李泽厚的自然美思想，究其实质，所使用的也是"第二性"的办法，只不过他加到自然物上的并非朱光潜意义上的"意识（形态）"，而是人化的"社会性"抑或"（物质）实践"的属性而已。

前文已经指出，在当时的中国美学从"主客两分"模式出发所形成的争论，非常类似于苏联的理论模式，也就是"自然派"与"社会派"的对峙，对于苏联美学来说，自然美问题也恰恰成为两派分野的最显著的分界线。而在中国，高尔泰和吕荧的主张稍显简陋，彻底的主观派是根本无法解释自然美的问题的，毕竟，自然美的根源不能到主观心态当中去找寻。而善学好思的朱光潜的主客合一之说，他所倚靠的哲学基源也并不深厚，他不仅让自己的思想从反映论当中脱颖而出，而且也将李泽厚的自然美论视为是简单的反映论，都遵循的是"感觉反映物质世界"原则。然而，只有蔡仪的思想才能算得上真正纯正的反映论，而朱光潜的表面上的反映论难以遮蔽掉其"主观意识化"的本质，尽管他本人还是称之为"意识形态反映原则"，但事实却并非如此。

如此看来，只有朴实无华的蔡仪所力主的"客观唯一"与当时年轻激进的李泽厚所倡导的"实践美学"的早期形态，才能真正成就自然派与社会派的分立，这种思想交锋一直延续到20世纪80年代初期。当然，他们之间的争论具有原发性的焦点，就在于如何看待"自然美"的实质。前者强调客观性的思路，客观自然本身就具有美的"客观属性"。后者从"人化的自然"的人类学思想出发，认定美（无论是自然美还是艺术美）都是建基于人类的伟大实践活动基础上的，由此看到的"自然美"，就不可能是如蔡仪所见的那种"纯客观"的自然，也不可能是朱光潜所见的那种"意识化"的自然，而直接就是"人类实践活动"的产物。

李泽厚1959年发表于《人民日报》的文章《山水花鸟的美——关于自然美问题的商讨》，就转向了对于自然的关注，进而发展了他早期的实践美学观，或者说，从实践的角度解答了自然美的难题。他首先从历史发展的角度观之，"自然的美是变化的、发展的，是随着人们社会生活的发展而发展。随着自然不断被人的劳动所征服，从而自然与人们社会生活的客观关系越来越丰富复杂，它的美也变得丰富和复杂起来。当大自然不再是可怖可畏的怪物而是可亲可近的朋友，当山水花鸟不仅是劳动生产的对象而更是人们休息娱乐的场所、对象，而且这方面的作用越来越大的时候，人们就可以欣赏自然之美了"。[①] 将人的实践的历史观念纳入对自然美的理解当中，必然关系到如何理解"自然人化"的问题，这也是李泽厚与朱光潜的根本区分所在。李泽厚认定，要区分出两种所谓"人化"："客观实际上的'自然的人化'（社会生活所造成）与艺术或欣赏中的

---

① 李泽厚：《山水花鸟的美——关于自然美问题的商讨》，《人民日报》1959年7月14日。

'自然的人化'（意识作用所造成）"，[1] 李泽厚眼中的自然美是"社会生活"造就的，朱光潜眼中的自然美则是"意识作用"的结果。按照早期实践美学的观点，自然之所以成为自然，恰恰是来源于社会化而非肇源于意识化的。

在此，李泽厚与朱光潜所使用的都是"第二性"的办法，相形之下，只有蔡仪所采取的才是"第一性"的办法。这两种办法的根本差异，就在于自然美能否"离开人"而存在。蔡仪当然认定自然与自然美，无疑都是可以离开人而存在的，因而是从自然本身出发的"第一性"；而李泽厚与朱光潜却都认定这是不能脱离人的，因而是从人化出发的"第二性"的。然而，李泽厚敏锐地意识到，他与朱光潜的区分还在于如何理解"离不开人"，如果回到反映论视角，那么可以说，意识作用所造成的"自然的人化"是对社会生活所造成的"自然的人化"的"某种曲折复杂的能动反映"而已。更关键的区分在于，李泽厚自己所谓的"离开人"，也就是"离开人的生活，离开自然与人的客观关系"，离开这种关系自然美便不存在；而朱光潜的"离开人"实际上是"离开人的比拟"，所谓"离开人的比拟"就是"离开人的文化，离开自然与意识的主观联系"，[2] 自然美由此仍不失其为美，但这种观点却偏离了"人化"的实践观念。

应该说，随着实践美学成为20世纪80年代中国美学的主流，李泽厚的"自然的人化"观占据了主导。遗憾的是，蔡仪的自然美论在半个多世纪以来都被普遍忽视，但而今却又焕发出其新的魅力。这是因为，他早在40年代就认为"所谓自然美是不参与人力的纯自然产生的事物的美"，[3] 这非常接近于当代自然美学当中的极端一派，亦即所谓"肯定美学"（positive aesthetics）之"自然全美"的主张。

所谓的"肯定美学"的核心，就是认定"全部自然皆美"，从而在整体上具有一种试图否定艺术、否定自然内存在的人化因素的倾向，这是一

---

[1] 李泽厚：《山水花鸟的美——关于自然美问题的商讨》，《人民日报》1959年7月14日。
[2] 同上。
[3] 蔡仪：《新美学》，上海群益出版社1946年版，第194页。

种激进"反人类中心主义"的美学思路。根据加拿大美学家艾伦·卡尔松（Allen Carlson）的基本理解，"就本质而言，一切自然物在审美上都是有价值的"。[①] 这种"肯定美学"在审美上的推论，就可以归纳为：只要是对于自然的适宜或正确的"审美鉴赏"就是值得肯定的，对于自然几乎没有否定性的"审美鉴赏"，除非这种鉴赏是不适宜或不正确的。这意味着，对自然界恰当或正确的审美鉴赏基本上都是可以被肯定的，而否定的审美判断在其中很少或者根本没有地位。而蔡仪早就已认为，自然美多是"实体美"，所谓"实体美"主要是指"可感事物本身的美"，[②] 其美感大致伴随着快感并与快感紧密结合一致，这是自然美的特性之一。进而，蔡仪认为，"所谓自然美是显现着种属的一般性，也就是显现着自然的必然"，这是自然美的特性之二。[③] 所以，这种认定自然美显现着"自然的必然"的美学取向，较早肯定了全部自然界都是美的。换言之，它所肯定的是，所有"原始自然"（virgin nature）在本质上都具有审美价值，未被人类触及的自然界本身拥有"至美"的属性，自然要被"当做自然本身"来加以审美的对待。

这就直接关系到客观事物的美，例如自然美这种形态，到底有没有人力参与的问题，这也是20世纪后半叶中国美学几大流派发生分歧的一个具有源发性的场所。而必须看到，蔡仪的主张亦是非常辩证的，并没有通常被理解得那么简单，当时的争论就陷入诸如"最典型的癫蛤蟆是美的吗"这种非哲学的论争，这其实也是一种曲解。因为蔡仪一方面强调了自然是显现着种属的一般性，也就是"自然事物的本质真理的具体显现"，[④] 按照蔡仪的理解，这恰恰源于美原本是事物的"本质真理"的具体显现，所以他的"典型理论"在自然美领域并不能被简单化理解。蔡仪强调，自然美的特征就是不为人力所干预，也不是为了美的目的而创

---

① Allen Carlson, *The Aesthetics of Landscape*, London: Belhaven Press, 1991; Allen Carlson, *Aesthetics and the Environment: The Appreciation of Nature, Art and Architecture*, London: Routledge, 2000, p. 72.
② 蔡仪：《新美学》，上海群益出版社1946年版，第203页。
③ 同上书，第203—204页。
④ 同上书，第203页。

造。另一方面，他又明显受到了进化论的影响，并没有将所有的自然美都等量齐观，而是认为：以个体美来说，生物的美高于无生物，动物的美高于植物，高等动物的美高于低等动物，人的美高于高等动物，最后达到人格美的境界。这就显然不同于"肯定美学"将一切自然物等同观之的基本理念，这种欧美现代版本的自然中心主义的"齐物论"，尽管在当下看似更能赢得人心，但却并不符合实情，因为人与自然的关系毕竟是复杂和丰富的。

第二节 "自然的人化"成为主流

如前所述，20世纪五六十年代"美学大讨论"出现了四派，"客观派"（蔡仪）与"主观派"（吕荧、高尔泰），"主客观统一派"（朱光潜）与"客观性与社会性统一派"（李泽厚）。但实际上，主观派往往难以单独成为流派，且主观派只有高尔泰和吕荧两位，如果从逻辑体系上看，主观派的诗意感发并不足以形成系统的思想。无论是最早提出"四派说"的李泽厚还是朱光潜，后来其实都认定美学论争仅仅形成了三派而已。

然而，更概括地看，朱光潜的美学自身也难成体系，由于其逻辑体系更多是依靠对多种西方思想的阐发和综合而成的，所以难以"自洽"地形成美学体系。而且，朱光潜的主客统一派的追随者的身份一直是模糊的。胡经之对美学的基本看法可以说是最接近朱光潜晚期思想，但是他在自然美问题的看法上与朱光潜是有差异的。叶朗可能是最接近朱光潜早期思想的，该派在某种意义上可以被称为"意象派"，而今直接标举"美是意象"的叶朗的美学观念已然成为意象派的某种变体。朱光潜这一流派的早期的思想内核就是"意象"，但是他晚年已经扬弃了这一内核，并在早期思想基础上接受马克思主义的影响，从而走向了一种从强调"艺术掌握"到推举"艺术生产"的美学实践观。

可以看到，20世纪中国美学的两大基本学派，就是从40年代开始的"客观派"和从60年代开始的"实践派"，也只有他们对于自然美问题给予了相对完满的解答。当然，无论是蔡仪的客观派还是以李泽厚为代表的实践派，都是归属于马克思主义美学系统的，也都属于马克思主义"中国化"的产物。从这个意义上说，他们都是从马克思主义的基本原理当中阐发出来的两种基本思路，前者是机械地继承了马克思的唯物主义，后者继承的则是马克思的实践观念。然而，与苏联美学的"自然派"与"社会派"的对峙类似，可以说，蔡仪的客观派与"自然派"是极其类似的，但是李泽厚的实践美学却走出了早期的"客观性与社会性统一"的思路，并因为走进了实践的新天地从而与"社会派"拉开了距离。

从比较的角度来看，中国美学学派正是由于实践的观点而超出了苏联。李泽厚在20世纪60年代的关键突破就在于，从车尔尼雪夫斯基的"生活论"当中，引入了马克思本人的实践观。这种实践观主要是从《关于费尔巴哈的提纲》当中提取出来的，这既是与南斯拉夫"实践派"相对接近的地方（但是李泽厚更为关注狭义的生产实践，而并没有像南斯拉夫学派这样将实践的范围放大了），也是超出了苏联的美学论争的地方，后者在"自然派与社会派"之争后并没有发展出实践的观点，这也可能与中国传统思想注重实践的思维方式有关。与此同时，与苏联的美学争论仍类似的是，自然美问题成为两派论争的关键，自然美在中国被视为解决"美的本质"问题的枢纽，只不过从同一个马克思的理论源头里面，一方面可以阐发出"自然的人化"的思想，另一方面则又可以阐发出视自然仅仅为"客观化的自然"的思路。

所谓"自然的人化"的思想，其实是来自对青年马克思的《1844年经济学—哲学手稿》的阐发。李泽厚晚年曾这样明确概括自己的观点及其与诸家的差异所在："我反对美在自然、与人无关的论点；也反对将美等同美感，只与人的心理活动、社会意识相关的论点。我主张用马克思'自然的人化'观点来解释美的问题，认为人类的实践才是美的根源，内在自然的人化是美感的根源。"[①] 这一精确的概说，一方面反对了蔡仪的客观派的"无人的美学"，另一方面反击了朱光潜"美＝美感"的思想，认定实践才是美的根源，以"外在自然"的人化论美，以"内在自然"的人化来论美感。但可以看到，对于自然人化的根本理解，成为李泽厚哲

---

① 卫毅：《李泽厚：寂寞思想者》，《南方人物周刊》2010年第20期。

学美学的基石，对于自然美的基本理解，也成为李泽厚美学的"基源"。

那么，为何从20世纪80年代早期开始，从"自然的人化"来阐释自然美的思想，会在中国美学界位居主流呢？显然，这部分是由于实践美学本身逐渐成了主流，其自然美思想也就被广为接受了。从理论上看，这可以从实践派相对其他流派的差异当中得见。蔡仪的"客观派"思想，如果向自然方面加以推演，可以得出"美在自然"的结论。这种"美在自然"认定美就在于客体自身，而无须到审美主体上去寻，客观的自然本身就具有"美的性质"。朱光潜的"美是主观与客观的统一"的观念，重在审美主体与审美客体之间的互动，正是在这种互动当中产生了美，这种思想其实在80年代至今的美学界都是被基本接受的。而实践美学的更为高明的地方，就在于提出了这种主客统一的本源到底在哪里。不同于朱光潜的那种"共时性"地去分析主客一体，更不用说他将美感与美的主客统一视为内在一致，李泽厚则从"历史性"发生的角度，提出了美的本源在于人类的实践。

然而，实践美学的"自然观"，却要面临这样的直接质疑：如果说，社会生活中的美当中存在"社会性"没问题，但是自然美却最麻烦，美的客观性与社会性在其中难以得到统一。在李泽厚的成名文章也是参与美学讨论的第一篇论文即于1956年发表的《论美感、美和艺术》中，他并没有对自然美的难题给予解答，但是他很快意识到这个问题对于其理论的重要性。在1957年的《美的客观性和社会性——评朱光潜、蔡仪的美学观》这篇文章当中，李泽厚已经意识到自然美的确是最麻烦的问题，特别是对于他的客观社会派观点而言。

这就涉及从20世纪五六十年代开始的典型性的区分："社会美"与"自然美"之分，当然还有"艺术美"与前两种美共构成了"美的类型"，艺术、社会与自然亦恰恰成为当时中国美学原理的基本领域划分。蔡仪在1981年《美学原理》座谈会上的讲话当中，再度重申"自然美在自然本身"，这是由于，"自然事物的美要同社会美区分开来。自然事物的美是指天生的自然有的，所谓天生的，是说不受人的影响的"。[①] 如此

---

① 蔡仪：《谈自然美》，《美育》1982年第2期。

看来，实践美学与客观派美学的差异就在于：前者认为自然美就在于自然物的"社会属性"，而后者则认为自然美就在于自然物的"自然属性"，这似乎又回到了60年代的"自然性与社会性"之辩了。的确，关于"自然物的社会性质"问题，对于蔡仪的自然美的观点而言是"最弱的一环"，因为他根本拒绝社会性质；而对于朱光潜自然美观点则是"最强的一环"，因为无论是中华人民共和国成立前的"移情论"还是中华人民共和国成立后的"社会意识论"，都将美仍看做主观意识作用于自然的结果；然而，李泽厚的"社会性"却并不是主观意识作用的结果，而是"人类社会生活的自然"与"自然物本身所具有的属性"的统一。

李泽厚较早确定了这样的事实，"自然美既不在自然本身，又不是人类主观意识加上去的，而与社会现象的美一样，也是一种客观社会性的存在"。[①] 显然，他当时反对的是各持一端的片面观点，朱光潜一方认为自然本身无美，美只是人类主观意识加上去的，蔡仪一方则认为自然美在其本身的自然条件，而与人类毫无关系。李泽厚更形象地描述，蔡仪是"见自然物不见人"的美学，而朱光潜则是"见人不见自然物"的美学，这种区分在当时被广为使用。而在朱光潜看来，他与李泽厚的分歧就在于，他所说的美的社会属性属于"美的形象"，起于社会意识形态，而李泽厚所说的美的社会性属于"自然物本身"，也就是与自然叠合的"社会存在"，但是李泽厚并不赞同这种归纳。论争的另一方蔡仪则认为，无论是朱光潜还是李泽厚都是唯心主义的，都没有真正地确立唯物主义的基本准则。朱光潜也曾批判洪毅然，反对美只取决于自然事物的属性（这是反映的因），而他的论证却是，叫做艺术品的那个外物（这是反映的果）上有美，就足以证明美不只取决于自然事物的属性。这里的混乱就在于——美取决于果，不取决于因，而无论是蔡仪还是洪毅然恰恰都倒置了逻辑。[②]

李泽厚的基本观点在于，自然物在人类社会存在之后，就已经同

---

① 李泽厚：《美的客观性和社会性——评朱光潜、蔡仪的美学观》，《人民日报》1957年1月9日。

② 朱光潜：《"见物不见人"的美学——再答洪毅然先生》，《新建设》1958年4月号。

时是一种"社会存在",美的自然物之所以美并不由于自然物的自然属性,而是由于自然物的社会属性。朱光潜由此对李泽厚的批判也很深入:既然自然物同时是一种"社会存在",这在李泽厚的美学系统里是基本出发点,但是矛盾却在于,因为自有人类社会之后,自然就变成社会存在,那么世间一切都是社会存在了,自然与社会也不用区分了——自然有了社会意义,它就同时是经济基础和社会生活了?① 这种反驳的确抓到了李泽厚的要害,于是就形成了一个著名例证的争论:月亮究竟如何成为美的,既然月亮公认为不是人化的产物,实践与非实践的双方在此又相互摩擦,实践派一方只能以"广义的实践"之类来加以辩护。

但是,更为有趣的例证,则是关于货币和国旗"自然的社会性"的问题之争。货币的例子间接来自马克思的经典论述,而国旗的例证则是由何其芳明确提出的——国旗为何才美?李泽厚却认定这个例子举得并不合适:其一,货币与国旗都是人工产品,不能代表自然;其二,它们都具有符号的性质,符号与所代表的事物之间只是"约定俗成"的关系而并非必然的关系。自然与它的社会性之间的关系,就是货币与所代表的价值的关系,就像国旗与所代表的国家之间的关系一样。更重要的是,国旗的例证容易使人混淆两个问题:五星红旗作为国旗的美与五星红旗所以会选定为国旗,② 后者就包括"形式美"的问题在内,而李泽厚基本上是就前者的主要内容来言说的。所谓"红面黄星"的问题,就是于自然美之外但又与自然美相关的"形式美"问题。但是国旗的美,并不在于这红面黄星显现了普遍种类属性的对称之类的法则,而是"这块红布黄星本身已成了人化的对象,它本身已具有客观的社会性质、社会意义,它是中国人民'本质力量的现实',正因为这样,它才美"。③

---

① 朱光潜:《论美是客观与主观的统一》,《哲学研究》1957 年第 4 期。
② "新建设"编委会编:《怎样进一步讨论美学问题》(座谈记录),《新建设》1959 年 8 月号。
③ 李泽厚:《美的客观性和社会性——评朱光潜、蔡仪的美学观》,《人民日报》1957 年 1 月 9 日。

从 20 世纪 80 年代开始，将自然美视为"人的本质力量"实现的观点，就作为实践美学观的一种延伸而在"讲坛美学"当中蔚为大观。这就又涉及人与自然的关系，从这种基本关系来看待自然美的问题是当代中国美学所持的主要视角之一。张庚 1959 年发表的文章《桂林山水——兼谈自然美》，就曾提出"人与自然之间的关系的变化"才使自然"变成美"。① 李泽厚则更为深入地阐释了这种关系论："我所了解的自然的社会存在正是指自然与人们现实生活所发生的客观社会关系、作用、地位，而并不是什么'与自然迭合'的抽象的社会存在"，"自然美的社会性知识是自然物的社会性的一部分或者一种。即对人有益、有利（善、好）的社会性质"。② 按照这种历史的观点，李泽厚认为，"自然物的社会性"实际上是人类社会生活所客观地赋予它的，它是人类社会存在、发展的产物。所以从关系论的角度看，人类与自然的关系有多么复杂丰富，那么，自然的社会性就有多么复杂丰富，这就是社会关系向自然关系的投射。当然，为了避免反对者对于这种机械投射的指责，李泽厚自我辩护说，这种不同的自然物的社会性，在生活中的地位、作用、关系也是不同的；有的直接，有的间接；有的明显，有的隐晦；有的重要，有的不重要；有的这个时期重要，有的那个时期重要，所以才造成了它随着人类社会变化而变化，并且造就了自然美的欣赏的种种类型，所以文人雅士的咏月咏梅就远不如原始时代那种简单明显与生产发生直接功利关系了，而是十分隐蔽复杂曲折远非表面就能看出来。

按照李泽厚 1959 年发表的正面文章的观点，从自然史与人类史交互的关联角度，他认定"整个自然的美，因为社会生活的发展造成自然与人的丰富关系的充分展开（这才是所谓'自然的人化'的真正含义），就日益摆脱以前那种完全束缚和局限在狭隘直接的经济实用功利关系上的情况，而取得远为广泛同时也远为曲折、隐晦、间接、复杂的生活内容和意义了"。③ 更为关键的是，李泽厚进而区分出两种"人化"——客观实际

---

① 张庚：《桂林山水——兼谈自然美》，《人民日报》1959 年 6 月 2 日。
② 李泽厚：《关于当前美学问题的争论——试再论美的客观性和社会性》，《学术月刊》1957 年 1 月号。
③ 李泽厚：《山水花鸟的美——关于自然美问题的商讨》，《人民日报》1959 年 7 月 14 日。

上的"自然的人化"（社会生活所造成）与艺术或欣赏中的"自然的人化"（意识作用所造成）。自然之所以成为美，是由于前者而不是由于后者。[①] 实际上，也不能忽视社会心理条件在自然美中的重要作用，客观社会性的原则不能简单地套用，对于任何一个自然物或者自然美的社会性说明，都要做具体的细致分析。

然而，李泽厚仍回到"实践美学"的原点来看待这个问题，也就是回到生产的关系来看待自然美。他认定，自然与人发生的关系主要是生产的关系，人首先是对于社会圈直接相关的东西产生兴趣并发生美感。因而，自然美的"自然的人化"的意义，就是通由人类实践来改造自然，使自然在客观上人化与社会化，从而具有美的性质。李泽厚在这一点上，就与朱光潜、高尔泰后来接受"人化的自然"说所论的"人化的自然"不同，他们用同一个词汇的意义还是指社会意识的作用与结果。朱光潜说"自然'人化'了……是由于显示了他的'本质力量'"，这个本质力量代表了人在一定历史阶段的文化水平，高尔泰说："艺术中的自然是人的自然，自然中的自然是自然的自然。艺术之所以比自然可贵，就因为它是人的，而自然，除了它自己以外，便再没有别的了。"[②] 这类推崇艺术与美的理想的观点的确是普遍存在的，"客观现实中的自然美，特别是人类社会生活中的美，因为有种种现实条件的限制"，所以不见得都能够完全实现出来，因为美的理想并不一定都是美的事实，而艺术却能够将美的理想直接实现出来。[③]

但是，这种倾向于主观论的自然观在 20 世纪 80 年代之后却并不占据主导，更多的观点还是倾向于实践论，但更多仍是重复五六十年代的观点。朱彤认为，要"把自然形象与人的社会关系，看做他的社会性"；[④] 施昌东认为，"当人们看到某些自然景物具有与人类社会生活的

[①] 李泽厚：《山水花鸟的美——关于自然美问题的商讨》，《人民日报》1959 年 7 月 14 日。
[②] 高尔泰：《论美感的绝对性》，《新建设》1957 年 7 月号。
[③] 蒋孔阳：《简论美》，《学术月刊》1957 年第 4 期。
[④] 朱彤：《美学，深入自然形象吧！》，见朱彤《美学与艺术实践》，江苏人民出版社 1983 年版。

美相类似的特征时,就感到它美"。① 在那个时代,自然美的两种形态被明确区分了开来,一种就是"人化自然之美",另一种则是"未经人化自然之美"。可见,即使是实践派内部也是有分歧的:一种观点认为"未经人化"的美,即使没有人们的直接改造,也是人的社会性投射上去的;另一种观点则认为,"人化自然之美"在于社会性,"未经人化自然之美"则在于自然性。前一种论者如陈望衡就认为,"自然美就存在于人化的自然之中。未经人化的自然是谈不上美的。自然美的实质乃是人的美"②;后一种论者如杨安仑就认为,"未经人化的自然之美,其美的本质是没有什么社会性的","太阳的美就在于由它的自然性所构成的自然形式和自然形象"。③ 当然,更重要的成果是区分出自然美的两种形态,如表4所示。④

表4

第一态	第二态
未人化的自然	人化的自然
未经劳动加工	经过劳动加工
观照对象	实践对象
潜在功能、效用	功能、效用已被发现、发掘
客体性状诱发主体行为	主体行为改变客体性状
发现:偶然超过必然	开发:必然压倒偶然
与人的关系浅短	与人的关系深远
使用价值	使用价值、价值

在20世纪80年代初期,关于"自然美"的探讨还延续了五六十年代的余绪,但是这种热情随着对"美本质"问题追问的衰微而逐渐衰落。尽管如此,关于"自然美欣赏"的问题仍得到了女性学者们的关注,罗

---

① 施昌东:《山水何以美?》,《文汇月刊》1983年第1期。
② 陈望衡:《简论自然美》,《求索》1981年第2期。
③ 杨安仑:《自然美论两题》,《美育》1983年第1期。
④ 萧兵:《自然美的两种形态——着重论述未经劳动加工的自然美》,《淮阴师专学报》1982年第2期。

筠筠的《自然美欣赏》对于自然美欣赏的诸多形态多有分析,[①] 王旭晓主编的《自然审美基础》不仅概述了自然美的范围、特征、生成、类型、拓展等内容,而且还阐释了自然美与绘画、音乐、文学、环境、美学理论等方面的关系。[②] 20世纪末之后,随着对于"自然美学"研究的热情高涨,原来的美学研究者们对于自然美的问题重新加以反思。这可以用实践美学内外的两种不同的反思为例证。

在实践美学的内部,同属于实践派的杨恩寰,继续思考了如何解释未经过改造的自然形态之美的问题。为了弥补这个理论漏洞,实践美学曾认为,要将实践所造成的人与自然的关系"根本转变",来作为判断自然之美的根本标准。这种人与自然关系的整体转变,就是指自然事物经过人的改造将其有害性转变为无害性乃至有益,以此作为评判自然事物之美的尺度。然而,这种关系的根本转变本身却没有确定的标准尺度,这仅仅是在"以善释美",而并不能成为美的标准。所以由此出发,杨恩寰提出新的界定,自然美就是人的"审美发现","这就是具有审美素质、能力、经验,作为先在条件发现的,类似艺术美,发现就是创造"。[③] 而审美能力、经验和素质,可以通过审美活动和审美教育而养成,其最原始的和最深刻的根源应在于"物质生产实践",这就又回到了实践美学的基点,并在此基础上重新对"自然美"进行审视。

这种对实践观的内部批判,其实是指出了实践美学更深层的矛盾,也就是它过分强调生产实践对"自然的征服与改造",过分强调自然对象"合目的性"的一面,而没有注意表述人的实践"合规律性"一面,尽管实践美学始终重申"合目的性与合规律性"是相互统一的活动。杨恩寰认为,更为正确的表述应该是:实践对自然界的"适应、顺应与改造、构建相统一的活动"。当代的实践美学的各种变体,其实都在采取这种方式,一方面坚持了实践美学的最基本原则,另一方面又在自然美之类的观点上进行了适度的调整。

---

① 罗筠筠:《自然美欣赏》,山西教育出版社1997年版。
② 王旭晓主编:《自然审美基础》,中南大学出版社2008年版。
③ 杨恩寰:《美学问题随想》,《美与时代》2010年第6期。

在实践美学外部，自然美问题也得到了一定程度的发展。胡经之的基本美学观点，尽管更多直接继承自朱光潜，但他还是认为，自然之美的存在，不只存在于朱光潜所说的"意象"中，而且也存在于人的"生活"中。自然之美，是"自然进入了人类生活而显呈出来的一种人生的价值。自然美只存在自然和人类发生了联系，在和人的关系中才生长和显呈出来，但这不是人的创造，而是自然本身向人的生成"。[1] 这其实也是一种生活美学论，这是因为，从现实的角度看，人既在社会中生活，也在自然中生活，自然必定是被人化了，人从自然中来又回归到自然；从历史的角度看，天工造物与鬼斧神工，有的要亿万年才能生成，进入人类的生活之后，人与自然发生了审美关系，天然之物也就成为审美对象。

这些都说明，在"生态美学"与"环境美学"兴起之后，"自然美"的问题需要从各个角度加以重新反思，正如刘成纪在《自然美的哲学基础》的新著当中所言："重新定义自然美，一方面依托于对自然生命本质的发现，另一方面依托于对人与自然关系的重新定位。人作为自然界中一种特异的生命，他既生存于世界之中，又生存于世界之外。他存在的本性既被自然限定，又具有认识、改造自然的强烈冲动。依照这种人与自然关系的两面性，哲学的历史基本上是在自然本位论和人类中心主义之间摆动的历史。"[2] 这意味着，在新的时代对"自然美"的重新定位，既要接受"自然本位论"那种将人作为自然有机构成的思想，视自然为人的家园，又要反对人有权为自然立法的"人类中心主义"的冲动，从而在新的基石上来看待自然美的难题。

按照"生态美学"的基本理解，"自然美"并不是实体之美，而是关系之美。曾繁仁认为，这意味着，自然美不是主客二分的客观的"典型之美"也非主观的"移情之美"，而是处于生态系统中的关系之美。从这种理解出发，面对"自然美"，实践美学认定它是一种认识论模式的"自然的人化"之美，生态中心论则走向了"自然全美"的极端结论，而改由"生态存在论"的新视角来看，自然美更应被视为"诗意的栖居"的

---

[1] 胡经之：《美学伴我悟人生》，《美与时代》2010 年第 2 期。
[2] 刘成纪：《自然美的哲学基础》，武汉大学出版社 2008 年版，第 295—296 页。

"家园之美"。自然之美不是依附于人的"低级之美",而是体现人的回归自然本性的"本体之美"。与此同时,自然美也不是传统的凭借视听的静观的无功利之美,而是以人的所有感官介入的"参与美学",这是由于,自然审美所面对的活生生的自然世界本身就是三维与立体的,这也恰恰构成了自然审美与艺术审美的最重要的差异。

同样,按照"环境美学"的基本理解,自然美"归根结底是人的活动使自然之美展现出来,但人类并不是将所有的自然都归结为审美对象,并不是所有的自然都可以被化为审美对象的,作为审美对象的自然,必须是肯定人的生存、生活、人的情感的那部分自然"。[①] 实践美学的自然观的最重要缺陷就在于:从现实角度来看,所谓"自然的人化"并不都是美的,也可能带来环境污染;从理论角度观之,实践美学所强调的"合规律性与合目的性"统一的理论,实际上是以形式符合人的需要为标准的,这是出于人类中心主义的结论。中国的环境美学论者对于西方的"自然全美"论进行了深刻批判,进而在本土文化基石上提出了"自然至美论",认定自然才是人类生命之源、美的规律之源、审美创造之源。由此可见,对于自然美的阐释,在这 70 多年间的美学发展过程当中已经发生了重大的转变。

第三节 本土化的"生态美学"

从 20 世纪 90 年代开始,"生态美学"在中国美学界产生了广泛的影响,它不仅使得自然与生态问题重新成为美学关注的焦点,而且几成中国美学界的新的学派——"生态派",而且这个学派不囿于生态领域,在美学原理上亦有所拓展,从而提出了诸如"生态存在论"这样的崭新的美学思想。

正如美学这门学科一样,生态学也是舶来于西方的,这门学科最早是 1866 年由德国生物学家海克尔提出的。1973 年,挪威哲学家阿伦·奈斯

---

① 陈望衡:《环境美学》,武汉大学出版社 2007 年版,第 222 页。

提出"深层生态学",实现了生态原则从自然科学领域向人文科学世界的转化。这种人文生态学主张,对于"人类中心主义"进行彻底反思,认定自然本身就是有价值的,提出"环境权"与"可持续生存道德"诸种原则,主张"人—自然—社会"之间协调统一的系统整体性世界观。所以"生态论"的美学,就是将生态学原则应用到美学领域所产生的新的美学分支学科。

在西方学界,"生态学美学"(Ecological Aesthetics)主要兴起于20世纪90年代。在1990年,美国学者理查德·切努维斯(Richard E. Chenoweth)与保罗·高博斯特(Paul H. Gobster)共同撰写了《景观审美体验的本质与生态》一文,① 标志着生态学美学在西方的出现。然而,在中国内地出现的"生态美学"思潮,正如卡尔松私下所认定的那样,它可以翻译成"Eco - Aesthetics",与"生态学美学"并不相同但却取得了本土化的成就。

在汉语学界,最早使用"生态美学"这个词的是台湾学者杨凤英,他在1991年初的《建筑学报》发表了《从中国生态美学瞻望中国的未来》一文。而后,在中国社会科学院主办的《国外社会科学》杂志1992年第11、12两期连载了俄国学者Н. Б. 曼科夫斯卡娅的《国外生态美学》一文(俄文原文见于俄罗斯《哲学科学》1992年第2期),该文对于外国生态美学的本质论问题、批判问题与应用问题进行了深描。但是,"文艺生态学"的用法更早出现在1987年鲍昌主编的《文学艺术新术语词典》当中。第一篇有理论深度的文章出现在1994年,亦即李欣复发表的《论生态美学》一文,该文提出了要树立"生态平衡是最高价值的美""自然万物的和谐协调发展"和"建设新的生态文明视野"的三大美学观念。② 这个时期,从20世纪90年代初到该世纪末,正是生态美学的萌芽时期,该时期终结的标志性事件就是1999年10月海南作家协会主办了"生态与文学"国际研讨会,鲁枢元创办了《精神生态通讯》并一直延续

---

① Richard E. Chenoweth and Paul H. Gobster, "Nature and Ecology of Aesthetic Experience in the Landscape", *Landscape Journal*, Vol. 9, No. 1, 1990. 关于外国生态美学的发展,参见李庆本主编《国外生态美学读本》,长春出版社2009年版。

② 李欣复:《论生态美学》,《南京社会科学》1994年第12期。

至今。2001年在西安召开了首届全国生态美学研讨会，2003年在贵阳、2004年在南宁召开了第二届、第三届全国生态美学研讨会。目前为止，关于生态美学的会议已经主办过10次，其中三次还是国际学术研讨会，这表明了生态美学逐渐成为中国美学界的主流思潮之一。

"生态美学"的真正发展，还要等到21世纪逐步展开之后，在中国美学界出版了一系列的生态美学的专著与文集：徐恒醇的《生态美学》（陕西人民教育出版社2000年版）；曾永成的《文艺的绿色之思——文艺生态学论纲》（人民出版社2000年版）；鲁枢元的《生态文艺学》（陕西人民教育出版社2000年版）；袁鼎生的《审美生态学》（中国大百科全书出版社2002年版）；鲁枢元主编的《精神生态与生态精神》（南方出版社2002年版）；曾繁仁的《生态存在论美学论稿》（吉林人民出版社2003年版）；王诺的《欧美生态文学》（北京大学出版社2003年版）；邓绍秋的《道禅生态美学智慧》（延边大学出版社2003年版）；黄秉生、袁鼎生的《民族生态审美学》（民族出版社2004年版）；黄秉生、袁鼎生主编的《生态美学探索：第三届生态美学学术研讨会论文集》（民族出版社2005年版）；袁鼎生的《生态视野中的比较美学》（人民出版社2005年版）；章海荣编著的《生态伦理与生态美学》（复旦大学出版社2005年版）；曾繁仁主编的《当代生态文明视野中的美学与文学》（河南人民出版社2006年版）；鲁枢元的《生态批评的空间》（华东师范大学出版社2006年版）；张华的《生态美学及其在当代中国的建构》（中华书局2006年版）；胡志红的《西方生态批评研究》（中国社会出版社2006年版）；盖光的《文艺生态审美论》（人民出版社2007年版）；岳友熙的《生态环境美学》（人民出版社2007年版）；袁鼎生的《生态艺术哲学》（商务印书馆2007年版）；韩德信的《中国文艺学的历史回顾与向生态文艺学的转向》（人民出版社2007年版）；王立、沈传河、岳庆云的《生态美学视野中的中外文学作品》（人民出版社2007年版）；盖光的《生态文艺与中国文艺思想的现代转换》（齐鲁书社2007年版）；王茜的《生态文化的审美之维》（上海人民出版社2007年版）；张晓光的《生态美学视野下的现代文本》（吉林人民出版社2008年版）；周膺、吴晶的《生态城市美学》（浙江大学出版社2009年版）；曾繁仁的《生态美学导论》（商务印书馆2010

年版)。

徐恒醇2000年出版的《生态美学》是中国第一部生态美学专著,它不仅自成体系而且相当完备,标志着中国的生态美学研究一开始就有了较高的起点。徐恒醇对"人与自然和谐共生的生态文明时代"的呼吁,对生态美学的基本学科定位,都深刻地影响了其后的生态美学研究:"生态美学是以现代生态观念对美学理论的完善和拓展。它克服了传统美学主客二分的思维模式,强调了审美主体的参与性和主体对生态环境的依存关系。它真正体现了审美境界的主客同一和物我交融。生态美学的生产是历史的必然。它既是以生态价值观为取向对审美现象的规律的再认识,又是以人的生态和生态系统为对象的美学研究。它以人对生命活动的审视为逻辑起点,以人的生存环境和生存状态为轴线而展开,体现了对人的生命的现实关注和终极关怀。"① 由此可见,生态美学出现的意义,不仅仅在于对于生态问题的审美关注,而且还在于美学自身革新的意义,那就是对于传统美学主客二分的思维模式的反对,从而走向了一种更新的美学生态观。

生态美学的核心概念当然就是"生态美",徐恒醇认为,"所谓生态美,并非自然美,因为自然美只是自然界自身具有的审美价值,而生态美却是人与自然生态关系和谐的产物,它是以人的生态过程和生态系统作为审美观照的对象。生态美首先体现了主体的参与性和主体与自然环境的依存关系,它是由人与自然的生命关联而引发的一种生命的共感与欢歌。它是人与大自然的生命和弦,而并非自然的独奏曲"。② 然而,徐恒醇对于"生态"的理解却是广义的,他不仅仅将生态理解为自然生态,而且也将之理解为人心的生态,这是他与多数论者不同的地方,也是他受到《生态心理学》等专著影响的地方。他认为,人类的生态系统包含"自然生态""社会生态"和"文化生态"多个层面,在对生态系统的研究中,首先便涉及人的生态与心态的联系,这也揭示出构成人的生存状态的心理基础,人与自然的关系是通过人的生活环境和生活方式表现出来的。所以,

---

① 徐恒醇:《生态美学》,陕西人民教育出版社2000年版,导言。
② 同上书,第119页。

徐恒醇把生活环境和生活方式的"生态审美塑造和追求"作为实现人与自然和谐统一的现实途径,可见,他的生态美学本然具有了一种生活论美学的底蕴,所以他非常注重"生态美学"对人的生活环境、城市景观与生活方式等方面所具有的"实践价值"。①

那么,生态美学究竟持有何种崭新的"世界观"呢?按照徐恒醇的阐释,"生态世界观"恰恰是与"机械论世界观"相对立的,它的三大思想原则分别是"有机整体""有序整体"与"自然进化"的思想。② 更具体来解析,所谓"有机整体"就是指世界是由相互关系的复杂网络组成的有机整体,万事万物通过这种相互包含而取得相互的内在联系。从关系整体的有机联系看,每一事物都包含着其他事物,事物之间相互包含,所有事物也都包含在整个世界的复杂关系网络体系之中。所谓"有序整体",就是指世界是变化着的有序整体。这种整体上的有序状态,不能理解为事物的静态结构,而是事物内部力量与环境影响的外部力量的动态平衡。所谓"自然进化"就是指人类的价值和意义也包含在自然整体的自组织进化过程之中,这意味着,人类生命的价值和意义不仅存在于社会之中,也存在于同自然整体进化的关系之中,人的肉体组织和精神结构都是在与自然界的相互作用过程中形成的。总而言之,人类的健康生存和持续发展,都有赖于对自然有机整体的维护以及同自然界的和睦相处,这实际上就是"生态美学"原则的核心所在。

在生态美学逐渐得到全面展开的时期,曾繁仁的"生态存在论美学"观、袁鼎生的"审美生态"观、曾永成的"人文生态美学"观,成为"目前生态美学研究中已成体系、相对成熟且影响较广的几种代表性的生态美学观"。③ 如果从"生态美学"这个学科的逻辑发展来看,曾永成的"人文生态美学"观可以代表生态美学的初期形态,袁鼎生的"审美生态"观可以代表生态美学的中期形态,而曾繁仁的"生态存在论美学"

---

① 参见徐恒醇《生态美学》,陕西人民教育出版社 2000 年版,第四章"生活环境的生态审美塑造"、第五章"生态环境与城市景观"、第六章"生活方式的生态审美追求"。
② 徐恒醇:《生态美学》,陕西人民教育出版社 2000 年版,第 44 页。
③ 党圣元:《新世纪中国生态批评与生态美学的发展及其问题域》,《中国社会科学院研究生院学报》2010 年第 5 期。

观则成为中国生态美学最为成熟的总结形态。

曾永成于2000年的《文艺的绿色之思：文艺生态学引论》，既直接接受了生态哲学的启示，又显露出早期的生态美学研究仍被置于马克思主义美学的视野之内，而且也并未摆脱实践美学的内在影响。所以，这本书也被公认为是第一本自觉地以马克思主义的生态观为指导与主线展开的生态美学论著。这也就是说，这本专著的理论起点，就是马克思主义的生态观念，并以这种观念作为"最有生命力"的理论基础。曾永成真正关注的是青年马克思《1844年经济学—哲学手稿》当中所显露的生态观，他将之概括为"人本生态观""实践唯物主义人学及生命观""美学的生态学化""文艺思想中的生态思维"等，进而从文艺审美活动的生态本性、文艺生态思维的观念、文艺审美活动的生态功能、文艺活动与生态问题等诸多层面展开论述。当然，这本著作对于马克思主义的理解亦有所推进，因为他反对的恰恰是马克思有关人的本质"是社会关系总和的理解"，这"常常将社会性孤立起来，轻视自然对人的实践的基础性制约作用"，[1] 从而将本出自于自然科学的"生态"概念，通过对马克思经典著作的阐释，直接引入到文艺研究当中。

在"人文生态美学"观之后，袁鼎生的"审美生态"观，通过他的一系列专著如2002年的《审美生态学》、2005年的《生态视野中的比较美学》、2007年的《生态艺术哲学》也逐步呈现了出来。与曾永成主要以对马克思主义的援引作为主要理论来源不同，袁鼎生已经关注到了中西美学当中生态美学的资源，并对于二者之间的异同进行了比较。他认为，所谓"生态审美"可以分为三大层次：一是"生态审美活动圈层次"，它包括欣赏、批评、研究和创造四大活动；二是"生态审美氛围圈层次"，人们在审美时的趣味、追求不同，其效果也不相同；三是"生态审美范式圈层次"，生态审美的意识不同，所追求的目的也不同，即艺术求美、科学求真、文化求善、实践求益、日常生活求宜。进而，袁鼎生又从独特的"审美场"的概念出发，强调了采用生态方法研究美学所具有的科学范式的意义，认定科学审美是生态审美的中介，离开了这个中介，生态审美则

---

[1] 曾永成：《文艺的绿色之思：文艺生态学引论》，人民文学出版社2000年版，前言。

无法进行,最终形成了"生态审美场"的新观念。《审美生态学》以"生态审美场"为逻辑发展的终端,《生态视野中的比较美学》以"生态审美场"为历史进程的终点,而《生态艺术哲学》以前两本书的结尾为开端,展开了"生态审美场"之逻辑与历史统一的行程:在艺术审美生态化中形成生态审美场;在生态审美艺术化中,发展出生态艺术审美场;在艺术审美天化中,依次生发出"天性""天态""天构"的艺术审美场,进而形成"天化"的艺术审美场系列,从而系统而独特地建设了一种生态美学体系。

目前,中国的生态美学终于走向了成熟的时期,曾繁仁的"生态存在论美学"观可谓是最新时期的代表思想,它也代表了中国美学界对于生态美学的非常独特的理解,同时也引起了国外同行的积极关注。2010 年在北京举办的第 18 届世界美学大会,东西方美学名家齐聚一堂,根植于中国本土的"生态美学"与最初舶来于西方的"环境美学"形成了掎角之势,相关的专场研讨会就有"生态美学专场""环境美学专场""自然美专场"和"美学与城市文化专场"。有趣的是,加拿大著名环境美学家艾伦·卡尔松的发言《环境美学的十个转折点》,对于西方的环境美学进行了历史性的总结,其中的第十个也就是最后的发展阶段,就是进入到教材撰写和相关教育的阶段了。当时在与卡尔松的现场交流里面,笔者就指出"环境美学史"是到了该总结的时候了。

有趣的是,在中国自本生根发展起来的"生态美学",也到了总结自身的时候了。曾繁仁的《生态美学导论》在 2010 年的出版,就证明了中西双方的学术都发展到了同一历史阶段和相近的理论程度了。在曾繁仁看来,生态美学的产生的意义,首先就在于形成并丰富了当代的生态存在论美学观,从而打造出美学理论的"绿色原则";其次在于派生出著名的文学的生态批评方法;再次就是促进了生态文学的发展;最后则是有利于继承发扬中国传统的生态美学智慧。早在 2003 年出版《生态存在论美学论稿》的序言里面,曾繁仁就肯定地说"之所以重视生态存在论美学观",在于"认为这一理论命题研究的深入必将有助于我国当代美学学科的突破"。① 那么，如此说来，生态美学到底对于当代美学学科有哪些突破呢？

按照曾繁仁的归纳和总结，"生态存在论美学"的突破就在于以下六个方面。第一，在美学的"哲学基础"上的突破：由传统认识论过渡到唯物实践论，并由人类中心主义过渡到生态整体主义。马克思的唯物实践观及其所包含的存在论哲学内涵就是当代生态美学的哲学基础，这也是其相异于传统实践美学的认识论与人类中心主义之处。第二，在"美学对象"上的重要突破。生态美学在美学对象的重要突破，就在于对由人类中心主义所导致的"艺术中心主义"的突破，而明确表示生态美学是一种包含生态维度的美学，不仅包含自然审美而且包含自然维度的艺术与生活审美。第三，在"自然审美"上的突破。生态美学认为所谓审美是人与对象的一种关系，它是一种活动或过程，绝对不存在任何一种实体性的"自然美"。而且，自然审美是自然对象的审美属性与人的审美能力交互作用的结果，两者不能缺少任何一方，而绝对不是单纯的"人化的自然"。第四，"审美属性"的重要突破。生态美学不反对艺术审美中静观的特点，但却力主自然审美中眼耳鼻舌身的全部感官的介入，这就接近于当代欧美环境美学之中著名的"介入美学"的观念。第五，"美学范式"的突破。生态美学的范式已经突破了传统的形式的优美与和谐，进入人的诗意的栖居与美好生存的层面，它以审美的生存、诗意的栖居、四方游戏、家园意识、场所意识、参与美学、生态崇高、生态批评、生态诗学、绿色阅读、环境想象与生态美育等作为自己的特有的美学范式。第六，"中国传统美学"地位的突破。儒家的"天人合一"思想、《周易》有关"生生为易"、"元亨贞吉"与"坤厚载物"的论述，道家的"道法自然""万物齐一"，佛家的"众生平等"，这些丰富的古代生态智慧反映了我国古代人民生存与思维的方式与智慧，可以成为通过

---

① 曾繁仁：《生态存在论美学论稿》，吉林人民出版社 2003 年版，"序"。

中西会通建设当代生态美学的丰富资源与素材。[1]

按照曾繁仁的创见，在哲学观上，"生态存在论美学"从"人类中心主义"转到了"生态整体论"，从而使得面对自然的审美态度得以真正确立；在美学观上，从自然美是"人化的自然"转到"人与自然的共生"上来；在审美观的性质上，从人对自然的审美态度的单纯审美观，进而转化为一种"生态化"的人生观与世界观，这也是适应了中国新时期社会语境的新的人生态度。[2] 然而，《生态美学导论》并非一部仅仅折射出作者美学观的个人专著，而且，还是一部全面掌握进而深入理解"生态美学"的全面解析之作。在这种叙事格局当中，该书从生态美学产生的经济社会背景、哲学文化背景和文学艺术背景入手，以对整个"生态美学建设"的展望（包括学科建设与哲学基础、生态与环境美学的关联、未来发展与本土之路等问题）收官，从而"由低向高"地呈现出生态美学的整个架构。由此可以说，曾繁仁的《生态美学导论》已成了"中国生态美学"的总结性的力作，这也充分说明，全球化时代的中西方美学的进展节奏正在日趋一致。与在西方的生态学美学（相对于环境美学而言）居于边缘的地位不同，生态美学在当代中国美学界可谓是位居主流地位。曾繁仁的生态美学，正是建立在他独特的"生态存在论美学"的基础上的，《生态美学导论》由此夯实了它的哲学根基。在这种摒弃了主客体二元对立的认识论，运用生态学的整体主义观点来反对"人类中心主义"的哲学基石上，可以说整部《生态美学导论》都是围绕着这种美学的新构而展开的。

这部导论的丰厚与全面之处，就在于它采取了"史论结合"的基本结构，而并没有干瘪地阐释各种理论及其模式，而是将生态美学首先还原到历史流变当中。所以，《生态美学导论》详尽交代了两段相对完整的历史，那就是中西方共同成就的历史。第一段就是生态美学的"西方资源史"，作者的视角上溯到 18 世纪，从维柯的"原始诗性"论、桑

---

[1] 曾繁仁：《生态美学在当代美学学科中的新突破》，《中华文化报》2010 年 10 月 27 日。

[2] 曾繁仁：《生态美学导论》，商务印书馆 2010 年版，第 367 页。

塔耶纳的"自然主义"、杜威的"活的生物"思想再到车尔尼雪夫斯基的"生活—自然"美学，都一一做出细致梳理，进而将研究西方的重点放在两个"点"上：一个就是海德格尔"人在世界之中"的生态整体论、大地作为人的生存根据的观念、人与自然平等游戏的"家园意识"；另一个则是以约·瑟帕玛、艾伦·卡尔松、霍尔姆斯·罗尔斯顿、阿诺德·伯林特为代表的20世纪环境美学的最新思路。① 对于另一段历史，也就是"中国生态美学史"，作者则采取了"以点带面"的巧妙方式，对《周易》与儒家、道家与佛教的生态进行了深入的探讨。特别是对《周易》的"生生不息"与道家"天倪""天钧"思想的阐发，都做到了发前人之所未发，颇具理论新意与启发价值。② 在中西生态智慧的会通方面，曾繁仁将"天人合一"与生态存在论审美观相会通；以"中和之美"与"诗意的栖居"相会通；以"域中有四大人为其一"与"四方游戏"相会通；以怀乡之诗、安吉之象与"家园意识"相会通；以择地而居与"场所意识"相会通；以比兴、比德、造化、气韵等古代诗学智慧与生态诗学相会通，等等，从而试图建设出一种包含中国古代生态智慧、资源与话语，并符合本土国情的具有某种"中国气派与作风"的完整的生态美学体系。

在历史的纵向梳理的同时，《生态美学导论》对于生态美学的基本理论进行了横向的深度阐释。曾繁仁既阐发了在马克思主义传统当中所确立的基本生态思想，也确定了生态美学的基本理论框架，也就是以"生态系统的审美"作为生态美学的研究对象，以"现象学的方法"作为生态美学的研究方法论。③ 更能体现《生态美学导论》的理论建构的全面而深入的地方就在于，曾繁仁通过"以史代论""论从史出"的方式，梳理了生态美学的诸多基本范畴，这些范畴在作者那里既有综合而成的，也有援引一家的。在"生态美学本性论"当中，他就综合了从马克思到生态伦理学的各家的生态智慧，由此出发，"诗意的栖居"与"四方游戏"主要

---

① 曾繁仁：《生态美学导论》，商务印书馆2010年版，第143—208、303—367页。
② 同上书，第211—264页。
③ 同上书，第291—302页。

撷取自海德格尔,"家园意识"和"场所意识"则被作者赋予了中西合璧的阐发,"生态审美形态""生态文艺学""生态审美教育"也都成为生态美学当中的应有之义。

总而言之,作为中国生态美学的系统总结之作,曾繁仁的《生态美学导论》已经显露出其重要的存在意义,这恰恰是由于,"中国生态美学"经过了20多年的发展,已经走到了这关键一步了。《生态美学导论》的确是恰逢其时的"导论",在得以总结从而获得这个坚实的基础之后,生态美学正在开拓出更为广阔的新的学术空间。

近年来出版的生态美学方面的专著主要有:李庆本主编的《国外生态美学读本》(长春出版社2010年版),党圣元和刘瑞弘选编的《生态批评与生态美学》(中国社会科学出版社2011年版),刘彦顺主编的《生态美学读本》(北京大学出版社2011年版),曾繁仁的《中西对话中的生态美学基本问题研究》(人民出版社2012年版),程相占的《生生美学论集:从文艺美学到生态美学》(人民出版社2012年版),曾繁仁、格里芬编的《建设性后现代思想与生态美学》(山东大学出版社2013年版),曾繁仁的《生态文明时代的美学探索与对话》(山东大学出版社2013年版),程相占等著的《生态美学与生态评估及规划》(河南人民出版社2013年版),王茜的《现象学生态美学与生态批评》(人民出版社2014年版),赵凤远的《庄子的生态审美智慧解析》(山东人民出版社2015年版),曾繁仁的《生态美学基本问题研究》(人民出版社2016年版),卢政等著《中国古典美学的生态智慧研究》(人民出版社2016年版),曾繁仁和谭好哲主编的《生态美学的理论建构》(人民出版社2016年版),曾繁仁的《生态美学与生态批评的空间》(山东大学出版社2017年版),赵奎英的《生态语言观与生态诗学、美学的语言哲学基础建构》(人民出版社2017年版)。

第四节 "环境美学"的本土化

如果说,生态美学更多成为本土美学话语的话,那么环境美学的出现则更多受到了西方的直接影响。那么，环境美学究竟是如何从西方出现的呢？当代国际美学前沿问题，主要集聚在"艺术哲学""自然美学与环境美学"和"生活美学"这三个主要方向上。① 艺术哲学领域仍是（延续盎格鲁－撒克逊文化传统的）"分析美学"流派占据绝对的主导。然而，无论是自然与环境美学还是生活美学，都形成了对分析美学主流的反驳之势（显然，自然环境与日常生活都是艺术之外的研究对象），而且，中国本土的智慧在这两方面皆会做出自身的独特贡献。

"环境美学"主要是在英美及部分欧陆国家的美学当中产生出来的。而在整个20世纪的后半叶"分析美学"都是占据绝对主导的。正是在所谓的"后分析"的哲学语境当中，环境美学与生活美学得以先后出场。② 在黑格尔将美学直接等同于艺术哲学并压制"自然美"之前，美学还是具有非常广阔的领域的，在康德那里自然本身还在其美学体系当中扮演了重要的角色，然而20世纪分析美学具有统治力的传统却根本无视自然的存在。但是，这种发展最初主要是囿于欧美文化的语境，而对于环境的关注却早已成了东西方学界的某种共识。从环境美学史上看，罗纳德·赫伯恩（Ronald W. Hepburn）的那篇最初被收入1966年出版的《英国分析哲学》文集内的《当代美学与其对环境美的忽视》一文，③ 被认定是复兴环境美学的历史起点。

然而，从初建到全面建构时期的环境美学，更准确地说，主要还是聚焦于"自然"的自然环境美学，对于一种适宜的"自然审美"或者"自然鉴赏"的寻求成为焦点，其中最早的代表作就是艾伦·卡尔松的《鉴

---

① 在2006年6月召开的"美学与多元文化对话"国际学术研讨会上，与时任国际美学会主席的海因斯·佩茨沃德的交流当中，他就认为，从当下的美学最前沿的问题来看，将艺术哲学意义上的美学、自然美学意义上的美学（即英美学界中的"环境美学"）和作为日常生活的"审美化"的理论的美学区分开来是非常重要的。

② 刘悦笛：《自然美学与环境美学：生发语境和哲学贡献》，《世界哲学》2008年第3期。

③ Ronald W. Hepburn, "Contemporary Aesthetics and the Neglect of Natural Beauty", in Bernard Williams and Alan Montefiore eds., *British Analytical Philosophy*, London: Routledge & Kegan Paul, 1966.

赏与自然环境》这篇经典论文。① 其后，无论是以卡尔松为代表的所谓"认知理论"（cognitive theories）还是阿诺德·伯林特（Arnold Berlearnt）的"介入美学"（Aesthetics of Engagement）为代表的"非认知理论"，都推动了自然审美鉴赏问题的研究。前者的同路人主要是约·瑟帕玛（Yrjo Sepänmaa），还有提出"激发模式"（arousal model）的诺埃尔·卡罗尔（Carroll），他们都按照严格的分析哲学方法来探讨自然问题，不同于伯林特的实用主义与法国现象学的道路；而采取后者的非认知路线的赞同者则更多元化，主要包括赫伯恩的"多维审美"（Multi-dimensional Aesthetic）理论、齐藤百合子（Saito）的"多元主义方法"及戈德拉维奇（Godlovitch）的自然美学思想。②

真正发生的重要转折，出现在环境美学研究对象的重要调整上，在自然问题被深入探讨之后，"人类环境美学"（the aesthetics of human environments）问题被提到了议事日程，环境美学研究的"双子星座"伯林特与卡尔松主导了这种内在的变革，前者以《生活在景观之中：走向一种环境美学》这本专著，③ 后者则以专著《美学与环境：自然的鉴赏、艺术与建筑》和专文《论人类环境的审美化鉴赏》④ 为人造的或者人化的环境美学定下了基调。可以这样说，环境美学经过了两个主要发展阶段，从研究对象上来看，这种美学思潮实现了从"自然环境美学"（the aesthetics of natural environments）到"人类环境美学"的转换，从自然审美欣赏问题转切到了人类环境如何审美化的欣赏的问题。这样，环境美学不仅疆域拓展到了自然与文化的两个维度，按照伯林特更具体的划分，"自然环

---

① Allen Carlson, "Appreciation and the Natural Environment", *Journal of Aesthetics and Art Criticism*, 37 (Spring 1979), pp. 267–276.

② Emily Brady, *Aesthetics of the Natural Environment*, Tuscallosa: The University of Alabama Press, 2003, pp. 102–111.

③ Arnold Berleant, *Living in the Landscape: Toward An Aesthetics of Environment*, Lawrence: University Press of Kansas, 1997.

④ Allen Carlson, *Aesthetics and the Environment: The Appreciation of Nature, Art and Architecture*, London: Routledge, 2000; Allen Carlson, "On Aesthetically Appreciating Human Environment", *Philosophy and Geography*, Vol. 4, No. 1, 2002, pp. 9–24.

境""都市环境"和"文化环境"都属于环境美学的应包含之义。① 目前,环境美学之所以越来越走向"实用化",恰恰说明了环境美学在理论建构之后所呈现出来的某种实践化的现实要求,这似乎可以被看做环境美学发展的最新阶段。

这些来自欧美的环境美学思想在中国被逐渐地译介过来,"2006 年 3 月,湖南科学技术出版社出版了由美国著名环境美学家阿诺德·伯林特与武汉大学陈望衡教授联合主编的《环境美学译丛》,其中包括阿诺德·伯林特的《环境美学》与约·瑟帕玛的《环境之美》。同年 6 月,中国社科院哲学所滕守尧教授主编的《美学·设计·艺术教育丛书》由四川人民出版社出版,加拿大卡尔松的《环境美学》也在其中。国际上三位著名的当代环境美学家的主要著作均翻译介绍到我国……2007 年 4 月,中国社科院哲学所刘悦笛等翻译出版了阿诺德·伯林特教授主编的《环境与艺术:环境美学的多维视角》一书。该书收集了当代国际上 12 位颇具影响的美学家有关环境美学的最新成果。该书最大的价值在其内容丰富新颖,颇具理论价值"。② 在这些著作翻译的基础上,中国美学界开始了自身的环境美学研究。

陈望衡 2007 年出版的《环境美学》被认为是第一部重要的"环境美学"专著,这本著作的部分初稿是由陈李波、张敏、赵红梅、王娟、李纯、吕宁兴和李悦盈提供的,但是整体上体现出主撰者对于环境美学的概括性的解说。该书首先从学科角度论述了环境美学兴起的三个重要来源,分别是"自然美学""景观美学"与"环境伦理学"。环境美学所谓的"环境"可以从两个层面来理解:"从人与环境相对的意义上来看,环境的确是人肉体与精神的对象,是人周遭的物质性存在。从人与环境相关的意义来看,环境与人是不能分开的。离开人的环境与离开环境的人是不可思议的。环境与人相互生成……环境只能是人化的自然。从存在论意义来看,人与环境是同时存在的,没有适宜于人生存的环境,人不能生存;而

---

① 阿诺德·伯林特主编:《环境与艺术:环境美学的多维视角》,刘悦笛等译,重庆出版社 2007 年版,第 2 页。
② 曾繁仁:《生态美学导论》,商务印书馆 2010 年版,第 7 页。

没有人存在的环境,也就不能称之为环境。"① 由此生成的"环境美",相对于其他类型的美更是复杂的,它具有"生态性""文明性"与"宜人性"。生态性所持的是科学的维度,它是立足人类立场的人与自然的统一;文明性则持人文的维度,它立足于族群的立场而显示出民族特色;而宜人性则兼有自然与人文两方面,它立足于个体生命的立场,重在环境对肉体与精神生命的意义。

按照《环境美学》的描述,"自然""农村""城市"是环境美学研究的三大领域,"生态性与人文性""自然性与人工性"的矛盾与统一,恰恰就是环境美学研究的基本问题。所以,《环境美学》的章节安排,分别分配给"自然环境美""农业环境美"与"城市环境美",进而确定了自然景观的非人居与人居的基本范型区分,对于农业景观的构成也进行了与农业生产、与农民生活相关的区分,对于城市环境的分析最终落实在"山水园林城市"的理想人居上面,建设园林式的城市和农村被作为中国人居住的最高境界。既然人在环境中生活,环境就是人类的家,那么,"环境美"的最根本的性质是"家园感"。这种家园感主要是指:"环境是人的生存所托"、环境也是"人类发展之所托",它既是人类活动的资源和对象,而且也是人类活动的背景或凭借。② 家园感对于环境美学而言,"侧重的是感性的维度,包括感性观赏和情性的融合。这两种方式是同一的,观赏中含有对家的情感融合,而情感融合又常常表现为对家的感性观赏"。③ 进而可以看到,"宜居"进而"乐居"才是环境美学的首要功能,"乐游"只能是它的次生功能,环境作为人的生存之本、生命之源,只有当这种居称得上"宜",进而称得上"乐"的时候,它就具有了美学的意味,所以"乐游"的审美功能才更凸显了出来。

实际上,《环境美学》的核心概念表面上看似是"环境",但该概念的核心其实是"景观"。"景观",就是由"景"与"观"构成的,所谓的"景"就是指客观存在的各种可以感知的物质因素,所谓的"观"则

---

① 陈望衡:《环境美学》,武汉大学出版社2007年版,第13页。
② 同上书,第109—111页。
③ 同上书,第25页。

是指审美主体感受风景时种种主观心理因素。这些心理因素与作为对象的种种物质因素相互认同,从而使本为物质性的景物成为主观心理与客观影响相统一的"景观"。环境之美就在"景观","景观"才是环境美的存在方式,它也是环境美的本体,这就不同于艺术美的本体在于"意境",它们都是美的一般本体的具体形态。与此同时,环境美的欣赏既是多角度感知的综合,也是一种整体化的欣赏,不仅五官都要参与,而且还包含某种功利的价值判断。总而言之,陈望衡试图确立的是环境美学的哲学基础,并在走向应用实践的层面做出了重要的尝试。

环境美学沿着西方的方向在发展,彭锋的《完美的自然》与杨平的《环境美学的谱系》分别推进了环境美学的哲学研究的发展。前者在阐释了康德、阿多诺、杜夫海纳与中国相关美学思想基础上,试图为"自然全美"这一古老而全新的观念进行论证,"自然物之所以是全美的,并不是因为所有自然物都符合同一种形式美,而是因为所有自然物都是同样的不一样的美。就自然物是完全与自身同一的角度来说,它们的美是不可比较、不可分级、完全平等的"。[①] 后者依据西方的相关研究,试图发掘出环境美学的历史文化根源,呈现出环境美学的跨学科图像,解析了赫伯恩、伯林特、瑟帕玛、卡尔松、斯克鲁顿、拉斯姆森、林奇、阿普顿、鲍雷萨、段义孚、利奥波德、罗尔斯顿的思想,并将重点放在去分析西方环境美学的谱系上面,介绍了西方学界关于自然审美鉴赏的"对象模式""景观模式""参与模式"与"激发模式",从而揭示出环境美学已经具有的"家族相似"的多样性。[②]

环境美学沿着景观研究的方向,也出现了一系列的著作。"景观美学"理论发展中的一个主要障碍,就在于对作为审美对象的景观关注很少。美国学者史蒂文·布拉萨的《景观美学》也被翻译了过来。按照这本书的理解,作为艺术、人工制品和自然物的景观,分别成为景观的不同类型,过去那种强制性的限定并不适合于景观美学的原则:比如认定艺术和人工制品的对象是人造的,而自然的对象却不是这样;艺术对象是要被

---

① 彭锋:《完美的自然》,北京大学出版社2005年版,第4页。
② 杨平:《环境美学的谱系》,南京出版社2007年版。

审美体验的,人工制品则在本质上具有实用的功能,如此等等。在中国本土的景观美学研究中,应用性的研究还是占据主导的,王长俊的《景观美学》试图确立景观美学的基础,从"美即生命"的观念出发,对于景观美的特征与构成进行了研究,并将景观区分为"自然景观""人工景观""人文景观"等类型,并具体进行了细分,比如"人工景观"就分为园林、都市与民居等层面。① 吴家骅的《景观形态学:景观美学比较研究原著》则是非常独特的比较美学专著,它系统地提出了风景形态学的基本理论和历史、沿革,并就风景形态学的基本概念和范畴等进行了系统的分析解剖,进而初步拟定了所谓的"景观形态学大纲",② 从而代表了景观美学研究的新高度。

近年来出版的环境美学方面的专著主要有:岳友熙的《生态环境美学》(人民出版社 2007 年版)、梁梅的《中国当代城市环境设计的美学分析与批判》(中国建筑工业出版社 2008 年版)、程相占主编《中国环境美学思想研究》(河南人民出版社 2009 年版)、陈望衡主编《环境美学前沿》(武汉大学出版社 2009、2012、2015 年版)、陈庆坤的《六朝自然山水观的环境美学》(台湾文津出版社 2014 年版)、黄有柱和雷礼锡编《城市公共艺术研究:环境美学国际论坛暨第七届亚洲艺术学会襄樊年会学术文献集》(武汉大学出版社 2014 年版)、陈望衡的《我们的家园:环境美学谈》(江苏人民出版社 2014 年版)、霍维国的《建筑环境美学》(中国建筑工业出版社 2016 年版)、曾繁仁主编《全球视野中的生态美学与环境美学》(长春出版社 2011 年版)、陈望衡和邓俊编的《美丽中国与环境美学》(中国建筑工业出版社 2018 年版)、陈国雄的《环境美学的理论建构与实践价值研究》(科学出版社 2018 年版)。

综上所述,通过反思"自然""生态"与"环境"的美学问题,要由此最终实现美学的真正进展,这在当前的中国美学界早已不是可能性的问题了,而是必然性的问题了。但不论怎样,无论是兴起于欧美的"环境

---

① 王长俊:《景观美学》,南京师范大学出版社 2002 年版。
② 吴家骅:《景观形态学:景观美学比较研究原著》,叶南译,中国建筑工业出版社 2005 年版。

美学",还是在中国备受关注的"生态美学",它们都行走在共同的道路之上。而且,这种思潮同全球美学的变动几乎是同步发展而来的,尽管当代欧美的环境美学研究并没有像"分析美学"那样彻底改变了整个20世纪后半叶的世界美学的基本格局,但是通过自然、生态与环境的研究来推动美学自身的进展,这已经成为一种历史的必然趋势了。

  回到本土的美学发展来看,当代中国美学在新旧世纪交替之后,主要在三个领域取得了"实质性"的突破:其一是"审美文化"(及当代大众文化和传统审美文化)的相关研究;其二是"生态美学"(及"自然美学"和"环境美学")的研究几近形成"中国学派";其三则是(由"日常生活审美化"的激烈论争而起的)"生活美学"的研究方兴未艾。这三个新的方向都试图突破传统的美学研究范式,无论是在研究对象上(超出了传统美学研究的边界),还是研究方法上(采取了更为新颖的方法论),都将中国美学大大地向前推进了许多。① 但无论从"文化视野""自然根基"还是"生活之流"的方向上来拓展美学研究领域与深度,都要反过来最终对美学原论的建构形成某种反作用力,这样才能真正地推动美学的进一步发展。从"自然美"问题讨论到"生态美学""环境美学"的建构都是如此,它们拓展了当代中国美学发展的崭新思路和广阔疆域。

---

① 刘悦笛:《中国美学三十年:问题与反思》,《文史哲》2009年第6期。

第十二章

"生活审美化""审美现代性"与"艺术的终结"难题

当代中国美学进入21世纪的十年间，逐渐追赶上了全球化的脚步，所出现的三个重要的热点问题——"生活审美化""审美现代性"与"艺术的终结"——都是与国际美学前沿交互发展而来的，甚至对某些问题的关注度远远超过了西方同行。对于这些热点问题的关注，虽然显露出中国美学已经日趋"国际化"，但是在这种对外开放的汹涌浪潮当中，究竟如何保持自身的"中国性"身份的问题，却成为美学界所要保持警惕的难题。尽管审美泛化、现代性与艺术未来问题，都是来自西方的话题，但是这些具有普遍价值的问题，中国美学家们也应给出自己的解答，这就亟须一种立足于本土文化的"中国式"表达。

第一节 "日常生活审美化"的结构

"日常生活审美化"的问题，无疑已经成了21世纪中国美学的最大热点，参与人数之多、涉及范围之广、关注程度之甚、双方论争之烈，都构成了此前相对沉寂的美学界许久没有了的热闹景致。《文艺争鸣》《文艺研究》《文学评论》《学术月刊》《光明日报》《文艺报》等报刊开辟专栏发表系列文章讨论这个问题，到目前为止已经出现了200多篇的论文做出探讨。尽管目前对这一问题的反思趋于尘埃落定，但是，关于生活审美化的问题所引发的思考却仍在持续与深化，那就是目前美学界正在掀起的"新世纪文艺学美学生活论转向"的更为深层的研究。

"日常生活审美化"的问题最初是与大众文化、消费文化、视觉文化与媒介研究相关的,而在西方学界,它最开始是同社会学研究相连的。有趣的是,欧美的美学界却对社会学领域的研究似乎并不如中国人那般熟悉,因为他们美学界的主流仍对于文化研究采取了拒绝的态度。"日常生活审美化"(the aestheticization of everyday life)这个命题,最初是由英国诺丁汉特伦特大学社会学与传播学的教授迈克·费瑟斯通(Mike Featherstone)提出来的。当然,这个话题已从社会学范畴走了出来,并由此成为"文化研究"的重要方面。"日常生活审美化"常常被视为"后现代文化"中的特定内容,它常常与"后现代主义与文化边界崩溃"的问题直接相关。[1] 有趣的是,在中国美学界这个话题却成为热点,这同欧美学界所探讨的"日常生活美学"具有异曲同工之妙。

关于这个美学热点的真正起点,应该说是《文艺争鸣》2003年第6期所隆重推出的"新世纪文艺理论的生活论话题"笔谈。正如该专题的编者前言《"生活"概念、生活转型、日常生活的文艺学》所言,日常生活审美化恰恰是应和了当代中国文化的转向,这种"'生活转型'同样发生于这个新世纪之交,不同于20世纪初由古代传统向现代性中国的生活转型,这个新世纪之交的'生活',我们说的是当前中国的整体性的'生活',正在被具有全球化趋向的以电脑、网络、移动通信、电视为科技基础的'光电技术'重新组织和整合,被经济贸易全球化及市场经济的普适性重新加以组织和整合,它在现代性和全球化的压力下平添了'中国化'的自警和自觉,在对小康的富足感的'赶超'压力下增加了知识文化消费及其过剩性、强制性、平庸性的困惑,一切在被市场衡称过后,文化经典也具有了平凡性、日常性,更何况伪经典的肆行;广告使夸饰和梦想盛行,影像网络使虚拟和真实混同",在这些深度描述之后,最后的总结陈词则是——"无论如何,就文艺而言,在文艺更加'迎合日常生活'意义上的'生活化'之后,生活也更加文艺化了"![2]

---

[1] Chris Barker, *Cultural Studies: Theory and Practice*, London: Sage Publications, 2000, p. 155.
[2] 《"生活"概念、生活转型、日常生活的文艺学》,《文艺争鸣》2003年第6期。

在 2003 年的笔谈之后，首都师范大学文艺学学科与《文艺研究》杂志社共同举办了"日常生活的审美化与文艺学的学科反思"讨论会，随后《文艺研究》2004 年第 1 期陆续发表了一组"文艺学的学科反思"的笔谈，从而逐渐扩大了"日常生活审美化"专题的影响。2004 年 5 月，北京师范大学文艺学中心召开了"文艺学的边界"学术会议，集中讨论关于"日常生活审美化"的问题和文艺学的学科边界问题。同年 6 月，中外文艺理论学会与中国人民大学等单位召开"多元对话语境中的文学理论建构"国际学术讨论会，文艺学的边界依然是讨论热点。同年 10 月，由东北师范大学文学院主办、《文艺争鸣》杂志社协办的"全球化语境下的中国文学理论及文学批评发展状况"学术研讨会同样将焦点聚焦于"日常生活审美化"问题上。

在《文艺争鸣》2003 年第 6 期的专题上，集中推出了 7 篇文章，分别是：王德胜的《视像与快感——我们时代日常生活的美学现实》、陶东风的《日常生活审美化与新文化媒介人的兴起》、金元浦的《别了，蛋糕上的酥皮——寻找当下审美性、文学性变革问题的答案》、朱国华的《中国人也在诗意地栖居吗?》、魏家川的《有关身体的日常语汇的审美生活分析》、阎景娟的《从日常生活的文艺化到文化研究》、黄应全的《日常生活的审美化与中西不同的"美学泛化"》，此外，还刊登了首都师范大学中文系一位研究生的讨论纪实《日常生活审美化：一个讨论》。正是这组具有冲击力的笔谈，引发了"日常生活审美化"的讨论，或者说点燃了中国美学界和文艺学界关于该话题论争的导火索。

王德胜提出以"视像与快感"来理解这样一种新的"美学现实"，这是由于，"日常生活的审美化"极为突出地表现在人们对于日常生活的视觉性表达和享乐满足上。"日常生活审美化"非常具体地从一种理性主义的超凡脱俗的精神理想，蜕变为看得见、摸得着的快乐生活享受。根据视觉文化转向的逻辑，王德胜认为，人的日常生活把精神的美学改写成为一种"眼睛的美学"，视觉感受的扩张不仅造就了人在今天的"审美／艺术"想象，同样也现实地抹平了日常生活与审美／艺术的精神价值沟壑。视像与快感之间形成了一致性的关系，由此建立起一种所谓的"新的美学原则"：视像的消费与生产在使精神的美学平面化的同时，也肯定了一种新的美学话语，即非超越的、消费性的日常生活活动的美学合法性。① 所以，按照这种极端的观点看来，日常生活审美化是具有严格界限的：在这样一种极端视觉化了的美学现实中，与人在日常生活里的视觉满足和满足欲望直接相关的"视像"的生产与消费，便成为我们时代日常生活的美学核心。作为日常生活审美化过程的具体结果和直接对象，视像的生产根本上源自我们时代对日常生活中的直接快感的高涨欲求和热情追逐。

金元浦通过自问自答的形式，将传统的审美性/文学性视为"蛋糕上的酥皮"，从而更为全面地解析了生活审美化的理论与实践的不同层面。他提出问题（1）：对于文艺学或文艺美学来说，审美性、文学性今天是否还是区别文学艺术与非文学艺术的最重要的或唯一的特征？答案显然是否定的。问题（2）：什么是审美的日常生活化与文学性向非文学的扩张？"审美的日常生活化是说在当今社会中，原先被认为是美的集中体现的小说、诗歌、散文、戏剧、绘画、雕塑、音乐、舞蹈等经典的（古典的）艺术门类，特别是以高雅艺术的形态呈现出来的精英艺术已经不再占据大众文化生活的中心，经典艺术所追求的审美性、文学性则从艺术的象牙塔中悄然坠落，风光不再，而一些新兴的泛审美/艺术门类或准审美的艺术活动，如广告、流行歌曲、时装、电视连续剧乃至环境设计、城市规划、居室装修等则蓬勃兴起。美不在虚无缥缈间，美就在女士婀娜的线条中，诗意就在楼盘销售的广告间，美渗透到衣、食、住、行等社会生活的方方面面。艺术活动的场所也已经远远逸出与大众的日常生活严重隔离的高雅艺术场馆，而深入到大众的日常生活空间。"② 问题（3）：是什么原因造成了审美的日常生活化与文学性的社会化扩张？答案是，首要的原因就在于社会形态的根本改变。问题（4）：19世纪车尔尼雪夫斯基就提出"美是生活"，它与今天的审美的日常生活化有什么不同？显然文化与社会的变迁使得传统的美学语境与

---

① 王德胜：《视像与快感——我们时代日常生活的美学现实》，《文艺争鸣》2003 年第 6 期。

② 金元浦：《别了，蛋糕上的酥皮——寻找当下审美性、文学性变革问题的答案》，《文艺争鸣》2003 年第 6 期。

今日迥异。问题（5）：日常生活的审美化以及审美活动日常生活化对文学艺术有什么意义、什么影响？答案是，日常生活的审美化以及审美活动日常生活化深刻地导致了文学艺术以及整个文化领域的生产、传播、消费方式的变化，乃至改变了有关"文学""艺术"的定义。问题（6）：日常生活的审美化以及审美活动日常生活化是如何实现的？答案则是，日常生活的审美化以及审美活动日常生活化是在当代全球化的市场条件下通过产业化和高新技术实现的，这主要与"文化产业"和"内容产业"是直接相关的。

黄应全不仅将"日常生活的审美化"与中国当代美学中的"美学泛化"区分开来，而且又直接将"美学泛化"的中西不同语境区分开来。他认为，当代中国的"美学泛化"并非指20世纪早已有过的传统文化意义上的"生活艺术化"问题，而是特指中国美学自20世纪50年代以来（在苏联强烈影响下）形成的"美的泛化"问题，或者称为"泛美学"问题更为准确。[①] 然而，在这种"泛美学"传统的影响下而形成的"大杂烩美学"，既不能解释常规的审美现象（如艺术），更不能解释新兴的审美现象（如"日常生活的审美化"），这说明，旧的美学传统已经说明不了当代的审美现实了。"日常生活审美化"虽然确实意味着"美学泛化"是可能的和必要的，但决不意味着，当代中国美学当中存在的那种"美学泛化"是值得肯定的。

由此可见，"日常生活审美化"这一话题从一开始提出，就已经被"中国化"了。但是，毋庸置疑，该话题对中国影响最大的两位西方学者，一位就是英国社会学家费瑟斯通，另一位则是德国美学家沃尔夫冈·韦尔施（Wolfgang Welsch）。费瑟斯通1991年英文专著《消费文化与后现代主义》的中文版，[②] 韦尔施1997年英文专著《重构美学》的中文版，[③] 成为当代中国"日常生活审美化"探讨的重要的外来资源，但是，

---

① 黄应全：《日常生活的审美化与中西不同的"美学泛化"》，《文艺争鸣》2003年第6期。
② Mike Featherstone, *Consumer Culture and Postmodernism*, London: Sage Publications, 1991. 迈克·费瑟斯通：《消费文化与后现代主义》，刘精明译，译林出版社2000年版。
③ Wolfgang Welsch, *Undoing Aesthetics*, London: Sage Publications, 1997. 沃尔夫冈·韦尔施：《重构美学》，陆扬、张岩冰译，上海译文出版社2002年版。

前者所用的术语是"日常生活审美化",而后者所用的术语则是"当代审美泛化过程"(contemporary aestheticization processes)。但是,需要辨明的是,许多论者根据《重构美学》的中文译名认为美学需要重构,但实际上原名 Undoing Aesthetics 更多意味着对于传统美学的拆解与破坏。然而,在西方学界谈论"日常生活审美化"的仍大有人在,"在西方学术界,是韦尔施、波德里亚(又译鲍德里亚)、费瑟斯通和波兹曼等人建构了'日常生活审美化'这一理论,其中的核心论题是图像化和审美化,以至我们可以说,'日常生活审美化'就是'图像—审美化',图像的增殖造成了普遍的'审美化'。但是另有一些理论家的重要论述尚未受到应有的关注",包括费尔巴哈、杰姆逊、桑塔格等,[①] 理应从更为全面的角度来加以接受欧美的相关思想。

实际上,如果仅从对"日常生活审美化"进行全方位描述的角度来看,这种"审美泛化"可以用表5来勘定其基本结构。[②]

表5

日常生活审美化	表层审美化（物质审美化）	大众物性生活的表面美化	
		大众自己身体的表面美化	
		文化工业兴起后所推动的表面美化	
	深度审美化（非物质审美化）	大众审美化	凸显为鲍德里亚意义上仿真式"拟像文化"的兴起
		精英审美化	福柯、维特根斯坦、罗蒂等哲学家所求的"审美的生活"

"日常生活审美化"起码可以做出这样的区分,一种是"表层审美化",这是大众身体与日常物性生活的"表面美化"(后来还有文化工业来推动)。但还有另外一种"深度审美化",这种审美化应该是深入到了

---

① 贺骕滨、金惠敏:《关于"日常生活审美化"理论的若干注解》,《江淮论坛》2010 年第 4 期。
② 刘悦笛:《生活美学:现代性批判与重构审美精神》,安徽教育出版社 2005 年版,第 98 页。

人的内心生活世界，因为，外在的文化变迁总是在慢慢地塑造和改变着大众的意识、精神、思想乃至本能，"深度的审美化"由此不可避免地要出现。"深度的审美化"则显然又可分为两种：一种是囿于精英层面的"深度的审美化"，另一种则是仍归属于大众的"深度的审美化"。在精英文化的层面上，"深度的审美化"特别显现为少数哲学家们所寻求的独特的"审美的生活"。在大众文化层面上，这种"深度的审美化"更与"拟像"（Simulacrum）文化的兴起息息相关，大众也在通过视觉接受这种当代文化对自身的"塑造"乃至"改造"。

实际上，无论是费瑟斯通还是韦尔施都曾对于"日常生活审美化"抑或"审美泛化"做出层次上的解析。费瑟斯通主要是囿于社会变迁的领域，他在《消费文化与后现代主义》当中认定，"日常生活审美化"其实包括三个层面：（1）艺术亚文化的兴起（以达达主义、先锋派艺术和超现实运动为代表）；（2）生活转化为艺术品，也就是指追求生活方式的风格化与审美化；（3）日常生活符号和影像的泛滥。韦尔施曾提出"审美泛化"的四个渐进的层次，则更具有哲学意味，他在《重构美学》当中直言"审美泛化"不仅仅就是（1）"日常生活表层的审美化"和（2）技术和传媒对社会现实的审美化，还包括（3）生活实践态度与道德的审美化；（4）与之相关的"认识论"的审美化。

陶东风认为，从韦尔施与费瑟斯通两人对于审美化的比较集中的描述与分析中可以知道，审美化的含义相当复杂，包含了不同的层次。但是，目前中国学界讨论的主要是作为一种整体性、结构性的社会变迁的审美化，它出现于现代的中期和晚期，与两个因素有非常紧密的关系：一是消费社会、消费主义文化和意识形态的出现与流行；二是大众传播媒介的发展与普及。[1] 陶东风认为，消费社会是西方现代工业社会进入中晚期时出现的一种社会形态，它是与福特主义为代表的现代化大工业生产模式一起出现的。审美化的过程是与现代都市商业文化一起出现的，因而不仅仅是文化或艺术领域的孤立现象，它与产业结构、经济结构的调整有关。消费

---

[1] 陶东风：《日常生活的审美化与文艺学的学科反思》，《中南大学学报》（社会科学版），2005年第3期。

越来越与非实用的审美因素联系在一起，现在人们消费的已经不仅仅是商品，而且还有符号和形象。与消费文化的兴起相伴随的，是大众传媒产业的迅猛发展与普及，导致社会生活各个领域图像与符号的泛滥，同时也导致文化与审美的民主化趋势。

第二节 "审美日常生活化"的转变

在中国学界，"日常生活审美化"常常被误解：其一，当代本土学界，"日常生活审美化"在论争当中被主要当做了文学理论或文艺学问题，而实际上，它主要是个"美学"问题（尽管它最初的确也曾是个社会学问题）；其二，当代"审美泛化"并不只包含"日常生活审美化"这一面，还有"审美日常生活化"的另一面。"日常生活审美化"更多是一种社会性的描述，而"审美日常生活化"才真真切切关系到美学本身的转型。

当中国学界将"日常生活审美化"这种研究当做对文艺学进行拓展的工具之一的时候，由此而发生的论争，还是囿于传统审美社会学抑或文化研究的视角。这意味着，论争双方所聚焦的问题意识，仍关注于社会阶层的问题——"究竟是谁的日常生活审美化"？究竟是"食利者的美学"（这是美学大讨论当中黄药眠的用语），还是现在所谓"艺术的民主化、审美的泛化，文学的大众化、生活化"？与此同时也必须承认，"日常生活审美化"问题与反思文艺学学科"边界"问题的结合，的确成为了论争的另一个焦点。2005年初，《中华读书报》相继刊载了童庆炳的《日常生活审美化与文艺学》和陶东风的《也谈日常生活审美化与文艺学》两篇对话文章，将文艺学学科的"守界"还是"扩容"以及如何划界问题进一步凸显出来。

按照陶东风反复宣称的基本观点，就文艺学的学科而言，日常生活的审美化以及审美活动日常生活化深刻地导致了文学艺术以及整个文化领域的生产、传播、消费方式的变化，乃至改变了文学和艺术的定义。这应该被视作既是对文艺学、美学的挑战，同时也为文艺学、美学的超越与发展提供了千载难逢的机遇。由于中国文艺学的"本质主义"思维方式仍然在顽强地延续，导致许多学者仍然认定文学具有超历史的、永恒不变的普遍绝对本质，这种"本质"在分析具体的审美与文学现象以前已经先验地设定，否认审美与文艺活动的特点与本质是历史地变化、因地方的不同而不同。这种"本质主义"的文艺学在而今的主要代表依然是出现于20世纪80年代的自律论美学与文艺学。正是它阻碍了美学、文艺学及时关注与回应当下日新月异的文艺与审美活动，使之无法解释当代文艺与文化活动的变化。[1] 从"日常生活审美化"出发，质疑传统文艺学的"本质主义"，进而通过回到历史的方式来叙述文学理论的主要成就，在一系列的文艺学教材当中得以体现。

然而，当我们将"日常生活审美化"所带来的"审美日常生活化"这个纯美学问题，回复到哲理性的反思的美学学科本身，反倒可以不必纠结于社会学和文艺学层面所丛聚着的龃龉，而直接去面对问题本身，这就可以划清美学与文艺学及其文化研究关于"日常生活审美化"问题的基本界限。

但无论怎样说，当代的"日常生活审美化"都可以被界分为两个逆向互动的过程，如果仅仅就艺术与生活的关系而论，这两个最基本的层面：一个就是艺术大量地介入到日常生活；另一个则是日常生活得以审美化。如果更抽象地言说，前者就是"艺术日常生活化"，后者则是"日常生活艺术化"。谈到生活艺术化问题，往往在中国学界会引发混淆，那就是与传统社会的"审美化"传统纠缠到一起，但后者只是囿于少数贵族精英或士大夫阶层的独特现象。即使是从近代中国美学家开始的"生活艺术化"的传统，也只是个人行为或小圈子的群体行为，而并不具有大众性与普及性。与古代与近代以来的这两种传统不同，当代审美泛化则是产业结构、经济结构、社会生活方式等的变化所引发的结构性、全方位的社会变迁。

从历史的角度来看，这种区分在"日常生活审美化"最早在西方被

---

[1] 陶东风：《日常生活的审美化与文化研究的兴起——兼论文艺学的学科反思》，《浙江社会科学》2002年第1期。

提出的时候，就已经被做出了。费瑟斯通1988年4月在新奥尔良"大众文化协会大会"上作了题为《日常生活审美化》的主题演讲，被认为是最早明确提出"日常生活审美化"的问题（而波德里亚在他的法文著作当中实际上更早地使用了"审美化"的概念），他认为日常生活审美化正在消解艺术和生活之间的界限，在把"生活转换成艺术"的同时也把"艺术转换成生活"。日常生活审美应包括两个层面：一是艺术和审美进入日常生活，被日常生活化。二是日常生活中的一切特别是大工业批量生产中的产品以及环境被审美化。

中国学者则更多是从批判的态度上来加以区分的。鲁枢元首先指出"日常生活审美化"的提倡者们混淆了"日常生活审美化"和"审美日常生活化"两个口号，并提出了自己对这两个口号的理解，即"审美日常生活化"是技术对审美的操纵，功利对情欲的利用，感官享乐对精神愉悦的替补，而"日常生活审美化"论者的目的，显然并不在于争取审美日常生活化的合理性，而是希望确立这种技术化的、功利化的、实用化的、市场化的美学理论的绝对话语权力，并把它看作"全球化时代"的到来对以往美学历史的终结，甚至是对以往的人文历史的终结。"审美日常生活化"与"日常生活审美化"，尽管两者之间存在有机的联系，但是价值指向是不同的：审美的日常生活化是精神生活对物质生活的依附；日常生活的审美化则是物质生活向精神生活的升华。[①] 张天曦也曾指出，"日常生活审美化"作为两个方向相反、结果却相同的事实，一是现实物质生活领域中渗入了越来越多的精神享受、审美因素；二是审美走出传统艺术领域，正以更丰富、朴实的方式融入公众日常物质生活衣、食、住、行的各个方面。[②]

王德胜发表《为"新的美学原则"辩护》一文为"日常生活审美化"作出辩护，他指出康德以降的感性与理性二元对立思维模式造成了消极影响，使得人们在对"审美"的思考当中，将鲍姆加通命名"Aesthetics"

---

① 鲁枢元：《评所谓"新的美学原则"的崛起——"审美日常生活化"的价值取向析疑》，《文艺争鸣》2004年第3期。
② 张天曦：《日常生活审美化：当代审美新景观》，《山西师范大学学报》（社会科学版），2004年第1期。

时所原有的"感性"语义要素加以忽略。感性存在本来就是人类审美的基本前提,人的感性实现是美学的基本出发点。人的存在包括感性和理性两个方面,必须尊重正当感性利益、现实生活快乐等的内在需要,警惕理性权力对于人的感性生存的窒息。实际上,美学之为美学,恰恰在于它把感性问题放在自身的审视范围之中,突出了人在感性存在和感性满足方面的基本"人权",而不是重新捡拾理性的规则,但这并不等于拒绝理性、拒绝理性的合理性。① 所以,该文得出结论说,对当代"日常生活审美化"现象及其问题的理解,同样也应该从"感性学"本来的出发点去进行。

毛崇杰在《知识论与价值论上的"日常生活审美化"——也评"新的美学原则"》中,回到对鲍姆加通的"Aesthetics"的基本理解,他认为将之仅仅视为"感性学"那也是一种误读。"感性学"的真实含义并不能被阐释为"在认识之外"与"排斥理性",所谓回到"感性学"的观点只是在字面上的借用,其所设定的"强大的理想主义的美学理想体系"更是一种理论的虚构。这种通过"祭拜鲍姆加通"来"颠覆康德"的方式,其实乃是让鲍姆加通去承担把美学片面地主观感性化与欲望化的责任,这恰恰是向现代与后现代的非理想主义的倒退。进而,这种"知识论"阐释上的严重错位,更可以被视为"价值论"颠倒的某种策略而已。这是由于,"'日常生活审美化'的提出主要只是文化消费主义一种'建构'姿态的颠覆谋略,是中产阶级生活方式的美学和文化表达及意识形态反映,其主要哲学基础仍为虚无主义和实用主义"。②

"日常生活审美化"所造就的"新的美学原则",的确得到了许多论者的批驳与反对。凸显当代审美的快感的一面,并将之作为充分表征了当前时代的感性特征,被反对者认定是倒退到了经验主义式的"快感说"的窠臼,还有反对者认定理应重新高扬"审美"内涵中的超越维度,但是他们都隐约地看到,新的美学原则其实所反击的乃是"康德这位世纪

---

① 王德胜:《为"新的美学原则"辩护》,《文艺争鸣》2004年第5期。
② 毛崇杰:《知识论与价值论上的"日常生活审美化"——也评"新的美学原则"》,《文学评论》2005年第5期。

美学家的信仰"。但是，经过论争双方的几轮交锋，无论是支持者还是反对者，都已经意识到传统的审美观念需要在新的社会语境下得以重构，因为"日常生活审美化"的现象本身已经对既有美学观念造成了冲击，美学也要顺应新的时代做出积极的调整，当然，这种调整恰恰是在良性的论争当中得以推进的。绝大多数的论者认为，回归日常生活世界是美学的大势所趋，但是，恰恰要趋利避害地来看待这个热点问题。比如，张玉能将"日常生活审美化"区分为精英化、大众化、市井化三个向度，主张遏制市井化，引导大众化，规范精英化；再如，杨春时承认大众审美文化具有民主化、大众化和消费性、低俗性的两面性，应同时展开日常生活的审美批判，并不放弃审美的超越性与批判性的基础。

然而，"日常生活审美化"与"审美日常生活化"的确带来了美学的变革。刘悦笛在《"生活美学"的兴起与康德美学的黄昏》中提出，"生活美学"兴起的同时，就走向了康德美学的黄昏。在康德所处的"文化神圣化"的时代，建构起以"非功利"为首要契机的审美判断力体系自有其合法性。但是，"雅俗分赏"的传统等级社会，使得艺术为少数人所垄断而不可能得到撒播，所造成的后果是，艺术不再与日常生活发生直接的关联。在中国"后实践美学"虽借海德格尔来反对"实践美学"，但它的基本理论预设仍是康德式的，这与以李泽厚先生领衔的实践美学实际上如出一辙。所以，"生活美学"与康德美学这种新与旧的交锋就在于：(1)"生活实用的审美化"对"审美非功利性"；(2)"有目的的无目的性"对"无目的的合目的性"；(3)"日常生活经验的连续体"对"审美经验的孤立主义"。[1] 而"生活美学"这种崭新的美学本体论观念，无疑是顺应新的历史语境而产生出来的，它需要解构的最大敌手就是"康德美学"及其强大传统。

高建平在《美学与艺术向日常生活的回归》一文中认为，回到杜威可以更明确地看到这种回到生活的美学主流趋势。"日常生活审美化观点"的起源其实早已有之，这是个被主流美学所压制但却一直存在着的传统。对当代日常生活审美化思想影响最大的，应该是杜威的美学。杜威

---

[1] 刘悦笛：《"生活美学"的兴起与康德美学的黄昏》，《文艺争鸣》2010年第3期。

的《艺术即经验》一书，从这样的一个前提出发：人们关于艺术的经验并不是一种与日常生活经验截然不同的另一类经验。杜威要寻找艺术经验与日常生活经验、艺术与非艺术、精英艺术与通俗大众艺术之间的连续性，反对将它们分隔开来。[①] 作者认为，在20世纪中叶后占国际美学主流的分析美学固然反对康德哲学，但它恰恰是从"公认的艺术品"出发，将美学定义为元批评，分析美学导致了一种美学上的间接性，使美学脱离生活、实践、艺术和大众。过去的种种美学都从公认的艺术作品出发，这种出发点是错误的。杜威从日常生活经验中发现了一种集中的、按照自身的规律而走向完满、事后也使人难忘的经验。然而，西方分析美学的绝对主流最终形成反弹，推动了美学向着感性和日常生活的回归，这是从20世纪90年代之后所兴起的国际美学新潮流。

周宪在《"后革命时代"的日常生活审美化》当中认为，有理由相信，日常生活审美化是特定语境的产物，这个语境就是"消费文化"或"后现代主义"。消费社会和文化的兴起在中国已经是不争的事实。仔细考量这个概念的流行，一方面与文化研究在中国的勃兴有关，另一方面又与消费社会在中国的发展关系密切。"后革命时代"的日常生活审美化，始终与两个关键词联系在一起。第一个关键词是"体验"；第二个关键词是"品位"（"趣味""格调"或其他"家族相似"的概念）。不难发现，当代消费社会与传统社会的消费有一个很大的不同，那就是它越发地倾向于消费性的愉悦"体验"。显然，这里已可以深刻地触及审美化的一个内在悖论：从美学本身的追求来看，人类大同是最终目标，所有人的审美化才是真正的审美化。但是，在一个存在着显著社会分层的社会里，并不存在这样理想的审美化。而当代中国大众媒体和市场营销中所提倡"审美化"，说到底是一个中产阶级品位及其生活方式的表现。[②]

李西建在《消费时代的审美问题——兼对"日常生活的审美化"现象的思考》当中认为，消费时代人类审美的重要表征是转向日常生活的审美化，其核心是人的日常生活质量及价值形态的重建。关键是如何看待

---

① 高建平：《美学与艺术向日常生活的回归》，《北京大学学报》2007年第4期。
② 周宪：《"后革命时代"的日常生活审美化》，《北京大学学报》2007年第4期。

消费时代的审美及消费时代与日常生活的审美化之间的关系：日常生活的审美化是消费时代人类审美的集中体现，二者在本质上是统一的，它表达了人类审美的一种新的价值趋向，即趋向个体的日常生活过程，趋向人类现实的生存价值的实现。从某种意义上讲，当代审美文化就是指一种消费形态的文化，一种重建人的日常生活质量及自由度的文化。应该说，日常生活形态及过程代表了人类存在之根。人类生存的"在家感""归宿感"是以日常生活为基本寓所。由于日常生活代表了个体生存的真实状态，是个体生活质量的客观体现，因而是审美活动关注的重要领域，也代表了美学研究的一种重要的价值论转向。[1]

陆扬在《论日常生活"审美化"》当中，回到学术层面看问题，认为美学这门在中国曾经火热得异乎寻常的学科在稍经冷静之后，要重新来为这日常生活的审美化构思出理论阐释。以往的美学一心建构包罗万象的理论骨架，力图将自然、艺术和社会，总而言之从感性到理性的种种领域都一网打尽。但美学从来是有它的特殊对象，严格来说，它原本是建立在压抑和规范欲望的前提之上。用伊格尔顿的话说，如果没有美学，启蒙运动的理性就无法延展到例如欲望和修辞这些至关重要的区域。美学可以说是使理性权力本身审美化，使之渗透到经验世界的每一个角落，而让启蒙理性体现出合乎人性要求的力量。而这一切的前提，都是基于现代理性和欲望的对立，把欲望变成动物性的东西，人之所以为人，被认为就在于他能够用审美态度观照对象而不思占有，这才是更新的美学所要为之的事情。[2]

彭锋在《日常生活审美化批判》当中认为，日常生活的审美化之所以成为当今美学争论的一个焦点问题，原因在于审美化明显僭越了自身的边界。按照经典哲学的划分，审美化应该局限在艺术领域，与其他领域比如说认识论领域和伦理学领域无关。日常生活的审美化，意味着审美超越艺术领域的界限而进入认识论和伦理学领域。这种僭越的合法性需要解

---

[1] 李西建：《消费时代的审美问题——兼对"日常生活的审美化"现象的思考》，《贵州师范大学学报》（社会科学版）2005年第3期。

[2] 陆扬：《论日常生活"审美化"》，《理论与现代化》2004年第3期。

释，它在实践上所引起的一系列后果的价值需要检验，于是出现了一系列的关于日常生活审美化的理论争论。日常生活审美化必将走向自身的反面，因为它实际上是以美的名义扼杀我们的审美敏感力，其所造成的"平均美"反过来追逐消费者，消费者不需要投入任何积极的努力，只需完全放松就可以消费它。[①] 正是在这种意义上，可以说"平均美"扼杀了审美感悟力，所以日常生活审美化需要得到批判。

总而言之，"日常生活审美化"的论争吹响了21世纪中国美学的第一声号角，因为，这一崭新问题在理论与实践上的双重出场，既强烈地冲击了既有的中国美学观念，也预示着新的美学思潮在中国行将出现。

第三节 "审美现代性"的不同路向

"审美现代性"（Aesthetic Modernity）的研究，对于中国美学界来说也是个舶来品，它成为当今中国美学探讨的热点，"现代性"的确也是当代美学研究的关键词。中国学界对"现代性"（modernity）的反思，是在20世纪80年代末"后现代主义"（postmodernism）的直接引进之后兴起的。但是，与后现代思潮的单向输入不同，90年代中期之后对于"现代性"问题的思考，从一开始就具有更多的本土化的视角。周宪与许钧主编、由商务印书馆出版的"现代性研究译丛"自2000年以来已经出版了20余本专著，对于现代性研究产生了很大的启发与引导作用，这也证明中国美学的发展越来越与世界接轨了。

在"现代性研究译丛"当中，主要出版的西方专著包括2000年出版的有让-弗朗索瓦·利奥塔的《非人：时间漫谈》（罗国祥译）、伊格尔顿的《后现代主义幻象》（华明译）；2001年出版的有贝克、吉登斯和拉什的《自反性现代化：现代社会秩序中的政治传统、传统与美学》（赵文书译），齐格蒙特·鲍曼的《全球化：人类的后果》（郭国良、徐建华译），阿尔布劳的《全球时代：超越现代性之外的国家和社会》（高湘泽、

[①] 彭锋：《日常生活审美化批判》，《北京大学学报》2007年第4期。

冯玲译）；2002年出版的有马泰·卡林内斯库的《现代性的五副面孔》（顾爱彬、李瑞华译）、史蒂文·康纳的《后现代主义文化》（严忠志译）、比格尔的《先锋派理论》（高建平译）、雷蒙德·威廉斯的《现代主义的政治：反对新国教派》（阎嘉译）；2003年出版的有弗里德曼的《文化认同与全球性过程》（郭建如译）、鲍尔格曼的《跨越后现代的分界线》（孟庆时译）、鲍曼的《现代性与矛盾性》（邵迎生译）、里斯比的《现代性的碎片：齐美尔、克拉考尔和本雅明作品中的现代性理论》（卢晖临等译）、维尔默的《论现代和后现代的辩证法：遵循阿多诺的理性批判》（钦文译）、伯曼的《一切坚固的东西都烟消云散了：现代性体验》（徐大建、张辑译）、戴维·哈维的《后现代的状况：对文化变迁之缘起的探究》（阎嘉译）；2004年出版的有韦尔施的《我们后现代的现代》（洪天富译）、大卫·库尔珀的《纯粹现代性批判：黑格尔、海德格尔及其以后》（臧佩洪译）、奥斯本的《时间的政治：现代性与先锋》（王志宏译）；2005年出版的有赫勒的《现代性理论》（李瑞华译）、安托瓦纳·贡巴尼翁的《现代性的五个悖论》（许钧译）；2006年出版的有卡斯卡迪的《启蒙的后果》（严忠志译）；2007年出版的有托马斯·奥斯本的《启蒙面面观：社会理论与真理伦理学》（郑丹丹译）；2008年出版的有劳伦斯·卡洪《现代性的困境》（王志宏译）、海默尔的《日常生活与文化理论导论》（王志宏译）。从美学的单纯学科视角来看，其中，比格尔的《先锋派理论》早已成为当代艺术理论的经典之作，撰写《我们后现代的现代》的韦尔施、撰写《启蒙的后果》的卡斯卡迪至今都是活跃在国际学术舞台的重要人物。

  正是在西方现代性研究的热潮之下，中国学者也开始了自己的"现代性"探索。吴予敏1998出版的专著《美学与现代性》是对于"审美现代性"进行集中探讨的最早著作。他认为，"现代性"作为对人类文明的一个衡量尺度，一个关于现代化社会中的文化根性和精神状况的概括的范畴，对于东方和西方都具有普适性。所谓"审美的现代性"，就是指在审美领域里表现的"现代性"，也是指"现代性"的审美表现形式。但尽管现代性与审美现代性都具有普适性，但是社会发展基础的不同与进步速度的不平衡，使得东方和西方的现代性与审美现代所涵指的问题又是十分不同的。现代性与审美现代的观察和分析,既要从全球着眼,也要从特定文化与社会范畴着眼。[1]

周宪 2005 年出版的 40 余万字的专著《审美现代性批判》,可谓是中国美学界对西方现代性进行研究的最为深入的总结之作,它主要仍是从西方的视角出发,对于"审美现代性"问题进行全面的梳理。该书从"现代性的问题史"开始,对于现代性的张力、审美现代性的四个层面、美学的二元范畴结构、审美现代性的内在矛盾都进行了研究。所谓的"审美现代性"的四个层面就包括:审美的"救赎"、拒绝平庸、对歧义的宽容、审美的反思性。进而,"审美现代性"所出现的矛盾就在于:商业化艺术与颠覆性艺术之间的矛盾、肯定与否定现实之间的矛盾、资产阶级意识形态与反资产阶级意识形态之间的矛盾。该书细致分析了西方美学史上一系列二元范畴结构,其中的"历史范畴"包括素朴的和感伤的、古典的和浪漫的、再现与表现、韵味与震惊、可读的与可写的、他律与自律;"逻辑范畴"则包括:酒神精神与日神精神、快乐原则与现实原则、价值理性与目的理性、启蒙现代性与审美现代性。这些二元范畴既相互扶持又相互冲突,共同推动着美学的发展,"审美现代性批判"所借助的恰恰是这些二元范畴所形成的张力。[2]

周宪在肯定"审美现代性"的参照与批判功能的同时又批判了"审美现代性"被夸大了的乌托邦功能,强调"启蒙现代性"的理性问题最终还得通过理性自身来加以解决,这就倡导了一种对"现代性张力"的辩证理解。这是由于,该书所认定的基本观点就是:"现代性"作为不断分化并充满了复杂内在矛盾的历史进程,其中的"启蒙现代性"与"审美现代性"是处于一种张力状态的关系当中的。在这种张力结构之内,"审美现代性"的主导取向,就是对现代文明及其工具理性的批判,它带有某种乌托邦功能,但它自身也充满了内在矛盾。对于现代性与后现代性的深层关联,作者认为二者并不是简单的彼此对抗的关系,后现代性包孕了复杂的审美现代性的精神,但又呈现出新的特征

---

[1] 吴予敏:《美学与现代性》,西北大学出版社 1998 年版。
[2] 周宪:《审美现代性批判》,商务印书馆 2005 年版。

和趋向。此外，该书还从审美话语的发展、艺术与日常生活关系的转型以及知识分子角色的转化等问题切入，这就更加强调了后现代性与现代性之间的承续和递变关系。

在对于西方的"审美现代性"的渊源研究当中，张政文的专著《西方审美现代性的确立与转向》从古希腊时代开始梳理，以德国古典哲学与美学的现代性问题为立足点，对"审美现代性"所引发的诸多问题进行了历史溯源、文本还原和理论辨析，他通过"文化的自觉和转向与审美现代性""人的问题与审美现代性""现代性历史意识与审美现代性""美的本质问题与审美现代性""艺术问题与审美现代性"的架构，力图对审美现代性引发的思想焦虑进行治疗。① 莫其逊的《美学的现实性与现代性》（中国社会科学出版社 2002 年版）也围绕着"美学的历史与定位""美学研究的现实与现代性""美学的未来"的基本问题透视了现代性与美学的关联。陈全黎的《现代性的美学话语：批判理论与实践美学》（湖南大学出版社 2009 年版）则选择了中西马克思主义美学中影响最大的两个流派——德国法兰克福学派与中国实践美学学派为研究个案，探讨了现代性美学话语的基本内涵，揭示了实践美学现代性批判的主要内容。此外，周宪主编的《文化现代性与美学问题》（中国人民大学出版社 2005 年版）、陈戎女的《西美尔与现代性》（上海书店出版社 2006 年版）、傅其林的《阿格妮·赫勒审美现代性思考研究》（巴蜀书社 2006 年版）、杨向荣的《现代性和距离》（社会科学文献出版社 2009 年版）都对于西方的审美现代性进行了个案的研究。

从西学东渐的角度讲，现代性研究为 20 世纪中国美学研究提供了一个独特的视角。张辉的专著《审美现代性批判：20 世纪上半叶德国美学东渐中的现代性问题》就是这样的积极尝试，该书从 20 世纪上半叶中德美学的历史与逻辑关联入手，从审美思想史和知识社会学的角度研究了"中国的"审美现代性逐步展开的问题。该书通过"中国美学（对德国美学）的期待视野""德国美学的东渐及其媒介研究""审美独立（在中

---

① 张政文：《西方审美现代性的确立与转向》，黑龙江大学出版社 2008 年版。

国)与现代性问题"的重点视角,对于中国语境中的审美现代性问题在知识学、价值论和本体论上的表现作了深入的解析,还特别对"浮士德精神的审美阐释""酒神精神的东方视域"进行了个案的研究,从而勾勒出德国审美思想在中国的流播图景,并确定了德国审美思想的东渐对中国语境中审美现代性问题的发生所具有的重要意义。①

王一川的专著《中国现代性体验的发生》,从"体验美学"出发梳理出"体验与文化现代性问题"的中国化的关联。他认为,在中西文化的双重互动当中,现代性体验的基调就是所谓的"怨羡情结"。这本专著的特色就在于他的个案研究超出了传统文学研究的范围,通过李宝嘉《文明小史》所呈现的日常生活的现代性体验、王韬的"创局"与"地球合一"说所呈现的全球性境遇中的现代性体验,解释了生活世界与中国现代性体验之间的关系。进而,又通过王韬眼中的西方形象所昭示的"惊羡体验"、黄遵宪眼中的现实中国形象所昭示的"感愤体验"、刘鹗的传统记忆内古典中国形象所昭示的"回瞥体验"、《断鸿零雁记》中的现代性中国人形象所昭示的"断零体验",从而深描出中国现代性体验的基本类型与辩证法。②

对于中国美学的现代性进行反思的最为深刻的力作,就是尤西林的《心体与时间——20世纪中国美学与现代性》。作者首先从揭示现代时间起源、结构与意义的角度深化现代性理论,认为现代时间三维中过去、现在对未来的反抗与未来的演化,这不仅是现代审美深层结构,也是现代性种种矛盾冲突与现代思想史观念运动的深层线索。现代性的核心是心灵与时间的关系,心灵审美化及其抗衡现代性虚无主义的历史使命由此突出。20世纪社会运动空前强大的伦理实践机制吸纳了全社会的个体的心体能量,并成为崇高化的审美意识形态,"后文革"时代大众审美文化为失去实践体制依托并迫于现代性进程压抑的信仰、伦理、审美心理能量提供发泄广场,而21世纪的中国审美心灵仍将处于现代性时间结构矛盾中。总

---

① 张辉:《审美现代性批判:20世纪上半叶德国美学东渐中的现代性问题》,北京大学出版社2002年版。

② 王一川:《中国现代性体验的发生》,北京师范大学出版社2001年版。

之，该书对于 20 世纪的中国美学与现代性知识的陈述进行了非常深入的研究。①

张法在《美学与中国现代性历程》一文当中认为，从王国维开始，美学就进入了中国现代学术和现代文化的复杂关系之中。从宏观大势上说，中国现代美学的进展可以分为三个时期：20 世纪前期的美学模式与中国学术和文化初步建立；20 世纪五六十年代美的本质四派与中国学术和文化"苏式"转向；20 世纪 80 年代后的美学演进与中国学术和文化的转向。其中，美学在同学术、社会、政治的紧密关联里，又产生了四种基本模式：一是梁启超式的社会学模式，要求美学为政治服务，服务于中国现代性的国民性转换；二是蔡元培式的教育学模式，让美育在教育体系中占有基础的地位，让美成为中国现代性的人生境界；三是朱光潜式的审美现象学模式，向人们指明了在现实中如何才能获得美；四是宗白华式的文化学模式，突出了古代文化内在的统一性，从而凸显出中国文化的特质。②

寇鹏程也认为，中国的审美现代性实际上有四种范式：一是审美非功利主义；二是审美工具主义；三是审美批判主义；四是审美快感主义。由于审美独立意识与工具意识之间的纠葛，这四大范式性道路：第一种是强调审美自身的独立性，强调为了美而美的"唯美主义"，为了艺术而艺术的审美至上主义；第二种是审美万能主义，这种审美范式太过崇信审美的社会功用，认为审美是知识的传播者、道德的承载者、社会的拯救者，是一种审美工具主义；第三种是强调审美感性主义在现代社会的特殊意义，强调感性主义对于理性主义、科技主义的反抗，对于健全人格的特殊价值，这是对现代社会"异化"的批判；第四种是审美快感主义范式，强调审美的官能享乐主义，认为审美是一种快感、消费和娱乐，是主体的一种感官享受。③

王杰在《审美现代性：马克思主义的提问方式与当代文学实践》当中，以在中国占据主流意识形态的马克思主义作为研究对象，认定关于审美现代

---

① 尤西林：《心体与时间：20 世纪中国美学与现代性》，人民出版社 2009 年版。
② 张法：《美学与中国现代性历程》，《天津社会科学》2006 年第 2 期。
③ 寇鹏程：《中国审美现代性研究》，上海三联书店 2009 年版。

性的有关思想早在《1844年经济学—哲学手稿》中就可以看到其基本思路和理论原则。在马克思的理论视野中,审美意识形态的现代作用主要包括三个方面的理论内容。首先,在现代社会中,由于社会生活的异化,意识形态包括审美意识形态必然发生严重的扭曲和异化,审美意识形态与它所表征的社会关系发生某种程度的脱节甚至断裂。其次,由于审美活动是以个体的审美经验为基础的,在社会已经充分个体化了的现代社会,个体意识形态与主流意识形态必然形成诸多的差异,这就为审美启蒙并且重新把握现实生活关系提供了可能。最后,关于两种意识形态的关系问题,审美活动的一个显著特点是审美经验的个体性与审美对象的共同性的有机统一。[①]

刘悦笛在《在"审美批判"与"批判启蒙"之间——建构全面的现代性》一文中认为,可以采取一种"融合视界"大视野,寻求一种介于"审美现代性"与"启蒙现代性"之间的新的现代性,其基本内涵包括:首先,以审美中和"主体性",走出"人类中心主义",从而走向一种"主体间性"的交往原则;其次,以审美中介"纵向理性",远离"逻各斯中心主义",从而塑造出一种"横向理性—感性"的图景;再次,以审美平衡"文化分化",反对科学、道德和艺术的绝缘分裂,从而趋向一种"文化间性"的对话主义;最后,以审美规划"社会尺度",抛弃"乌托邦"的虚幻之途,铺出一条"新感性—理性社会"的路径。总而言之,既然"现代性的事业"尚未完成,那么,我们就理应构建一种"全面的现代性"。[②] 以上这四个方面,恰恰构成了健康的"现代性"的完整图景,它探讨的无疑是一种人与世界、人与人之间的新型关系。

第四节 "艺术的终结"之后的美学

在西方与中国学界,"艺术的终结"(the End of Art)问题是中国美

---

① 王杰:《审美现代性:马克思主义的提问方式与当代文学实践》,《文艺研究》2000年第4期。
② 刘悦笛:《在"审美批判"与"批判启蒙"之间——建构全面的现代性》,《学术月刊》2006年第9期。

学界所探讨的最新的热点和焦点问题。追本溯源，艺术终结问题，其最早提出是在 1828 年，出自黑格尔的《美学讲演录》（Vorlesungen über die Ästhetik）。薛华的《黑格尔与艺术难题》（中国社会科学出版社 1986 年版）当中对黑格尔的艺术解体论进行了较早的令人信服的解读。有趣的是，与中国的情况类似，黑格尔的艺术终结观念由于英译本的关系（主要是 1975 年由 T. M. Knox 翻译的黑格尔 Lectures in Aesthetic），最初也被翻译和理解为"死亡"（death），[①] 然而，这就忽略了黑格尔本人所使用的"终结"（der Ausgang）更为深层的含义。真正将这个问题引入现代语境的，还是当代美国分析哲学家和美学家阿瑟·丹托（Arthur C. Danto），时间的起点是 1984 年。另一位同在 1984 年提出"艺术终结"问题的是德国著名艺术史家、德国慕尼黑大学艺术史讲座教授汉斯·贝尔廷（Hans Belting），只不过他更为关注的是"艺术史终结"（the end of art history）的问题。

艺术终结的观点一经提出，就在欧美学术界和艺术界产生了广泛而深入的影响，关于艺术终结的专题研究在学术杂志上不断出现，关于艺术终结和艺术死亡的文集也陆续出版，至今关于这个问题热度仍然不减当年。在当今中国的学术界，最早提倡艺术终结观念的是刘悦笛与沈语冰，前者的文章发表于 2002 年，后者的文章发表于 2003 年，这时关于艺术终结的文章都是发表于美术类杂志上的。刘悦笛的《病树前头万木春：评"艺术终结论"和"艺术史终结论"》原载于《美术》杂志 2002 年第 10 期，该文首先论述了从黑格尔到丹托"艺术两次终结"论提出的过程，进而通过贝尔廷反诘菲舍尔而得出的"艺术史的两种终结论"的问题，最后提出了"艺术终结者的两难抉择：人还是历史？"的问题。该文得出的结论是，艺术不可能脱离人而有自己独立的命运，人类的终结之处，就是历史的终结之处，可能也才是艺术的终结之处。沈语冰的《哲学对艺术的剥夺：阿瑟·丹托的艺术批评观》原载于《世界美术》2003 年第 3、4 期

[①] Cutis L. Carter, "A Reexamination of the 'Death of Art' Interpretation of Hegel's Aesthetics", in Warren E. Steinkraus and Kenneth L. Schmtz, eds., Art, and Logic in Hegel's Philosophy, Humanities Press and Harvester Press, 1980, pp. 83 – 103.

上，作者深描了丹托的批评观的三个层次，进而提出了自己的观点。首先，丹托的艺术终结论（它意味着艺术叙事的终结）是错误的，因为终结的只是某种宏大叙事（例如格林伯格的现代主义叙事），而不是所有叙事。其次，认为丹托的艺术终结论源于黑格尔的艺术终结论，又得到了后现代主义理论的支持。但是，无论是黑格尔的艺术终结论还是后现代主义的艺术终结论，都不能令人信服。再次，丹托的艺术终结论的哲学基础是英美分析哲学（而且是前期维特根斯坦意义上的分析哲学），因此它可能较精确地描述了西方当代艺术的现象，却给不出关于其原因的解释，也提供不出解决问题的出路。[1]

关于艺术终结的翻译著作，到目前为止，丹托的专著已经被大量地翻译。早在20世纪80年代，由李泽厚主编的"美学译文丛书"的规划当中，计划出版西方美学名著100部，据李泽厚先生自己所言，当中也曾想翻译丹托1981年的著作《平凡物的变形》（*The Transfiguration of the Commonplace*, Cambridge: Harvard University Press, 1981），这恐怕是这套译丛当中预选要翻译的最新的一本了。关于艺术终结观念的译著最早出现在2001年，江苏人民出版社出版了《艺术的终结》（欧阳英译），这本书其实就是丹托《哲学对艺术的剥夺》一书的中译本，翻译成中文过程中题目做了修改。到了2007年，丹托的两本专著被接连出版，江苏人民出版社推出了丹托的《艺术终结之后：当代艺术与历史的界限》和《美的滥用》，都由王春辰翻译而成，本来也要一同推出的《平凡物的变形》则由于翻译问题而没有出版。汉斯·贝尔廷的专著《艺术史终结了吗？》译介出版得更早，被常宁生编译的同名文集收录，湖南美术出版社1999年出版。

国内第一部研究艺术终结的专著出版于2006年，是刘悦笛的专著《艺术终结之后：艺术绵延的美学之思》（分为上、下两编，共40多万字），探究了关于艺术终结的各个理论方面及其前因后果。导言提出了艺术的"历史限度"的问题，认为艺术终结不仅与历史的终结间接相关，

---

[1] 沈语冰：《哲学对艺术的剥夺：阿瑟·丹托的艺术批评观》，《世界美术》2003年第3、4期。

而且还与现代性的终结直接相系。该书从"杜尚难题"开始谈起，从后现代的视野中来重审杜尚难题，杜尚的反艺术成为引发艺术终结的导火索。从主体部分开始，该书解析了以下问题。（1）历史上曾被两度提出的"艺术终结论"，考察了从黑格尔"美学讲演录"的宣判到阿瑟·丹托《艺术的终结》所做的宣言，认为"当代艺术终结论"一方面所侧重的是"艺术终结之后"的艺术形态，另一方面则认为所谓艺术的终结就是逐渐意识到艺术的哲学本质，亦即"哲学对艺术的剥夺"。（2）"艺术史终结论"的方方面面，考察了从菲舍尔《艺术史终结了》到汉斯·贝尔廷《艺术史的终结？》里正式提出"艺术史终结论"的理论。（3）"艺术家死亡论"的各个方面，涉及福柯"何为作者"、罗兰·巴特"作者之死"和博伊斯"人人都是艺术家"的观念。（4）"审美经验终结论"的问题，认定艺术终结问题也带来了对"审美经验终结"问题的深入思考，由此得出一种康德式的"二律背反"。同时考察了从乔治·迪基所提出的"审美态度的神话"到理查德·舒斯特曼"审美经验的终结"的思想，提出审美经验应该回归到杜威意义上的"整一经验"当中。（5）新近出现的各种美学与艺术理论的终结论，随着当代欧美分析美学的逐渐衰微，其艺术定义的方式变得捉襟见肘，今日艺术理论也开始走向了"自我解构"。[①]

《艺术终结之后：艺术绵延的美学之思》的上编为"艺术终结论的美学沉思录"，下编则为"艺术趋向终结的绵延之途"，深描了以回归生活为主流的三种艺术终结的历史趋向："从波普艺术到激浪派：艺术即生活，生活即艺术""从偶发、行为到身体艺术：复归到身体""观念艺术：艺术化成观念与观念变成艺术"和"大地艺术：艺术自然化与自然艺术化"，分别提出了隶属于"生活美学"的"身体过程美学""观念主义美学"和"自然环境美学"的问题。结语部分对"艺术终结于何处"及其美学后果进行了多元化的展望，认定艺术将终结于观念、回归到身体、回复到自然当中，[②] 提出要在"自然主义"与"历史主义"张力之间来对

[①] 刘悦笛：《艺术终结之后：艺术绵延的美学之思》，南京出版社2006年版。
[②] Liu Yuedi, "Concept, Body and Nature: After the End of Art and the Rebirth of Chinese Aesthetic", in Mary B. Wiseman and Liu Yuedi eds., *Subversive Strategies in Contemporary Chinese Art*, Leiden: Brill Academic Publishers, 2011.

艺术定义做出全新的解答。

面对艺术终结问题，实践美学的代表人物李泽厚在阅读过相关研究成果之后，给出了自己的回应，在刊登在《美学》复刊号上的特稿《实践美学短记（2005）》里面，作者将艺术终结与黑格尔的历史终结的观念联系起来，"艺术的终结与历史的终结密切相关，都由 Hegel 提出。所谓'历史的终结'是指资本主义全球化和共和民主制度在世界范围内普遍建立，战争彻底消除，革命不再发生，人类取得永久和平，由小康生活迈入大同世界。今天，急忙干工作，平淡过日子，自我牺牲和澎湃激情都只作为例外的、特殊的情况和要求而出现。英雄时代已经过去，散文生活无限延伸。于是历史宣告终结"，"艺术亦然"。[①] 然而，李泽厚认为历史并未终结，由此推导出艺术也不能终结：就今日的世界范围说，历史并未终结。从而艺术也不可能终结。最后，作者从进步主义的角度对于美学与艺术的未来进行了展望，提出了"第二次文艺复兴"与实践美学未来前景的问题，充满了乐观主义的态度。

周计武在《艺术的终结：一种现代性危机》当中，认为"艺术终结"命题是一个言过其实的修辞，在词源学的意义上，这里的"艺术"概念既有它的时间性——现代，也有它的空间性——西方。艺术终结的命运内在于现代性的逻辑之中。这不仅因为引发艺术终结的那些观念是现代的产物，如"自主性""美""新""先锋""媚俗"等，而且因为现代艺术与它所反叛的资产阶级结构之间具有共同的根源。现代艺术充满悖论与危机的原因在于：一方面，现代艺术拒绝秩序、可理解性甚至成功，以自己失败和危机的经验作为"自由"的代价。另一方面，迫于时代的氛围和环境的压力，现代艺术又暗中与大众媒介、技术逻辑和市场化策略"调情"，不断地把自己非神圣化、对象化，最终使自己消失在世俗的审美光晕之中。所以，"艺术的终结"不仅仅是现代艺术的危机，更是现代性的危机。这种危机有利于我们更好地反思"传统与现代""先锋与媚俗"

[①] 李泽厚：《实践美学短记（2005）》，滕守尧主编：《美学》复刊第 1 期（总第 8 期），南京师范大学出版社 2006 年版。

"自我与他者"等二元对立的文化逻辑。①

刘悦笛在《艺术终结与现代性终结》一文中指出，既然艺术与现代性是相伴而生的，因而二者也可能相伴而终结。这意味着，艺术终结不仅仅与宏观的整个"历史的终结"间接相连（如黑格尔所见），也非仅仅微观地与"艺术史绵延"直接相系（如丹托所见），而是同"现代性历史的终结"息息相关（如舒斯特曼所见）。可以说，"艺术"的观念是启蒙现代性的产物，艺术的"观念"是欧洲近代文化的结晶。这是由于，在以欧洲为主导的"现代性"这段历史展开"之前"与"之外"，艺术都没有"产生"出来。这样，一方面，在启蒙时代"之前"作为总体的"美的艺术"观念尚未出场；另一方面，在欧洲文化"之外"，艺术的观念更多是一种"舶来品"，无论是古老的亚洲、非洲还是美洲文化，都原本不存在"艺术"的观念。现代人将所撰的西方艺术史延伸到现代性之先，是获得了"艺术视界"后的反观自身的结果；从现代时期开始所见的亚非拉的古老艺术，亦是有了"艺术视界"后的遥望"他者"的结果。②

思考艺术的终结问题，总是同对艺术的过去的反思和对"艺术未来"的展望相互关联的。学者们一方面将视野回溯到在西方语境当中"艺术"概念得以形成的历史语境当中，另一方面又探寻着艺术的未来发展之路，以回答艺术是否"走向终结"的难题。

常宁生在《艺术何以会终结：关于视觉艺术本质主义的思考》一文中，就采取了回溯性的视角。作者认为，要讨论艺术的终结问题必须从艺术的生成与建构开始。任何事物和文化现象都有一个形成、发展与变化，以及对其进行界定与建构的过程，艺术的形成与发展也不例外。一个未被充分认识的事实就是作为抽象的艺术概念是西方文化的一种建构。所谓绘画的死亡与艺术的终结只是一种人为的设定的艺术发展模式与目标的必然结果。现代艺术的主流缓缓地一步一步向前推进，并使自身不断地简约化

---

① 周计武：《艺术的终结：一种现代性危机》，《厦门大学学报》2007年第3期。
② 刘悦笛：《艺术终结与现代性终结》，《艺术百家》2007年第4期。Liu Yuedi, "Globalization and the End of Art in China", in *International Journal of Decision Ethics*, Vol.1, 2008 Fall, pp. 69–89.

和概念化,直到发展到废弃了艺术的基本要素。20世纪80年代中期以来,一切艺术流派都消失了,艺术史也不再受到某种内在必然性的驱动。人们感觉不到任何明确的叙事方向。人们也不再争论艺术创作的正确方式和发展方向。所以说,艺术已经进入一种"后历史"状态。①

陆扬在《艺术终结论的三阶段反思》一文当中认为,黑格尔的"艺术终结论"众说纷纭,但它肯定不是把艺术史看做艺术作品的编年史,而毋宁说是把艺术看作一个时代心灵和文化的象征,判定它的合法性限定在艺术作品的感性特征尚未成为精神发展的阻碍之前。黑格尔的上述思想应是预言了蒙特里安的新造型主义,后者可以显示当社会的停滞颓败和艺术的常青不衰构成矛盾时,艺术表征时代的历史使命转变为形式上的破旧立新,而这势在必行。但今天的经济全球化语境,正在见证艺术面临的另一种"消亡"危机,对此政府重视并且担纲起对艺术的资助方略,应是值得重视的解决办法。今天,艺术已不复是黑格尔时代的"高雅文化",而成为一个广阔的社会活动领域;艺术作为一种人类特有的交流方式和社会现象,应当具有它自己的鲜明特性。②

朱国华在《认识与智识:跨语境视阈下的艺术终结论》一文中认为,假定讨论艺术终结是可能的,这就意味着艺术存在着一个历史。设定历史发展的可能性,也就相应要求我们思考那些支配或影响历史进程的动力。他认为,文学艺术的概念必须历史化,因而适应于西方的艺术终结的相关论述,未必同样适用来解释中国的文学艺术实践,必须考虑到跨语境条件下的艺术观。艺术作为连接人与世界的通孔,其价值得以实现的条件或形式,也同样可以分别理解为认识与智识。对西方人来说,艺术是历史性的,因而它也可以导致终结;但是智慧的逻辑却是无偏无倚,无所确立而无不确立,因此除了形式技术之外,很难讨论其历史,而形式的创新始终向未来开放,所以,原则上说艺术是不可能终结的。③

中国美学界对于"艺术终结"的问题关注度非常高。对于中国的艺术

---

① 常宁生:《艺术何以会终结:关于视觉艺术本质主义的思考》,《南京艺术学院学报》2007年第3期。
② 陆扬:《艺术终结论的三阶段反思》,《艺术百家》2007年第4期。
③ 朱国华:《认识与智识:跨语境视阈下的艺术终结论》,《文艺研究》2008年第3期。

界和思想界来说，阿瑟·丹托的艺术终结观念可谓姗姗来迟。在丹托 1984 年提出艺术终结而一鸣惊人的整整 20 年之后，这个观念才开始在中国产生应有的影响。这也许是理论在各个国家之间旅行的"迟到"现象。然而，丹托的艺术终结观念，尽管"姗姗来迟"，但却"恰逢其时"。这是由于，艺术终结问题的展开，始终是同两个问题相关的，一个就是"分析美学"的理论研究，这是因为艺术终结问题就是由分析美学家们所主导的问题；另一个则是"艺术史"的实际发展，丹托在中国今天这么被关注，这恰恰是以本土艺术创造和艺术批判走到了这一步为历史景深的。

这就需要我们，一方面继续"分析美学"进行深入探讨，另一方面又要对艺术史的发展予以深度关注。在提出"艺术终结"后的丹托的学术发展，所展现出来的正是丹托的一整套的"艺术史哲学"观念，他的以分析美学为内核的"艺术哲学"与他的艺术史哲学是相互规定的。丹托给中国美学的启示正在于此——"艺术终结"难题既是理论的问题，也是实践的问题；既是艺术哲学的问题，也是艺术史的问题。那么，"艺术终结"之后中国美学该走向何方，究竟怎样将美学的视角延伸到艺术界，究竟怎样给予当代艺术发展以美学的解答，这也是 21 世纪的中国美学所亟待解答的难题。[1]

---

[1] 21 世纪以来从"生活审美化""审美现代性"到"艺术的终结"的热点问题已经开始得到系统的整理，这主要体现在艾秀梅的《日常生活审美化研究》（南京师范大学出版社 2010 年版）、陈定家选编的中国学者文集《审美现代性》（中国社会科学出版社 2011 年版）和吴子林选编的中国学者文集《艺术终结论》（中国社会科学出版社 2011 年版），其中《审美现代性》一书还将论文分为"问题意识与提问方式""审美现代性的诸多面孔""审美现代性的理论意义"和"建构'全面的现代性'"四个板块，这都为下一步对这些崭新问题做出反思提供了坚实基础。

结 语

从"文化间性转向"到"全球对话主义"

美学,对中国而言,是19世纪末20世纪初西学东渐的产物,又是中西文化和学术会冲与交融的成果。它最初是依据近代欧洲的"学科分化"和"学术规范"建构而成,而又必然被宿命般地烙印上本土化的"民族身份"。在源头的意义上,美学这门哲学的分支学科是古希腊"城市文化"的产物,当它作为一门西学介入中国这个"农业文明"的时候,必然产生外来的"涵化"与内在的"变异"。

有趣的是,"中国的"美学"在中国"从来就不是作为"书斋的学问",尽管康德意义上的"审美非功利"成为其理论的预设,但是审美的"无用之用"的社会实用性却被得以强调。实质上,"审美人生"与"社会理想"就如同一张纸的两面,前者往往为后者提供着内在依据和个体根基,后者则是前者的外在实现和社会显现。这也说明,西方语境当中的美学并不是在世界各地都能落地生根,而在东亚文化内部所具有的社会功能也与众不同,只有近代中国文化提出了诸如"美育代宗教"这样的鲜明主张,这恰恰是中国文化的本土积淀使然。

因而,在整个20世纪的二三十年代,五六十年代和八九十年代,美学"在中国"与"中国的"美学都获得了空前的发展,并成为社会变革和思想启蒙的急先锋。这便是美学在中国的"超前性"或"前导性"的问题,它如幽灵般在汉语学界内游荡和隐现,不仅跨越哲学与艺术等学科边界,而且在中国社会的发展进程中扮演了重要的历史角色。这在世界诸类文明当中都是鲜见的,美学与中国的联系居然是如此的紧密,的确是值得深入研究的文化变异现象。

既然美学如此深入地嵌入中国的社会结构当中，那么，美学与中国之间，究竟构成了何种关系？"中国视界"里的美学（既包括外来美学，又包括中国传统、现代的美学）究竟是什么样子？"外来视界"里的中国美学又是何种形态呢？

美学既然是"西学东渐"的产物，那么，这必然说明，美学于中国的发生，必定具有一个以欧洲美学作为参照系而生发出来的过程，经历了一个外源式的、后发的建构过程，而并不像欧洲美学那样是内源式的、自然而然地、自发地生成的。那么，以欧洲为源发地的美学，究竟是否具有"普世性"呢？这个问题在而今所面临的"全球化"境遇的时代，被再度凸显出来。对于美学"在中国"与"中国的"美学这种区分，起码有两种看法。

一种观点认定，肇源于欧洲的美学这门独特的学术，并不具有普遍性的价值，在欧洲与在中国的美学都一样是"地方性知识"。那么，如此说来，美学"在中国"其实就等同于说外来美学（主要指以欧美为主的西方美学）"在中国"，而"中国的"美学则是与外来美学根本异质的一类美学的建构。

另一种观点则认为，美学的诞生虽然在欧洲，但却随着历史发展，已经成了具有"全球性"的知识系统。如此推论，似乎一种"全球美学"（Global Aesthetics）就是可能的了。美学"在中国"就意味着一种普遍性的美学"在场"于中国，而"中国的"美学则意味着这种普遍性的美学的"特殊化"。这里的美学"在中国"的"美学"，并非意指西方美学，而是就某种先在预设的"全球美学"而言的。

但无论怎样，美学于本土的落地、生根和发芽，必定具有一个"西学东渐"的移植与"本土建构"的创生的过程，而这两个过程是相互勾连在一起的：没有前者，美学"在中国"就成为无源之水；缺少后者，"中国的"美学的建设就好似缘木求鱼。从美学"在中国"到"中国的"美学，其实，引号的移动就说明这里的重心已转换了。如果以引号内的内容为重点，那么，前者就着力在中国的"美学"，后者的落脚点就在于"中国的"美学。正如日本学者也在千禧年之后区分出日本"美学"与

"日本"美学一样，对于非西欧的国家共同体来说，美学对它们而言，都具有这个从"无"到"有"，抑或从"潜美学"到"显美学"的历史形成与转化过程。

在本书所标识的"中国美学进程之反思"的路标中，就可以看到一种宏大的历史性变迁过程。由此，将要展现的是，这种历史进程——从"美学在中国"（Aesthetics in China）到"中国的美学"（Chinese Aesthetics）——究竟发生了哪些"创造性的转化"与"转化性的创造"？本书仅仅聚焦于最近 70 年的"美学中国化"的进程，其实从 1949 年之前上推到美学来到中国初年的历史行程，亦即从美学的传入到本土的重建的历史，亦非常值得继续得以全面的考量。[①]

如今，当代中国美学正在逐步融入"全球化"的脚步。在这个结语里面，我们可以一方面来深描"国际语境"的深刻变化，也就是国际美学正在经历的"文化间运动"；另一方面来描述当下中国美学发展的"国内语境"，也就是正在走向的一种"全球对话主义"。

当代全球美学，正面临着所谓的"文化间性转向"（intercultural turn）。这个观点是国际美学协会前任主席海因斯·佩茨沃德（Heitz Paetzold）率先在美学领域提出的。"文化间性"更是来自德语学界的说法，而英语学界更多使用诸如"比较哲学"或"比较美学"这样的用法，然而，这两种不同说法却是处于不同层级当中的。随着全球化时代的来临，不同文化传统之间哲学和美学的沟通与对话越来越频繁，全球哲学和美学当中的"文化间性"（interculturality）被凸显出来。

如果说，比较哲学或美学（Comparative Philosophy or Aesthetics）还只是如在两条"平行线"之间在作比照，跨文化哲学或美学（Cross-cultural Philosophy or Aesthetics）更像是从一座"桥"的两端出发来彼此交通的话，那么，文化间哲学或美学（Intercultural Philosophy or Aesthetics）则更为关注不同哲学传统之间的融会和交融。笔者曾认为，"分殊""互动"和"整合"将分别成为"比较""跨文化"和"文化间"哲学或美学所理应承担的不同层级的任务。

---

① 刘悦笛：《美学的传入与本土重建的历史》，《文艺研究》2006 年第 2 期。

正如海因斯·佩茨沃德在中国举办的"美学与多元文化对话"国际学术研讨会开幕式上的讲话所言,这种文化间性转向首先反对的,就是拉姆·阿达尔·莫尔(Ram Adhar Mall)的"永恒哲学"公式,因为哲学或美学并不能为任何单一的文化所拥有,而是一种在全球各个地方的鲜活的存在:"在哲学上的'文化间性'的转向并不意味着弱化哲学与理论的思考。相反,它意味着加强全球不同文化间的联系。有些人,像奥地利哲学家弗兰茨·马丁·维默尔(Franz Martin Wimmer)所说的那样,赞同一种文化间的'杂语'(polylogue)而不是'对话'(dialogue)。来自不同文化的不同的声音,应该被听到,变得可听到,而不是使之沉默。"[①] 国际美学协会(IAA)这个组织所赞同的是——"在文化间架起桥梁",2007年在土耳其安卡拉举行的第17届国际美学大会所确定的就是这个主题,2010年在中国北京举办的第18届国际美学大会的主题"多样性中的美学"(Aesthetics in Diversity)则延续了这个既定的文化思路。

国际美学的战略性目标,就是将这种哲学上的"文化间性转向"运用于美学之中,由此,"我们应该继续研究用不同的方式来说明像美、崇高、丑这样一些美学上的核心概念,这是一个特定的文化中的哲学风格的独特特征。我们要讨论美学与伦理学的关系,在从一个文化向另一个文化转移时,是怎样改变的。我们必须将不同的造园艺术的模式理论化,并且去改变联系或分离美学与哲学的方式。这种范式的改变,就我们从一种城市设计文化转向另一个城市设计文化而言,使我们很感兴趣"[②]。所以说,美学的跨文化间研究的基点,就不仅仅在于与属于某种特定背景的作为"他者"的文化相遇与相知,同时也要意识到,无论是审美还是艺术的话语并不对所有文化都是适用的,而要从各个不同文化的体验出发来共同造就出"全球美学"发展的新格局。

中国美学、艺术和文化,正在直面着这种"全球化"的语境,从而

[①] 海因斯·佩茨沃德:《序言Ⅰ·当代全球美学的"文化间性"转向》,刘悦笛主编:《美学国际:当代国际美学家访谈录》,中国社会科学出版社2010年版。

[②] 同上。

融入笔者所说的"全球对话主义"当中。[①] 这意味着,在"文化相对"的基础上,一种"全球对话主义"(global dialogicalism)理应得以倡导。在全球化的历史背景下,无论东方还是西方美学、艺术和文化(中国理应作为东方的重要代表),都应该在价值观上倡导更为健康的全球化的理念。依据社会学家罗兰·罗伯逊(Roland Robertson)所见,全球化应该包括两个双向的过程,亦即"特殊主义的普遍化"和"普遍主义的特殊化"。所以说,一种健康的全球化,就应该在这种互动之间展开。

一方面,这种全球化不应是为某一文化帝国为"单向牵引"的全球化,从而也不同于文化的"同质化"。就目前的情况而言,全球化不等于欧洲化抑或美国化,进而,全球化也并不等于文化一体化。由此,健康的"文化全球化"其实是与文化绝对一体化相对峙的,它既反对欧洲中心主义造成的对"世界文化"的统摄和抹平,又不同意仅从某一种或某几种文化出发来弥合具有个性差异的"全球性"的文化整体。这样,它就冲破了后殖民主义者所洞见的"神奇的东方"式的类似幻象,在总体上弘扬了不同文化之间的类似性和互通性。

另一方面,这种全球化亦没有走向绝对的"相对主义",没有使得整个世界的文化和艺术走向零散化和碎裂化,从而无法进行对话和交往;同时,也要强调在这种对话当中确保"民族身份"的实存。健康的全球化,理应不否认世界内各种"异质文化"的本己价值,而在全球性文化的涵摄下,鼓励各个"文化子系统"的良性发展,从而以非确定的文化"异"态充实不同文化的间隙。更为重要的是,这种文化全球化倡导多元文化间"对话"的健康态势和语境。因为,它力图根本上消解文化强权带来的"不等价"基础,而在承认不同文化的外部、内部差异之上提倡相互尊重、相互理解,并彼此进行积极的文化涵化和整合,最终达到多元和谐共处。

全球化进程的加速,提高了民族国家、民族社会的自我意识,巩固了各民族对自身的认同感,"民族身份"的问题随之凸显出来。这是由于,

---

[①] 刘悦笛:《序言Ⅱ·融入"全球对话主义"的中国美学》,刘悦笛主编:《美学国际:当代国际美学家访谈录》,中国社会科学出版社 2010 年版。

全球化不仅造成本族与他族、他族与他族之间的频繁交往，而且本族自身、他族自身的内部沟通也继续深化了，这些都使民族国家、民族社会愈加认识到自我与他者的不同。实质上，这是一种在全球化之"同"的基础上再认识到的"异"，它不同于全球化之前的那种"自为的差异"，而是一种在全球化氛围内自觉的求"同"存"异"。这种更高层次的"民族身份"已成为全球化进程中的伴生现象，它是各个民族国家、民族社会在新的历史语境内重新认识自我的产物。

如此说来，作为"全球化"的美学、艺术和文化，也要遵循这些"全球对话主义"的基本原则来加以建构：一面要融入全球化巨潮的怀抱，一面还要标举出自己的民族身份。处于"全球化"与"民族性"之间，将始终成为当下与未来的美学、艺术和文化建设的"内在张力"结构。

在本书的最后，我们以一篇对话录来结束全书，这篇对话录是在第18届国际美学大会之后，笔者与国际美学协会主席柯提斯·卡特之间进行了一次学术对话——关于中国美学和艺术在开放与"中国性"之间的对话[①]：

> 刘悦笛：恭喜您，柯提斯·卡特先生，这次被选举为国际美学协会新任主席，我们又在北京成功举办了第18届国际美学大会。在大会开幕式上你说，要努力让国际美学协会成为非政府组织，那么，你如何看待国际美学协会的未来？
>
> 卡特：同样恭喜您，在闭幕式上以最高票当选为国际美学协会的五位总执委之一，同样当选的德国哲学家沃尔夫冈·韦尔施（Wolfgang Welsch）是被推荐的。关于未来三年国际美学协会自身的定位，我们需要思考它的角色和目标。考虑到目前已有的拥有强势的国家性质的社团如各国的美学学会，以及正在出现的地区性的社团如欧洲美学协会和中东美学协会，国际美学协会须明确自身在致力于美学事业

[①] 刘悦笛：《中国美学和艺术：在开放与"中国性"之间——与国际美学协会主席柯提斯·卡特对话》，《中华读书报》2011年2月12日。

的各种社团之中的特殊角色。这一点非常重要。

在众多的问题中，有些问题需要首先提出来加以讨论：在一个审美现象在发生变化、文化越来越走向全球化的世界里，国际美学协会该扮演什么样的角色？它近来的主要成绩，就是组织世界大会、出版美学年刊，我主编的《2009 国际美学年刊》你也曾供稿。我们可以追问，20 年前在诺丁汉所采用的协会架构今天是否仍然有效？怎样的改革可以改进国际美学协会的功能？在目前现有的自身的资源之内，还有其他可做的事情吗？比如说，是否要寻求非政府组织，与教科文组织和联合国站在一起，以便获得更广阔的视野？我认为这是肯定的。

刘悦笛：这就涉及一系列的问题：国际美学协会作为各国美学协会的"联合国"要扮演什么样的角色？可不可以加强与其他组织的交流和合作？如何理解美学的贡献？美学仅仅是有特殊兴趣的学者们的封闭领地吗？美学如何与艺术实践发生关系？如何与学术圈外的人们发生关系？当然，我个人更倾向于提出一种"生活美学"。还有，将来的美学大会怎样建立东方和西方的合作？

卡特：这里没有时间细论这些问题，不过在展望国际美学协会的未来角色时，我们可以一起想想这些问题，形成一些具体的方案。作为国际美学协会的新任主席，我期盼与执行委员会、协会会员，致力于美学的全球进步的国际组织、国内组织来共同工作。先谢谢你们帮忙在这些方面所取得的进步。你与我的美国同人共同主编的文集《当代中国艺术激进策略》（*Subversive Strategies in Contemporary Chinese Art*）也是致力于这种合作的国际性工组。

刘悦笛：那么，你如何看待中国美学家们在国际舞台上将要扮演的角色？中国美学与国际美学之间，比如我们中国与你们美国之间，形成什么样的互动关系才是更为健康的？

卡特：我认为，目前中国学者和学生们在美学上的研究和学习上都有浓厚与广泛的兴趣。这种兴趣根植于中国的文化传统，以及在当今世界延续中国文化之重要特质的愿望。据我的观察，中国的美学家和当代中国的艺术家一样，都对来自西方文化的洞察持开放的态度。

然而重要的是，他们同时也坚决地维护中国的声音，这基于他们在知识上的贡献，而不是民族主义的关怀。

今天，中国和美国之间同多于异。在个人对个人的层面上，来自中国和美国的学者们之间的交流特别受欢迎，而且得到双方的欣赏。大多数情况下，西方学者热切地向中国同行学习，同时也在相互尊重的气氛之下贡献他们的知识。为了培育这种关系，学者们需要能够介入国际文化和教育的交换访问，参加国际会议，这些都非常重要。中国将会因为有活跃的会议计划以及培育此种交换的演讲邀请计划而备受赞许。

刘悦笛：你如何思考当代中国艺术带来的挑战？这次国际美学大会，作为演讲者我参加了你主持的"当代中国艺术"英文专场，你的发言则是关于当代中国艺术的都市化与全球化问题的，你再继续谈谈吧。

卡特：今天，在中国国内工作的艺术家面临许多挑战，因为当代中国社会的内部正在经历一场剧烈的变革。支撑这些挑战的两个主要资源，来自城市化和全球化的力量。城市化是国内事务的核心所在，而全球化则聚焦在中国与外部世界的关系。

说到中国社会对艺术的态度，以及艺术家所要追求的艺术手法，目前一场深刻的心理变化正在进行之中。这些变化导致互相冲突的思想和行动。在这些值得注意的变革当中，英国艺术史家苏利文（Michael Sullivan）看到的是，当代艺术家普遍质疑并抛弃"艺术的目的是表达人与自然之间和谐的理念，守护传统，带来愉悦"的传统观点。并不是所有中国艺术家和理论家都认同抛弃中国艺术的传统目标是一个积极的发展。当然，什么样的变化对中国社会或艺术家自己最有利，目前也没有一个共识。现有的选择主要有：专心于技术和审美创造的学院艺术；指向某种时髦的市民趣味的艺术；参与性的官方艺术，它得到政府的资助；瞄准国际艺术市场的艺术；瞄准社会变化的艺术；或独立地寻求推进艺术和观念之发展的实验艺术，它类似于纯粹的科学研究，不计其社会效应和商业价值。

刘悦笛：那么都市化问题呢？

卡特：脱离了当下整个中国社会里发生的城市化进程，我们就无法理解艺术中的任何一种发展。比如，眼下活跃在北京和中国的其他中心城市的艺术家们所面临的主要威胁，主要来自房地产市场的扩展。过去的几年里，艺术园区在这些地方得以发展。城市艺术园区的发展环境——特别是北京的艺术园区，无论从经济发展还是艺术发展的角度，都曾经被认为是有利于中国当代艺术家的进步的——甚至在过去的两个季度里也已经发生了迅速的变化。比如，在我两年多之前寻访中国艺术园区和画室期间，798艺术园区、宋庄以及北京的其他艺术园区，作为画廊和画家工作室的中心，显得一片繁荣。然而最近798艺术园区却过度商业化，这是变化的一个征兆。值得注意的是，不仅仅是艺术家面临着丧失生存空间的威胁，许许多多的工人也都在新的经济需求下，面临着失去家园和工作空间的威胁。

刘悦笛：那么，如何看待当代中国艺术的"中国性"身份认同的问题呢？在国际学会大会之后，我们在重庆召开了一个"中国美术观"的重要会议，就是倡导当代中国艺术的"本土身份"的问题。

卡特：这个问题非常好，中国艺术家如何才能最好地保持其自身特性？首先，中国的艺术家从有生长力而灿烂的艺术创作传统里获得滋养，这较之于世界高水平的创造性都是有优势的。今天的中国艺术家可以自豪地确认与传统的联系。而唯一的障碍在于，艺术家有创作停滞的危险，因此，对于中国艺术家而言，重要的是应更开放地参与到全球艺术世界之中，在主要的国际展示空间内获得鉴赏自身和他者作品的机会。

只有去创造国内和国际都认可的富于创造性的艺术，才是未来发展的根本。创意催生创意，这是保持艺术杰出水准的关键。开始于1985年的威尼斯双年展，就是悠久而重要的国际展会。中国艺术家在国际双年展所赢得的赞誉已经越来越多。下一届威尼斯双年展的主席提议，中国的展厅将会在2011年双年展上升到更显著的位置上，这就确认了中国当代艺术在全球艺术世界里极具竞争力的影响。

刘悦笛：谈谈美育在当代社会当中的功能吧，你能够就此给中国美学和艺术教育界提出哪些建议？

卡特：美育对于整个社会来说都是至关重要的，它帮助民众获得发展全部人性的可能，它也是人类认识发展中的关键，是人类理解力的基本构成。美育首先发源于创生感情的感性动力，逐渐感知而后形成了对实践活动和文化创新都非常必要的象征系统。因此，一种综合的美育纲领要求发展艺术实践和审美经验，以促进欣赏和理解的能力。

艺术包括很多方面：早期的儿童教育，对各个年龄段的在校学生的教育，以及对各领域艺术家的专业训练，如从绘画、诗歌、舞蹈、摄影，到影像创作、数字艺术形式。而且，来自博物馆、剧院和其他文化机构的支持同样重要，为发展艺术提供了可能的途径。如果这些人没有积极参与到他们生活当中的美育经验里，未来社会的领导者或其他有影响力的人，或许不会看到艺术和文化与政治决策的相关性，以致影响强有力的艺术文化获取必要资源的分配，而其结果就是削弱文化和艺术能滋养伟大民族的必要认识。

今天，美育面临很多挑战，在某些层面会出现重点的转向，如对传统文化和美术发展的态度，部分由于世界大环境的变化。其中，有来自流行文化图像的挑战，伴随媒体技术的进步而扩展了新领域去研究新兴的审美实践，以及全球的城市文化发展和地方性的艺术与文化发展之间的竞争。而对于当代的美育而言，全球艺术世界里渐高的多元主义声音并不能解决这些问题。其中核心的问题是，日常生活的经验，学校的正规教育，或博物馆和剧院里的教育，是否能找到一条出路，让传承社会价值和必要变化的传统艺术，与活力四射的当代生活中的美育联合起来发挥作用。

刘悦笛：谈谈明年你在美国组织的会议，会议的主题就是"未定的边界：哲学、艺术与伦理"，你试图让东西方美学再次发生碰撞吧？

卡特：这个大会计划是为了推进学者间的合作关系，促进中西方学者在共同兴趣的话题上进行交流和理解。我们希望，大会能鼓励更深入的文化交流，让东西方研究者在彼此新的视野下关注全球背景里的哲学、艺术和伦理等课题。特别是，我们在越来越多的西方和中国学者间扩大了这样的认识。这次大会所提交的论文也将结集出版。

刘悦笛：最后，请你谈一谈对于中国文化、艺术和美学的期待。

卡特：中国文化、艺术和美学，向来对世界文明有丰富而意义深远的贡献。我对中国在艺术和美学上的未来怀有极大的期待。如今，当代中国艺术家在全球艺术世界里具有令人崇敬的地位。今天，一些最具创作性的艺术作品皆出自中国艺术家之手。在中国，人们对美学领域有广泛的兴趣，正如我们所看到的，北京2010年世界美学大会吸引了1000多名来自中国和世界各地的学者。中国学者的美学著作也对东方和西方学者越来越有吸引力。我认为，这些发展的确是非常积极的讯号，预示着美学在中国有着光明的未来！

本书以与国际美学界的直接对话作为终结，恰恰就是期待中国美学美好的未来，在本土舞台的未来，在世界舞台的未来！

参考文献[①]

一 美学家文集类

蔡仪：《蔡仪全集》，10卷，中国文联出版社2002年版。

邓以蛰：《邓以蛰全集》，安徽教育出版社1998年版。

蒋孔阳：《蒋孔阳全集》，5卷，安徽教育出版社1999年12月至2005年8月版。

李泽厚：《李泽厚集》，10册，生活·读书·新知三联书店2008年版。

李泽厚：《李泽厚论著集》，10册，台北，三民书局1996年版。

李泽厚：《李泽厚十年集：1979—1989》，4卷6册，安徽文艺出版社1994年版。

吕荧：《吕荧文艺与美学论集》，上海文艺出版社1984年版。

马采：《哲学与美学文集》，中山大学出版社1994年版。

汝信：《汝信文集》，上海辞书出版社2005年版。

汝信：《汝信自选集》，学习出版社2005年版。

王朝闻：《王朝闻全集》，22卷，河北教育出版社1998年版。

王朝闻：《王朝闻文艺论集》，3卷，上海文艺出版社1979年4月至1980年1月版。

伍蠡甫：《伍蠡甫艺术美学文集》，复旦大学出版社1986年版。

[①] "中文美学专著类"本应占这份参考文献的主要位置，但是由于本书在行文过程当中试图将之一一列举出来，在此就不再赘述。由于本书所选取的结构框架与撰写者的学识所限，实在难免挂一漏万，敬请各位方家多加雅正，更希望在今后的修订中能将更全面的美学著述纳入进来。

叶秀山：《叶秀山文集》，4卷，重庆出版社2000年版。

朱光潜：《朱光潜美学文集》，5卷，上海文艺出版社1984年4月至1989年10月版。

朱光潜：《朱光潜全集》，20卷，安徽教育出版社1987年8月至1992年12月版。

朱光潜：《朱光潜全集》（新编增订本），30卷，中华书局从2011年开始出版。

宗白华：《宗白华全集》，4卷，安徽教育出版社1994年版。

二　美学丛书类

蔡仪主编："美学知识丛书"，共10本，漓江出版社1984年2月版。

蔡锺翔主编："中国古典美学范畴丛书"，中国人民大学出版社出版，从1989年10月开始出版，后改名为"中国美学范畴丛书"，2001年由百花洲文艺出版社集中出版，2010年第2版。

陈望衡主编："21世纪美学译丛"，武汉大学出版社2010年版。

陈伟主编："东方美学对西方的影响丛书"，上海教育出版社2004年8月版，共4本。

程孟辉、丁冰主编："青年美学博士文库"，东北师范大学出版社1997年版。

"东方袖珍美学丛书"，东方出版社1997年4月版，共出版12本专著。

韩德信、盖光主编："生态美学丛书"，人民出版社2007年版。

江溶、朱良志主编："美学散步丛书"，北京大学出版社2005年至2009年出版。

李泽厚主编："美学丛书"，中国社会科学出版社出版，从1984年7月至1989年11月出版多本专著后停刊。

马奇主编："美学教学与研究丛书"，中国人民大学出版社1988年11月至1989年1月出版。

牛枝慧主编："东方美学丛书"，中国人民大学出版社出版，1990年

9月至1993年5月，共出版10本专著。

彭锋、刘悦笛主编："北京大学美学与艺术丛书"，北京大学出版社出版，2008年1月开始出版至今。

汝信、王德胜主编："20世纪中国美学史研究丛书"，首都师范大学出版社2007年版。

王朝闻主编："艺术美学丛书"，东北师范大学出版社出版，1990年6月到1996年1月陆续出版。

王杰主编："审美人类学丛书"，广西师范大学出版社2005年版。

"文艺美学丛书"编委会主编："文艺美学丛书"，北京大学出版社出版，从1982年12月至1993年10月陆续出版，后又于1999年1月陆续出版"北京大学文艺美学精选丛书"。

"文艺学与美学丛书"，北京广播学院出版社出版，2002年1月开始出版。

吴炫主编："中国视角穿越西方现代美学"丛书，黑龙江人民出版社2005年版。

翟墨主编："美学新眺望书系"，郑州大学出版社2002年版。

张法主编："文艺美学读本丛书"，北京大学出版社2011年至2014年出版。

张玉能主编："新实践美学丛书"，人民出版社2009年版。

朱立元、朱志荣主编："实践存在论美学丛书"，苏州大学出版社2008年版。

陈望衡主编："21世纪美学译丛"，武汉大学出版社2010年版。

江溶、朱良志主编："美学散步丛书"，北京大学出版社2005年至2009年出版。

张法主编："文艺美学读本丛书"，北京大学出版社2011年至2014年出版。

三　美学译丛类

高建平、周宪主编：《新世纪美学译丛》，商务印书馆出版，2002年9月开始出版至今。

李泽厚主编：《美学译文丛书》，中国社会科学出版社、光明日报出版社、辽宁人民出版社、中国文联出版公司出版，从 1982 年 11 月至 1992 年 2 月，共出版 49 本专著。

滕守尧主编：《美学·设计·艺术教育丛书》，四川人民出版社出版，1998 年 3 月开始出版至今。

赵剑英、刘悦笛主编：《美学艺术学译文丛书》，中国社会科学出版社 2014 年 12 月开始出版至今。

中国社会科学院哲学所美学室研究室：《美学译文》，中国社会科学出版社出版，从 1980 年 12 月至 1984 年 7 月，共出版 3 辑后停刊。

四　美学杂志和期刊类

北京大学美学与美育研究中心主办：《意象》，北京大学出版社 2006 年 11 月开始出版 3 辑。

蔡仪主编：《美学评林》，山东人民出版社出版，1982 年 3 月至 1984 年 12 月，共出版 7 辑后停刊。

范明华、张贤根、彭万荣主编（后改为邹元江、张贤根主编）：《美学与艺术研究》，武汉大学 2009 年 1 月开始出版，2010 年 8 月出版至今。

河南省美学学会、郑州大学美学研究所主办：《美与时代》，1986 年 1 月创刊出版至今。

蒋孔阳主编：《美学与艺术评论》，复旦大学出版社 1983 年 1 月创刊，复旦大学文艺学美学研究中心复刊出版至今。

山东大学文艺美学研究中心编：《文艺美学研究》，山东大学出版社 2003 年出版至今。

李丕显、徐放鸣主编：《审美文化丛刊》，中国文史出版社 2002 年 9 月出版创刊号，当代中国出版社 2003 年出版。

刘纲纪、吴樾编：《美学述林》，武汉大学出版社 1983 年 6 月出版第 1 辑后停刊。

刘纲纪主编：《马克思主义美学研究》，广西师范大学出版社 1998 年开始出版，后改由王杰主编，中央编译出版社出版。

刘光耀、章智源主编：《神学美学》，上海三联书店 2006 年 12 月开始出版至今。

《美学研究》编委会编：《美学研究》，社会科学文献出版社1988年1月出版第1辑，1988年出版第2辑后停刊。

汝信、王德胜主编：《中国美学》，商务印书馆出版，2004年1月开始出版2辑后停刊。

汝信、张道一主编，中华美学学会、东南大学艺术学系编：《美学艺术学研究》，江苏美术出版社出版，1996年5月至1997年7月，出版3辑后停刊。

汝信主编：《外国美学》，商务印书馆出版，从1985年2月至2000年12月，共出版18辑后停刊，2009年4月复刊出版至今，江苏教育出版社出版。

汕头大学审美文化丛刊编辑部编：《审美文化丛刊》，汕头大学出版社1994年6月出版第1辑。

四川省社会科学院文学研究所编：《美学文摘》，重庆出版社出版，1982年12月创刊，至1988年3月出版到第6辑停刊。

苏州大学美学研究所编：《中国美学研究》，上海三联书店2006年7月开始出版2辑。

西南师范学院中文系、重庆市文学艺术界联合会、重庆出版社编辑部编：《美的研究与欣赏（丛刊）》编委会，重庆出版社出版，1982年7月至1987年4月，共出版7辑后停刊。

张晶主编：《美学前沿》，中国传媒大学出版社出版，2003年1月开始出版了3辑，前身为蒲震元、杜寒风主编：《美学前沿》，北京广播学院出版社2003年版。

中国社会科学院文学研究所文艺理论研究室编：《美学论丛》，中国社会科学出版社出版，1979年9月创刊，至1992年5月出版到第11辑停刊。

中国社会科学院哲学研究所美学研究室、上海文艺出版社文艺理论编辑室编：《美学》（俗称"大美学"），上海文艺出版社出版，从1979年11月至1987年11月，共出版7卷。2006年9月《美学》复刊出版总第8卷，李泽厚任名誉主编，滕守尧任主编，至2010年2月出版到总第10

卷，由聂振斌、刘悦笛等任执行主编，南京师范大学出版社和南京出版社分别出版，2018 年再度复刊，中国社会科学出版社出版。

中国艺术研究院外国文艺研究所编：《世界艺术与美学》，文化艺术出版社出版，1983 年 3 月创刊，至 1983 年 3 月出版到第 8 辑停刊。

五　美学资料选辑类

北京大学哲学系美学教研室编：《中国美学史资料选编》（上、下册），中华书局 1980 年版。

北京大学哲学系美学教研室编：《西方美学家论美与美感》，商务印书馆 1980 年版。

蔡仲德注译：《中国音乐美学史资料注译》（上、下卷），人民音乐出版社 1986 年版、1990 年版。

曹利华：《书法美学资料集》，陕西人民出版社 2007 年版。

邓福星主编：《艺术美学文选（1979—1989）》，重庆出版社 1996 年版。

侯镜昶主编：《中国美学史资料类编·书法美学卷》，江苏美术出版社 1988 年版。

胡经之编：《中国现代美学丛编（1919—1949）》，北京大学出版社 1987 年版。

胡经之：《中国古典美学丛编》（上、中、下卷），中华书局 1988 年版，凤凰出版社 2009 年修订再版。

蒋红、张唤民、王又如编著：《中国现代美学论著译著提要》，复旦大学出版社 1987 年版。

蒋孔阳主编：《二十世纪西方美学名著选》（上、下卷），复旦大学出版社 1987 年版。

蒋孔阳主编：《十九世纪西方美学名著选》（英法美卷），复旦大学出版社 1990 年版。

李醒尘主编：《十九世纪西方美学名著选》（德国卷），复旦大学出版社 1990 年版。

刘悦笛编：《东洋美学史料选编·朝鲜半岛卷》，中国社会科学出版社即出。

陆梅林、盛同主编:《新时期文艺论争辑要·文艺学美学教学研究参考资料》(上、下卷),重庆出版社1991年版。

陆一帆编:《美学原理学习参考资料》(上、下卷),海南人民出版社1986年版。

马奇主编:《西方美学史资料选》(上、下卷),上海人民出版社1987年版。

缪灵珠:《缪灵珠美学译文集》,共4卷,章安祺编订,从1987年4月到1990年出版前3卷,1998年8月出齐4卷。

潘襎编:《东洋美学史料选编·日本卷》,中国社会科学出版社即出。

孙菊园、孙逊编:《中国古典小说美学资料汇粹》,上海古籍出版社1991年版。

佟景韩主编:《现代西方艺术美学文选·造型艺术美学卷》,春风文艺出版社1990年版。

王尚寿编著:《中国历代美学和文论研究资料索引》,敦煌文艺出版社2001年版。

王振复主编:《中国美学重要文本提要》(两册),四川人民出版社2003年版。

文艺美学丛书编委会编:《美学向导》,北京大学出版社1982年版。

吴调公主编:《中国美学史资料类编·文学美学卷》,江苏美术出版社1990年版。

吴世常主编:《美学资料集》,河南人民出版社1983年版。

伍蠡甫主编:《现代西方艺术美学文选·建筑美学卷》,春风文艺出版社1989年版。

伍蠡甫主编:《现代西方艺术美学文选·戏剧美学卷》,春风文艺出版社1989年版。

阎国忠主编、戈任副主编:《西方著名美学家评传》(上、中、下卷),安徽教育出版社1991年版。

叶朗总主编:《中国历代美学文库》(19册),高等教育出版社2003年版。

易存国主编:《审美中国艺术美学文选》(全 2 册),江苏人民出版社 2008 年版。

于民、孙通海:《中国古典美学举要》,安徽教育出版社 2000 年版(此前以《先秦两汉美学名言各篇选读》《魏晋六朝隋唐五代美学名言名篇选读》《宋元明美学名言名篇选读》的分卷简本形式从 1987 年 6 月至 1991 年 2 月由中华书局出版)。

于民主编:《中国美学史资料选编》,复旦大学出版社 2009 年版。

赵宪章主编:《20 世纪外国美学文艺学名著精义》,江苏文艺出版社 1987 年版。

《中国少数民族古代美学思想资料初编》编写组:《中国少数民族古代美学思想资料初编》,四川民族出版社 1989 年版。

朱立人等编:《现代西方艺术美学文选·舞蹈美学卷》,春风文艺出版社 1990 年版。

朱立元主编:《西方美学名著提要》,江西人民出版社 2000 年版。

朱立元总主编:《二十世纪西方美学经典文本》(共 4 卷),复旦大学出版社 2000 年版。

六 美学辞典与年鉴类

成复旺主编:《中国美学范畴辞典》,中国人民大学出版社 1995 年版。

董学文、江溶主编:《当代世界美学艺术学辞典》,江苏文艺出版社 1990 年版。

顾建华、张占国主编:《百科辞典·美学与美育词典》,学苑出版社 1999 年版。

金开诚主编:《文艺心理学术语详解辞典》,北京大学出版社 1992 年版。

李泽厚、汝信主编:《美学百科全书》,社会科学文献出版社 1990 年版。

林同华主编:《中华美学大词典》,安徽教育出版社 2000 年版。

鲁枢元、童庆炳、程克夷等主编:《文艺心理学大辞典》,湖北人民出版社 2001 年版。

邱明正、朱立元主编：《美学大辞典》（增订版），上海辞书出版社 2007 年版。

汝信、曾繁仁主编：《中国美学年鉴》，河南人民出版社 2003 年 1 月开始出版至今。

司有仑主编：《当代西方美学新范畴辞典》，中国人民大学出版社 1996 年版。

王世德主编：《美学辞典》，知识出版社 1986 年版。

王向峰主编：《文艺美学辞典》，辽宁大学出版社 1987 年版。

张锡坤主编：《新编美学辞典》，吉林人民出版社 1987 年版。

吴世常、陈伟主编：《新编美学辞典》，河南人民出版社 1987 年版。

杨咏祁、李开、左健编：《美育辞典》，江苏美术出版社 1993 年版。

曾宪文主编：《美育辞典》，济南出版社 1990 年版。

《哲学大词典》编委会：《哲学大词典·美学卷》，上海辞书出版社 1991 年版。

朱立元主编：《美学大辞典》，上海辞书出版社 2010 年版。

汝信、曾繁仁主编：《中国美学年鉴》，河南人民出版社 2003 年版。

七　外文中国美学研究专著类

Gao Jianping（高建平），*The Expressive Act in Chinese Painting: From Calligraphy to Painting*（《中国艺术的表现性动作：从书法到绘画》），Uppsala: Almqvist & Wiksell International, 1996.

Karl-Heinz Pohl（卜松山），"Bilder jenseits der Bilder—ein Streifzug durch die chinesische Ästhetik", in *China - Dimensionen der Geschichte*,（《象外之象——中国美学史概况》）hrsg. v. Peter M. Kuhfus. Tübingen: Attempto 1990.

Karl-Heinz Pohl（卜松山），*Ästhetik und Literaturtheorie in China. Von der Tradition bis zur Moderne.*（《中国美学与文学理论》）München, K. G. Saur, 2006.

Liu Yuedi（刘悦笛）and Curtis L. Cater eds., *The Aesthetics of Everyday*

Life: *East and West*, Newcastle upon Tyne: Cambridge Scholars Publishing, 2014.

Li Zehou（李泽厚）, *Path of Beauty*: *A Study of Chinese Aesthetics*（《美的历程：中国美学研究》）, Oxford University Press, 1988.

Li Zehou（李泽厚）, *The Chinese Aesthetic Tradition*（《华夏美学》）, University of Hawaii Press, 2009.

Wolfgang Kubin（顾彬）, *Das Traditionelle Chinesische Theater. Vom Mongolendrama bis zur Pekinger Oper.*（《中国古典戏剧》）München, Saur 2009.

Wolfgang Kubin（顾彬）, *Der Durchsichtige Berg*: *Die Entwicklung der Naturanschauung in der Chinesischen Literatur*,（《空山：中国文人的自然观》）Wiesbaden: Franz Steiner Verlag, 1985.

Zehou Li and Jane Cauvel（李泽厚）, *Four Essays on Aesthetics*: *Toward A Global Perspective*（《美学四讲：通向全球视角》）, Lexington Books Publication, 2006.

Zhu Liyuan and Gene Blocker（朱立元、布洛克）eds., Contemporary Chinese Aesthetics（《当代中国美学》）, *Asian Thought and Culture*, Vol. 17, 1995.

八 美学讨论集、讲演集与会议文集类

朱光潜：《美学批判论文集》，作家出版社1958年版。

蔡仪：《唯心主义美学批判集》，人民出版社1958年版。

复旦学报编辑部编：《中国古代美学史研究》，复旦大学出版社1983年版。

洪毅然：《美学论辩》，上海人民出版社1958年版。

湖北美学学会编：《中西美学艺术比较》，湖北人民出版社1986年版。

江苏省美学会学术组：《江苏省美学学会首届年会论文文选（1982）》。

蒋冰海、林同华编：《艺术与美学讲演录续编》，上海人民出版社1989年版。

李泽厚：《门外集》，长江文艺出版社1957年版。

刘长久、皮朝纲编：《中国当代美学论文选》第四集，重庆出版社1988年版。

全国高校美学研究会、北京师范大学哲学系合编：《美学讲演录》，北京师范大学出版社1981年版。

饶凡子主编：《比较文学与比较美学——广东省首届比较文学研讨会暨粤港闽比较文学研讨会论文集》，暨南大学出版社1990年版。

上海社会科学院、上海市美学研究会合编：《艺术与美学讲演录》，上海人民出版社1983年版。

上海市美学学会编：《'89美学文集》，上海社会科学院出版社1989年版。

四川省社会科学院文学研究所编：《中国当代美学论文选（1953—1957）》第一集，重庆出版社1984年版。

四川省社会科学院文学研究所编：《中国当代美学论文选（1957—1964）》第二集，重庆出版社1984年版。

四川省社会科学院文学研究所编：《中国当代美学论文选》第三集，重庆出版社1985年版。

王德胜主编：《问题与转型——多维视野中的当代中国美学》，山东美术出版社2009年版。

韦尔申、张伟主编：《全国美学大会（第七届）论文集》，文化艺术出版社2010年版。

《文艺报》编辑部编：《美学问题讨论集》第二集，作家出版社1957年版。

《文艺报》编辑部编：《美学问题讨论集》第三集，作家出版社1959年版。

《文艺报》编辑部编：《美学问题讨论集》第四集，作家出版社1959年版。

《文艺报》编辑部编：《美学问题讨论集》，作家出版社1957年版。

《新建设》编辑部编：《美学问题讨论集》第五集，作家出版社1962年版。

《新建设》编辑部编:《美学问题讨论集》第六集,作家出版社 1964 年版。

徐林祥主编:《刘熙载美学思想研究论文集》,四川大学出版社 1993 年版。

叶朗主编:《美学的双峰——朱光潜、宗白华与中国现代美学》,安徽教育出版社 1999 年版。

曾繁仁主编:《人与自然:当代生态文明视野中的美学与文学》,河南人民出版社 2006 年版。

张晶、范周主编:《当代审美文化新论》,中国传媒大学出版社 2008 年版。

朱光潜、黄药眠、常任侠:《美学和中国美术史》,知识出版社 1984 年版。

朱立元编:《当代中国美学新学派——蒋孔阳美学思想研究》,复旦大学出版社 1992 年版。

陈望衡主编:《美与当代生活方式:"美与当代生活方式"国际学术讨论会论文集》,武汉大学出版社 2005 年版。

刘悦笛主编:《东方生活美学》,人民出版社 2019 年版。

潇牧、张伟主编:《全国美学大会(第七届)论文集》,文化艺术出版社 2010 年版。

九 美学网站和论坛类

北大美学:http://www.aeschina.cn 主办/主编:北京大学美学与美育研究中心。

北大中文论坛美学版:http://www.pkucn.com/forumdisplay.php?fid=101 主办:北大中文系。

当代美学网:http://www.cnmxw.net 主办/主编:刘悦笛、李修建、李冠军。

国际美学协会官方网站:http://www2.eur.nl/fw/hyper/IAA 主办:国际美学协会(IAA)。

科学派美学论坛:http://beautyforum.org 主办/主编:鲁晨光。

美学：http：//210.31.191.76 主办/主编：内蒙古师范大学文学院。

美学家园：http：//www.ynsmx.cn 主办/主编：云南省美学学会。

美学网：http：//www.51meixue.cn/。

美学网：http：//www.meixue.net 主办/主编：华南理工大学新闻与传播学院。

美学研究：http：//www.aesthetics.com.cn 主办/主编：李艳。

文艺学网：http：//wenyixue.bnu.edu.cn 主办/主编：北京师范大学文艺学研究中心。

哲学在线爱智论坛美学版：http：//www.philosophyol.com/bbs/forumdisplay.php？fid=25 主办：中国人民大学哲学院。

中国美学国际网站：http：//www.mayixing.com/w/w.htm 主办/主编：马艺星。

中国学术论坛美学版：http：//www.frchina.net/forumnew/forumdisplay.php？fid=60 主办：中国学术论坛。

十 2004年至今美学论文排行榜（截至前十名）

傅守祥：《泛审美时代的快感体验——从经典艺术到大众文化的审美趣味转向》，《现代传播》2004年第3期。

傅守祥：《欢乐之诱与悲剧之思》，《哲学研究》2006年第2期。

李西建：《消费时代的审美问题——兼对"日常生活的审美化"现象的思考》，《贵州师范大学学报》（社会科学版）2005年第3期。

刘悦笛：《日常生活审美化与审美日常生活化——试论"生活美学"何以可能》，《哲学研究》2005年第1期。

彭富春：《身体与身体美学》，《哲学研究》2004年第4期。

杨春时：《论生态美学的主体间性》，《贵州师范大学学报》（社会科学版），2004年第1期。

曾繁仁：《当代生态文明视野中的生态美学观》，《文学评论》2005年第4期。

曾繁仁：《当前生态美学研究中的几个重要问题》，《江苏社会科学》

2004年第2期。

章辉:《论实践美学的九个缺陷》,《河北学刊》2004年第5期。

朱立元:《走向实践存在论美学——实践美学突破之途初探》,《湖南师范大学社会科学学报》2004年第4期。

(摘自上海交通大学人文学科博客:http://blog.lib.sjtu.edu.cn/shss/article.asp?id=100)

十一 美学专著获奖类(国家新闻出版总署颁)

(一)中国图书奖(始于1987年)

蔡仲德:《中国音乐美学史》,人民音乐出版社1995年版。

蔡子谔:《中国服饰美学史》,河北美术出版社2001年版。

程孟辉主编:"中国艺术论丛书",共10册,山西教育出版社2003年版。

刘士林:《中国诗性文化》,江苏人民出版社1999年版。

敏泽:《中国美学思想史》三卷,齐鲁书社1987—1989年版。

彭吉象主编:《中国艺术学》,高等教育出版社1997年版。

王朝闻:《审美心态》,中国青年出版社1985年版。

吴功正:《唐代美学史》,陕西师范大学出版社1999年版。

徐纪敏:《科学美学史》,湖南人民出版社1987年版。

(二)国家图书奖(始于1992年)

蔡元培:《蔡元培全集》,18卷,浙江教育出版社1993年版。

刘纲纪:《周易美学》,湖南教育出版社1992年版。

檀传宝、王宇鸿等:《德育美学观》,山西教育出版社2001年版。

王朝闻:《王朝闻集》,22卷,河北教育出版社1998年版。

王向峰:《〈手稿〉的美学解读》,辽宁大学出版社2003年版。

王振复:《中国美学的文脉历程》,四川人民出版社2002年版。

许明主编:《华夏审美风尚史》,河南人民出版社2000年版。

朱光潜:《朱光潜全集》,20卷,安徽教育出版社1987—1992年版。

朱良志:《南画十六观》,北京大学出版社2013年版。

(三)"三个一百"原创出版工程（始于 2007 年）

陈炎主编：《当代中国审美文化》，河南人民出版社 2008 年版。

杭间：《中国工艺美学史》，人民美术出版社 2007 年版。

刘悦笛：《生活美学与艺术经验：审美即生活，艺术即经验》，南京出版社 2007 年版。

聂振斌：《儒学与艺术教育》，南京出版社 2006 年版。

汝信、王德胜主编："20 世纪中国美学史研究丛书"，首都师范大学出版社 2007 年版。

檀传宝：《德育美育观》，教育科学出版社 2006 年版。

吴功正：《宋代美学史》，江苏教育出版社 2007 年版。

杨存昌主编：《中国美学三十年》，济南出版社 2010 年版。

朱立元主编：《西方美学范畴史》，山西教育出版社 2006 年版。

附 录

中国美学大事记(1875—2018)

纪年	美学大事记
1875（清德宗光绪元年）	花之安《教化议》一书认为丹青音乐"二者皆美学"，这是到中国目前为止发现的最早关于"美学"的文字记录；1864年，上海徐家汇印书馆附设"山湾美术工艺所"第一次使用"美术"概念
1901（清德宗光绪二十七年）	蔡元培《哲学总论》一文首次引入"美育"概念
1902（清德宗光绪二十八年）	王国维翻译出版桑木严翼著《哲学概论》论及作为哲学学科的"美学"，王国维翻译的《心理学》单列出"美之学理"专章；同年，《大公报》创办于天津
1903（清德宗光绪二十九年）	蔡元培翻译出版科培尔著《哲学要领》再度确立"美学"的哲学定位，王国维《哲学辨惑》一文确证"若论伦理学与美学，则尚俨然为哲学中之二大部"；同年5月，邹容撰文提出建立"中华共和国"
1904（清德宗光绪三十年）	王国维《〈红楼梦〉评论》发表，王国维《孔子之美育主义》发表，该文被视为中国美学史的第一篇论文；同年2月，黄兴、宋教仁等组建华兴会，是年冬，蔡元培、章炳麟等成立光复会
1905（清德宗光绪三十一年）	倡导《诗界革命》的黄遵宪卒，有《人境庐诗草》；同年8月，孙中山组建中国同盟会，11月同盟会总部创办《民报》
1906（清德宗光绪三十二年）	王国维开始创作《人间词话》，王国维作《奏定经学科大学文学科大学章程书后》确立美学在教育体系中的定位；同年9月，清政府颁诏预备立宪
1907（清德宗光绪三十三年）	王国维作《古雅之在美学上之位置》，鲁迅作《摩罗诗力说》；同年5月，黄冈起义发动，11月，梁启超等在日本成立政闻社

续表

纪年	美学大事记
1908（清德宗光绪三十四年）	王国维的《人间词话》从1908年末到1909年初公开发表于《国粹学报》上；同年8月，清政府颁布《钦定宪法大纲》；11月，光绪皇帝、慈禧太后相继死亡
1912（民国元年）	蔡元培就任民国临时政府教育总长，第一次把"美育"提高到国家教育方针的地位，美学成为中国高等教育的重要学科；同年，王国维《宋元戏曲考》成书。1911年辛亥革命爆发，12月孙中山任临时大总统；1912年1月中华民国临时政府成立，1912年为民国元年，制定《中华民国临时约法》
1913（民国二年）	鲁迅发表《拟播布美术意见书》；同年2月，康有为主编《不忍》杂志鼓吹尊孔，7月到9月，孙中山发动二次革命；次年5月，袁世凯公布《中华民国约法》取代《临时约法》
1915（民国四年）	徐大纯《述美学》发表，该文是较早论述美学学科定位的重要论文；同年1月，日本提出"二十一条"，9月，陈独秀主编《青年杂志》在上海创刊（第二卷起更名为《新青年》），12月，袁世凯恢复帝制，自认"中华帝国皇帝"
1916（民国五年）	蔡元培编译哲学导论著作《哲学大纲》出版，将美学列入"价值论"领域；同年12月，蔡元培出任北京大学校长并在该校开始美学教育。是年1月到5月，各地纷纷独立，6月袁世凯亡，6月孙中山发表恢复《临时约法》宣言
1917（民国六年）	4月8日蔡元培在北京神州学会发表演讲，倡导"以美育代宗教说"，该演讲后载于1917年8月1日《新青年》第3卷第6号，同年，萧公弼在《存心》杂志发表系列美学论文。同年1月，胡适《文学改良刍议》发表于《新青年》第2卷第5号；2月，陈独秀《文学革命论》发表于《新青年》第2卷第6号，《新青年》迁入北京。是年春，中国参加第一次世界大战，7月张勋复辟、8月护法运动
1918（民国七年）	5月，鲁迅在《新青年》第4卷第5号上发表《狂人日记》；12月，周作人在《新青年》第5卷第6号上发表《人的文学》。同年5月，护法运动失败

续表

纪年	美学大事记
1919（民国八年）	上海专科师范校长吴梦非及教师刘质平、丰子恺等在上海发起成立"中华美育会"，这是中国第一个美育学术团体。是年5月4日，"五四运动"爆发；6月16日，全国学生联合会成立；6月28日，中方代表在巴黎和会上拒绝签字；7月，胡适与李大钊进行了"问题与主义之争"；9月，《新青年》出版"马克思主义专号"；10月，孙中山改组原党为"中国国民党"
1920（民国九年）	"中华美育会"出版《美育》杂志。同年，胡适的《尝试集》出版，宗白华在《时事新报·学灯》发表《美学与艺术略谈》。同年5月，陈独秀在上海成立"马克思主义研究会"；8月，陈独秀等在上海成立了最早的共产党组织
1921（民国十年）	1月4日"文学研究会"在北京成立，发起人包括郑振铎、叶绍钧、沈雁冰、王统照、许地山、耿济之、周作人、郭绍虞等十二人；6月，"创造社"在日本成立，成员包括郭沫若、成仿吾、郁达夫、田汉、郑伯奇、张资平等；陈寅恪《文人画的价值》发表于1921《绘学杂志》第2期。同年7月23日，中国共产党第一次全国代表大会召开
1922（民国十一年）	丰子恺留学回国开始从事"艺术教育"，发表《艺术教育原理》并大力推动在中国的美育事业；是年9月到12月，孙中山举办国民党中央和各省代表会议
1923（民国十二年）	中国第一部美学文集《美与人生》由商务印书馆出版，吕澂《美学概论》出版，中国学者开始构建自己的美学原理；滕固发表《艺术学上所见的文化之起源》；同年，胡适创办《国学季刊》，发起"整理国故运动"，张君劢和丁文江发起"科学与玄学"论战
1924（民国十三年）	《美育》杂志停刊，"中华美育会"停止活动，黄忏华《美学略史》出版，滕固《艺术与科学》发表，李石岑《美育论》发表
1925（民国十四年）	吕澂《晚近的美学说和〈美学原理〉》出版，张竞生《美的人生观》出版
1926（民国十五年）	鲁迅《文学史纲要》出版，丰子恺《中国画的特色》发表，朱光潜《无言之美》发表，林风眠《东西艺术之前途》发表

续表

纪年	美学大事记
1927（民国十六年）	陈望道《美学概论》出版，范寿康《美学概论》出版，黄忏华《美术概论》出版，徐蔚南《生活艺术化之是非》出版。是年，王国维自沉于北京昆明湖，康有为卒
1928（民国十七年）	徐庆誉《美的哲学》出版，邓以蛰《艺术家的难关》出版；鲁迅翻译出版普列汉诺夫《艺术论》，同年12月，由鲁迅、陈望道等翻译的"文艺理论小丛书"开始陆续出版，包括苏联弗里契及日本左翼作家论著共6册
1929（民国十八年）	5月，由冯雪峰、柔石等翻译的"科学的艺术论丛书"开始陆续出版，包括普列汉诺夫、卢那察尔斯基等论著共8种。梁启超卒
1930（民国十九年）	范寿康编译《艺术之本质》出版，李朴园《艺术论集》出版。同年3月，《大众文艺》第2卷第3期发表编辑部召开的"文艺大众化座谈会"记录。是年3月2日，"中国左翼作家联盟"成立大会召开，鲁迅做《关于左翼作家联盟的意见》的讲话；12月，颁布《国民政府出版法》
1931（民国二十年）	朱光潜《文艺心理学》初稿完成，吕澂《现代美学思潮》出版，林文铮《何谓艺术》出版，刘海粟《中国绘画上的六法论》发表
1932（民国二十一年）	朱光潜《谈美》出版，徐朗西《艺术与社会》出版
1933（民国二十二年）	朱光潜在法国斯特拉斯堡大学出版社出版《悲剧心理学》，在国内出版《变态心理学》；张泽厚《艺术学大纲》出版，夏炎德《文艺通论》出版，方东美《生命情调与美感》发表，孙壎《中西画法之比较》发表
1934（民国二十三年）	李安宅《美学》出版，丰子恺《艺术趣味》出版
1935（民国二十四年）	12月，梁实秋主编《自由评论》创刊
1936（民国二十五年）	朱光潜《文艺心理学》出版，洪毅然《艺术家修养论》出版，金公亮《美学原论》出版，宗白华《中西画法所表现的空间意识》发表，黎舒里《美的理想性》发表，王显诏《美的人生》发表。同年1月，周扬和胡风就现实主义"典型"问题展开论争；6月，"中国文艺家协会"在上海成立；9月，鲁迅、郭沫若、矛盾、巴金、王统照、叶绍钧、谢冰心等21人签名于《文艺界同人为团结御侮与言论自由宣言》。鲁迅卒

续表

纪年	美学大事记
1937（民国二十六年）	周扬发表《我们需要新的美学》《艺术与人生》等文。同年5月，朱光潜主编《文学杂志》创刊
1938（民国二十七年）	滕固《诗书画三种艺术的联带关系》发表。同年2月10日，鲁迅艺术学院在延安成立
1939（民国二十八年）	2月，周扬主编《文艺战线》月刊在延安创刊
1940（民国二十九年）	向培良《艺术通论》出版，马采《论艺术理念的发展》发表。蔡元培卒
1941（民国三十年）	宗白华《论〈世说新语〉和晋人的美》发表，王朝闻《再艺术些》发表
1942（民国三十一年）	延安文艺座谈会召开，毛泽东作《在延安文艺座谈会上的讲话》。周扬翻译出版车尔尼雪夫斯基的《生活与美学》，周扬《关于车尔尼雪夫斯基和他的美学》发表，邓以蛰《画理探微》全文发表，马采《从美学到一般艺术学》发表
1943（民国三十二年）	10月19日，毛泽东《在延安文艺座谈会上的讲话》全文在《解放日报》发表。蔡仪《新艺术论》出版，朱光潜《诗论》出版，宗白华《中国艺术境界之诞生》发表
1944（民国三十三年）	周扬《〈马克思主义与文艺〉序言》发表
1946（民国三十五年）	蔡仪《新美学》出版
1947（民国三十六年）	朱光潜翻译克罗齐《美学原理》出版，伍蠡甫《谈艺录》出版
1948（民国三十七年）	胡风《论现实主义的路》出版，钱钟书《谈艺录》出版，俞剑华《国画研究》出版，潘澹明《艺术简说》出版
1949（中华人民共和国成立）	10月1日，中华人民共和国成立；7月2日，中华全国文学艺术工作者代表大会在北京召开。岑家梧《中国艺术论集》出版
1950	王朝闻《新艺术创作论》出版。是年秋，中国参加抗美援朝战争

续表

纪年	美学大事记
1952	王朝闻《新艺术论集》出版
1953	吕荧《美学问题——兼评蔡仪教授的〈新美学〉》发表
1954	王朝闻《面向生活》出版
1956	朱光潜的《我的文艺思想的反动性》发表于《文艺报》第12号，直接引发了以《文艺报》《人民日报》《新建设》《哲学研究》为平台的"美学大讨论"。朱光潜译《柏拉图文艺对话集》出版，王朝闻《论艺术的技巧》出版
1957	《文艺报》编辑部编《美学问题讨论集》出版第一、二集，李泽厚《门外集》出版，周来祥、石戈的《马克思主义列宁主义美学的原则》出版
1958	蔡仪《唯心主义美学批判集》出版，朱光潜《美学批判论文集》出版，洪毅然《美学论辩》出版
1959	《文艺报》编辑部编《美学问题讨论集》第三、四集出版。吕荧《美学书怀》出版，王朝闻《一以当十》出版。"外国文艺理论丛书"和"马克思主义文艺理论丛书"创刊出版
1960	教育部批准成立的中国人民大学和北京大学哲学系美学教研室开始美学教学工作
1961	中宣部和高教部联合成立了全国文科教材办公室规划全国高等学校文科教材，由王朝闻主持的《美学概论》编写组成立并开始相关活动。蔡仪《论现实主义问题》出版
1962	中国科学院"哲学社会科学部"举行文科教材会议，组织编写美学概论、西方美学史与中国美学史教材。《新建设》编辑部编《美学问题讨论集》第五集出版
1963	朱光潜《西方美学史》上册出版，汝信、杨宇《西方美学史论丛》出版，王朝闻《喜闻乐见》出版
1964	朱光潜《西方美学史》下册出版，《新建设》编辑部编《美学问题讨论集》第六集出版，姚文元《文艺思想论争集》出版，宗白华译康德《判断力批判》上卷出版

续表

纪年	美学大事记
1966	"文化大革命"在大陆开始。徐复观《中国艺术精神》出版
1967	刘文潭《现代美学》出版
1971	王梦鸥《文艺美学》出版
1976	"文化大革命"结束
1977	5月，中国社会科学院由中国科学院院哲学社会科学学部的前身独立出来，次年成立"美学研究室"，国内大学纷纷成立相关科研部门。同年，恢复高考
1978	1月，《人民日报》公开发表了毛泽东的《给陈毅同志谈诗的一封信》，由此开启"形象思维"讨论。是年，中国共产党十一届三中全会召开，"实践是检验真理的唯一标准"讨论开始
1979	中国社会科学院哲学研究所美学研究室编《美学》（俗称"大美学"）创刊，并由上海文艺出版社出版，中国社会科学院文学研究所文艺理论研究室编《美学论丛》创刊，在中国社会影响深远的"美学热"得以逐步展开。刘丕坤译马克思《1844年经济学—哲学手稿》中译单行本出版，"手稿热"讨论开始。朱光潜《西方美学史》修订再版，朱光潜翻译黑格尔《美学》第一、二和三卷上册出版，李泽厚《批判哲学的批判》出版，《王朝闻文艺论集》第一、二集出版，宗白华发表《中国美学史中重要问题的初步探讨》
1980	中华全国美学学会成立，在昆明召开第一届学术讨论会，这是中国建立第一个美学团体，由朱光潜担任首任会长，此后由王朝闻、汝信任第二、第三任会长。朱光潜出版生前最后一本著作《美学拾穗集》，《王朝闻文艺论集》第三集出版，李泽厚《美学论集》出版，蒋孔阳的《德国古典美学》出版，今道有信《东方的美学》在日本出版；北京大学哲学系美学教研室编选《西方美学家论美与美感》与《中国美学史资料选编》上、下卷出版，中国社会科学院哲学研究所美学研究室编《美学译文》创刊出版。同年，全国高等院校美学研究会等开设中华人民共和国成立后首届高校美学教师进修班。

续表

纪年	美学大事记
1981	王朝闻主编《美学概论》出版，这是中华人民共和国成立后编写的第一部美学原理教材。宗白华《美学散步》出版，李泽厚《美的历程》出版，蒋孔阳《美和美的创造》出版，朱光潜译黑格尔《美学》第三卷下册出版。同年，《美育》杂志创刊出版，"五讲四美"活动在全国推行
1982	李泽厚主编《美学译文丛书》由中国社会科学出版社、光明日报出版社、辽宁人民出版社、中国文联出版公司开始出版，《文艺美学丛书》编委会主编《文艺美学丛书》由北京大学出版社开始出版。蔡仪主编《美学评林》创刊出版，《美的研究与欣赏》（丛刊）创刊出版，《美学文摘》创刊出版。蔡仪《美学论著初编》出版，《朱光潜美学文集》第一、二卷出版，《宗白华美学文学译文选》出版
1983	中华全国美学学会第二届全国代表大会在厦门召开，"中国美学史学术讨论会"在无锡召开，这是国内第一次中国古代美学史研讨会。汝信《西方美学史论丛续编》出版，王朝闻《审美谈》出版，朱光潜《朱光潜美学文集》第三卷出版。中国艺术研究院外国文艺研究所编《世界艺术与美学》创刊出版，蒋孔阳主编《美学与艺术评论》创刊出版
1984	李泽厚、刘纲纪《中国美学史》第一卷出版，开启了中国学者撰写中国美学史的先河。王朝闻《审美谈》出版，吕荧《吕荧文艺与美学论集》出版，周来祥《文学艺术的审美特征与美学规律》出版，朱狄《当代西方美学》出版。同年，"全国美育座谈会"在湖南张家界召开，"中西美学艺术比较研讨会"在武汉召开，《技术美学》丛刊创刊
1985	蔡仪主编《美学原理》出版，蔡仪《新美学》改写本出版，《李泽厚哲学美学文选》出版，王朝闻《审美心态》出版，马奇《艺术哲学论稿》出版，叶朗《中国美学史大纲》出版，这是第一本中国美学全史。汝信主编《外国美学》创刊由商务印书馆出版，张今翻译鲍桑葵《美学史》出版。1985年被称为美学研究的"方法论年"

续表

纪年	美学大事记
1986	《伍蠡甫艺术美学文集》出版，蒋孔阳《美学与文艺评论集》出版，刘昌元《西方美学导论》出版，《美与时代》创刊并出版发行。朱光潜卒，宗白华卒
1987	《朱光潜全集》开始由安徽教育出版社出版，李泽厚、刘纲纪《中国美学史》第二卷出版。"中国美学思想研究丛书"出版，有朱光潜、蔡仪、宗白华、王朝闻、蒋孔阳、李泽厚、高尔泰等美学思想研究七种。中国社会科学院哲学研究美学研究室编《美学》杂志停刊。敏泽《中国美学思想史》第一卷出版。马奇主编《西方美学史资料选编》（上、下卷）出版。简明、王旭晓译鲍姆嘉通《美学》出版
1988	李泽厚《华夏美学》出版，叶维廉《历史、传释与美学》出版。中华全国美学会成立了青年学术研究会，后改称"中华美学学会青年学术委员会"（俗称"青美会"）。马奇主编《美学教学与研究丛书》开始出版，《美育》杂志停刊
1989	李泽厚《美学四讲》出版，敏泽《中国美学思想史》第二、三卷出版，蔡锺翔主编"中国古典美学范畴丛书"开始出版。"全国高校美学教学研讨会"在郑州举办。是年，北京发生政治风波
1990	王朝闻主编《艺术美学丛书》开始出版，牛枝慧主编《东方美学丛书》开始出版；中华全国美学会青年学术研究会第一次学术研讨会在金华召开。同年，第11届亚运会在北京开幕
1991	《北京大学艺术教育与美学研究丛书》开始出版
1992	李泽厚主编《美学译文丛书》停止出版，《美学论丛》停刊。"文化变革与90年代中国美学"学术讨论会在青岛召开，"中国当代美学学术研讨会"在焦作召开。蔡仪卒。是年，邓小平发表"南方谈话"，中国正式加入《世界版权公约》
1993	《蔡元培全集》由浙江教育出版社出版。中华全国美学学会第四届全国美学大会在北京召开，"美学与现代艺术"学术讨论会在北京召开

续表

纪年	美学大事记
1994	《宗白华全集》由安徽教育出版社出版，《李泽厚十年集：1979—1989》由安徽文艺出版社出版。中华全国美学学会成立"审美文化学术委员会"。"大众文化与当代美学话语系统"学术讨论会在太原召开，"当代中国审美文化前瞻"学术研讨会在汕头召开
1995	"国际美学美育会议"在深圳举行，这是在中国内地举办的第一次国际美学研讨会，"第一届中国古典美学学术研讨会"在贵阳市召开
1996	中华全国美学学会、东南大学艺术学系编《美学艺术学研究》创刊出版。"世纪之交的中国美学：发展与超越"学术讨论会在海口召开，"'96中国当代审美文化"学术研讨会在昆明召开
1997	宗白华《艺境》出版，《东方袖珍美学丛书》出版，程孟辉、丁冰主编《青年美学博士文库》出版。"第二届中国古典美学研讨会"在桂林举行。是年，香港正式回归祖国
1998	王朝闻《王朝闻全集》由河北教育出版社出版，刘纲纪主编《马克思主义美学研究》创刊出版，滕守尧主编《美学·设计·艺术教育丛书》开始出版。"百年中国美学学术讨论会"在贵阳召开
1999	《蒋孔阳全集》由安徽教育出版社出版。蒋孔阳、朱立元主编《西方美学通史》出版，《北京大学文艺美学精选丛书》开始出版。中华全国美学学会第五届全国美学大会在成都召开。蒋孔阳卒
2000	汝信主编《外国美学》停刊。中、韩、日三国首届"东方美学国际学术会议"在呼和浩特举行，"马克思主义美学的现状与未来"国际学术研讨会在桂林举行。许明主编《华夏审美风尚史》（十一卷）出版，陈炎主编《中国审美文化史》（四卷）出版
2001	"美学视野中的人与环境：首届全国生态美学学术研讨会"在西安召开，"文艺美学学科建设与发展"研讨会在济南召开。是年，中国正式加入世界贸易组织

续表

纪年	美学大事记
2002	《蔡仪文集》由中国文联出版社出版，翟墨主编《美学新眺望书系》出版，高建平、周宪主编《新世纪美学译丛》开始出版。"美学与文化：东方与西方"国际学术研讨会在北京召开，由中华美学学会青年美学研究会作为中方组织者的"第二届东方美学国际会议"在日本神户、大阪两地举行，"审美与艺术教育国际学术研讨会"在青岛召开
2003	汝信、曾繁仁主编《中国美学年鉴》开始出版，《文艺美学研究》创刊出版。全国东方美学学术研讨会"东方美学研究的全球意义"在武汉召开，"媒介变化与审美文化创新"学术研讨会在北京召开，"日常生活的审美化与文艺学的学科反思"国际学术研讨会在北京召开。"日常生活审美化"大讨论以《文艺争鸣》《文艺研究》《人民日报》作为平台而兴起。马奇卒
2004	汝信、王德胜主编《中国美学》创刊出版，曾繁仁主编"艺术审美教育书系"出版。"中华美学学会第六届全国大会：暨全球化与中国美学"学术研讨会在长春召开，"实践美学的反思与展望"国际学术研讨会在北京召开，"美与当代生活方式国际学术会议"在武汉召开。叶朗总主编《中国历代美学文库》（总19册）出版。王朝闻卒
2005	汝信主编《西方美学史》开始出版，王杰主编《审美人类学丛书》出版。"美学在中国与中国美学"学术研讨会在徐州召开，"人与自然：当代生态文明视野中的美学与文学"国际学术研讨会在青岛召开
2006	由李泽厚担任名誉主编的《美学》杂志复刊出版，北京大学美学与美育研究中心主办《意象》创刊出版，陈望衡、柏林特主编的《环境美学译丛》开始出版。"美学与多元文化对话"国际学术研讨会暨国际美学协会组委会在成都召开，"马克思主义美学在当代中国和谐社会建设"学术研讨会在北京召开，第四届东方美学国际学术会议在天津召开，"美学、文艺学基本理论建设全国学术研讨会"在厦门召开
2007	在土耳其安卡拉举办的第17届国际美学大会召开，由汝信带队的中国美学代表团参加，这次大会的主题是"在文化间架起桥梁"。汝信、王德胜主编《20世纪中国美学史研究丛书》出版，韩德信、盖光主编的《生态美学丛书》出版

续表

纪年	美学大事记
2008	朱立元、朱志荣主编的《实践存在论美学丛书》出版，彭锋、刘悦笛主编的《北京大学美学与艺术丛书》开始出版。"马克思主义美学与当代社会"国际学术研讨会在天津召开，"中国现代美学、文论与梁启超"全国学术研讨会在杭州举行。是年，第二十九届奥林匹克运动会在北京召开
2009	汝信主编的《外国美学》复刊出版，张玉能主编《新实践美学丛书》出版。中华美学学会第七届全国美学大会"新中国美学六十年：回顾与展望"在沈阳召开
2010	第18届世界美学大会在北京大学召开，会议主题为"美学的多样性"。首届全国文艺学与美学青年学者论坛在北京召开。 杭州师范大学主办的《美育学刊》创刊
2011	首届中英马克思主义美学双边论坛在上海举行。"生态文明的美学思考"全国学术研讨会暨中华美学学会2011年会在浙江开化举行。"东方视域中的西方美学"高层论坛在呼和浩特举行
2012	第二届两岸三地中国美学学术研讨会在广州召开。第二届中英马克思主义美学双边论坛在英国曼彻斯特大学召开。"美学与艺术：传统与当代"学术研讨会在徐州召开。第六届东方美学国际会议在沈阳召开。"新世纪生活美学转向：东方与西方对话"国际研讨会在长春召开
2013	"马克思主义与新世纪中国美学"研讨会在上海召开。第三届中英马克思主义美学双边论坛在上海召开。第19届世界美学大会在波兰克拉科夫举行
2014	"身体美学与当代中国审美文化"国际学术研讨会在上海举行。第四届中英马克思主义美学双边论坛在英国曼彻斯特大学召开。第七届东方美学国际会议"全球化时代的东亚艺术文化"在韩国召开。叶朗主编的《中国美学通史》（全8卷）出版
2015	中华美学学会第八届全国美学大会暨"美学：传统与未来"全国学术会议在成都召开。"生态美学与生态批评的空间"国际研讨会在山东大学召开

续表

纪年	美学大事记
2016	邹华主编的《中国美学》集刊创刊。第20届世界美学大会在韩国首尔召开。"当代美学与人类学：时尚研究"国际学术研讨会在杭州召开
2017	中华美学学会2017年年会暨"中华美学的传承与创新"国际学术研讨会在武汉召开。曾繁仁主编的《中国美育思想通史》（全9卷）出版。朱志荣主编的《中国审美意识通史》（全8卷）出版。复旦大学举办"生活美学"学术研讨会
2018	中华美学学会2018年年会暨"改革开放与当代美学的发展"全国学术研讨会在山东济南召开。"身体学视域中的美学研究和诗学建构"学术研讨会在深圳大学召开。"当代马克思主义美学与当代艺术批评"学术研讨会暨当代马克思主义美学研究基金捐赠仪式在浙江大学举行。复旦大学举办"生活美学思想源流"学术研讨会

后　记

　　这本书的完成，首先得感谢从1949年到2019年工作在"中国美学战线"上的美学工作者们的辛勤工作！在他们当中，无论是大名鼎鼎的学者，还是默默无闻播撒美学的非专业人士，都对于这门在欧洲诞生了260多年、移植到中国百余年的学科做出了贡献，我们对他们都充满了敬意。笔者曾整理过所在的中国社科院哲学所美学室留存的20世纪80年代投给《美学》杂志的来自社会各界的踊跃投稿，"美学热"的余温似乎至今尚在。这不禁令我想起高中、大学的美学启蒙老师、硕士和博士的导师们、美学室的同人们、博士后的合作导师，他们都在各自的岗位上为中国美学潜心工作。也许由于作者的"哲学审视"的视角所限，可能许多美学工作者的工作未能纳入目前这个框架之内，但是在这个"跨学科"的时代，他们对当代中国美学的丰富确实是多维度、多层级和多元化的，我们同样对这些人表示由衷的敬意。

　　感谢中华美学学会前会长、中国社会科学院学部委员汝信先生欣然命笔为本书作序；感谢中国社会科学出版社社长赵剑英先生的充分信任；感谢冯春风编辑的如此辛勤的认真工作；感谢李泽厚先生对笔者的正面鼓励与侧面批评；感谢张法与朱良志等诸位先生对本书的指正；感谢合作者中国艺术研究院的李修建先生，没有他的密切合作，这本书的完成是根本不可想象的，共同的成长经历和学术兴趣使得我们的合作非常愉快。我们共同确立了目录并进行了深入的交流与探讨，分头完成了各自承担的部分。所以说，本书也是我们友谊的象征，我们都有着继续推动中国美学的历史责任感。

　　本书的基本分工情况如下：

导言　刘悦笛

第一章　美学学科论　刘悦笛

第二章　美的本质观　刘悦笛

第三章　美学本体论　刘悦笛

第四章　美学原理　李修建

第五章　西方美学史（上）　刘悦笛

第六章　西方美学史（下）　刘悦笛

第七章　中国美学史　李修建

第八章　审美心理学　李修建

第九章　艺术哲学、文艺美学与门类美学　李修建

第十章　审美文化、审美教育与应用美学　李修建

第十一章　自然美、生态美学与环境美学　刘悦笛

第十二章　生活审美化、审美现代性与艺术的终结　刘悦笛

结语　刘悦笛

参考文献　刘悦笛

大事记　刘悦笛、李修建

另外，有几次难忘的经历也拓展了笔者的思考。2008年11月8日，笔者应邀到韩国国立首尔大学做《从美学在中国到中国的美学》的讲座，与国立首尔大学美学系主任兼韩国美学学会秘书长朴骆圭先生、韩国美学学会主席白伦洙先生的深入交流，使得我们的研究关注到了中、日、韩当代美学之间的差异。与此同时，还要感谢另一位忘年交、国际美学协会前主席海因斯·佩茨沃德（Heinz Paetzold）先生，正是他提出了当代美学的"文化间性"转向的问题。2009年9月27日，笔者在国家图书馆纪念建馆百周年之前，在国图做了《艺术终结与当代艺术发展》的讲座，感谢来参加讲座的各界人士，与他们的交流使我深感到美学与大众之间的本来的密切关联。2010年3月11日，受邀在中国科学院自动化研究所做《生活美学与当代文化》的讲座，让我更加深入了解了科学界对于美学的接受情况，钱学森先生及其院士弟子居然在"思维科学"与"认知科学"

领域关注美学的进展。2010年11月22日，笔者又应邀在亚洲艺术学会（ASA）京都年会上做《"生活美学"与当代中国艺术》的主题演讲，并在提问环节与亚洲艺术学会会长神林恒道先生、日本同志社大学冈林洋教授、台湾佛光大学潘襎教授进行了深入的交流。笔者也感谢2008年上半学期北京大学哲学系开设"现代西方美学"课程、下半学年应邀在韩国成均馆大学讲授"中国美学与文化"博士课程时参与本课的同学们。当代中国美学的发展需要国内外特别是东亚文化圈内部的学者与学生们的共同努力，我们相互之间已然形成了相互映照的积极关联。中西之间比照，对当代中国美学而言曾是最重要的一个宏观的参照体系，而中、日、韩文化之间则正在形成另一个更为微观的参照系统。

　　这本书的确是"当代人写当代史"，但可以确信的是，历史总是根据当代的视角来取舍文献与做出判断的。历史总是被当代人与后代人所不断加以叙述，不仅当代人写史有当代的陈述价值，而且后代人撰写同一历史亦有后代的叙事意义。历史的"书写"其实是非常难的，因为历史决不是"任人打扮的小姑娘"，就像这一名句被认为来自胡适，但其实胡适只是用来阐释詹姆士哲学所说的"实在是一个很服从的女孩子"，但却被后来者挪用到了他的历史观当中一样。历史的"风云变幻"与对于历史的"阐释法"之间，到底是什么样的关系呢？我们都走在力求使它们得以"相互匹配"的路上，尽管我们做得可能并不"到位"，但毕竟我们两位作者都尽力而为了，敬请诸位方家多加指正。

　　中国美学史的"书写"正是我们大家，正在创造抑或业已创造这段历史的人们——所"共同书写"的！

　　这本增订版是在《当代中国美学研究（1949—2009）》的基础上增补而成的，增补工作是按照原来的分工协作进行的（其中"大事记"部分的增补乃是共同完成的），增补的乃是从2009年至今的美学研究方面的内容，也就是把当代中国美学史又往后延续了十年。原书已有六十多万字，如今新增了几万字，但我们始终认为，书并不是越厚越好。这个新版本一定还有不少疏漏，敬请诸位方家继续雅正。希望能够给中国美学界提供一个资料比较翔实且线索相对明晰的历史著述，还能给对美学感兴趣的人们提供一个入门的"中道"。如果其中对于当代中国美学史的深描、阐释和评价，对您有所助益和启迪，那将是我们两位作者的最大欣慰。也希望下次还能继续增补，因为美学乃是持续生长的，哪怕未来有一天美学将会终结，人类对美的追求也是生生不息……

刘悦笛

2019 年 3 月 16 日

于斯文至乐堂